"十四五"时期国家重点出版物出版专项规划项目

新疆可持续发展研究系列报告

总主编　白春礼

新疆气候变化科学评估报告

主　编　秦大河
副主编　效存德　丁永建　翟盘茂

科学出版社

北　京

内 容 简 介

本书重点围绕新疆地区的气候变化特点及其风险、影响与脆弱性、适应与减缓进行全方位、系统性评估，突出新疆地区气候变化及其影响的区域性、独特性，认识气候变化对新疆可持续发展带来的机遇与挑战。本书客观全面反映新疆气候变化研究方面取得的最新成果，系统分析与综合评估气候变化对新疆可持续发展影响的关键科学问题，凝练出具有前瞻性和战略性的适应对策建议，旨在为新疆长治久安与繁荣发展制定相关政策提供科学依据。

本书可供气象学、环境学、生态学等领域的高等院校师生与科研院所的相关研究人员，以及新疆地方和国家相关部门的管理者阅读参考。

审图号：新 S（2023）032 号

图书在版编目（CIP）数据

新疆气候变化科学评估报告/秦大河主编. —北京：科学出版社，2023.9
（新疆可持续发展研究系列报告/白春礼总主编）
"十四五"时期国家重点出版物出版专项规划项目
ISBN 978-7-03-074908-6

Ⅰ.①新… Ⅱ.①秦… Ⅲ.①气候变化—研究报告—新疆 Ⅳ.①P468.245

中国国家版本馆CIP数据核字（2023）第030757号

责任编辑：杨帅英 张力群 / 责任校对：郝甜甜
责任印制：徐晓晨 / 封面设计：蓝正设计

科 学 出 版 社 出版
北京东黄城根北街 16 号
邮政编码：100717
http://www.sciencep.com

北京中科印刷有限公司 印刷
科学出版社发行 各地新华书店经销

*
2023年9月第 一 版 开本：787×1092 1/16
2023年9月第一次印刷 印张：37 1/4
字数：885 000
定价：450.00元
（如有印装质量问题，我社负责调换）

《新疆气候变化科学评估报告》
编写组

主　编：秦大河

副主编：效存德　丁永建　翟盘茂

编　委：(按姓氏汉语拼音排序)

巢清尘　陈　峰　陈　曦　陈仁升　陈亚宁

杜德斌　方创琳　方一平　高学杰　姜　彤

姜逢清　姜克隽　雷　军　李　霞　李新荣

任贾文　孙福宝　孙建奇　孙俊英　田长彦

王　阳　王飞腾　王世金　魏文寿　吴建国

徐　影　杨兆萍　张元明　赵成义

技术支持组

组　长：杨　佼

成　员：余　荣　刘世伟　徐新武　王文华　芨亚平

王生霞　俞　杰　周蓝月　王少平　苏　勃

丛 书 序

新疆的长治久安,关系全国改革发展稳定大局,关系祖国统一、民族团结、国家安全,关系中华民族伟大复兴。自第二次中央新疆工作座谈会明确"社会稳定和长治久安是新疆工作的总目标"以来,在以习近平同志为核心的党中央坚强领导下,新疆坚决贯彻落实新时代党的治疆方略,坚持依法治疆、团结稳疆、长期建疆,实现了社会大局总体稳定,经济社会发展总体良好、群众生活不断改善、各项事业全面进步的局面。然而,新疆同时面临着稳定发展的两个"三期叠加"。实现经济更好更快发展、建设山清水秀的美丽新疆等任务艰巨繁重。

中国科学院认真落实总书记在第二次中央新疆工作座谈会上和视察新疆时的重要讲话精神,坚持贯彻落实党中央关于新疆工作的大政方针,紧紧围绕社会稳定和长治久安的总目标,统筹组织院内外科技力量,开展系列科技支撑工作。"新疆可持续发展研究"专项是系列支撑工作中的重要部分,启动实施一年多来,紧紧围绕推进新疆长治久安和繁荣发展的中心任务,采用综合调研、文献计量、模型模拟、专家座谈和会议研讨等多种方法,在新疆历史治乱模式、生态环境变化、资源承载力、社会经济发展新动能以及多融合改革开放试验区发展模式等方面,进行了深入科学的战略分析和谋划,针对核心科学问题和关键技术问题提出了对策建议,形成了一系列富有前瞻性、权威性和科学性的研究报告。

到目前为止,系列报告完成了 5 个方面的研究内容。包括整理历史时期新疆政区、民族、战争等史料,阐明历史时期新疆民族分布、动乱形成过程与机制,以及新疆历史治乱过程和模式;评估气候变化对新疆水资源、生态、农业、关键行业、地缘安全等的影响与风险,初步制定适应性对策;分析新疆水资源、土地资源、大气环境等承载力现状,提出重点产业发展的资源环境约束与破解路径,以及重点地区资源环境承载力提升对策;系统梳理新疆经济社会发展的历史路径和关键特征,总结提出新时代新疆新动能培育模式和发展路径;在三大典型区开展现代化都市圈、国际商贸城、现代化兵城的多融合改革开放实验,提出各类试验区的发展模式。报告中的许多研究成果和政策建议已被中央、部委和自治区政府采纳。这些研究成果极大丰富了新疆可持续发展战略思想库的内容,可作为自治区和有关部门未来一段时期内制定新疆发展战略、打好"三大攻坚战"、促进经济转型的决策依据,是新疆科研单位和科技工作者凝练科技目标,规划发展方向的重要参考,对促进新疆繁荣稳定发展将起到推动作用。

该系列报告得到了新疆维吾尔自治区党委、新疆生产建设兵团、科技部等科技援疆部门和机构的大力支持和有力指导。在全体专家和学者的不懈努力下,该系列成果得以公开出版,将进一步增强新疆各族干部群众对科技引领支撑新疆未来可持续发展的信心和决心。

新疆发展面临着历史机遇、战略机遇、政策机遇、改革机遇、发展机遇等五大机遇，为新疆社会稳定和长治久安创造了良好条件。中国科学院将持续积极为新疆可持续发展提供科技支撑，为新疆的繁荣发展贡献自己的力量。相信在党中央、国务院以及自治区党委的坚强领导下，在全国科技界的大力支援下，通过新疆各族干部群众的共同团结奋斗，一定能把新疆建设成为团结和谐、繁荣富裕、文明进步、安居乐业的中国特色社会主义新疆！

中国科学院将在党中央坚强领导下，坚持"三个面向""四个率先"的办院方针，面向世界科技前沿、面向国家重大需求、面向国民经济主战场，为实现中华民族的伟大复兴和"两个一百年"奋斗目标，做出新的贡献！

前　言

　　新疆位于亚欧大陆腹地，是典型的内陆干旱气候区，也是气候变化影响的敏感和脆弱地区，"三山夹两盆"的地理特点决定其发展必然高度依赖于"山上"和"山下"两个关键地带的气候、水、生态和其他资源。近几十年新疆区域气温明显升高，降水增加，呈现"暖湿化"变化特征，并伴随着极端灾害事件增多。一方面气候变化使新疆面临着更高的灾害风险和更加脆弱的发展环境，但另一方面利用暖湿化带来的气候红利，精准发展和扩大新疆的优势产业，科学调整适应气候变化的产业结构，抓住"气候机遇期"也是可能的。

　　"新疆气候变化科学评估"研究是在中国科学院"新疆可持续发展研究"专项的资助下，由秦大河院士牵头实施。该评估研究借鉴了IPCC（政府间气候变化专门委员会）评估报告和《中国气候与生态环境演变》等国内外系列评估报告的经验，组织了国内上百名相关领域的骨干专家，采用文献评估、研讨会商、实地调研、地方座谈、专家评审、部门评审等方式，历时3年多完成。本书从新疆自然、人文和社会等方面入手，以国内外正式发表的研究成果为依据，围绕新疆气候变化特征及其风险、影响与脆弱性、适应与减缓进行全方位、系统性评估，以求凝练出具有前瞻性和战略性的对策建议。

　　本书包括三个部分（科学基础、影响、适应）共16章的内容。第一部分"科学基础"（第1~3章）围绕新疆区域气候变化与全球变化的联系、历史时期和近期的气候背景、观测的气候系统各圈层变化特征，对新疆区域气候变化进行归因分析，突出暖湿化的评估和归因，并对未来气候变化趋势进行预估。第二部分"影响"（第4~10章）针对气候变化对新疆的影响，评估了气候变化对水资源、生态、农业、关键行业（交通、旅游、能源）、城乡发展与居民健康、大气环境和重大工程等的影响与风险。第三部分"适应"（第11~16章）则是以前两部分为基础，在可持续发展和长治久安的框架下提出适应气候变化的途径与减缓措施，应对气候变化与绿色发展转型。在上述内容基础上，总结凝练了"决策者摘要"，包含新疆气候变化事实与预估、气候变化的影响与应对措施，以及可持续发展与长治久安的政策选择三部分内容以供学界商榷和各级决策者参考。

　　本次评估的专家团队来自不同部门和不同领域，既有从事自然科学、又有从事社会科学研究的队伍，齐心协力高效地开展新疆气候变化的系统评估。我们采取主编领导下副主编与主要作者协调人负责制，领导各章作者分头撰写，交叉互审、集体讨论修改，共召开全体主笔会议5次、全体作者会议2次，各部分还分别召卷、章作者会议。评估组先后赴天山乌鲁木齐河源1号冰川、柴窝堡湖湿地、红其拉甫口岸、慕士塔格冰川、喀什、伊犁和阿勒泰地区实地考察，并与新疆维吾尔自治区发展和改革委员会、气象局、科学技术厅、水利厅、自然资源厅、农业农村厅、交通运输厅、生态环境厅、应急管理厅、畜牧兽医局、林业和草原局等，喀什地区发展和改革委员会、自然资源局、科学技术局、生态环境局、交通运输局、水利局、农业农村局、气象局、畜牧兽医局、林业和草原局、文化体育广播电视和旅游局等部门召开咨询座谈会，力求本书切合实际，针对性强。为保证本书学术水平和评估的客观性、公正性，邀请了杜祥琬、姚檀栋、刘国彬、潘学标、石培基、雷加强、丁建丽、苏宏超、王守荣、许小峰、陈迎、金凤君、李海峰、严中伟、赵宗慈、周广胜、周立华、明庆中、贾绍凤等 19 位专家对报告内容进行评审。针对评审意见，作者团队对各章进行了认真修改和意见答复，形成了部门送审稿，并送新疆维吾尔自治区发展和改革委员会、科学技术厅、气象局、水利厅、自然资源厅、农业农村厅、生态环境厅、文化和旅游厅、交通运输厅、应急管理厅等十余个部门进行部门审稿，并形成终稿。在此，对各部门和各位专家表示真诚的感谢！

技术支持组在专著讨论、会议组织、联络专家、汇集意见、稿件统筹等方面进行了大量工作，付出了很大努力，为确保本书顺利完成做出了重要贡献。在此，对他们的无私奉献表示由衷的感谢！

区域气候变化具有不确定性，目前的一些认识并非定论，评估工作仍有诸多不足，望广大读者不吝赐教。

作　者

2023 年 3 月

决策者摘要

A 新疆气候变化事实与预估

A.1 在全球气候变暖的背景下，欧亚大陆大部分区域呈现暖湿化趋势，新疆气候"暖湿化"现象尤为明显，降水变化的极端性倾向突出；预估结果表明：到 21 世纪末气温和降水将继续呈增加趋势，但新疆干旱气候的整体格局将不会改变（高信度）。{第一部分 1.2.3，2.1.1，3.1，3.2，图 1，图 2}

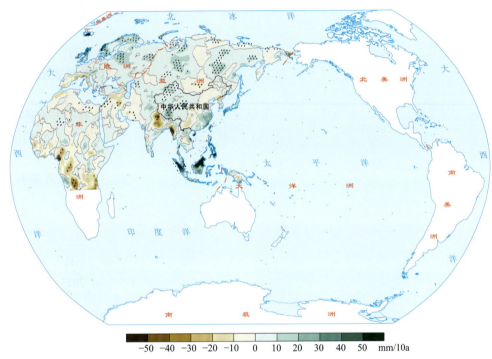

图 1　1961 ～ 2018 年欧亚大陆年降水量变化趋势的空间分布

黑点区域表示通过 95% 的显著性检验。其中，红色实线表示新疆地区

　　A.1.1 1961~2019 年期间，新疆年平均温度变化趋势高于全球陆地和全国平均值，升温速率约 0.30℃/10a。从季节平均来看，新疆地区夏季平均升温速率约为 0.23℃/10a，冬季平均升温速率约为 0.38℃/10a，冬季较夏季升温速率大（高信度）。{第一部分 2.1.1}

　　A.1.2 1961~2019 年期间，新疆年降水量增加趋势明显，增加速率为 10.1 mm/10a，山地区域增加更为显著。年降水量变化主要体现在夏季，增加速率约为 3.6mm/10a，其他三个季节也均呈增加趋势（高信度）。这与处于同纬度带的地中海地区和华北地区的降水变化趋势有较大不同。{第一部分 1.2.3，2.1.1，图 2}

　　A.1.3 新疆在年降水量增加的同时，降水的年际变率有所增大。年降水量的增加主要以极端降水的贡献为主，且其贡献率也在逐渐增大，降水变化呈现出极端性趋势（高信度）。{第一部分 1.2.3，图 2}

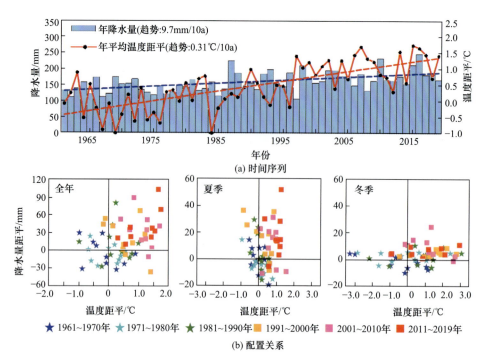

图2 1961~2019 年新疆地区年平均温度距平和年降水量的时间序列及年、季节温度和降水异常逐年的
配置关系

A.1.4 区域气候模式 5 个模拟的集合预估显示，相对于 1986~2005 年，在温室气体高排放情景（典型浓度路径 RCP8.5）下 21 世纪末年平均气温升高 4.9℃（4.3~5.5℃），山区升温高于盆地；平均最低气温增幅略高于平均最高气温（高信度）。新疆地区平均降水增加 28%（21%~35%），其中以山区增加幅度更大；季节分布上以冬季增加比例最大（中等信度）。{第一部分 3.1，3.2}

A.2 气候变暖使得当代新疆的冰川总体退缩，但区域差异较大，冰川跃动现象增加，积雪范围减小但深度增加，冻土活动层增厚；预估结果表明：到 21 世纪末，冰川的面积、体积将持续减少，部分冰川甚至消融殆尽；积雪日数、积雪量和多年冻土面积也将减少（高信度）。{第一部分 2.3，3.5}

A.2.1 20 世纪 60 年代以来，新疆的冰川总体处于退缩状态，但存在区域差异。冰川面积减少，在阿尔泰山和天山东段达 30% 以上，在天山中西段平均约为 20%，在喀喇昆仑山、昆仑山和阿尔金山约 10% 以下。积雪范围总体上呈减小趋势，但雪深有所增加，积雪日数减少，融雪水文峰值有所提前，降雪强度和雪灾增大。多年冻土处于温度升高、活动层增厚态势（高信度）。{第一部分 2.3}

A.2.2 在温室气体中等排放情景（RCP4.5）下，21 世纪末期阿尔泰山、天山和天山北麓诸河地区的冰川消失数量可达 92%（256 条）、73%（5870 条）和 35%（2472 条），消失面积约为 44%、21% 和 18%。未来积雪变化，除塔里木盆地内有所增加外，新疆其他地区积雪范围显著减小，在温室气体高排放情景下（RCP8.5）天山地区减少近 30%，整个新疆平均减少超过 10%（中等信度）；在此情景下，21 世纪末仅东南部的少量冻土得以保留。{第一部分 3.5}

A.3 气候变暖导致新疆植被生长季延长，整体植被叶面积指数增加，植被生产力增加，碳汇能力增加。但新疆自然绿洲萎缩，人工绿洲扩张，山地和荒漠草地增加（高信度）；新疆野生动植物生物多样性已经发生了改变（高信度）；预估结果表明：未来新疆生态系统的净初级生产力呈增加趋势，陆表植被变化较小；部分地区可能由沙漠景观向草原景观转变（中等信度）；未来新疆野生动植物分布范围缩小，分布格局改变（中等信度）。{第一部分 2.3，2.4，2.5，3.7}

A.3.1 20 世纪 80 年代以来，阿尔泰山地区植被生长季开始日期提前趋势明显；新疆植被生长季结束日期总体上表现出推迟趋势，特别是阿尔泰山、天山以及塔克拉玛干沙漠周围的绿洲等地（高信度），但 2000 年以后出现了提前的趋势。植被总体呈变绿趋势，以准噶尔盆地、天山北部、塔里木盆地北部边缘最为显著（高信度）。20 世纪 60 年代以来，新疆植被生产力总量整体呈缓慢增加趋势，其中北疆和天山山区生产力增长速率高于南疆，农田生产力增长幅度大于自然植被（高信度）。最近十年与 20 世纪末相比新疆的生态系统碳汇能力显著增加，其中山地与荒漠草地的碳汇能力增加 56%，绿洲农田增加 1.56 倍，但南疆地区生态系统碳库呈下降趋势（高信度）。{第一部分 2.4，2.5}

A.3.2 植被未来变化预估显示，新疆地区未来植被变化较小，可能出现北部部分地区景观由沙漠转向草原、南部地区沙漠向干旱灌木草原转变，山区部分地区由苔原向温带大陆性转变（低信度）。在中、高温室气体排放情景下，至 21 世纪末，新疆地区净初级生产力的增幅可分别达到 24% 和 51%，生产力的空间差异性也有所增加，生物多样性减少的风险也会有所增加（低信度）。{第一部分 2.3，3.7}

A.3.3 由于近百年气候变化及当地人类生产活动，新疆野生动植物生物多样性已经发生改变（高信度）。如新疆虎灭绝、蒙古野马和赛加羚羊离境、新疆大头鱼濒危，鹅喉羚、马鹿等数量减少，野骆驼、野驴、新疆北鲵等栖息范围缩小，摇蚊优势种类型转变。同时，地下水位下降、盐分提高等使梭梭退化、胡杨年生长改变、猪毛菜属植物种群数量下降。{第二部分 5.3.1}

A.3.4 未来气候变化下新疆野生动植物分布范围缩小、分布格局改变（中等信度）。如鹅喉羚、草原斑猫、蒙古野驴、石貂、野骆驼及塔里木兔、草兔和雪兔适宜分布范围缩小，在阿尔泰山 9 种受威胁哺乳动物物种丰富度将下降，多数会向高海拔移动；短叶假木贼、裸果木、梭梭、膜果麻黄等分布范围减小。这给新疆生物多样性保护带来了新挑战。{第二部分 5.3.1}

A.4 20 世纪 60 年代以来，新疆极端高温事件显著增加，极端冷事件和寒潮显著减少，极端强降水事件增加，但大风和沙尘暴日数减少（高信度）。预计 21 世纪新疆极端暖事件和极端降水事件的频率、强度将进一步增加，极端冷事件频率和强度进一步减小（高信度）；对气候背景场而言，西部干燥度可能增加、东部减小；从变率角度看，水文干旱事件频率会在北部有所增加、南部减少（中等信度）。{第一部分 2.6，3.3，表 1}

A.4.1 1961~2018 年，新疆极端最高气温呈显著上升趋势，平均升温速率为 0.13℃/10a。暖昼、暖夜事件均显著增加，上升速率分别为 3.6 d/10a 和 6.7 d/10a。新疆年平均 ≥35℃高温日数呈显著增加趋势，增加速率为 0.8 d/10a；≥35℃高温初日提前，终日推后（高信度）。{第一部分 2.6.1}

A.4.2 1961~2018 年，新疆极端最低气温同样呈显著上升趋势，平均升温速率为 0.63℃/10a，远高于平均极端最高气温的升温速率。冷昼、冷夜事件明显减少，减少速率分别为 3.0d/10a 和 8.5d/10a（高信度）。{第一部分 3.3.1}

A.4.3 1961~2018 年，新疆平均日最大降水量以 0.83 mm/10a 的速率增加，极端降水事件以 0.9 d/10a 的速率增加。暴雨日数和暴雨量、暴雪日数和暴雪量均呈增加趋势。最长连续无降水日数呈减少趋势，减少速率为 1.0 d/10a（高信度）。{第一部分 3.3.2}

A.4.4 新疆寒潮出现频次呈显著减少趋势，减少速率 0.28 次/10a，20 世纪 80 年代以前以偏多为主，特别是 1968~1977 年处于高发时段；寒潮天数也以普遍减少为主。{第一部分 2.6.3}

表 1　观测和预估的新疆气候极端事件和其他关键气候要素变化

气候极端事件及气候要素		历史观测事实	21 世纪预估
极端事件	高温事件	显著增加。平均 ≥ 35℃高温日数增加速率为 0.8 d/10a（高信度）	发生频率进一步增加，在高排放情景下 21 世纪末高温日数平均增加 30 d，盆地增加更多（高信度）
	极端冷事件	显著减少。极端最低气温平均升温速率为 0.63℃/10a（高信度）	发生频率和强度进一步减小（高信度）
	强降水事件	增加。暴雨日数和暴雨量、暴雪日数和暴雪量均呈增加趋势（高信度）	频率、强度进一步增加（高信度）。在高排放情景下最大日降水量在 21 世纪末可增加 30%（中等信度）
	寒潮、大风日数	减少。寒潮频次减少速率为 0.28 次/10a。大风日数平均减少速率为 3.8d/10a（高信度）	减少（高信度）
	干旱事件	干旱日数呈阶梯状减少，减少速率为 7.7 d/10a（高信度）	新疆东部干燥度可能会减小（中等信度）。水文干旱频率在新疆北部可能增加，南部较少（低信度）
冰川		新疆的冰川总体退缩，但区域差异较大。阿尔泰山和天山东段冰川面积减少达 30% 以上（高信度）	在中等温室气体排放情景下，21 世纪末期阿尔泰山、天山和天山北麓诸河地区的冰川消失数量可达 92%、73% 和 35%，消失面积约为 44%、21% 和 18%（高信度）
积雪		积雪范围减小但深度增加，积雪日数减少（高信度）	除塔里木盆地外，大部地区积雪显著减小，在高温室气体排放情景下，21 世纪末期天山地区减少近 30%，整个新疆平均减少超过 10%（中等信度）
冻土		多年冻土处于温度升高、活动层增厚态势（高信度）	范围减少（高信度）；在高温室气体排放情景下，21 世纪末仅东南部的少量冻土得以保留（中等信度）
植被		整体植被变绿，植被生产力增加（高信度）	未来植被变化较小，部分地区景观可能出现转变，净初级生产力有所增加（低信度）

A.4.5 1961~2018 年，新疆大风日数呈显著减少趋势，平均减少速率为 3.8d/10a；沙尘暴日数呈显著减少趋势，平均减少速率为 1.5d/10a。20 世纪 80 年代中期以后沙尘日数明显减少，其中南疆塔里木盆地西部和哈密东部减少最明显（高信度）。{第一部分 2.6.3}

A.4.6 1961~2018 年，新疆干旱日数呈阶梯状减少，减少速率为 7.7 d/10a，1986 年以来减少明显，博州大部、塔城局部、阿勒泰地区东部、哈密北部、阿克苏地区等地减少明显，减少速率为 9~19.3 d/10a（高信度）。{第一部分 2.6.3}

A.4.7 预估显示，新疆未来高温热浪事件将进一步增加、冷事件继续减少（高信度），相对于 1986~2005 年，在高排放情景下（RCP8.5）21 世纪末 35℃以上高温日数平均增加 30（23~38）d 左右，其中塔里木盆地增加将超过 60 d。{第一部分 3.3.2}

A.4.8 预估新疆地区未来强降水量及强降水事件频率将显著增加（高信度），在高排放情景下（RCP8.5）21世纪末的最大日降水量平均增加30%（15%~40%）；极端降水的增加将导致未来滑坡泥石流等地质灾害风险增加，特别是在天山山脉及其周边地区（中等信度）。{第一部分 3.3.2}

A.4.9 1961年以来新疆大气水汽含量总体呈增加趋势，但21世纪以来有微弱的减少。水汽净收支和水汽内循环率呈增加趋势。新疆大部分区域土壤湿度也逐渐增加（高信度）。{第一部分 2.2}

A.4.10 预计21世纪新疆西部地区蒸发的增加可能大于降水的增多，引起气候干燥度增加，东部则可能干燥度减小（中等信度）。以径流深变化衡量的水文干旱频率在准噶尔盆地和天山等地可能增加，但南部地区略有减少（低信度）。整体而言未来径流深和土壤湿度将有所增加（中等信度）。{第一部分 3.5，3.6}

知识窗

新疆概况　新疆的地形地貌特征可概括为"三山夹两盆"，北面是阿尔泰山，南面是昆仑山，天山横亘中部，习惯称天山以南为南疆，天山以北为北疆。新疆特殊的地域特征造就了自然生态系统具有鲜明的纬向地带性分布规律，既形成发育有以山区森林为主体的森林，从山地到平原发育的荒漠、草原、草甸、沼泽与河流和湖泊等生态系统，又发育了最为典型的绿洲与荒漠的生态系统。新疆水域面积 $7400m^2$；冰川储量 $2156m^3$，居全国第一位。新疆矿产种类全、储量大，山区水能资源丰富，生物资源种类繁多、物种独特。新疆是多民族聚居的地区，也是多宗教地区。截至2018年年末，新疆常住人口2486.76万人，其中城镇人口1266.01万人。目前新疆已基本形成了以农业为基础、以工业为主导、第三产业占重要地位的初具现代工业化水平的产业结构。

新疆气候的基本特点　新疆地处亚欧大陆腹地，在特定的"三山夹两盆"地形条件与大气环流的共同影响与作用下，山区降水较为丰富，最大降水区在天山中西部巩乃斯河中上游，但大部分区域（特别是盆地）降水稀少，最小降水中心在托克逊地区。新疆气温分布特点为南部高、北部低，东部高、西部低，盆地及沙漠高、山地低，高温和低温区在空间上以岛状分布；最高温度出现在吐鲁番和塔克拉玛干沙漠南缘，最低温度在富蕴与青河一带。总体而言，新疆为典型的大陆性干旱与半干旱气候，具有日照长、干旱少雨、气候干燥、风沙多、昼夜温差大、光热资源丰富等区域气候特点。

气候变化与新疆人口变化和社会经济发展　气候变化是人类社会可持续发展所面临的严峻挑战。新疆地区水资源供需矛盾突出，自古以来这里气候环境的干湿、冷暖变化与人类活动范围的变动、政局的稳定、人口的变化和社会经济的发展等都存在着密切的联系。气候变化使人类生存环境发生变化，引起自然生态系统与农、牧业经济部门结构出现相应变化，进而影响人口变化与经济社会发展。20世纪中叶以来新疆气温明显上升，降水增多，呈现出"暖湿化"趋势。与此同时，新疆人口稳定增长，社会经济快速发展，气候变化及其带来的机遇和风险是新疆经济社会可持续发展的重要因素。

B 气候变化的影响与应对措施

B.1 水资源安全。

B.1.1 在暖湿化气候变化影响下，降水和冰雪融水增加使得新疆水资源供给呈现增加趋势，20 世纪 60 年代以来，地表水资源增长速率为 4.7 亿 m³/10a，但近 10 年冰川面积较小的流域，融水已呈现减少趋势（高信度）；同时经济发展也促使用水增加显著，近 10 年用水量年增速为 6%（高信度）。

在气温和降水增加的气候变化背景下，1960~2018 年新疆地表水资源呈现出增长趋势，增长速率为 4.7 亿 m³/10a。从 20 世纪 70 年代中期到 90 年代末期，新疆地表水资源呈现增加趋势，主要原因是冰雪融水径流的增加；21 世纪初期（2000~2010 年），新疆地表水资源呈现减少的趋势，其与冰川融水总量的减少密切相关。新疆用水量也呈现增加的趋势，2012 年后新疆多年平均年用水量较 2003~2018 年高 5.7%。2000~2015 年新疆水资源脆弱性指数呈现增长趋势，由较安全演变至临界安全和较不安全，新疆水资源、水环境质量和供应潜力在逐渐退化。

B.1.2 2030~2060 年全球平均温升 1.5~2℃期间，新疆水资源构成将会发生巨大变化（高信度）。21 世纪 50 年代后冰川融水呈现明显减少的趋势，极端气候水文事件强度和影响范围增大（高信度）；随着新疆经济社会持续发展，用水需求会进一步增大，水系统脆弱性增加，区域和流域水资源短缺风险增大（高信度）。

2030~2060 年全球平均温升 1.5~2℃期间，新疆以冰雪融水补给为主的河流水资源的构成将发生巨大变化。冰川融水随着冰川面积的持续减少，21 世纪中后期冰川融水将会大范围持续减少，整个塔里木河流域冰川径流达峰时间在 2040~2070 年间。塔里木河流域四源流（和田河、叶尔羌河、阿克苏河和开都－孔雀河）在 2050s 以后冰川融水可能出现不同程度减少，极端气候水文事件强度和范围增大增广。随着边疆地区社会经济持续发展，水资源用水需求增大。按照现状用水方案，从用水结构来看，预估到 2030 年、2040 年、2050 年，新疆总用水量将分别达到 784 亿 m³、828 亿 m³、795 亿 m³。从不同共享社会经济路径（SSP）情景来看，2020~2099 年新疆地区总需水量均有所增加。随着用水需求的增大，水系统脆弱性在增加。未来水资源短缺风险也在不断增强。不同典型浓度路径（RCP）中，RCP2.6 情景下，21 世纪近期（2020~2039 年）、中期（2046~2065 年）和末期（2080~2099 年）水资源风险都要高于当前时期；RCP4.5 情景下，未来水资源风险较高；相比于 RCP2.6 和 RCP4.5 情景，RCP8.5 情景下因山区降水增加显著，弥补冰川消失的水量，水资源风险较小但洪灾风险大。流域尺度上，塔里木河流域四源流不论何种情景下水资源风险都增大。{第二部分 4.2.1，4.2.2，4.3.1，4.3.2，4.4.1，图 3}

B.1.3 对冰川融水径流减少的流域，应通过建设山区水库、山前水库等措施增加年内及多年水资源调节功能，弥补冰川退缩导致的径流调节功能衰退；针对生态系统服务的水源涵养功能衰竭区，应考虑从水资源丰裕区调水弥补其水源涵养功能。针对新疆资源型缺水、工程型缺水及结构型缺水，以及全球变化导致的水文波动及水系统脆弱性增强趋于严重现状，通过加强水资源统一管理和水资源优化配置，积极推进节水型社会建设，构建供需水管理体系等措施能够有效地确保水安全。

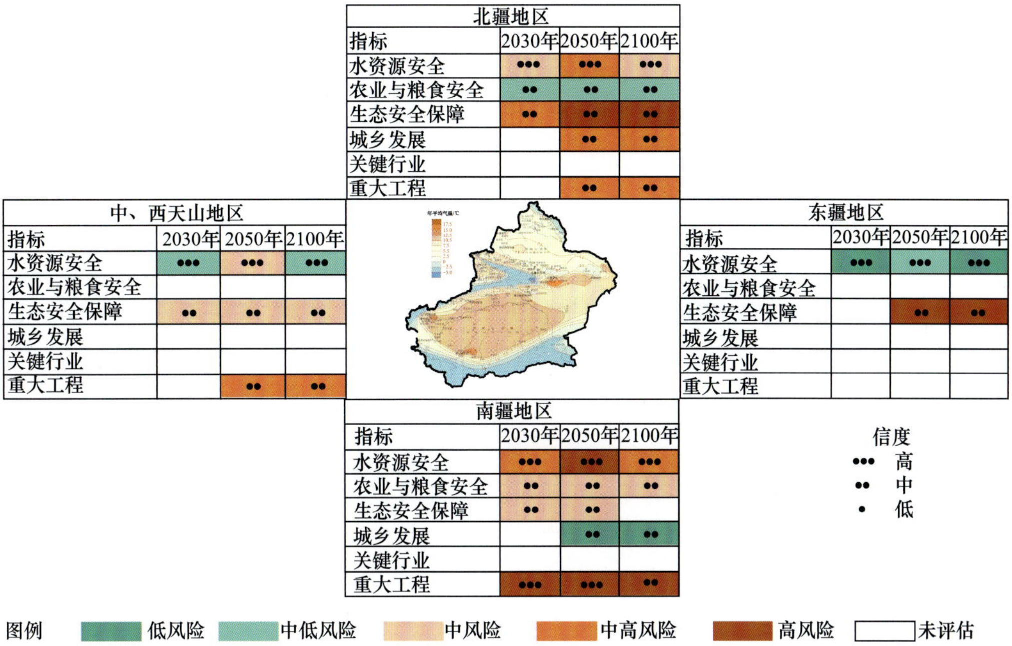

北疆地区

指标	2030年	2050年	2100年
水资源安全	•••	•••	•••
农业与粮食安全	••	••	••
生态安全保障	••	••	••
城乡发展		••	•
关键行业			
重大工程		••	••

中、西天山地区

指标	2030年	2050年	2100年
水资源安全	•••	•••	•••
农业与粮食安全			
生态安全保障	••	••	•
城乡发展			
关键行业			
重大工程		••	••

年平均气温/℃

东疆地区

指标	2030年	2050年	2100年
水资源安全	•••	•••	•••
农业与粮食安全			
生态安全保障		••	••
城乡发展			
关键行业			
重大工程			

南疆地区

指标	2030年	2050年	2100年
水资源安全	•••	•••	•••
农业与粮食安全	••	••	••
生态安全保障			
城乡发展		••	••
关键行业			
重大工程	•••	•••	•••

信度
••• 高
•• 中
• 低

图例　低风险　中低风险　中风险　中高风险　高风险　未评估

图 3　新疆气候变化的影响与风险

加强流域地表水、地下水统一管理，强化"三条红线"的贯彻落实，加强水资源开发和利用控制、用水效率控制、水功能区污染控制，缓解未来用水增加的矛盾。完善水资源综合管理的责任体系与制度，推进水权市场建设，完善水价形成机制协调生态、生产、社会用水的关系，确保生态需水量（高信度）。加强水资源优化配置和统一调度，建立高效的水资源管理体系，科学确定绿洲适宜规模，以水定地、以水定发展（高信度）。积极推进节水型社会建设，建立健全政府调控、市场引导、各方参与的节水型社会体系，推进推广节水高产示范县（区）的建设，加大生态水利工程建设力度，提升水资源管控能力（高信度）。对各主要流域中冰川和山体滑坡堵江风险进行排查，开展全球气候变化条件下重要流域重大工程和设施安全的调查评估、隐患识别、监测预警和风险防控，组织力量开展冰川灾害对正在修建和规划建设的重大工程以及重要城镇安全影响的调查评估和风险防控，以此应对增温导致的冰湖溃决性洪水灾害。构建供需水管理体系，实现水资源精准管理，促进经济与资源环境协调发展，杜绝不合理用水现象，优化产业结构和布局，加大水污染防治力度，加快落实相关法律制定与宣传工作（高信度）。{第三部分 11.2，图 4}

B.2 生态系统与生态安全保障。

B.2.1 过去几十年来在气候变化和人类活动双重影响下，绿洲面积增加、次生盐渍化普遍，荒漠 - 绿洲过渡带萎缩、生物多样性降低、生态稳定性整体下降、生态脆弱度整体增加（高信度）；部分区域水土流失加剧（中信度）。部分区域野生动植物栖息条件、分布范围萎缩；特色种质资源（果树、药材等）和家禽家畜品种资源分布改变；野生动物栖息地退化，数量减少；入侵生物数量增加到约 80 种、危害范围扩大（高信度）。

指标	年代	水资源	生态	农业	大气环境	关键行业
影响	2030s	降水和冰雪资源改善水资源供给；需求增加 ***	部分物种分布范围缩小，物种丰富度下降，生物多样性减少；高危物种入侵显现 ***	适宜种植区扩大，主要作物产量有所增加；病虫害风险加大 ***	大气扩散能力降低；污染加重；污染类型增多 ***	清洁能源潜力增加；旅游资源发展脆弱性增加；交通运输不利影响加大；冰雪旅游负面影响较大；影响重大工程运行效率和经济效益
对策		节水型社会建设	严控生态红线；国家公园建设；强化生态系统保护措施	产业结构调整，增加农业种植多样性；加强极端天气候灾害预警监测	加强监测预警；节能减排	发展清洁能源，在工程规划、设计、建造、运行以及维护等方面充分考虑气候因素；旅游资源保护
影响	2050s	冰雪水资源明显减少；需求增加，水资源短缺风险大 **	生态系统脆弱性明显加剧；生物多样性呈规模性减少 **	棉花、小麦以及特色林果的病虫害危险风险加大 **	在已有排放条件下的空气质量进一步恶化，严重污染事件风险增大；城市热岛效应显著增加 **	国家碳中和目标为新疆清洁能源发展带来重要转型机遇；对城乡发展、国土空间布局提出新思路
对策		构建系统的供需水管理体系	从新疆山地、绿洲和荒漠三大生态系统统筹考虑，从生态-经济-社会系统链条协同施策	完善气候灾害和农业灾害损失的应急管理制度；用好农业金融工具；大力发展生态农业	改善能源结构，大大提高可再生能源比重；确保城市可持续发展和城市绿地之间的平衡关系	加强中长期战略规划，形成系统的行业发展局面；提出清洁美丽、气候适应型城市和乡村建设的综合解决方案

适用性　■高　■中　□低　　　　信度　***高　**中　*低

图 4　新疆气候变化的影响及应对措施

气候变化和人类活动使部分荒漠、森林、草原和湿地范围局部改变、生产力增加，植被春季物候提前、秋季物候延迟，部分湖泊湿地萎缩（高信度）。气候变化显著影响山地森林 - 草原最大降水带，增加山地生态系统脆弱性（高信度）。1960~2018 年，新疆天然植被面积呈先减少后增加趋势，2000 年前显著减少（10.5%）、2000 年后略有增加（0.2%）（中信度）。荒漠植被生产力和盖度呈增加趋势；森林和草地生产力增加，且自北向南增幅逐渐递减（中信度）。植物生长季有延长趋势（0.15~0.25d/a）（中信度）。近几十年，气候变化和人类生产活动致使新疆部分湖泊湿地萎缩，一些原有自然湿地消失或演变为人工湿地，湿地人工化和湿地荒漠化现象加剧（低信度）。气候变化及人类开发利用使绿洲保持着"荒漠化"与"绿洲化"的双向变化，呈现为天然绿洲不断消亡及人工绿洲不断扩张的发展趋势，部分次生盐渍化增加，加剧了绿洲和荒漠过渡带脆弱性（高信度）。绿洲面积由 20 世纪 50 年代的 1.3 万 km^2 增加到 7.07 万 km^2，1970s 中期至 2015 年天然绿洲的占比由 56.38% 减少至 42.14%。部分区域水土流失加剧、水资源过度开发，使天然绿洲失去水资源保障，使盐渍化、沙漠化和土壤侵蚀等生态风险增强（中信度）。大部分绿洲处于不稳定状态，生态脆弱度整体增加（中信度）。{第二部分 5.2.1，5.2.2，5.2.3，5.3，5.4.5}

过去气候变化和生产活动等对新疆生物多样性产生了负面影响，部分野生动植物（如鹅喉羚、草原斑猫、野骆驼、塔里木兔等）栖息条件、分布范围萎缩；特色种质资源（如梭梭等）分布改变，部分栖息地退化，数量减少；入侵生物数量增加到约 80 种、危害范围扩大（高信度）。过去气候变化和人类生产活动等使新疆的地质灾害、森林及草原火灾、病虫害范围扩大，严重危害的害虫增加到 24 种，局地危害加剧（高信度）。{第二部分 5.3.1，5.3.3，5.4}

B.2.2 未来气候变化将对生态系统和生物多样性带来新风险，加剧部分地区的生态退化和灾害风险（中信度）。荒漠 – 绿洲过渡带将进一步萎缩，威胁绿洲安全（中信度）。野生动植物栖息地分布范围将会改变，特色种质资源将减少，入侵生物数量增加、危害扩大（中信度）。

未来气候变化影响下，沙化增加，威胁绿洲安全，将加剧绿洲生态功能不稳定性（中信度），湖泊湿地面积将减少 3%~45%（低信度），并将对新疆生物多样性带来新风险，使得野生动植物栖息分布范围改变，特色种质资源减少，特别是珍稀濒危物种 - 裸果木分布区将减少 32% 左右，梭梭分布区将从北疆向西北和东北方向迁移；入侵生物（如意大利苍耳、刺萼龙葵等）数量增加、危害扩大（中信度）。{ 第二部分 5.3，5.4，图 3}

未来气候变化将加剧地质灾害、火灾、病虫害发生的风险（中信度），2021~2050 年 RCP 2.6、RCP 4.5 和 RCP 8.5 情景下森林火灾可能性高至很高的区域分别增加 0.6%、5.5% 和 3.5%。{ 第二部分 5.4，图 3}

B.2.3 树立新疆山地 – 绿洲 – 荒漠三大系统适应气候变化的整体战略思想，以构建具有新疆特色的"山水林田湖草沙冰"生态命运共同体为适应气候变化的抓手，保障林 – 草 – 畜 – 人"四位一体"、生态 – 经济 – 社会"三系合一"的山地生态系统安全，加强绿洲水资源管理、人工促进荒漠 – 绿洲过渡带植被恢复、建立荒漠区生态保护体系，提高山地生态 – 社会系统对气候变化的适应力。

应对气候变化的生态安全，需要从新疆山地、绿洲和荒漠三大生态系统统筹考虑，从生态 – 经济 – 社会系统链条协同施策。严格管控山地生态红线，建设全垂直带山地生态监测网；优先推进阿尔泰山、天山、帕米尔高原国家公园建设试点，提升山地森林生态功能，维护山地生态系统多样性、完整性；三产融合、延伸产业链和居民增收，降低山区人类活动压力，缓解草畜矛盾。科学调度稳定绿洲外部水资源供给，高效保护和高效利用并重，开发与保护兼顾，优化绿洲内部用水结构，退地还林还水提升生态水量的保障程度，实现天然与人工绿洲的适宜配比；严控人工绿洲扩张，维持水土均衡状态，实现适宜绿洲规模；通过强化水资源调度和管理，加强生态保护及修复，量质双面提升绿洲土地生产力。完善荒漠生态监测体系，利用生态阈值、生态承载力管理并预警脆弱荒漠生态系统安全；构建完善的荒漠保护区体系建设，增加吐鲁番和哈密盆地、准噶尔盆地西部萨吾尔山、天山西部北麓、西昆仑山和塔里木盆地低地荒漠保护区，减少超载放牧、矿山开采等不利的人为干扰，提升已建成的荒漠保护区生态功能，从荒漠保护区建设的存量和增量同步提高荒漠生态系统应对气候变化的能力。{ 第三部分 12.1.4，12.2，12.3，12.4，图 4}

B.3 农业与粮食安全。

B.3.1 气候变暖、热量增多有利于非适宜种植区向适宜种植区的转化，单一熟制向多熟制的转变；同时变暖的气候也导致病虫害加剧、干旱损失增大，未来雪灾、低温、霜冻等农业气象灾害可能减少（中信度）。

气候变化通过改变农业自然条件对新疆农业产生影响。1961~2018 年，暖湿化趋势有利于农业生产，使新疆主要农作物小麦、玉米和棉花以及特色林果如香梨、红枣等的物候提前、生育期延长，产量有所增加。热量增多有利于非适宜种植区向适宜种植区的转化，单一熟制向多熟制的转变（中信度）。极端天气/气候事件频发给新疆农业造成一定的危害，例如春季霜冻频次增加所造成的农业损失增大（中信度）。同时气候变化也对新疆农业发展产生诸如病虫害加剧、干旱与冰雹损失增大等风险。冬季气候变暖有利于病虫害越冬，使单位面积上的虫口基数增大，同时生长季延长使害虫繁殖代数增多，棉花、小麦以及特色林果的病虫害风险加大、损失趋重（高信度）。

在 RCP 4.5 情景下，2041~2060 年新疆策勒籽棉产量会有 0.24Mg/hm^2 (5.6%) 的增加。2021~2100 年库尔勒香梨种植区年平均气温增高、无霜期延长有利于库尔勒香梨生长期的延长。未来新疆气候变暖、降水增多的背景下，雪灾、低温、霜冻等农业气象灾害的发生频率存在降低的可能，气象灾害对畜牧业发展的危害有可能降低。{第二部分 13.2，13.3，13.5.1，13.5.2，图 3}

B.3.2 为适应气候变化影响，应增加农业种植多样性，以减少极端气候灾害和病虫害的影响；通过产业和服务价值提升增加农业经济效益，将水资源效益最大化；打造适应气候变化的绿洲经济典范。

新疆农业结构不合理，亟须通过调整来增加农业种植多样性，减少极端气候灾害和病虫害的危害影响。新疆农业以种植业为主（产值所占比重在 69% 左右），畜牧业比重不高（产值所占比重 21% 左右），林业和渔业产值比重低。种植业中，棉、粮和特色林果业占据主导地位，且棉花种植面积过大，致使耗水量相对集中和农业生态系统生物多样性降低，应适度增加饲草料种植面积，增大种植多样性，以降低极端干热、冰雹等气象灾害的影响，同时提升抵御病虫害风险增加的能力。通过产业和服务价值提升增加农业经济效益，除棉花、果类等特色农业经济外，要关注其价值提升的下游产业发展，如纺织工业、服务业等，将水资源效益最大化。需要完善气候灾害和农业灾害损失的应急管理制度，用好农业金融工具，降低农产品生产价格波动风险。大力发展生态农业，提升新疆农业碳中和能力的潜力。新疆是陆上丝绸之路的核心区，应建设中亚地区农业经济效益提升的示范区，打造丝绸之路经济带上适应气候变化的绿洲经济带典范。{第三部分 13.2，13.3，图 4}

B.4 关键行业（交通、旅游、能源）。

B.4.1 气候变化导致极端降水、地质灾害等极端事件的增加，从而破坏新疆地区交通基础设施（高信度），大风、低温雨雪冰冻、冻雾等对新疆的交通运输带来不利影响。

铁路、公路和航空，容易受到极端天气的影响。气候变化会导致极端降水、地质灾害等极端事件的增加，从而破坏新疆地区交通基础设施（高信度）。大风、低温雨雪冰冻、冻雾等对新疆的交通运输带来的不利影响主要表现为三方面：增加基础设施修理维护的成本（高信度）；大范围发生交通延误和中断（高信度）；增加交通事故的发生率（高信度）。随着极端事件出现频次的增加、范围的扩大以及程度的加重，交通系统的暴露度和脆弱性都有所增加，面临的风险也日益增大，适应气候变化成为新疆交通发展面临的严峻挑战。

B.4.2 气候变化对新疆冰雪旅游、文化遗产负面影响较大（高信度）；暖湿化趋势将为冬春季气候舒适度的改善、适游期的延长及夏秋季休闲度假和康养旅游带来一定发展机遇（高信度）。

暖湿化为冬春季气候舒适度的改善、适游期的延长，以及夏秋季休闲度假和康养旅游带来一定发展机遇（高信度）。依托不同时空尺度气候条件，形成新疆特色的休闲度假和康养旅游产业聚集区，促进旅游开发与生态环境保护的和谐共生。气温、降水变化对新疆冰雪旅游、文化遗产负面影响较大（高信度）。

B.4.3 过去几十年的气候变化带来的温度、风速、极端天气变化增加了新疆制冷的能源需求和消费，而减少了采暖的能源需求和消费（高信度）；极端天气以及风速变小使得风电产出受到负面影响（中等信度），同时极端天气给电网的运行带来更大挑战（高信度）。未来气候变化背景下，温度将持续上升、极端事件增加、风速下降，这些对电网运行的负面影响会加大（高信度），可能会使风电单位产出减少 10% 以上，而光照条件持续变好将有利于新疆光伏发电和相关产业发展（高信度）。

新疆是我国能源基地，能源供应多元化，包括煤电、天然气发电、水电、风电、光伏发电等。这些能源供应都受到温度变化的影响。1961~2018 年，新疆区域年降水量的增加促进了大型水电的产出；新疆南部日照时数的增加趋势增加了光伏发电的产出，有利于新疆太阳能发电建设；年平均风速的减小趋势对新疆风力发电带来负面影响。风电、光伏发电系统的输出受气象条件包括风速、光照、温度等环境因素的影响，输出功率会呈现较大的变化，特别是天气多变时，其发电功率呈现较为明显的随机性与不可控性。

预估 2050 年升温 2℃ 的情况下，新疆采暖度日数会减少 15% 以上，带来的采暖能源需求减少 17%~35%。同时燃煤发电效率会下降 1.2%~1.4%。{第二部分 7.4}

B.4.4 适应交通风险，应从技术、管理和政策方面采取相应的预防措施；对高山旅游，既要拓展冰雪旅游产业，也要防范突发灾害，建立监测预警预报系统；对历史文化遗产，需加大保护性工程应对气候变化对文化遗产的不利影响；在关键行业应对新疆气候"暖湿化"问题上，建议水利、交通、气象等行业加强联防，建立统一的监测、预警平台、信息共享。

为了持续增强交通领域应对气候变化能力，提高交通安全水平、减少灾害损失，政府和相关部门在交通运输的规划、设计、建造、运行以及维护等方面应充分考虑气候变化带来的影响，建议气象部门提前参与交通运输的规划、设计、建造等前期工作，同时结合当前及未来形势判断，从技术、管理和政策方面采取相应的适应性预防措施。{第二部分 7.2}

推进旅游气象数据信息共享，加强旅游气象服务能力，提升气象安全预报预警水平；进一步加大冰雪旅游开发力度，提升在全国的影响力和市场份额；加大历史文化遗产保护工程，应对气候变化对文化遗产的不利影响，并通过数字化或新科技，强化文化遗产的传承与保护；因地制宜，利用各地农业气候条件，重点发展田园观光、民俗风情、农业体验、民宿度假等类型的休闲农业旅游业态。气候变化对旅游者出游动机、旅游基础设施、旅游服务体系及其整个旅游产业也会产生一定影响（中信度）。未来，这种机遇、影响将并存与持续。为此，亟须编制全疆旅游业气候利用规划，通过发展全季、全域旅游、低碳旅游等，以应对气候变化对其全疆旅游业的综合性影响。{第二部分 7.3；第三部分 8.1，8.2，8.3，图 4}

B.5 城乡发展。

B.5.1 气候变化影响新疆国土空间规划的资源环境承载力和国土空间开发适宜性，制约着乌鲁木齐等城市规模扩大与天山北坡城市群发育，影响新疆城市与乡村基础设施和空间布局，对城市防洪排涝、供热工程、清洁能源利用、城市防灾减灾设施和传统民居建设提出了新要求和高要求（中信度）。

气候变化影响新疆国土空间规划与城市基础设施布局。影响新疆城市资源环境承载力和国土空间开发适宜性，对城市防洪排涝工程、城市供热工程规划与建设和清洁能源供热提出了新要求（中信度）。在气候变化和城市化的双重作用下，影响城市空间布局、城市热场环流与通风廊道。

气候变化影响着天山北坡城市群的人口集聚与发育程度。城市群产业发展和产业园区建设对水资源的依赖严重，受脆弱生态环境的约束大，总体发育程度低，增加了城市群形成发育的脆弱性（中信度）。{第二部分 8.2.4}

气候变化影响城廓废弃及城乡居民点布局，过去2000年气候变化影响了新疆城乡居民点数量、空间迁徙格局和政治经济发展，导致城乡居民点废弃（中信度）。气候变化制约城市发展规模，水资源是影响新疆城市规模扩大的最主要制约因素。在干旱条件下，水是制约乡村发展和农村居民点布局迁徙的主导因素。极端干旱事件引发了移民高潮，影响了移民政策（中信度），导致人口向河流中上游地区迁徙。气候变化影响新疆农牧民生计，绿洲—荒漠交错带与离城镇较远的农村通常更易受气候变化的影响。

全疆从北往南大气颗粒物逐步加重，颗粒物浓度冬春高，夏秋低。南疆和北疆冬季的大气扩散能力较弱，加之冬季较高的人为源污染物排放量，导致多数地区（自治州、市）冬季空气质量都较差，尤其以中天山北坡城市群为甚 {第二部分 9.1}。

气候变化影响新疆民居建筑布局与营造模式，改变了新疆传统民居的建筑形态及风貌。传统民居建筑材料在适应气候环境条件下所表现出的耐久性（耐候性），以及传统民居建筑在面对气候灾难所表现的安全性。气候变化改变了新疆传统民居的营造策略和适应模式（中信度）。

B.5.2 在RCP4.5气候情景下，气候变化将使未来的空气质量恶化，会增加严重污染事件的风险。北疆地表风速减小、边界层高度下降都不利于空气污染物的传输和扩散，北疆细颗粒物$PM_{2.5}$的质量浓度将增加；南疆边界层高度升高，风速减小导致沙尘天气频率降低，二者都将有助于南疆地区空气质量的改善（中等信度）。

在RCP4.5气候情景下，21世纪中期（2046~2065年）和末期（2080~2099年），气候变化将使未来的空气质量恶化，会增加严重污染事件的风险。北疆地表风速减小、边界层高度下降都不利于空气污染物的传输和扩散；南疆边界层高度升高，风速减小导致沙尘天气频率降低，将有助于南疆地区空气质量的改善（中信度）。蒸发量大和沙尘天气可能是导致肺结核发病率增多的主要原因之一（低信度），气候持续干热可能引发西北燥症及心理健康问题（低信度），同时导致了相关的多发病，如常年性变应性鼻炎、慢性支气管炎等。{第二部分 8.4, 9.1, 9.2, 9.3, 9.4, 图3}

B.5.3 编制国土空间规划应充分考虑气候变化因素，建设气候适应型城市和乡村，增强新疆城市安全韧性。气候变化背景下坚持"以水定城"、以水定地、人、户、人工绿洲规模的原则。调整新疆能源结构，提升可再生能源比重，将会使新疆城乡空气质量明显提升（高信度）。

国土空间规划中应加强城市通风廊道的预留，对多风城市还应注意防风工作（中信度）。在沙漠地区绿洲上布局城乡居民点之初，首先应测算绿洲生态承载力，着重对绿洲用水量进行预测，在此基础上科学安排绿洲人口与产业规模。

水资源变化和人口变化是城市规模变化的主要驱动力，气候变化背景下坚持的"以水定城"原则，决定了在不调水的前提下乌鲁木齐市建设特大城市将受到水资源的严重约束，倡导建设节水型和节能型城市。气候暖湿化趋势有利于牧场植被、葡萄、油菜花、薰衣草等乡村生产性景观的形成，有利于带动乡村旅游发展，提高林果产品产量，改善农村生态环境和农村人居环境，为美丽乡村建设奠定自然基础。{第二部分 8.2.5}

新疆民居建筑需要适应干旱区夏热冬冷、日温差大、辐射量大、风沙猛烈等自然环境，新疆民居建筑与气候适应性的关系，包括外部气候因素对民居建筑室内物理环境的影响（舒适性），建设气候适应型民居是主要的应对方向（中信度）。{第二部分 8.2.1，8.2.2}

能源结构调整对新疆大气环境有重要影响。煤制天然气工程将不利于空气质量的改善，增加碳排放，还会加剧用水紧张的趋势（高信度）。在可再生能源占据一次能源主要部分（约63%）的低碳能源转型情景下，将会使新疆空气质量明显改善（高信度）。{第二部分 9.4，图 4}

B.6 重大工程。

气温升高、降水强度年际变率大以及极端天气气候事件频发，会通过影响重大工程的设施本身、重要辅助设备以及重大工程所依托的环境，从而进一步影响工程的安全性、稳定性、可靠性和耐久性，并对重大工程的运行效率和经济效益产生一定影响（高信度）。

气候变化使得新疆山区水利枢纽工程的设计标准和安全运行受到一定威胁（高信度），其中受极端天气气候事件的影响最为显著（高信度）。目前塔里木河流域下游生态输水工程使得塔里木河下游生态环境得以大幅改善（高信度），但随着气候变化未来30~50年塔里木河流域源流区冰川融水量的减少，预计塔里木河沿岸绿洲、水体面积及生物多样性将出现很大的不确定性和规模性减少的可能（中信度）。中巴经济走廊自然灾害多样，洪水和泥石流是中巴经济走廊山地灾害的主要组成。预计未来30~50年这一区域的山地灾害将严重影响以中巴公路为核心的重大工程的设计标准和安全运行（高信度）。为了应对气候变化对中巴走廊的影响，需要建立综合监测和预警系统加强风险管理，此外，还应提高工程设计标准，以应对灾害破坏。近50年来受气候变化影响使得新疆雪深、降雪强度增加，一方面带来了丰硕的水资源，利于旅游资源开发（高信度）；另一方面受温度升高，地表风速变化的影响，以风吹雪、雪崩和融雪性洪水为主的雪灾发生频率也呈增加趋势（高信度），使得雪灾防治工程稳定性降低（高信度）。受温度和降水增加的影响，新疆沙漠公路和横穿沙漠的输水工程沿线生态环境得以改善，降低了工程受沙漠覆盖和侵蚀的影响（高信度），但温度的升高也降低了工程耐热性和抗腐性（中信度）。{第二部分 10.2.1，10.2.2，10.2.3，10.2.4，10.2.5，图 3}

C 可持续发展与长治久安的政策选择

C.1 气候变化制约经济发展，新疆应利用自然资源禀赋，依托绿色低碳发展，实现能源转型深度减排。在未来新疆社会经济能源规划、城乡建设、绿色金融及重大工程需考虑气候变化因素（中信度）。

C.1.1 新疆是我国向西开放的主要区域，也是我国重要的安全屏障，新疆经济社会的可持续发展和长治久安关乎国家崛起和民族复兴大业。新疆在特殊的地理位置、特定的地貌条件以及多种大气环流的共同影响与作用下，呈现出降水稀少、空气干燥的大陆性干旱气候基本特征，独特的气候特征、广袤的土地资源和较稳定的高山冰川积雪融水也使新疆成为我国著名的农产品生产基地。在全球气候变暖背景下，20世纪90年代以来新疆整体气候趋势向暖湿化发展，但由于新疆总体处于干旱、半干旱气候区，气候变化对农牧业生产的总体种植区影响并不十分显著，不宜忽视气候条件的适宜性而盲目扩大种植规模或改变种植制度，应根据当地气候特点及气候变化规律，合理调整农作物种植范围，充分利用农业气候资源，最大限度地规避极端高温事件及灾害风险，促进新疆农牧业持续稳定发展（高信度）。{第三部分 16.1.1，图4}

C.1.2 新疆作为丝绸之路经济带的核心区，生态环境脆弱，生态文明建设任务十分艰巨，一方面，新疆与缺水有关的生态问题已经严重威胁着地区生态的稳定与经济社会的可持续发展。新疆气候变暖直接影响到以冰雪为主要补给来源的河流径流量的大小，长期来看冰雪消融量的减小同样会减少以此为补给来源的河流的径流量。另一方面，随着新疆人口增加、农牧业结构单一和不合理的土地利用方式的影响，也导致生态环境部分恶化、退化，严重阻碍了新疆经济社会的可持续发展。为保护新疆地区生态与环境，降低自然生态系统面临的风险，促进人与环境的和谐共生，需促进资源开发、经济社会发展和生态环境的协调（高信度）。{第三部分 16.1.2}

C.1.3 气候变化对新疆可持续发展带来的新风险还体现在总体应对措施面临的挑战上。虽然丝绸之路经济带核心区建设的推进为新疆经济社会可持续发展和全面深化改革提供了新的机遇，但新疆社会稳定形势依然十分严峻，人才和科技创新能力不足，应对气候变化基础设施有待进一步加强，保障和改善民生任务繁重。新疆在实施应对气候变化措施上面临的挑战还表现为：新疆在产业结构中重工业比重较大，产业结构层次低，经济发展对能源依存度较高，工业结构重型化趋势在相当长时间内难以改变，加重了节能减排的难度；新疆承担着向国家供给能源资源及初级产品加工的重大任务，这些原料、初级产品的出疆造成能源消耗较大的生产过程主要处于新疆，为新疆单位GDP能耗下降增加了难度；新疆电力行业能源能耗高，使得新疆在其他方面取得的节能减排成效被发电用能上升抵消了；新疆高寒地区的地理位置也使采暖消耗明显高于内地、既有建筑节能改造难以全面铺开，交通运输、电力、水力长距离输送中的能耗也在很大程度上远高于内地。应对气候变化关乎新疆公共安全和社会稳定，新疆需采取多种措施有效减缓和降低气候变化带来的风险；在应对气候变化新生风险方面应综合全局、统一规划，从多行业多领域的角度出发综合考虑未来气候变化可能带来的风险，提高新疆应对气候变化的能力（中信度）。{第三部分 16.1.2，16.1.3}

C.1.4 新疆在实施应对气候变化减缓政策的同时，应坚持适应与减缓并重，加强应对极端气候事件能力建设，努力提高城乡建设、农、林、水资源等重点领域和脆弱区域适应气候变化能力，不断提升防灾减灾水平。实施各种气候变化相关政策也可能在多种维度上对新疆经济社会的可持续发展带来影响。例如，从长远发展的观点来看，实施应对气候变化措施是有效调整经济结构和促进农业富余劳动力向非农部门转移的重要契机，也是维护区域和谐发展的良好路径；但实施应对气候变化相关政策必然会带来土地、资本和劳动力等多种生产要素的重新分配，进而可能对地区社会经济发展和农业生产带来短期的不利影响，特别是对主要依靠农业种植生存的农村家庭生产生活影响更加明显。另外，随着我国气候变化领域财政投入的加大，气候资金使用效率和影响程度的判断也成为气候变化研究和气候扶贫研究的核心问题，也是亟待回答的科学问题（高信度）。{第三部分 16.1.2，16.1.3}

C.2 水和生态问题是新疆宜居城市和美丽乡村建设的重要制约因素，在未来"一圈一带多群、四轴多片"的城镇发展以及南疆地区乡村振兴建设中要充分考虑气候变化影响，增强主动适应转型能力建设，打造生态宜居城市，建设美丽乡村（高信度）。

C.2.1 进一步完善各级防灾减灾和应对气候变化机构，搭建综合信息平台，统筹兵地联动合作，建立社会力量参与机制，提高灾害联动联控和应急响应能力。要在传统风险管理模式上进行转型适应，加强气候风险管理，打造未来主动转型的决策过程和适应模式，尤其增强在城市居住和关键基础设施、与水相关的农业、能源和水安全、林业及人体健康领域的适应能力（中信度）。{第三部分 16.2.1，16.2.2}

C.2.2 高度重视"生态宜居、兵地共融"的宜居城市发展理念。以绿洲城镇组群为主题形态，推进大中小城市和小城镇协调发展，打造特色城市、旅游城市、口岸城市等。加强水资源统一管理及规划，坚守"三条红线"，集中推进骨干枢纽、重点水源及引调水工程建设，增强水资源配置调控能力。充分利用气候资源特色，结合冰雪旅游、特色文化遗产旅游、生态旅游，开发特色气候城市品牌。提高环境安全水平，发展清洁能源，科学规划城市的海绵韧性功能。将乌鲁木齐、克拉玛依打造成"塞上江南"，全国重要的城镇群。将南疆地区城市逐步发展为北疆水平，全疆争取数十个特色小镇入选"中国美丽小镇"示范，将"屯垦戍边"向"屯城戍边"的城镇功能内涵转变，打造成为国家西部战略门户和荒漠绿洲地区的特色小城镇（中信度）。{第三部分 16.2.2}

C.2.3 做强农业现代化体系，建立种子选择和粮食价格早期预警预报系统，发展智慧农业气象，增强可持续牧场管理水平。建立"责任、激励、约束"并存的可持续发展流域水资源开发模式，在流域水资源综合配置的基础上，对经济和粮食作物进行综合评价和筛选。开展水生态文明建设试点工作，划定严格的生态保护红线，实现生态安全和经济效益最大化。根据保护分区引导乡村布局，通过高品质生产推进农业现代化，结合坎儿井的综合利用实现一、二、三产业的融合，合理分配水资源，提高水资源承载力，构建生态宜居的美丽乡村。利用坎儿井非物质文化遗产繁荣发展乡村文化，实现资源保护和乡村振兴。结合历史名城（名镇）以及国家公园，进一步开发自然、生态、人文景观，赋予旅游内涵，拓展旅游品牌，发展生态、休闲旅游，并建立有效的旅游生态安全评价指标体系。挑选一批重点生态功能区范围内，特别是以往处于集中连片特困地区，争取进入全国重点生态功能区第二批县市区试点，得到国家和跨省生态综合补偿，争取国家生态综合补偿试点（中信度）。{第三部分 16.2.3，图 4}

C.3 气候变化对新疆的社会经济和能源系统带来深远影响。在国家提出的"碳达峰碳中和"背景下，实现新疆社会经济和能源转型对新疆的长治久安和美丽新疆建设至关重要（中信度）。

C.3.1 气候变化对新疆能源系统安全运行影响显著。未来气候变化背景下，温度将持续上升，会明显影响新疆的采暖和制冷能源需求，甚至会带来一些根本性的变化。极端事件将增加，对电网运行的负面影响会加大。风速会持续下降，可能会使风电单位产出减少 10% 以上。光照条件持续变好，有利于新疆光伏发电和相关产业发展。水资源变化根据不同流域出现不同情况，但是总体上对水电发展的影响是负面的（中信度）。{第三部分 16.4.2}

C.3.2 未来新疆能源发展规划需要充分考虑如下影响。在水电发展方面，需要针对不同的流域进行分析，制定水电开发方案。同时对于居民建筑，也需要根据不同温度区来确定未来发展模式，制订新建建筑的节能标准，从以采暖为主，到采暖和制冷并重。未来光伏发展更为有利，新疆的能源发展格局需要纳入光伏大规模发展模式下的高可靠性供应体系。总体上来讲，未来新疆的能源规划和能源转型需要更进一步设计高可靠性低碳的能源供应系统。同时，实现 2060 年前碳中和目标，需要我国的 CO_2 排放到 2050 年明显下降。作为我国的一个重要能源基地，新疆未来也需要在全国碳达峰和碳中和工作中做出贡献，要求新疆的能源实现大幅度转型（中信度）。{第三部分 16.4.2，图 4}

C.3.3 能源转型是不可回避的可持续发展转型难题。一个绿色清洁的新疆发展对于构建和谐良好社会经济发展的区域至关重要。新疆最大的自然资源是可再生能源，新疆 1/5 的面积用于光伏发电就足够 2050 年全国能源需求。新疆有潜力巨大的光伏、风电，以及丰富的水电资源，为打造清洁新疆提供充足支撑。新疆有可能实现明显的能源转型途径。到 2050 年，需要新疆可再生能源占据一次能源的 63% 以上，成为主要部分，煤炭消费明显下降。这种能源转型可以实现 2050 年新疆大气质量接近世界卫生组织的标准，同时可以支持国家承诺的 2060 年前的碳中和目标实现。{第三部分 16.4.2}

C.3.4 新疆的能源战略需要明确未来的转型方向，一个明确的能源发展战略将非常有利于新疆的经济、社会、能源发展，有利于社会稳定。新疆未来能源转型将以可再生能源和核电为核心，打造零碳能源未来，到 2050 年基本实现低碳或者零碳电力供应，同时在终端用能部门大力提升用电比例，以及直接利用可再生能源的比例。利用新疆大量可再生能源资源，提供廉价的电力供应，构建适合可再生能源接入的供电系统，包括电网和储电设施的建设，设计与之相匹配的工业产业和交通充电系统，提升利用可再生能源的效益。同时可以考虑发展先进核电，支撑电力高可靠度供电。整个体系可以为新疆提供低碳和低廉的能源供应系统，促进新疆的经济发展、人文发展，打造一个亚欧大陆桥的经济、人文、技术中心，成为国家和全球的碳先锋地区。在能源转型的进程中，要推进经济转型。从长期角度结合能源转型考虑新疆产业发展，提前做好高碳行业就业转型安置。新型经济产业发展，以及在区域中的特殊地位，将非常有利于新疆的社会经济引领和长治久安，也将成为一个包括中亚以及"一带一路"通道的绿色低碳示范区（中信

度）。{第三部分 16.4.2，图 4}

C.4 借助国家和地方重大工程建设契机及地理区位优势，加强环境保护和生态修复，发展绿色低碳经济，实现长治久安（中信度）。

C.4.1 新疆发展畜牧业，可通过"生态补偿"工程，积极落实草原生态保护补助奖励政策，保护脆弱的绿洲生态环境。并结合传统畜牧业生产技术和现代科学技术，实现从草原畜牧业向生态型现代畜牧业发展，实现牧区生态保护和经济发展的双赢战略。此外，基于得天独厚的季节性旅游资源，着力完善交通设施，抓住新疆作为丝绸之路经济带核心区的机遇扩大旅游经济发展。同时，加强新疆绿色旅游产品的设计、规划和建设，提高旅游供给主体的绿色意识，科学统筹旅游规模与旅游区生态环境稳定性，控制碳排放量增长，实现生态环境保护和旅游开发相互协调、相互促进。基于丰富的可再生能源，在"一带一路"经济走廊建设的带领下发展绿色低碳经济，打造绿色发展示范品牌，充分发挥丝绸之路的示范和向外辐射作用（中信度）。{第三部分 16.4.1，16.4.2，16.5.3，16.5.4}

C.4.2 借助新疆丝绸之路经济带核心区的地理优势，在"一带一路"倡议下，积极创建文化产业合作网络服务平台、跨文化人才联合培养机制，发挥市场资源配置的主导作用。重点提升交通、能源和通信等基础设施的连通性，推进经济走廊建设，鼓励企业参与海外资本筹集和金融贸易，深化与沿线国家金融合作。促进跨境水资源合作开发及水污染治理，根据流域规模和功能，在保障粮食安全和林草生态保护的前提下，推进相应水利和灌溉工程的建设与改造，以生态系统安全方法优化流域管理理念，健全跨境合作管理体制机制。在绿色低碳经济发展的基础上实现跨境水资源利用、文化产业合作和金融贸易，促进区域经济共同繁荣（中信度）。{第三部分 16.4.3，16.5.2，16.5.3}

C.4.3 引进先进的节能减排技术，提高重工业行业的能源利用率，实现经济发展的同时降低排放。加强交错带植被保护和防护林体系建设，减轻沙尘天气对城市环境影响，在市、地区、自治州各中心城市及自治区园林城市建设城市绿道及绿廊示范工程，结合"蓝天工程"等重大污染防治工程保护生态环境，强化环境准入管理，完善项目环评审批，推进燃煤电厂超低排放改造，开展企业及集群排查、整治，推进工业污染源全面达标排放、重点行业清洁生产技术改造及产业结构优化，打造生态保护、经济发展和社会长治久的共赢局面（中信度）。{第三部分 16.5.1，图 4}

目 录

第一部分 科 学 基 础

第二部分　影　　响

第 4 章　气候变化对水资源的影响及其脆弱性 ·················· 155

第三部分　适　　应

新疆气候变化科学评估报告

第一部分　科学基础

第1章 新疆气候与社会经济发展

主要作者协调人：翟盘茂 魏文寿 陈 峰
主 要 作 者：黄 磊 黄萌田 方创琳 张 强 杨莲梅 余 荣

▪ 执行摘要

　　新疆地形地貌呈现"三山夹两盆"的特征，生态系统呈现纬向地带性分布规律。新疆矿产、水能、风能、光照资源丰富，生物资源种类繁多、物种独特。新疆地处内陆腹地的典型干旱荒漠区，夏季炎热，冬季寒冷。新疆独特的山盆地形结构极大地影响降水分布，在局地山区最大年降水可达1100mm，但在盆地区域最干年份降水量为0。新疆地面日最高气温出现在吐鲁番盆地，达49.0℃，日最低气温出现在富蕴县可可托海镇，达−51.5℃。与气候背景密切有关，新疆受到干旱、大风、沙尘暴、高温热浪、寒潮、低温冷冻、暴雨（雪）等多重气象灾害的影响。总体看来，新疆过去两千年来在冷暖变化阶段上与全球、北半球和中国东部季风区很可能没有显著的不同，但在干湿变化上可能存在明显的差异；有证据表明，新疆过去两千年的干旱与寒冷气候对当地的人类文明发展产生了重要影响。在全球气候变暖背景下，新疆气候也明显变暖，降水增加，在过去30多年表现出了明显的"暖湿化"（高信度），类似情况很可能在过去300~500年中都未曾出现过。中华人民共和国成立前，新疆经济是以农牧业为主体的自然经济，生产力水平低下，生产方式落后，发展处于停滞状态。20世纪中叶以来，新疆人口稳定增长，社会经济发展迅速，特别是改革开放以来，新疆经济社会取得巨大成就，成为我国向西开放的桥头堡、能源和战略储备基地、国际能源资源大通道。新疆具有独特的区位优势并且发挥着重要的窗口作用，是丝绸之路经济带上重要的交通、商贸物流、文化科教的中心。天山北坡经济带和乌昌经济一体化不断发展壮大，正在成为中国西北地区经济增长的重要核心区域之一。

新疆位于欧亚大陆中部，离海洋较远，又地处中纬度西风带地区，天气气候条件受温带天气系统、极地天气系统、副热带天气系统等影响。气温日较差较大，表现出典型的"早穿棉袄午穿纱，围着火炉吃西瓜"的昼夜温差大的大陆性干旱荒漠气候特征。在特殊的地理位置、特定的高山山地与盆地地形条件以及多种大气环流的共同影响与作用下，新疆降水的时间分布与空间分布很不均匀，山区降水较为丰富，但大部分区域降水稀少、空气干燥，为典型的大陆性干旱气候区。

当今时代，全球气候变化对生态环境系统和人类社会经济产生显著影响，应对气候变化成为人类可持续发展最严峻的挑战之一。显然，气候变化与新疆的生态环境、经济社会发展的关系也十分密切。

本章基于新疆的自然地理、资源、人口经济状况与气候特征，评估了近两千年来新疆经历的气候变化规律，重点评估了工业革命以来，特别是1961年以来在全球与欧亚大陆变化背景下的新疆的气候变化特点，最后评估了新疆人口变迁与社会经济的发展。

1.1 新疆概况

新疆维吾尔自治区（以下简称"新疆"），位于欧亚大陆中部的中国西北边疆，总面积166万km²，占全国陆地总面积的1/6；与蒙古国、俄罗斯、哈萨克斯坦、吉尔吉斯斯坦、塔吉克斯坦、阿富汗、巴基斯坦、印度8个国家接壤，陆地边境线长达5600余千米，占全国陆地边境线的四分之一，是中国面积最大、交界邻国最多、陆地边境线最长的省区。新疆地域广阔，地形系统复杂，境内山脉峰峦重叠，河湖众多，地表水资源、地下水资源充足，但时空分布不均，高山积雪、冰川是新疆的天然"固体水库"，气候生态特征鲜明。新疆地形下垫面按地势自上而下分布着冰川、高山积雪 – 山区径流 – 高山湖泊 – 湿地草甸 – 河川径流 – 灌溉绿洲、湖泊水库 – 荒漠旱地等生态景观。新疆总体自然生态环境特征具有地域辽阔，但绿洲面积不大；气候干旱，而气温变化大；水资源总量丰富，但时空分布不均；土地面积大，但可利用面积小，土壤质量差且沙化，盐碱危害严重，生物资源种类虽然丰富，但生物总量不大等特点。这些自然生态环境特征决定了新疆自然生态环境的脆弱性，承载能力的有限性，对气候变化的敏感性。可逆性很小，在开发建设过程中一旦遭受破坏或被污染，将产生难以恢复的严重后果。

1.1.1 自然地理与自然资源概况

新疆的地形地貌可概括为"三山夹两盆"的地理分布特征（图1-1），北面是阿尔泰山，南面是昆仑山，天山横亘中部，把新疆分为南北两部分，习惯称天山以南为南疆，天山以北为北疆。新疆地势最高点是喀喇昆仑山的乔戈里峰，海拔8611m，是世界第二高峰，海拔仅次于珠穆朗玛峰。位于南疆的塔里木盆地面积52.34万km²，是中国最大的内陆盆地。塔里木盆地中部的塔克拉玛干沙漠，面积约33万km²，是中国最大沙漠，也是世界第二大流动沙漠。贯穿塔里木盆地的塔里木河全长2486km，是中国最长的内陆河。位于北疆的准噶尔盆地面积约38万km²，是中国第二大内陆盆地，盆地内古尔班通古特沙漠是中国最大的固定与半固定沙漠。在天山的东部和西部，还有被称为"火洲"

的吐鲁番盆地和被誉为"塞外江南"的伊犁谷地。位于吐鲁番盆地的艾丁湖，低于海平面154.31 m，是新疆地势的最低点，也是中国陆地最低点，并且是该纬度降水最少的地区。

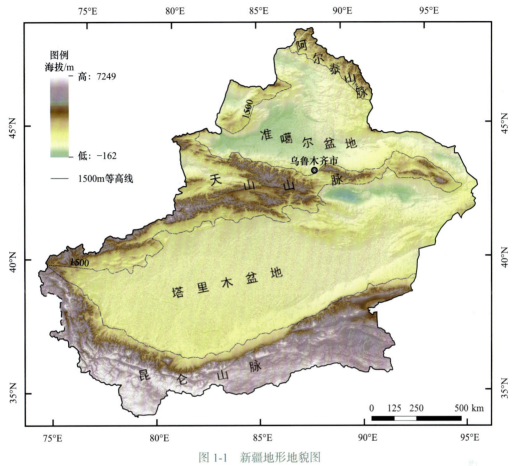

图 1-1　新疆地形地貌图
数据来源：中国科学院资源环境数据中心 http：//www.resdc.cn/

新疆水域面积 7400km²，其中博斯腾湖水域面积 1646km²，是中国最大的内陆淡水湖。新疆有大小冰川约 20695 条，总面积 22624km²，冰储量 2156km³，冰川年融水量 198.50 亿 m³。新疆的冰川分别占全国冰川条数、面积和冰储量的 43%、44% 和 48%，在全国范围内，冰川数量次于西藏，但冰储量却占据第一位。新疆有大小河流 570 条，地表水资源量 855.40 亿 m³，地下水资源量 502.60 亿 m³。

新疆生态系统在"三山夹两盆"的地域结构影响下，使当地生态系统纬向地带性分布规律保留和呈现明显。同时，新疆地理结构单元复杂，从高山到平原，按流域形成了垂直自然生态类型变化明显且独特的自然生态构架。既形成发育有以山区森林为主体的森林，从山地到平原发育的荒漠、草原、草甸、沼泽与河流和湖泊等生态系统，又发育了最为典型的绿洲与荒漠的生态系统（图 1-2）。同时，山区森林生态系统是绿洲生态系统和绿洲外围荒漠生态系统的水源地及其存在和发展的基础。新疆地处欧亚森林植物亚区、欧亚草原植物亚区、中亚荒漠亚区、亚洲中部荒漠亚区和中国喜马拉雅植物亚区的交汇地带，在这浩瀚的戈壁，辽阔的草原，绵延起伏的山脉蕴藏着丰富野生植物资源。

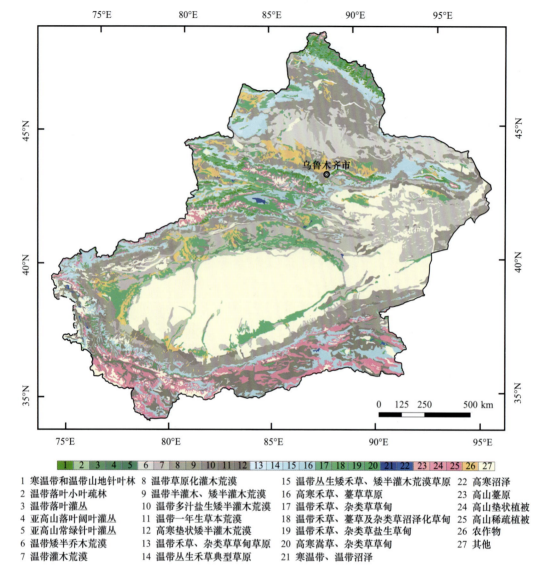

1 寒温带和温带山地针叶林　　　 8 温带草原化灌木荒漠　　　 15 温带丛生矮禾草、矮半灌木荒漠草原　　 22 高寒沼泽
2 温带落叶小叶疏林　　　　　　 9 温带半灌木、矮半灌木荒漠　 16 高寒禾草、薹草草原　　　　　　　　　 23 高山薹原
3 温带落叶灌丛　　　　　　　　 10 温带多汁盐生矮半灌木荒漠　 17 温带禾草、杂类草草甸　　　　　　　　 24 高山垫状植被
4 亚高山落叶阔叶灌丛　　　　　 11 温带一年生草本荒漠　　　　 18 薹草及杂类草沼泽化草甸　　　　　　　 25 高山稀疏植被
5 亚高山常绿针叶灌丛　　　　　 12 高寒垫状矮半灌木荒漠　　　 19 温带禾草、杂类草盐生草甸　　　　　　 26 农作物
6 温带矮半乔木荒漠　　　　　　 13 温带禾草、杂类草草甸草原　 20 高寒嵩草、杂类草草甸　　　　　　　　 27 其他
7 温带灌木荒漠　　　　　　　　 14 温带丛生禾草典型草原　　　 21 寒温带、温带沼泽

图 1-2　新疆植被分布图

数据来源：中国科学院资源环境数据中心 http://www.resdc.cn/

　　新疆矿产种类全、储量大、开发前景广阔。截至 2018 年年底发现的矿产有 142 种，占全国已发现矿种的 82.08%。储量居全国首位的有 13 种，居前五位的有 56 种，居前十位的有 77 种。煤炭累计探明资源储量 4506.09 亿 t，石油累计探明地质储量 61.57 亿 t，天然气累计探明地质储量 2.73 万亿 m^3。据全疆矿产资源潜力评价，新疆石油预测资源量 230 亿 t，占全国陆上石油资源量的 30%；天然气预测资源量 16 万亿 m^3，占全国陆上天然气资源量的 34%。煤炭预测资源量 2.19 万亿 t，占全国预测储量的 40%。铁、铜、金、铬、镍、稀有金属、盐类矿产、建材非金属等蕴藏丰富。2018 年新疆原油产量 2647 万 t，

原油加工量 2350 万 t，天然气产量 322 亿 m³。

新疆水能资源丰富（天山山区、阿尔泰山区等），理论蕴藏量 3355 万 kW，仅次于西藏、四川、云南，居全国第四位，可开发的水能资源 854 万 kW。水能资源在地理分布上较均匀，南北疆基本相等。新疆陆上风能、光照资源丰富，全疆风力发电和太阳能发电容量位居全国前列。新疆陆上风能占全国总量的 37%，仅次于内蒙古，拥有阿拉山口风区、吐鲁番西部风区、达坂城风区等九大风区。其中，新疆达坂城风电一场于 1989 年建成，这是中国第一座风力发电场。新疆是中国日照时间最长的省区之一，年平均日照时数达 2817.70 h，全年太阳能总辐射量为 5000~6490MJ/m²，仅次于青藏高原，光热资源开发前景十分广阔，新疆戈壁、荒漠、沙地等非常适合发展大规模光伏电站。

新疆生物资源种类繁多、物种独特。野生脊椎动物 700 余种，占全国的 11%。有国家重点保护动物 116 种，约占全国的 1/3，其中包括蒙古野马、藏野驴、藏羚羊、雪豹等国际濒危野生动物。野生植物达 4000 余种，麻黄、罗布麻、甘草、贝母、党参、肉苁蓉、雪莲、枸杞等分布广泛，品质优良。新疆特色林果品种多样，其中优良品种 190 余个，吐鲁番葡萄、库尔勒香梨、哈密瓜、阿克苏苹果以及遍布南疆的红枣、核桃、杏、石榴、西梅、无花果、巴旦木、枸杞、沙棘等名优特产享誉国内外，素有"瓜果之乡"的美誉。

新疆山地面积占总面积的 56%，盆地占 44%。农、林、牧用地面积约 63.06 万 km²，占总面积的 37.9%。截至 2018 年底，有耕地面积 4.06 万 km²，人均占有耕地 2000 m²；园地面积 3500km²；林地面积 6.77 万 km²；牧草地总面积 51.16 万 km²，仅次于内蒙古自治区，居全国第二位；未利用土地 102.21 万 km²，占总面积的 61.4%。新疆绿洲主要分布于盆地边缘和干旱河谷平原区；新疆现有绿洲面积 14.3 万 km²，占新疆国土总面积的 8.7%，其中天然绿洲面积 8.1 万 km²，占绿洲总面积的 56.6%。湿地总面积 3.945 万 km²，位居全国第五位。

1.1.2 建制沿革与社会经济概况

新疆"东捍长城，北蔽蒙古，南连卫藏，西倚葱岭"，地理位置非常重要，自古以来就是中国领土不可分割的重要组成部分。历史上从汉代直至清代中晚期，包括新疆天山南北在内的广大地区被统称为"西域"，自汉代开始西域地区已正式成为中国版图的一部分。汉代以后，由于历代中原王朝时强时弱，和西域的关系也有疏有密，中央政权对西域地区的管治时紧时松。公元前 138 年和公元前 119 年，汉武帝派遣张骞两次出使西域，并在内地通往西域的咽喉要道先后设立武威、张掖、酒泉、敦煌等河西四郡。自公元前 101 年开始，西汉在轮台等地进行屯田。公元前 60 年，西汉统一了西域，设西域都护府作为管理西域的军政机构。东汉改西域都护府为西域长史府，继续行使管理西域的职权。三国魏晋南北朝时期继承汉制在西域设戍已校尉。公元 327 年，前凉政权首次将郡县制推广到西域，在吐鲁番盆地设高昌郡。隋代结束了中原长期割据状态，扩大了郡县制在新疆地区的范围，突厥、吐谷浑、党项、嘉良夷、附国等周边民族先后归附隋朝。唐代先后设置安西大都护府和北庭大都护府，统辖天山南北，中央政权对西域的管理大为加强。到了宋代，西域地方政权与宋朝保持着朝贡关系。元代设北庭都元帅府、宣慰司等管理军政事务，加强了对西域的管辖。明代，中央政权设立哈密卫作为管理西域事务的机构。1762 年，清政府设立伊犁将军，实行军政合一的军府体制；1884 年在新疆地区建省，取"故土新归"之意改称西域为"新疆"。1912 年新疆积极响应辛亥革命，成为中华民国的一个行省。1949 年中华人民共和国成立，新疆和平解放；1955 年新疆维吾尔自治区成立，新疆各族人民团结协作，开拓进取，共同书写了稳疆、建疆、兴疆的辉煌篇章。

截至 2018 年年末，新疆常住人口 2519.91 万人，其中城镇人口 1266.01 万人，城镇化率达 50.91%。全区辖有 14 个地级行政单位，其中包括昌吉回族自治州（简称"昌吉州"）、博尔塔拉蒙古自治州（简称"博州"）、巴音郭楞蒙古自治州（简称"巴州"）、克孜勒苏柯尔克孜自治州（简称"克州"）、伊犁哈萨克自治州（简称"伊犁州"）5 个自治州、喀什地区、和田地区、阿克苏地区、阿勒泰地区、塔城地区 5 个地区和乌鲁木齐市、克拉玛依市、吐鲁番市、哈密市 4 个地级市。2018 年，新疆实现地区生产总值 12199.08 亿元，三次产业比重调整优化为 13.9 ∶ 40.3 ∶ 45.8，人均生产总值 49475 元，城镇居民人均可支配收入、农村居民人均可支配收入为 32764 元、11975 元。

新疆是多民族聚居的地区，其中世居民族有 13 个：汉族、维吾尔族、哈萨克族、回族、柯尔克孜族、蒙古族、塔吉克族、锡伯族、满族、乌孜别克族、俄罗斯族、达斡尔族、塔塔尔族。新疆也是多宗教地区，主要宗教有伊斯兰教、佛教、藏传佛教、基督教、天主教、东正教和萨满教，其中伊斯兰教为维吾尔族、哈萨克族、回族、柯尔克孜族、塔吉克族、乌孜别克族、塔塔尔族等多个民族所信奉。伊斯兰教在新疆社会生活中有着较大的影响。新疆宗教组织主要有伊斯兰教协会、伊斯兰教经学院和佛教协会等。

目前新疆已基本形成了以农业为基础、以工业为主导、第三产业占重要地位的初具现代工业化水平的产业结构。新疆农业综合生产能力逐年增强，农村经济全面发展，农民生活水平不断提高。新疆的粮食生产实现了"区内平衡，略有结余"的战略目标，特色林果已形成产业化规模，林果生产基地和特色农产品享誉国内外。尤其是商品棉、啤酒花和番茄酱已成为全国最主要的商品基地。

新疆的第二产业形成了以矿产资源开发和农副产品深加工为主导力量，包括石油天然气开采、石油化工、钢铁、煤炭、电力、纺织、建材、化工、医药、制糖、造纸、皮革、卷烟、食品等门类基本齐全、具有一定规模的现代工业体系，在国民经济中占据了主导地位。

新疆第三产业快速增长，尤其服务业、旅游业快速发展，第三产业现已成为拉动新疆经济增长的主要动力。目前，新疆有 56 种全国旅游资源类型，占全国旅游资源类型的 83%，旅游资源丰富、开发潜力巨大。新疆自然景观神奇独特，冰峰与火洲共存，沙漠与绿洲为邻，景观组合独特。境内有海拔 8611m 的世界第二高峰——乔戈里峰，中国最长的冰川——音苏盖提冰川，中国最大的沙漠——塔克拉玛干沙漠，中国最大的内陆河——塔里木河，中国最大的内陆淡水湖——博斯腾湖，中国最大的雅丹地貌群——遍布南北疆荒原上神秘莫测的"龙城""风城""魔鬼城"，中国最大的硅化木园区——将军戈壁硅化木群。新疆著名的景区还有高山湖泊——天山天池、人间仙境——喀纳斯、绿色长廊——吐鲁番葡萄沟、空中草原——那拉提、地质奇观——可可托海以及喀什泽普金胡杨景区、乌鲁木齐天山大峡谷等。2013 年，中国"新疆天山"被列入世界自然遗产。

新疆全疆共有景点 1100 余处，居全国首位。在 5000 余千米古"丝绸之路"的南、北、中三条干线上，分布着为数众多的古文化遗址、古墓葬、石窟寺等人文景观，其中交河故城、楼兰古城遗址、克孜尔千佛洞等享誉中外。民族风情浓郁，各民族在文化艺术、体育、服饰、饮食习俗等方面各具特色。新疆素有"歌舞之乡"美称，维吾尔族的赛乃姆、刀郎舞，塔吉克族的鹰舞，蒙古族的沙吾尔登舞等民族舞蹈绚丽多姿。截至 2018 年底，全区有国家 5A 级景区 12 个、4A 级景区 79 个、3A 级景区 132 个。喀什市、吐鲁番市、伊宁市、特克斯县、库车市 5 个城市（县城）被列为国家历史文化名城；6 个村镇被列入中国历史文化名村名镇；17 个村落被列入中国传统村落名录，中国少数民族特色村寨 22 个。

新疆基础设施建设日趋完善。截至 2018 年年末，全区公路通车总里程 18.9 万 km，其中高速公路 4803km，所有地（州、市）实现高速公路连接。2019 年铁路营业里程 5959km，建成了贯通东西、连接南北疆、衔接内地、沟通欧亚的铁路运输干线，2014 年开通乌鲁木齐—兰州高速铁路。全区运营民用机场 21 个，开通国际国内航线 254 条，与 16 个国家、25 个国际（地区）城市、78 个国内城市通航。疆内支线机场间互飞航线 40 条，11 个支线机场实现了与内地通航，直飞内地城市航线 46 条。全区已建成水库 524 座，建成干、支、斗三级渠道 6 万余条，总长 13 万余千米。种植业节水灌溉面积达到 2.52 万 km^2。

新疆具有对外开放的独特优势。作为我国向西开放的前沿，新疆与世界各国特别是周边国家的经济交流与合作不断深化。全区经国务院批准开放的边境陆路口岸 15 个、航空口岸 3 个，是全国拥有口岸数量最多的省区之一。其中，阿拉山口和霍尔果斯口岸是集铁路、公路、管输三位一体的对外开放口岸。目前，全区有乌鲁木齐、石河子、库尔勒、奎屯 – 独山子、准东、甘泉堡、五家渠、阿拉尔、库车 9 个经济技术开发区，乌鲁木齐、昌吉、石河子 3 个高新技术产业开发区，伊宁、塔城、博乐、吉木乃 4 个边境经济合作区，乌鲁木齐、阿拉山口、喀什 3 个综合保税区。2012 年正式封关运营的中哈霍尔果斯国际边境合作中心是我国与其他国家建立的首个国际边境合作中心。2010 年党中央、国务院确定设立的喀什、霍尔果斯 2 个经济开发区，已成为我国向西开放的重要窗口。2018 年新疆外贸进出口总额 200.1 亿美元，其中出口 164.19 亿美元、进口 35.91 亿美元。

1.2　新疆气候与气候变化背景

新疆地处欧亚大陆腹地，距海遥远，四周高山高原环绕，远离水汽最主要源地，特殊的地理条件促成了新疆成为欧亚大陆的干旱中心。新疆是全球最大的非地带性干旱区的重要组成部分，是典型的西风带气候系统和季风气候系统相互作用的区域。同时，新疆受青藏高原、天山和阿尔泰山以及塔克拉玛干沙漠和古尔班通古特沙漠的影响，境内地势高低悬殊，高度差异引起的气候垂直变化，由纬度差异引起的南北气候变化差别更为明显，对全球气候变化响应也非常敏感。

本节根据 1961 年以来新疆丰富的气候观测数据揭示新疆气候的基本特点，进一步结合古气候的研究评估新疆历史时期气候变化背景，并在当代全球气候变化背景下评估新疆气候的关键气候变化特征。

1.2.1 新疆气候的基本特点

新疆气温分布特点是南部高、北部低，东部高、西部低，盆地及沙漠高、山地低，高温和低温区在空间上以岛状分布；最高气温出现在吐鲁番区域和塔克拉玛干沙漠南缘，最低气温在富蕴与青河一带。新疆降水分布特点是北部大于南部，西部大于东部，山地大于盆地，最大降水区在天山中西部巩乃斯河中上游，最小降水中心在托克逊区域。新疆具有日照长、干旱少雨、气候干燥、风沙多、昼夜温差大、光热资源丰富等区域气候特点。本节以 1961~2018 年新疆地区 106 个气象站的逐月观测资料为基础，给出新疆气候的基本特点。

1. 气温

新疆 1961~2018 年年平均气温为 8.2℃，其中新疆北部、天山山区和新疆南部年平均气温的平均值分别为 6.7℃、3.2℃和 11.1℃。新疆年平均气温南部高、北部低，东部高、西部低，盆地高、山地低（图 1-3）。最高气温出现在吐鲁番盆地，达 49.0℃（2017 年 7 月 10 日），最低气温出现在富蕴县可可托海，达 −51.5℃（1960 年 1 月 21 日）。从 1961~2018 年年平均状态来看，塔里木盆地周边绿洲年平均气温为 10~13℃，准噶尔盆地南部和塔额盆地为 5~7℃，伊犁河谷为 8~10℃，吐鲁番盆地为 10~12℃，在海拔 3000m 以上的天山和昆仑山及帕米尔高原为 −4℃，1961~2018 年气温变化过程中高山带的升温速率小于低山带，山区年平均气温随海拔的增加而降低。如天山中段的小渠子（海拔 1853m）年平均气温为 2℃，而大西沟（海拔 3400 m）降至 −5℃。在昆仑山的康西瓦站（海拔 3975m）的多年平均气温为 −1℃。新疆最热与最冷月均最高气温南北差异小，但最低气温南北差异大，尤其在盆地腹地和荒漠环境下，气温年较差多在 35℃以上，准噶尔盆地可达 40~45℃。荒漠区气温年较差明显增大，而山区的气温年较差相对较小。

新疆大部分区域处于典型的干旱荒漠区，夏季炎热，一年中 7 月份平均气温最高。从 1961~2018 年年平均状态来看，新疆最高气温的年平均值为 22.4℃，其中新疆北部、天山山区和新疆南部最高气温的年平均值分别为 21.6℃、17.5℃和 25.0℃。从 7 月平均气温来看，准噶尔盆地为 20~25℃，塔里木盆地为 25~27℃，伊犁河谷为 21~24℃，吐鲁番盆地在 32℃以上，为全国最高。从 7 月最高气温来看，准噶尔盆地北部和伊犁河谷多为 30℃左右，准噶尔盆地大部分为 31~33℃，塔里木盆地大部分为 32~36℃，吐鲁番盆地达到 39℃，是中国夏季最热的地方。

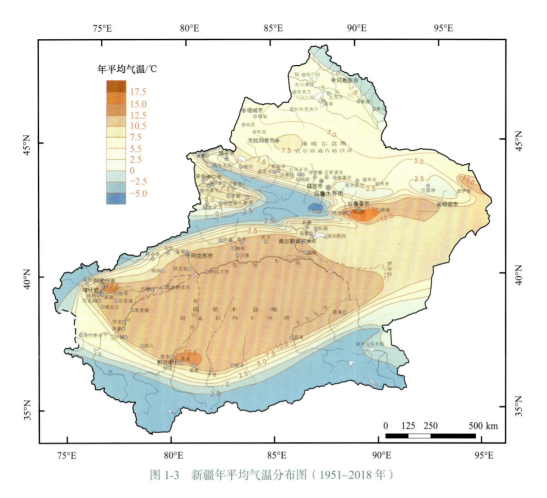

图 1-3 新疆年平均气温分布图（1951~2018 年）

新疆冬季寒冷，一年中1月份平均气温最低。新疆地区多年平均最低气温为 -4.9℃，其中新疆北部、天山山区和新疆南部多年平均最低气温分别为 -6.8℃、-9.4℃ 和 -1.4℃。从1月平均气温来看，准噶尔盆地大多为 -15℃，塔里木盆地为 -10~-5℃，吐哈盆地为 -12~-10℃，伊犁河谷多在 -10℃ 以上。从1月最低气温来看，塔里木盆地、伊犁河谷平原为 -15~-10℃，准噶尔盆地平原多在 -20℃ 以下，其中盆地北部的富蕴和青河等一带为 -30℃ 左右。在天山腹地的巴音布鲁克，1月平均最低气温为 -32℃。

2. 降水

新疆地处典型的干旱地区，但因山盆构造地形和水汽输送等因素，形成降水空间分布的极大差异，既有丰水地带，又有极干旱区。新疆区域的主要降水区分布在天山、阿尔泰山和昆仑山，以东西向的三个带状区，其中，天山山区、准噶尔盆地西部山区和阿尔泰山区的年降水量达 400~600mm，最大可达 1100mm；山区迎风坡降水多于背风坡，北疆大于南疆；其中巩乃斯河谷的年降水量为 800~1000mm。山区年均总降水量（2061.8亿 m³）占全疆的 84.3%，是新疆境内年地表径流量（793 亿 m³）的 2.6 倍，山区的大气降水成为新疆河川径流的最主要来源。新疆地区年降水量的多年平均值（1961~2018

第 1 章 新疆气候与社会经济发展

年）为 161.1mm，其中新疆北部、天山山区和新疆南部年降水量的多年平均值分别为 204.3mm、348.6mm 和 60.1mm。新疆大多数区域年降水量小于 200mm（图 1-4），降水稀少，且时空分布极不均匀，是典型的干旱区。塔里木盆地年降水量空间差异大，其中盆地北缘和西南缘在 50~100mm，东部和南缘不足 50mm，若羌和且末等地在 20mm 左右；吐哈盆地最少年降水量仅为 0mm。

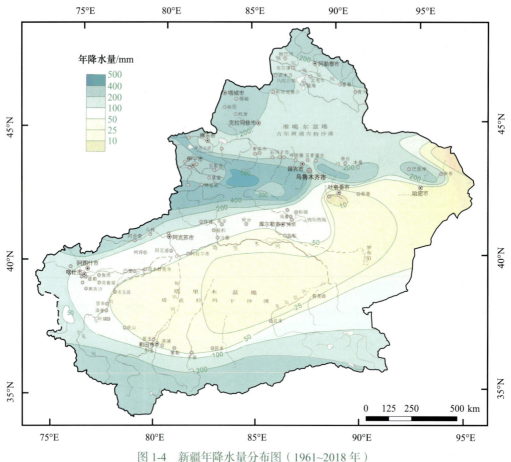

图 1-4　新疆年降水量分布图（1961~2018 年）

从降水量的季节分布来看，新疆降水主要集中在夏季和冬季，冬季降雪从伊犁至阿勒泰地区向东南方向逐渐减少。伊犁河谷和塔额盆地地区四季降水分布均匀，以春季居多，夏冬季比例相当，塔里木盆地西部和天山北坡一带春夏季降水量相当，春季略多，如喀什春夏季降水量均占到 35% 左右，乌鲁木齐春夏季降水量也分别占到 31% 左右。塔里木盆地大部和准噶尔盆地均以夏季降水为主，占年降水量的 50% 以上，其中吐哈盆地、若羌和且末等区域占到 70% 以上。

新疆地区年日降水量超过 0.1mm 降水日数的多年平均值（1961~2018 年）为 62.8 d，其中新疆北部、天山山区和新疆南部年降水日数的多年平均值分别为 83.6 d、100.3 d 和 28.7 d。降水日数的空间分布和降水量分布基本一致，具体表现为北部多于南部，西部多于东部，山区多于盆地和平原。准噶尔盆地年降水日数在 40~60 d，天山北坡为 80~120 d，阿尔泰山、天山山区、伊犁河谷和帕米尔高原为 80~100 d，其中伊犁河谷山区可达到 120 d；塔里木盆地大部分地区在 10~15 d，塔里木盆地东部及吐鲁番盆地降水日数不超过 10 d。

3. 风速

新疆地区年平均风速的多年平均值（1961~2018 年）为 2m/s。但从空间上来看，北疆大，南疆小；北疆东部、西部和南疆东部大，盆地腹部小；戈壁大绿洲小；空间分布极不均匀，风速较大区域呈孤岛状分布。准噶尔盆地西北部的布尔津 - 吉木乃一线年平均风速为 4~5m/s，阿拉山口年平均风速高达 6m/s 以上；东天山北麓在 4m/s 以上，其中淖毛湖年平均风速 5~6m/s；达坂城风口是南北疆的通道，达坂城 - 托克逊一线年平均风速 4~6m/s；哈密盆地风速较大，哈密西部十三间房百里风区年平均风速 5~8m/s；红柳河 - 罗布泊一线也在 5m/s 左右。地形对风速影响极大，气流通过的山口风能资源最为丰富。受"狭管效应"影响，位于山口和峡谷的阿拉山口、达坂城年平均风速最大可达 6m/s 以上。

新疆风速的年变化特点是春季最大，夏季次之，冬季最小。春季地面升温快，空气不稳定，冷空气入侵容易形成大风，其中以四五月份风速最大；夏季冷空气逐渐减弱，大风比春季少；冬季盆地内有逆温层，冷空气多从逆温层顶部吹过，而地面风速较小，12 月和 1 月最小，一般冬季风速比春季要小 2~3m/s。

4. 日照时数

新疆气候干燥、云量少、晴天多，每年日照 6 h 以上的天数达 250~325 d，全年日照时数达 2500~3550 h，年太阳总辐射量 5000~6400MJ/m^2，仅次于青藏高原，年日照时数的多年平均值为 2832 h，其中新疆北部、天山山区和新疆南部年日照时数的多年平均值为 2844 h、2702 h 和 2686 h。空间上表现为东部多、西部少，南部多、北部少，盆地平原多、山区少的特点。新疆东部多晴天，塔里木盆地东部年日照时数在 3200 h 以上，其余大部分地区受沙尘和浮尘影响，年日照时数不足 2700 h；准噶尔盆地和伊犁河谷等地为 2500~2900 h；而天山山区、阿尔泰山和部分山地多云雾，年日照时数比盆地和平原少。

5. 相对湿度

新疆地区年平均相对湿度的多年平均值为 54.5%，其中新疆北部、天山山区和新疆南部年平均相对湿度的多年平均值为 58.9%、57.9% 和 48.9%。分布特点为：北部高南部低，西部高东部低，山区高平原盆地低和冬季高夏季低。准噶尔盆地相对湿度多在 50% 以上，其中天山山区和伊犁河谷在 65% 以上，塔里木盆地大部分地区在 40%~50%，其中塔里木盆地东部和吐哈盆地在 40% 以下，而在 7 月塔里木盆地腹地相对湿度为 0 值可持续数小时。

6. 主要气象灾害

新疆灾害性天气气候种类繁多，主要包括干旱、大风、沙尘暴、高温热浪、寒潮、低温冷冻、暴雨、暴雪、风吹雪、冰雹、霜冻等，具有种类多样、范围广、分布不均匀、频率高、持续时间长、突发性和群发性等特点，对农林牧业的影响较大，占自然灾害直接经济损失的 70% 以上。干旱是主要的气象灾害之一，新疆大部分区域属于常年干旱区，具有区域性强、影响范围广等特点。1974 年、2008 年和 2012 年都属于比较严重的干旱年，主要分布在天山北坡、伊犁河谷、塔额盆地等。从季节来看，主要以春季影响最为严重。

大风是新疆最为严重的气象灾害之一，具有大风日数多、风力强、持续时间长等特点，对农牧业生产、交通运输和人民生活造成严重影响。准噶尔盆地西部年大风日数在 50 d 以上，山口、峡谷冷空气活动频繁，通道风速大，属于大风多发区。如 2018 年 12 月 1 日克拉玛依区域超过 12 级，极大风速达到 35.3m/s。

寒潮是新疆的主要灾害性和转折性天气之一，危害性极大。准噶尔盆地每年寒潮频次达 6 次以上，是我国受寒潮影响最严重的地区。除夏季之外，春秋冬季均有寒潮发生，而春秋季寒潮对农牧业生产的危害最大。

1.2.2 过去两千年新疆气候变化背景及特征

了解过去全球平均气温的变动情况，对于认识工业革命以来的气候变化至关重要。在过去两千年，以古气候代用指标为基础的气温和气候变化驱动因子的数据在时间上可达季节尺度，空间上覆盖了全球大部分地区（Neukom et al., 2019）。对于过去两千年全球平均气温的重建能够为了解最近几十年的气候变暖情况提供背景，并为评估气候模式对年代际气温变率的模拟效果提供基础。图 1-5 展示了利用七种不同统计方法重建的过去两千年的时间序列。所有方法均采用了同样的输入数据集和同样的校准数据集。不同方法得到的重建序列都表明，过去一千年之前的时期（公元 0~1000 年）相比于过去一千年（公元 1000~2000 年，但不包括 21 世纪）更加温暖（高信度）。在 1850 年之前，所有方法重建的 GMST 序列都显示出逐渐变冷的趋势，紧随其后的便是工业革命时代的快速变暖期。过去两千年中最暖的 10 年、30 年、50 年均发生在过去一千年当中，表明近几十年来全球气候变暖不同历史时期的显著特征。

1. 过去两千年新疆气候变化

新疆气象站的观测记录大多开始于 20 世纪 60 年代，需要借助代用资料研究新疆长期气候变化趋势及其年代际-百年尺度变化规律，这些代用资料包括历史文献、湖泊沉积、孢粉、冰川、树木年轮等。在众多的代用资料中，树木年轮以其分辨率高、连续性好、样本分布广泛和定年准确等特点在古气候重建以及古环境演变等方面得到较好应用，但在新疆地区难以覆盖过去两千年的时间范围。本书所评估的新疆地区过去两千年气候变化变迁主要来自于历史文献、湖泊沉积、孢粉、冰川以及考古记录。

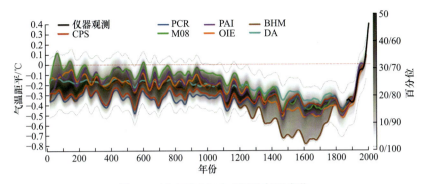

图 1-5　过去两千年全球平均气温变化

图中所示为相比于 1960~1990 年平均气温的距平值。不同颜色的曲线代表不同重建方法 30 年低通滤波集成的中位数。灰色阴影表示多种方法重建集合的不确定范围（对应右侧纵坐标）；95% 的置信区间用黑色虚线表示。黑色曲线是 1850~2017 年的仪器观测数据（Neukom et al.，2019）

1）新疆过去两千年的气候变化

历史文献是研究历史时期气候变化的重要信息来源，三千年前殷墟的甲骨文卜辞中记录了我国最早的气候变化信息。新疆的历史文献记录较少，大多文献记录也大都出现在张骞出使西域开通丝绸之路之后。张骞出使西域后，塔里木盆地成为新疆古代丝绸之路的重要分支，也成为历代中央王朝的边防要塞和贯通西域的交通要道。公元前 60 年，西汉政府设置西域都护府，为抵御匈奴并满足军队生活在西域屯田。到了东汉时期，西域的屯田中心向东移到楼兰地区，后来再次转移到塔里木盆地南缘地区，今若羌县米兰古河道还保存着伊循屯田的遗迹，《悬泉汉简》中也有关于伊循屯田的记录。《汉书·西域传》记载："自且末以往，皆种五谷，土地草木，畜产作兵，略与汉同"，内地所种的麻、菽、麦、稷、黍等作物在塔里木盆地南缘各绿洲都已种植，说明两汉时期西域地区的气候条件较为适应灌溉农业发展。从树轮和湖泊沉积物的气温记录来看，新疆境内气温处于较高时段（Liu et al.，2014；Büntgen et al.，2016），使得汉内地农耕文明在新疆得到有效传播。与中国其他地区一致，到魏晋南北朝时期，新疆气候逐渐冷干，西域地区屯田规模也逐渐缩小（Ge et al.，2016；Büntgen et al.，2016；Fontana et al.，2019）。到公元 400 年，法显由敦煌西行，度流沙，"上无飞鸟，下无走兽，遍望极目，欲求度处，则莫知所以，惟以死人枯骨为标识耳"，经和田河时，"行路中无居民，沙行艰难，所经之苦，人理莫比"，而这一时段，偏冷且恶劣的气候条件可能是造成欧亚民族大迁徙的重要原因，而新疆正好在这一民族迁徙路上重要节点（Büntgen et al.，2016；Di Cosmo et al.，2017）。唐朝统一西域以后，气候逐渐变暖（Esper et al.，2003；Liu et al.，2014；Ge et al.，2016），唐朝在西域沿袭汉代的屯田制度，到唐玄宗时于阗驻军已多达 4000 余人。西域屯田主要依靠河流径流提供灌溉水源，一旦气候条件出现变化影响水资源改变，都会影响到绿洲国家的生存。唐代西域气候的转暖持续到 10 世纪前后，此后西域气候再度转向相对寒冷；唐代后期随着气候的变冷和唐王朝的衰落（Ge et al.，2016），唐王朝在与吐蕃的争夺中逐渐失去了对西域的控制权。虽然在 12~13 世纪曾出现短暂的转暖，但 15 世纪后进入小冰期（葛全胜等，2011），明初出使西域的陈诚（公元 1414 年）在日记中就记载天山以北地区"多雪霜，气候极寒，平矿之地，夏秋略暖，深山穷谷，六月飞雪"。

根据尼雅和策勒剖面的生物化学记录，近两千年来塔里木盆地出现了较为明显的两次气候转干突变。从 1 世纪初到约 4~5 世纪，塔里木盆地为较为典型的干旱气候，其中策勒地区的气候特征表现为前期较干、中期相对湿润、后期转干，在 4~5 世纪时气候出现了转干的突变。塔里木盆地东北缘博斯腾湖、塔里木盆地北部肖塘剖面中也均有类似的记录，说明 4~5 世纪时气候转干是大范围的气候事件。此外，新疆天山森林树线的变化也反映了气候变化的信息。新疆雪岭云杉主要分布于中山带、亚高山带的阴坡和半阴坡，森林树线下移说明气温降低。根据新疆天山森林树线的变化推测，公元 200~550 年前后森林树线下移也意味着当时气候的变冷，这也与阿勒泰树轮气温记录一致（Büntgen et al., 2016）。由于新疆地区的气候环境本身就极为干旱，气候的转干突变必然导致河流水量的减少，河流流程的缩短，绿洲范围趋于萎缩，沙漠化进程加剧。

新疆地区的农业生产主要依靠降雪和高山融水来获得水源，开发绿洲进行人工灌溉，因此汉代前后塔里木盆地一些重要的古城均位居古河道中、下游和干三角洲上，这些区域获取水源较为方便。但由于气候变化造成河流中下游地区的生态环境出现严重的恶化，当环境恶化到人类无法生存的地步，一些古城只能废弃。公元 4~5 世纪，和田河、克里雅河、尼雅河、安迪尔河等河流下游或干三角洲上的玉吉米力克古城、尼雅遗址、达乌孜勒克古城、喀拉墩古城、古皮山遗址、扜泥遗址、特特尔格拉木等古城相继废弃，时间上与地质记录揭示的约 4~5 世纪气候变干吻合，说明可能是气候变化引起河流下游和干三角洲断流，引起生存环境的恶化，古代居民被迫放弃家园，进而引发民族迁徙，最终影响人类社会文明发展进程（Büntgen et al., 2011）。

另一次气候转干事件出现在 10~11 世纪前后，11 世纪后塔里木盆地南缘的气候再次急剧转干，使得塔里木盆地南缘的生态环境进一步恶化；同时，于阗国与喀喇汗国之间爆发宗教战争，最终以于阗国战败告终。严酷的生存环境，再加上惨烈、持久的战争造成这一时期吴六杂提遗址、乌曾塔提、特特尔格拉木、约特干遗址等古城废弃。在西域的历史上，河流的中、上游并未出现大规模的人类活动和大型水利工程建设设施，不太可能因人类活动影响而出现改变地表水时空分配而使下游断流的显著影响，因此历史上促使河流下游古绿洲消亡的主要原因是气候干旱造成的河流水量持续偏少、并引起河流改道从而导致地下水补给条件的空间变化、地下水位下降所致，地下水环境的恶化及由此引起的荒漠化是古绿洲放弃的必然结果。当然，不合理的人类活动可能也对这些古城的废弃起到了很大的推动作用。

公元 10~11 世纪期间新疆的气候转干也可以从塔里木盆地楼兰、尼雅和克里雅三大遗址群废弃的考古记录中得到证实。塔里木盆地这三大遗址群的废弃表现为较为明显的同步性，直接原因是所依托的河流下游来水的逐渐减少而导致的，而三大遗址群在废弃时间上的同步性又意味着造成来水减少的原因是共同的，只有用气候变化才能解释这种同步性。楼兰遗址群位于塔里木河最下游，对全流域水资源状况的变化反映最敏感，完全被废弃的时间最早，而另两大遗址群废弃的过程持续时间较长，可能是由于所在环境条件对河流的退缩起到了部分的缓解作用。

2）新疆过去两千年温湿变化特征及与东部季风区的对比

新疆气候主要受西风带环流的影响，气候变化呈现出与东部季风区不同的特征。新疆过去两千年来主要的气候特征是暖干与冷湿的水热配置更占优势，来自新疆博斯腾湖的沉积记录表明新疆地区中世纪暖期干旱、小冰期较湿润，中亚干旱区同样存在中世纪暖期干旱和小冰期湿润的水热配置（暖干、冷湿）（Chen et al.，2019）。与中世纪暖期相比，在小冰期期间新疆大山系降水也均表现为高值，如西昆仑山古里雅冰芯中积累量增大、天山山间湖泊水位回升等，盆地内流系统水文特征也出现相应变化，如塔里木盆地克里雅河和塔里木河径流量增大、准噶尔盆地艾比湖水位上升等，证实了这种温湿配置模式的普遍性。这种温湿配置模式与我国东部季风区中世纪暖期湿润和小冰期干旱的情形差异较大。我国东部季风区过去两千年来在公元 1~200 年、550~760 年、950~1300 年和 20 世纪后期这 4 个阶段总体上较为温暖，公元 210~350 年、420~530 年、780~940 年和 1320~1900 年相对寒冷，其中 950~1300 年的暖期和 1320~1900 年的冷期与北半球其他区域存在的中世纪气候异常期（MCA）和小冰期（LIA）基本对应，新疆地区过去两千年来在冷暖阶段上和东部季风区没有显著的不同，但在干湿变化上存在明显的差异（Ge et al.，2016）。

另外需要注意的是，新疆不同地形条件下的降水/气温变化也不是完全一致的，这是因为新疆山地和盆地的降水量相差较大，部分盆地湖泊在有限降水和较强潜在蒸发的情况下，可能更依赖山地冰川的融水补给，从而与气温变化产生直接关联。

3）新疆过去两千年气候变化对现代气候变暖的意义

虽然新疆过去两千年来的气温变化呈现出与东部季风区相似的变化特征，总体上符合中国历史上社会经济波动与气候变化之间存在的"冷抑暖扬"的对应关系，即在暖期时往往农业生产发达、经济繁荣、人口增加，寒冷阶段往往农业萎缩、经济衰退、社会动荡，在中国历史上出现的 15 次王朝更替中有 11 次出现在冷期或相对寒冷时段，而汉唐时期中原王朝对新疆长期有效管辖时段都处于气候偏暖阶段，而偏冷时段中央政府对于新疆管辖相对较弱。历史时期气候变化主要通过粮食安全和财政收支影响社会经济系统的脆弱性，而一些极端气候事件多在气候态转变的背景下触发重大社会危机，主要是因为暖期对应的人口增长和经济发展增加了社会对资源环境的压力，在气候恶化（如转冷或极端旱涝事件增加）时会导致资源的相对短缺，造成人地关系失衡（Fang et al.，2015），使得以农业为基础的社会系统风险持续上升，导致其间的一些极端气候事件或重大灾害往往成为社会危机和动荡。同时需要看到的是，气候变化对社会经济发展的影响不仅受制于气候本身的变化，更多地还取决于人口、经济、文化、体制、社会治理等众多人文因素，而这些人文因素也有其自身的变化规律。因此，气候变化对社会的影响和人类社会对气候变化的适应也并不是简单的线性关系，因地、因时而异。也就是说，气候变化对人类社会的最终影响不只取决于气候变化本身的幅度与变率，更大程度上还受制于社会组织、政府决策部门和受众等对气候变化影响的敏感性与应对行动。工业革命时期以来的现代气候变暖在气候变化的幅度、变率、驱动因子上都与过去 2000 年来的气候变率存在较大差异，特别是人类社会对气候变暖的响应与应对措施也与历史时期明显不同，需要深入研究各种时空尺度上气候变化影响与人类社会响应的具体过程，但目前这方面的案例研究非常缺乏，有待深入开展。

2. 过去 300~500 年新疆冷暖干湿变化

新疆系统性建设气象观测网络始于 20 世纪 50 年代，实测气象资料大多仅有 70 年，而解放前气象观测记录又残缺不全，无法构成连续的序列。由于新疆是中国西北一个独特的气候区，其区域气候环境相对西北其他地区自成一区，与中国东部更存在显著差异，因而也无法利用中国其他地区的气候资料加以研究。所幸的是，新疆独特的地理环境及高海拔山地广布的原始针叶林为进行树木年轮气候水文重建提供了良好场所，使得利用树木年轮建立新疆过去 300~500 年高分辨率气候序列成为可能。

1）天山山区及周边地区过去 500 年干湿变化

基于采自天山山区树轮资料重建了天山山区及周边地区过去 516 年（上年 7 月到当年 6 月）降水量变化，重建方程的方差解释量（1960~2005 年）为 43.7%[图 1-6（a）]。近 516 年来天山山区及周边地区降水大致经历了 9 个偏干阶段和 11 个偏湿阶段，其中偏干年份为 267 年，多于偏湿年份（表 1-1）。最长的偏干阶段是 1586~1656 年，偏少3.7%；最干旱两个年份是 1554 年和 1533 年，分别偏少 36.5% 和 35.0%；最长的偏湿阶段是 1687~1710 年，偏多 3.8%；最湿润两个年份是 1502 年和 1804 年，偏多 32.1% 和28.4%；最湿润阶段为 1556~1585 年，降水偏多 9.6%；最干旱阶段为 1767~1788 年，降水偏少 6.2%。此外，上述天山山区干湿阶段与其他相关天山山区降水序列具有良好同步性（Zhang et al.，2013；Wang et al.，2015）。

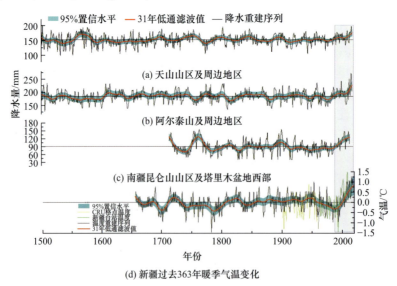

(d) 新疆过去 363 年暖季气温变化

图 1-6　新疆三大山系过去 500 年降水（a）（b）（c）及气温（d）变化

表 1-1　天山山区及周边地区 1500~2018 年期间干湿阶段变化

偏干阶段	年数	平均值 /mm	偏湿阶段	年数	平均值 /mm
1505~1555 年	51	145.4	1500~1504 年	5	163.6
1586~1656 年	71	147.1	1556~1585 年	30	167.4
1711~1732 年	22	150.9	1657~1710 年	54	158.9
1767~1788 年	22	143.3	1733~1766 年	34	161.8
1817~1832 年	16	147.3	1789~1816 年	28	158.4
1859~1886 年	28	146.8	1833~1858 年	26	160.6
1907~1935 年	29	145.0	1887~1906 年	20	163.6
1943~1954 年	12	143.5	1936~1942 年	7	165.7
1970~1986 年	16	149.1	1955~1969 年	15	157.1
			1987~2018 年	32	162.2

以年降水量比多年平均值低 1.5 倍标准差（<124.9mm）定义为极端干旱年，比平均值高 1.5 倍标准差（>179.2mm）定义为极端湿润年。在过去的 516 年中，共有 37 个极端干旱年和 30 个极端湿润年。极端干旱年集中出现在 1505~1555 年和 1586~1656 年这两个干旱阶段。同时，该序列准确记录了 1917 年、1945 年和 1974 年等 20 世纪新疆最为严重大范围干旱极端事件（Esper et al.，2003；Li et al.，2010；Chen et al.，2013），其中 1974 年为器测记录中最为干旱一年。受暖湿化影响，天山山区及周边地区降水量自 1987 年起呈现上升趋势（Shi et al.，2007；邓海军和陈亚宁，2018），近 30 年间没有出现极端干旱年份。极端湿润年主要集中在三个湿润期（1556~1585 年、1733~1766 年和 1833~1858 年）。

2）阿尔泰山及周边地区过去 500 年干湿变化

基于采自阿尔泰山树轮资料重建了阿尔泰山及周边地区自 1500 年以来的年（上年 7 月到当年 6 月）降水量变化，重建方程的方差解释量（1960~2010 年）为 37.1%[图 1-6（b）]。近五个世纪以来阿尔泰山及周边地区降水大致经历了 10 个偏干阶段和 11 个偏湿阶段，其中偏湿年份有 273 年，多于偏干年份（表 1-2）。最长的偏干阶段是 1544~1606 年，偏少 5.8%；最干旱两个年份是 1526 年和 1945 年，分别偏少 31.6% 和 27.9%；最长的偏湿阶段是 1657~1713 年，偏多 2.9%；最湿润两个年份是 2016 年和 2017 年，偏多 45.4% 和 47.9%；最湿润阶段为 1987~2018 年，降水偏多 8.5%；最干旱年份为 1808~1832 年，降水偏少 7.4%。对比邻近的蒙古国阿尔泰山的干湿变化序列（Davi et al.，2013），发现两者具有良好同步性，1500~2004 年公共区间内相关系数为 0.47，以年降水量比多年平均值低 1.5 倍标准差（<152.3mm）定义为极端干旱年，比平均值高 1.5 倍标准差（>218.3mm）定义为极端湿润年。在过去的 519 年中，共有 31 个极端干旱年和 29 个极端湿润年。极端干旱年较为广泛贯穿了整个重建时段。与天山山区相类似，受到 20 世纪 80 年代中期以来的增暖趋势影响，阿尔泰山及周边地区降水量也呈现明显上升趋势，其中最为湿润的两个年份都发生在最近 30 年（Chen et al., 2014），并使得额尔齐斯河源区径流呈现上升趋势，这与相邻的蒙古国地区的暖干旱化趋势形成鲜明对比（Chen and Yuan, 2016; Davi et al., 2013; Hessl et al., 2018）。与 20 世纪天山山区的极端干旱事件比较发现，本章的序列记录 1945 年和 1974 年天山山区发生的大范围的干旱，但没有记录到天山山区1917 年的发生的持续干旱。

表 1-2　阿尔泰山及周边地区 1500~2018 年期间干湿阶段变化

偏干阶段	年数	平均值 /mm	偏湿阶段	年数	平均值 /mm
1509~1528 年	20	180.3	1500~1508 年	9	184.3
1544~1606 年	63	174.2	1529~1543 年	15	191.2
1640~1656 年	17	177.3	1607~1639 年	33	197.7
1714~1722 年	9	171.9	1657~1713 年	57	190.6
1750~1769 年	20	172.3	1723~1749 年	27	194.7
1787~1795 年	9	176.6	1770~1786 年	17	192.9
1808~1832 年	25	171.6	1796~1807 年	12	203.2
1875~1910 年	36	177.6	1833~1874 年	42	191.5
1940~1955 年	16	173.8	1911~1939 年	29	191.7
1966~1986 年	21	175.5	1956~1965 年	10	195.7
			1987~2018 年	32	201.1

3）南疆昆仑山山区及塔里木盆地西部过去三百年干湿变化

基于采自昆仑山山区树轮资料重建了南疆昆仑山山区及塔里木盆地西部自 1715 年以来的年（上年 7 月到当年 6 月）降水量变化，重建方程的方差解释量（1960~2014）为 47.3%[图 1-6（c）]。南疆昆仑山山区及塔里木盆地西部 1715~2014 年降水量变化范围为 40.8~157.1mm，平均值为 91.2mm，标准差为 25.4mm。重建结果显示，在过去 300 年存在 6 个湿润期（1715~1724 年、1751~1776 年、1807~1820 年、1844~1853 年、1888~1910 年和 1991~2014 年）和 5 个干旱期（1725~1750 年、1777~1806 年、1821~1843 年、1854~1887 年和 1911~1990 年）。昆仑山山区及塔里木盆地西部的最显著的 3 个湿润期（1751~1776 年、1888~1910 年、1991~2014 年）和 4 个干旱期（1725~1750 年、1777~1806 年、1821~1843 年、1911~1990 年）均与周边干湿变化重建序列具有良好对应（魏文寿等，2008）。这表明在低频变化特征上，位于塔里木盆地西缘的干湿变化过程与天山山区是基本一致的，只是干湿变化的幅度以及持续的时间上略有差异，表明可能受到相同的气候驱动机制的影响。

以年降水量比多年平均值低 1.5 倍标准差（<53.7mm）定义为极端干旱年，比平均

值高 1.5 倍标准差（>128.7mm）定义为极端湿润年。在过去的 300 年中，共有 21 个极端干旱年和 21 个极端湿润年。极端干旱年集中出现在 19 世纪和 20 世纪前 20 年，由于 20 世纪 80 年代中期以来的增暖趋势，南疆昆仑山山区及塔里木盆地西部近 30 年间没有出现极端干旱年份。极端湿润年主要集中在三个湿润期（1751~1776 年、1888~1910 年和 1991~2014 年）。与 20 世纪天山山区的极端干旱事件比较发现，本书的序列并没有记录 1945 年和 1974 年天山山区发生的大范围的干旱，但记录了天山山区 1917~1919 年的发生的持续干旱（Esper et al.，2003）。还有值得注意的一个特点上述三个区域的降水重建序列都记录了 20 世纪 80 年代中期以来的增湿趋势，在昆仑山西段北坡增湿趋势最为明显，且仍在持续。基于器测气候资料分析也揭示了中国西北干旱区近 30 年来的增湿趋势，其中位于塔里木盆地西缘的南疆西部和天山山区增湿幅度也是最大的（张强等，2019；Zhang et al.，2021；Shi et al.，2007）。

4）新疆过去 363 年暖季气温变化

基于新疆地区 5 个已发表的树轮密度年表构建区域树轮密度序列（陈峰等，2017），重建了新疆 5~8 月平均气温。该重建方程的方差解释量为 43.3%，经交叉检验的方法重建结果比较可靠。此外，利用英国东英吉利大学气候研究所（CRU）5~8 月平均气温资料（覆盖范围为 35°~49°N，73°~96°E）、以 1901~1959 年作为验证期的分析表明，发现两者的相关系数达到了 0.643（$p < 0.01$，$n=59$）。以上检验结果验证了重建序列的可靠性。基于该重建方程重建了自 1656 年以来的新疆地区暖季（5~8 月）平均气温变化。

图 1-6（d）展示了新疆地区暖季（5~8 月）气温重建序列及其 10 年的低通滤波值。近 363 年的 5~8 月平均气温的平均值为 21.7℃。重建序列揭示了 20 世纪末期气温有显著的上升趋势。其中 1783 年（20.3℃）和 2015 年（22.9℃）分别为重建序列的最低值和最高值。通过对低通滤波值和重建值的比较观察，发现 363 年来新疆地区 5~8 月平均气温大致经历了 6 个偏暖阶段，即 1656~1664 年、1667~1692 年、1711~1734 年、1804~1832 年、1855~1956 年、1999~2018 年，中间为偏冷阶段，这些阶段中间多个小幅度变化。自 19 世纪 50 年代开始，气温一直保持在一个较高的水平，直到 20 世纪 60 年代气温开始下降，80 年代开始气温始终保持一个不断上升的趋势，这些冷暖阶段与周边蒙古国、俄罗斯的气温记录有着良好的同步性（Davi et al.，2015；Büntgen et al.，2016），它们之间相关性均超过了 0.3。这使得 20 世纪成为近四个世纪最为温暖的一个世纪，并包含了 5 个最暖的年代。10 个最冷年分别分布在 1702 年、1740 年、1741 年、1761 年、1783 年、1784 年、1788 年、1887 年、1984 年、1993 年。

对比火山喷发活动记录与我们的气温重建序列发现两者似乎并没有必然的联系，然而仔细分析发现 31 次大规模火山喷发以后，新疆地区出现了不同程度的降温，这些偏冷年比重建序列的平均值下降了 0.4℃。将相关的火山事件分类发现，尽管似乎中纬西风环流区（如冰岛）和低纬度热带地区的火山喷发都对该地区气温变化有所影响，但中高纬西风环流带对新疆地区气温变化影响更大（Chen et al.，2019）。其中，最具有代表性是 1783~1784 年冰岛的 Laki 火山喷发。该次火山喷发从 6 月 8 日开始，一直持续至 1784 年 2 月初，火山喷发所释放出的大量硫磺气体严重妨碍了欧亚地区的植物生长，造成大量家畜死亡，因火山烟雾造成的饥荒最后导致欧洲数以万计的居民丧生（Schmidt et al.，2011)。大量的火山气体不仅造成欧洲大陆大部分地区上空烟雾弥漫，而且甚至波及叙利亚、西伯利亚西部的阿尔泰山区及北非，被认为是有史以来地球上最大的熔岩喷发。这次火山喷发使得新疆气温降到了近363年来的最低点，这说明在西风环流的作用下，上游北大西洋及其沿岸的气候环境变化对于新疆气候有着重要影响。

对比新疆三大山系的降水重建序列和新疆气温重建序列，表明过去30年暖湿同步趋势很可能是过去五百年未曾出现的，同时也是历史上新疆社会经济发展最为繁荣的时段。新疆的社会经济发展虽然受人类活动和地缘政治影响较大，但同时也与气候变化休戚相关：不论是从过去两千年还是从过去五百年的角度来看，其社会经济发展都得益于新疆地区相对湿润的气候条件，快速发展和到达鼎盛离不开充足气候变化背景下的水资源供给等因素的影响，衰落则与气候环境突变、水资源短缺等不无关系。因此，在新疆地区现代气候逐渐由暖干向暖湿转换的过程中，应深入理解新疆气候环境变化在不同时间尺度上的规律和驱动机制，充分认识环境变化和人类活动相互作用的方式和影响程度；以史为鉴，为现代气候变化背景下的新疆稳定可持续服务。

3. 第一次工业革命以来新疆气候变化事实

新疆作为我国的气候上游区，其总体受大陆性气候控制。全球变暖的加剧，使得这一区域本就脆弱的生态环境受到了极大威胁。为积极合理地应对极端气候事件，减少由此引发的自然灾害损失，有必要在新疆深入开展工业革命以来气候研究，以了解该地区气候特征及变化规律。树木年轮是一种广泛用于全球变化研究的代用资料，弥补了气象站点器测资料时间较短的不足，对理解和认识新疆过去一百年乃至几百年来气候变化历史有重要意义。本章使用多条基于树轮资料的历史气候序列，集合重建了北疆和天山2个新疆重要地区的水文年降水量及年平均气温，共计4条历史气候变化序列，分析了以上地区工业革命以来气候的变化阶段、周期、突变年份及年代际变化特征，揭示了北疆和天山在19世纪中期至20世纪末期的气候以暖湿和冷干为主，而2个地区的冷暖和干湿变化具有很好的一致性，尤其在冷暖变化方面，天山与北疆的一致性表现得更好（高信度）。

1）年降水量

基于42条树轮资料重建的历史降水序列、北疆53个气象站和天山区域31个气象站（新疆26站，中亚5站）的观测资料，分别重建了1834~2002年北疆和天山上年7月至当年6月降水量序列如图1-7所示。

1834~2002年，北疆和天山山区降水量年际和年代际干湿变化一致，相关系数达到0.777。1950年前后2个区域均出现了近30年的持续干旱。自20世纪80年代初期，北疆和天山区域均进入湿润期，也是2个区域近169年降水最多时段。

北疆和天山区域最干旱和最湿润的5个年份中均存在3个重合的年份（干旱：1881年、1885年、1974年；湿润：1942年、2000年、2002年）。在历史资料中记载1885和1974年在北疆有大范围的干旱。依据周期分析，北疆地区年降水量具有2.3年的显著变化周期，天山降水最显著周期为2.0年。北疆年降水最少时段出现在1877~1899年，天山区域早于北疆，出现在1858~1867年。

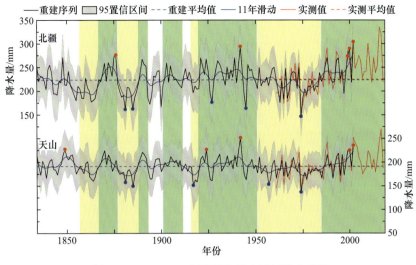

图 1-7   1834~2002 年北疆和天山区域降水变化

2）年平均气温

基于树轮资料和北疆 53 个气象站、天山区域 30 个气象站（新疆 26 个，中亚 4 个）观测资料，重建了北疆 1850~2001 年和天山 1785~2001 年的年平均气温序列（图 1-8）。1850~2001 年期间，北疆和天山山区平均气温年际和年代际冷暖变化一致，相关系数达到 0.928。两个区域年平均气温最低的时段均出现在 1908~1921 年。20 世纪 70 年代中期北疆和天山山区均进入持续升温时期。北疆和天山年平均气温均存在 2.9 年左右的显著变化周期，在 1941 年发生了由高到低的突变。北疆和天山区域的气温变化与全球平均地表气温和我国平均地面气温的在年代际尺度上的变化基本协调（图 1-9），尤其是 20 世纪 20 年代和 70 年代的冷期与两千年以来的暖过程，其表现相当一致，但也需要指出的是在 21 世纪升温幅度方面，北疆和天山区域的升温幅度明显偏小。

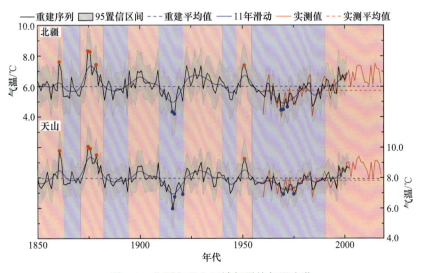

图 1-8   北疆和天山区域年平均气温变化

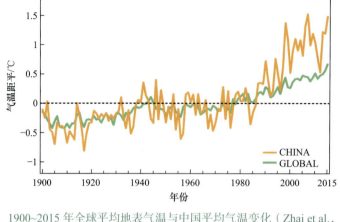

图 1-9 1900~2015 年全球平均地表气温与中国平均气温变化（Zhai et al.，2016）

3）北疆与天山气候的干湿／冷暖年代际变化

气温在不同频域中相关系数均大于降水量（图 1-10）。在降水量方面，北疆与天山在全频域和高频域的相关系数大于低频域，气温方面，北疆与天山在低频域一致性最好，全频域次之，高频域的相关系数最低。北疆和天山山区气候均以暖湿为主，冷暖变化比干湿变化具有更高的一致性。

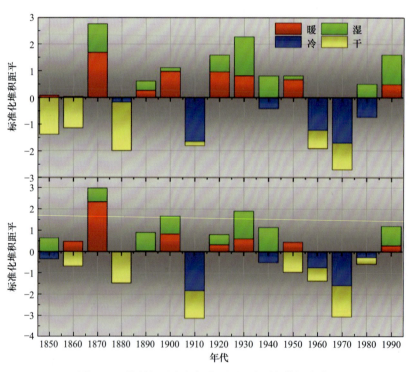

图 1-10 北疆与天山气候的干湿／冷暖年代际变化

在过去的一百多年里，新疆的气温变化与世界的变化是同步的。而新疆脆弱的生态环境受气候变化影响较大。总体上，相对于有利的暖湿化趋势，新疆也出现了一些与气候变化有关的不利影响，例如，极端气候事件趋强趋多，冰川显著退缩、有害生物入侵受到影响等问题。近 50 年来，尽管降水的空间格局变化不大，但是总体呈现上升趋势降水，可能使得水资源总量增加。无论是过去 500 年气候重建结果，还是过去 150 年的气候重建结果，都显示了 20 世纪末期以来的暖湿化趋势（高信度），但这一暖湿化趋势的幅度和频率在不同地区表现可能存在一定差异。尽管对于气候变化对于新疆生态环境和工农业生产以及社会经济发展的影响尚无法做到完全定量化，但是无疑其影响是巨大的。

1.2.3 20 世纪中叶以来全球背景下的新疆气候变化

1. 全球背景下新疆气温变化

近一个世纪以来，全球气候正经历显著增暖。IPCC 报告第五次评估报告指出，1880~2012 年，全球平均地表气温升高了 0.85℃。在 20 世纪主要有两个增温期，分别出现在 20~40 年代与 80 年代中期以后。从季节上来看，近百年的增温主要发生在冬季和春季，夏季气温变化不明显（高信度）（《气候变化国家评估报告》编写委员会，2007）。而在 20 世纪中叶以来的近 60 年，全球增温尤为明显，IPCC 第五次评估报告指出，1951~2012 年全球地表平均气温升温速率约为 0.12℃/10a。1961~2018 年全球年平均气温变化趋势的空间分布图显示，在该时间段内全球陆地的绝大部分地区，气温均呈上升趋势。从空间分布来看，最为显著的特征是北半球陆地增温速率大于南半球，北半球中高纬度增温速率大于低纬度地区（图 1-11）。

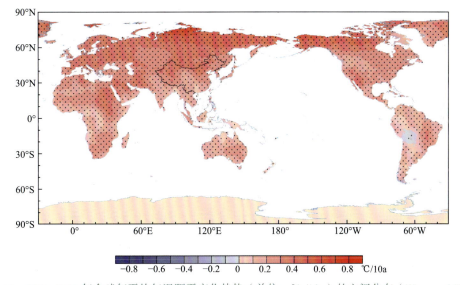

图 1-11　1961~2018 年全球年平均气温距平变化趋势（单位：℃/10a）的空间分布（Wang and Zhai，2020）

黑点区域表示通过 95% 的显著性检验

对比全球、欧亚大陆、中国以及新疆的气温异常变化趋势，结果显示，1961~2018 年，全球陆地气温、欧亚大陆以及新疆的年平均气温变化趋势基本一致，升温速率约

0.3℃/10a，中国的年平均气温升温速率约为 0.24℃/10a（图 1-12）。从季节平均来看，夏季平均气温异常的波动幅度较小，升温速率也相对较小。全球夏季平均气温的升温速率约为 0.23℃/10a，欧亚大陆和新疆的升温速率分别为 0.25℃/10a 和 0.21℃/10a，中国夏季平均气温升温速率明显偏小，约为 0.13℃/10a。与夏季相比，冬季平均气温异常的波动幅度更大，升温速率也明显增大。新疆地区冬季平均气温增加趋势最为明显，升温速率约为 0.38℃/10a，欧亚大陆增温速率略小于新疆，约为 0.34℃/10a。

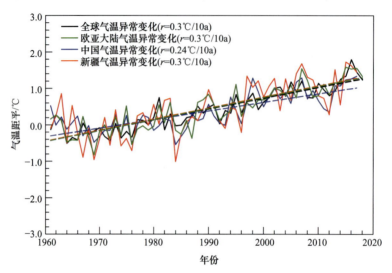

图 1-12　1961~2018 年全球、欧亚大陆、中国及新疆地区区域年平均气温距平(单位: ℃)的时间序列(Wang et al.，2020)

2. 欧亚大陆背景下新疆降水变化

与气温变化不同，最近 60 多年来，北半球降水变化呈现出一定的纬度分布特点，表现出明显的区域性特征。如图 1-13 所示，1961 年以来，欧亚大陆中高纬度地区年降水量呈显著增加趋势。相比而言，中低纬度地区降水的变化表现出显著的局地性差异。新疆地区与同纬度其他地区降水趋势呈现出一些不同的变化特征，具体表现为新疆及其相邻的西侧地区年降水量呈增加趋势，而位于同纬度带的地中海附近地区以及我国华北附近地区年降水量均呈明显减少趋势。

如图 1-13 所示，新疆地区区域平均的年降水量的增加趋势非常显著，降水量增加速率达到 9.7mm/10a。20 世纪 80 年代中期之后，新疆地区降水的增加趋势更加明显，降水的年际变率也有所增加。与新疆处于同经度的中高纬地区的西西伯利亚平原年降水量也呈明显增加趋势，年降水量增加速率约为 10.7mm/10a。位于新疆同纬度带的地中海附近地区以及我国华北附近地区的气温呈一致的增加趋势，但降水的变化却呈现出与新疆地区截然相反的特征。地中海地区和华北地区年降水变化速率分别为 –7.7mm/10a 和 –4.9mm/10a，这两个地区降水减少比较明显的时段也主要在 80 年代之后。从降水的相对变化量来看，新疆地区降水距平百分率的增加趋势最为显著，为 7.7%/10a。其他三个地区降

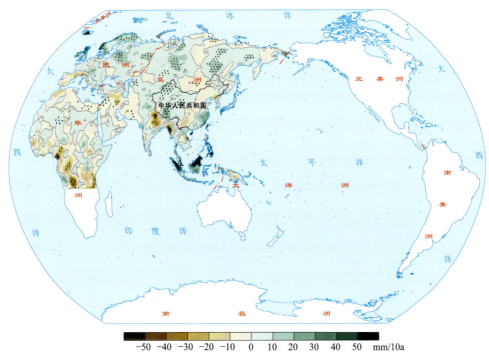

图 1-13　1961~2018 年欧亚大陆年降水量变化趋势的空间分布（Wang et al., 2020）

黑点区域表示通过 95% 的显著性检验。其中，红色实线表示新疆地区

水的相对变化较小，这主要与各个地区降水基数的大小有关。就气候平均而言，新疆地区年降水量与其他三个区域存在显著差别。新疆地区平均年降水量约 159mm，中国华北地区和西西伯利亚地区平均年降水量在 400mm 以上，而地中海附近地区年降水量超过800mm。

3. 新疆"暖湿化"现状

在 21 世纪初，《中国西部环境演变评估》中提到，中国西部 20 世纪末达到百年最暖，气温峰值距平达 1℃以上。同时，1950 年之后，中国西部，特别是西北西部及新疆，降水量有增加趋势。1951~1999 年中国西部气候变暖降水增加（秦大河，2002）。施雅风提出了我国西北地区气候在 1980 年代中期发生了从暖干向暖湿化转型，即西北干旱区气温自工业革命以来一直呈增加趋势，而降水由小冰期以来的减少趋势在 1980 年代中期开始转为增加趋势（Shi et al., 2003），而且这一暖湿化趋势目前还正在持续（高信度）。最新研究结果也显示，1961~2015 年间西北地区降水显著增加，全年降水增加趋势为 3.7%/10a，秋冬季增加比春夏季大，但是主要增加期是在 1980 年中期之后（Wu et al., 2010）。

新疆占西北地区总面积的一半左右，是西北暖湿化的核心区域，也是暖湿化现象更为显著的区域（张强等，2021）。Wang 等（2020）指出，1961~2019 年，新疆地区年平均气温明显升高，年降水量显著增加。进入 21 世纪，这种现象更加突出 [图 1-14（a）]。

从季节平均来看，气温和降水的变化存在明显的不对称性 [图 1-14（b）（c）]。具体而言，夏季平均升温速率为 0.21℃/10a，冬季平均升温速率约为 0.38℃/10a，气温的升高幅度在冬季几乎是夏季的 2 倍。而降水量的增加主要体现在夏季 [图 1-14（b）]。总体来看，新疆地区降水的增加主要是以极端事件的贡献为主。1961 年以来，新疆地区总降水量和极端降水均显著增加。其中，新疆地区年降水增量的 50% 以上来自于极端降水的贡献，并且极端降水对总降水的贡献率以 1.3%/10a 的速率增加（图 1-15）。

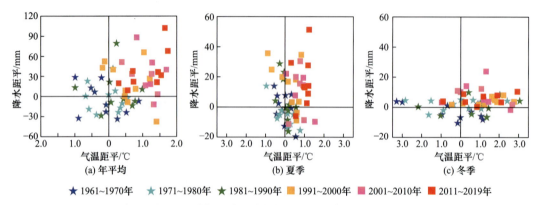

★ 1961~1970年　★ 1971~1980年　★ 1981~1990年　■ 1991~2000年　■ 2001~2010年　■ 2011~2019年

图 1-14　1961~2019 年新疆地区区域年平均和季节气温距平、降水距平分布图（Wang et al.，2020）

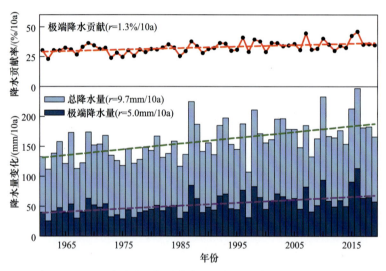

图 1-15　1961~2019 年新疆地区区域平均的年总降水量、年极端降水量（下图）以及年极端降水对总降水贡献率（上图）的变化（Wang et al.，2020）

新疆地区气候暖湿化的影响是广泛的，很可能是一把"双刃剑"，但总体看可能利大于弊。就有利的方面而言：随着降水不断增加和气温持续上升，区域气候条件会有所改善，气候舒适度会有所提升；水资源总量也会有所增加，水循环机制会有所改善，径流量和湖泊面积会有所增大；部分地区的生态环境会所向好发展，一些脆弱敏感区域的生态退化趋势也会有所遏制；农作物适宜种植面积会有所扩展，农业气候资源会有所优化；气候分布格局有可能会发生某些小幅调整，小部分干旱气候区可能会转为半干旱气候区。

而就不利的方面而言：随着暖湿化趋势的持续，气候极端化会加剧，各类气象灾害会普遍增加，天气气候的无常性和突发性会更显著；降水将更加集中，暴雨日数和无雨日数可能均会增加，会出现旱涝灾害并发和并增的局面，也容易出现旱涝急转；气候变暖还会使某些作物的种植适应性变差，部分作物的产量和品质有所下降；随着气温升高，高山地区冰川和积雪融化加快，会打破冰冻圈原有的物质平衡状态，造成固体水资源锐减，地表径流的稳定性降低；并且，温湿环境有利于病虫害繁殖和传播，会使农作物病虫害有所加重。当然，目前降水增加的幅度有限，以及随着气候变暖引起的蒸发潜力增加，会抵消掉一部分降水增加效应，所以当前的降水增加趋势不足以改变新疆地区的干旱区气候状态。

新疆区域作为全球气候系统的一部分，其区域气候变化受温室气体、区域内土地利用、气溶胶排放等人类活动影响，并且由于新疆地区对气候变化的敏感性，新疆区域气候受人类活动的影响更显著，这在气温变化趋势上反映得尤其明显（Li et al., 2012）。同时，气候系统内部自然变化对新疆区域气候变化也有很大影响。而新疆地区降水增加趋势的原因相对比较复杂，目前也只有一些初步认识。一些研究认为，新疆地区降水增多与全球变暖导致的海洋蒸发加强（Jiang et al., 2013）、南亚季风（Zhao et al., 2014）和副热带高压（Li et al., 2016）活动异常以及西风环流指数增加引起的水汽输送加强（Zhang et al., 2019）和北半球大气遥相关（Chen and Huang, 2012）等众多因素都有一定关系。

1.3 20世纪中叶以来新疆社会经济发展特征

气候变化是人类社会可持续发展所面临的严峻挑战。新疆地处欧亚大陆腹地，降水稀少且时空分布不均，水资源供需矛盾突出，历史时期以来新疆地区气候环境的干湿、冷暖变化与人类活动范围的变动、政局的稳定、人口的变化和经济社会的发展都存在着密切的联系，气候变化带来的水热条件差异使人类生存环境发生变化，引起自然生态系统与农、牧业经济部门出现相应变化，进而影响人口变化与经济社会发展（Li et al., 2017；Xu et al., 2015）。在全球气候变暖的大背景下，20世纪中叶以来新疆大部分地区气温明显上升，降水增多，呈现出暖湿化趋势。与此同时，新疆人口稳定增长，社会经济快速发展，气候变化及其带来的影响和风险是新疆经济社会可持续发展必须考虑的重要因素。

1.3.1 区域人口

新疆人口具有结构复杂、空间散布、人口迁移与多元等特征。1949~2020年，新疆总人口由433.34万人增加到2585.23万人，历年平均增长速度为2.55%（图1-16）。1949年新疆人口自然增长率比全国（16‰）慢6.8‰，到1980年人口自然增长率比全国（11.87‰）快1.79‰，到2019年比全国（3.34‰）快0.35‰，人口自然增长率总体快于同期全国人口自然增长率（图1-17）。根据人口增长统计数据，可将新疆人口增长态势按照驱动力大致划分为六个变迁阶段，包括稳定政局与发挥资源优势推进人口增长阶段

（1949～1959年）、自然灾害与外部经济封锁抑制人口增长阶段（1959～1962年）（朱培民，1995）、国有大中型骨干企业带动人口增长阶段（1962～1966年）、支边青年返城热潮和东部经济蓬勃发展的限制人口增长阶段（1966～1984年）、大量青年到达育龄年龄以及社会进步共同推动人口增长阶段（1985～2000年）、社会经济迅速发展带动的人口增长阶段（2001年至今）。新疆人口增长快于全国平均水平的主要原因是新疆少数民族人口比例较高，特殊的少数民族生育政策对人口增长的提升作用显著。此外，随着全面放开"二孩"政策的实行，新疆人口在未来具有快速提升的潜力。

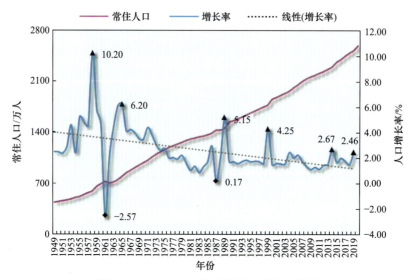

图 1-16　1949～2020 年新疆人口动态变化图

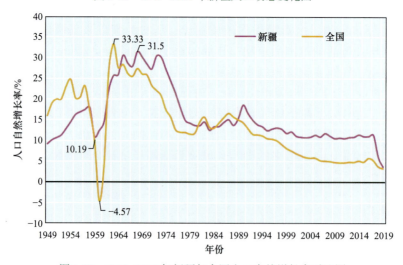

图 1-17　1949～2019 年新疆与全国人口自然增长率对比图

1.3.2　社会经济

经过新中国成立以来的大规模建设，新疆经济社会发展实现历史性跨越。农业现代化实现历史性突破，建成全国最大的棉花生产基地和重要的干鲜果生产基地。现代工业

新疆气候变化科学评估报告

从无到有，基本形成具有新疆特色的现代产业体系，旅游业、商贸物流业、金融业等为代表的现代服务业蓬勃发展，以特色餐饮、家政服务、健康养老、文化体育、休闲娱乐等为代表的新业态不断涌现。随着"一带一路"倡议的提出和实施，新疆正在建成为丝绸之路经济带核心区和我国未来重要的区域增长极之一。1952~2020年，新疆GDP由7.91亿元增长到1.38万亿元，扣除物价上涨因素，年均增长8.67%（图1-18和图1-19）；人均生产总值从1952年的166元，增长到2019年的5.4万元，增长了37.7倍，年均增长5.8%，但低于全国平均水平。特别是改革开放之后，新疆GDP增长率达到9.86%，高于全国9.27%的平均经济增长率（图1-19）。结合宏观政策变化以及区域工业经济发展特征，可将新疆经济发展历程大致分为六个发展变迁阶段（常浩娟和何伦志，2013），即新疆生产建设兵团推动的经济复苏阶段（1952~1963年）、"小三线"建设与"文革"叠加的经济波动阶段（1964~1978年）、改革开放以后的经济全面发展阶段（1979~1995年）、应

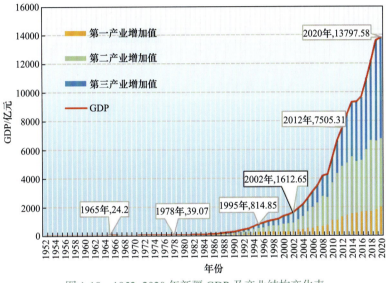

图1-18　1952~2020年新疆GDP及产业结构变化表

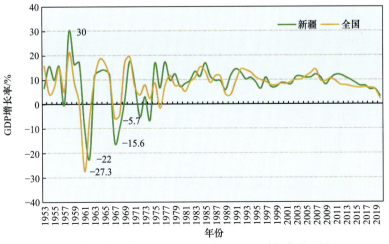

图1-19　1952~2020年新疆与全国GDP增长率对比图

对国内外发展阻力的巩固调整阶段（1996~2002 年）、西部大开放加速推进经济发展阶段（2003~2012 年）、新常态下"一带一路"倡议引领的高质量发展阶段（2013 年至今）。到 2020 年，新疆 GDP 达到 13797.58 亿元，其中第一产业增加值 1981.28 亿元，第二产业增加值 4744.45 亿元，第三产业增加值 7071.85 亿元；三次产业比重调整优化为 14.4∶34.4∶51.3，经济增长从主要依靠工业带动转为服务业带动。

1.3.3 社会事业和人民生活

新疆是少数民族聚居区，新中国成立以来新疆工业化与城镇化发展取得的巨大成就带动了社会事业同步提升，居民收入、生活水平、医疗卫生事业、教育事业等得到显著提高。具体表现为：一是农村居民收入不断提升，城乡居民可支配收入差距呈减小趋势。城乡居民可支配收入绝对差距由 1978 年的 199.83 元增加至 2020 年的 20782 元，但城乡可支配收入之比呈波动下降趋势（图 1-20）。二是城乡居民消费结构不断优化，农村居民生活水平改善幅度较快（图 1-21）。城镇居民家庭恩格尔系数由 1980 年的 57% 下降到 2020 年的 31.3%，农村居民家庭恩格尔系数由 61% 下降到 2020 年的 32.2%，农村居民家庭改善速度高于城镇。其中城镇居民家庭恩格尔系数在 1983~1986 年出现快速下降趋势，主要原因来自于城市经济改革、收入分配制度改革使得城镇居民收入增加（闫雪等，2017）。三是新疆医疗卫生事业快速发展，人均医疗资源量高居全国前列。1949 年至今，新疆卫生技术人员数由 348 人增加到 163177 人，年均增长 9.05%，同期全国增长 4.3%；医生数由 100 人增加到 52795 人，年均增长 9.5%，同期全国增长 4.4%；万人医生数由 0.28 人增加到 22.83 人，年均增长 6.7%，同期全国增长 2.1%。可以看出，新疆医疗卫生事业在解放后得到不断发展，几乎全部指标增长速度超过全国平均水平。新疆人均医疗卫生规模在解放初期低于全国平均水平，存在一定缺医少药局面，但是随着国家在政策与资金方面的大力支持，1962 年以后，各项指标均基本达到或超过全国平均水平（谭一文，1998；王伟和毛克贞，2008；董文朝，2012）（表 1-3）。四是新疆教育事业蓬勃发展。经历了从无到有、从小到大的发展过程，同时展现了国家对少数民族特殊照顾的发展特征。

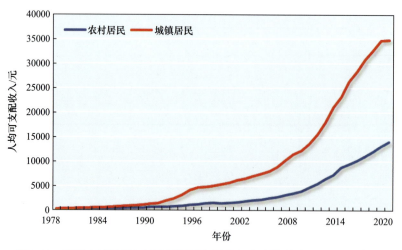

图 1-20　新疆农村居民与城镇居民可支配收入变动情况（1978~2020 年）

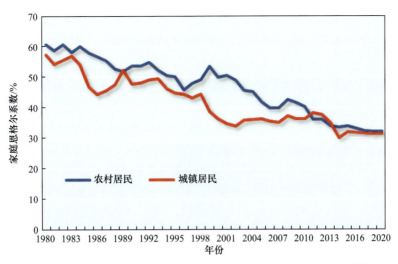

图 1-21 1980~2020 年新疆农村居民与城镇居民家庭恩格尔系数变动情况表

表 1-3 新疆医疗卫生事业与全国对比变动情况（1949~2020 年）

年份	新疆			全国		
	每万人口医生数／人	每万人卫生机构数／个	每万人医院床位数／个	每万人口医生数／人	每万人卫生机构数／个	每万人医院床位数／个
1949	0.28	0.12	1.61	6.71	0.07	1.48
1965	11.64	2.77	23.88	10.52	3.09	8.44
1970	9.38	2.01	25.77	8.46	1.81	8.49
1975	11.36	1.96	26.77	9.50	1.64	10.17
1980	16.06	2.20	36.81	11.68	1.83	12.11
1985	18.90	2.44	40.41	13.35	1.90	14.25
1990	22.00	2.58	39.89	15.42	1.83	16.35
1995	23.90	2.37	40.33	15.85	1.57	17.04
2000	24.55	3.95	28.66	16.41	2.56	17.10
2005	20.61	4.02	37.81	14.82	2.29	18.70
2010	22.08	3.51	41.20	18.00	6.99	25.26
2015	23.85	7.97	50.02	22.11	7.15	38.78
2020	22.83	6.05	59.49	28.90	6.88	64.53

1949 年，新疆仅有高等学校 1 所，学生 379 人；中等专业学校 11 所，学生 1975 人；中学 9 所，学生 2925 人；小学 1582 所，学生 197850 人；幼儿园 2 所，入托学生 112 人；盲、聋、哑等特殊教育学校以及职业教育尚属空白。到 2020 年，新疆共有普通高等学校 56 所，在校学生 48.67 万人，在学研究生 3.21 万人；中等职业教育学校 147 所，在校生 25.64 万人；中等学校 1211 所，在校学生 153.86 万人；小学 3641 所，在校学生 278.01 万人，小学学龄儿童入学率达 99.91% 以上，小学毕业生升入初中升学率 99.8%；

特殊教育 32 所，在校生 5206 人；幼儿园 7725 所，在校生 151.9 万人。

1.3.4 城镇建设

　　新疆是"古丝绸之路"的重要经商通道、民族迁徙走廊、兵地融合发展地和多元文化交融地。1980~2015 年，新疆各地区（自治州、市）城镇建设用地扩展的时空差异性显著（图 1-22）。城市扩展面积最大的乌鲁木齐市城镇建设用地面积为 476km²；博尔塔拉蒙古自治州、克孜勒苏柯尔克孜自治州、和田地区的城镇建设用地面积都不足 60km²。在扩展程度上，巴音郭楞蒙古族自治州最高，昌吉回族自治州和乌鲁木齐市次之；克孜勒苏柯尔克孜自治州、和田地区 1980~2015 年仅扩展了 8km²、19km²，是全疆城镇建设用地扩展最慢的地区（自治州、市）。在时序变化上，1990~1995 年和 1995~2000 年，少数地区（自治州、市）出现不同幅度城镇建设用地向其他用地类型转化情况；2005~2010 年，除巴音郭楞蒙古族自治州、喀什地区增势较为明显外，其他地区（自治州、市）均无明显扩展态势；进入"十三五"时期后，各地区（自治州、市）城市建设步伐加快，除克拉玛依市、塔城地区外，其余 12 地区（自治州、市）的城镇建设用地扩展强度均达到 35 年来最高值。由于新疆幅员辽阔，城镇在空间上零星散布，城市间空间距离较大，社会基础设施建设和运营投资成本较高，决定了城镇建设用地布局的不均衡性和缓慢扩展的特殊性。

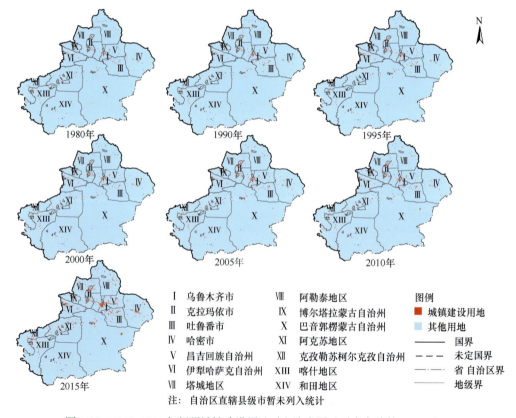

I	乌鲁木齐市	VIII	阿勒泰地区
II	克拉玛依市	IX	博尔塔拉蒙古自治州
III	吐鲁番市	X	巴音郭楞蒙古自治州
IV	哈密市	XI	阿克苏地区
V	昌吉回族自治州	XII	克孜勒苏柯尔克孜自治州
VI	伊犁哈萨克自治州	XIII	喀什地区
VII	塔城地区	XIV	和田地区

图例
■ 城镇建设用地
■ 其他用地
—— 国界
--- 未定国界
—·— 省自治区界
—— 地级界

注：自治区直辖县级市暂未列入统计

图 1-22　1980~2015 年新疆城镇建设用地时空演变图（引自高倩等，2019）

参考文献

常浩娟，何伦志．2013．新疆经济增长波动分析．科技管理研究，33（5）：90-95．

陈峰，袁玉江，魏文寿，等．2017．利用树轮密度重建新疆北部 5-8 月温度变化．冰川冻土，39（1）：43-53．

陈曦．2010．中国干旱区自然地理．北京：科学出版社．

陈亚宁．2014．中国西北干旱区水资源研究．北京：科学出版社．

邓海军，陈亚宁，2018．中亚天山山区冰雪变化及其对区域水资源的影响．地理学报，73（7）：1309-1323．

董文朝．2012．新疆卫生政策研究．北京：中央民族大学学位论文．

樊静，毛炜峄，等．2014．气候变化对新疆区域水资源的影响评估．现代农业科技，（8）：219-222．

高倩，方创琳，张小雷，等．2019．丝绸之路经济带核心区新疆城镇建设用地扩展的时空演变特征及影响机理．生态学报，39（4）：1263-1277．

葛全胜，张学珍，郝志新，等．2011．中国过去 2000 年温度变化速率．中国科学（地球科学），41（9）：1233-1241．

胡汝骥．2004．中国天山自然地理．北京：中国环境科学出版社．

胡汝骥，马虹，樊自立，等．2002．新疆水资源对气候变化的响应．自然资源学报，17（1）：22-27．

李爱贞，刘厚凤，张桂芹．2003．气候系统变化与人类活动．北京：气象出版社．

李广舜．2008．对新疆城镇化发展问题的思考．新疆大学学报（哲学·人文社会科学），36（3）：18-22．

李维东．1998．新疆自然保护区建设中存在的问题及对策探讨．新疆环境保护，20（4）：23-27．

刘戈青，李全战，常戈军．2012．新疆维吾尔自治区资源经济地图集．北京：中国地图出版社．

满苏尔·沙比提，热合曼·玉素甫．2007．建国以来新疆人口时空动态变化特征及其成因分析，人文地理，22（6）：114-119．

潘晓玲，曾旭斌，张杰，等．2004．新疆生态景观格局演变及其与气候的相互作用．新疆大学学报（自然科学版），21（1）：1-7．

《气候变化国家评估报告》编写委员会．2007．气候变化国家评估报告．中国科技论坛，（8）：135．

秦大河．2002．中国西部环境演变评估综合报告．北京：科学出版社．

秦大河，丁一汇，苏纪兰．2005．中国气候与环境演变．北京：科学出版社．

史玉光，杨青，杨莲梅，等．2014．新疆降水与水汽的时空分布及变化研究．北京：气象出版社．

舒强，钟巍，熊黑钢．2003．塔里木盆地近 4ka 来的气候变迁与古人类文明兴衰．人文地理，（3）：93-97．

谭一文．1998．坚持从实际出发 控制卫生事业发展规模——兼析新疆卫生事业的发展历程．中国卫生经济，（12）：11-13．

王伟，毛克贞．2008．新疆区域医疗卫生发展状况对比分析．经济论坛，（14）：25-27．

魏文寿，袁玉江，喻树龙．2008．中国天山山区 235a 气候变化及降水趋势预测．中国沙漠，28（5）：803-808．

闫雪，王华丽，穆彬彬．2017. 新疆农村居民恩格尔系数与消费结构评价——基于中央新疆工作座谈会议以来的数据．天津农业科学，23（11）：27-30.

杨德刚，韩剑萍．2003. 新疆城市化过程及机制分析．干旱区地理，26（1）：50-56.

杨利普．1987. 新疆维吾尔自治区地理．乌鲁木齐：新疆人民出版社.

杨莲梅，张庆云．2007. 新疆北部汛期降水年际和年代际异常的环流特征．地球物理学报，50（2）：412-419.

姚俊强，陈亚宁，赵勇，等．2019. 西北干旱区大气水分循环过程及影响研究．北京：气象出版社.

也尔盼·乌尔克西．2018. 气候变化对新疆地区水文水资源系统的影响分析．陕西水利，215（6）：52-53，59.

袁国映，赵子允．1997. 楼兰古城的兴衰及其与环境变化的关系．干旱区地理，（3）：7-12.

张家宝，陈洪武，毛炜峄，等．2008. 新疆气候变化与生态环境的初步评估．沙漠与绿洲气象，2（4）：1-11.

张家宝，史玉光，等．2002. 新疆气候变化及短期气候预测研究．北京：气象出版社，

张强，林婧，韩兰英．2019. 西北地区东部与西部汛期降水跷跷板变化现象及其形成机制研究．中国科学（D辑），（12）：2064-2078，

张强，朱飙，杨金虎，等．2021. 西北地区气候湿化趋势的新特征．科学通报，66（28）：3757-3771.

张学文，张家宝．2006. 新疆气象手册．北京：气象出版社.

朱培民．1995. 新疆"大跃进"研究．当代中国史研究，（2）：41-46.

Büntgen U, Myglan V S, Ljungqvist F C, et al. 2016. Cooling and societal change during the Late Antique Little Ice Age from 536 to around 660 AD. Nature geoscience, 9(3): 231-236.

Büntgen U，Tegel W，Nicolussi K，et al. 2011. 2500 years of European climate variability and human susceptibility. Science，331（6017）：578-582.

Chen F，Chen J，Huang W，et al. 2019. Westerlies Asia and monsoonal Asia：spatiotemporal differences in climate change and possible mechanisms on decadal to sub-orbital timescales. Earth-Science Reviews，192：337-354.

Chen F，Yuan Y J. 2016. Streamflow reconstruction for the Guxiang River，eastern Tien Shan（China）：linkages to the surrounding rivers of Central Asia. Environmental Earth Sciences, 75（13）：1-9.

Chen F，Yuan Y J，Chen F H，et al. 2013. A 426-year drought history for Western Tian Shan，Central Asia，inferred from tree rings and linkages to the North Atlantic and Indo–West Pacific Oceans. The Holocene，23（8）：1095-1104.

Chen F，Yuan Y J，Wei W S，et al. 2014. Precipitation reconstruction for the southern Altay Mountains（China）from tree rings of Siberian spruce, reveals recent wetting trend. Dendrochronologia，32（3）：266-272.

Chen G，Huang R.2012. Excitation mechanisms of the teleconnection patterns affecting the July precipitation in northwest China. J Clim，25（22）：7834-7851.

Chen Y N，Xu C C，Hao X M，et al. 2009. Fifty-year climate change and its effect on annual runoff in the Tarim River Basin，China. Quaternary International，208（1-2）：53-61.

Davi N K，D'Arrigo R，Jacoby G C，et al. 2015. A long-term context (931–2005 CE) for rapid warming over Central Asia. Quaternary Science Reviews，121：89-97.

新疆气候变化科学评估报告

Davi N K, Pederson N, Leland C, et al. 2013. Is eastern Mongolia drying? A long-term perspective of a multidecadal trend. Water Resources Research, 49(1): 151-158.

Di Cosmo N, Oppenheimer C, Büntgen U. 2017. Interplay of environmental and socio-political factors in the downfall of the Eastern Türk Empire in 630 CE. Climatic change, 145(3): 383-395.

Esper J, Shiyatov S G, Mazepa, V S, et al. 2003. Temperature-sensitive Tien Shan tree ring chronologies show multi-centennial growth trends. Climate Dynamics, 21: 699-706.

Fang X, Su Y, Yin J, et al.2015. Transmission of climate change impacts from temperature change to grain harvests, famines and peasant uprisings in the historical China. Science China Earth Sciences, 58(8): 1427-1439.

Fontana L, Sun M, Huang X, et al. 2019. The impact of climate change and human activity on the ecological status of Bosten Lake, NW China, revealed by a diatom record for the last 2000 years. The Holocene, 29: 1871-1884.

Ge Q, Zheng J, Hao Z, et al. 2016. Recent advances on reconstruction of climate and extreme events in China for the past 2000 years. Journal of Geographical Sciences, 26（7）: 827-854.

Han X, Xue H, Zhao C, et al. 2016. The roles of convective and stratiform precipitation in the observed precipitation trends in Northwest China during 1961–2000. Atmos Res, 169: 139-146.

Hessl A E, Anchukaitis K J, Jelsema C, et al. 2018. Past and future drought in Mongolia. Science advances, 4(3): e1701832.

Huang W, Feng S, Chen J, et al. 2015. Physical mechanisms of summer precipitation variations in the Tarim Basinin Northwestern China. J Clim, 28（9）: 3579-3591.

Jia D, Fang X, Zhang C. 2017. Coincidence of abandoned settlements and climate change in the Xinjiang oases zone during the last 2000 years. Journal of Geographical Sciences, 27（9）: 1100-1110.

Jiang F Q, Hu R J, Wang S P, et al. 2013. Trends of precipitation extremes during 1960–2008 in Xinjiang, the northwest China. Theor Appl Climatol, 111（1-2）: 133-148.

Li B, Chen Y, Chen Z, et al. 2016. Why does precipitation in northwest China show a significant increasing trend from 1960 to 2010? Atmospheric Research, 167: 275-284.

Li B, Chen Y, Shi X. 2012. Why does the temperature rise faster in the arid region of northwest China? J Geophys Res, 117: D16115.

Li J, Cook E R, Chen F, et al. 2010. An extreme drought event in the central Tien Shan area in the year 1945. Journal of Arid Environments, 74(10): 1225-1231.

Li Q H, Chen Y N, Shen Y J, et al. 2011. Spatial and temporal trends of climate change in Xinjiang, China. Journal of Geographical Sciences, 21（6）: 1007-1018.

Li Y, Ge Q, Wang H, et al. 2017. Climate change, migration, and regional administrative reform: A case study of Xinjiang in the middle Qing Dynasty（1760–1884）. Science China Earth Sciences, 60（7）: 1328-1337.

Liu X, Herzschuh U, Wang Y, et al. 2014. Glacier fluctuations of Muztagh Ata and temperature changes during the late Holocene in westernmost Tibetan Plateau, based on glaciolacustrine sediment records. Geophysical Research Letters, 41: 6265-6273.

Neukom R, Barboza L A, Erc M P, et al. 2019. Consistent multidecadal variability in global temperature reconstructions and simulations over the Common Era. Nature Geoscience, 12: 643-649.

Peng D, Zhou T, 2017. Why was the arid and semiarid northwest China getting wetter in the recent decades? Journal of Geophysical Research: Atmospheres, 122（17）: 9060-9075.

Schmidt A, Ostro B, Carslaw K S, et al. 2011. Excess mortality in Europe following a future Laki-style Icelandic eruption. Proceedings of the National Academy of Sciences, 108(38): 15710-15715.

Shi Y, Shen Y, Kang E, et al. 2007. Recent and future climate change in northwest China. Climatic Change, 80（3-4）: 379-393.

Shi Y, Shen Y, Li D, et al. 2003. Discussion on the present climate change from warm-dry to warm-wet in northwest China. Quaternary Sciences, 23（2）: 152-164.

Wang Q, Zhai P. 2020. New perspectives on 'warming–wetting' trend in Xinjiang, China. Advances in Climate Change Research, 11（3）:252-260.

Wang T, Ren G, Chen F, et al. 2015. An analysis of precipitation variations in the west-central Tianshan Mountains over the last 300 years. Quaternary International, 358: 48-57.

Wu Z, Zhang H, Krause C M, et al. 2010. Climate change and human activities: a case study in Xinjiang, China. Climatic Change, 99(3): 457-472.

Xu C, Chen Y, Yang Y, et al. 2010. Hydrology and water resources variation and its response to regional climate change in Xinjiang. Journal of Geographical Sciences, 20（4）: 599-612.

Xu C, Li J, Zhao J, et al. 2015, Climate variations in northern Xinjiang of China over the past 50 years under global warming. Quaternary International, 358: 83-92.

Yao J Q, Mao W Y, Yang Q, et al. 2017. Annual actual evapotranspiration in inland river catchments of China based on the Budyko framework. Stoch Environ Res Risk Assess, 31（6）: 1409-1421.

Zhai P, Yu R, Guo Y, et al. 2016. The strong El Niño of 2015/16 and its dominant impacts on global and China's climate. Journal of Meteorological Research, 30(3): 283-297.

Zhang Q, Lin J, Liu W, et al. 2019. Precipitation seesaw phenomenon and its formation mechanism in the eastern and western parts of Northwest China during the flood season. Sci China Earth Sci, 62 (12): 2083-2098.

Zhang Q, Yang J H, Wang W, et al. 2021. Causes and changes of drought in China: research progress and prospects. J Meteor Res, 34（3）: 460-481.

Zhang T W, Yuan Y J, Liu Y, et al. 2013. A tree-ring based precipitation reconstruction for the Baluntai region on the southern slope of the central Tien Shan Mountains, China, since AD 1464. Quaternary International, 283: 55-62.

Zhao Y M, Wang A, Huang H, et al. 2014. Relationships between the west Asian subtropical westerly jet and summer precipitation in northern Xinjiang. Theor Appl Climatol, 116（3-4）: 403-411.

Zhou L T, Huang R H. 2010. Interdecadal variability of summer rainfall in northwest China and its possible causes. Int J Climatol, 30（4）: 549-557.

新疆气候变化科学评估报告

第 2 章　观测到的气候系统变化

主要作者协调人：徐　影　任贾文　陈亚宁
主　要　作　者：杨莲梅　孙　颖　姚俊强　苏布达　姜　彤　康世昌　吴通华　王璞玉
　　　　　　　　朴世龙　胡中民　李　彦　雷加强　张太西　高学杰
贡　献　作　者：吴　婕

▪ **执行摘要**

　　本章主要评述了新疆地区近几十年来在大气圈、水圈、冰冻圈、生物圈、陆地表层和极端气候的时空变化特征。主要结果表明：

　　1961~2019 年新疆区域年平均气温显著上升，升温速率为 0.30℃ /10a；冬季平均气温上升趋势最明显，升温速率为 0.38℃ /10a。年降水量和降水日数均有增加趋势，其中夏季降水量增加趋势最明显；近地层风速和日照时数呈减少趋势，不同高度大气在低层气温总体由冷向暖转变。新疆区域平均极端最低气温升温速率（0.63 ℃ /10a）远高于平均极端最高气温上升趋势（0.13℃ /10a）。暖夜事件显著增加，是暖昼事件的 1.9 倍；冷夜事件显著减少，是冷昼事件的 2.8 倍。新疆区域极端降水事件增加，暴雨、暴雪日数和量均显著增加；新疆区域大风日数、沙尘暴和寒潮天气均明显减少，干旱日数也阶梯状减少。

　　从 1961 年以来新疆水汽含量总体呈增加趋势，但 21 世纪之后却有微弱的减小，而水汽净收支则呈增加趋势，水汽内循环率逐渐增加，对降水的贡献约占 4%~10%，年蒸发皿蒸发量有明显的下降趋势；塔里木河流域的径流量呈增加趋势，干流径流量有微弱的减少；76% 的新疆区域土壤湿度显著增加，而新疆北部典型绿洲地下水埋深也明显增加；新疆山区 71% 的湖泊水位呈上升趋势，绿洲区 75% 湖泊水位呈下降趋势；新疆的冰川总体处于退缩状态（高信度），但存在区域差异，阿尔泰山和天山东段冰川面积减少达 30%

以上，天山中西段平均约为 20%；喀喇昆仑山、昆仑山和阿尔金山在 11% 以下。2000年以来天山和阿尔泰山定位监测冰川冰量损失具有加快特征，冰川跃动有增多迹象；总体上积雪范围呈减小趋势，但雪深有所增加，积雪日数减少，融雪峰值日期有所提前，降雪强度和雪灾增大（高信度）。多年冻土处于温度升高、活动层增厚态势（高信度）。

新疆植被生长季开始日期（start of growing season，SOS）自 20 世纪 80 年代以来呈提前趋势 [（−0.10±0.44）d/a]，主要分布在阿尔泰山，与此同时，新疆植被生长季结束日期（end of growing season，EOS）总体上推迟 [（0.18±0.53）d/a]；植被从 1982 年以来总体呈变绿的趋势，在准噶尔盆地、天山北部、塔里木盆地北部边缘最为显著；2000 年以后，新疆植被 SOS 的提前趋势减缓，而 EOS 表现出提前的趋势；新疆植被生产力自 20 世纪 60 年代以来，总量整体呈缓慢增加趋势，其中北疆和天山山区增长速率高于南疆地区，农田增长幅度大于自然植被。最近 10 年与 20 世纪末相比新疆的生态系统碳汇能力显著增加，其中山地与荒漠草地碳汇能力增加 56%，绿洲农田碳汇能力则增加 1.56 倍，值得注意的是，南疆地区生态系统碳库呈下降趋势。最近 10 年与 20 世纪末相比，新疆的生态系统碳汇能力显著增加，南疆地区生态系统碳库呈下降趋势；新疆的陆地表层近 60 多年来也发生了巨大变化，最为显著的是人工绿洲的迅速扩张，从 1949 年的 200 万 hm² 扩至 2010 年的 710 万 hm²。

新疆地处欧亚大陆腹地，远离海洋，是欧亚大陆的干旱中心，是典型的西风带气候系统和季风气候系统相互作用的区域，也是对全球气候变化响应的敏感区。近年来，新疆的各个圈层（大气圈、水圈、冰冻圈、生物圈和陆地表层）以及极端天气气候事件在全球变暖的背景下也发生了变化。对新疆进行整体评估，能够较好地理解欧亚大陆腹地气候变化的背景情况，揭示气候变化事实，进而加深对新疆区域气候变化深度和广度的了解，以及空间立体的整体认识。

大气的状态和变化时时刻刻影响着人类的活动与生存，近年来随着全球气候的变化，新疆地区的气候及其带来极端气候事件也发生了变化，而大气中的水汽是降水的物质基础，是全球水循环中最活跃的因子。全球变暖背景下，水循环过程加剧，水圈要素随之发生改变，进而影响到区域水资源安全。而高山区广泛分布的冰川、积雪和多年冻土等陆地冰冻圈要素，不仅是低海拔地区重要的水源供给者，也是维系整个生态系统和社会经济发展的重要保障。同时也看到新疆的地形呈"三山夹两盆"的格局，形成了山地和盆地之间镶嵌着绿洲的生态系统类型分布格局，使得新疆植被物候变化趋势存在较高空间异质性，且新疆地区植被物候变化主要受气温和降水共同驱动，20世纪80年代初期以来，新疆大部分地区气候趋向于暖湿化，导致新疆植被物候特征变化。新疆干旱区生态系统的地理景观格局主要为山地、水域、人工绿洲、自然绿洲和荒漠五大类型，其中荒漠为背景，山地是基础，水域是主导，人工绿洲是核心，自然绿洲是屏障，各生态类型相互依存，共同维系干旱区生态系统的和谐稳定发展，但由于过度的人类活动对干旱区水土资源的不合理开发利用，使得绿洲稳定性降低，进而易引发沙漠化、土壤盐渍化等一系列荒漠化问题，严重威胁干旱区生态平衡与经济社会的可持续发展。

本章主要对新疆地区的大气圈、水圈、冰冻圈、生物圈、陆地表层以及极端天气气候事件在近几十年的时空变化特征进行评估。大气圈的评估主要关注气温、降水、风速、相对湿度、日照等基本气候要素以及高空大气的变化特征，还包括对新疆地区极端天气气候事件时空变化特征的评估。水圈的变化主要包括气态水和液态水，气态水主要指大气中的水汽；液态水主要包括河流、湖泊、土壤水和地下水等。以固态水存在的冰冻圈，作为气候系统的一个主要圈层，在气候变暖背景下的变化及其对水资源、生态环境等方面的影响极为显著，但本章主要依据观测事实评估冰川、积雪和多年冻土的变化状态和区域差异性，不涉及未来预估和影响。新疆生物圈主要评估植被物候、植被覆盖、植被生产力以及生态系统碳汇的变化特征，特别是阿尔泰山、天山地区以及塔克拉玛干沙漠周围地区；鉴于气候变化是新疆地区山地植被覆盖、生产力以及生态系统碳汇功能变化的主导因子，而人类活动是绿洲地区生态系统变化的主导因子，对新疆地区陆地表层的评估也是重要的方面。

2.1 大 气 圈

大气圈一般是指包围地球高达几百千米的一层大气。大气的状态和变化时时刻刻影响着人类的活动与生存。气温、降水、风、湿度、日照等基本气候要素是表征气候和气候变化的核心指标。高空大气是气候系统的重要组成部分，确定高空气象要素的变化是气候变化研究不可或缺的基础。在全球地面增暖现象得到证实以后，随着研究的深入，对高空气候的研究也越来越受到关注，尤其是对高空气温变化的研究。对于新疆而言，其位置地处欧亚大陆的中心，远离海洋，能够较好地代表亚欧大陆腹地大气和高空气候变化的背景情况，揭示气候变化事实，进而加深对新疆区域气候变化深度和广度的了解，以及空间立体的整体认识（图 2-1）。

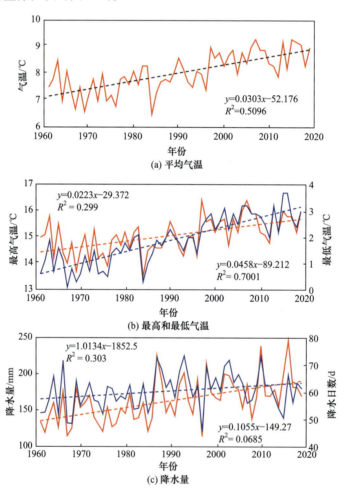

(a) 平均气温

$y=0.0303x-52.176$
$R^2=0.5096$

(b) 最高和最低气温

$y=0.0223x-29.372$
$R^2=0.299$

$y=0.0458x-89.212$
$R^2=0.7001$

(c) 降水量

$y=1.0134x-1852.5$
$R^2=0.303$

$y=0.1055x-149.27$
$R^2=0.0685$

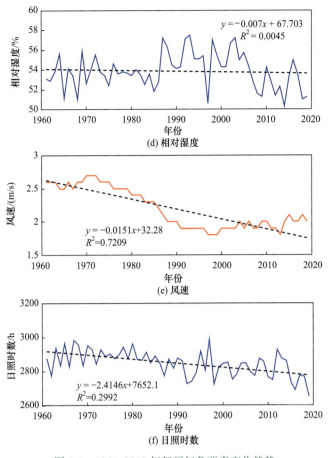

图 2-1　1961~2019 年新疆气象要素变化趋势

2.1.1　气候要素

1. 气温

1）平均气温

1961~2019 年，新疆区域年平均气温呈显著上升趋势，升温速率为 0.30℃/10a，远远高于全球近百年平均升温速率 0.86℃/100a[（0.86±0.06）℃/100a]（严中伟等，2020），也高于全球近 50 年的升温速率（0.13℃/10a）和中国 1951~2018 年的升温速率（0.24℃/10a）。以 20 世纪 90 年代为界，90 年代之前以偏冷为主，而之后以偏暖为主，其中 1997 年以后出现了明显增暖，年平均气温（除 2003 年、2012 年）连续多年持续偏高，是有观测记录以来最暖的 19 年。2007 年和 2015 年为最暖的年份，比多年平均值（1981~2010 年年平均，下同）偏高 1.1℃。

北疆、天山山区、南疆各分区年平均气温变化趋势与新疆区域一致，均呈现显著上升趋势，升温速率分别为 0.35℃/10a、0.30℃/10a、0.26℃/10a，均通过了 0.05 的显著性检验。各分区均在 1997 年以后出现了明显增暖，最暖的年份分别出现在 2015 年、2007

年和 2016 年，比多年平均值分别偏高了 1.4℃、1.2℃ 和 1.2℃。

1961~2019 年新疆区域四季平均气温均呈显著上升趋势，冬季平均气温上升趋势最明显，升温速率为 0.38℃/10a；春季次之，升温速率为 0.32℃/10a；秋季升温速率为 0.30℃/10a；夏季最弱，升温速率为 0.23℃/10a。北疆、天山山区及南疆均表现为冬季升温趋势显著，升温速率分别为 0.44℃/10a、0.31℃/10a 和 0.34℃/10a；北疆夏季升温趋势不显著，升温速率为 0.26℃/10a，夏季天山山区增温速率最大，而春季和秋季北疆增温速率最大（图 2-2）。

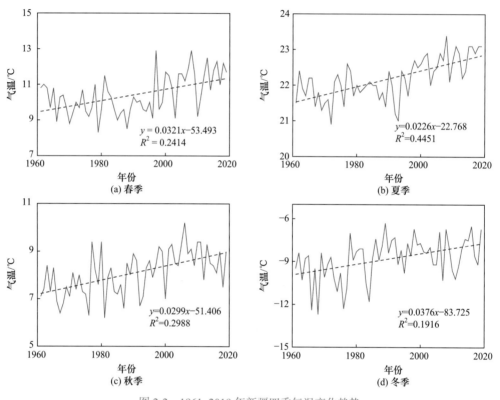

图 2-2　1961~2019 年新疆四季气温变化趋势

空间分布来看，1961~2019 年新疆区域年平均气温呈全区一致的增加趋势，仅南疆的库车和阿克陶呈降温趋势，且降幅较小。增温幅度由南向北增加，伊犁河谷、北疆北部、哈密北部、北疆沿天山及和田地区气温上升最明显，升温速率为 0.4~0.6℃/10a，天山山区升温速率主要在 0.2~0.4℃/10a，而阿克苏、喀什、巴州等地区升温速率小于 0.2℃/10a。

2）最高气温和最低气温

1961~2019 年，新疆区域年平均最高气温呈上升趋势，升温速率为 0.22℃/10a，其中北疆、天山山区、南疆各分区年平均最高气温升温速率均为 0.22℃/10a。1997 年为近 57 年最高的年份，比多年平均值偏高 1.4℃；1964 年为最低的年份，比多年平均值偏低 1.4℃。季节上，春季升温速率最大，为 0.28℃/10a；秋季次之，为 0.24℃/10a；冬季为

0.22℃/10a；夏季升温速率最小，为0.16℃/10a。

1961~2019年，新疆区域年平均最低气温呈上升趋势，升温速率为0.46℃/10a，远远高于年平均气温（0.30℃/10a）和年平均最高气温（0.22℃/10a）的升温速率。北疆、天山山区、南疆各分区年平均最低气温升温速率分别为0.51℃/10a、0.43℃/10a、0.38℃/10a，北疆升温速率最大，天山山区次之，南疆最小。2016年为近58年最高的年份，比多年平均值偏高1.9℃；1969a为近60年最低的年份，比多年平均值偏低2.5℃。季节变化看，冬季升温速率最大，为0.54℃/10a；秋季和春季次之，为0.42℃/10a和0.41℃/10a；夏季最小，为0.40℃/10a。

2. 降水

1）平均降水量

1961~2019年，新疆区域年降水量呈增加趋势，增加速率为10.1mm/10a。1986年以前降水量以偏少为主，1987年以后偏多，降水量明显增加。2016年是最多的年份，比多年平均值偏多45mm；1997年是最少的年份，比多年平均值偏少33mm。与1961~2012年（《新疆区域气候变化评估报告》编写委员会，2012）相比，新疆多年平均年降水量增加13mm。

北疆、天山山区、南疆各分区年降水量变化趋势均呈现增加趋势，增加速率分别为11.6mm/10a、15.8mm/10a、3mm/10a，天山增加速率最大，南疆最小。20世纪80年代中期以后各分区明显增多，其中2010年之后比20世纪60年代年降水量分别增加了45.7 mm、59.3mm、24.1mm，增幅分别为25.9%、18.4%和52.5%。

从季节变化看，1961~2019年新疆区域四季降水量均呈增加趋势。其中，夏季降水量增加趋势最明显，增加速率为3.6mm/10a；春季、秋季和冬季分别为2.0mm/10a、2.1 mm/10a、1.8mm/10a。区域来看，北疆冬季增加速率最大（3.2mm/10a），春季最小（2.3 mm/10a）；天山山区夏季增加速率最大（6.7mm/10a），冬季最小（1.9mm/10a）；南疆夏季增加速率最大（3.0mm/10a），冬季最小（0.4mm/10a）。夏季，天山降水量增加速率最大；冬季，北疆增加速率最大（图2-3）。

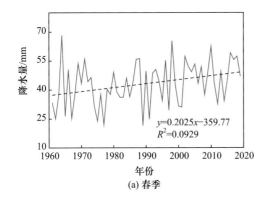

(a) 春季

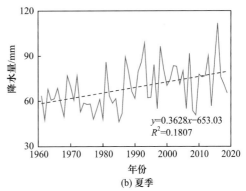

(b) 夏季

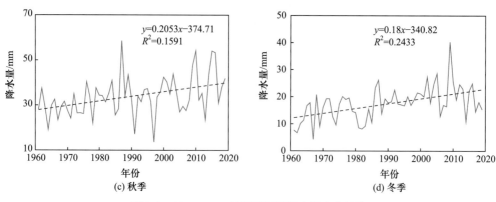

图 2-3　1961~2019 年新疆四季降水量变化趋势

值得注意的是，新疆山区降雪观测站严重不足，根据观测资料得到的山区冬春季节降水数据与实际情况均有很大的差异。因此，新疆山区及新疆冬春季节降水变化仍存在不确定性。

2）降水日数变化

1961~2019 年，新疆区域年日降水量 ≥ 0.1mm 降水日数呈增加趋势，增加速率为 1.06d/10a，增加趋势不显著，未通过 0.05 的显著性检验。1993 年是降水日数最多的年份，比多年平均值偏多 10.8d；1997 年是最少的年份，比多年平均值偏少 17.2d。

北疆、天山山区、南疆各分区年降水日数均呈增加趋势，增加速率分别为 1.0d/10a、1.1d/10a、0.6d/10a，天山山区增加速率最大，南疆最小，但各分区增加趋势均不显著，未通过 0.05 的显著性检验。2010 年之后与 20 世纪 60 年代年降水日数相比，北疆和南疆分别增加了 8.3d、4.4d，而天山山区减少了 1.3d。各分区降水日数最多的年份分别出现在 1987 年、1966 年、2010 年，比多年平均值分别偏多 16.9d、13.1d、10.4d；最少的年份分别出现在 1997 年、1997 年、1968 年，比多年平均值分别偏少 22.9d、21d、11.5d。

3. 相对湿度

1961~2019 年，新疆区域年平均相对湿度呈微弱的减小趋势，减小速率为 0.07%/10a，未通过 0.05 的显著性检验。20 世纪 80 年代中期之前相对湿度变化不明显，80 年代中期至 21 世纪初相对湿度明显增加，21 世纪以来有减少趋势。1993 年相对湿度最大，比多年平均值增加 3.1%；2014 年最小，比多年平均值偏小 4.3%。Li 等（2020）研究表明 21 世纪以来中国区域相对湿度的减少趋势与气象部门自动化观测仪器更新有关。

区域来看，北疆年平均相对湿度呈减小趋势，减小速率为 0.25%/10a；天山山区和南疆变化趋势均呈现微弱的增大趋势，增加速率分别为 0.05%/10a 和 0.07%/10a。北疆、天山山区、南疆各分区最大年平均相对湿度分别出现在 1987 年、1993 年和 2003 年，比多年平均值分别偏大 4.1%、3.1%、4.0%；最小的年份分别出现在 1997 年、1997 年和 2009 年，比多年平均值分别偏小 4.7%、4.6%、5.8%。

从季节变化看，近 60 年新疆区域春季平均相对湿度呈微弱减小趋势，减小速率为 0.49%/10a；其他季节呈增大趋势，其中，秋季呈显著增大趋势，增大速率为 0.12%/10a；

夏季和冬季呈微弱增大趋势，增大速率分别为0.07%/10a、0.06%/10a。春、夏、秋、冬各季平均相对湿度最小值分别出现在2014年、2009年、1997年、1996年，比多年平均值分别偏小7.5%、6.4%、6.0%、6.5%；最大值分别出现在1964年、1993年、1987年、2005年，比多年平均值分别偏大7.2%、5.4%、4.5%、5.4%。

4. 近地层风速

1961~2019年，新疆区域年平均风速呈减小趋势，减小速率为0.15 m/（s·10a），且减小趋势显著，通过了0.05的显著性检验。20世纪70年代之前年平均风速变化趋势不明显，20世纪70年代至90年代末的年平均风速急剧下降，而21世纪以来有所恢复，但仍然在多年平均值以下。其中1970~1972年是最大的年份，比多年平均值偏大0.7m/s；1997~1999年是最小的年份，比多年平均值偏小0.2m/s。

从区域来看，北疆、天山山区、南疆各分区年平均风速变化趋势均呈减小趋势，减小速率分别为0.18m/（s·10a）、0.07m/（s·10a）、0.13m/（s·10a），北疆减小速率最大，天山山区最小，均通过了0.05的显著性检验。20世纪80年代中期以前北疆年平均风速变化趋势不明显，之后在直线减小；天山山区和南疆在20世纪70年代以前变化趋势不明显，之后呈直线减小趋势，21世纪以来天山山区有所增大，接近多年平均值，而南疆在20世纪90年代以后有所增大，但仍然远远小于多年平均值。北疆、天山山区、南疆各分区年平均风速最大的年份分别出现在（1970年、1971年、1975年）、（1970~1972年）、（1963年、1966年、1969~1972年），比多年平均值分别偏大0.8m/s、0.4m/s、0.7m/s；最小的年份分别出现在（2011~2013年）、（1997~1999年）、（1992年、1995~1998年），比多年平均值分别偏小0.3m/s、0.3m/s、0.2m/s。

从季节变化看，1961年以来新疆区域四季平均风速均呈减小趋势，且减少趋势显著，均通过了0.05的显著性检验。春、夏季平均风速减小趋势最明显，减小速率为0.19m/（s·10a）和0.18m/（s·10a），秋季次之[0.14m/（s·10a）]，冬季最弱[0.08m/（s·10a）]。年代际变化与年平均风速一致，20世纪70年代之后明显减少，21世纪以来逐渐恢复。

5. 日照时数

1961年以来，新疆区域年日照时数呈减少趋势，减少速率为24.1h/10a，且减少趋势显著。20世纪70年代年日照时数最多，80年代中期之前年日照时数多于多年平均值，而80年代中期之后明显减少。1997年年日照时数最多，比多年平均值偏多156h；2016年最少，比多年平均值偏少142h。

北疆、天山山区和南疆各分区年日照时数均呈减少趋势，减少速率分别为29.4h/10a、40.9h/10a和13.3h/10a，天山山区减少速率最大，南疆最小，均通过了0.05的显著性检验。北疆、天山山区、南疆年日照时数最多的年份分别出现在1967年、1978年和1997年，比多年平均值分别偏多224h、188h和196h；最少的年份分别出现在2016年、2007年和2006年，比多年平均值分别偏少153h、141h和130h。

从季节变化看，1961~2019年新疆区域春季日照时数呈微弱增加趋势，增加速率为 3.8h/10a；其他季节呈减少趋势，冬季、秋季、夏季减少速率分别为 19.0h/10a、8.2h/10a、4.7h/10a，秋、冬季变化趋势通过了 0.05 的显著性检验。春、夏、秋、冬季日照时数最少值分别出现在 1998 年、2016 年、2015 年、2017 年，比多年平均值分别偏少 83h、37h、69h、282h；最多值分别出现在 2000 年、1977 年、1978 年、1967 年，比多年平均值分别偏多 80h、47h、53h、121h。

2.1.2　大气成分

自 2009 年开始，中国气象局在新疆阿克达拉区域大气本底观测站（47.10°N，87.58°E，562 m）开展温室气体的联网观测，代表亚洲中部干旱区荒漠环境的大气本底特征。开展的温室气体观测要素包括二氧化碳（CO_2）和甲烷（CH_4）（图 2-4）。

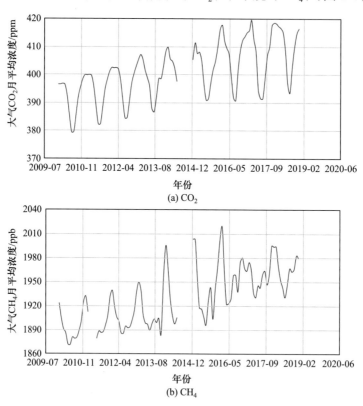

图 2-4　2009~2018 年阿克达拉区域大气本底观测站

CO_2 是影响地球辐射平衡的最主要的长寿命温室气体，在全部长寿命温室气体浓度升高所产生的总辐射强迫中的贡献率约为 65%。工业化前（1750 年之前）全球大气 CO_2 平均浓度保持在 278ppm[①]左右，由于人类活动排放的影响，全球大气 CO_2 浓度不断升高。2010~2018 年阿克达拉站大气 CO_2 平均浓度为（401.1±2.1）ppm，比全球和瓦里关站年平均 CO_2 浓度高；从变化来看，阿克达拉站大气 CO_2 浓度总体呈现逐年升高趋势，2018 年比 2010 年增加了（19.29±0.5）ppm，月均值与 2010 年同期相比显著增加[②]。

①　ppm 为干空气中每百万 (10^6) 个气体分子所含的该种气体分子数
②　中国气象局气候变化中心 . 3017. 中国温室气体公报

CH$_4$ 是影响地球辐射平衡的次要长寿命温室气体，在全部长寿命温室气体浓度增加所产生的总辐射强迫中的贡献率约为 17%。工业化前（1750 年之前）全球大气 CH$_4$ 平均浓度保持在 722ppb[①]左右，由于人类活动排放（采矿泄漏、水稻种植、反刍动物饲养等），全球大气 CH$_4$ 浓度不断升高。2010~2018 年阿克达拉站大气 CH$_4$ 平均浓度为（1930±10）ppb，比全球和瓦里关站年平均 CH$_4$ 浓度高。从变化来看，阿克达拉站大气 CH$_4$ 浓度总体呈现逐年升高趋势，2018 年比 2010 年增加了（73±6）ppb，月均值与 2010 年同期相比显著增加[②]。

2.1.3 不同高度层大气和大气环流

1. 不同高度层气温

1961~2018 年新疆区域 850hPa、700hPa、500hPa、300hPa 和 100hPa 等 5 个等压面气温年际变化趋势发现，850hPa、700hPa 和 500hPa 年均气温均呈上升趋势，增温率分别为 0.16℃/10a、0.15℃/10a 和 0.09℃/10a，300hPa 和 100hPa 年均气温均呈下降的趋势，变化率分别为 −0.10℃/10a 和 −0.37℃/10a，反映新疆气温随着高度的升高而减慢（图 2-5）。新疆对流层下层升温和平流层下层降温趋势与全球高层气温变化总体一致，对流层上层降温趋势与全球气温变化趋势相反。850hPa、700hPa 和 500hPa 最暖年均出现在 2016 年，分别为 7.8℃、0.4℃和 −16.4℃，与常年值相比分别偏高 1.5℃、1.5℃和 1.4℃；300hPa 出现在 1962 年，为 −42.9℃，与常年值相比偏高 1.5℃，100hPa 出现在 1983 年，为 −59.5℃，与常年值相比偏高 1.6℃；850hPa、700hPa 和 500hPa 最冷年均出现在 1984 年，分别为 5.0℃、−2.4℃、−18.8℃，与常年值相比分别偏低 −1.2℃、−1.2℃和 1.0℃，300hPa 出现在 2001 年，为 −45.2℃，与常年值相比偏低 0.8℃，100hPa 出现在 1999 年，为 −62.8℃，与常年值相比偏低 1.7℃。

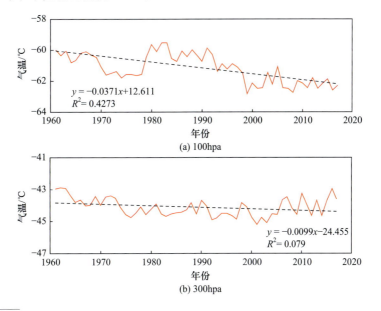

(a) 100hpa

(b) 300hpa

---

① ppb 为干空气中每十亿 (10^9) 个气体分子所含的该种气体分子数
② 中国气象局气候变化中心 . 2016，2017. 中国温室气体公报

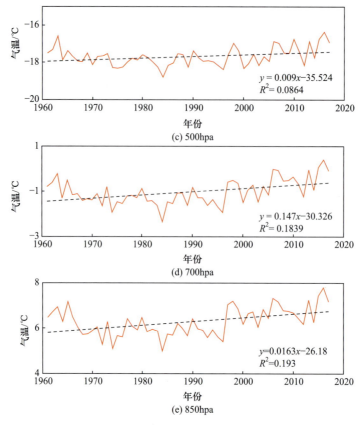

图 2-5　1961~2018 年新疆不同高度层气温变化趋势

综上，新疆 850hPa、700hPa、500hPa 大气呈上升趋势，总体呈现出由冷向暖转变的特点，300hPa 呈下降趋势，表现为暖–冷–暖平稳变化特点，100hPa 呈下降趋势，表现为由暖向冷转变的特点，21 世纪以来 850hPa、700hPa、500hPa 和 300hPa 总体表现以偏暖为主，100hPa 以偏冷为主。

2. 夏季 0℃高度层

大气 0℃层（气温为 0℃的高度层）高度是高空大气探测的一个重要特性层，反映大气对流层中下层的气温状况。有研究分析了中国近半个世纪 0℃层高度的时空变化，发现空间差异明显，并非与普遍的地面升温完全对应（王立伟等，2014）。在新疆区域，大气 0℃层高度变化对高山冰雪的累积与融化，河流流量的变化，空中水汽、降水等各气象要素的变化有重要影响。对应于全球变暖趋势，中国西部地区的冰川退缩相当严重，冰川消融区一般海拔较高，消融主要发生在夏季，受大气中低层各特性层气候变化的影响，尤其受夏季 0℃层高度变化的影响。此外，由于 0℃层高度较少受到观测场环境影响，研究其变化能较好地反映当地区域气候变化特征。

1961~2018 年，新疆区域夏季 0℃层高度呈显著上升趋势（图 2-6）。20 世纪 60 年代初期以偏高为主，之后有下降趋势，0℃层高度偏低，90 年代中后期开始有明显增高，21

世纪以来整体呈上升趋势且年际波动幅度明显增加。因此,新疆区域夏季0℃层高度的变化总体上呈"下降－平稳－上升"趋势。这与马雪宁等(2011)对黄河流域夏季0℃层高度变化的研究结果基本一致,但是新疆夏季0℃层的最大值出现在2010年以后,黄河流域的极大值出现在60年代初期。

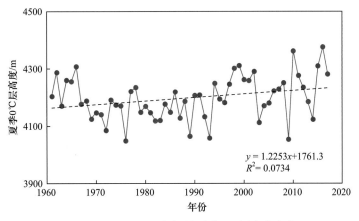

图2-6　1961~2018年新疆夏季0℃层高度变化

新疆区域夏季0℃层高度变化有明显的区域差异。总体来看,北疆高空0℃高度层有显著上升趋势,尤其是7月增加最明显;而南疆上升趋势不显著,部分站点出现弱的下降趋势。

3. 大气环流系统

1)大气环流基本特征

新疆地处亚洲中部干旱区腹地,既有西风带天气系统和极地冰洋系统的影响,又受副热带天气系统的影响。新疆冬季以极锋环流为主,夏季以副热带锋区环流为主,而春季两支锋区并举。春季欧亚范围内北欧脊建立并稳定,中亚脊比较稳定,新地岛到新疆北部为稳定的强西北气流,地中海至新疆为西南气流,这两支气流汇合于新疆,是春季环流的主要特征之一。夏季副热带西风急流沿天山山脉控制新疆,副热带西风急流的南北振动和强度变化决定降水的分布,新疆脊明显减弱,副热带锋区短波活动多,多阵性天气。秋季环流相对稳定,极锋锋区在欧亚中纬度地区建立,西欧高压脊和新疆脊形成且异常稳定,形成新疆"秋高气爽"的天气。冬季副热带西风急流南撤至青藏高原以南,欧亚范围500hPa高压场中高纬度表现为"两槽两脊",即大西洋沿岸脊、欧洲槽、新疆脊和东亚大槽,东亚大槽和新疆脊比较稳定,形成新疆冬季天气过程少、天气稳定的特征(何清,2016;杨莲梅等,2018)。

2)中亚低涡

中亚低涡是造成新疆暴雨、短时强降水、冰雹、持续低温的重要影响系统之一。中亚低涡分为"深厚型"和"浅薄型"两类。从时间分布来看,"深厚型"中亚低涡在夏季出现频次最多,所占比例最大为52%;而"浅薄型"中亚低涡春季出现频次最多。从持续时间来看,中亚低涡成熟期持续时间平均为3.8d,其活动频次随持续时间增加迅速减小，其中维持时间 2~3d 为 56%，维持时间 4~5d 为 27.5%，持续时间在 5d 以上为 16.5%。从对新疆降水的影响方面，中亚低涡分为干涡和湿涡，其中干涡占 60%，且季节分布比较均匀；而湿涡占 40%，季节分布差异大，夏季最多。"深厚型"和"浅薄型"中亚低涡移动路径均可分为东北、偏东和东南移动，其中东北路径的"深厚型"中亚低涡对新疆天气的影响很弱；偏东路径中 31% 为湿涡，可引起新疆明显降水天气；东南路径中湿涡占 68%，能引起新疆大范围强降水天气过程。"浅薄型"中亚低涡中，30% 的东北和偏东路径易造成新疆明显降水天气，东南路径则主要引起新疆西南区域降水（张云惠等，2012；杨莲梅，2019）。

1971 年以来，深厚型中亚低涡活动频次存在显著的年际变化，异常偏多的有 6 年，1972 年、1989 年、1994 年和 2005 年均为 13 次，1996 年和 2009 年均为 11 次，而异常偏少的有 5 年，1978 年和 1983 年为 4 次，1971 年和 1975 年为 3 次，最少的 2002 年仅有 2 次。低涡活动频次显著增加，通过 90% 显著性水平，线性增加趋势率为 0.7 次 /10a。深厚型中亚低涡成熟期发生天数与次数的演变具有很好的一致性。

深厚型中亚低涡发生次数和发生天数具有显著的年代际变化，并呈年代际递增趋势。20 世纪 70 年代有 62 次深厚型中亚低涡活动，80 年代增至 74 次，90 年代增至 84 次，21 世纪以来出现了 85 次，这与新疆降水自 1987 年有年代际增多现象是一致的。

1971 年以来浅薄型中亚低涡活动频次和日数年际变化较大，活动频次和日数的标准差分别为 2.64 次和 8.79 d，并且浅薄型中亚低涡活动存在一定周期性，2000 年以后浅薄型中亚低涡活动处于相对低发期，但有逐步增加的趋势。浅薄型中亚低涡活动次数最多的年份分别为 1982 年和 1995 年，均达 14 次；浅薄型中亚低涡活动最少的年份为 1976 年，仅 2 次，且出现在冬季，其次是 1985 年，为 3 次，出现在夏季和秋季（张云惠等，2012；杨莲梅，2019）。

20 世纪 80 年代浅薄型中亚低涡活动最为频繁，由 70 年代的 78 次增加至 83 次，天数也增多至 251d，是浅薄型中亚低涡活动频次的一个重要转折期。80 年代后浅薄型中亚低涡活动频次逐渐减少，90 年代为 81 次，21 世纪以来为 76 次，近 10 年低涡活动的持续时间平均而言有所增加。

3）西亚副热带西风急流

西亚副热带西风急流多年平均位置在 40°~42.5°N，急流位置偏南年比偏北年位置偏南 3°；急流位置偏强年比偏弱年急流强度偏大 5m/s。当急流位置偏南时，中亚上空为异常气旋性环流，气旋东部盛行异常的偏南风，将低纬度的暖湿气流带至北疆上空，与高纬度向下的干冷空气交汇，易于降水的生成。反之，当急流位置偏北时，中亚上空为异常反气旋性环流，北疆上空盛行异常偏北风，动力条件不利于降水的形成。此外，急流位置偏南时，在阿拉伯海上空对应一个反气旋性环流，将越赤道索马里急流携带的热带水汽进一步输送到中纬度，配合中亚上空的气旋环流，进一步将水汽输送至新疆上空，提供水汽条件，完成水汽的两步输送过程（Zhao et al.，2014a）。近几十年西亚西风急流发生位置偏南的年代际变化，与新疆降水年代际增多变化趋势一致（杨莲梅等，2018）。

2.2 水　　圈

通常说的水圈，主要包括气态水和液态水。气态水主要指大气中的水汽；液态水主要包括河流、湖泊、土壤水和地下水等；而在水相变化的过程中，蒸散发起到纽带的作用。大气中的水汽是降水的物质基础，是全球水循环中最活跃的因子。全球变暖背景下，水循环过程加剧，水圈要素随之发生改变，进而影响到区域水资源安全。

新疆是亚洲中部干旱区的重要组成部分，对全球变化响应异常敏感，水循环过程独具特色，水资源问题突出。本节主要对新疆地区的大气水汽、蒸散发、土壤湿度、河流径流、湖泊和地下水埋深等要素在近几十年的时空变化特征进行评估。研究变暖背景下新疆的水圈变化特征，对应对和适应未来气候变化及水资源安全具有重要意义。

2.2.1　水汽

1. 水汽含量

1961~2018 年，新疆区域水汽总体呈增加趋势，20 世纪 80 年代中后期明显增多，而在 21 世纪以来有微弱的减小态势。水汽增多站点占总站点的 90% 以上，其中 36% 的站点突变型增多发生在 80 年代中后期，23% 的站点在 90 年代初期发生突变型增多，而90% 以上站点均在 21 世纪初有微弱减小。大气中的水分含量主要分布在 3km 以下，且高度呈负指数规律递减。1500m 以下水汽含量大部分在 10~15mm，1500m 以上在 5~10mm，其中在 1000~1500m 可能存在一个最大水汽含量带（Hu et al., 2015；姚俊强等，2020）。水汽增加的区域主要位于新疆西北部、天山山区和南疆西部，形成了多个水汽增多中心。究其原因，一是外来水汽输送增多，水汽输送路径更加多样化，低纬水汽输送对极端降水过程影响更多；二是山区明显增暖加剧区域水循环，垂直方向水汽循环显著加速，更多的蒸发水汽进入大气，增加了局地的水汽密度和含量（Yao et al., 2016）。

地基 GPS/MET、微波辐射计等先进探测仪器和遥感手段是反演大气水汽含量的新技术，具有时间分辨率高，连续性强等特点，这对于深入认识干旱区水汽分布及变化规律，提高水汽资源精细化评估水平都具有重要意义。基于新疆天山山区 2012~2015 年夏季的GPS 水汽资料，发现天山夏季水汽含量为 12~20mm，水汽与海拔高度呈显著负相关系，且 10:00 左右出现日最大值（于晓晶等，2019）。MP-3000A 型微波辐射计探测发现乌鲁木齐市大气水汽有明显的日循环特征，4:00~15:00 逐渐减小，15:00~23:00 逐渐增加，最大值出现在 4:00，最小值出现在 15:00（姚俊强等，2013）。

2. 水汽输送与源汇

从整层水汽通量场气候态分布来看，新疆的水汽主要由中纬度西风带输送，来自北大西洋和北冰洋。在环流配置下，西风水汽经从欧洲大陆、里海和咸海以及中亚带到新疆西部地区。西部边界水汽通过伊犁河、克孜勒苏河、额尔齐斯河等几个河谷进入新疆。在春季，新疆上空以西风环流为主，水汽输送自西向东，其中里海、地中海和中亚巴尔

053 第 2 章 观测到的气候系统变化

喀什湖地区是春季的水汽源地；夏季，西侧进入新疆的水汽主要来自欧洲大陆高纬度，大西洋和北冰洋是主要的水汽源地；秋季，里海和黑海是水汽源地；冬季，地中海受低压控制，在气旋活动活跃，非常有利于水面蒸发的水汽向大气输送，里海是水汽含量的极大值区，因此冬季水汽源地是地中海和里海（戴新刚，2006）。此外，新疆还受到印度（或西南）季风的影响，是暴雨和大暴雨的主要水汽来源。西南水汽输送主要通过两个路径：首先，南向水汽流起源于印度洋北部，低层通过青藏高原及其东部外围，向西进入新疆（Huang et al.，2015，2017）。其次，阿拉伯海和中亚上空异常的反气旋系统导致水汽从阿拉伯海输送到中亚，然后向东进入南疆（Zhao et al.，2014b）（图2-7）。来自西南的水汽输送增加趋势和西北水汽输送的下降趋势造成了新疆在20世纪80年代中后期至21世纪初期降水的增加，而相反的趋势则造成了21世纪降水下降趋势（Hua et al.，2017）。

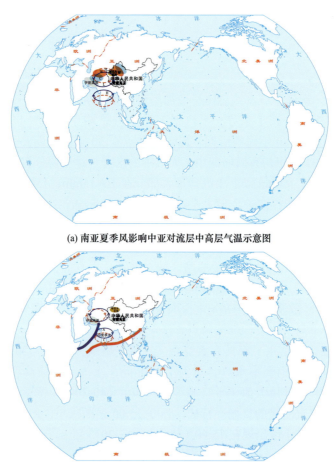

(a) 南亚夏季风影响中亚对流层中高层气温示意图

(b) 南亚夏季风影响水汽输送示意图

图 2-7　南亚夏季风影响中亚对流层中高层气温及水汽输送示意图

H（L）代表高压（低压），W（C）代表变暖（冷），A（C）代表反气旋（气旋），蓝色实线（红色虚线）代表加强（减弱）南亚夏季风

新疆位于中纬度地区，受西风带气候系统的影响较大，因此西边界是水汽的主要输入边界，占总输入量的90.36%，南、北边界是水汽的次输入边界，分别占总输入量的7.16%和2.48%，而东边界是唯一的输出边界。高、中、低纬环流系统共同影响新疆的天气气候，高纬度北方冷空气南下与低纬暖湿气流交汇是产生降水的主要途径。

除了外来水汽输送之外，当地蒸发的水汽，即水汽内循环对降水也有一定的贡献。当地蒸发的水汽对降水的贡献称为水汽内循环率或水汽再循环率（Kong et al.，2013）。新疆多年平均的水汽内循环率为6.48%，当地蒸发的水汽形成的降水为10.37mm。1961年以来水汽内循环率明显增加，增加趋势为0.44%/10a；20世纪80年代新疆区域水汽内循环率发生逆转，80年代初至21世纪以来呈现出明显增加趋势。与1980年之前相比，80年代以来水汽内循环率增加了1.34%，当地蒸发的水汽形成的降水增加了4.06mm，反映了新疆地区水汽循环加快，水汽内循环不断增强，当地蒸发的水汽形成的降水量逐渐增加（Yao et al.，2018）。Wang等（2018）得出包括新疆在内的西北干旱区水汽内循环率为4%~10%，且以0.3%/10a的速率增加。基于同位素技术，估算得出乌鲁木齐的水汽内循环率为8%，而石河子和蔡家湖的水汽内循环率小于5%（Kong et al.，2013；Wang et al.，2016）。

2.2.2 蒸散发

蒸散发是水循环中重要环节之一，是受气候变化最直接影响的要素之一。新疆处于欧亚大陆腹地，是全球气候变化环境下较为敏感的区域。在水循环过程中，蒸散发是联系陆面过程与大气过程的非常重要的环节，将能量收支、水循环以及碳循环等紧密连接起来，对地球表面的能量将起到至关重要的作用（Su et al.，2017）。

传统上使用Φ20cm型蒸发皿来测量进入大气的蒸散发量，而实际蒸散发量直接观测比较困难，大多从气象因素或者水文循环和气象因素相结合的角度建立模型，也可从能量交换的角度构建遥感模型。1960年以来，新疆年蒸发皿蒸发量总体上表现为明显的下降趋势，下降幅度为26.5mm/10a（$p < 0.01$）；而利用CLM陆面模式的模拟的实际蒸发量在总体上显著上升，增加幅度为2.7 mm/10a（$p < 0.01$），与蒸发皿蒸发的变化趋势相反。20世纪60年代至80年代中后期蒸发皿蒸发呈上升趋势，而实际蒸发呈下降趋势，80年代末90年代初开始蒸发皿蒸发下降而实际蒸发则表现为上升的变化，这种变化持续至今（刘波等，2008）。因此，新疆蒸发皿蒸发和实际蒸散发之间具有相反的变化关系，这支持蒸发皿蒸发和实际蒸散发之间具有互补相关关系（变化趋势相反）的理论。在干旱区，降水量为实际蒸散发量的主要控制性因素。在年尺度上实际蒸散发与潜在蒸散发之间呈负相关关系，即为互补关系，即随着年降水量的增加，潜在蒸散发量降低，实际蒸散发量增大（Yao et al.，2017）。归因分析表明，在湿润和半湿润区，无论是蒸发皿蒸发还是实际蒸发，决定其变化的主要因子都是所能获取的能量，因此两者以相同的变化趋势为主；在干旱和半干旱区，蒸发皿蒸发主要受能量控制，而实际蒸发却由水分决定，因此两者以相反的变化趋势为主（刘波等，2008）。

塔里木河流域的实际蒸散发与潜在蒸散发之间也表现为良好的互补关系，1961~2014年期间，以1996年为分界点，实际蒸散发呈现先增加（2.29mm/a）后减少（3.39mm/a）

的趋势、总体增加（1.06mm/a）的趋势。能量条件对实际蒸散发的影响较小，而平流条件影响较大，实际蒸散发与下垫面供水条件有良好的相关关系（Jian et al.，2018）。

2.2.3　土壤湿度

新疆长期的土壤湿度观测较少，仅在阿勒泰、乌兰乌苏、东坎和莎车等4个农业气象观测站有连续观测。1981~2010年新疆农业气象观测站点0~50cm土壤湿度均值为11.3%，0~10cm、10~20cm、20~30cm、30~40cm、40~50cm等五个层次平均土壤湿度均值分别为9.5%、10.7%、11.5%、12%和12.9%。季节变化来看，土壤湿度总体呈增大—减小—增大的趋势。2月下旬土壤解冻，土壤湿度逐渐增大，3月中旬至4月上旬达到最大值，然后逐渐减小，随着降水量的增多，7月、8月土壤湿度明显增大。整体看，深层土壤湿度均高于浅层，尤其在进入作物生长季后更明显，各层土壤湿度变化幅度为2.6%~8.0%。1981~2010年新疆土壤湿度呈减小趋势，1993年之前维持在较高水平（13.5%以上），1993~1997年土壤湿度明显下降，1998年后趋于稳定。0~50cm土壤湿度倾向率为−3.8%/10a，0~10cm、10~20cm、20~30cm、30~40cm、40~50cm等五个层次土壤湿度倾向率分别为−3.6%/10a、−4%/10a、−3.5%/10a、−3%/10a和−2.3%/10a，均通过0.05的显著性水平检验（张蕾等，2016）。

基于MERRA-Land土壤湿度数据，发现在1982~2015年期间，新疆仅有27%的区域土壤水分显著变化（$p<0.05$），其中76%的区域呈现出显著增加的趋势（Wang et al.，2019）（图2-8）。气候和植被是影响土壤水分变化的两个主要因素，降水、气温和植被最高可以解释新疆土壤水分变化的40%、8.2%和3.3%，其中87%区域的土壤水分主要受降水的影响，降水极值和气温极值最高可以解释新疆土壤水分变化的10%和8%（Wang et al.，2019）。21世纪以来，塔里木河流域低海拔区域（<1500m）的土壤水分略有增加，且夏季土壤水分增加最为显著，降水对该区域土壤水分变化的贡献大于气温。此外不同土地利用类型上土壤水分的变化趋势存在差异，草地和裸地的土壤水分有明显的增加趋势，其他土地利用类型的土壤水分变化不显著（Wang Y Q et al.，2018）。

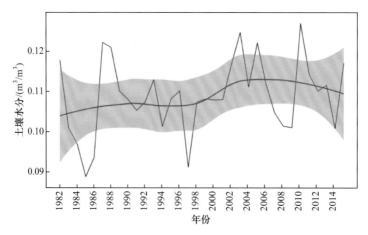

图2-8　1982~2015年土壤湿度变化（Wang et al.，2019）

阴影表示95%置信区间，蓝色实线表示loess方法拟合曲线

1. 新疆地表水资源概况

水资源是制约和影响干旱区社会经济发展和生态环境保护的战略性资源，其分布和变化对未来区域生态安全和社会经济可持续发展至关重要。新疆区域内山区、荒漠与绿洲交错分布，水资源分布极不均匀。荒漠与绿洲的演替对水资源分布和变化高度依赖，即是"有水就有绿洲，无水则成荒漠"。由于全球气候变化的影响，新疆水资源问题受到社会各界和科学领域的广泛关注。大气降水、地表径流、湖泊和地下水是水资源利用的主要形式。

新疆大部分河流具有河流数量众多、流程较短、水量小、变率大等特点，且以内陆河为主。根据新疆水文局统计数据，新疆共有大小河流 570 条，其中北疆有 387 条，南疆有 183 条。85.3% 的河流年径流量在 1 亿 m³ 以下，仅占新疆年总径流量的 9% 左右，而年径流量在 10 亿 m³ 以上的河流仅有 18 条，但径流量占新疆总径流量的 60%。同时，新疆河流的流量变率大，年内分配极不均匀。一般而言，夏季流量占比最大，其中在南疆西部的昆仑山区则高达 70%~80%；春、秋两季流量相当，冬季最小，而在北疆西部山区春季流量较大。这与新疆河流主要依靠山地降水和高山冰雪融水补给有关（王志杰，2008）。

2. 塔里木河流域径流变化趋势

塔里木河流域地处新疆南部塔里木盆地，位于天山山脉与昆仑山、喀喇昆仑山山脉之间，流域总面积约 102 万 km²，是中国最大的内陆河流域。目前仅有阿克苏河、叶尔羌河、和田河与开都－孔雀河常年有地表水汇入塔里木河干流（图 2-9）。选取塔里木河流域的 6 个水文站 1957~2017 年径流量数据，其中阿克苏河为库玛拉克河协合拉水文站和托什干河沙里桂兰克站监测数据之和，和田河为喀拉喀什站和乌鲁瓦提站和玉龙喀什河同古孜洛克站水文监测之和，叶尔羌河为卡群站监测资料，塔里木河干流采用阿拉尔水文监测站数据。

1957~2017 年阿克苏河径流量有明显的增加趋势，趋势为 2.78 亿 m³/10a（$p<0.05$）。20 世纪 50 年代末至 70 年代末有增加趋势，变化趋势为 5.28 亿 m³/10a（$p<0.05$），之后明显减少，80 年代变化较小，90 年代至 21 世纪初急剧增加，增加趋势为 16.02 亿 m³/10a（$p<0.05$），2002 年达到有记录以来最高值。随后急剧减少，减少趋势为 –23.81 亿 m³/10a（$p<0.01$），2014 年是有记录以来历史最低值，最近几年径流量有明显增加。同时，21 世纪以来径流量的年际波动大。

1957~2017 年叶尔羌河径流量有增加趋势，倾向率为 2.15 亿 m³/10a，但未通过显著性检验。变化特征来看，20 世纪 70 年代至 80 年代末有减少阶段，减少趋势为 –5.87 亿 m³/10a（$p>0.05$），随后至今有增加态势，增加趋势为 4.04 亿 m³/10a（$p>0.05$）。总体来看，叶尔羌河径流量以年际波动为主，且年际变率较大，无较明显阶段性特征。

1957~2017 年和田河径流量有微弱的增加态势，倾向率为 1.12 亿 m³/10a，未通过显著性检验。变化特征来看，20 世纪 60 年代年际变化较大，历史最低值和最高值均出现在这一时期；70 年代以波动变化为主，70 年代末至 90 年代初有减少趋势，减少趋势为 –9.56

亿 m³/10a（p<0.05）；90 年代中期至今有明显增加趋势，变化趋势为 6.68 亿 m³/10a（p<0.05）。

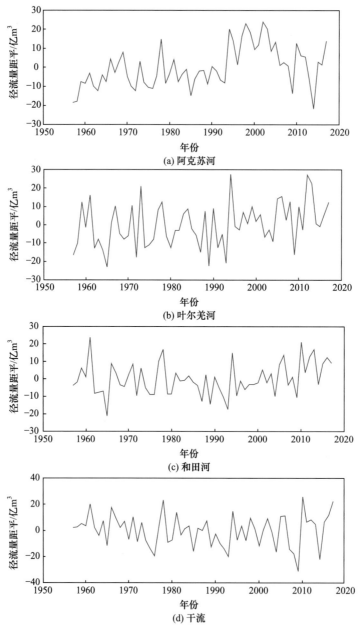

图 2-9　1957~2017 年塔里木河"三源一干"径流量变化（姚俊强等，2021）

1957~2017 年塔里木河干流径流量有微弱的减少态势，变化趋势为 –0.48 亿 m³/10a（p>0.05），无明显阶段性变化特征。值得注意的是，2009 年和 2010 年经历了有记录以来的最大和最小径流量，21 世纪以来径流量年际变率明显增大。

3. 天山北坡诸中小河流域径流变化趋势

天山北坡夏季受来自大西洋和北冰洋气流的影响，同时在地形的作用下，降水较南坡更为丰富，河流分布较南坡也更多，水文特征更复杂。发源于天山北坡的河流以中小河流为主，主要受春季冰雪融水和夏季降水径流的补给，具有径流年内分配不均匀、集中度高、年际变化较稳定等特点（穆艾塔尔·赛地等，2013）。处于北疆的河流比较典型的有玛纳斯河、乌鲁木齐河、呼图壁河、头屯河以及艾比湖水系的奎屯河、精河和博乐河等。

玛纳斯河是天山北坡最大的河流，肯斯瓦特水文站多年平均径流量是 13.18 亿 m³。1956~2015 年玛纳斯河径流有增加趋势，其中 1995 年之后年径流量明显增多（陆峰，2016）；乌鲁木齐河英雄桥水文站多年平均径流量是 2.4 亿 m³，径流的年际变化相对稳定；呼图壁河是天山北坡中段第二大河流，石门子水文站多年平均径流量为 4.8 亿 m³，1956~2015 年呼图壁河径流的年际变化小，在 1987 年发生突变，其中 1998~2004 年上升显著，突变后年际变幅增大，径流量年内变化不均匀，且变幅增大。

艾比湖流域是天山北坡的代表性河流，由湖区和博尔塔拉河、精河、奎屯河和喇叭河等 23 条河流组成，目前只有博尔塔拉河和精河常年有水进入艾比湖。精河水文站多年平均径流量为 4.67 亿 m³，博尔塔拉河出山口的博乐站的年平均径流量为 4.97 亿 m³（王敬哲，2019）。1961~2017 年精河流域径流量变化幅度并不明显，呈现极为微弱的上升趋势（0.02 亿 m³/10a，$p>0.05$）。20 世纪 60 年代至 80 年代中后期有增加趋势，21 世纪以来有明显下降趋势，但受降水量增加的影响，2016 年出现了径流量次高值（5.87 亿 m³/10a）。博尔塔拉河流域博乐站径流量呈现显著的上升趋势（0.19 亿 m³/10a，$p<0.05$）。20 世纪 70 年代之前有明显的减少趋势，之后呈波动变化，90 年代中后期急剧增加，至 2002 年达到有记录以来的最高值（7.82 亿 m³），2002 年后径流逐渐减少，同时也在 2016 年出现了径流量次高值（6.98 亿 m³）。1961~2017 年博尔塔拉河流域上游的温泉站径流量以年际波动变化为主（0.03 亿 m³/10a，$p>0.05$），无明显的阶段性变化特征（图 2-10）。

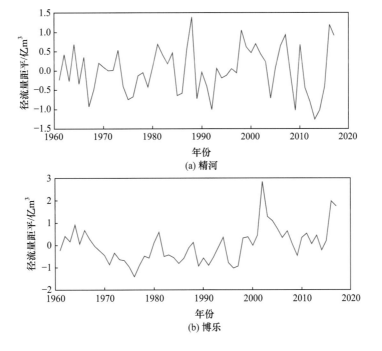

(a) 精河

(b) 博乐

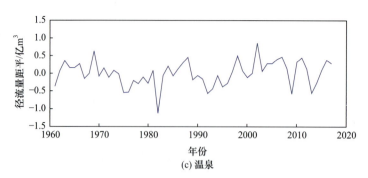

图 2-10　1961~2017 年艾比湖流域主要水文测站径流量变化（姚俊强等，2021）

4. 东疆诸小河流域径流变化趋势

东疆是典型的大陆性干旱气候，河流主要发源于东天山，且以小河流域为主，代表性河流有较大冰川补给的榆树沟、伊吾河，以及无冰川补给的石城子河、头道沟等河流。径流量主要集中在 5~9 月，占到年径流量的 80% 以上，而 10 月至次年 3 月径流较少。

20 世纪 80 年代以来，榆树沟和伊吾河等有冰雪补给的河流径流量呈增加趋势，并在 90 年代初期开始突变型显著增加，而石城子河、头道沟等无冰雪补给的河流径流量有明显的减少趋势（张昕等，2014）。

2.2.5 地下水埋深变化趋势

地下水埋深的上升或下降直接反映了地下水补给与消耗的变化，也直接反映了含水层中地下水资源量变化。

以新疆北部阜康绿洲（43.75°N~45.50°N，87.77°E~88.73°E）为例，1993~2015 年阜康绿洲区域地下水埋深呈明显的增加趋势，地下水埋深变化趋势为 3.05m/a，且通过了显著性检验（图 2-11）。1993 年阜康绿洲地下水埋深为 14.64 m，2003 年之前变化相对缓慢，但在 2003 年之后地下水埋深急剧增加，至 2009 年达到极值，达到了 20.52m（刘海丽等，2018）。在沙湾灌区（43.48°N~45.33°N，84.95°E~86.15°E），1998~2017 年区域地下水埋深呈显著的增加趋势，地下水埋深变化趋势为 9.55m/a（$p<0.01$）（图 2-11）。1998 年灌区

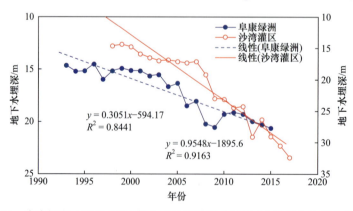

图 2-11　阜康绿洲（1993~2015 年）和沙湾灌区（1998~2017 年）地下水位埋深

地下水埋深为 14.62m，2007 年之前变化相对缓慢，但在 2007 年之后地下水埋深急剧增加，至 2017 年达到 32.38m，地下水位下降了 17.76m（刘婕等，2019）。1990~2015 年吉木萨尔县地下水位总体呈下降趋势，最大下降了 11.94m，平均下降速率为 –5.5m/a（张瑜瑜，2019）。

塔里木河下游长期断流，地下水位大多下降至 8~12m，超过了天然植被生存的临界水位（陈亚宁等，2018）。2000 年开始了拯救塔里木河下游荒漠河岸林的应急生态工程，以抬升地下水位。2002~2006 年的第 1 时段生态输水使地下水位上升较快的英苏一带近河 1km 已达 2~4m，阿拉干以下达到 5~6m；2007~2009 年为第 2 时段生态输水，由于源流补给偏枯和开荒引水增加，3 年输水 2 次，对地下水没有补给，沿河两岸地下水位又回落 1~2m；第 3 时段为 2010~2012 年，加强了对水资源的管理和调控力度，加之源流来水偏丰，下游恰拉监测站实现连续 3 年不断流，下泄水量大量补给了地下水，使近河两岸地下水位埋深又大幅回升至 4m 以内（陈曦等，2017）。经过应急生态输水，显著抬升了塔里木河下游地下水位，改善了塔里木河下游的水环境（Huang and Pang，2010）。2000~2015 年塔里木河下游英苏断面 1050m 范围内地下水埋深总体呈现比较平稳的递减趋势，地下水埋深在 2~3 月有一定的增幅；经过生态输水过程，英苏监测断面距离河道约 750m 范围内地下水平均埋深维持在 2~6m 范围内，基本达到植物生长所需地下水埋深水平（刘迁迁等，2017）。

塔里木河下游地下水埋深监测大多在生态输水后开展，而历史地下水数据资料不足，树木年轮技术可以重建塔里木河下游地下水历史变化序列，发现 1933~1961 年间地下水埋深逐渐增加，1961~1974 年地下水埋深有降低趋势，1975~1999 年地下水埋深又开始显著增加，2000 年后地下水埋深开始逐渐抬升，也是对生态输水的显著响应（周洪华等，2018）。

1987~2010 年叶尔羌河流域地下水资源量呈现明显下降趋势，区域地下水埋深从 1999~2000 年出现较明显的突变点；区域地下水埋深从春夏之交的动态变化最大，秋季的埋深变化最小（古力皮亚·沙塔尔，2017）。

2.2.6 湖泊

湖泊是干旱区水资源循环的重要环节和贮存库，干旱区湖泊水位变化是气候变化与人类活动对区域水资源影响的综合体现。新疆是我国湖泊面积最大的省份之一。

据初步统计，新疆是一个多湖泊的地区，面积大于 1km² 的湖泊有 197 个，面积超过 100km² 的有 9 个，面积大于 10km² 的湖泊有 30 个，湖泊总面积 12414km²，占全国湖泊面积的 13.2%，次于西藏、青海、江苏，居全国第 4 位。湖泊是水资源的主要组成部分，湖泊的监测和调查对生态环境的建设、湖泊资源的综合利用有着十分重要的意义。

运用 ICESat/GLAS 数据研究了新疆湖泊水位变化发现，不同地理环境湖泊年平均水位变化趋势差异明显，其中山区 71% 的湖泊水位呈上升趋势，其余呈下降趋势；绿洲区 75% 湖泊水位呈下降趋势，其余呈上升趋势；荒漠区湖泊水位全部呈下降趋势。季节分布来看，绿洲区春季湖泊水位比秋季高；山区春季湖泊水位比秋季低。分析发现山区湖泊年平均水位上升主导因素是气候变化和冰川融水；绿洲区湖泊年平均水位变化的影响因素较为复杂，主要有地表径流补给减少、灌溉水量增加、气温和降水综合作用、地下水超采等因素；荒漠区湖泊年平均水位下降的主要原因是蒸发强烈、地表入流减少等（Ye et al.，2017）。下面具体分析新疆代表性湖泊的变化特征（图2-12）。

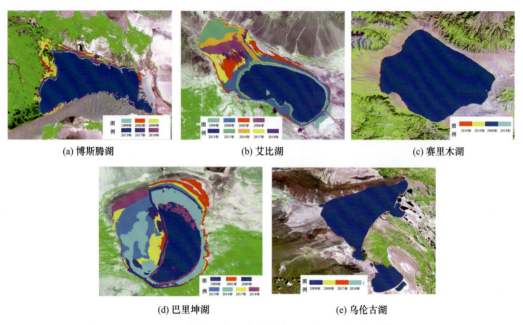

(a) 博斯腾湖　　　　　　　(b) 艾比湖　　　　　　　(c) 赛里木湖

(d) 巴里坤湖　　　　　　　(e) 乌伦古湖

图2-12　1999~2018年新疆主要湖泊水域面积变化（姚俊强等，2021）

1. 博斯腾湖

博斯腾湖是我国内陆最大的淡水湖泊，位于天山南麓的博湖县境内，地处封闭的山间盆地——焉耆盆地，是焉耆盆地大小河流的汇集地，80%以上的水来自开都河。博斯腾湖出流汇入孔雀河，是孔雀河的源头。随着水资源过度开发利用，博斯腾湖生态环境问题凸显，如湖泊萎缩、水体污染、土壤盐渍化等，严重影响着博斯腾湖生态系统和生态安全（陈亚宁，2014）。

1987年和2013年博斯腾湖湖泊水位最低，为1045.0m；2002年水位最高，为1049.39m。1961~2018年博斯腾湖水位阶段性变化明显，其中1961~1987年湖泊水位有下降趋势，然后经历了1988~2002年的急剧增加、2003~2012年的持续下降和2013年以来的增加态势，2017年开始明显回升，其中2018年达到了1047.5m，2019年已经达到了1048.2m。湖泊面积经历了类似的变化（Yao et al.，2018；姚俊强等，2020）。利用Landsat卫星数据显示，1988~2002年期间湖泊逐年扩大，变化率为19.98km²/a，而在2003~2014年期间急剧萎缩，变化率为-14.49km²/a；MODIS数据也显示2003~2014年博斯腾湖整体萎缩，变化率为-16.79km²/a（孙爱民等，2015）。1999~2018年ETM和环境减灾卫星遥感监测也得出一致的结果[①]。

---

① 新疆维吾尔自治区气候中心.2019.2018年新疆气候变化监测公报

2. 艾比湖

艾比湖位于准噶尔盆地西南部，是准噶尔盆地的最低点，是干旱/半干旱地区典型的尾闾型湖泊，是新疆范围内水域面积最大的咸水湖。历史上艾比湖曾与巴尔喀什湖、阿拉湖是一个连续的湖泊水体（陈蜀江等，2006）。现代以来，艾比湖水域面积主要呈现不断缩小的趋势，湖泊已经干缩为近似人类肾脏的形状。随着艾比湖面积的逐渐干缩，区域干涸湖底盐质疏松裸土业已成为风沙–盐尘暴的发源地，对我国北方生态安全造成了严重的威胁（Yao et al.，2014；Ding et al.，2018）。

艾比湖面积有明显的月际和季节变化特征。以2017年2月9日至2018年2月4日的S1A数据为例，2017年4月22日最大湖面面积为897.45km^2，5月至11月的变化最为剧烈，其中秋季每月最低水体面积不到4月份的77.74%，9月1日最小值为700.37km^2。湖泊表面积的季节性变化呈现出"急剧上升""显著下降""逐渐稳定"阶段。湖泊水面面积的变化主要集中在艾比湖的西北部（Wang et al.，2019）。

根据1999~2018年ETM和环境减灾卫星遥感监测分析（新疆气候中心，2019），艾比湖水域面积整体呈现减少的趋势，2006~2016年水域面积以偏小为主，2017~2018年面积有所增大，2018年水域面积为748.68km^2，较1999~2018年均值偏大15.2%。艾比湖水域面积年际变化明显，存在年际间不稳定性。2003年水域面积最大，为972.39km^2，2013年水域面积最小，为429.63km^2，比2003年面积减少了55.4%。从空间变化上来看，艾比湖水域变化较明显区域主要位于该湖西北部，2003年与2013年相比，水域向东南部缩减，最后只剩东南部位，减少趋势明显。

3. 赛里木湖

根据1999~2018年ETM、环境减灾卫星遥感监测分析，赛里木湖水域面积呈上升趋势，增加幅度较少。1999~2008年水域面积以偏小为主，2008~2017年水域面积有所增加。2000年水域面积最小，2016年水域面积最大。2018年水域面积有所减小，为462.9km^2，较1999~2018年均值偏小1%，湖面面积年际间变化相对比较稳定。湖泊边界变化与周边地势有关，边界外扩的区域主要分布在湖泊西部、西北部等地势低且平坦的草原地带。

4. 巴里坤湖

根据1999~2018年ETM、环境减灾卫星遥感监测分析，巴里坤湖水域面积总体呈略减少趋势，巴里坤湖区水域面积1999~2003年较均值偏大，2004~2014年湖区水域面积以偏小为主，2009年达到最低，2015~2018年回升明显，2018年水域面积为95.40 km^2，较1999~2018年均值偏大57.4%。从空间上看巴里坤湖水域面积增加区域主要是从"月牙湖"向西和东北方向扩张。

5. 乌伦古湖

通过1999~2018年ETM、环境减灾卫星遥感资料监测分析，乌伦古湖水域面积水体面积总体呈增加趋势，1999~2015 年较均值略偏小，偏小幅度不超过 2%，2016~2018 年湖区面积略增加，增大幅度不超过 4%。2018 年水域面积最大，为 871.95km^2，较湖区面积最小年 2009 年面积增加 4.6%；较 1999~2018 年均值偏大 3.3%。从空间上看乌伦古湖的湖岸向东北推进比较明显，在湖的东北角形成了数个新的小型湖水域。

2.3 冰 冻 圈

新疆的陆地冰冻圈分布很广，特别是冰川占全国冰川冰储量几乎一半，是低海拔地区重要的水源供给者，北疆地区是我国三大稳定积雪区之一，高山多年冻土比较发育，河流和湖泊结冰现象也很普遍。

据我国第二次冰川编目（刘时银等，2015），新疆境内现有冰川 20695 条，面积 22624km^2，冰储量约 2156km^3，分别占全国冰川条数、面积和冰储量的 43%、44% 和 48%。在全国范围内，新疆冰川数量虽然次于西藏，但冰储量却占据第一位，100km^2 以上的 22 条冰川中有 14 条在新疆，排在前三位的冰川均在新疆塔里木河流域，分别是属于喀喇昆仑山的音苏盖提冰川（359.05km^2），属于天山的托木尔冰川（358.25km^2）和土格别里齐冰川（282.72km^2）。天山西部、东帕米尔高原和喀喇昆仑山，冰川表面被表碛覆盖的特征比较明显，特别是托木尔峰地区是中国最大的表碛覆盖冰川区。

新疆积雪范围约为 130.87 万 km^2，占全国积雪范围的 15.86%（丁永建，2017），稳定积雪区（积雪期 60d 以上）面积约 63 万 km^2（钟镇涛等，2018）。从阿尔泰山南侧到伊犁河谷的广大区域是全疆范围最大的稳定积雪区。积雪深度不仅随海拔高度变化，不同地区间也有显著差异，最深积雪出现在阿尔泰山。塔里木盆地、罗布泊、准噶尔盆地等积雪通常很少，且持续时间不长，特别是塔里木盆地中心区域为无积雪区。

多年冻土在新疆主要分布在高山区和藏北高原北部。多年冻土下界在北部低于南部，东部低于西部，阿尔泰山地区约为海拔 2200m，天山为 2800m 至 3400m，阿尔金山约为 4000m 至 4300m，帕米尔、喀喇昆仑山和西昆仑山大约在 4300m 至 4500m（周幼吾等，2000）。据估计，天山地区多年冻土面积约为 6.3 万 km^2，阿尔泰山多年冻土面积约为 1.1 万 km^2（Jin et al.，2000）。

在新疆冰冻圈变化研究中，冰川的定位观测、区域考察、遥感反演和模拟等都比较丰富；积雪主要依赖于遥感资料，定位监测较少；多年冻土仅有个别钻孔监测。各种研究结果表明，20 世纪 60 年代以来，冰川总体处于退缩状态，积雪范围呈减小趋势，多年冻土温度升高、活动层增厚，但各冰冻圈要素的变化都具有明显的区域差异性。

2.3.1 冰川变化

1. 1960 年代以来的冰川变化

对比中国冰川第一次冰川编目（主要依据 1960~1970 年代航测地形图）和第二次编目的结果（主要依据 2006 年前后遥感资料）（刘时银等，2015），中国冰川面积整体性减少了 18%，新疆地区冰川总面积和冰储量分别减小了 14.7%（3914.0km^2）和 14.4%

（361.7km^3）。按照新疆境内山系和流域统计的结果见表 2-1 和表 2-2。由于某些复式（多支流）冰川退缩到一定程度后变成多条冰川，某些山系和流域的冰川条数有所增加，但面积仍然减小。羌塘高原在新疆部分是一个特别区域，该区冰川数量少且比较稳定，因个别冰川在第一次编目时被遗漏，致使冰川条数和面积都有所增加。各山系和流域冰川变化具体情况为：

表 2-1　新疆各山系冰川分布与变化

山脉名称	第一次编目			第二次编目			冰川变化			
	条数	面积/km^2	平均储量/km^3	条数	面积/km^2	平均储量/km^3	条数	面积/km^2	面积变化/%	储量变化/km^3	储量变化/%
喀喇昆仑山	2992	5012.5	562.2	3501	4429.7	486.6	509	−582.8	−11.6	−75.6	−13.5
天山	8432	8885.3	848.5	7934	7179.8	708.0	−498	−1705.6	−19.2	−140.6	−16.6
帕米尔高原	1501	2737.2	228.6	1612	2159.6	176.9	111	−577.6	−21.1	−51.7	−22.6
昆仑山	6696	9284.5	841.9	6914	8360.8	755.9	218	−923.6	−9.9	−86.0	−10.2
穆斯套岭	20	16.7	0.8	12	9.0	0.4	−8	−7.7	−46.2	−0.4	−49.4
羌塘高原	19	48.9	4.0	29	50.6	4.2	10	1.7	3.4	0.2	4.0
阿尔泰山	395	283.7	16.7	273	178.8	10.5	−122	−104.9	−37.0	−6.2	−37.0
阿尔金山	264	269.2	14.8	420	255.6	13.4	156	−13.6	−5.0	−1.4	−9.5
合计	20319	26537.8	2517.5	20695	22623.8	2155.8	376	−3914.0	−14.7	−361.7	−14.4

注：因数值修约表中个别数据略有误差

表 2-2　新疆各水系冰川分布与变化

流域名称	流域编码	第一次编目			第二次编目			冰川变化			
		条数	面积/km^2	平均储量/km^3	条数	面积/km^2	平均储量/km^3	条数	面积/km^2	面积变化/%	储量变化/km^3	储量变化/%
额尔齐斯河	5A	394	293.5	17.2	279	186.1	10.8	−115	−107.3	−36.6	−6.4	−37.0
印度河	5Q	518	389.2	20.3	693	366.9	18.6	175	−22.3	−5.7	−1.8	−8.7
伊犁河	5X	2245	2053.3	141.5	2122	1554.7	106.0	−123	−498.6	−24.3	−35.5	−25.1
科布多河	5Y1	5	2.7	0.1	4	0.8	0.0	−1	−1.9	−69.5	−0.1	−76.7
柴达木内流水系	5Y5	296	226.0	10.9	398	208.5	9.6	102	−17.5	−7.7	−1.3	−12.0
塔里木内流水系	5Y6	12307	20107.2	2107.6	12803	17627.1	1839.2	496	−2480.2	−12.3	−268.4	−12.7
准噶尔内流水系	5Y7	3377	2390.5	139.7	3092	1737.5	99.6	−285	−653.0	−27.3	−40.1	−28.7
吐鲁番－哈密内流水系	5Y8	451	265.0	12.6	378	178.2	8.3	−73	−86.9	−32.8	−4.3	−33.8
青藏高原内流水系	5Z	726	810.5	67.6	926	764.1	63.7	200	−46.4	−5.7	−3.9	−5.8
合计		20319	26537.8	2517.5	20695	22623.8	2155.8	376	−3914.0	−14.7	−361.7	−14.4

注：因数值修约表中个别数据略有误差

穆斯套岭和阿尔泰山冰川退缩最为严重，面积减小分别达 46.2% 和 37.0%。这两个地区的冰川主要属于额尔齐斯河流域，冰川面积缩小呈现由西向东逐渐增大趋势（姚晓军等，2012）。

新疆天山冰川面积和储量与昆仑山接近，冰川融水主要供给塔里木河流域、伊犁河流域、准噶尔内流水系和东疆盆地（吐鲁番 - 哈密内流水系）。整体上天山冰川退缩也比较大，但各个区域存在差异：塔里木河最大支流的阿克苏河流域冰川因受表碛覆盖减缓末端后退的影响，面积减小仅约 10%；伊犁河减少 24.3%，因这一区域冰川平均面积较大，冰量损失是整个天山最大的；准噶尔内流水系平均减少 27.3%，但诸河之间差异较大；东疆盆地减少比例高达 32.8%，仅次于阿尔泰山及其所属流域。

帕米尔高原冰川一部分属于塔里木河西支流域，一部分冰川融水则流向境外中亚地区，冰川面积减小也比较大，达 21.1%，但有报道称 1990 年代以后冰川变化较小（Gardner et al.，2013；Brun et al.，2017）。

喀喇昆仑山和昆仑山冰川主要补给塔里木河西支流叶尔羌河和南支流和田河等流域，冰川规模较大，面积变化率相对较小，分别为 11.6% 和 9.9%。关于喀喇昆仑和西昆仑山冰川稳定，甚至有冰川前进的报道引人关注，但针对的时间范围大多是 1990 年代以后，有些冰川前进缘于冰川跃动（Hewitt，2005；Shangguan et al.，2007；Copland et al.，2011；Gardner et al.，2013；Bhambri et al.，2013；Cogley，2012；Kääb et al.，2015）。

阿尔金山冰川面积减小仅为 5.0%，属于青藏高原内流水系的冰川面积减小 5.7%。

2. 长期监测冰川的变化过程

新疆地区有多条冰川被定位监测，但监测时段大多在 20 年以内，只有天山乌鲁木齐河源 1 号冰川自 1959 年以来一直连续观测，是全球连续监测 30 年以上的 40 条冰川之一，也是世界冰川监测服务处选定的 17 条参照冰川之一，为中国和亚洲内陆干旱区监测冰川的代表。图 2-13 展示了该冰川年物质平衡变化与全球参照冰川平均值的对比，同时还展示了冰川末端退缩和冰川温度变化。

物质平衡观测表明，自 1960 年代以来，该冰川总体上处于物质亏损状态，而且 1990 年代中期以后物质亏损明显加剧；1960~2018 年平均物质平衡为 –345mm/a，1997~2018 年则为 –684mm/a，其中 2010 年为 –1327mm/a，是有观测资料以来的最低值。在经历 2011~2014 年的阶段性消融减缓后，再次转入物质高亏损状态。1960~2018 年，累积物质损失 20334mm。

物质亏损导致冰川末端一直处于退缩状态，在东西支分开之前的 1980~1993 年，平均退缩速率为 3.6m/a；1994~2018 年，东、西支平均退缩速率分别为 4.7m/a 和 5.7m/a。2011 年之前，西支退缩速率大于东支，之后两者退缩速率呈现出交替变化特征。

该冰川东支海拔 3840m 处的钻孔测温显示，年变化层底部（约 10m 深度）的温度在 1986~2012 年间升高了 1.4℃。由于冰温升高，使冰川对气候变化的敏感性增加，同样幅度的气温升高，可引起更多的物质亏损。

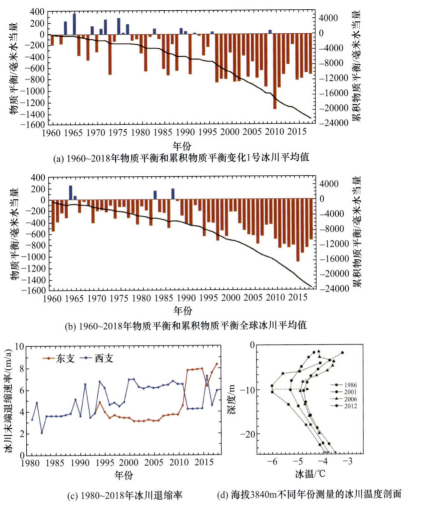

(a) 1960~2018年物质平衡和累积物质平衡变化1号冰川平均值

(b) 1960~2018年物质平衡和累积物质平衡全球冰川平均值

(c) 1980~2018年冰川退缩率

(d) 海拔3840m不同年份测量的冰川温度剖面

图 2-13　天山乌鲁木齐河源 1 号冰川：1960~2018 年物质平衡（柱形图）和累积物质平衡（黑色曲线）变化与全球参照冰川平均值对比

3. 21 世纪以来的冰川变化和冰量损失

无论实地观测还是遥感反演都得出新疆冰川本世纪以来仍在持续退缩，其中定位监测以天山地区研究较多，遥感反演仅涉及某些小区域。定位监测表明冰川退缩具有加快特征，遥感结果则显示各区域之间没有一致性。

根据天山乌鲁木齐河源 1 号冰川（李忠勤等，2019）、奎屯河哈希勒根 51 号冰川（Zhang et al.，2018）、哈密榆树沟 6 号冰川（Wang et al.，2015）、托木尔峰青冰滩 72 号冰川（Wang et al.，2017）的观测，冰川末端 2000 年以来均处于加快退缩中。如天山乌鲁木齐河源 1 号冰川末端退缩速度由 1980~1993 年的 3.6m/a 增大到 1994~2018 年的 5.2m/a，奎屯河哈希勒根 51 号冰川由 1964~2006 年的 2.0m/a 增大到 2006~2016 年的 5.1m/a，哈密榆树沟 6 号冰川由 1972~2005 年的 6.4m/a 增大到 2005~2011 年的 7.0m/a。托木尔峰青冰滩 72 号冰川 1964~2008 年末端后退速度为 41m/a，2003~2008 年增大到 48m/a，其后因表碛抑制消融增强使退缩速度逐年减缓，到 2013~2014 年为 22m/a。吉木乃木斯岛冰川近几年观测也表明末端退缩在加快。

遥感反演显示，天山东段的哈尔里克山冰川面积 2002~2010 年减少 6.29km²，年均退缩率 0.59%；博格达峰地区冰川面积在 1999~2013 年减少 17.23km²，年均退缩率 0.74%（何毅等，2015）；喀喇昆仑山克勒青河流域冰川面积在 2001~2015 年减少 37.04km²，年均退缩率为 0.15%（徐艾文等，2016）；阿尔泰山和萨吾尔山冰川面积在 2006~2017 年减少 3.57km²，冰川年均退缩率最快，为 2.02%（王炎强等，2019）。除阿尔泰山和萨吾尔山以外，其他区域的冰川面积减小比率相比于本世纪以初以前并未显示加速退缩趋势。

冰川的冰量变化在几十年时间尺度上可由遥感反演的冰面高程变化或对比大地测量结果来获得，短期的变化主要依赖于定位监测冰川的物质平衡观测。天山乌鲁木齐河源 1 号冰川 1980~1996 年间物质平衡基本维持在 −300 ～ −400mm/a 水当量，其后负值突然不断增大，2010 年达到最负值（−1327mm/a），近几年在 −800 ～ −1000mm 之间波动（李忠勤等，2019）。其他冰川观测时间较短，但基本都显示 2000 年以后物质平衡负值有所增大，如奎屯河哈希勒根 51 号冰川 1964~2010 年物质平衡为 −196mm/a，1999~2015 年为 −370 mm/a（张慧等，2015）。

在大区域尺度上，有研究（Brun et al.，2017；Kääb et al.，2015）认为 2000~2016 年及 2003~2008 年天山、喀喇昆仑山和昆仑山冰川物质平衡在数值上近似，从而估计出天山、喀喇昆仑山和昆仑山冰川物质平衡分别为（−0.28±0.20）m/a 水当量、（−0.03±0.07）m/a 水当量和及（0.14±0.08）m/a 水当量，而帕米尔地区冰川物质平衡介于（−0.08 ± 0.07）m/a 到（−0.41±0.24）m/a 水当量之间，整体呈现冰量微弱损失。也有研究认为西风环流增强导致降水量增加，从而使喀喇昆仑山、昆仑山、帕米尔地区的冰川出现退缩停滞（Copland et al.，2011；Ridley et al.，2013；Yadav et al.，2017）。

4. 冰川跃动

冰川在变化过程中会出现一些极端事件，如冰川跃动和冰崩。最新的 Randolph 全球冰川编目 6.0（RGI Consortium，2017）对全球跃动冰川进行了统计，其中新疆跃动冰川主要分布在喀喇昆仑山、帕米尔高原和西昆仑山等地区。近年来新疆冰川跃动事件的发生频率有明显升高迹象。1977~1990 年和 1990~2000 年间，喀喇昆仑山北坡克勒青河谷两条冰川发生跃动，年均运动速度分别达 213m 和 272m，比其他时段运动速度大 7~20 倍（上官冬辉等，2005），2009 年在同一河谷又发现克亚吉尔冰川右侧冰体向上游山谷发生跃动，阻塞河道，引发了突发洪水（刘景时和王迪，2009），并在冰川末端发现了冰川阻塞湖不断扩大（牛竞飞等，2011）。2015 年春季西昆仑山公格尔山北坡克拉牙依拉克冰川发生跃动，5 月 8 日至 15 日期间冰川表面运动速度达到最高水平，其最大日平均运动速度在西支中部达到了（20.2±0.9）m，导致上万亩草场被毁（Shangguan et al.，2016）。冰川发生跃动的机理比较复杂，其基本原因是冰川动力、热力和水力综合作用下导致冰体不稳定性增强到一定程度后所致。

2.3.2 积雪变化

1. 积雪范围、日数、深度和水当量

1）积雪范围

自 20 世纪 80 年代以来，新疆积雪范围总体呈显著减少趋势，但存在局地和季节变化差异。新疆平均积雪覆盖率在 1982~2013 年间减少了 0.85%，北疆减少尤为显著，约 27.49%（Chen et al.，2016）。但在天山地区积雪范围略有增加，且冬季增加更为明显（窦燕等，2010）。

2）积雪期

自 20 世纪 50 年代以来，新疆积雪期总体呈缩减趋势，积雪首日推迟，终日提前，但不同区域存在明显的变化差异。1961~2008 年，阿勒泰地区积雪天数显著减少（–5.3 d/10a）（庄晓翠等，2010），但在同一时期，天山地区积雪天数却呈现增加趋势（2.4 d/10a）（窦燕和陈曦，2011）。通过被动微波遥感数据研究结果显示，1987~2010 年天山地区积雪天数减少最显著，变化率为 –4~–2d/a，阿尔泰山区积雪天数也呈减少趋势，但在准噶尔盆地积雪天数呈不显著增加趋势（Dai and Che，2014）。北疆呈现的积雪首日延迟、终日提前趋势，在南疆却呈现出首日提前和终日延后（Ke et al.，2016）。不同区域积雪时间的变化差异可能受到局地气候因素的重要影响。

3）积雪深度

站点和遥感观测结果均显示，近 60 年来，新疆积雪平均深度和最大深度均呈现显著增加趋势，且在冬季增加更为明显，但春季有所减少（Dai and Che，2014；Zhong et al.，2018）。1957~2009 年新疆平均雪深变化率为 0.07cm/10a，冬季为 0.34cm/10a（马丽娟和秦大河，2012）。1960 年以来，天山地区最大雪深增加率为 0.87cm/10a（窦燕等，2011），阿勒泰地区最大雪深增加率在 1.9~5.9cm/10a（王国亚等，2012）。利用遥感数据分析结果显示，2000~2014 年天山和阿尔泰山地区雪深呈显著增加趋势，但其他区域明显减少（Huang et al.，2016）。

4）雪水当量

与雪深变化趋势相似，新疆雪水当量也呈现增加趋势，并在冬季增加更显著，但其他季节有明显减少。1957~2009 年，新疆年平均雪水当量变化率为 0.07mm/10a，其中，西北部增幅最大（约 0.2mm/10a）；冬季全疆雪水当量增加率约 0.47mm/10a，秋季和春季变化率分别为 –0.04mm/10a 和 –0.14mm/10a（马丽娟和秦大河，2012）。被动微波数据结果也显示，在 1987~2009 年间，帕米尔高原至天山地区，冬季雪水当量呈显著增加趋势，但在春季和夏季则急剧减少（Smith and Bookhagen，2018）。

2. 融雪径流和峰值日期变化

1960 年以来，新疆融雪径流总体呈增加趋势，融雪日期提前。自 20 世纪 80 年代，融雪径流站年径流比例显著增加，融水洪峰流量也在逐年增加。受冬季积雪增加和消融期提前影响，导致春季克兰河融雪期流域径流量占总径流量的比例从 60% 增加到近

70%，最大径流月从6月提前到5月，最大径流量也相应增加了15%（沈永平等，2007，2013；贺斌等，2012）。

3. 降雪和雪灾

1）降雪变化

1961~2010年间，新疆降雪量呈显著增加趋势（高信度），且北疆降雪增加量明显大于南疆。新疆降雪量变化为3.01mm/10a，北疆地区为5.65mm/10a（李效收，2013）。从降雪日数来看，新疆尤其是阿勒泰地区降雪日数显著增加（高信度），且以小雪日数增速最为显著（1.56d/10a）（李效收，2013；白松竹等，2014）。在降雪强度上，大到暴雪有显著增强趋势。近50年来，新疆和阿勒泰地区大到暴雪变化率分别为1.99mm/10a和2.09mm/10a（李效收，2013；白松竹等，2014）。

2）雪灾变化

1960年至今，新疆雪灾发生频率增加，灾情强度不断加强、升级。1960~2014年，北疆雪灾发生频率为49次/10a，且以大雪灾为主，南疆发生频次仅为6次/10a（胡列群等，2015）。新疆北部的重雪灾和特大雪灾主要发生在1990年以后，且强度逐渐增强，在2000年以后尤为显著（庄晓翠等，2015）。

2.3.3 多年冻土变化

新疆境内的多年冻土也呈现出了退化的趋势，主要表现在地温升高和活动层增厚，但不同地区变化幅度不同，实地观测地点较少。尽管1980年代初对阿尔泰地区的考察（童伯良等，1986）、1970年代在天山奎先达坂的观测（邱国庆和张长庆，1998）和1990年代以来在乌鲁木齐河源的观测（赵林等，2010）提供了一些基础资料，但只有乌鲁木齐河源60m深度钻孔监测能够展示多年变化情况。该钻孔监测起始于1990年代初，但2001年以后才连续每年观测。观测资料显示（图2-14），该处多年冻土年平均地温由2001年的−1.6℃上升到2018年的−1.1℃，增温幅度约为0.5℃，年均增温速率约为0.027℃/a；活动层厚度增加到1.9m，变厚0.47m，增大速率3.6 cm/a（Liu et al.，2017）。另外，昆仑山一个浅钻孔观测得出，1982~1997年期间，6~15m深处的地温升高了0.2~0.48℃，年平均地温在−2.6~ 2.5℃之间（Jin et al.，2000）。

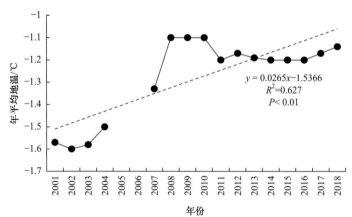

$$y = 0.0265x - 1.5366$$
$$R^2 = 0.627$$
$$P < 0.01$$

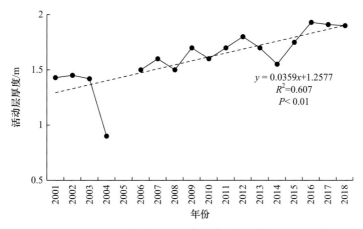

$$y = 0.0359x + 1.2577$$
$$R^2 = 0.607$$
$$P < 0.01$$

图 2-14　2001~2018 年天山乌鲁木齐河源多年冻土年平均地温和活动层厚度变化

2.4　生　物　圈

生物圈是提供生态系统服务功能的核心圈层，揭示过去几十年以来新疆地区生物圈相关属性的变化趋势对于评估新疆生态系统服务功能以及预测未来的影响至关重要。全球变化使过去几十年新疆地区的大气 CO_2 浓度和气温持续升高，同时伴随着降水格局发生改变。与此同时，随着社会经济的发展和国家生态保护政策的实施，新疆地区生态系统受到人为活动的影响，如农田管理、生态建设等也越来越显著。因此，有必要系统梳理新疆地区生物圈相关属性，如植被物候、覆盖度、生产力、碳汇功能等在近几十年来的变化特征、区域格局与主控因子。本章阐明了 1980 年以来新疆地区植被物候、植被覆盖、植被生产力以及生态系统碳汇的变化规律（观测事实），评估了上述 4 个生物圈属性动态变化的驱动机制（如气候变暖、CO_2 浓度变化、降水格局变化和人为活动等）。

2.4.1　新疆植被物候的变化特征

新疆站点物候观测数据较为缺乏，且以冬小麦、玉米、棉花等经济作物为主（黄敬峰等，2000；郑景云等，2003），因此揭示植被物候地理格局主要依赖于遥感数据（马勇刚，2014；Wang J et al.，2018）。当前研究认为新疆植被物候具有明显的垂直地带性分布特征（高信度）。总体上，植被生长季开始日期发生在 3 月中旬至 5 月上旬，生长季结束日期出现在 9 月下旬至 10 月下旬 [（张仁平等，2018；图 2-15（a）（c）]。从盆地、绿洲平原再到山地，海拔越高，SOS 愈晚，EOS 愈早（何宝忠等，2018）；平均 0.8d/100m 和 0.4d/100m[图 2-15（b）（d）]。

新疆植被物候变化趋势存在较高空间异质性，但当前的研究认为新疆局部地区（如山地、绿洲等）的物候变化趋势是一致的（中等信度）。基于最长时间序列遥感植被指数的研究表明，1982~2016 年，新疆植被 SOS 呈提前的趋势 [（−0.10±0.44）d/a]。其中，显著提前的地区主要分布在阿尔泰山，其余零星分布在天山地区（$p < 0.05$，约 30%）。在

塔克拉玛干沙漠周围的绿洲，SOS 呈不显著的延迟趋势 [图 2-16（a）]。新疆植被 EOS 总体上表现出推迟趋势 [（0.18±0.53）d/a]，特别是阿尔泰山、天山地区以及塔克拉玛干沙漠周围的绿洲等地区（$p < 0.05$，约 33%），然而在准噶尔盆地，植被 EOS 显著提前 [图 2-16（d）]。2000 年以后，新疆植被 SOS 的提前趋势减缓。2001~2016 年，阿尔泰山、天山等山地植被 SOS 仍在提前，但在昆仑山北麓和天山南北麓的绿洲和平原等地区则出现大面积 SOS 推迟 [何宝忠等，2018；玛地尼亚提·地里夏提等，2019；图 2-16（c）]。与我国大部分地区植被 EOS 的延迟趋势相反，新疆植被 EOS 在 2001~2016 年表现出提前的趋势，特别是北部的山地 [何宝忠等，2018；图 2-16（f）]。

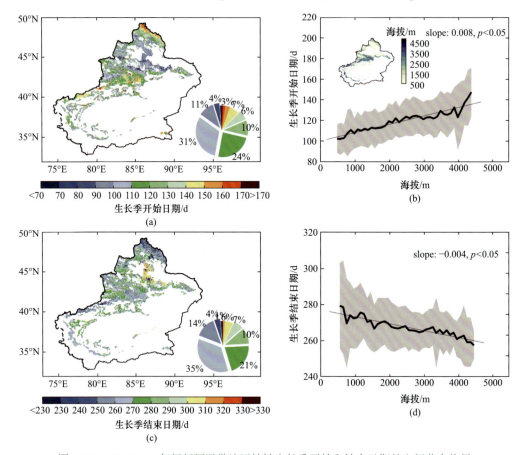

图 2-15　1982~2016 年间新疆温带地区植被生长季开始和结束日期的空间分布格局

其中，生长季开始和结束日期基于 4 种物候提取算法分别提取自最新版本的"全球资源清查、模型和监测系统"（Global Inventory Modeling and Mapping Studies，GIMMS）归一化植被指数，并求平均 [据 Liu 等（2016）改编]。图（a）和（b）分别表示新疆植被生长季开始日期的空间分布格局、生长季开始日期在海拔方向上的分布。类似地，图（c）和（d）展示的是植被生长季结束日期的分布格局。图中，（b）和（d）中的黑色实线表示的是生长季开始和结束日期在海拔方向的平均值，而灰色阴影表示的相应的标准差。为了避免受到非植被覆盖和人为管理的干扰，图（a）和（d）去掉了多年平均归一化植被指数小于 0.1 的地区和耕地 [基于 1∶1000000 植被类型图（侯学煜，2001）]

新疆气候变化科学评估报告

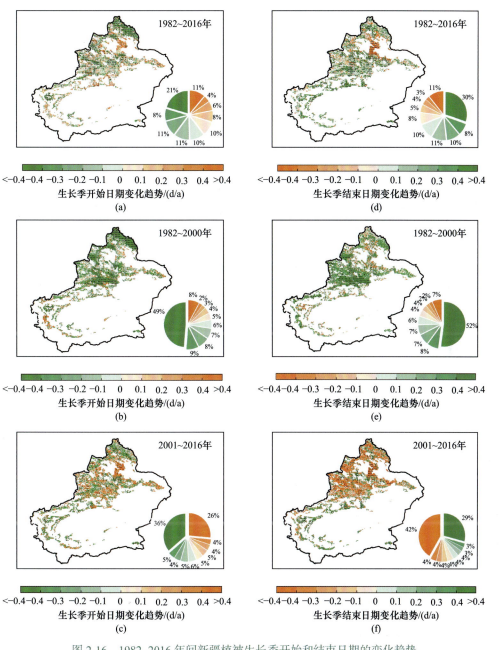

图 2-16 1982~2016 年间新疆植被生长季开始和结束日期的变化趋势

其中，生长季开始和结束日期基于 4 种物候提取算法分别提取自最新版本 GIMMS 归一化植被指数，并求平均（据 Liu et al., 2016 改编）。图（a）和（d）分别表示新疆植被生长季开始日期和结束日期变化趋势的空间分布格局。类似地，图（b）和（e）、（c）和（f）分别展示的是新疆植被生长季开始和结束日期在 2000 年前后变化趋势的分布格局。图中的黑色斜线表示在该区域，生长季开始和结束日期的变化趋势在 0.05 水平下显著。此外，为了避免受到非植被覆盖和人为管理的干扰，去掉了多年平均归一化植被指数小于 0.1 的地区和耕地 [基于 1：1000000 植被类型图（侯学煜，2001）]
注：因数值修约饼状图中个别数据略有误差

　　新疆地区植被物候变化主要受气温和降水共同驱动，20 世纪 80 年代初以来，新疆大部分地区气候趋向于暖湿化（胡汝骥等，2002），是导致新疆植被物候变化的主要因素。

例如，春季增温和秋季降水增加是喀什地区木本植物 SOS 提前、EOS 延迟的主要因素（阿布都克日木·阿巴司等，2013；郝宏飞等，2017）。基于遥感数据的研究认为新疆草地 SOS 提前，EOS 延迟与气候暖湿有关（张仁平等，2018）。然而，近期研究发现人类活动也是调节新疆植被物候变化趋势的重要因素，特别在低海拔的绿洲和平原影响显著。例如，在博斯腾湖周围绿洲、库尔勒绿洲以及天山南北麓的绿洲和平原等地区，受到农业生产活动、防护林工程建设和退耕还林还草等人类活动的影响，2001 年以来这些地区植被物候表现出与高海拔山地相反的变化趋势（玛地尼亚提·地里夏提等，2018，2019）。

2.4.2 新疆植被覆盖的变化特征

总体而言，新疆植被从 1982 年以来长势趋好，变绿明显（高信度），这与中国同时期的植被变绿趋势一致（Piao et al.，2015；Chen et al.，2019）。基于长时间序列的 NDVI 数据分析发现新疆植被经历由增长—退化—再增长的变化过程（Du et al.，2015）：1982~1998 年间，植被显著增长；1999~2008 年间，植被长势迟滞；2008~2018 年间，植被进入快速增长阶段（图 2-17）。气候是新疆地区植被覆盖变化的主导因子（Zhu et al.，2016）。自 20 世纪后期，新疆区域升温明显，降水略有增加，总体增温增湿趋势使得新疆植被趋于变绿，植被指数增速明显；而 1998~2001 年间的植被退化和该时期内的降水减少显著相关（杨光华等，2009；杜加强等，2015）。此外，人类活动带来的土地利用变化也是新疆植被变化的重要驱动因素，国家采取的生态保护政策和大型生态工程，如"退耕还草""围栏禁牧"等，新疆草地生态得以恢复，生态效应日益显现（Zhang et al.，2018）。

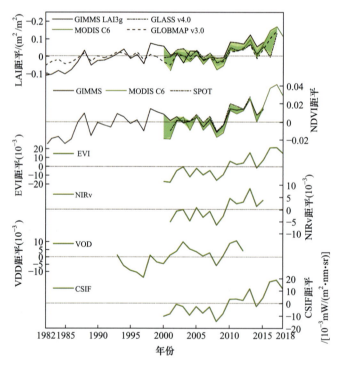

图 2-17　1982~2018 年间新疆植被绿度指数变化（生长季期间年均值）（Kim et al.，2017）

绿度指数包括 4 种叶面积指数产品：LAI（GIMMS LAI3g，GLASS v4.0，MODIS C6，GLOBMAP v3.0）；3 种归一化植被指数产品：NDVI（GIMMS，MODIS C6，SPOT）；增强型植被指数（EVI）；植被近红外反射率指数（NIRv）；植被光学深度（VOD）；连续日光诱导叶绿素荧光（CSIF）。生长季划分由地表冻融状态决定

新疆植被覆盖变化趋势呈现明显空间异质性。近30年来，新疆大部分区域植被呈现变绿趋势（杜加强等，2016；Piao et al.，2015；Chen et al.，2019）。其中，准噶尔盆地、天山北部、塔里木盆地北部边缘变绿明显，而天山西部伊犁地区植被指数呈现显著降低趋势（高信度）。基于遥感观测的多种绿度指数变化趋势揭示了新疆植被变化的空间格局（图2-18）。植被显著变绿的地区主要集中在绿洲及绿洲边缘、北疆山地和东疆荒漠。区域植被绿度显著增加是气候变化和人类活动共同作用的结果（赵霞等，2011）；而伊犁河谷植被长势变差则和降水减少和农业管理方式有关（闫俊杰等，2013；杜加强等，2016）。

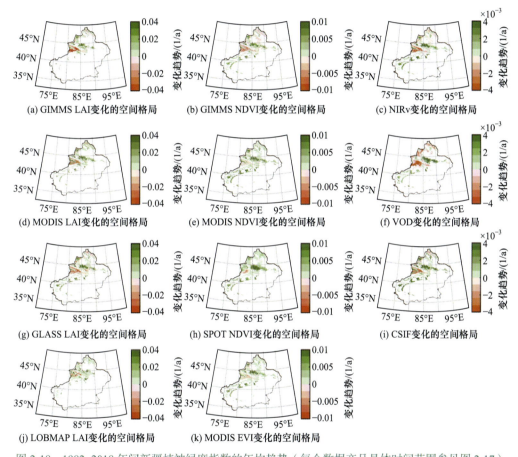

(a) GIMMS LAI变化的空间格局　　(b) GIMMS NDVI变化的空间格局　　(c) NIRv变化的空间格局

(d) MODIS LAI变化的空间格局　　(e) MODIS NDVI变化的空间格局　　(f) VOD变化的空间格局

(g) GLASS LAI变化的空间格局　　(h) SPOT NDVI变化的空间格局　　(i) CSIF变化的空间格局

(j) LOBMAP LAI变化的空间格局　　(k) MODIS EVI变化的空间格局

图2-18　1982~2018年间新疆植被绿度指数的年均趋势（每个数据产品具体时间范围参见图2-17）

包含11种绿度指数（同图2-17），趋势计算方法为Mann-Kendall检验计算的Sen's slope，图中去掉了多年平均归一化植被指数小于0.1的区域

2.4.3　新疆植被生产力的变化特征

新疆地区植被净初级生产力（net primary productivity，NPP）主要集聚在天山南北坡、阿尔泰山脉、昆仑山脉一带，其中，天山南坡、阿尔泰山北坡地区NPP较高，在200~400g C/m^2 之间，其他地区NPP均低于200g C/m^2（张振宇等，2019）。20世纪60年

代以来，新疆 NPP 总量整体呈缓慢增加趋势（高信度），速率为 1~300 kg C/hm²，其中北疆和天山山区增长速率高于南疆地区（张山清等，2010；崔林丽等，2005；侯英雨等，2007；陈福军，2011）。1980~2000 年期间新疆植被的 NPP 呈波动上升趋势（低信度），其中西部和北部地区较为明显（丹利，2007；刘卫国等，2009）。2000~2015 年新疆 NPP 总体上升，但不同植被类型以及不同地区的变化趋势并不一致（张振宇等，2019；Fang et al.，2019），如新疆草地在 2000 年以后 NPP 总体上呈减少趋势（Yang et al.，2014；同琳静等，2019），而农田 NPP 总体呈逐步增加趋势（吐热尼古丽·阿木提等，2018；张丽，2010；高军等，2018；张芳等，2017）。

降水是新疆地区植被 NPP 年际波动和空间分异的主控因素（朱莹莹等，2019；Fang et al.，2019）。近 55 年来（1961~2015 年），新疆地区 NPP 的空间格局与时间动态与气温相关性不显著而与降水量呈显著正相关，说明降水决定了新疆植被生产力的空间分布格局以及动态变化趋势（Zhang and Ren，2017）。人类活动对新疆植被生产力的影响因地形和植被类型而存在差异。例如，山区的 NPP 主要受降水的影响（吴晓全等，2016；高军等，2018），而平原区人口较为稠密，NPP 主要受土地利用/覆盖变化的影响（Yang et al.，2014；刘卫国等，2009；艾则孜提约麦尔·麦麦提等，2018）。

对农田和绿洲而言，人类活动是影响 NPP 变化的主导因素（张芳等，2017）。例如，玛纳斯河流域近 40 年来（1971~2013 年）的绿洲扩张和农业管理是 NPP 大幅度增加的主要因素，而气候变化贡献较低。在石河子绿洲区，垦荒力度大造成大面积草地退化以及绿洲外围荒漠化的加剧，导致土地利用变化而使绿洲区 NPP 变化剧烈（张丽等，2010）。1979~2009 年，受益于气温升高和农田管理，新疆农作物生产力呈升高趋势（吐热尼古丽·阿木提等，2018）。

2.4.4　新疆生态系统碳源汇的变化特征

20 世纪末新疆陆地生态系统呈弱碳汇，平均每年固定 1.7 Tg C（刘卫国，2007）。此外，新疆陆地生态系统碳汇能力也具有空间异质性，土壤和植被碳密度多具有西北高、东南低的特点，北疆碳汇能力强于南疆（刘卫国，2007；陈耀亮等，2013；Zhu et al.，2019）。1981~2000 年间总碳吸收量为 33.9Tg C，约占全国同期总碳吸收量的 2.7%~3.0%，其中土壤碳增加 13.5Tg C，植被增加了 20.4Tg C。最近十年与上世纪末相比其碳汇能力显著增加（卢学鹤等，2016），而且不同生态系统也表现出了不同的碳汇能力。其中，山地与荒漠草地生态系统平均碳汇 8.8g C/（m²·a），增加 56%（杨红飞，2013），绿洲农田生态系统碳汇 0.95g C/（m²·a），增加 1.56 倍（郝维维，2016）。沙漠地区生态系统碳汇能力已经从弱碳汇 [−0.2~27g C/（m²·a）] 转变为强碳汇 [109~146 g C/（m²·a）]（刘卫国，2007；买买提艾力·买买提依明，2015）。就空间而言，1981~2014 年期间，新疆北部土壤有机碳呈增加趋势，而南部呈下降趋势，北部代表区域为阿尔泰山和天山地区，南部代表区域为昆仑山北坡（Zhu et al.，2019）。

新疆碳汇能力年际变异的驱动因子包括两方面。①气候因素，包括降雨、气温和 CO_2 浓度变化。新疆南部大部分是沙漠干旱生态系统，降雨则成为碳汇变化主要的控制因子（买买提艾力·买买提依明，2015），而天山低海拔地区由于雨水条件适中，

CO_2 浓度变化成为其碳汇能力变化的主控因子（Zhu et al., 2019）。模型模拟结果表明，1981~2007 年期间，气温升高使新疆碳汇减少 12Tg C，降雨增加使其固碳量增加 24Tg C。②人为因素，包括植树造林，保护政策倾斜以及种植技术的提升。近 30 年植树造林总固碳量为 54.24Tg C，显著提升森林碳汇能力（陈耀亮等，2013），沙漠腹地绿洲面积的扩大也显著提升其碳汇能力（买买提艾力·买买提依明，2015）。种植面积的扩大，水利设施建设以及节水灌溉技术发展，则是导致农田生态系统碳汇能力提升的主要因素（袁烨城等，2015；郝维维，2016）。

2.5　陆地表层

干旱区生态系统的地理景观格局主要为山地、水域、人工绿洲、自然绿洲和荒漠五大类型，其中荒漠为背景，山地是基础，水域是主导，人工绿洲是核心，自然绿洲是屏障，各生态类型相互依存，共同维系干旱区生态系统的和谐稳定发展。在干旱区生态系统中，荒漠化与绿洲化过程是干旱区陆地表层最基本的两个地理过程。二者并存，互为消长，是两个反向发展而又相互联系的过程。绿洲化可以优化局地生态环境，扩大人类生存空间，促进社会经济发展，但由于过度的人类活动对干旱区水土资源的不合理开发利用，使得绿洲稳定性降低，进而易引发沙漠化、土壤盐渍化等一系列荒漠化问题，严重威胁干旱区生态平衡与经济社会的可持续发展。

1960~2020 年，西北干旱区（昆仑山以北、贺兰山以西），特别是新疆，是我国人工绿洲面积扩张最快的地区之一，进入了前所未有的振兴时期。人工绿洲的迅速扩张会带来正向和逆向两个方面的影响，绿洲农业的发展，使得耕地面积不断扩大，粮食单产提高造就了近百年来干旱区绿洲人口的迅速增长，促进了经济社会的发展，增加了当地人民的收入，改善了当地人民的物质生活水平，促进社会的和谐稳定与丝路文明的发展延续。然而，由于人工绿洲的发展会显著改变水土资源的时空分布，导致山前带消耗了大量的水资源，加之不合理灌溉，造成土地大面积的盐渍化，良田被弃耕，使得绿洲演变为荒漠，从内部威胁绿洲安全。与此同时，河流下游水量骤减，沙漠化扩大，从外部威胁绿洲化进程。因此，建设高效、和谐而稳定的干旱区生态系统，需要科学合理统筹荒漠化与绿洲化的"此消彼长"，总体上必须以流域为单元进行整个系统的优化管理，即治理山区环境，涵养保持水源，合理分配流域水资源，保证绿洲的生态用水，维护生态稳定，建设人工绿洲，优化生存环境，保护自然绿洲，发挥屏障作用，防止荒漠化扩大，提高干旱区生态环境承载力，实现社会经济效益与生态效益的和谐发展。

2.5.1　荒漠化

我国是世界上荒漠化面积大、分布广、危害重的国家之一，大部分分布在北方，以西北、华北北部及东北西部为重点区域，主要由风蚀荒漠化（沙漠化）、土壤盐渍化和水蚀荒漠化（水土流失）三种类型组成（董玉祥，2000；王涛和朱震达，2003）。根据 2009 年国家统计局对我国荒漠化土地的调查情况显示，沙漠化土地约为 1.83 亿 hm^2，占所有荒漠化土地的 69.82%，盐渍化土地为 1730 万 hm^2，占 6.59%，水土流失导致的荒漠化土地约为 2550 万 hm²，占 9.73%。新疆是我国荒漠化面积最大、分布最广的省区，新疆第 5 次荒漠化监测结果表明，截至 2014 年年底，新疆荒漠化土地总面积为 1.07 亿 hm²，占新疆国土总面积的 64.31%。分布于乌鲁木齐、克拉玛依、吐鲁番、哈密、昌吉州、伊犁州、塔城、阿勒泰、博州、巴州、阿克苏、克州、喀什、和田等 14 个地区（自治州、地级市）及 5 个自治区直辖县级市中的 100 个县（市）（含兵团）。从荒漠化土地类型动态变化上来看，与 2009 年相比，2014 年风蚀荒漠化土地增加 3.96 万 hm²，水蚀荒漠土地减少 12.28 万 hm²，盐渍化荒漠化土地增加 2.49 万 hm²，冻融荒漠化土地减少 652hm²，荒漠化耕地增加 133.1 万 hm²，荒漠化草地减少 504.3 万 hm²，荒漠化林地增加 315 万 hm²，荒漠化未利用地增加 50.39 万 hm²。

风蚀荒漠化（即沙漠化），是我国荒漠化的主要类型之一，新疆是沙漠化面积最大、分布最广、危害最严重的省区。截至 2014 年年底，新疆沙漠化土地面积为 7471 万 hm²，占新疆国土总面积 44.87%，分布于乌鲁木齐、克拉玛依、吐鲁番、哈密、昌吉州、伊犁州、塔城、阿勒泰、博州、巴州、阿克苏、克州、喀什、和田等 14 个地区（自治州、地级市）及 5 个自治区直辖县级市中的 89 个县（市）（含兵团）。乌鲁木齐市的新市区、头屯河区、水磨沟区，伊犁州伊宁县、伊宁市、巩留县、新源县、昭苏县、特克斯县、尼勒克县和塔城地区的塔城市等 11 县（市）没有沙化土地分布。其中，流动沙地面积为 2864 万 hm²，占沙漠化土地总面积的 38.34%；半固定沙地为 778 万 hm²，占沙化土地总面积的 10.41%；固定沙地为 656 万 hm²，占沙化土地总面积的 8.78%；沙化耕地为 41 万 hm²，占沙化土地总面积的 0.56 %；非生物工程治沙地面积为 5500hm²，占沙化土地总面积的 0.01%；风蚀残丘为 14 万 hm²，占沙化土地总面积的 0.18%；风蚀劣地为 55 万 hm²，占沙化土地总面积的 0.73%；戈壁面积为 3062 万 hm²，占沙化土地总面积 40.99%。2009~2014 年，全疆流动沙地增加 15.37 万 hm²，半固定沙地减少 32.40 万 hm²，固定沙地减少 4900hm²，沙化耕地增加 22.84 万 hm²，非生物工程治沙地增加 3112hm²，风蚀残丘减少 367hm²，风蚀劣地减少 2573hm²，戈壁减少 1.66 万 hm²。据调查资料记载，2000~2010 年，新疆土地沙化分布格局基本保持稳定，各等级比例变化不大。无沙化土地占整个新疆土地面积的 5% 左右，极重度沙化土地面积占新疆土地面积的 40% 左右，而重度、中度和轻度沙化的面积比例较小。2000 年沙化土地面积为 7850 万 hm²，2010 年沙化土地面积为 7814 万 hm²，10 年间沙化土地面积减少了 35 万 hm²，极重度沙化和中度沙化土地面积减少，轻度沙化、重度沙化和无沙化土地面积增加，表明新疆土地沙化程度有所减弱。其中，极重度沙化土地面积减少 178.4 万 hm²，轻度沙化土地面积增加 149.9 万 hm²，轻度沙化土地面积增加最为显著，变化率为 154.9%。新疆土地沙化趋势总体保持稳定，改善与恶化并存，其分布上呈现南疆改善、北疆恶化的特点。改善的区域主要分布在准噶尔盆地东部地区、阿克苏河流域、和田河流域中游、叶尔羌河流域中下游、喀什噶尔河流域、塔里木盆地南缘绿洲区、克拉玛依等地。土地沙化状况恶化的区域比较集中，主要分布在北疆的准噶尔盆地北部、博格达山北麓及东南麓、乌伦古河中下游、吉木乃县、艾比湖东西两侧、塔里木河干流区等地（不同程度沙化土地变化趋势如表 2-3）。

表 2-3 2000~2010 年新疆土地沙漠化等级面积统计表

沙化等级	2000 年		2010 年	
	沙化面积 / 万 hm²	沙化比例 /%	沙化面积 / 万 hm²	沙化比例 /%
极重度沙化	6610	40.47	6430	39.38
重度沙化	596	3.65	990	6.10
中度沙化	546	3.35	147	0.90
轻度沙化	96.7	0.59	247	1.51
无沙化	8480	51.94	8510	52.11
总计	16328.7	100.00	16324	100

土壤盐渍化是干旱半干旱地区土地荒漠化和土地退化的另一重要类型，是阻碍干旱半干旱地区农业发展的关键问题，也是威胁干旱半干旱地区绿洲生态系统稳定的主要因素之一（王遵亲，1993）。1985~1990 年第二次全国土壤普查数据所取得的数据表明，新疆存在较大面积的盐渍化土壤，其盐渍化土壤占全国盐渍化土壤面积的 36.8%，新疆耕地盐渍化占耕地总面积的 31.10%（耕地总面积约为 409 万 hm²，耕地盐渍化面积约为 127 万 hm²），其中轻度盐渍化耕地所占比重为 22.32%、中重度盐渍化耕地所占比重为 8.78%（樊自立等，2001）。2014 年新疆盐碱地改良利用规划成果表明，新疆耕地的总面积为 618 万 hm²，其中盐渍化耕地面积是 233 万 hm²，占耕地总面积的 37.72%；盐渍化耕地面积较 2006 年增加了 71 万 hm²，增加比例为 43.84%。因此，土壤盐渍化已成为新疆农业开发及持续发展的重大限制条件和障碍因素。

新疆盐渍土集中分布于山前冲积、洪积扇扇缘的地下水溢出带，地下水溢出带上侧是绿洲集中分布区，这里也是土壤次生盐渍化比较严重的地带；在冲洪积扇的顶部和上部则很少见到有盐渍土分布，扇缘地下水溢出带以下，随着地下水埋深的增加，土壤荒漠化越来越明显，盐渍土呈零星分布或分布有较大面积的残余盐土（郗金标等，2005；富广强，2014）。对新疆典型流域的盐渍化土壤分布与变化特征的研究表明，叶尔羌河流域盐渍土含盐量从上游到下游逐渐增大，上游、中游和下游的盐渍土土壤含盐量均值分别为 3.4 g/kg、17.53 g/kg 和 24.64 g/kg，盐渍土类型从硫酸盐盐渍土、氯化物硫酸盐盐渍土逐渐转变为硫酸盐氯化物盐渍土，下游地区主要分布着氯化物盐土。流域盐渍土沿着河流的方向盐渍化程度在加剧，流域盐渍化较为严重的区域位于冲洪积扇缘地带和下游地区。叶尔羌河流域盐渍化土壤的分布格局为盐渍土主要分布在绿洲外围，1976 年到 2013 年盐渍土面积减小了 45.4 万 hm²，总体上呈下降趋势。玛纳斯河流域土壤盐渍化程度从上游到下游不断加剧，总盐量的均值分别为 3.4 g/kg、13.23 g/kg、17.37 g/kg，盐渍土类型存在着从上游的硫酸盐盐渍土到下游的氯化物盐渍土的过渡。玛纳斯河流域盐渍化土壤的分布格局变化过程是从大面积连片在绿洲内分布发展到碎片化小斑块分布在绿洲边缘，分布面积逐年下降，从 1976 年的 22.39 万 hm² 下降到 2013 年的 3.72 万 hm²，盐渍土面积减少了 8.66 万 hm²，减少的近一半盐渍土转变为绿洲耕地。近 60 多年来，新疆累计开垦盐碱荒地达 340 万 hm²，而实际保留面积只有 187 万 hm²，其余 153 万 hm² 的土地大部分因土壤次生盐碱化的发展而于耕种不久后便弃耕。再者，新疆的盐碱土大部分出现在耕地中，并且所占比例高达 31.1%。在这些耕地中轻度盐渍化土地、中度盐渍化土地和强度盐渍化土地分别占据耕地中盐渍化土地面积的 49%、33%、18%。总而言之，新疆的土壤盐渍化问题始终存在，如何处理好此问题对于生态环境保护、维持绿洲农业的可持续发展至关重要。

2.5.2 绿洲化

新疆作为我国绿洲面积最大的省区，不仅孕育了古丝绸之路，今天又担负着继续向西开放、建设现代丝绸之路的重任。新疆绿洲的发展主要受政局稳定的影响，杨增新执政时期（1912~1928 年），新疆采取"先北疆，再南疆"的绿洲发展策略，在此期间天山北麓耕地面积增加了 3.4 万 hm²。金树仁执政时期（1928~1933 年），全疆大乱，废弃土地一度达 40 万 hm²。盛世才执政时期（1933~1944 年），屯垦又兴，招募关内农民进疆，使耕地面积和人口迅速增长（樊自立等，2006）。据韩德林（2000）的预测，1911 年新疆人工绿洲的规模可能达 100 万 hm²，1949 年估计绿洲规模达 200 万 hm²，增长了一倍。在政局相对稳定时期，新疆的人工绿洲获得一定的发展，但是政局动荡时，屯垦衰退，绿洲发展受到阻碍。中华人民共和国成立以后，绿洲建设进入了前所未有的振兴时期。随着东部经济相对发达地区支援边疆建设，大量人口西移，尤其是商品粮基地建设和农田水利化的发展，使绿洲的开发强度和广度都远远超过了历史上的任何时代。1965 年为 330 万 hm²，1998 年达到 620 万 hm²（韩德林，2000），2010 年扩至 710 万 hm²（赵文智等，2016）。

2000~2013 年新疆塔里木盆地南缘人工绿洲呈逐步扩张趋势，扩张总量达 34.2 万 hm²，到 2013 年人工绿洲面积是 2000 年的 1.31 倍。从 1956~1998 年策勒绿洲西北部的绿洲面积增加了近 20%，绿洲变化的总体趋势是人工绿洲的面积增大，而绿洲 – 荒漠过渡带的面积明显减少（王兮之和葛剑平，2004）。近 60 多年来玛纳斯河流域耕地和绿洲分别以 1.01 万 hm²/a 和 1.22 万 hm²/a 的速度迅速增长，两者扩张的方向基本一致。由于绿洲的迅速扩张，地下水的过度开采，使得防护林大量死亡，森林破坏严重，从 1958 年到 2006 年草地面积减少 43.2 万 hm²，土地荒漠化威胁严重。

随着区域气候变化和人类活动对水资源的影响强度不断加大，干旱区内陆河流域生态与社会经济用水之间的矛盾日益突出。如何协调两者之间的关系，建立一个和谐稳定、高效、可持续的绿洲，迫切需要加强基于水资源刚性需求及一定的经济和技术条件下，与之相匹配的绿洲适宜发展规模，以维持脆弱的绿洲生态系统稳定及生态安全。新疆克里雅河流域下游天然绿洲稳定所需要的水资源为 1.58 亿 m³；人工绿洲在丰水期、平水期和枯水期的适宜规模分别为 16.08 万 ~24.13 万 hm²、11.57 万 ~17.36 万 hm² 和 9.78 万 ~14.76 万 hm²，较高水资源保证下最为适宜的规模应控制在 9.78 万 ~17.36 万 hm²（凌红波等，2012）。渭干河平原绿洲可供蒸发蒸腾的水资源量为 22.32 亿 m³，在常规地面灌溉条件下适宜的绿洲面积为 37.16 万 hm²，其中适宜的耕地面积为 15.64 万 hm²；在节水灌溉条件下，适宜的绿洲面积 55.15 万 hm²，其中适宜的耕地面积为 23.22 万 hm²（胡顺军等，2006）。绿洲的唯水性是绿洲系统的重要特征，绿洲的稳定发展直接受制于绿洲可用水资源量，一定量的水资源只能维持相应规模的绿洲。在干旱区"有水便为绿洲，无水便为荒漠"是对绿洲唯水性的真实写照。

2.5.3 城市化

城市化是伴随着现代化发展和分工的细化而产生的人口向城镇集中的过程,它是衡量一个区域经济发展状况的重要指标。新疆的城市依托绿洲生存和发展,呈串珠状分布于两大盆地的边缘,绿洲的分散性分布决定了城市分布的分散性,绿洲的承载能力制约着城市的发展规模(张小雷,2003)。新疆城市化的重要特点是"北快南慢"和"北高南低"(牛汝极和黄达远,2010),在空间上发展极不平衡,呈现出区域差异明显且长期滞后的特点。

1949 年至今,新疆城市化发展主要经历了 4 个阶段(张小雷,2003)。起步阶段:大体经历了 1949~1957 年,从清政府 1884 年在新疆建省,到 1949 年新疆和平解放前,迪化(乌鲁木齐)是全疆唯一的城市,面积 9.5km^2,人口不到 10 万,经济与社会发展十分落后,城市基础设施几乎是空白。1955 年新疆维吾尔自治区成立时,新疆已经有了 3 座城市,除乌鲁木齐外,南疆有喀什,北疆有伊宁。经过 1958~1965 年的剧烈波动阶段和1966~1978 年的停滞和缓慢发展阶段,到 1978 年,全疆有乌鲁木齐、喀什、伊宁、克拉玛依、哈密、奎屯、石河子 7 座设市的城市。快速发展阶段:1979 年设立了库尔勒市,20 世纪 80 年代,昌吉、阿克苏、和田、塔城、阿勒泰、吐鲁番、博乐、阿图什相继设市。90 年代以来,阜康、米泉、乌苏也相继实行了县改市。2002 年,新设五家渠市、阿拉尔市和图木舒克市(国家统计局新疆调查总队,2008)。伴随着改革开放,新疆的城市化进程明显加快,城市化建设越来越受到重视,开始进入快速、持续、健康发展的新时期。根据第五次人口普查,新疆城市建成区面积仅占新疆土地面积的 0.03%,容纳了34.42% 的人口,创造了新疆 57.96% 的 GDP 值、78.45% 的工业产值和 67.43% 的财政收入。随着国家西部大开发战略的实施,"一带一路"经济核心区的建设,全国对口援疆工作的开展,开拓了新疆城市化发展的新局面,城市化水平迅速提升,截至 2011 年,新疆城市化水平已达到 43.5%,进一步缩小了与全国城市化水平的差距。

城市化是新疆振兴经济,修复生态的重要途径之一,大力和快速发展城市化是新疆在本世纪的重要目标之一。新疆城市化发展的优势与劣势并存,机遇与挑战同在。新疆人口总量不大,且集中分布在有限的绿洲地区,城市化水平南北分布严重失衡,经济发达城市均在北疆,南疆城市化水平严重滞后于北疆和东疆。根据新疆的地理、资源条件和经济发展现状,应优先培育沿线城市带的发展,积极扶持喀什、库尔勒等中等城市尽快发展成区域核心城市,辐射和带动南疆地区经济发展,以缩小区域和城乡差距,为加快新疆城市化进程发挥积极作用。

2.5.4 土地利用

1945~2005 新疆土地资源高强度甚至是盲目的开发,对区域生态环境造成了极难恢复甚至无法恢复的破坏。特别在 1970 年后的改革开放浪潮影响下,对新疆以水、土地资源为重心的开发更是加快了步伐,达到惊人的规模和速度,由此造成的生态退化现象十分普遍(罗格平等,2006)。2000~2010 年,新疆玛纳斯河流域土地利用程度增强,人工绿洲呈扩张趋势，耕地和城乡工矿居民用地大量增加，林地和未利用地减少；上游地区草地和冰川积雪覆盖地面积增加。耕地向内部外部双向扩张，主要来源于林地、荒漠和盐碱地；新增草地以山地裸地和山前荒漠的转变为主；林地主要转变为中游的耕地和城乡工矿居民用地及上游的草地和裸地；城乡工矿居民用地的增加主要来自荒漠、耕地和林地；未利用地变化以向人工绿洲土地类型的转变为主。1990~2010 年，塔里木河流域耕地、盐碱地、水域湿地和建设用地面积变化最快，面积分别增加了 61.97%、42.27%、23.43% 和 16.43%；林地、草地和沙地面积分别减少了 12.80%、9.73%、和 0.98%。流域新增耕地面积主要来自于 11.36% 的草地、5.87% 的林地、0.60% 的沙地和 0.29% 的其他未利用地。新增盐碱地主要来自于 0.92% 的草地和 0.41% 的林地。新疆土地利用最重要的特征是人为利用级别土地（耕地与建设用地）的大幅扩张。全疆从 1970 年到 2015 年各阶段的土地利用 / 覆被类型之间转化明显，其中最为显著是耕地面积的增加与草地及未利用地面积的减少。新疆土地变化的特点为：总体变化面积大，变化程度剧烈；耕地、建设用地的扩张和草地与未利用地的退缩为主要转化方式。

绿洲化与荒漠化是有史以来始终存在的两个相互对立的过程，绿洲与荒漠相生相伴存在于自然界中。1950~2010 年，新疆农业快速发展，人工绿洲的加速扩张改变了水资源的时空分配模式。水资源分配由原来的汇聚于下游转向大部分消耗在上游。由原来浇灌自然植被转向灌溉农作物，这种变化的总趋势可以概括为："两扩大和四缩小"（樊自立，2005）"两扩大"是指绿洲和沙漠同时扩大。期间绿洲耕地面积扩大 1.7 倍，与此同时沙漠化土地面积也扩大了 273 万 hm^2。而处于沙漠与绿洲之间的过渡带，却出现了"四缩小"，即自然水域和湿地缩小，河流下游断流，罗布泊、玛纳斯湖和居延海干涸，艾比湖缩小，台特玛湖成为季节性湖泊，仅湖泊面积减少 33 亿 hm^2，沼泽湿地减少 132 万 hm^2。自然林地面积缩小，如塔里木盆地的胡杨林面积由 20 世纪 50~60 年代的 53 万 hm^2 减少到 28 万 hm^2。自然草地缩小仅被开垦的草地约占可占可利用草地面积的 7%，近 10 年被开垦的草地就达 33 万 hm^2。野生动物栖息地缩小，生活在林灌草丛中的塔里木虎已灭绝，经济动物马鹿除了人工饲养的外，自然界已很少见到，塔里木盆地的乡土鱼种——大头鱼也由于水系的变化而很少捕到，成为濒危鱼种。

新疆土地利用的改变，绿洲规模扩大必将导致局部气候敏感性增加与排盐不畅及由此引起的荒漠化。2000~2010 年新疆的土地利用变化，全疆年均气温下降 0.009℃，气温日较差增加 0.009℃。在不同的季节，土地利用变化对气温产生不同的影响，春季平均气温降低，气温日较差减小；夏季平均气温增加，气温日较差增加；秋季和冬季平均气温降低，气温日较差增加。土地利用变化导致年均气温升高的区域有阿尔泰山地、天山南坡山区、昆仑山区，而使得年均气温降低的区域有准噶尔西部山地、准噶尔盆地、天山北坡山区、塔里木盆地，其中，准噶尔盆地是新疆土地利用变化对气候影响最为显著的区域。在主要的土地利用变化类型中，仅裸地或稀少植被覆盖转换成城镇和建设用地引起年均气温上升，年均气温日较差减小。退耕还草引起年均气温下降，年均气温日较差增加，但气候变化不显著。而其他主要的土地利用变化均引起年均气温下降，年均气温日较差增加，且气候变化非常显著（刘洛，2015）。新疆土地利用的变化，必然导致有限水资源的竞争。现状是随着各类防渗水利工程的建立和先进的膜下滴灌技术的推广、普及，绿洲消耗的水资源和水分利用效率同步增加，可以减少对地下水的补给，减轻土壤盐渍化的威胁。然而，新的问题出现了：一方面，灌溉用水携带的输入性盐分易在绿洲土壤积累，使土壤发生次生盐渍化；另一方面，地下水补给的减少，使得依靠地下水为生的荒漠植物面临大面积衰亡，从而加剧荒漠化进程，威胁绿洲的可持续发展。

2.6　极端天气气候事件

随着气候变暖，极端事件的强度和频率发生明显变化。在气候变化过程中，平均气候不能完全描述气候变化的影响，气候变化更强烈地表现在极端气候中。小概率事件阈值是指某一特定地点和时间发生概率很小的事件，通常发生概率只占该类天气现象的10%或更低，而极端气候事件就是在给定的时期内，大量极端天气事件的平均状况，其平均状态相对于该类天气现象的气候平均态也是极端的。大量的研究已经表明，极端事件所造成的经济损失巨大，频繁发生的极端事件，严重威胁人类的生存和社会的可持续发展。新疆生态环境脆弱，植被覆盖率低，气候调节能力差，是气候变化影响的敏感和脆弱地区，也是受全球气候变暖影响最显著的地区之一。新疆区域增暖速率高于全国，区域冷指数呈下降趋势，暖指数呈上升趋势，空间差异明显（慈晖等，2015）。随着气温和降水过程的变化，新疆洪涝灾害在近几十年呈显著上升趋势，干旱的影响范围和成灾面积呈逐年增加趋势，灾害损失不断增加。

2.6.1　极端温度

1. 极端最高气温

1961~2018年，新疆区域平均极端最高气温呈显著上升趋势，升温速率为0.13℃/10a，最大值出现在2015年，比历年平均值偏高2.3℃；最小值出现在1993年，比历年平均值偏低2.3℃。北疆、天山山区和南疆各分区的变化趋势与新疆区域一致均呈上升趋势，升温速率分别为0.09℃/10a、0.13℃/10a、0.17℃/10a。

从地域分布看，近58年极端最高气温以上升趋势为主，北疆北部、北疆沿天山一带、吐鲁番市、哈密市、塔里木盆地周边共计68站（76%）呈上升趋势，升温速率在0.7℃/10a以内，且超过一半站点上升趋势显著。伊犁河谷西部、石河子市周边、塔里木盆地北缘共计19站呈下降趋势（仅有莫索湾站下降趋势显著），降温速率在0.2℃/10a以内（图2-19）。淖毛湖增多趋势最明显，增加速率为5.0d/10a，且末次之，为4.94d/10a。可见，增多趋势大于减少趋势。

1）暖昼事件明显增加

1961~2018年，新疆区域暖昼事件显著增加，上升速率为3.6 d/10a，暖昼事件出现的最少年为1967年（36d），最多年为1997年（73.9d），是最少年份的2倍。北疆、天山山区、南疆各分区暖昼事件变化趋势与新疆区域一致，均呈现显著增加趋势，增加速率分别为2.71 d/10a、3.16 d/10a、4.65 d/10a。暖昼日数的地域分布以增加趋势为主，全疆除

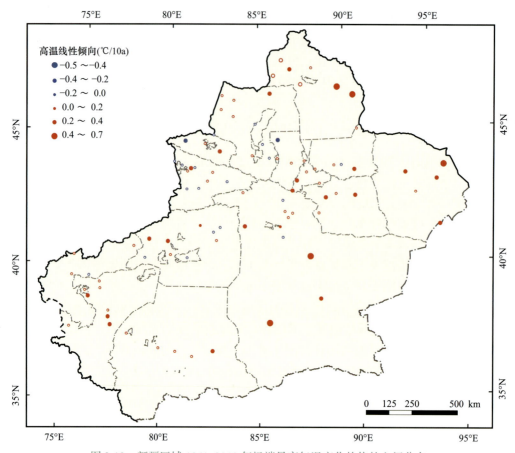

图 2-19　新疆区域 1961~2018 年极端最高气温变化趋势的空间分布

实心圆圈表示通过 0.05 信度检验，空心圆表示未通过 0.05 信度检验

温泉外其余 88 站均呈增加趋势且 87% 的站点增加趋势显著。其中，环塔里木盆地南缘、阿克苏西部、巴州南部、吐鲁番市、哈密市、乌鲁木齐南部山区等地增加速率在 5~8 d/10a，伊犁河谷、塔城、阿勒泰东部和北部、北疆沿天山一带及阿克苏东部增加速率在 3~4 d/10a，其余地区增加速率小于 2 d/10a。乌鲁木齐和温泉两站减少趋势不显著 [图 2-20（a）]。

2）暖夜事件增加速率明显大于暖昼

1961~2018 年，新疆区域暖夜事件显著增加，上升速率为 6.7 d/10a，是暖昼事件的 1.9 倍。暖夜事件出现的最少年为 1967 年（32.6d），与暖昼一致，最多年为 2016 年（89.9d），是最少年的 2.8 倍，暖夜年际波动明显大于暖昼事件。北疆、天山山区、南疆各分区暖夜事件变化趋势与新疆区域一致，均呈现显著增加趋势，增加速率分别为 6.89 d/10a、7.44 d/10a、6.61 d/10a。暖夜日数从地域分布看，全疆除库车外其余 88 站均呈增加趋势，其中柯坪、和硕、奇台、乌什、阿勒泰等 5 站增加趋势不显著，其余 83 站增加趋势显著。南疆环塔里木盆地南缘、吐鄯托盆地、哈密市大部、乌鲁木齐周边增加速率在 5~8 d/10a，伊犁河谷大部、北疆北部、北疆沿天山一带、阿克苏东部等地增加速率在 3~4 d/10a，其余地区增加速率小于 2d/10a。库车站减少趋势显著，减少速率达到 4.6 d/10a[图 2-20（b）]。

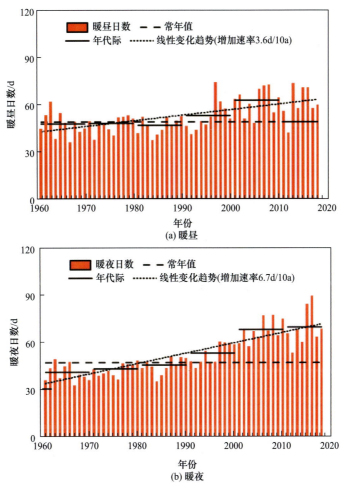

图 2-20 新疆区域 1961~2018 年暖昼和暖夜事件变化趋势

注：常年值采用 1971~2000 年均值，下同

2. 极端最低气温

1961~2018 年，新疆区域平均极端最低气温呈显著上升趋势，升温速率为 0.63 ℃/10a，远远高于平均极端最高气温的升温速率。最大值出现在 1982 年，比历年平均值偏高 3.0℃；最小值出现在 1969 年，比历年平均值偏低 5.9℃，平均极端最低气温的变化幅度大于平均极端最高气温。北疆、天山山区、南疆各分区平均极端最低气温变化趋势与新疆区域一致，均呈现显著上升趋势，升温速率分别为 0.75 ℃/10a、0.56 ℃/10 a、0.52℃/10a。

从地域分布看，新疆区域极端最低气温除巴音布鲁克站呈下降趋势（0.07℃/10a）外其余地区均呈上升趋势，且 73% 的站点升温速率大于 0.4℃/10a，塔城地区、伊犁河谷等地的部分站点升温速率大于 1.0℃/10a，霍尔果斯升温趋势最明显，升温速率达 1.9℃/10a（图 2-21）。可见单站极端最低气温的升温趋势明显高于降温趋势，呈上升趋势的站点多于极端最高气温，升温速率也大于极端最高气温。

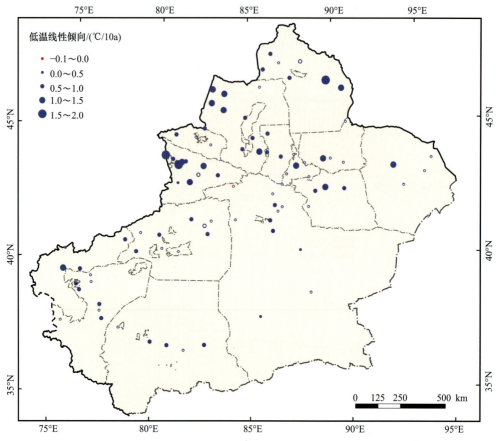

图 2-21　新疆区域 1961~2018 年极端最低气温变化趋势的空间分布

实心圆圈表示通过 0.05 信度检验

1）冷昼事件明显减少

新疆区域冷昼事件呈显著减少趋势，减少速率为 3.0 d/10a，冷昼事件出现的最少年为 2007 年（45.4d），最多年为 1969 年（91.4d）。北疆、天山山区、南疆各分区冷昼事件变化趋势与新疆区域一致，均呈显著减少趋势，减少速率分别为 2.95 d/10a、3.35 d/10a、2.83 d/10a。从地域分布看，全疆除温泉外其余地区冷昼日数均呈减少趋势，其中 64 站（72%）减少趋势显著，主要集中在北疆、东疆和南疆东部及北部。其中，阿勒泰东部、塔城大部、哈密北部、乌鲁木齐南部等地减少速率在 5~6 d/10a，阿勒泰北部、北疆沿天山一带、吐鲁番盆地、南疆环塔里木盆地周边下降速率在 3~4 d/10a。温泉增加速率为 1.5 d/10a，增加趋势不显著 [图 2-22（a）]。

2）冷夜事件减少速率明显大于冷昼

1961~2018 年，新疆区域冷夜事件呈显著减少趋势，减少速率为 8.5d/10a，明显快

于冷昼事件（2.8 倍）。冷夜事件出现的最少年为 2016 年（38.0d），最多年为 2017 年
（105.9d）。北疆、天山山区、南疆各分区冷昼事件变化趋势与新疆区域一致，均呈现显
著减少趋势，减少速率分别为 8.52 d/10a、8.03 d/10a、7.80 d/10a。从地域分布看，全疆
除阿勒泰哈巴河、巴州尉犁两站外其余 87 站的冷夜日数均呈减少趋势，且 93%（83 站）
的站点减少趋势显著。北疆北部、塔城西部、博州东部、伊犁河谷部分地区，石河子周
边、南疆环塔里木盆地南缘部分站点减少速率在 10~13 d/10a，伊犁河谷东部、北疆沿天
山一带、吐鲁番盆地大部、哈密盆地、南疆环塔里木盆地北缘大部分站点减少速率在 4~9
d/10a[图 2-22（b）]。

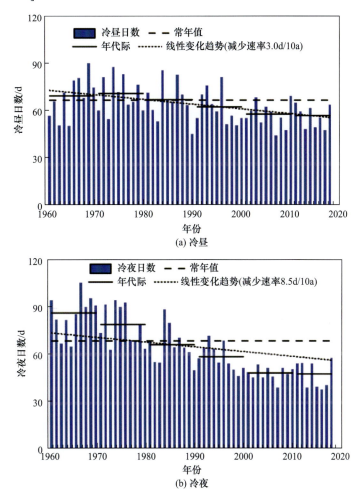

图 2-22　新疆区域 1961~2018 年冷昼、冷夜事件变化趋势

新疆区域的极端冷指数呈下降趋势，暖指数呈上升趋势，且变暖幅度冷指数大于暖
指数、低温指数大于高温指数、夜指数大于昼指数，且变暖幅度盆地大于山区（慈晖等，
2015）。

2.6.2 极端降水

1. 日最大降水量

1）日最大降水量、极端降水事件均呈增加趋势

1961~2018 年，新疆平均日最大降水量、极端降水事件均显著增加，增加速率分别为 0.83 mm/10a、0.9 d/10a，两者变化与降水量的增加趋势是一致的。北疆、天山山区、南疆各分区平均日最大降水量、极端降水事件变化趋势与新疆区域一致，均呈显著增加趋势，其中北疆增加速率最大，南疆最小。从地域分布看，除阿勒泰西部、塔城北部、昌吉局部、巴州北部等地共有 8 站日最大降水量、极端降水事件呈减少趋势外其余 81 站均呈增多趋势，增多速率在 0.2~3.1mm/10a 之间，其中伊犁河谷局部、乌鲁木齐周边及南疆西部等地共计 6 站增加速率最大，达到 2~3.1mm/10a（图 2-23）。

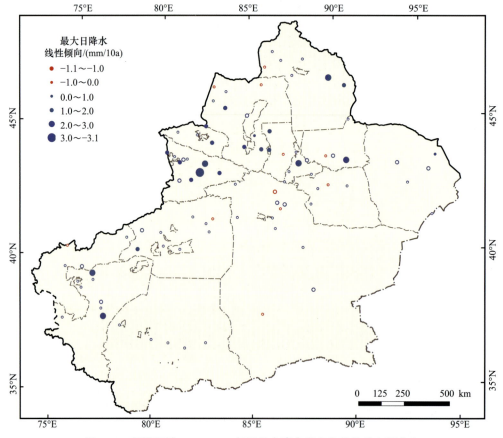

图 2-23　新疆区域 1961~2018 年日最大降水量变化趋势的空间分布

实心圆圈表示通过 0.05 信度检验

2）最长连续降水日数增加趋势不显著

新疆平均最长连续降水日数呈弱增加趋势，增加速率为 0.05d/10a。北疆、南疆分区平均最长连续降水日数变化趋势与新疆区域一致，均呈现增加趋势，增加速率分别为0.10d/10a、0.03d/10a，天山山区呈减少趋势，减少速率为0.05d/10a。从地域分布看，阿勒泰东部、伊犁河谷东部、天山山区及其两侧和南疆塔里木盆地南缘的部分地区共计32站呈减少趋势，减少速率均小于0.4d/10a；全疆其他大部分地区呈增多趋势。阿拉山口增多趋势最明显，增多速率为0.65d/10a；大西沟减少趋势最明显，减少速率为0.52d/10a。单站最长连续降水日数的增多趋势大于减少趋势（图2-24）。

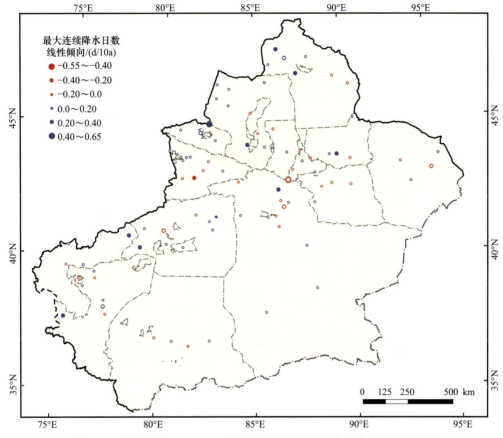

图 2-24　新疆区域 1961~2018 年最长连续降水日数变化趋势的空间分布

实心圆圈表示通过 0.05 信度检验

3）最长连续无降水日数呈减少趋势

新疆平均最长连续无降水日数呈减少趋势，减少速率为0.97d/10a。北疆、天山山区、南疆各分区平均最长连续无降水日数与新疆区域一致，均呈现减少趋势，减少速率分别为0.27d/10a、0.65d/10a、1.76d/10a。从地域分布看，北疆昌吉州东部、天山山区、南疆环塔里木盆地和吐鲁番个别地方呈增多趋势，增多速率在3d/10a以内；全疆其他大部分地区呈减少趋势，其中托克逊和塔里木盆地周边的个别地区减少速率大于4d/10a，其他地方在4d/10a年以内。托克逊减少速率最大，减少速率为–6.4d/10a，和静次之，为–4.8d/10a；鄯善增多速率最大，增加速率为2.3d/10a（图2-25）。

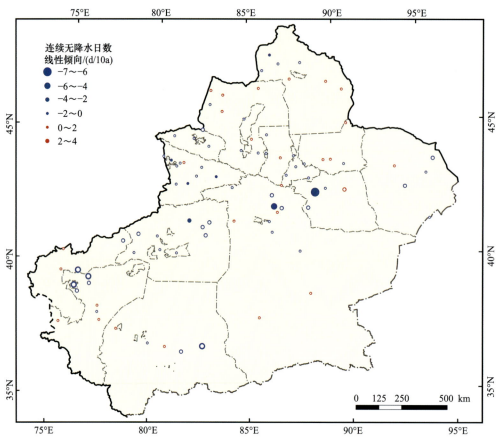

图 2-25　新疆区域 1961~2018 年最长连续无降水日数变化趋势的空间分布

实心圆圈表示通过 0.05 信度检验

2. 暴雨

暴雨日数和暴雨量均呈增加趋势。新疆平均年暴雨（日降雨量 ≥ 24.1mm）日数呈显著增加趋势，北疆、天山山区、南疆各分区平均年暴雨日数与新疆区域一致，均呈现增加趋势，增加速率分别为 0.06 d/10a、0.13 d/10a、0.02 d/10a。新疆平均年暴雨量呈显著增加趋势，增加速率为 1.82 mm/10a；北疆、天山山区、南疆各分区平均年暴雨量与新疆区域一致，均呈现增加趋势，增加速率分别为 2.0 mm/10a、4.57 mm/10a、0.65 mm/10a。天池站年平均暴雨日数和暴雨量最多。

3. 暴雪

暴雪日数和暴雪量增加趋势显著。新疆平均年暴雪（日降雪量 > 12mm）日数呈显著增加趋势，北疆、天山山区、南疆各分区平均年暴雪日数与新疆区域一致，均呈现增加趋势，增加速率分别为 0.06d/10a、0.03d/10a、0.01d/10a。新疆平均年暴雪量呈显著增加趋势，增加速率为 0.47mm/10a；北疆、天山山区、南疆各分区平均年暴雪量与新疆区域一致，均呈现增加趋势，增加速率分别为 0.93mm/10a、0.68mm/10a、0.06mm/10a。大西沟年平均暴雪日数（2.8d）和暴雪量（54.9mm）最大。

2.6.3 高影响天气气候事件变化

1. 寒潮

新疆区域寒潮频次呈显著减少趋势（图 2-26），减少速率 0.28 次 /10a，20 世纪 80 年代以前以偏多为主，特别是 1968~1977 年处于高发时段，连续 10 年频次均大于多年平均值，80 年代之后以偏少为主（江远安等，2018）。

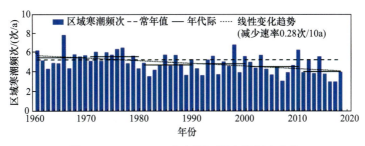

图 2-26　1961~2018 年新疆区域寒潮频次变化

新疆单站寒潮呈现北疆多、南疆少的分布特征。单站寒潮年平均频次北疆北部较多，达到 8~16 次；伊犁河谷、北疆沿天山一带为 4~12 次，个别地方不足 4 次；南疆西部山区和哈密大部为 4~8 次，其中哈密市分布极不均匀，北部山区巴里坤达 12.3 次，哈密伊州区仅 3.5 次；塔里木盆地和吐鲁番市较少，不足 4 次。全疆仅有 2 站寒潮呈显著增加趋势，位于塔里木盆地东北部；32 站（占全疆站数的 36%）呈显著减少趋势，主要分布于北疆各区域和以及塔里木盆地西南部和东部（江远安等，2018）。

寒潮年累计天数与年平均频次相似，呈现北疆多、南疆少的分布特征，北疆北部为 10~25d，其中阿勒泰东部地区最多，达 20~25d；北疆西部和沿天山一带主要为 5~15d；南疆西部山区、哈密主要为 5~10d；南疆绝大部分地区不足 5d。寒潮年累计天数以减少趋势为主，全疆除塔里木盆地东北部个别站点外其余地区均呈减少趋势，减少速率在 −0.69~−0.266d/10a 之间（江远安等，2018）。

2. 大风

1961~2018 年，新疆平均年大风（瞬时风速 ≥ 17.0m/s）日数呈显著减少趋势，减少速率为 3.8d/10a，1985 年以前以偏多为主，1985 年以后均偏少。大风日数最多的一年出现在 1966 年（34.1d），最少的一年出现在 2016 年（11.2d），比历年平均值偏少 5.72d。北疆、天山山区、南疆各分区平均年大风日数与新疆区域一致，均呈现明显减少趋势，减少速率分别为 5.5d/10a、1.09d/10a、3.09d/10a。从地域分布看，北疆的木垒、天山中段的大西沟和巴音布鲁克以及南疆西部山区乌恰与塔什库尔干呈增多趋势，增多速率在 5d /10a 以内；全疆其他地方呈减少趋势，减少速率平均为 4d/10a，其中北疆北部、西部的大部分地方和天山山区及其两侧、塔里木盆地东侧减少速率大于4d/10a（图2-27）。裕民减少趋势最明显，减少速率为–15.2d/10a，达坂城次之，为–15.1d/10a；乌恰增多趋势最明显，增加速率为5.08d/10a，减少趋势远远大于增多趋势（图2-27）。

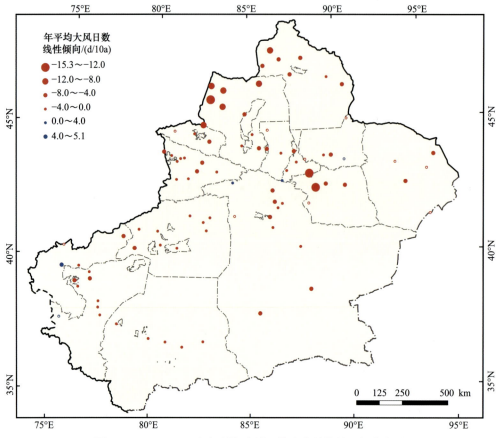

图 2-27　1961~2018 年新疆年大风日数变化趋势的空间分布图

实心圆圈表示通过 0.05 信度检验

3. 沙尘暴

全疆大部分站点沙尘暴显著减少，尤其是 20 世纪 80 年代中期以后沙尘暴日数明显偏少。1961~2018 年，新疆平均年沙尘暴日数呈显著减少趋势，减少速率为 1.50d/10a。1986 年以前为沙尘暴多发期，所有年份均多于历年平均值，平均年沙尘暴日数为 7.61d；1987 年以后沙尘暴日数明显减少，所有年份均明显少于历年平均值，平均年沙尘暴日数为 2.45d，1961~1986 年年平均沙尘暴日数是 1991~2018 年的 3.1 倍，其中 2011~2018 年比 20 世纪 60 年代减少了 6.41d。沙尘暴最多的一年出现在 1979 年（9.3d），最少年出现在 2012 年（1.1d）。北疆、天山山区、南疆各分区平均年沙尘暴日数与新疆区域一致，均呈现明显减少趋势，减少速率分别为 1.0d/10a、0.31d/10a、2.46d/10a。从地域分布看，年沙尘暴日数以减少趋势为主，其中南疆塔里木盆地西部和哈密东部减少最明显，减少速率大于 4d/10a，其中柯坪减少趋势最明显，减少速率为 −8.37d/10a，淖毛湖次之，为 −6.48d/10a；轮台增多趋势最明显，增加速率为 0.04d/10a（图 2-28）。

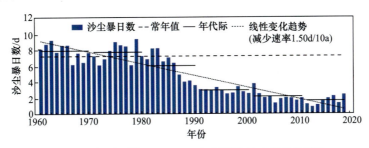

图 2-28　新疆区域 1961~2018 年年平均沙尘暴日数变化

4. 高温日数

1961~2018 年新疆区域 ≥ 35℃ 高温初日（≥ 35℃ 高温出现的最早日期）在提前，终日在推后（苗运玲等，2015）。新疆年平均 ≥ 35℃ 高温日数呈显著增加趋势，增加速率为 0.76d/10a，1993 年以前以偏少为主，1994 年以后以偏多为主，其中年平均高温日数 30d 以上的年份有 3 年，分别为 1997 年、2008 年和 2015 年（毛炜峄等，2016）。北疆、南疆分区年平均 ≥ 35℃ 高温日数与新疆区域一致，均呈增加趋势，增加速率分别为 0.53d/10a、1.26d/10a，天山山区高温日主要出现在尼勒克和新源两站，其他站点基本未出现。从地域分布来看，高温在吐鄯托盆地、北疆沿天山一带局部、巴州南部高发，其中吐鲁番市年平均 ≥ 35℃ 高温日数最多，平均超过 60d/a（陈颖，2020）。全疆共计 65 站年 ≥ 35℃ 高温日呈增加趋势，其中南疆东部、吐鲁番、哈密等地增加趋势最为显著，淖毛湖增加速率最大，达到 5.0d/10a（图 2-29）。

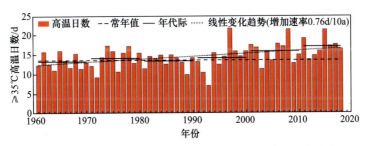

图 2-29　新疆区域 1961~2018 年年平均 ≥ 35℃ 高温日数变化

5. 干旱

基于国家标准 2017 年版《气象干旱等级》气象干旱综合指数（meteorological drought composite index，MCI），新疆平均每年发生干旱日数约为 51d，1961~2018 年，干旱日数呈阶梯状减少，减少速率为 7.53d/10a，1986 年以来减少明显；博州大部、塔城地区局部、阿勒泰地区东部、哈密北部、阿克苏地区等地减少最明显，减少速率在 9.0~19.3d/10a（图 2-30）。

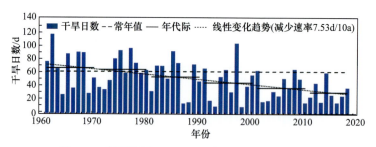

图 2-30　新疆地区 1961~2018 年干旱日数变化趋势

参考文献

阿布都克日木·阿巴司，王荣梅，阿不都西库尔·阿不都克力木，等.2013.1982~2010 年喀什木本植物物候变化与气候变化的关系.第四纪研究，33（5）：927-935.

艾则孜提约麦尔·麦麦提，玉素甫江·如素力，姜红，等.2018.2000~2014 年博斯腾湖流域 NPP 时空变化特征及影响因子分析.草业科学，35（7）：156-166.

白松竹，胡磊，庄晓翠，等.2014.新疆阿勒泰地区冬季各级降雪的气候变化特征.干旱区资源与环境，28（8）：99-104.

陈福军，沈彦俊，李倩，等.2011.中国陆地生态系统近 30 年 NPP 时空变化研究.地理科学，31（11）：126-131.

陈蜀江，侯平，李文华，等.2006.新疆艾比湖湿地自然保护区综合科学考察.乌鲁木齐：新疆科学技术出版社.

陈曦，包安明，王新平，等.2017.塔里木河近期综合治理工程生态成效评估.中国科学院院刊，32（1）：20-28.

陈亚宁.2014.中国西北干旱区水资源研究.北京：科学出版社.

陈亚宁，杜强，陈跃滨，等.2013.博斯腾湖流域水资源可持续利用研究.北京：科学出版社.

陈亚宁，李卫红，陈亚鹏，等.2018.科技支撑新疆塔里木河流域生态修复及可持续管理.干旱区地理，41（5）：901-907.

陈耀亮，罗格平，叶辉，等.2013.近 30 年土地利用变化对新疆森林生态系统碳库的影响.地理研究，32（11）：1987-1999.

陈颖，邵伟玲，曹萌，等.2020.新疆夏季高温日数的变化特征及其影响因子.干旱区研究，37（1）：58-66.

慈晖，张强，张江辉，等.2015.1961~2010 年新疆极端气温时空演变特征研究.中山大学学报（自然科学版），54（4）：129-138.

崔林丽，史军，唐娉，等.2005.中国陆地净初级生产力的季节变化研究.地理科学进展，24（3）：8-16.

戴新刚，李维京，马柱国.2006.近十几年新疆水汽源地变化特征.自然科学进展，16（12）：1651-1656.

丹利，季劲钧，马柱国.2007.新疆植被生产力与叶面积指数的变化及其对气候的响应.生态学报，

27（9）：44-54.

丁永建. 2017. 寒区水文导论. 北京：科学出版社.

董玉祥. 2000. "荒漠化"与"沙漠化". 科技术语研究，2（4）：18-21.

窦燕，陈曦. 2011. 基于站点的中国天山山区积雪要素变化研究. 地理科学进展，26（4）：441-448.

窦燕，陈曦，包安明，等. 2010. 2000~2006年中国天山山区积雪时空分布特征研究. 冰川冻土，32（1）：28-34.

杜加强，贾尔恒·阿哈提，赵晨曦，等. 2015. 1982~2012年新疆植被NDVI的动态变化及其对气候变化和人类活动的响应. 应用生态学报，26（12）：3567-3578.

杜加强，赵晨曦，贾尔恒·阿哈提，等. 2016. 近30a新疆月NDVI动态变化及其驱动因子分析. 农业工程学报，32（5）：172-181.

樊自立. 2005. 荒漠中的"绿洲". 生物学通报，40（4）：6-9.

樊自立，艾里西尔，王亚俊，等. 2006. 新疆人工灌溉绿洲的形成和发展演变. 干旱区研究，23（3）：410-418.

樊自立，马英杰，马映军. 2001. 中国西部地区的盐渍土及其改良利用. 干旱区研究，18（3）：1-6.

富广强，2014. 荒漠—绿洲复合体土壤盐渍化生态过程研究——以叶尔羌河和玛纳斯河流域为例. 兰州：兰州大学学位论文.

高军，尹小君，汪传建，等. 2018. 天山北坡植被NPP时空格局及气候因子驱动分析. 新疆农业科学，55（2）：352-361.

古力皮亚·沙塔尔. 2017. 新疆叶尔羌河流域地下水时空动态演变及影响因素研究. 地下水，39（6）：64-65，91.

国家统计局新疆调查总队. 2008. 1978~2007年新疆城市改革开放30年. 北京：中国统计出版社：8-12.

韩德林. 2000. 新疆人工绿洲. 北京：中国环境科学出版社.

郝宏飞，辜永强，郝宏蕾. 2017. 喀什地区木本植物春季物候变化特征及其对气候变暖的响应. 干旱区资源与环境，31（5）：153-157.

郝维维. 2016. 新疆农田生态系统碳源汇变化的研究. 乌鲁木齐：新疆农业大学学位论文.

何宝忠，丁建丽，李焕，等. 2018. 新疆植被物候时空变化特征. 生态学报，38（6）：2139-2155.

何清. 2016. 中亚气候变化调查研究. 北京：气象出版社.

何毅，杨太保，陈杰，等. 2015. 1972~2013年东天山博格达峰地区冰川变化遥感监测. 地理科学，35（7）：925-932.

贺斌，王国亚，苏宏超，等. 2012. 新疆阿尔泰山地区极端水文事件对气候变化的响应. 冰川冻土，34（4）：927-933.

侯学煜. 2001. 1：100万中国植被图集. 北京：科学出版社.

侯英雨，柳钦火，延昊，等. 2007. 我国陆地植被净初级生产力变化规律及其对气候的响应. 应用生态学报，18（7）：1546-1553.

胡列群，张连成，梁凤超，等. 2015. 1960~2014年新疆气象雪灾时空分布特征研究. 新疆师范大学学报

（自然科学版），34（3）：1-6.

胡汝骥，姜逢清，王亚俊，等.2002.新疆气候由暖干向暖湿转变的信号及影响.干旱区地理，25（3）：194-200.

胡顺军，宋郁东，田长彦，等.2006.渭干河平原绿洲适宜规模.中国科学：地理科学，36（S2）：51-57.

黄敬峰，王秀珍，蔡承侠.2000.新疆冬小麦物候与气候条件研究.中国农业气象，21（1）：14-19.

江远安，尹宜舟，樊静，等.2018.1961~2016年新疆单站不同等级冷空气过程气候特征及变化.冰川冻土，40（3）：1-11.

李效收，2013.1961~2010年新疆降雪的变化特征，兰州：西北师范大学学位论文.

李忠勤，杜建括，杜文涛，等.2019.山地冰川物质平衡和动力过程模拟.北京：科学出版社.

凌红波，徐海量，刘新华，等.2012.新疆克里雅河流域绿洲适宜规模.水科学进展，23（4）：563-568.

刘波，马柱国，冯锦明，等.2008.1960年以来新疆地区蒸发皿蒸发与实际蒸发之间的关系.地理学报，63（11）：1131-1139.

刘海丽，齐善忠，刘丽娟，等.2018.基于地统计的新疆阜康绿洲地下水埋深空间异质性.生态学杂志，37（5）：1484-1489.

刘婕，杨鹏年，阚建，等.2019.变化环境下新疆沙湾县灌区地下水动态趋势及驱动因素.节水灌溉，（3）：53-58.

刘景时，王迪.2009.2009年夏季喀喇昆仑山叶尔羌河上游发生冰川跃动.冰川冻土，31（5）：992.

刘洛，2015.新疆土地利用/覆盖变化的区域气候效应，北京：中国科学院大学学位论文.

刘迁迁，古力米热·哈那提，苏里坦，等.2017.塔里木河下游河岸带地下水埋深对生态输水的响应过程.干旱区地理，40（5）：979-986.

刘时银，姚晓军，郭万钦，等.2015.基于第二次冰川编目的中国冰川现状.地理学报，70（1）：3-16.

刘卫国.2007.新疆陆地生态系统净初级生产力和碳时空变化研究.乌鲁木齐：新疆大学学位论文.

刘卫国，魏文寿，刘志辉.2009.新疆气候变化下植被净初级生产力格局分析.干旱区研究，26（2）：60-65.

卢学鹤，江洪，张秀英，等.2016.氮沉降与LUCC的关系及其对中国陆地生态系统碳收支的影响.中国科学：地理科学，46（11）：1482-1493.

陆峰.2016.天山北坡玛纳斯河径流变化特征分析.新疆水利，（3）：25-30.

罗格平，周成虎，陈曦.2006.干旱区绿洲景观斑块稳定性研究：以三工河流域为例.科学通报，51（S1）：73-80.

马丽娟，秦大河.2012.1957~2009年中国台站观测的关键积雪参数时空变化特征.冰川冻土，34（1）：1-11.

马雪宁，张明军，王圣杰，等.2011.黄河流域夏季0℃层高度变化及与地面气温和降水量的关系.资源科学，33（12）：2302-2307.

马勇刚，张弛，塔西甫拉提·特依拜.2014.中亚及中国新疆干旱区植被物候时空变化.气候变化研究进展，10（2）：95-102.

玛地尼亚提·地里夏提，玉素甫江·如素力，海日古丽·纳麦提，等.2019.天山新疆段植被物候特征及其气候响应.气候变化研究进展，15（6）：624-632.

玛地尼亚提·地里夏提，玉素甫江·如素力，姜红.2018.2001~2014年博斯腾湖流域植被物候时空变化及其驱动因子.生态学报，38（19）：6921-6931.

买买提艾力·买买提依明，2015.新疆沙漠区碳收支特征及其影响因素研究.南京：南京信息工程大学学位论文.

毛炜峄，陈鹏翔，沈永平.2016.气候变暖背景下2015年夏季新疆极端高温过程及其影响.冰川冻土，38（2）：291-304.

苗运玲，卓世新，李如琦，等.2015.新疆哈密高温气候特征及其环流形势分型.沙漠与绿洲气象，9（2）：38-43.

穆艾塔尔·赛地，阿不都·沙拉木，崔春亮，等.2013.新疆天山北坡山区流域水文特征分析.水文，33（2）：87-92.

牛竞飞，刘景时，王迪，等.2011.2009年喀喇昆仑山叶尔羌河冰川阻塞湖及冰川跃动监测.山地学报，29（3）：276-282.

牛汝极，黄达远.2010.实施城市优先发展战略加快新疆城市化进程的构想.新疆社会科学，3：37-41.

邱国庆，张长庆.1998.天山奎先达坂附近冻土的分布特征//中国科学院兰州冰川冻土研究所集刊第2号（冻土学）.北京：科学出版社.

上官冬辉，刘时银，丁永建，等.2005.喀喇昆仑山克勒青河谷近年来发现有跃动冰川.冰川冻土，27（5）：641-644.

沈永平，苏宏超，王国亚，等.2013.新疆冰川、积雪对气候变化的响应（Ⅰ）：水文效应.冰川冻土，35（3）：513-527.

沈永平，王国亚，苏宏超，等.2007.新疆阿尔泰山区克兰河上游水文过程对气候变暖的响应.冰川冻土，29（6）：845-854.

孙爱民，冯钟葵，葛小青，等.2015.利用长时间序列Landsat分析博斯腾湖面积变化.中国图象图形学报，20（8）：1122-1132.

同琳静，刘洋洋，王倩，等.2019.西北植被净初级生产力时空变化及其驱动因素.水土保持研究，26（4）：373-380.

童伯良，李树德，张廷军.1986.中国阿尔泰山的冻土.冰川冻土，8（4）：357-364.

吐热尼古丽·阿木提，罗格平，殷刚.2018.基于Agro-IBIS模型的新疆农田生态系统净初级生产力时空动态及其对气候变化的响应模拟.中国农学通报，34（34）：91-98.

王国亚，毛炜峄，贺斌，等.2012.新疆阿勒泰地区积雪变化特征及其对冻土的影响.冰川冻土，34（6）：1293-1300.

王敬哲，2019：内陆干旱区尾闾湖湿地识别及其景观结构动态变化——以艾比湖湿地为例.乌鲁木齐：新疆大学学位论文.

王立伟，张明军，高峰.2014.1977~2010年长江源区夏季大气0℃层高度变化.高原气象，33（3）：769-774.

王涛，朱震达，2003.中国北方沙漠化的若干问题.北京：中国—欧盟荒漠化综合治理研讨会.

王兮之，葛剑平.2004.40多年来塔南策勒绿洲动态变化研究.植物生态学报，28（3）：369-375.

王炎强，赵军，李忠勤，等.2019.1977~2017年萨吾尔山冰川变化及其对气候变化的响应.自然资源学报，34（4）：802-814.

王志杰.2008.新疆地表水资源概评.北京：中国水利水电出版社.

王智，师庆三，王涛，等.2011.1982—2006年新疆山地—绿洲—荒漠系统植被覆盖变化时空特征.自然资源学报，26（4）：609-618.

王遵亲.1993.中国盐渍土.北京：科学出版社.

吴晓全，王让会，李成，等.2016.天山植被NPP时空特征及其对气候要素的响应.生态环境学报，25（11）：1848-1855.

郗金标，张福锁，毛达如，等.2005.新疆盐渍土分布与盐生植物资源.土壤通报，36（3）：299-303.

《新疆区域气候变化评估报告》编写委员会.2012.新疆区域气候变化评估报告.北京：气象出版社.

许艾文，杨太保，王聪强，等.2016.1978~2015年喀喇昆仑山克勒青河流域冰川变化的遥感监测.地理科学进展，35（7）：878-888.

闫俊杰，乔木，周宏飞，等.2013.基于MODIS/NDVI的新疆伊犁河谷植被变化.干旱区地理，36（3）：512-519.

严中伟，丁一汇，翟盘茂，等.2020.近百年中国气候变暖趋势之再评估.气象学报，78（3）：370-378.

杨光华，包安明，陈曦，等.2009.1998—2007年新疆植被覆盖变化及驱动因素分析.冰川冻土，31（3）：436-445.

杨红飞，2013.新疆草地生产力及碳源汇分布特征与机制研究，南京：南京大学学位论文.

杨莲梅，关学锋，张迎新.2018.亚洲中部干旱区降水异常的大气环流特征.干旱区研究，35（2）：249-259.

杨莲梅，胡顺起，张云惠，等.2019.中亚低涡年鉴（1971–2017）.北京：气象出版社.

姚俊强，陈静，迪丽努尔·托列吾别克，等.2021.新疆气候水文变化趋势及面临问题思考.冰川冻土，43（3）：685-692.

姚俊强，陈亚宁，赵勇，等.2020.西北干旱区大气水分循环过程及影响研究.北京：气象出版社.

姚俊强，杨青，韩雪云，等.2013.乌鲁木齐夏季水汽日变化及其与降水的关系.干旱区研究，30（1）：67-73.

姚晓军，刘时银，郭万钦，等.2012.近50a来中国阿尔泰山冰川变化——基于中国第二次冰川编目成果.自然资源学报，27（10）：1734-1745.

于晓晶，唐永兰，于志翔，等.2019.基于地基GPS资料分析天山山区夏季大气可降水量特征.气象，45（12）：1691-1699.

袁烨城，刘海江，李宝林，等.2015.2000~2010年新疆陆地生态系统变化格局与分析.地球信息科学学报，17（3）：300-308.

张芳，熊黑钢，冯娟，等.2017.基于遥感的新疆人工绿洲扩张中植被净初级生产力动态变化.农业工程学报，33（12）：194-200.

张慧，李忠勤，王璞玉，等.2015.天山奎屯哈希勒根51号冰川变化及其对气候的响应.干旱区研究，32（1）：88-93.

张蕾，吕厚荃，王良宇，等 . 2016. 中国土壤湿度的时空变化特征 . 地理学报，71（9）：1494-1508.

张丽，蒋平安，张鲜花，等 . 2010. 石河子绿洲植被净第一性生产力遥感估算研究 . 新疆农业科学，47（6）：1204-1207.

张仁平，郭靖，冯琦胜，等 . 2018. 新疆地区草地植被物候时空变化 . 草业学报，27（10）：66-75.

张山清，普宗朝，伏晓慧，等 . 2010. 气候变化对新疆自然植被净第一性生产力的影响 . 干旱区研究，27（6）：88-97.

张昕，李忠勤，张国飞，等 . 2014. 近 30a 新疆哈密地区的径流变化特征 . 甘肃农业大学学报，49（3）：113-119.

张小雷 . 2003. 新疆城镇体系规划的理论与实践 . 乌鲁木齐：新疆人民出版社，18-23.

张瑜瑜 . 2019. 新疆吉木萨尔县地下水动态分析评价 . 水利科学与寒区工程，2（1）：111-113.

张云惠，杨莲梅，肖开提·多莱特，等 . 2012. 1971~2010 年中亚低涡活动特征 . 应用气象学报，23（3）：312-321.

张振宇，钟瑞森，李小玉，等 . 2019. 中国西北地区 NPP 变化及其对干旱的响应分析 . 环境科学研究，32（3）：431-439.

赵林，刘广岳，焦克勤，等 . 2010. 1991~2008 年天山乌鲁木齐河源区多年冻土的变化 . 冰川冻土，32（2）：223-230.

赵文智，杨荣，刘冰，等 . 2016. 中国绿洲化及其研究进展 . 中国沙漠，36（1）：1-5.

赵霞，谭琨，方精云 . 2011. 1982~2006 年新疆植被活动的年际变化及其季节差异 . 干旱区研究，28（1）：10-16.

郑景云，葛全胜，赵会霞 . 2003. 近 40 年中国植物物候对气候变化的响应研究 . 中国农业气象，24（1）：28-32.

钟镇涛，黎夏，许晓聪，等 . 2018. 1992~2010 年中国积雪时空变化分析 . 科学通报，63（25）：2641-2654.

周洪华，李卫红，孙慧兰 . 2018. 基于胡杨年轮的塔里木河下游地下水埋深历史重建 . 林业科学，54（4）：11-16.

周幼吾，郭东信，邱国庆，等 . 2000. 中国冻土 . 北京：科学出版社 .

朱莹莹，韩磊，赵永华，等 . 2019. 中国西北地区 NPP 模拟及其时空格局 . 生态学杂志，38（6）：254-264.

庄晓翠，郭城，赵正波，等 . 2010. 新疆阿勒泰地区积雪变化分析 . 干旱气象，28（2）：190-197.

庄晓翠，周鸿奎，王磊，等 . 2015. 新疆北部牧区雪灾评估指标及其成因分析 . 干旱区研究，32（5）：1000-1006.

Bhambri R，Bolch T. Kawishwar P，et al. 2013. Heterogeneity in glacier response in the upper Shyok valley, northeast Karakoram. Cryosphere，7（5）：1385-1398.

Brun F，Berthier E，Wagnon P，et al. 2017. A spatially resolved estimate of High Mountain Asia glacier mass balances from 2000 to 2016. Nature Geoscience，10（9）：668-673.

Chen C，Park T，Wang X H，et al. 2019. China and India lead in greening of the world through land-use management. Nature Sustainability，2（2）：122-129.

Chen X N，Liang S L，Cao Y F，et al. 2016. Distribution，attribution，and radiative forcing of snow cover changes over China from 1982 to 2013. Climatic Change, 137(3-4): 363-377.

Cogley G. 2012. GLACIOLOGY No ice lost in the Karakoram. Nature Geoscience, 5(5): 305-306.

Copland L, Sylvestre T, Bishop M P, et al. 2011. Expanded and recently increased glacier surging in the Karakoram. Arctic Antarctic and Alpine Research, 43(4): 503-516.

Dai L Y, Che T. 2014. Spatiotemporal variability in snow cover from 1987 to 2011 in northern China. Journal of Applied Remote Sensing, 8: 084693.

Ding J L, Yang A X, Wang J Z, et al. 2018. Machine-learning-based quantitative estimation of soil organic carbon content by VIS/NIR spectroscopy. PeerJ, 6: e5714.

Du J Q, Shu J M, Yin J Q, et al. 2015. Analysis on spatio-temporal trends and drivers in vegetation growth during recent decades in Xinjiang, China. International Journal of Applied Earth Observation and Geoinformation, 38: 216-228.

Fang X, Chen Z, Guo X, et al. 2019. Impacts and uncertainties of climate/CO_2 change on net primary productivity in Xinjiang, China(2000–2014): A modelling approach. Ecological Modelling, 408.

Gardner A S, Moholdt G, Cogley J G, et al. 2013. A reconciled estimate of glacier contributions to sea level rise: 2003 to 2009. Science, 340(6134): 852-857.

Hewitt K. 2005. The Karakoram anomaly? Glacier expansion and the 'elevation effect,' Karakoram Himalaya. Mountain Research and Development, 25(4): 332-340.

Hu W F, Yao J Q, He Q, et al. 2015. Spatial and temporal variability of water vapor content during 1961-2011 in Tianshan Mountains, China. Journal of Mountain Science, 12(3): 571-581.

Hua L J, Zhong L H, Ma Z G. 2017. Decadal transition of moisture sources and transport in Northwestern China during summer from 1982 to 2010. Journal of Geophysical Research-Atmospheres, 122(23): 12522-12540.

Huang T M, Pang Z H. 2010. Changes in groundwater induced by water diversion in the Lower Tarim River, Xinjiang Uygur, NW China: evidence from environmental isotopes and water chemistry. Journal of Hydrology, 387(3-4): 188-201.

Huang W S, Feng J, Chen H, et al. 2015. Physical mechanisms of summer precipitation variations in the Tarim Basin in Northwestern China. Journal of Climate, 28(9): 3579-3591.

Huang W, Chang S Q, Xie C L, et al. 2017. Moisture sources of extreme summer precipitation events in North Xinjiang and their relationship with atmospheric circulation. Advances in Climate Change Research, 8(1): 12-17.

Huang X D, Deng J, Ma X F, et al. 2016. Spatiotemporal dynamics of snow cover based on multi-source remote sensing data in China. Cryosphere, 10(5): 2453-2463.

IPCC. 2013. Climate change 2013: The Physical Science Basis. Working Group I Contribution to the Fifth Assessment Report of The Intergovernmental Panel on Climate Change. Cambridge: Cambridge University Press.

Jian D N, Li X C, Sun H M, et al. 2018. Estimation of actual evapotranspiration by the complementary theory-based advection-aridity model in the Tarim River Basin, China. Journal of Hydrometeorology, 19(2): 289-303.

Jin H J, Li S X, Cheng G D, et al. 2000. Permafrost and climatic change in China. Global and Planetary

Change, 26（4）: 387-404.

Kääb A, Treichler D, Nuth C, et al. 2015. Brief Communication: contending estimates of 2003-2008 glacier mass balance over the Pamir-Karakoram-Himalaya. Cryosphere, 9（2）: 557-564.

Ke C Q, Li X C, Xie H J, et al. 2016. Variability in snow cover phenology in China from 1952 to 2010. Hydrology and Earth System Sciences, 20（2）: 755-770.

Kim Y, Kimball J S, Glassy J, et al. 2017. An extended global Earth system data record on daily landscape freeze-thaw status determined from satellite passive microwave remote sensing. Earth System Science Data, 9（1）: 133-147.

Kong Y, Pang Z, Froehlich K. 2013. Quantifying recycled moisture fraction in precipitation of an arid region using deuterium excess. Tellus B: Chemical and Physical Meteorology, 65（1）: 19251.

Li Z, Yan Z W, Zhu Y N, et al. 2020. Homogenized daily relative humidity series in China during 1960-2017.Adv Atmos Sci, 37(4), doi:10.1007/s00376-020-9180-0. http://www.iapjournals.ac.cn/aas/en/article/doi/10.1007/s00376-020-9180-0.

Liu G Y, Zhao L, Li R, et al. 2017. Permafrost warming in the context of step-wise climate change in the Tien Shan Mountains, China. Permafrost and Periglacial Processes, 28（1）: 130-139.

Liu Q, Fu Y H, Zeng Z, et al. 2016. Temperature, precipitation, and insolation effects on autumn vegetation phenology in temperate China. Global Change Biology, 22（2）: 644-656.

Piao S L, Yin G D, Tan J G, et al. 2015. Detection and attribution of vegetation greening trend in China over the last 30 years. Global Change Biology, 21（4）: 1601-1609.

RGI Consortium. 2017. Randolph glacier inventory: a dataset of global glacier outlines: Version 6[DB]. Boulder, CO, USA: National Snow and Ice Data Center.

Ridley J, Wiltshire A, Mathison C. 2013. More frequent occurrence of westerly disturbances in Karakoram up to 2100. Science of the Total Environment, 468: S31-S35.

Shangguan D H, Liu S Y, Ding D Y, et al. 2007. Glacier changes in the west Kunlun Shan from 1970 to 2001 derived from Landsat TM/ETM plus and Chinese glacier inventory data. Annals of Glaciology, 46: 204-208.

Shangguan D H, Liu S Y, Ding Y J, et al. 2016. Characterizing the May 2015 Karayaylak Glacier surge in the eastern Pamir Plateau using remote sensing. Journal of Glaciology, 62（235）: 944-953.

Smith T, Bookhagen B. 2018. Changes in seasonal snow water equivalent distribution in High Mountain Asia （1987 to 2009）. Science Advances, 4（1）: 8.

Su B D, Jian D N, Li X C, et al. 2017. Projection of actual evapotranspiration using the COSMO-CLM regional climate model under global warming scenarios of 1.5℃ and 2.0℃ in the Tarim River basin, China. Atmospheric Research, 196: 119-128.

Wang J, Zhou T, Peng P. 2018. Phenology response to climatic dynamic across China's grasslands from 1985 to 2010. ISPRS International Journal of Geo-Information, 7（8）: 290.

Wang P Y, Li Z Q, Li H L, et al. 2017. Characteristics of a partially debris-covered glacier and its response to atmospheric warming in Mt. Tomor, Tien Shan, China. Global and Planetary Change, 159: 11-24.

Wang P Y, Li Z Q, Zhou P, et al. 2015. Recent changes of two selected glaciers in Hami Prefecture of eastern

Xinjiang and their impact on water resources. Quaternary International, 358: 146-152.

Wang S J, Zhang M J, Che Y J, et al. 2016. Contribution of recycled moisture to precipitation in oases of arid central Asia: A stable isotope approach. Water Resources Research, 52(4): 3246-3257.

Wang Y Q, Yang J, Chen Y N, et al. 2018. The spatiotemporal response of soil moisture to precipitation and temperature changes in an arid region, China. Remote Sensing, 10(3): 468.

Wang Y Q, Yang J, Chen Y N, et al. 2019. Quantifying the effects of climate and vegetation on soil moisture in an arid area, China. Water, 11(4): 767.

Yadav R R, Gupta A K, Kotlia B S, et al. 2017. Recent wetting and glacier expansion in the Northwest Himalaya and Karakoram. Scientific Reports, 7.

Yang H, Mu S, Li J. 2014. Effects of ecological restoration projects on land use and land cover change and its influences on territorial NPP in Xinjiang, China. Catena, 115: 85-95.

Yao J Q, Mao W Y, Yang Q, et al. 2017. Annual actual evapotranspiration in inland river catchments of China based on the Budyko framework. Stochastic Environmental Research and Risk Assessment, 31(6), 1409-1421.

Yao J Q, Chen Y N, Zhao Y, et al. 2018. Hydroclimatic changes of Lake Bosten in Northwest China during the last decades. Scientific Reports, 8: 9118.

Yao J Q, Chen Y N, Yang Q. 2016. Spatial and temporal variability of water vapor pressure in the arid region of northwest China, during 1961–2011. Theoretical and Applied Climatology, 123(3-4): 683-691.

Yao J Q, Liu Z H, Yang Q, et al. 2014. Responses of runoff to climate change and human activities in the Ebinur Lake Catchment, Western China. Water Resources, 41(6): 738-747.

Ye Z X, Liu H X, Chen Y N, et al. 2017. Analysis of water level variation of lakes and reservoirs in Xinjiang, China using ICESat laser altimetry data(2003-2009). Plos One, 12(9): 21.

Zhang C, Ren W. 2017. Complex climatic and CO_2 controls on net primary productivity of temperate dryland ecosystems over central Asia during 1980-2014. Journal of Geophysical Research-Biogeosciences, 122(9): 2356-2374.

Zhang H, Li Z Q, Zhou P, et al. 2018. Mass-balance observations and reconstruction for Haxilegen Glacier No.51, eastern Tien Shan, from 1999 to 2015. Journal of Glaciology, 64(247): 689-699.

Zhao Y, Huang A N, Zhou Y, et al. 2014b. Impact of the middle and upper tropospheric cooling over Central Asia on the summer rainfall in the Tarim Basin, China. Journal of Climate, 27(12): 4721-4732.

Zhao Y, Wang M Z, Huang A N, et al. 2014a. Relationships between the West Asian subtropical westerly jet and summer precipitation in northern Xinjiang. Theoretical and Applied Climatology, 116(3-4): 403-411.

Zhong X Y, Zhang T J, Kang S C, et al. 2018. Spatiotemporal variability of snow depth across the Eurasian continent from 1966 to 2012. Cryosphere, 12(1): 227-245.

Zhu S H, Li C F, Shao H, et al. 2019. The response of carbon stocks of drylands in Central Asia to changes of CO_2 and climate during past 35 years. Science of the Total Environment, 687: 330-340.

Zhu Z C, Piao S L, Myneni R B, et al. 2016. Greening of the Earth and its drivers. Nature Climate Change, 6(8): 791-795.

新疆气候变化科学评估报告

第3章　未来气候系统变化预估

主要作者协调人：高学杰　孙建奇
主　要　作　者：李忠勤　徐　影　石　英　韩振宇
贡　献　作　者：陈活泼　王政琪　于　水

■ 执行摘要

　　不同全球和区域模式结果，都给出了新疆地区未来总体呈现气温升高、降水增加的预估，模式间有较好的一致性（高信度），但变化的具体数值和空间分布存在一定差异。RegCM4 区域气候模式多模拟集合预估，相对于当代（1986~2005 年），21 世纪中期（2041~2060 年）RCP4.5 中等排放情景和末期（2079~2098 年）RCP8.5 高排放情景下，年平均气温将分别升高 1.7℃（1.3~2.1℃）和 4.9℃（4.3~5.5℃），夏季升温幅度略高于冬季，盆地升温略高于山区；年平均降水分别增加 9%（8%~10%）和 28%（21%~35%），降水增加在冬季更明显，增加比例在盆地更明显（幅度则为山区最大）。年最高气温和年最低气温也明显升高，其中年最高气温的升温幅度与年平均气温接近；年最低气温的升温幅度更高一些。未来高温热浪事件将增加、冷事件将减少（高信度），在 21 世纪末期 RCP8.5 情景下，新疆地区 35℃以上高温日数平均增加 30d 左右，塔里木盆地天数增加将超过 60d。极端强降水事件增多（高信度），其中最大一日降水量数值在 21 世纪末期 RCP8.5 下增加 29%（19%~39%），在塔里木盆地增加则超过 40%；连续无降水日的时长在除北疆部分地区外的新疆大部分地方缩短，在塔里木盆地平均缩短约 18%（中等信度）。以干燥度衡量，新疆东部地区的干旱气候可能会有一定改善，干燥度在21世纪末期RCP8.5下最大减少超过10%。总体而言新疆地区气候趋向于"暖湿化"（中等信度），但气候变化导致的这种相对"暖湿化"，并不会改变这一地区仍为干旱气候区的本质。同时干旱事件会出现增强趋势（中等信度），未来新疆水资源状况仍不容乐观。未来滑坡泥石流等地质灾害可能会增加，天山山脉及周边地区的滑坡事件在21世纪末期RCP8.5下增幅最高可达到一倍以上。沙尘暴的发生频率在冬季减少、春季增加（低信度），沙尘暴活跃期提前但起沙量会减少。伴随变暖新疆未来冰川数目和体积将减少，积雪量和近地表多年冻土整体也将减少（高信度）。径流量变化在不同情景下以增加为主，但有区域差异，山地增加更为显著；生态系统的净初级生产力则呈明显增加趋势（中等信度），在21世纪末期RCP8.5新疆整体增幅达到51%左右。

观测证据表明，自20世纪80年代末以来，新疆地区的气温和降水均呈增加趋势，其中气温东西向增速大于南北向，降水量增量西部多于东部，整体上出现暖湿化现象（施雅风等，2002）（参见本书第2章）。在全球变暖背景下，新疆地区气候的未来变化，成为政府和社会各界关注的重点。

全球气候模式是进行气候变化模拟和预估研究的主要工具，本章基于CMIP5（第五次耦合模式比较计划）中39个模式在未来多RCP排放情景下的预估结果，对新疆地区气候变化开展集合分析（简称为MME_G）。但由于全球模式的分辨率一般较低，对区域尺度气候及其变化的模拟和预估存在一定不足，需要对其进行统计或动力降尺度。高分辨率的区域气候模式模拟是重要的动力降尺度方法，降尺度后的结果可以更好地反映局地的气候变化特征，是获取高分辨率局地气候变化信息的有效途径。

在众多区域模式之中，RegCM系列模式是应用于东亚和中国区域最多的区域气候模式之一，在当代气候模拟、气候机理分析和未来气候变化预估等多方面有着广泛的应用，取得了大量成果（Gao and Giorgi，2017）。但由于高分辨率模拟计算量较大，同时用于驱动区域模式的全球模式结果边界场较难获得，以往用于新疆地区气候变化预估的区域模式大都是单一模拟，这在一定程度上影响了其预估结果的可靠性，并不容易对其中的不确定性进行衡量。

近年来Gao和Giorgi（2017）使用一个针对本地优化的新版RegCM4模式，分别在5个CMIP5全球模式（CSIRO-Mk3.6.0、EC-EARTH、HadGEM2-ES、MPI-ESM-MR和NorESM1-M）驱动下，开展了东亚地区RCP4.5和RCP8.5两种排放路径下的气候变化预估，为更深入地认识新疆地区未来气候变化提供了科学支持（王政琪等，2020），这些结果同时应用于本章分析（以下简称为ensR）。

在本章对MME_G和ensR的分析中，当代定义为1986~2005年，21世纪近期、中期和末期分别定义为2021~2040年、2041~2060年和2081~2098年。此外本章根据1500m等高线，将新疆划分为五个分区，给出了ensR所预估的变量在各分区的平均值，其中第Ⅰ分区主要包含阿尔泰山、巴尔鲁克山、和布克赛尔区域山地以及塔城地区；第Ⅱ分区包含整个天山山脉；第Ⅲ分区则主要包含昆仑山及其北部；第Ⅳ分区包含准噶尔盆地及其东部淖毛湖地区；第Ⅴ分区包含塔里木及其东北部的吐鲁番和哈密盆地等。

在全球变暖背景下，一些地区极端气候事件的变化可能比气候平均态的变化更加显著，从而对自然环境和人类生活造成深远影响。极端气候事件一般使用不同的指数来表示，本章中所使用的主要指数如表3-1所示。

表3-1 极端气候指数定义（ETCCDI）

名称	英文缩写	定义	单位
日最高气温最高值	TXx	每年日最高气温的最大值	℃
日最低气温最低值	TNn	每年日最低气温的最小值	℃
暖昼指数	TX90p	每年日最高气温大于基准期内90%分位值的天数百分率	%
暖夜指数	TN90p	每年日最低气温大于基准期内90%分位值的天数百分率	%
冷昼指数	TX10p	每年日最高气温小于基准期内10%分位值的天数百分率	%
冷夜指数	TN10p	每年日最低气温小于基准期内10%分位值的天数百分率	%

名称	英文缩写	定义	单位
高温日数	T35D	每年日最高气温大于35℃的全部天数	d
夏季日数	SU	每年日最高气温大于25℃的全部天数	d
霜冻日数	FD	每年日最低气温小于0℃的全部天数	d
冰冻日数	ID	每年日最高气温小于0℃的全部天数	d
降水日数	R1mm	每年日降水量大于等于1mm的天数	d
强降水量	R95p	每年大于基准期内95%分位值的日降水量的总和	mm
日最大降水量	RX1day	每年最大的日降水量	mm
五日最大降水量	RX5day	每年最大的连续五天降水量	mm
连续无降水日数	CDD	每年最长连续无降水日数（Rdays ≤ 1mm）	d
降水强度	SDII	年降水量与降水日数（Rdays ≥ 1mm）比值	mm/d

知识窗

排 放 情 景

排放情景是建立在一系列科学假设基础之上，为了对未来气候状态时间、空间分布形式进行合理描述而假定的人为温室气体和气溶胶等的排放情况。人为温室气体和气溶胶等的排放或者浓度数据输入到气候模式，从而用于对未来气候变化的预估。例如，IPCC第三次和第四次评估报告（TAR和AR4）采用的是IPCC排放情景特别报告（SRES）公布的排放情景，包括A1B、A2和B1等；第五次评估报告（AR5）采用的是基于典型浓度路径（RCP）的情景，包括RCP2.6、RCP4.5、RCP8.5等；第六次评估报告（AR6）将采用的是社会经济发展情景——共享社会经济路径（SSP）和RCP共同构建的排放情景，包括SSP1-2.6、SSP2-4.5、SSP3-7.0、SSP5-8.5等，SSP各个情景的介绍参见第二部分第4章。如下表所示，按照21世纪末时的温室气体浓度值，排放情景可分为高、中、低三类。

表 IPCC采用的主要排放情景的高、中、低分类

排放情景	IPCC TAR和AR4	IPCC AR5	IPCC AR6
高	SRES A2	RCP8.5	SSP5-8.5和SSP3-7.0
中	SRES A1B和SRES B1	RCP4.5和RCP6.0	SSP2-4.5
低	无	RCP2.6	SSP1-2.6

SRES A2相当于RCP8.5气候情景和SSP5-8.5或SSP3-7.0社会经济情景，SRES B2相当于RCP6.0和SSP4-6.0，SRES B1相当于RCP4.5和SSP2-4.5，SRES A1F1相当于RCP8.5和SSP5-8.5，没有具体的SRES情景与RCP2.6相对应（曹丽格等，2012；张杰等，2013）。

3.1　不同温室气体排放情景下的气温变化

CMIP5 全球耦合模式预估结果表明，未来百年中国区域气温呈现持续上升趋势，到 21 世纪末增温幅度达 1.3~5.0℃（《第三次气候变化国家评估报告》编写委员会，2015）。新疆位于中国西北地区，有着"三山夹两盆"的复杂地势，气候变化更为复杂。在全球增暖背景下，未来新疆地区气温的变化与中国区域同步，但其增温幅度略高于全国平均水平（于晓晶等，2017）。

MME_G 预估结果显示[图 3-1（a）]，在中等排放路径 RCP4.5 下，21 世纪新疆地区年平均气温以 0.26℃/10a 的趋势显著增加；RCP8.5 下的增温趋势明显大于 RCP4.5（Chen and Frauenfeld，2014；Wang and Chen，2014），年平均气温以 0.64℃/10a 的趋势显著增加。

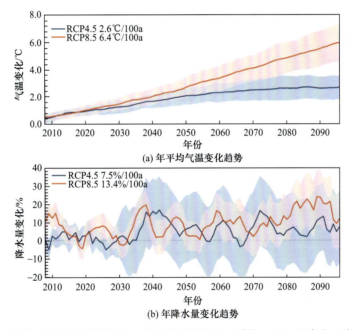

图 3-1　MME_G 预估的新疆不同情景下 21 世纪年平均气温（单位：℃）和降水（单位：%）的变化

时间序列进行了五年滑动平均，阴影表示模式间 1 个标准差的范围，蓝色和红色分别代表 RCP4.5 和 RCP8.5 情景，数值给出变化趋势

新疆地区年平均气温的未来变化也存在明显的区域特征。虽然未来整个新疆区域均呈现出一致的增温趋势，但北疆和南疆昆仑山地区增温幅度明显高于天山、塔里木盆地等地区[图 3-2（a）（b）]。定量计算结果表明，在 RCP4.5 情景下，21 世纪近期，新疆区域的年平均气温相对当前气候约增加 1.3℃；21 世纪中期，年平均气温约增加 2.2℃；21 世纪末期，年平均气温约增加 2.6℃。在 RCP8.5 情景下，增温幅度明显高于 RCP4.5 情景，21 世纪近期、中期和末期，新疆地区的年平均气温相对当前气候分别约增加

1.5℃、3.0℃、5.4℃。CMIP5 全球耦合模式对于新疆地区增温的预估结果具有很高的模式一致性，预估结果为高信度。

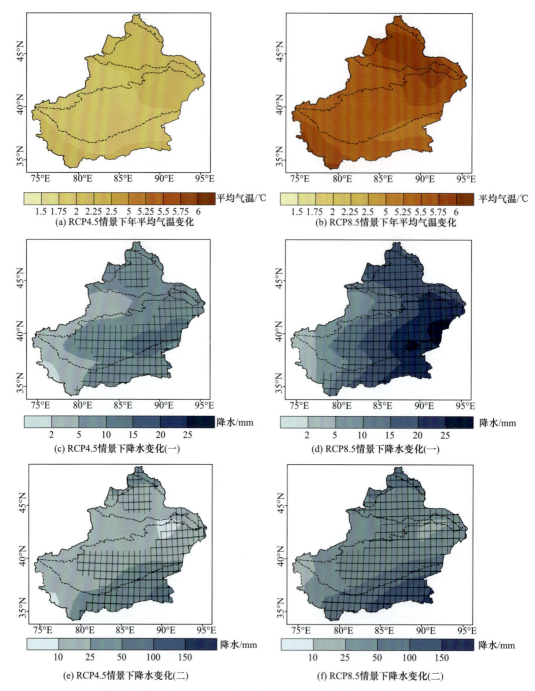

图 3-2　MME_G 预估的新疆未来年平均气温（单位：℃）、降水相对于当代（1986~2005 年）的变化

第一列为 21 世纪中期 RCP4.5 情景下、第二列为 21 世纪末期 RCP8.5 情景下的预估结果。图（a）（b）中所有模式均与集合结果变化趋势一致，图（c）~（f）中的网格表示有 80% 模式与集合结果变化趋势一致

新疆地区未来夏季和冬季平均气温均呈现出一致的增温趋势（Wang et al.，2017；Shi et al.，2018；Sun et al.，2019）。在 RCP4.5 情景下，未来 21 世纪新疆地区夏季和冬季平均气温均以 0.2℃/10a 的趋势显著增加；RCP8.5 情景下的增温趋势明显强于 RCP4.5 情景，其中夏季增温趋势最强，以 0.7℃/10a 的趋势增加，冬季也以 0.7℃/10a 的趋势增加。具体到各个时期来看，21 世纪近期，在 RCP4.5 情景下新疆地区夏季平均气温相对当前气候约增加 1.4℃，在 RCP8.5 情景下均增加 1.5℃；21 世纪中期，在 RCP4.5 和 RCP8.5 情景下分别增加约 2.2℃和 3.1℃；21 世纪末期，在 RCP4.5 和 RCP8.5 情景下分别增加约 2.6℃和 5.6℃。在 RCP4.5 情景下，21 世纪近期、中期和末期冬季平均气温相对当前气候分别约增加 1.3℃、2.1℃和 2.7℃；在 RCP8.5 情景下，分别增加 1.6℃、3.1℃和 5.5℃（表 3-2）。

表 3-2　MME_G 预估的新疆不同排放情景下，冬、夏季及年平均气温（℃）、降水（%）在未来不同时期相对于当代（1986~2005 年）的变化

气候指数	时段	近期（2021~2040）		中期（2041~2060）		末期（2081~2098）	
		RCP4.5	RCP8.5	RCP4.5	RCP8.5	RCP4.5	RCP8.5
Tas /℃	DJF	1.3±0.8	1.6±0.8	2.1±0.8	3.1±0.9	2.7±1.1	5.5±1.4
	JJA	1.4±0.7	1.5±0.7	2.2±0.9	3.1±1.0	2.6±1.1	5.6±1.4
	ANN	1.3±0.4	1.5±0.4	2.2±0.6	3.0±0.8	2.6±0.8	5.4±1.3
Pr /%	DJF	7.4±11.7	7.3±8.4	11.5±20.5	19.4±12.0	15.4±24.3	31.8±23.6
	JJA	1.2±15.9	3.8±13.6	0.3±20.3	3.7±27.9	3.3±23.9	3.3±31.7
	ANN	4.5±10.5	5.7±6.9	6.3±18.6	9.8±9.7	9.9±19.6	15.5±16.2

注：DJF、JJA 和 ANN 分别代表冬季、夏季、年平均结果

在使用区域气候模式进行中国区域未来气候变化预估方面，已有很多工作，但具体到新疆地区，对此区域单独进行气候变化模拟和预估的工作较少，已有工作主要是基于中国及东亚区域的气候变化试验结果，开展对新疆或者包括新疆在内的西北地区进行分析（高学杰等，2003；吴佳等，2011；于恩涛等，2015；Hui et al.，2018），且预估主要集中于气温和降水，以及与气温和降水有关的极端事件。

RegCM3 区域模式对气温的预估结果表明，在全球变暖的背景下，新疆地区的气温将不断升高，区域平均的增温幅度较中国略大，在不同地形下的增温幅度有较大差别 [图 3-3（a）]，盆地较山区更为显著，如所预估的 21 世纪末期冬季的塔里木盆地中部和准噶尔盆地中部，增温值在 6.0℃以上，而夏季增温最少的昆仑山北部地区，数值在 4.5℃以下。

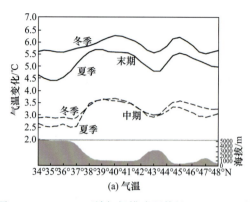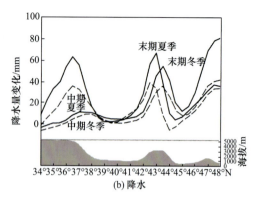

(a) 气温　　　　　　　　　　　　(b) 降水

图 3-3　RegCM3 区域气候模式预估的 2041~2060 年、2081~2100 年新疆地区 84°~87°E 平均的冬、夏气温（单位：℃）和降水（单位：mm）的预估（相对于 1980~2000 年）（吴佳等，2011）

　　基于 ensR，新疆地区年平均气温的变化特征总体特征为普遍的升温 [图 3.4（a）（b）]。具体在 21 世纪中期 RCP4.5 情景下，升温幅度一般在 1.5~2℃ 之间，以准噶尔盆地腹地、塔里木盆地中部和哈密盆地、昆仑山地区升温幅度相对较大 [图 3.4（a）]；到 21 世纪末期，RCP8.5 情景下气温变化的空间分布型与中期类似，但幅度更大，一般在 4℃ 以上，最大的地方接近 6℃ [图 3.4（b）]。

　　新疆地区的年平均气温变化 [图 3-5（a）]，在 21 世纪近期，升高幅度对排放情景的依赖性不大，中期后随着 RCP4.5 情景下温室气体浓度趋于稳定，升温的变化也开始不再明显增长，基本低于 2.5℃；而 RCP8.5 下气温则持续升高，至 2100 年前的增温幅度达到 5℃，由图中的阴影部分可看到，各预估间有较好的一致性。RCP4.5 和 RCP8.5 下的增温趋势分别为 2.6℃/100a 和 5.7℃/100a。

新疆气候变化科学评估报告

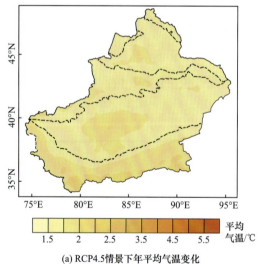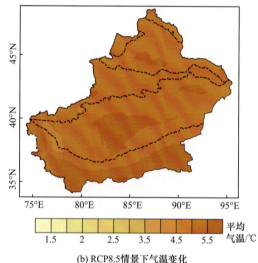

(a) RCP4.5情景下年平均气温变化　　　　　　(b) RCP8.5情景下气温变化

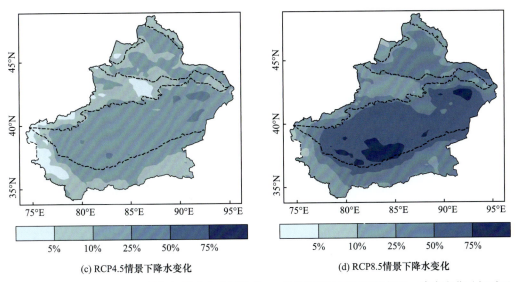

(c) RCP4.5情景下降水变化   (d) RCP8.5情景下降水变化

图 3-4 ensR 不同情景下区域气候模式集合预估的 21 世纪新疆地区年平均气温、降水变化（相对于
1986~2005 年，单位：℃，%）（王政琪等，2020）

RCP4.5，21 世纪中期（2041~2060 年）；RCP8.5，21 世纪末期（2081~2098 年）

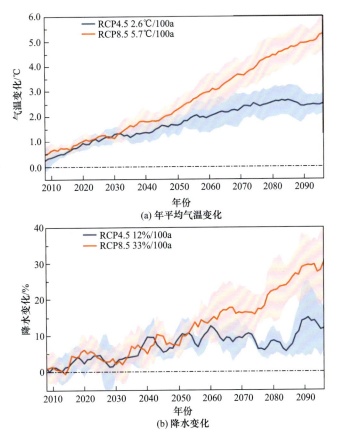

图 3-5 ensR 预估的新疆 21 世纪年平均气温和降水的变化

时间序列进行了五年滑动平均，阴影表示模式间 1 个标准差的范围，蓝色和红色分别代表 RCP4.5 和 RCP8.5 情景，数值给出
变化趋势

新疆各分区 21 世纪 RCP4.5 中期和 RCP8.5 末期冬（12 月至翌年 1 月）、夏（6~8 月）和年平均气温变化分别在表 3.3 和表 3.4 中给出。RCP4.5 中期新疆地区年平均升温 1.7℃，以昆仑山为主的分区Ⅲ增温最大，为 1.9℃（表 3-3）；到 21 世纪末期，RCP8.5 情景下新疆区域平均升温达到 4.9℃（表 3-4），同样是分区Ⅲ升温略大。对比冬、夏季的增温情况可发现，除分区Ⅲ以外，各分区及整个新疆平均气温在夏季升温幅度要高于冬季。

表 3-3 ensR 对新疆及各分区平均气候指数在 21 世纪中期 RCP4.5 情景下变化的预估值及范围
（以 ±1 个标准差表示）

气候指数	时段	研究区域					
		Ⅰ	Ⅱ	Ⅲ	Ⅳ	Ⅴ	新疆地区
气温 /℃	DJF	1.5	1.5	2.1	1.6	1.5	1.6±0.4
	JJA	1.9	1.9	1.6	2.0	1.9	1.8±0.5
	ANN	1.7	1.7	1.9	1.7	1.7	1.7±0.4
降水 / (%/mm)	DJF	17%/25	16%/14	21%/17	22%/11	44%/7	22%±5%/12±3
	JJA	1%/2	7%/22	5%/10	3%/2	5%/1	5%±3%/6±5
	ANN	7%/49	7%/54	8%/53	10%/23	17%/16	9%±1%/33±6
TXx/℃	ANN	1.8	1.7	1.6	1.7	1.7	1.7±0.7
TNn/℃	ANN	1.9	1.6	1.8	2.1	1.5	1.7±0.7
T35D/d	ANN	2	2	0	12	18	10±4
RX1day/ (%/mm)	ANN	2%/+0	3%/1	7%/1	6%/1	12%/1	7%±4%/1±1
CDD/d	ANN	0	−2	−2	−2	-9	−5±3
积雪/ (%/mm)	ANN	1%/1	−10%/−4	0%/0	−2%/−0	3%/0	−3%±5%/−0.5±1

注：DJF、JJA 和 ANN 分别代表冬季、夏季和年平均结果

表 3-4 同表 3-3，但为 21 世纪末期 RCP8.5 情景下

气候指数	时段	研究区域					
		Ⅰ	Ⅱ	Ⅲ	Ⅳ	Ⅴ	新疆地区
气温 /℃	DJF	4.4	4.6	5.9	4.5	4.4	4.8±0.9
	JJA	5.3	5.1	4.5	5.6	5.4	5.2±0.6
	ANN	4.8	4.8	5.1	4.9	4.9	4.9±0.6
降水 / (%/mm)	DJF	45%/68	46%/41	62%/49	57%/30	125%/21	63%±12%/34±9
	JJA	−4%/−9	17%/55	17%/37	−2%/−1	17%/5	14%±11%/18±13
	ANN	15%/110	22%/170	27%/175	27%/61	56%/55	28%±7%/102±26
TXx/℃	ANN	5.3	4.9	4.9	4.9	4.9	4.9±0.6
TNn/℃	ANN	6.5	5.4	4.5	7.3	5.6	5.8±0.9
T35D/d	ANN	9	9	2	39	52	30±7
RX1day/ (%/mm)	ANN	14%/+4	19%/5	33%/6	24%/3	41%/4	29%±10%/5±2
CDD/d	ANN	1	−4	−5	−2	−18	−10±6
积雪 / (%/mm)	ANN	−9%/−7	−27%/−10	−1%/−0	−29%/−2	−5%/−0	−13%±9%/−2±2
总径流 / (%/mm)	ANN	14%/87	22%/154	28%/162	26%/14	27%/3	24%±8%/66±23
土壤湿度 / (%/mm)	ANN	12%/2	15%/2	18%/2	16%/2	18%/2	17%±3%/2±0

注：DJF、JJA 和 ANN 分别代表冬季、夏季和年平均结果

3.2 不同温室气体排放情景下的降水变化

CMIP5全球耦合模式预估结果表明，到21世纪末全国平均降水增加幅度为2%~5%（《第三次气候变化国家评估报告》编写委员会，2015）；新疆地区21世纪年平均降水也呈现出增加的趋势，相对增加幅度高于全国平均水平。基于CMIP5中的39个全球耦合模式预估结果[图3-1（b）]，在RCP4.5情景下，新疆地区21世纪年平均降水以0.8%/10a的趋势明显增加；RCP8.5情景下的增温趋势约为RCP4.5情景下的2倍，年平均降水以1.3%/10a的速率显著增加。

新疆地区年平均降水的未来变化有着明显的区域差异（于晓晶等，2017；杨绚等，2014）。在未来不同时期，虽然年平均降水在整个新疆区域均呈现出一致的增加趋势，但新疆东部、塔里木盆地以及北部部分地区年平均降水的增加幅度相对较大，而天山和新疆南部的昆仑山地区降水增加幅度相对较小[图3-2（c）（d）（e）（f）]。总的来说（表3-2），RCP4.5情景下，在21世纪近期新疆地区的年平均降水相对当前气候约增加了5%；21世纪中期，年平均降水约增加了6%；21世纪末期，年平均降水约增加了10%。RCP8.5情景下的增加幅度明显大于RCP4.5情景，在21世纪近期、中期和末期，年平均降水相对当前气候分别增加了6%、10%和16%。可以看到，21世纪末，新疆地区年平均降水的相对增加幅度明显高于全国平均的2%~5%，但也需要注意的是，CMIP5全球耦合模式对新疆地区降水预估的一致性明显要弱于气温的结果。

新疆地区未来降水变化也存在明显的季节差异（程雪蓉等，2016；Wang et al.，2017）。预估结果指出，未来冬季降水增加明显，而夏季未来降水变化趋势并不明显（王晓欣等，2019），这也意味着近几十年来新疆地区夏季降水的显著增加趋势在未来可能会减弱，甚至降水减少。在RCP4.5情景下，新疆地区未来冬季降水以1.6%/10a的趋势显著增加。RCP8.5情景下的增加趋势明显大于RCP4.5情景，冬季降水增加趋势为4.7%/10a。对于夏季，在RCP4.5和RCP8.5情景下，降水变化均无明显趋势（分别为0.1%/10a和0.2%/10a）。具体到各个时期而言，在RCP4.5情景下，新疆区域平均的冬季降水在21世纪近期相对当前气候约增加了7%，21世纪中期增加了12%，到末期增加约15%；RCP8.5情景增加幅度更为明显，21世纪近期、中期和末期分别增加了7%、19%和32%。夏季降水增幅较小，在RCP4.5和RCP8.5情景下，21世纪末期相对当前气候的增加均约为3%。

ensR模式结果预估未来新疆地区的年平均降水将普遍增加[图3-4（c）（d）]，变化百分率的大值区主要出现在盆地，中期在RCP4.5下的增幅在10%~25%间，末期在RCP8.5下准噶尔盆地的增幅在25%以上，塔里木盆地等则达到50%以上，相比之下山地降水变化的百分率较小，中期和末期分别在10%和25%以下[图3-4（c）（d）]。但由于盆地地区当代降水值很低，降水量变化则在山区更明显，21世纪中期RCP4.5情景下阿尔泰山、天山及昆仑山大部分地区增幅在50~100mm，盆地则基本在25mm以下；21世纪末期RCP8.5下的分布型同样类似于中期，而幅度更大，天山山脉中部和昆仑山的增幅超过150mm，塔里木盆地的腹地部分增幅达到25~50mm（图略）。

第3章 未来气候系统变化预估

区域平均年降水变化未来呈不断增加趋势 [图 3-5（b）]，在 RCP4.5 情景下的趋势为 12%/100a，RCP8.5 情景下达到 33%/100a，模式间的一致性也较好，除 21 世纪初期部分年份外降水均增加。具体在 21 世纪近期和中期，不同温室气体浓度下的降水增幅差异不大，到 21 世纪末期，RCP8.5 情景下的降水增幅大幅度增加。由表 3-3 和表 3-4 可以看到，RCP4.5 情景下 21 世纪末期区域平均年降水增加 9%/33mm，RCP8.5 情景下则达到 28%/102mm。此外对比表 3-2 中不同季节和分区的变化，可以发现除分区 II 以外，各分区及整个区域平均降水增幅在冬季均高于夏季。

另外，RegCM3 区域模式预估结果表明降水量变化与地形之间同样也有较好的对应关系 [图 3-3（b）]。21 世纪中期，冬季昆仑山北坡至塔里木盆地南部一带降水增加，但增加幅度较小。塔里木盆地内部降水变化也不大，但天山地区降水增加显著，峰值出现在天山北坡。进入准噶尔盆地之后降水增加有较大减少，而在塔尔巴哈台山则重新上升。21 世纪中期夏季降水变化随地形的分布冬季大体类似，在盆地增加较少，山地增加明显，但昆仑山北坡到塔里木盆地南部一带，夏季降水量增加达 30 mm 以上，大于冬季。天山地区降水增加的最大值与冬季不同，出现在南坡，北坡降水则为有所减少，表现出一定的"雨影"效应。

3.3 不同温室气体排放情景下的极端事件变化

3.3.1 温度相关事件

CMIP5 耦合模式结果表明，未来百年，中国区域极端温度基本表现为全区一致性变化，极端暖事件增加，极端冷事件减少（Yao et al.，2012；Yang et al.，2014；Li et al.，2019）。在不同排放情景下极端温度变化的空间分布型一致，但变化幅度随着排放强度增大而增加。相比于 1961~2000 年，到 2090~2099 年，在 RCP4.5（RCP8.5）情景下，中国区域平均的 TXx 增加 1.9℃（4.7℃）、TNn 增加 1.1℃（2.6℃）、TX90p 增加 47（86）d、TN10p 减少 28（33）d、FD 减少 23（58）d（Li et al.，2019）。

新疆地区极端温度与全国变化趋势一致，且新疆地区 TXx、TNn 以及热浪频率变化幅度明显大于全国平均（陈晓晨等，2015；Guo et al.，2017；Sun et al.，2019）。CMIP5 的 24 个耦合模式预估结果表明（图 3-6），21 世纪极端暖事件 TX90p、TN90p、TXx、TNn 增加，极端冷事件 FD、ID、TX10p、TN10p 减少，相比于 RCP4.5 情景，RCP8.5 情景下的变化更加显著（Wang et al.，2017）。

TNn 和 TXx 都呈现增加趋势，但 TNn 的增幅更大。在 RCP8.5（RCP4.5）情景下，未来近百年（2020~2099 年），TNn 和 TXx 的增加速率为每 10 年 0.8℃和 0.7℃（0.3℃和 0.3℃）。相比于参考时段 1986~2005 年，在 RCP8.5（RCP4.5）情景下，21 世纪中期 TNn 和 TXx 分别增加 2.2℃和 1.9℃（1.7℃和 1.6℃），到 21 世纪末将增加 6.6℃和 5.6℃（3.1℃和 2.8℃）。

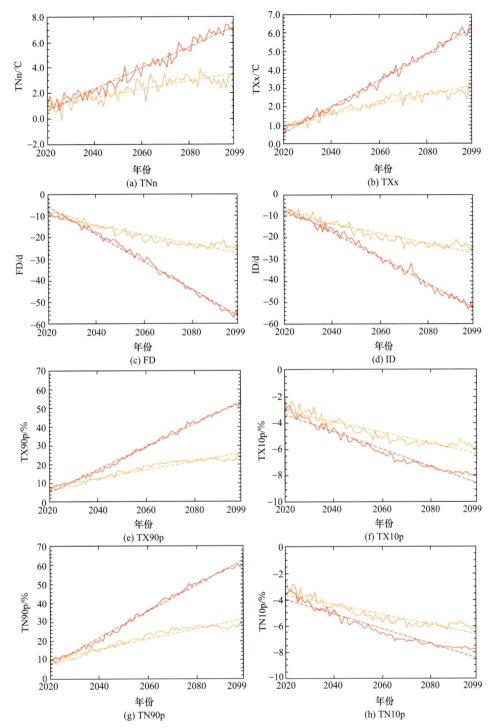

图 3-6　CMIP5 的 24 个耦合模式 MME 预估的西北区域平均的 TNn、TXx、FD、ID、TX90p、TX10p、
TN90p 和 TN10p 变化（Wang et al.，2017）

当代时段为 1986~2005 年。黄色线 RCP4.5，红色线 RCP8.5

FD 和 ID 都呈现下降趋势，且两者减少幅度相当。在 RCP8.5（RCP4.5）情景下，未来百年（2020~2099 年），FD 和 ID 减少速率分别为 6.4d/10a 和 5.9d/10a（2.2d 和 2.3d）。相比于参考时段 1986~2005 年，在 RCP8.5（RCP4.5）情景下，在 21 世纪中期 FD 和 ID 分别减少 18d 和 17d（15d 和 13d），到 21 世纪末将减少 51d 和 47d（均为 24d）。

TX90p 和 TN90p 明显增加，TX10p 和 TN10p 明显减少。其中，暖日夜的增幅比冷日夜大；暖夜比暖日的增加更显著，冷日和冷夜的减少幅度相当。相比于参考时段 1986~2005 年，在 RCP8.5（RCP4.5）情景下，21 世纪中期 TX90p 和 TN90p 增加 16% 和 20%（12% 和 15%），到 21 世纪末期增加 47% 和 56%（22% 和 28%）。同样，21 世纪中期 TX10p 和 TN10p 均减少约 5%（4%）左右，到 21 世纪末期减少 8%（6%）左右。

21 世纪西北干旱区极端温度变化具有明显区域特征（图 3-7）。RCP4.5 与 RCP8.5 下的变化空间分布相似，但 RCP4.5 情景下变化幅度较小。TNn 在新疆北部增加最大，TXx 在新疆西部增加最大。FD 和 ID 在昆仑山到青海地区减少较大，在新疆大部分地区变化相对较小。TX90p 在昆仑山增加最大、南疆次之、北疆更小；TX10p 在新疆、甘肃和内蒙古北部减少最大；TN90p 在整个地区变化较均匀，TN10p 在天山及北疆地区变化最明显。

基于区域模式在不同全球模式驱动下的气候变化预估结果显示：新疆地区未来与温度相关的极端事件，如 T35D、SU、暖期持续指数（WSDI）呈增加趋势，FD、冷期持续指数（CSDI）呈减少趋势，生长季长度（GSL）将延长，TXx、TNn 都将升高，日较差（DTR）减少（张勇等，2008；胡伯彦等，2013；纪潇潇，2015；Hui et al.，2018）。具体到空间分布来看，不同预估间显示出一定的差异。例如，全球模式 IPSL-CM5A 驱动下的 RegCM4 和 WRF 两个区域模式预估结果显示：RegCM4 预估的 TXx 升温基本呈由北向南逐渐降低的分布，WRF 预估的结果也大致呈此趋势，但其数值较 RegCM4 的要低（Hui et al.，2018）。

ensR 所预估的 TXx 变化空间差别较小，盆地中较山区略高 [图 3-8（a）（b）]。相比之下 TNn 增幅的区域差异则较为明显，其中准噶尔盆地增幅最大 [图 3-8（c）（d）]。如在 RCP8.5 情景下的 21 世纪末期，其所在分区 IV 的升温值达到 7.3℃，较升温相对较小的 II、III 分区高 2℃多。对比 TXx 与 TNn，可以看到 TNn 的增幅总体高于 TXx，这种特征在盆地和 21 世纪末期更加明显，区域平均值在 RCP8.5 情景下的 21 世纪末期，TXx 的增幅为 4.9℃，TNn 为 5.8℃，后者较前者高近 1℃。ensR 预估的 T35D 变化有明显的区域差异，其中盆地的增幅要明显高于山地 [图 3-8（e）（f）]。如在 RCP8.5 情景下的 21 世纪末期，塔里木盆地西部部分区域增幅超过 60d，该地区所在的 V 分区平均增幅达到 52d，相比之下山地所在的分区则增幅较小，这些分区内多数区域的平均高温日数仍为零值。

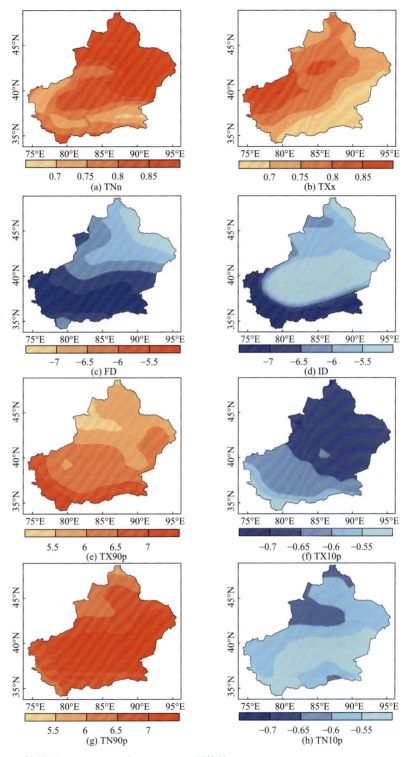

图 3-7　RCP8.5 情景下，2020~2099 年，MME_R 预估的 TNn、TXx、FD、ID、TX90p、TX10p、TN90p 和 TN10p 的线性趋势（10a⁻¹）（Wang et al.，2017）

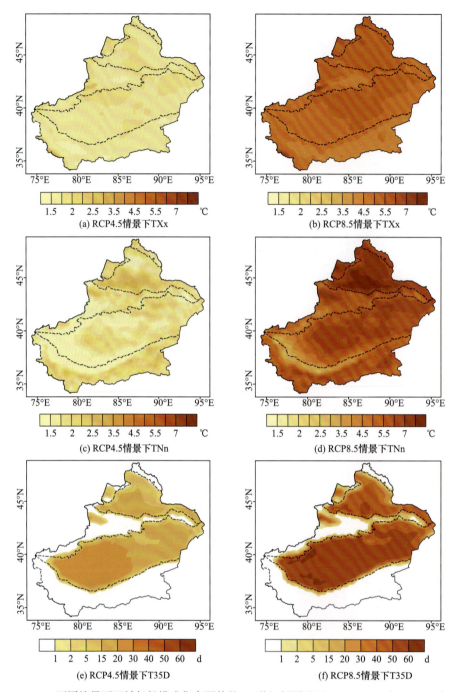

新疆气候变化科学评估报告

图 3-8　ensR 不同情景下区域气候模式集合预估的 21 世纪新疆地区 TXx、TNn 和 T35D（相对于
1986~2005 年）（王政琪等，2020）

RCP4.5：21 世纪中期（2041~2060 年）；RCP8.5：21 世纪末期（2081~2098 年）

3.3.2 降水相关事件

无论是从发生频率、持续性还是降水强度来看，未来新疆极端降水都呈现增加的趋势。CMIP5 的 18 个耦合模式的未来预估结果表明，相较于参考时段 1986~2005 年，RCP8.5（RCP4.5）情景下，21 世纪中期 R1mm 增加约 3.3d（2.6d）、每日降水量大于等于 10mm 的天数 (R10mm) 增加约 2d（0.5d），每日降水量大于等于 20mm 的天数 (R20mm) 增加约 0.5d（0.1d）；到 21 世纪末 R1mm 将增加 5.4d（4.7d）。各种排放情景下，连续湿日（CWD）均未表现出明显变化（陈晓晨等，2015；Wang et al.，2017）。

从极端降水强度来看，五种强度指标在各阈值下均表现出上升趋势。相较于参考时段 1986~2005 年，RCP8.5（RCP4.5）情景下，至 21 世纪中期，RX1day 增加约 4mm（1mm），RX5day 增加约 7mm（2mm），SDII 增加约 0.4mm/d（0.1mm/d），PRCPTOT 增加约 60mm（40mm）。在 RCP8.5（RCP4.5）情景下，21 世纪中期 R95p 将增加 17.3mm（14.1mm），到 21 世纪末将增加 50.9mm（26.1mm）；21 世纪中期和末期 R95p 相对于参考时段的增幅比例分别达到 10.4% 和 20.8%（9.3% 和 13.6%），大于平均降水的变化比例，意味着全球变暖背景下极端降水风险的增加。模式对未来极端降水频次的预估存在较大的不确定性，但多数模式在极端降水强度变化方面具有较好的一致性，信度较高（Wang et al.，2017）。

新疆极端降水的未来变化也存在着明显的区域差异。如图 3-9 所示，未来百年 R95p 增加趋势的最大值出现在新疆南部及高原，在 RCP8.5（RCP4.5）情景下，南疆 R95p 的

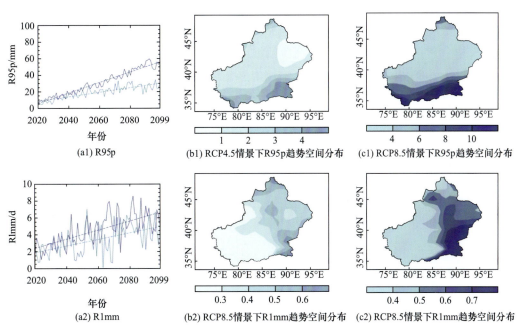

图 3-9　多模式集合 R95p（单位：mm）和 R1mm（单位：d）的区域平均值随时间的变化（Wang et al.，2017）

深蓝色和浅蓝色分别代指 RCP8.5 和 RCP4.5 情景下的变化。（b1）（b2）和（c1）（c2）分别为 RCP4.5 和 RCP8.5 情景下 R95p 和 R1mm 指数的趋势空间分布。参考时段为 1986~2005。虚线代表相应的线性趋势

最大增加趋势可达 10mm/10a（3mm/10a）以上。至 21 世纪中期，塔里木盆地的年降水量相对基准期（1961~2005 年）将增加约 0.8mm，而 SDII 则将减少 0.1mm/d，RX1day 减少约 2.6mm（黄金龙等，2014）。新疆东部则表现出明显的降水日数增加，在 RCP8.5（RCP4.5）情景下 R1mm 以约 0.6d/10a（0.45d/10a）的趋势增加。北疆地区则以 R1mm 的增加为主，增加速率在 RCP8.5 情景下约为 0.5d/10a（0.4d/10a）。极端降水的空间分布在 RCP4.5 和 RCP8.5 两种排放情景下基本一致，高排放情景下的变化幅度更大。

区域模式与降水相关的极端降水事件预估结果显示：新疆地区未来 CDD 在大部分地区将减少，CWD、RX1day、RX5day 和 R95p 在大部分地区都将增加，R10mm 以增加为主（徐集云等，2013；胡伯彦等，2013；纪潇潇，2015；Hui et al.，2018）。一般来说，盆地区域是表征极端强降水的指数如 R10mm、RX5day 等相对变化（绝对变化）的高值区（低值区），这与其在当代数值较小有一定的关系，但也需防范极端强降水可能带来的灾害。在具体空间分布上，不同预估间的表现不同，如 Hui 等（2018）结果显示塔里木盆地为 CDD 减少的大值区，最大减少值在 20d 以上，而徐集云等（2013）指出 CDD 在塔里木盆地变化不大，在山区减少相对较为明显。

ensR 集合预估指出 RX1day 同样在未来也普遍增加 [图 3-10（a）]，在 21 世纪中期 RCP4.5 情景下，大部分地区增幅在 10% 以下，个别地区如分区 V 塔里木盆地西部、吐鲁番盆地出现超过 25% 的增幅；21 世纪末期 RCP8.5 情景下增幅更明显，其中分区 V 大部分地区的增幅在 50% 以上 [图 3-10（b）]。具体到 21 世纪中期 RCP4.5 情景下，RX1day 的区域平均增幅为 7%，其中分区 V 最大为 12%；末期 RCP8.5 情景下，区域平均增幅为 29%，在分区 V 达到 41%。注意到虽然各分区的变化率差别较大，但增加值相对比较接近，在末期 RCP8.5 下在 3~6mm（表 3-3 和表 3-4）。

ensR 集合预估的 21 世纪不同时期新疆地区 CDD 的变化 [图 3-10（c）（d）]，主要变化特征为在南疆地区普遍减少，在北疆则出现正负相间的分布，其中分区 V 的塔里木和哈密盆地减少幅度更明显。各分区变化平均值除分区 I 为变化不大外，仍以减少为主，V 区减少最多，在 RCP4.5 情景下中期和 RCP8.5 情景下的末期减少值分别为 9d 和 18d，对应的整个区域平均减少值分别为 5d 和 10d（表 3-3 和表 3-4）。

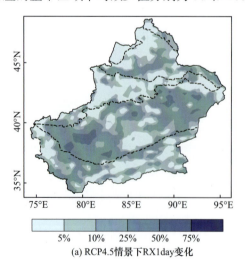
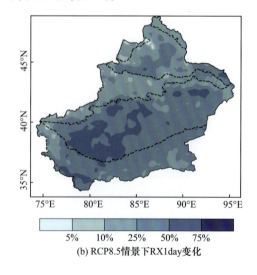

(a) RCP4.5情景下RX1day变化　　　　　　(b) RCP8.5情景下RX1day变化

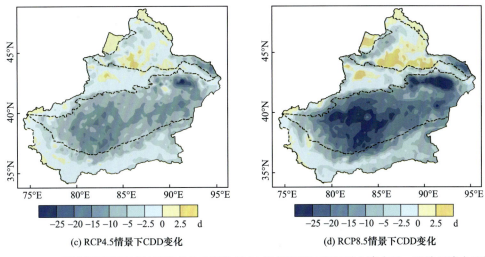

(c) RCP4.5情景下CDD变化   (d) RCP8.5情景下CDD变化

图 3-10   ensR 不同情景下区域气候模式集合预估的 21 世纪新疆地区日最大降水量、连续无降水日数变化（王政琪等，2020）

3.3.3 干旱

干旱是综合了降水、蒸发、土壤湿度和河流径流等变化的过程（Carrão et al.，2018）。降水预估结果表明，随着全球变暖的加剧，新疆地区的降水有所增加，但是全球变暖也可以导致该地区蒸散发增加。因此，新疆地区干旱趋势与降水和蒸散发的相对变化有关。

降水与潜在蒸散发相比的干燥度指数（aridity index，AI）常被用来反映一个地区的干湿程度。5 个 CMIP5 模式的预估结果显示，未来新疆地区的年平均干燥度呈现出西北增加—东南减小的偶极型空间分布 [图 3-11（a）]，说明随着全球变暖加剧，新疆地区西北部干旱程度加剧，而东南部干旱得到缓解；相对于 21 世纪中期，21 世纪末期新疆地区西北部的干旱程度有所加剧 [图 3-11（b）]（Ma et al.，2019）。更多 CMIP5 模式预估结果表明，新疆地区干燥度西北增加—东南减小的偶极分布主要存在于夏半年（图 3-12）（Luo et al.，2018）。

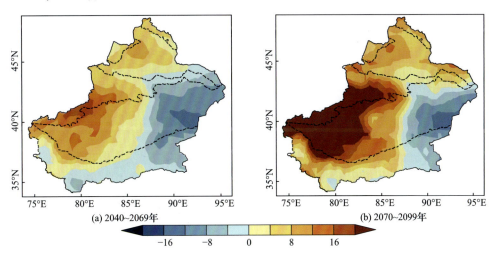

(a) 2040~2069年   (b) 2070~2099年

图 3-11   在 RCP8.5 情景下，2040~2069 年和 2070~2099 年 CMIP5 多全球模式预估的气候态干燥度（AI= 潜在蒸散发 / 降水）变化的空间分布（基于 Ma et al.，2019 改绘）

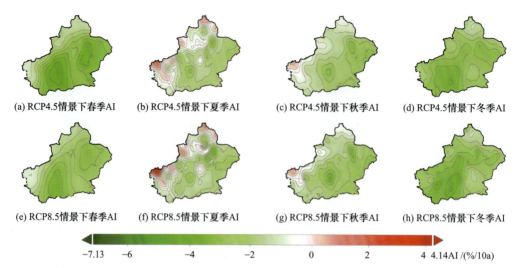

(a) RCP4.5情景下春季AI　(b) RCP4.5情景下夏季AI　(c) RCP4.5情景下秋季AI　(d) RCP4.5情景下冬季AI

(e) RCP8.5情景下春季AI　(f) RCP8.5情景下夏季AI　(g) RCP8.5情景下秋季AI　(h) RCP8.5情景下冬季AI

−7.13　−6　−4　−2　0　2　4 4.14AI /(%/10a)

图 3-12　RCP4.5 情景下和 RCP8.5 情景下，2021~2060 年 CMIP5 多模式预估的春季、夏季、秋季和冬季新疆地区干燥度（AI= 潜在蒸散发 / 降水）变化的空间分布（基于 Luo et al., 2018 改绘）

标准化土壤湿度指数（standardized soil moisture index，SSMI）、标准化降水蒸发指数（standardized precipitation evaporation index，SPEI）和帕尔默干旱指数（palmer drought severity index，PDSI）的预估结果均表明，随着全球变暖加剧，未来新疆地区是中国干旱事件发生频次和强度增加最为明显的地区之一（Wang and Chen，2014；刘珂和姜大膀，2015；Leng et al.，2015；Cao and Gao，2019）。在 RCP4.5 情景下，21 世纪初至 40 年代，新疆地区 PDSI 和 SPEI 的变化相比历史时期并不明显（Wang and Chen，2014；刘珂和姜大膀，2015），但在 21 世纪中期之后新疆地区 SPEI 和 PDSI 均减小，表明新疆地区干旱事件强度增强（Wang and Chen，2014；刘珂和姜大膀，2015）；在 RCP8.5 情景下，21 世纪初至 40 年代，新疆地区 PDSI 的变化同历史时期和 RCP4.5 情景下相比并不明显，但 21 世纪中期之后，PDSI 显著减小，表明在高排放情景下，新疆地区干旱事件的强度明显增强（Wang and Chen，2014）。21 世纪中期至末期，新疆地区干旱事件强度的增强以夏、秋季节最为强烈（Cao and Gao，2019）。

因此，尽管 CMIP5 多模式集合预估表明在全球增暖背景下，新疆地区降水增多，但是伴随气温升高、潜在蒸散发增强（Luo et al.，2018；Su et al.，2018；Ma et al.，2019；Wei et al.，2019；Dong et al.，2020），新疆地区未来干旱事件频率增加、强度增强。

此外参照 Zhao 和 Dai（2015），将径流深低于 10th 百分位值的发生频率（P10th）作为水文干旱的指标，同样将和表层土壤湿度的 P10th 低于 10th 百分位值的发生频率（P10th），作为农业干旱的指标，P10th 的增加 / 减少对应干旱频率的增加 / 降低。ensR 的预估未来在昆仑山西部、天山中部和西部、阿尔泰山和准噶尔以西山地及准噶尔盆地的大部分地区的水文干旱频率增加，但同时整体而言新疆的农业干旱频率有所降低（图 3-13）。

新疆气候变化科学评估报告

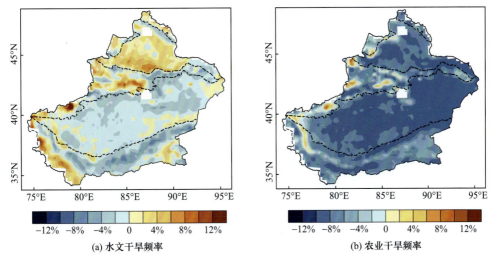

(a) 水文干旱频率   (b) 农业干旱频率

图 3-13 ensR 预估的 21 世纪末期水文和农业干旱频率变化（单位：%）

综上所述，基于降水增加的模式预估结果，新疆地区未来的干燥度有所减少，但这并不能改变干旱区这一基本气候特征。同时上述降水的增加很大程度上是以极端降水增加为主造成的，其对水资源的有效贡献可能还是有限；而对干旱事件频率的分析表明，这一地区干旱事件将呈现增加现象，总体而言新疆未来水资源状况仍然不容乐观。

3.3.4　滑坡、泥石流地质灾害

影响滑坡、泥石流发生的因素可以分为环境因素和触发因素。从环境因素出发，得到新疆滑坡敏感性分布如图 3-14（汪君等，2016；He et al.，2019），这与 Lin 等（2017）和 Stanley 和 Kirschbaum（2017）计算得到的全球滑坡敏感性在此地区的结果较为一致。

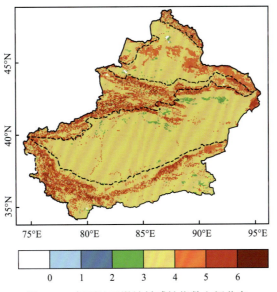

图 3-14　新疆地区滑坡敏感性指数空间分布

大于等于 4 的值表示容易发生滑坡

123

使用 RegCM4 区域模式所预估的 RCP8.5 情景下未来降水数据驱动滑坡泥石流模型，得到 2006~2100 年间滑坡频次空间分布变化（He et al.，2019）。分别将 2031~2050 年和 2081~2100 年的预估结果与历史模拟结果（1981~2000 年）相除，分别得到 RCP8.5 情景下 2031~2050 年和 2081~2100 年滑坡频次变化（图 3-15）。

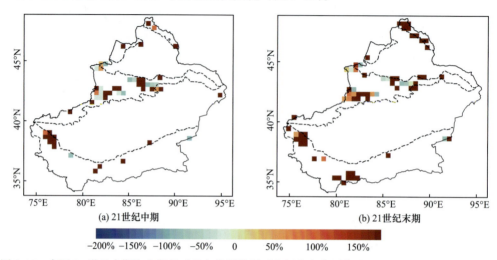

图 3-15　中国 21 世纪中期和末期相对现在的滑坡泥石流频次变化预估（基于 He et al.，2019 改绘）

总体说来，新疆地区在 2031~2050 年和 2081~2100 年相比现在滑坡发生频次都是增加的，主要也是发生在天山山脉及其周边，并且频次有显著增加，增加幅度最高可以达到 200% 以上。而在 2081~2100 年，昆仑山系以及阿尔金山附近滑坡的频次也有显著增加。图 3-16 是整个区域内 2006~2100 年间每年的滑坡次数时间序列，由图中也可见，区域内滑坡频次有显著的逐渐增加趋势，随时间往后，滑坡发生频次越来越高。使用统计降尺度方法给出的降水预估数据，驱动滑坡泥石流预报模型，得到的不同情景下的预估，同样给出滑坡有显著增加的趋势。

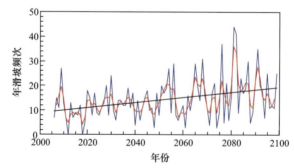

图 3-16　新疆境内 21 世纪逐年滑坡频次预估的时间序列（He et al.，2019）

蓝线为原序列，红线为 3 年滑动平均，黑直线为线性趋势

新疆有大量的冰川，共计 1.86 万余条，总面积超过 2.4 万 km²，占全国冰川面积的 42%，冰储量 2.58 亿 m²，居全国第一。随着全球变暖，冰川剧烈消融，由冰川融水引发

新疆气候变化科学评估报告

的冰川泥石流已成为中巴公路沿线发生最频繁与危害最严重的冰川灾害类型之一。冰川泥石流可分为三类：①冰川（积雪）消融型泥石流；②冰崩雪崩型泥石流；③冰湖溃决型泥石流。南疆地区的冰川灾害（冰川跃动、冰崩等）和冰川次生灾害（突发性冰雪消融洪水、冰川阻塞湖溃决等）为泥石流的发生提供了充足的水动力条件和激发因素。西昆仑山、喀喇昆仑山、帕米尔高原地区，近30年来包括冰川泥石流在内的冰川灾害发生的频次和强度呈显著增加趋势，其很大程度上是由于气候变暖导致冰川融水剧增缘故。

气候变暖影响下，喀喇昆仑山地区有12%的山谷冰川成为跃动冰川；洪扎河谷及附近地区成为中巴公路沿线冰湖分布最为集中、危害最严重的地区；喀喇昆仑山叶尔羌河流域冰湖溃决洪水发生频率越来越高，由60年一遇到30年一遇，再到10年一遇，现在已发展至几年一遇。观测和研究表明，南疆喀什和克州地区四条主要的河流（阿克苏河、喀什噶尔河、叶尔羌河和和田河）上游冰川的消融尚未达到鼎盛阶段，冰川融水量仍然处在增加的过程，产生冰川泥石流等灾害风险仍在加大。

3.3.5　沙尘暴

新疆是中国和世界上沙尘暴发生频率较高的地区。预估未来在A1B情景下，新疆多数地区的年起沙量将减少，但各季节的增减变化有所差异，主要沙源中心——塔克拉玛干沙漠处的起沙量在沙尘暴常发季节都将减少。两种未来预估试验都显示未来春季起沙量会减少，这可能与冷空气爆发减少、风速减弱有关（Tsunematsu et al.，2011；Zhang et al.，2016）。从沙尘事件来看，新疆范围内10月至翌年3月的不同强度沙尘事件都将增加，而4月之后的事件将减少，意味着沙尘暴活跃期将提前（图3-17）。

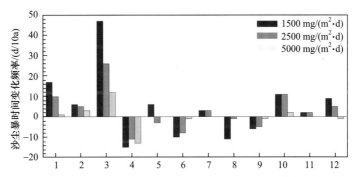

图 3-17　RegCM3区域模式基于不同地表起沙量阈值计算的新疆沙尘暴事件未来变化预估（基于 Zhang et al.，2016 改绘）

根据RegCM3区域模式在A1B情景下的预估，到21世纪末期，地表起沙量、柱含量的空间分布与基准期基本一致，大值中心依然位于塔克拉玛干沙漠。虽然东亚平均的地表起沙量将增加，但新疆范围内的起沙量大都减少，最大减幅位于塔克拉玛干沙漠，减幅超过500mg/（m²·d）[图3-18（a）]。柱含量未来变化的空间分布与起沙量不同，受对流层中下层（850~500 hPa）年平均风速增加的影响，新疆范围内的柱含量大都增加，这与东亚平均变化相一致；塔克拉玛干处的最大增幅可超过250mg/m²[图3-18（b）]。对于沙尘暴常发季节，12月到第二年3月的未来变化与4~5月的有所不同。在12月至次年

3月，除塔克拉玛干的部分地区外，新疆多数地区的起沙量增加；柱含量在新疆几乎所有地区增加。而在 4~5 月，新疆多数地区的起沙量减少，部分山区的起沙量增加；柱含量变化的空间分布与起沙量类似（Zhang et al.，2016）。

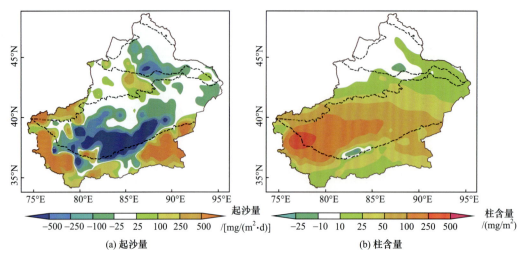

图 3-18　A1B 情景下 RegCM3 区域气候模式预估的 2091~2100 年新疆地区年平均起沙量和柱含量的变化（相对于 1991~2000 年）（基于 Zhang et al.，2016 改绘）

3.4　不同升温情景下各气候要素的变化

3.4.1　平均气候

基于 RCP8.5 高排放情景下多个区域模式的预估结果，进行了新疆地区不同升温阈值下（1.5℃、2.0℃、3.0℃和 4.0℃）的预估分析。其中，1.5~4.0℃的升温定义为全球平均地表温度（基于 4 个全球模式驱动场的集合平均值）相对于工业化时期达到 1.5~4.0℃的时间，为避免由年际变化造成的不确定性，选取前后 5 年，共 11 年作为分析时段，上述各阈值在 RCP8.5 情景下对应的时段，大致为 2020~2030 年，2034~2044 年，2055~2065年和 2075~2085 年。

图 3-19 首先给出了不同升温阈值下，多个区域模式集合平均的新疆地区年平均气温变化分布。可以看到，新疆地区年平均气温在不同升温阈值下均表现出明显的增温趋势。1.5℃阈值下，新疆地区的平均气温升高值为 0.8~1.4℃，准噶尔盆地及吐鲁番盆地附近升温值最大；2.0℃阈值下，气温的升高值为 1.4~1.5℃，升温大值区位于塔里木盆地、吐鲁番盆地及准噶尔盆地附近，达 1.7℃以上；3.0~4.0℃阈值下，平均气温的增加更加显著，整个区域内升高值分别为 2.6~3.5℃和 4.1℃以上，并且与 1.5~2.0℃类似，升温大值区均出现在盆地附近。1.5℃~4.0℃升温阈值下，新疆区域平均气温分别上升 1.1℃、1.7℃、3.1℃和 4.8℃，增温的幅度随着升温阈值的增大而增大。

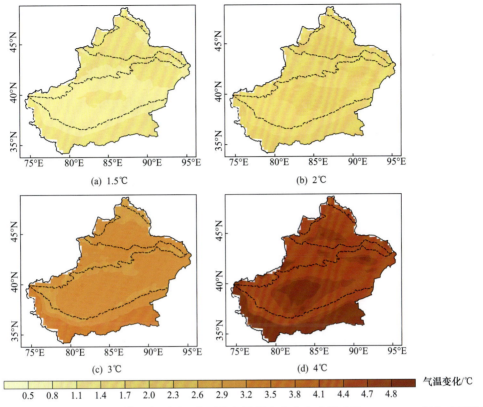

图 3-19 1.5℃~4.0℃升温阈值下新疆地区年平均气温的变化分布（相对于 1986~2005 年）（基于 Wu et al.，2020 改绘）

由图 3-20 给出的不同升温阈值下年平均降水的变化分布可以看到，新疆地区年平均降水除在 1.5℃升温阈值下有部分地区出现减少外（减少幅度在 10% 以内），其他阈值下整个区域均表现出明显增加的趋势。1.5~2.0℃升温阈值下，降水的变化值基本在 0~20% 之间，降水增加的大值区主要位于塔里木盆地附近。未来随着升温阈值的加大，平均降水的变化幅度也将增大，3.0~4.0℃升温阈值下，区域内平均降水增加值分别为 10%~40% 和 20%~60%，同样降水增加的大值中心位于盆地附近，山区的增加则相对较小。1.5~4.0℃升温阈值下，新疆区域平均降水分别增加 4%、8%、23% 和 36%。

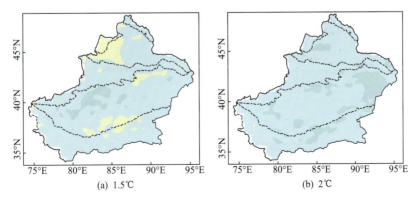

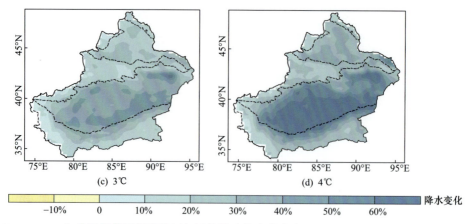

（c）3℃　　　　　　　　　　　　　　　（d）4℃

降水变化

−10%　0　10%　20%　30%　40%　50%　60%

图 3-20　1.5~4.0℃升温阈值下新疆地区年平均降水的变化分布（相对于 1986~2005 年）（基于 Wu et al.，2020 改绘）

3.4.2　极端事件

使用 RCP8.5 情景下 4 组区域模式预估的日最高、最低气温和日降水量来计算 8 个 ETCCDI 指数，其中包括 4 个极端温度指数（TXx、TNx、SU 和 ID）及 4 个极端降水指数（R1mm、RX5day、CDD 和 SDII）。

图 3-21 给出不同升温阈值下 4 个极端温度指数的变化分布，可以看到，TXx 及 TNn 在不同升温阈值下均表现出显著的增温趋势，并且增温的幅度随着升温阈值的增大而增大。1.5~4.0℃升温阈值下，新疆地区平均 TXx 分别上升 0.9℃、1.5℃、2.8℃和 4.2℃。TNn 的增幅比 TXx 更显著，区域平均 TNn 分别上升 1.4℃、2.0℃、3.8℃和 5.8℃。未来不同升温阈值下，新疆地区 SU 也将明显增多，并且随着升温阈值的增大，SU 的增幅也将增大，区域平均分别增加 9.7d、13.4d、22.0d 和 34.6d。注意到，TXx、TNn 及 SU 在盆地附近的增幅更大，如塔里木盆地和准噶尔盆地，而天山等高山区增幅相对较小。此外，不同阈值下的预估结果显示，新疆地区未来 ID 将明显减少，减幅最大的区域位于天山等地。同样，未来 ID 减少的幅度随着升温阈值的增大而增大。1.5~4.0℃升温阈值下，新疆区域平均 ID 分别减少 9.0d、13.5d、24.5d 和 35.2d。

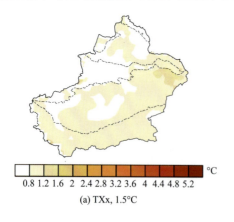

℃

0.8 1.2 1.6 2 2.4 2.8 3.2 3.6 4 4.4 4.8 5.2

（a）TXx，1.5℃

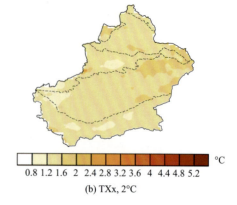

℃

0.8 1.2 1.6 2 2.4 2.8 3.2 3.6 4 4.4 4.8 5.2

（b）TXx，2℃

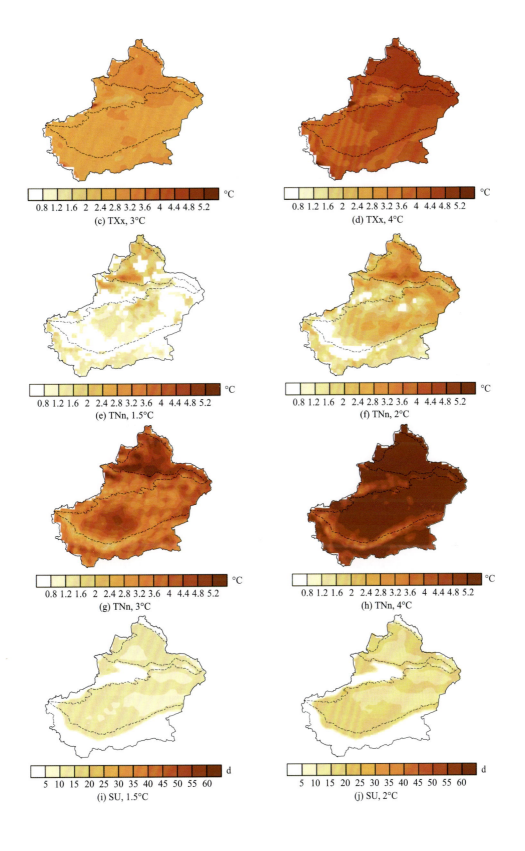

(c) TXx, 3°C

(d) TXx, 4°C

(e) TNn, 1.5°C

(f) TNn, 2°C

(g) TNn, 3°C

(h) TNn, 4°C

(i) SU, 1.5°C

(j) SU, 2°C

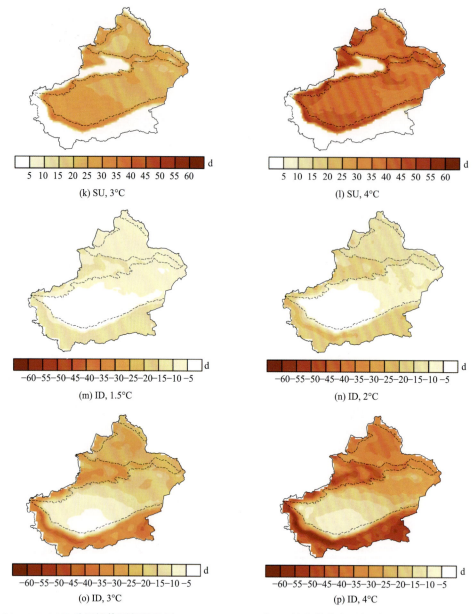

(k) SU, 3℃   (l) SU, 4℃

(m) ID, 1.5℃   (n) ID, 2℃

(o) ID, 3℃   (p) ID, 4℃

图 3-21　1.5~4.0℃升温阈值下新疆地区 TXx、TNn、SU 和 ID 的变化分布（相对于 1986~2005 年）（基于 Wu et al.，2020 改绘）

图 3-22 为不同升温阈值下 4 个极端降水指数的变化分布。R1mm 除在 1.5℃升温阈值下的部分地区出现减少外，其他阈值下整个地区均表现出明显增加的趋势。1.5℃升温阈值下，R1mm 减少的区域位于新疆北部，减少幅度在 0~5%之间，其他区域以增加为主。2.0~4.0℃阈值下则整个区域均表现为增加。1.5~4.0℃升温阈值下，新疆区域平均 R1mm 分别增加 1.5%、5.0%、17.4%和 25.0%。此外，1.5~2.0℃升温阈值下，新疆地区 RX5day 也出现小部分减少区域，主要分布在塔里木盆地附近，其他区域均为增

130

新疆气候变化科学评估报告

加。3.0~4.0℃升温阈值下，整个区域均表现为明显增加。未来不同升温阈值下，区域平均的 RX5day 分别增加 1.0%、5.7%、18.7% 和 30.4%。CDD 则在新疆北部地区表现为增加，其他地区明显减少，减少幅度最大的区域位于塔里盆地附近。不同升温阈值下，区域平均 CDD 将分别减少 1.6%、5.4%、13.2% 和 16.1%。SDII 在 1.5~2.0℃升温阈值下有小部分减少区域，位于塔里木盆地，可能与 RX5day 在该地区的减少有关。其他阈值下，整个区域的 SDII 均将增加。区域平均 SDII 在不同阈值下均表现为增加，增加值分别为 0.1%、3.6%、8.8% 和 15.6%。注意到，未来随着升温阈值的加大，极端降水的变化幅度也将增大。

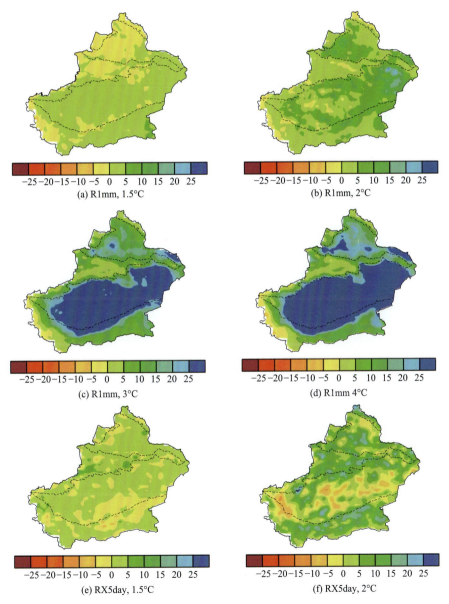

(a) R1mm, 1.5°C

(b) R1mm, 2°C

(c) R1mm, 3°C

(d) R1mm 4°C

(e) RX5day, 1.5°C

(f) RX5day, 2°C

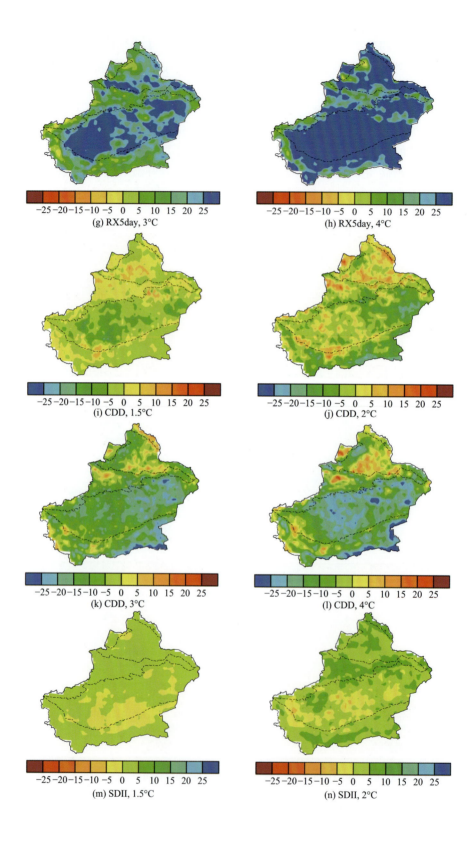

(g) RX5day, 3°C

(h) RX5day, 4°C

(i) CDD, 1.5°C

(j) CDD, 2°C

(k) CDD, 3°C

(l) CDD, 4°C

(m) SDII, 1.5°C

(n) SDII, 2°C

新疆气候变化科学评估报告

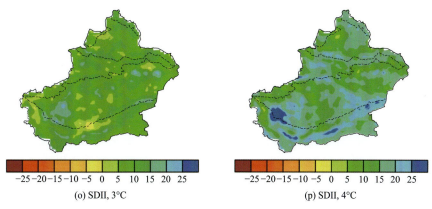

(o) SDII, 3℃   (p) SDII, 4℃

图 3-22　1.5~4.0℃升温阈值下新疆地区 R1mm、RX5day、CDD 和 SDII 的变化分布（单位：%，相对于
1986~2005 年）（基于 Wu et al.，2020 改绘）

　　全球升温 1.5℃时，新疆地区持续干期减少，降幅最大位于南疆地区（Yang et al.，
2018）；全球升温 2.0℃时，虽然新疆地区持续干期减少的空间分布与升温 1.5℃下类似，
但减少幅度增加约 20%(Yang et al.，2018）。相比较历史时期，全球升温 1.5℃和 2.0℃时，
几乎整个新疆地区 SPEI 显著减小，干旱事件强度增强（图 3-23）；而且 2.0℃较 1.5℃额
外的 0.5℃升温会导致新疆地区干旱事件的强度增幅翻倍（Su et al.，2018）。

　　此外，伴随全球增暖，新疆地区高山积雪、冰川融化，地表径流增加，土壤储水量
增多。额外考虑了土壤有效储水量的 PDSI 预估结果表明，全球升温 2.0℃，新疆南部地
区干旱事件的强度有所减弱（Liu et al.，2018；Su et al.，2018）。如果全球增暖持续，新
疆地区高山积雪、冰川容量大幅减少，它们对地表径流和土壤储水量的补充也持续减弱，
PDSI 和 SPEI 结果的一致性会逐渐提高。

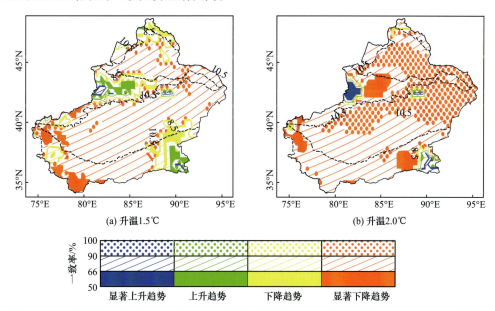

(a) 升温1.5℃   (b) 升温2.0℃

图 3-23　全球升温 1.5℃和 2.0℃时 CMIP5 多模式预估的 SPEI 变化（基于 Su et al.，2018 改绘）

3.5 冰冻圈变化

3.5.1 冰川

冰川变化包括冰川物质（冰量）的变化和冰川几何形态（面积、长度、厚度等）的变化。预测冰川几何形态的未来变化是一个国际难点，国际上有限的研究主要集中在欧洲阿尔卑斯山的冰川。近年来一些工作利用冰川物质平衡模型对冰川冰量变化展开预估，例如，针对 2.0℃升温阈值下的全球尺度的冰量变化研究（Shannon et al.，2019）和针对 1.5℃升温阈值下的亚洲高山区冰川冰量的变化研究（Kraaijenbrink et al.，2017；Cogley，2017）等。对亚洲高山区冰川的研究表明，在 RCP4.5、RCP6.0 和 RCP8.5 情景下，冰川冰量到 21 世纪末分别损失（49 ± 7）%、（51 ± 6）% 和（64 ± 5）%。然而，国外针对新疆地区冰川的预估研究很少。

中国科学院天山冰川站基于多年研究积累与国际合作，研发了用于山地冰川变化模拟预测的 TGS（Tianshan Glaciological Station）冰川模型（李忠勤等，2019）。TGS 模型中的物质平衡模型使用的是简化型能量平衡模型，由全球或区域模式提供气温和降水等基本气候要素。该模型是全分量能量平衡模型衍生的一个实用性简化方案，在实际中我们常利用模式结果的敏感性分析进行研究，通过定量与定性相结合的方法，对区域冰川未来变化进行阐述。其原理是通过改变模式的各种输入参数量值和比较各种模拟结果，遴选出对变化的敏感参数，通过对这些冰川参数的比较分析，以确定冰川未来变化整体趋势。

1. 新疆参照冰川未来变化预估

通过 TGS 模型对冰川未来的变化进行预估需要齐备的观测资料，目前在新疆仅有个别冰川得到了研究结果（李忠勤，2011；李忠勤等，2019），以下分别予以简要介绍。

1）乌源 1 号冰川

图 3-24 显示 RCP4.5 情景下乌源 1 号冰川未来面积、体积和长度变化预测结果。

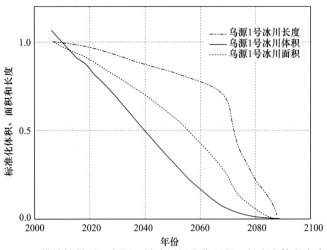

图 3-24　RCP4.5 排放情景下，乌源 1 号冰川标准化面积、长度和体积未来变化过程

从图3-24中看出，冰川的面积、长度和体积均在2090年左右降为零，表示届时冰川消融殆尽。三个参数的变化过程显著不同。而不同气候情景下（图3-25），最初几十年间，冰川体积、面积与长度的减小速率基本相同，受升温情景差异的影响较弱。随着时间推移，不同情景中各种参数的减小速率出现差异。升温速率较高的情景下，各种参数的减小速率明显较高。在升温速率最高的DXG2大西沟升温情景DXG2下，冰川消亡需要时间最短（约50年）。其他升温情景下，冰川的消亡时间接近，为80年以上。在RCP4.5、RCP6.0和RCP8.5排放情景下，冰川径流将会稳定至2050年之后快速下降；而在急速升温的DXG2下，融水径流出现上升趋势，并在2030年出现拐点后迅速下降。

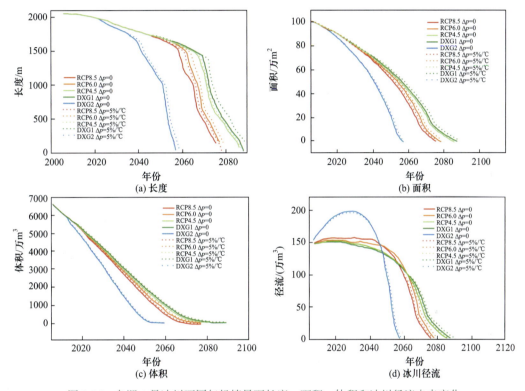

图3-25　乌源1号冰川不同气候情景下长度、面积、体积和冰川径流未来变化

研究结果还表明，即便气候条件维持现状不再发生变化，冰川现存规模仍然不适应当前的气候状况，将继续退缩，直至达到平衡，届时冰川较目前的规模小得多。这一结论适合大多数山地冰川。

2）托木尔青冰滩72号冰川

图3-26显示RCP4.5情景下，72号冰川标准化面积、体积和长度未来变化过程预测结果。从中看出，该冰川在2100年仍然存在，各种形态参数中缩减幅度最大的是体积，其次是面积和长度，分别为现有量值的约26%、54%和60%。

以不同气候变化情景（气候条件保持不变、RCP2.6和RCP8.0）为驱动的预估结果显示，72号冰川在不同升温情景下变化过程十分相似，即体积、面积和长度在前期均迅速减少，后期较稳定；在2040年之前，冰川的主要变化方式为"冰舌的退缩"，造成冰川体积、面积和长度的急剧减小。在 2040 年之后，冰舌下部消融殆尽，届时，冰川受顶部大量降雪补给，处于变化率较小，且不会轻易消失的状态。

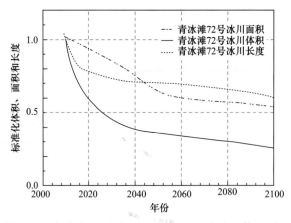

图 3-26　RCP4.5 情景下，青冰滩 72 号冰川标准化面积、长度和体积到 20 世纪末变化过程

3）哈密庙尔沟冰帽

到 21 世纪末，冰川尽管变得很小，但仍有保留，面积、体积和长度分别为 2010 年的约 16%，13% 和 35%（图 3-27）。其中面积和体积的变化趋势十分相似，在 2060 年之前减小十分迅速，之后到 2080 年有所减缓，2080 年之后则更为缓慢，这期间体积的变化较面积要快。

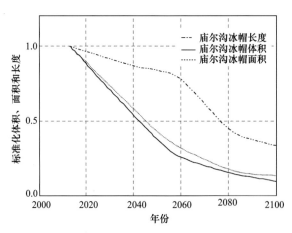

图 3-27　RCP4.5 情景下，庙尔沟冰帽标准化面积、长度和体积到 21 世纪末的变化过程

2. 新疆不同地区冰川未来变化预估

根据已有研究成果（李忠勤等，2010，2019），以下对新疆阿尔泰山和天山地区冰川未来变化特征进行总结和阐述。

1）中国阿尔泰山地区

根据第二次中国冰川编目，中国境内的阿尔泰山目前发育冰川 273 条，冰川面积为

178.8 km²，单条冰川平均面积为 0.7km²，低于中国冰川平均面积（1.1 km²）。第一次和第二次中国冰川编目资料的对比研究表明，1960~2009 年，中国阿尔泰山冰川面积减少约104.6 km²，减少率为 37%，条数减少 116 条（30%）。阿尔泰山地区缺乏具有长时间监测序列的冰川。

根据乌源 1 号冰川预测结果，对中国境内阿尔泰山现有冰川进行敏感性分析，结果显示在 RCP4.5 排放情景下，有 256 条冰川很可能比乌源 1 号冰川变化、消失得快，分别占阿尔泰山冰川现有条数和面积的 92% 和 44%。这些可能消失的冰川无论从数量还是面积上看，集中分布在布尔津河、哈巴河、喀拉额尔齐斯河和拉斯特河流域，其中布尔津河消失的冰川数目和面积最大。2090 年之后，剩余的 24 条冰川基本上分布在布尔津河流域，其他地区的高山之巅零星分布着数条冰川。这些可能消失的冰川具有面积较乌源 1号冰川小，顶端海拔较乌源 1 号冰川低等特点，在阿尔泰山的分布如图 3-28 所示。事实上，由于阿尔泰山地区冰川海拔高度低，与天山冰川相比，对气候变化更为敏感，消失也更快，在此得出的到 2090 年阿尔泰山地区有 256 条冰川消失的结论很可能是消失冰川数量的下限，实际消失的冰川将会更多。

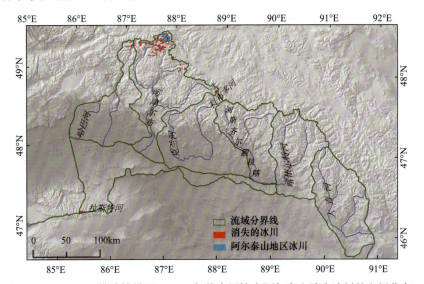

图 3-28　RCP4.5 排放情景下，2090 年前中国境内阿尔泰山消失冰川的空间分布

布尔津河流域现有冰川 236 条，冰川总面积为 165.8km²，根据模式敏感性试验，在RCP4.5 排放情景下，到 2090 年，数量上有 92% 的冰川会消失殆尽，消失的冰川多为小冰川，面积占目前面积的 40%。该区其他流域，如哈巴河、喀拉额尔齐斯河、喀依尔特河、科布多河等，冰川发育较少，单条冰川面积也小，到本世纪末大都消失殆尽。萨吾尔山中国境内的拉斯特河流域，共有冰川 11 条，总面积 8.5km²，到 2090 年该地区冰川仅剩下木斯岛冰川，属于资源性缺水地区。

2）中国天山地区

根据第二次中国冰川编目资料，中国境内天山地区目前有冰川 8017 条，面积7179.8 km²。李忠勤等（2010）利用高分辨率遥感影像（SPOT-5）与地形图对比等方法，系统研究了中国天山境内 1543 条冰川的变化特征，结果显示在过去 40 年间，冰川总面积缩小了 11%，平均每条冰川缩小 0.2 km²，末端退缩速率为 5.3 m/a。冰川在不同区域的缩减比率为 9%~34%，单条冰川的平均缩小量为 0.1~0.4 km²，末端平均后退量为 3.5~7.0 m/a。

根据 RCP4.5 排放情景下乌源 1 号冰川的动力学模式模拟预测结果，对中国境内天山现有冰川进行敏感性分析试验，结果显示本区共有 5870 条冰川很可能比 1 号冰川变化、消失得快，分别占冰川总条数和总面积的 73% 和 21%。这些冰川从数量和面积上看，主要集中在伊犁河、吐哈盆地以及准噶尔三个流域，塔里木河流域数目最少，所占的面积比例也最小。至 2090 年前后，剩余的 2147 条冰川有一半以上分布在塔里木河流域（57%），仅有 59 条残存于吐哈盆地的高山之巅，而剩余在准噶尔流域冰川有 76% 集中在玛纳斯河流域，博格达北坡的冰川几乎消失殆尽，仅剩 11 条。伊犁河流域的剩余冰川主要存在于特克斯河上游（56%），库克苏河和喀什河流域也有极少量的冰川存在。此类冰川面积小于 1 号冰川，顶端海拔低于 1 号冰川，在天山和各水系的分布如图 3-29 和表 3-5 所示。

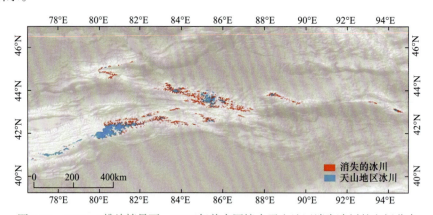

图 3-29　RCP4.5 排放情景下，2090 年前中国境内天山地区消失冰川的空间分布

表 3-5　RCP4.5 排放情景下，2090 年前中国境内天山地区消失的冰川在不同水系中的情况

流域	总条数 / 条	总面积 /km²	消失的条数 / 条	消失的条数比例 /%	消失冰川的面积 /km²
伊犁河	2121	1554.4	1879	88	519.8
塔里木河	2424	3806.3	1208	50	325.5
天山北麓诸河	3090	1736.7	2464	80	612.6
东疆盆地水系	378	178.2	319	84	84.5
合计	8013	7275.6	5870	73	1542.5

由于天山各水系中的冰川分布和融水径流所占比例不同，冰川变化引发的水资源变化亦不相同，以下根据冰川特征及其对水资源的重要性，针对塔里木河流域、伊犁河流域、天山北麓诸河和东疆盆地四个经济地理单元水系的冰川，分别进行研究论述。

3）塔里木河流域

Huss 和 Hock（2018）对全球冰川面积及其径流变化做了预估，其中包括新疆的塔里木河大流域，其冰川面积接近 2.5 万 km²。预估结果显示：未来不同温升情景下（RCP2.6、RCP4.5 和 RCP8.5）该流域冰川面积都将持续退缩（图 3-30），三种情景下的冰川退缩在 2030 年之前相差不大，但之后差别越来越大。具体地，在 2040 年之前，三种情景下冰川面积都维持在 2 万 km²。到 21 世纪末 RCP2.6 情景下的冰川面积将减少到约 1.2 万 km²，RCP8.5 情景下将可能减少到 0.5 万 km² 以下，仅是当前冰川面积的五分之一，RCP4.5 下该区域冰川面积约为 0.8 万 km²，介于以上两者中间。

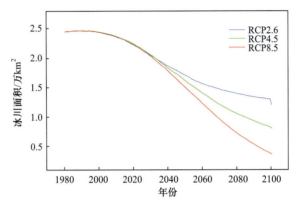

图 3-30　塔里木河流域冰川面积变化未来预估（数据源于 Huss and Hock，2018）

4）伊犁河流域

流域内共发育有冰川 2121 条，面积 1554.2 km²（平均面积 0.7 km²），冰储量 113.7 km³，与天山其他地区冰川相比，属中等规模，对气候变化亦较为敏感。丰沛的降水与高山冰雪融水形成了巩乃斯河、喀什河、特克斯河及其支流库克苏河等河流。估算的河流径流量约为 193 亿 m³，其中冰川融水径流量约为 37.1 亿 m³，冰川融水补给率为 19%。研究表明该区冰川退缩处于天山各区域的中等水平，冰川对径流的贡献和影响不容忽略。气候变暖背景下，近 50 年该区域冰川面积减小了 485 km²，单条冰川的平均面积由 0.9 km² 缩减至 0.7 km²，有 331 条冰川完全消失，18 条冰川分离成较小的冰川。

根据 RCP4.5 排放情景下乌源 1 号冰川的预测结果，对伊犁河流域冰川进行的敏感性分析试验结果表明，在 2090 年前，流域可能有 88% 的冰川将消失。

5）天山北麓诸河

天山北麓诸河属准噶尔盆地水系，区内共发育冰川 3090 条，面积 1736.7 km²，分布在博格达山北坡，天格尔山以及依连哈比尔尕山北坡，成为大小近百条河流的源头。这些河流是包括省府乌鲁木齐市和诸多北疆重镇在内的天山北坡经济带的主要水源。估算该区冰川融水年径流量约为 16.9 亿 m³，占河川径流总量的 14%。天山北麓河流按其冰川的融水量可分两类，一类是以小于 1 km² 的小冰川为主，个别冰川面积达到 2~5 km²，冰川融水占径流量 7%~20% 的河流，包括博格达山北坡河流、乌鲁木齐河、头屯河、三屯河、塔西河、精河等；另一类系玛纳斯河、霍尔果斯河、安集海河等，流域中发育了许多 5 km² 以上的大冰川，冰川融水占到径流量的 35%~53%。由气候变化引发的冰川变化对这两类河流的影响在未来有明显差异，需要分别加以分析研究。

利用 RCP4.5 排放情景下乌源 1 号冰川的预测结果进行的敏感性试验表明，天山北麓诸河流域中80%的冰川将于2090年之前消失殆尽，消失的冰川面积和储量分别占现有冰川面积和储量的35%和18%，届时小于2 km²的冰川趋于消失，大于5 km²的冰川仍处在强烈消融之中。

6）东疆盆地水系

东疆吐鲁番－哈密盆地属资源性缺水地区。该区地处新疆东部极端干旱区，四周为低山荒漠戈壁，降水稀少，水资源供需矛盾突出。流域内共发育冰川378条，面积178.2 km²，冰储量8.6 km³。冰川以数量少、规模小为特点，其中，90.2%的冰川面积不足1.0 km²，处在不断消亡的过程中。基于乌源1号冰川预测的敏感性试验表明，在RCP4.5排放情景下，在未来50~90年内，东疆盆地水系流域中有大约84%的冰川趋于消失。但是那些大于2km²的冰川（如庙尔沟冰帽），由于海拔高，冰川温度低，变化缓慢，仍将稳定相当长的一段时间，这些冰川对于维系本区目前水系至关重要，亟待强化观测并深入研究其变化。东疆盆地水系的冰川整体将处在加速消融趋势中，未来本区域水资源极端匮乏，供需矛盾将日趋激烈。

3.5.2 积雪

在全球变暖背景下，新疆地区积雪变化情况与北半球积雪变化类似（IPCC，2013），未来新疆地区年平均积雪日数和积雪量将减少，且随着时间的推移，减少值逐渐增大，到21世纪末期最大减少值分别在75d和10mm水当量以上。从空间分布来看，减少较为明显的区域为山区，这也是当代分布的大值区，盆地减少值相对较小（图略）（石英等，2010；Shi et al.，2011）。

将模式所模拟积雪开始的时间定义为每年首次出现积雪量大于1 mm水当量的日期，积雪结束时间定义为当年积雪量小于1 mm水当量的日期，且结束时间在最后一次满足积雪开始时间之后。分析结果表明，21世纪中期，整个新疆地区除塔里木盆地部分地区外积雪开始时间将推迟，结束时间将提前；21世纪末期，积雪开始时间除个别地区外都将推迟，结束时间则在塔里木盆地西部将推后，其他大部分地区将提前。未来塔里木盆地积雪结束时间推后主要是由于其积雪开始时间推后，整个新疆地区的积雪期都是缩短的（图略）（石英等，2010；Shi et al.，2011）。

ensR集合预估的21世纪不同时期新疆积雪变化（图3-31），在21世纪不同时期新疆地区积雪变化分布略有差异，在中期RCP4.5情景下，北部的阿尔泰山和昆仑山南部的积雪将有一定增加（5%左右），但模式间的一致性较差（图中未给出），天山西部则减少25%左右，整个分区II的变化为减少10%（表3-3）。塔里木和准噶尔盆地等干旱地区由于基数较小，相对变化幅度更为明显。新疆地区平均积雪变幅为−3%（−0.5mm，雪水当量，下同）。

至21世纪末期RCP8.5情景下的变化幅度明显增大。其中塔里木盆地增加明显，其西部增加率达到一倍以上，除此之外的其他地区积雪将大范围减少。减少值在准噶尔盆地中部最大，在50%以上；以阿尔泰山和塔尔巴哈台山为主的分区I由中期RCP4.5的增加转为减少，区域平均减少值为9%（7mm）；以天山为主的分区II减少27%（10mm）；包括塔里木盆地在内的分区V，区域平均变化值也为一个负值（−5%）；整个新疆地区的

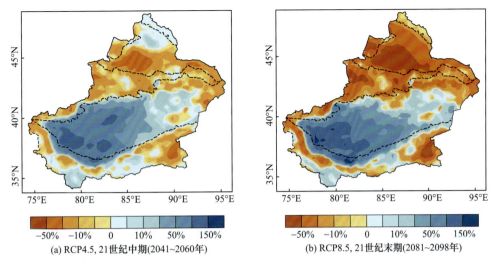

(a) RCP4.5, 21世纪中期(2041~2060年)   (b) RCP8.5, 21世纪末期(2081~2098年)

图3-31　ensR不同情景下区域气候模式集合预估的21世纪新疆地区积雪变化（相对于1986~2005年）（王政琪等，2020）

积雪变化为减少13%（−2mm）（表3-4）。

3.5.3 冻土

多CMIP5全球模式大气数据驱动下，冻结指数模型（Nelson and Outcalt，1987）的预估显示（图3-32），在RCP2.6情景下，到21世纪末，新疆地区的近地表多年冻土范围虽然减少，但大多数仍然保留。随着RCP情景的增大，近地表多年冻土逐渐显著减少。在RCP4.5和RCP6.0情景下，新疆南部的近地表多年冻土明显向南撤退，天山近地表多年冻土显著减少，但仍有部分保留。在RCP8.5情景下，仅新疆东南部的少量近地表多年冻土得以保留。需要注意的是，这里的研究对象是近地表多年冻土，在这些近地表多年冻土退化的地方，其深层多年冻土很可能仍然存在。此外，这里使用的多年冻土模式只考虑了气候（气温和积雪）对多年冻土变化的影响，其他如植被、土壤水热属性、土壤有机质等对多年冻土的影响并未考虑，这可能在一定程度上引起了研究结果的不确定性。

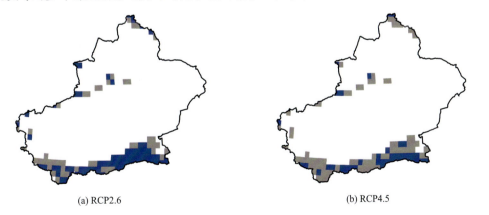

(a) RCP2.6   (b) RCP4.5

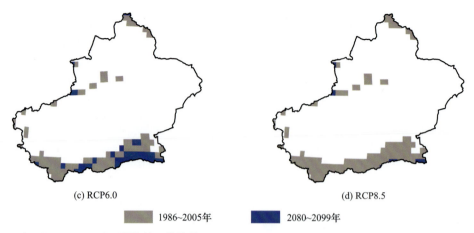

(c) RCP6.0   (d) RCP8.5

▨ 1986~2005年   ■ 2080~2099年

图 3-32　相对 1986~2005 年，预估的四种情景 RCP2.6、RCP4.5、RCP6.0 和 RCP8.5 下 21 世纪末（2080~2099年）新疆地区的近地表多年冻土变化

左上角标注的是 RCP 情景和所用模式的个数。灰色为模拟的当前（1986~2005 年）的近地表多年冻土分布，蓝色为预估的 21 世纪末（2080~2099 年）的近地表多年冻土分布。图中的多年冻土只包括连续（continuous）和不连续（discontinuous）多年冻土，不包括零星（sporadic）和孤立（isolated）多年冻土（根据 Guo and Wang，2016 改绘）

3.6　水圈和生态系统的变化

3.6.1　水圈

全球变暖背景下未来气温和降水的变化将对水循环和水资源带来显著影响。预估在 IPCC SRES A2 情景下，新疆地区 21 世纪末期径流变化表现为微弱增加，变化值在 0~50mm 之间；在 B2 情景下，径流则为减少的，减少值在 -100~-50mm 之间；如果考虑气候变化和人口增加的双重影响，未来新疆地区水资源短缺的风险将加大（Wang and Zhang，2011）。

基于区域模式 PRECIS 的预估，采用 VIC 模型分析 IPCC SRES A1B、A2、B2 三种气候情景下 2021~2050 年较基准期（1961~1990 年）年径流量及汛期径流量变化的结果表明，西北地区西北诸河年径流量都将增加，A2、B2、A1B 情景下分别增加 0.2%、2.4% 和 2.6%；汛期径流量在 A2 情景下则表现为减少，减少值为 -0.9%，其他情景下则都是增加的，增加最大值为 B2 情景下的 2.4%。从空间分布上来看，新疆地区年径流量和汛期径流量在 A1B 情景下大部分地区都表现为增加，塔里木盆地是增加的大值区，数值在 20% 以上；A2 情景下，年径流量和汛期净流量在新疆东部大部分地区表现为增加，增加值在 20% 以上，西部地区则大都是减少的，最大减少值在 -20% 以上；与 A2 情景相比，B2 情景下，新疆地区年径流量和汛期径流量减少的区域进一步扩大，最大减少值在 -20% 以上（Wang et al.，2012）。

ensR 预估中，在 RCP8.5 情景下的 21 世纪末期（韩振宇等，2022），伴随降水增多，未来年径流深（地表产流量与次地表产流量之和）将普遍增加 [图 3-33（a）]，以山区

增加值最大，在 100~200mm 之间，盆地增加值则较小，大部分地区小于 10mm，且部分地区有不足 10mm 的减少。不同分区增幅差异明显，增幅最大的分区Ⅲ达到 162mm，增幅最小的分区Ⅴ仅为 3mm，整个新疆区域平均的增加值为 66mm（表 3-4）。次地表径流未来变化的空间分布和量值都与年径流变化的类似，差异仅在盆地区域的径流减少面积相对较大，但减少量也不足 10mm[图 3-33（b）]。地表径流增幅的大值区也分布在山区，但增幅多不超过 50mm[图 3-33（c）]。季节分配的总体特征和径流最大月份在未来基本维持不变。径流最大月份之前的冬春季，径流分配比例增加，最大增加量为 3%；而在径流最大月份及随后其他月份，分配比例减少约 1%[图 3-33（d）]。这意味着径流分配在一定程度的向冬春季提前，可能与未来气温升高导致融雪期变化有关（陈仁升等，2019）。

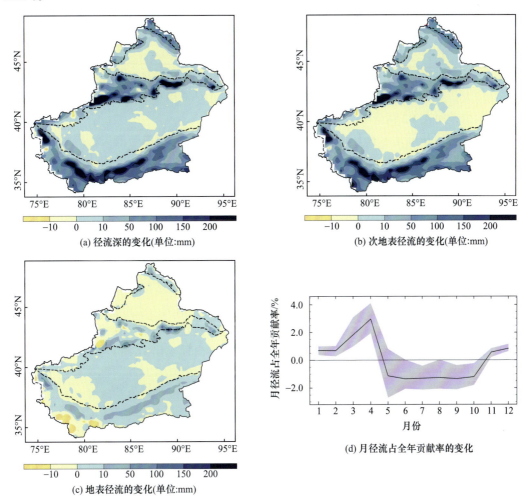

图 3-33　ensR 预估的 RCP8.5 情景下新疆 21 世纪末径流变化

选取能够反映中国西部寒区流域未来气温和降水变化平均状况，且能较好地模拟历史气象要素的气候模式，对其输出的未来气候情景数据进行统计降尺度后，驱动 VIC-

CAS 或 CBHM 模型预估我国西部典型寒区流域未来径流的可能变化，结果发现，尽管天山山区降水均呈现增加趋势，但由于流域冰川径流的贡献率差异及变化，天山南北坡 4 条河流的径流量变化趋势有所不同，在 RCP2.6 和 RCP4.5 两个情景下，21 世纪末期库车河径流量分别表现为增加 32.4% 和减少 0.3%；木札特河径流量分别减少 2.1% 和 10.4%；呼图壁河径流量分别为增加 5.0% 和减少 8.9%；玛纳斯河径流量分别增加 29.4% 和 19.7%（陈仁升等，2019）。

具体到天山地区来说，基于 21 个 CMIP5 全球模式预估结果的分析显示，到 21 世纪 40 年代，不同情景下天山地区水资源量均将略有下降，但在 21 世纪后半叶，尤其是在高排放情景下（RCP8.5 情景），水资源量将大幅减少。值得注意的是，从 21 世纪 40 年代开始，不同排放情景下的预估都显示天山地区水资源量呈现持续下降趋势，这可能会影响未来绿洲和沙漠地区的供水（Chen et al.，2016）。对天山开都河流域的预估结果显示，在 RCP4.5 和 RCP8.5 两种排放情景下，未来流域内流量将改变 –1%~20%，蒸散量将增加 2%~24%；并且随着降水量的增加，流量几乎呈线性增加（Fang et al.，2015）。Xu 等（2016）采用 SWAT 模型分析结果表明，未来开都河流域年平均径流量在不同情景下的变化差异较大，其中 A2 情景下年平均径流量在 2010~2029 年相对丰富，但在 2025~2030 年后明显偏少，而在 B2 情景下，径流量变化不大。

湖泊作为区域陆地水循环中的一个很重要的载体，它的形成与消失、扩张与收缩一直是科学研究的热点问题。根据湖泊水位观测资料，采用时间序列线性趋势分析与小波分析法，对新疆地区博斯腾湖未来水位变化趋势的预测结果显示：博斯腾湖水位在 2023 年左右发生偏低转为偏高的突变，并且 2023 年前为负位相，湖水位偏低，2023 年之后为正位相，湖水位偏高（米热古力·艾尼瓦尔等，2015）。

3.6.2 生物圈和生态系统

气候变暖背景下的气候变化及极端气候事件已经并将持续影响生态系统的可持续发展。气候变化将对中国生态系统产生广泛而深远的影响，成为人类经济社会发展的风险，但同时也存在区域差异。在比较寒冷的地区，初期的升温对自然生态系统的温度和热量状况有益，但随着气候的继续升温，其他的气候因子也将出现变化，使得自然生态系统的环境可能发生退化。同时，气候变化将对中国生态系统的影响随着时间的推移有趋于严重的趋势；受气候变化影响严重的地区是生态系统本底比较脆弱的地区，稀疏灌丛和荒漠草原是受影响最为严重的类型，但部分生态系统本底较好的地区也将受到严重的影响；而气候变化背景下的极端气候发生将对生态系统产生巨大的影响，严重影响到落叶阔叶林、有林草地和常绿针叶林（吴绍洪等，2007；《第三次气候变化国家评估报告》编写委员会，2015）。

使用 7 个不同的 CMIP3 全球模式驱动生物物理—生物地球化学耦合模式 BIOME3，对中国区域未来潜在植被的预估分析表明，总体来说新疆地区未来植被变化较小，新疆南部的沙漠区向干旱灌木草原转换（Jiang，2008）。基于区域模式数据，使用国际上通用的柯本气候分类的预估也给出了类似结果，即未来新疆地区气候分类变化较小，新疆北部部分地区由沙漠气候向草原气候转变，山区部分地区由苔原气候向温带大陆性气候转变（Shi et al.，2012）。基于国际上较通用的 Lund-Potsdam-Jena（LPJ）模型，模拟和预估了中国地区 1961~2080 年自然植被净初级生产力（NPP）对气候变化的响应，结果显示，未来 NPP 总量呈波动下降趋势，且下降速度逐渐加快，但空间分布差异显著。具体到新疆地区来看，NPP 值相对较低，未来新疆北部地区 NPP 值以增加趋势为主，南部塔里木盆地等区域则主要是减少的，最大减少值在 60% 以上（赵东升等，2011）。采用一个基于生理生态过程模拟植物—土壤—大气系统能量交换和水碳氮耦合循环的生物地球化学循环模型（CEVSA）计算得到的 NPP 为基础，根据 Costanza 等提出的生态系统服务价值计算方法，对 RCP4.5 和 RCP8.5 情景下中国草地生态系统服务价值时空变化特征进行了分析，结果表明，未来两种情景下草地生态系统服务总价值在新疆中部小范围内表现为减少，新疆其他地区则均呈增加趋势（徐雨晴等，2017）。

基于区域模式的模拟结果驱动生物地球化学循环模型 CEVSA 计算得到的 NPP 结果显示，当前气候条件下（1986~2005 年），新疆范围内生态系统平均 NPP 为 74g C/(m^2·a)，有植被覆盖地区的 NPP 平均为 131g C/(m^2·a)，高值区位于新疆北部的山区，低值区位于中西部地区（图 3-34）。

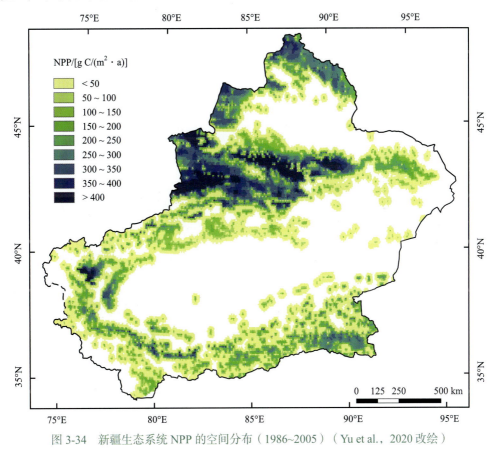

图 3-34　新疆生态系统 NPP 的空间分布（1986~2005）（Yu et al.，2020 改绘）

受气候变化影响，新疆生态系统的净初级生产力（NPP）呈增加趋势，且未来随着气候的进一步变暖还将持续增加。未来 30 年（2021~2050 年），RCP4.5 情景下新疆地区

NPP 的增幅约为 14%，且从空间分布来看，大部分地区（约 94%）生态系统的 NPP 表现将有所增加，仅 5.6% 的区域 NPP 将有所下降。RCP8.5 情景下区域生态系统 NPP 平均增幅约为 16.7%，其中 93% 的区域 NPP 将有所增加，5.7% 的区域 NPP 将有所下降。21 世纪末期，新疆生态系统 NPP 的变化幅度将更大，但不同排放情景下的差异也更大，RCP4.5 和 RCP8.5 情景下 2070~2099 年新疆生态系统 NPP 的增幅分别为 24% 和 51%，两种排放情景下，NPP 有所下降的地区所占面积均为 7% 左右，NPP 增加的地区约占 92%，但 NPP 增加的程度差异较大，RCP4.5 情景下，大部分地区 NPP 的增幅在 20%~50% 之间，而 RCP8.5 情景下，大部分地区 NPP 的增幅达到 50% 以上。同时，NPP 减幅达到 50% 以上的地区，在高排放情景下也有所增加（图 3-35）。总体而言，到 21 世纪末期，高排放情景下新疆生态系统生产力将有较大幅度的增加，但生产力的空间差异性也有所增加，生态系统可能面临的风险也有所增加。

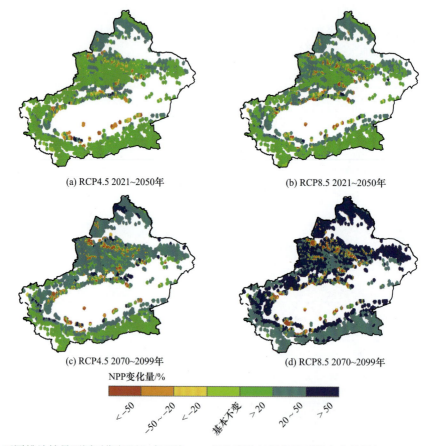

(a) RCP4.5 2021~2050年   (b) RCP8.5 2021~2050年

(c) RCP4.5 2070~2099年   (d) RCP8.5 2070~2099年

NPP变化量/%

< -50   -50~ -20   < -20   基本不变   > 20   20~50   > 50

图 3-35　不同排放情景不同时期新疆生态系统 NPP 相比当前气候条件下的变化格局（Yu et al., 2020 改绘）

此外，气候变化会对陆地生态系统的碳吸收产生影响，从而改变其碳的源汇功能。基于大气—植被相互作用模型对气候变化情景下净生态系统生产力的预估结果，对中国陆地生态系统未来近期、中期和远期的碳吸收功能面临的风险进行的分析表明：IPCC SRES B2 情景下，气候变化可能会给中国陆地生态系统的碳吸收功能带来风险。风险的范围与程度可能会随着增温幅度的变化而加剧。到 21 世纪远期，包括新疆在内的西北地区生态系统会面临碳吸收功能风险（石晓丽等，2011）。

值得注意的是，除全球或区域模式本身存在的模拟不确定性外，就目前的陆地生态系统模型而言，其模拟 NPP 的关键生物物理过程中可能存在对 CO_2 施肥效应的高估、对水分条件过于敏感、对营养元素限制、农业管理、土地利用、火灾、臭氧、病虫害等重要过程模拟缺失或不确定性较大等（朱再春等，2018），未来需要进一步深入研究以减少其不确定性。

知识窗

结果概览：新疆未来暖湿变化及其利弊预估

多个 CMIP5 全球气候模式及 RegCM4 区域气候模式对新疆地区气温、降水、干燥度的未来变化趋势及其带来的影响预估结果如下：

气温 新疆地区 21 世纪气温呈现出区域一致的持续上升趋势，夏季气温升高较冬季明显，盆地气温升高略大于山地，高排放情景下的升温大于低排放情景。

降水及干旱 新疆地区降水呈现出一致的持续增加趋势，降水增加在冬季更明显，增加比例在盆地更明显（幅度则为山区最大）。如果考虑蒸发的影响，干燥度指数评估结果显示，到 21 世纪中期和末期，新疆地区西北部干燥程度将加剧，而东南部干燥程度将减小。

利：
- 霜冻日数、冰冻日数减少
- 生长期长度延长
- 降水日数增多；总径流量（地表和次地表）增多
- 新疆绝大部分地区生态系统净初级生产力提高
- 南疆地区连续无降水日数普遍减少
- 塔里木河流域水文干旱事件减少
- 农业干旱事件频次一致减少，盆地地区减少最大

弊：
- 日最高气温大于 35℃ 的极端高温日数增多
- 冰川消融、退缩甚至消失
- 强降水强度增强；滑坡泥石流频次增加
- 生态系统净初级生产力减小的区域面积扩大
- 北疆地区部分地区连续无降水日数增加
- 北疆地区水文干旱事件增多
- 干旱事件强度增强，盆地变化高于山地地区

参考文献

曹丽格，方玉，姜彤，等 . 2012, IPCC 影响评估中的社会经济新情景（SSPs）进展 . 气候变化研究进展，8（1）：74-78.

陈仁升，张世强，阳勇，等 . 2019. 冰冻圈变化对中国西部寒区径流的影响 . 北京：科学出版社 .

陈晓晨，徐影，姚遥．2015. 不同升温阈值下中国地区极端气候事件变化预估．大气科学，39：1123-1135.

程雪蓉，任立良，杨肖丽，等．2016. CMIP5 多模式对中国及各分区气温和降水时空特征的预估．水文，36：37-43.

《第三次气候变化国家评估报告》编写委员会．2015. 第三次气候变化国家评估报告．北京：科学出版社．

高学杰，赵宗慈，丁一汇．2003. 区域气候模式对温室效应引起的中国西北地区气候变化的数值模拟．冰川冻土，25（2）：165-169.

韩振宇，徐影，吴佳，等．2022. 多区域气候模式集合对中国径流深的模拟评估和未来变化预估．（3）:305-318.

胡伯彦，汤剑平，王淑瑜．2013. MM5v3 模式对 IPCC A1B 情景下中国地区极端事件的模拟和预估．地球物理学报，56(7): 2195-2206.

黄金龙，陶辉，苏布达，等．2014. 塔里木河流域极端气候事件模拟与 RCP4.5 情景下的预估研究．干旱区地理，37：490-498.

纪潇潇．2015. PRECIS 对东亚气候的模拟能力评估和情景分析．北京：中国农业科学院学位论文．

姜大膀，苏明峰，魏荣庆，等．2009. 新疆气候的干湿变化及其趋势预估．大气科学，33（1）：90-98.

李慧林，李忠勤，秦大河．2009. 冰川动力学模式基本原理和参数观测指南．北京：气象出版社．

李慧林，李忠勤，沈永平，等．2007. 冰川动力学模式及其对中国冰川变化预测的适应性．冰川冻土，29（2）：201-208.

李忠勤．2011. 天山乌鲁木齐河源 1 号冰川近期研究与应用．北京：气象出版社．

李忠勤，等．2019. 山地冰川物质平衡和动力过程模拟．北京：科学出版社．

李忠勤，李开明，王林．2010. 新疆冰川近期变化及其对水资源的影响研究．第四纪研究，30（1）：96-106.

刘珂，姜大膀．2015. RCP4.5 情景下中国未来干湿变化预估．大气科学，39：489-502.

米热古力·艾尼瓦尔，海米提·依米提，麦麦提吐尔逊·艾则孜，等．2015. 博斯腾湖与伊塞克湖水位变化特征与预测对比．中国沙漠，35（3）：792-799.

施雅风，沈永平，胡汝骥．2002. 西北气候由暖干向暖湿转型的信号，影响和前景初步探讨．冰川冻土，24（3）：219-226.

石晓丽，吴绍洪，戴尔阜，等．2011. 气候变化情景下中国陆地生态系统碳吸收功能风险评价．地理研究，30（4）：601-611.

石英．2010. RegCM3 对 21 世纪中国区域气候变化的高分辨率数值模拟．北京：中国科学院研究生院学位论文．

石英，高学杰，吴佳，等．2010. 全球变暖对中国区域积雪变化影响的数值模拟．冰川冻土，32（2）：215-222.

汪君，王会军，洪阳．2016. 中国洪涝、滑坡灾害监测和动力数值预报系统研究．北京：气象出版社．

王晓欣，姜大膀，郎咸梅．2019. CMIP5 多模式预估的 1.5℃升温背景下中国气温和降水变化．大气科学，43：1158-1170.

王政琪，高学杰，童尧，等．2020. 21 世纪新疆地区气候变化的区域气候模式集合预估，大气科学，45（2）：407-423.

王政琪，高学杰，童尧，等．2021. 新疆地区未来气候变化的区域气候模式集合预估．大气科学，45(2):

407-423.

吴佳, 高学杰, 石英, 等. 2011. 新疆 21 世纪气候变化的高分辨率模拟. 冰川冻土, 33 (3): 479-487.

吴绍洪, 戴尔阜, 黄玫, 等. 2007. 21 世纪未来气候变化情景 (B2) 下我国生态系统的脆弱性研究. 科学通报, 52 (7): 811-817.

徐集云, 石英, 高学杰, 等. 2013. RegCM3 对中国 21 世纪极端气候事件变化的高分辨率模拟. 科学通报, 58(8): 724-733.

徐雨晴, 於琍, 周波涛, 等. 2017. 气候变化背景下未来中国草地生态系统服务价值时空动态格局. 生态环境学报, 26 (10): 1649-1658.

杨绚, 李栋梁, 汤绪. 2014. 基于 CMIP5 多模式集合资料的中国气温和降水预估及概率分析. 中国沙漠, 34: 795-804.

于恩涛, 孙建奇, 吕光辉, 等. 2015. 西部干旱区未来气候变化高分辨率预估. 干旱区地理, 38 (5): 429-437.

于晓晶, 李淑娟, 赵勇, 等. 2017. CMIP5 模式对未来 30 a 新疆夏季降水的预估. 沙漠与绿洲气象, 11: 53-62.

张杰, 曹丽格, 李修仓, 等. 2013. IPCC AR5 中社会经济新情景 (SSPs) 研究的最新进展. 气候变化研究进展, 9 (3): 225-228.

张勇, 曹丽娟, 许吟隆, 等. 2008. 未来我国极端温度事件变化情景分析. 应用气象学报, 19(6): 655-660.

赵东升, 吴绍洪, 尹云鹤. 2011. 气候变化情景下中国自然植被净初级生产力分布. 应用生态学报, 22 (4): 897-904.

朱再春, 刘永稳, 刘祯, 等. 2018. CMIP5 模式对未来升温情景下全球陆地生态系统净初级生产力变化的预估. 气候变化研究进展, 14 (1): 31-39.

Cao F, Gao T. 2019. Effect of climate change on the centennial drought over China using high-resolution NASA-NEX downscaled climate ensemble data. Theoretical and Applied Climatology, 138: 1189-1202.

Carrão H, Naumann G, Barbosa P. 2018. Global projections of drought hazard in a warming climate: a prime for disaster risk management. Climate Dynamics, 50: 2137-2155.

Chen L, Frauenfeld O W. 2014. Surface air temperature changes over the twentieth and twenty-first centuries in China simulated by 20 CMIP5 models. Journal of Climate, 27: 3920-3927.

Chen Y N, Li W H, Deng H J, et al. 2016. Changes in central Asia's water tower: past, present and future. Scientific Report, 6: 35458.

Cogley J G. 2017. Climate science: the future of Asia's glaciers. Nature, 549 (7671): 166.

Dong Q, Wang W G, Shao Q X, et al. 2020. The response of reference evapotranspiration to climate change in Xinjiang, China: historical changes, driving forces and future projections. International Journal of Climatology, 40: 235-254.

Fang G H, Yang J, Chen Y N, et al. 2015. Climate change impact on the hydrology of a typical watershed in the Tianshan Mountains. Advances in Meteorology, 2015: 1-10.

Gao X J, Giorgi F. 2017. Use of the RegCM system over East Asia: review and perspectives. Engineering, 3 (5): 766-772.

Guo D L, Wang H J. 2016. CMIP5 permafrost degradation projection: a comparison among different regions.

Journal of Geophysical Research: Atmospheres, 121: 4499-4517.

Guo X J, Huang J B, Luo Y, et al. 2017. Projection of heat waves over China for eight different global warming targets using 12 CMIP5 models. Theoretical and Applied Climatology, 128: 507-522.

He S S, Wang J, Wang H J. 2019. Projection of landslides in China during the 21st century under the RCP8.5 scenario. J. Meteor. Res., 33 (1): 138-148.

Hui P H, Tang J P, Wang S Y, et al. 2018. Climate change projections over China using regional climate models forced by two CMIP5 global models. Part II: projections of future climate. International Journal of Climatology, 38 (S1): e78-e94.

Huss M, Hock R. 2018. Global-scale hydrological response to future glacier mass loss. Nature Climate Change, 8 (2): 135-140.

Jiang D B. 2008. Projected potential vegetation change in China under the SRES A2 and B2 scenarios. Advances in Atmosphere Sciences, 25 (1): 126-138.

Kraaijenbrink P D A, Bierkens M F P, Lutz A F, et al. 2017. Impact of a global temperature rise of 1.5 degrees Celsius on Asia's glaciers. Nature, 549 (7671): 257.

Leng G Y, Tang Q H, Rayburg S. 2015. Climate change impacts on meteorological, agricultural and hydrological droughts in China. Global and Planetary Change, 126: 23-34.

Li L C, Yao N, Li Y, et al. 2019. Future projections of extreme temperature events in different sub-regions of China. Atmospheric Research, 217: 150-164.

Lin L, Lin Q G, Wang Y. 2017. Landslide susceptibility mapping on a global scale using the method of logistic regression. Nat Hazard Earth Sys, 17: 1411-1424.

Liu W B, Sun F B, Lim W H, et al. 2018. Global drought and severe drought-affected populations in 1.5 ℃ and 2 ℃ warmer worlds. Earth System Dynamics, 9: 267-283.

Luo M, Liu T, Frankl A, et al. 2018. Defining spatiotemporal characteristics of climate change trends from downscaled GCMs ensembles: how climate change reacts in Xinjiang, China. International Journal of Climatology, 38: 2538-2553.

Ma D Y, Deng H Y, Yin Y H, et al. 2019. Sensitivity of arid/humid patterns in China to future climate change under a high-emissions scenario. Journal of Geographical Sciences, 29: 29-48.

Nelson F, Outcalt S. 1987. A computational method for prediction and regionalization of permafrost. Arct Alp Res, 19: 279-288.

Shannon G, Smith R, Wiltshire A, et al. 2019. Global glacier volume projections under high-end climate change scenarios. The Cryosphere, 13: 325-350.

Shi C, Jiang Z H, Chen W L, et al. 2018. Changes in temperature extremes over China under 1.5℃ and 2℃ global warming targets. Advances in Climate Change Research, 9: 120-129.

Shi Y, Gao X J, Wu J, et al. 2011. Changes in snow cover over China in the 21 st century as simulated by a high resolution regional climate model. Environmental Research Letters, 6: 045501.

Shi Y, Gao X J, Wu J. 2012. Projected changes in Koppen climate types in the 21st century over China. Atmospheric and Oceanic Science Letters, 5 (6): 495-498.

Stanley T, Kirschbaum D B. 2017. A heuristic approach to global landslide susceptibility mapping. Natural

新疆气候变化科学评估报告

Hazards, 87: 145-164.

Su B D, Huang J L, Fischer T, et al. 2018. Drought losses in China might double between the 1.5 ℃ and 2.0 ℃ warming. Proceedings of the National Academy of Sciences of the United States of America, 115: 10600-10605.

Sun C X, Jiang Z H, Li W, et al. 2019. Changes in extreme temperature over China when global warming stabilized at 1.5 ℃ and 2.0 ℃. Scientific Reports, 9: 14982.

Tsunematsu N, Kuze H, Sato T, et al. 2011. Potential impact of spatial patterns of future atmospheric warming on Asian dust emission. Atmos Environ, 45 (37): 6682-6695.

Wang G Q, Zhang J Y, Jin J L, et al. 2012. Assessing water resources in China using PRECIS projections and a VIC model. Hydrology and Earth System Sciences, 16: 231-240.

Wang L, Chen W. 2014. A CMIP5 multimodel projection of future temperature, precipitation, and climatological drought in China. International Journal of Climatology, 34: 2059-2078.

Wang S R, Zhang Z Q. 2011. Effects of climate change on water resources in China. Climate Research, 47: 77-82.

Wang Y J, Zhou B T, Qin D H, et al. 2017. Changes in mean and extreme temperature and precipitation over the arid region of Northwestern China: Observation and projection. Advances in Atmospheric Sciences, 34: 289-305.

Wei Y, Yu H P, Huang J P, et al. 2019. Drylands climate response to transient and stabilized 2℃ and 1.5 ℃ global warming targets. Climate Dynamics, 53: 2375-2389.

Wu J, Han Z, Xu Y, et al. 2020. Changes in extreme climate events in China under 1.5℃-4℃ global warming targets: projections using an ensemble of regional climate model simulations. Journal of Geophysical Research: Atmospheres, 125 (2): e2019JD031057.

Xu C C, Zhao J, Deng H J, et al. 2016. Scenario-based runoff prediction for the Kaidu River basin of the Tianshan Mountains, Northwest China. Environmental Earth Sciences, 75 (15): 1126.

Yang S, Feng J, Dong W, et al. 2014. Analyses of Extreme Climate Events over China Based on CMIP5 Historical and Future Simulations. Advances in Atmospheric Sciences, 31: 1209-1220.

Yang Y, Tang J P, Wang S Y, et al. 2018. Differential impacts of 1.5℃ and 2℃ warming on extreme events over China using statistically downscaled and bias-corrected CESM low-warming experiment. Geophysical Research Letters, 45: 9852-9860.

Yao Y, Luo Y, Huang J B. 2012. Evaluation and Projection of Temperature Extremes over China Based on 8 Modeling Data from CMIP5. Advances in Climate Change Research, 3: 179-185.

Yu L, Gu F X, Huang M. 2020. Impacts of 1.5 degrees C and 2 degrees C global warming on net primary productivity and carbon balance in China's terrestrial ecosystems. Sustainability, 12(7): 2849.

Zhang D F, Gao X J, Zakey A, et al. 2016. Effects of climate changes on dust aerosol over East Asia from RegCM3. Advances in Climate Change Research, 7 (3): 145-153.

Zhao T, Dai A. 2015. The Magnitude and Causes of Global Drought Changes in the Twenty-First Century under a Low-Moderate Emissions Scenario. Journal of Climate, DOI:10.1175/JCLI-D-14-00363.1.

第二部分　影　　响

第4章 气候变化对水资源的影响及其脆弱性

主要作者协调人：姜 彤 陈仁升

主要作者：陶 辉 沈永平 王晓明 张 伟 黄金龙

▪ 执行摘要

　　本章主要评述了新疆 1961~2018 年气候变化对水资源的影响以及水资源短缺的未来风险。主要结果表明：供水方面，1961~2018 年新疆多年平均地表水资源量达 882 亿 m³；新疆（北疆、南疆和东疆）气温和降水的增加，严重影响了新疆水资源的状况，新疆水资源整体上呈现增加的趋势，但在 21 世纪初期水资源呈现减少的趋势，其与冰川融水总量的减少密切相关。用水方面，新疆多年平均用水量达 541.18 亿 m³，呈增加趋势，其中农业用水占 92.7%；区域尺度上，北疆用水量最大；用水来源上，地表水资源量占 82.9%。水资源的脆弱性不断增强。

　　2020~2099 年，不同排放情景（RCP2.6、RCP4.5 和 RCP8.5）下新疆水资源量变化不显著，呈现微弱的上升趋势；近期水资源量的增加受冰川融水的增加影响较大，而到 21 世纪末期，水资源量的增加受降水增加影响为主。同时，未来用水量在不同共享社会经济路径（SSP1-5）下也都有着增加趋势，并以工业用水的增加为主。未来水资源短缺风险仍在不断增强，水资源风险要高于当前时期。

水是制约和影响新疆经济社会发展与生态环境保护的关键因素。受全球气候变化和人口增长、城镇化、土地利用变化等人类活动因素的影响，水资源的数量、质量和空间分布已经并将发生显著变化，其与土地资源和粮食生产、能源生产和使用、生态系统演变、生态系统服务及气候变化之间的关联特征也将发生显著的变化。水资源问题的复杂性增强，水资源安全、能源安全、粮食安全与生态安全之间的相互耦合与作用趋于复杂，冲突和矛盾逐渐显现或加剧，不确定性及风险水平显著增加，面临的挑战极为严峻。水资源短缺已经成为困扰新疆经济社会可持续发展的重要资源环境问题，当前及未来时期，积极探索与周边国家和地区之间的跨境水资源开发与保护势在必行，也是有效应对和缓解我国水资源短缺及区域重大旱灾等的重要途径。本章将介绍当前和未来时期气候变化对新疆水资源产生的影响，开展新疆水资源脆弱性评估和风险预估，为新疆水资源管理和可持续发展对策措施提供科学基础。

4.1 水资源现状

气候变暖使得全球水文循环加强，观测数据表明自 1970 年以来，全球对流层和地表水汽含量呈现增加趋势。中国水文循环符合全球水循环变化的特征，又表现出更为复杂的区域特征，各个地区间空间差异增大（姜彤等，2020）。新疆地貌轮廓鲜明，高耸宽大的山脉与广阔平坦的盆地相间排列，形成"三山夹两盆"态势。由南至北分布着昆仑山、塔里木盆地、天山、准噶尔盆地、阿尔泰山。天山横亘中部，将新疆分为南北两部分。南疆塔里木盆地面积为 53 万 km²，北疆准噶尔盆地为 38 万 km²。在远离海洋和高山环抱的综合地理因素影响下，形成了典型干旱气候。但是由于有高大山体拦截高空的水汽，山区降水较多，再加上号称"固体水库"的众多高山冰川调节，形成了全疆 570 多条大小河流和博斯腾湖、乌伦古湖、艾比湖等 100 多个大小湖泊。从地貌特征和水循环特点，可分为山区和平原区两大区域，大约 70 万 km² 的山区，97.1% 的水资源形成于山区，是径流形成区；平原区面积为 94 万 km²，其中，盆地周缘 27 万 km² 的地区是径流散失区，其余 67 万 km² 的沙漠和荒漠区是无流区（苏宏超等，2007；吴永萍等，2011）。

4.1.1 大气水分输入与输出

大气水分主要分三条路径输入新疆上空：一条是西方路径，依靠纬向西风环流带来的大西洋气流是新疆水汽的主要来源。其次是西北路径，来自北冰洋的干冷气流，经乌拉尔山南部进入新疆。还有一条是西南路径，来自印度洋的、水汽含量丰富的西南季风，虽然受到高大山系阻隔，但仍有部分湿润气流进入塔里木盆地。据分析数据测算，新疆区域 1979~2018 年水汽输入和输出分别呈现不显著的减少和增加的趋势，水汽输入的多年平均值为 23546 亿 m³，输出量为 38162 亿 m³，净收支为 –14616 亿 m³。相比于 1979~2018 年，2012~2018 年年均水汽的输入和输出量都有一定的减少，其中输入减少量小于输出减少量；2012~2018 年的年均输入量为 23516 亿 m³，输出量为 37969 亿 m³，净收支为 –14453 亿 m³（图 4-1）。

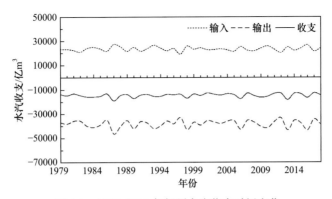

图 4-1　1979~2018 年新疆水汽收支时间变化

　　从平均流纬向水汽输送而言，新疆水汽收支总体上为东边界西风输出，西边界西风输入，纬向水汽净收支为正。1979~2018 年西边界的水汽收支为 19153 亿 m³，东边界的水汽收支为 –12393 亿 m³，平均纬向水汽收支为 6760 亿 m³。1979~2018 年纬向水汽收支呈现弱的增加趋势，其主要受东边界水汽输出减少的影响；2012~2018 年纬向水汽收支达6800 亿 m³，高于多年平均（1979~2018 年）[图 4-2（a）]。

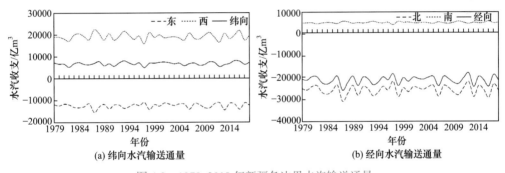

(a) 纬向水汽输送通量　　　　　　　　　　　　　(b) 经向水汽输送通量

图 4-2　1979~2018 年新疆各边界水汽输送通量

　　从平均流经向水汽输送而言，新疆的南北边界分别是水汽的输入和输出边界。1979~2018 年南边界的水汽收支为 4393 亿 m³，北边界的水汽收支为 –25769 亿 m³，平均经向水汽收支为 –21376 亿 m³。1979~2018 年经向水汽收支呈现弱的增加趋势，其主要受北边界水汽收支增加的影响；2012~2018 年经向水汽收支为 –21253 亿 m³，高于多年平均（1979~2018 年）[图 4-2（b）]。

4.1.2　降水

　　据气象部门的测算，新疆年降水量为 2544 亿 m³，而新疆山区年降水量为 2062 亿 m³，占总降水量的 81.1%。2062 亿 m³ 的山区降水量，经过山区调蓄与转化，产生了799 亿 m³ 的水资源，其余水量以各种蒸散发（1263 亿 m³）形式返回空中，新疆山区的水循环过程及水量平衡如图 4-3 所示（邓铭江，2010）。由于中国西部山区（包括新疆山区）降雪观测站严重不足，山区及整个新疆降水量的测算会存在一定不确定性。据1961~2018 年气象观测站点实测数据可知，新疆年降水量呈现显著的上升趋势，上升趋势为 9.4mm/10a。1961~2018 年均降水量为 158.8mm，其中 2012~2018 年均降水量为 182.9mm，比多年平均（1961~2018 年）降水量多 15%。

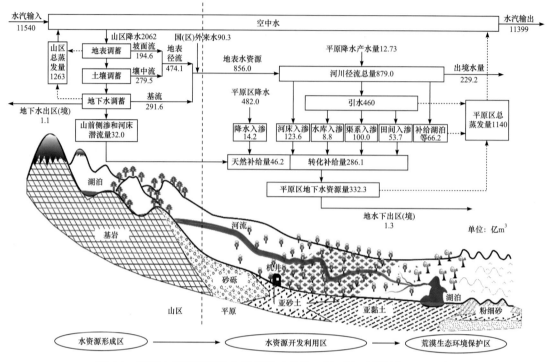

图 4-3　新疆水资源运移转化示意图（单位：亿 m³）（邓铭江，2010）

4.1.3　地表径流

新疆河流绝大部为内陆河流，在新疆 570 条河流中，大部分为流程短、水量少的河流。其中年径流量超过 10 亿 m³ 的大河只有 18 条，南北疆各有 9 条。新疆地表径流的年内分配悬殊，夏季（6~8 月）水量约占全年水量的 50%~70%，春秋季各占全年水量的 10%~20%，冬季（12 至翌年 2 月）占全年水量的 10% 以下。但河流年际变化较平稳，年际变幅比我国北方许多大河流小，最大水年与最小水年河流径流量比值为 1.3~4.0，变差系数为 0.1~0.5（邓铭江，2010）。新疆山区地表水资源量为 787.7 亿 m³，加上国外产流流入本区水量 90.3 亿 m³，则山区河川径流多年平均总量为 878.0 亿 m³（2012~2018 年）。

4.1.4　冰雪水资源

新疆的冰川分布在阿尔泰山、天山、帕米尔高原、喀喇昆仑山和昆仑山，包含在额尔齐斯河、准噶尔内流河、中亚细亚内流河和塔里木内流河等水系中，是中国冰川规模最大和冰储量最多的地区（施雅风，2005；沈永平等，2013）。据第二次冰川编目数据，新疆共发育有冰川 20695 条，面积 22623.82km²，冰储量（2155.82±116.6）km³，约占中国冰川总储量的 47.97%（刘时银等，2015）。空间上，新疆除克拉玛依市无冰川分布，其他 13 个市（地区、自治州）都有冰川分布，其中和田地区冰川数量最多（5640 条），面积和冰储量也最大（6812.67km²、632.66km³）（刘时银等，2015）。新疆冰川融水径流丰富，冰川在水资源构成中占有重要地位。

新疆积雪水资源丰富。新疆冬季积雪覆盖面积可达 100 万 km² 左右，冬季雪储量在全国是最丰富，达 181.8 亿 m³ 水当量，占全国冬季平均积雪储量 535.6 亿 m³ 的 33.9%，积雪对新疆水资源的重要性不言而喻（李培基，1988；沈永平等，2013）。新疆三山加两盆地的地貌格局使积雪分布具有鲜明的局地特征，新疆的积雪分布总体呈自西向东、由北向南减少的特点（李培基，2001；崔彩霞等，2005）。据 1960~2003 年新疆 91 个地面站观测积雪深度可知，新疆积雪的空间分布在山区和平原极不平衡，山区集中了积雪的绝大部分，新疆年平均积雪深度为 13.4cm，其中，山区为 17.6cm，平原为 11.8cm（崔彩霞等，2005；沈永平等，2013）。

4.1.5 地下水资源

新疆地下水资源有山丘区地下水资源量和平原区地下水资源量。山丘区地下水资源量有 328 亿 m³。平原区地下水资源量约为 332 亿 m³，其中天然（多年平均降水入渗补给量和山前侧渗和河床潜流）补给量有 46 亿 m³，地表水体（河床、水库、渠系、田间等）补给量为 286 亿 m³（图 4-3）。而两者的重复计算量为 117 亿 m³。因此，新疆地下水资源总量约为 543 亿 m³（孙宝林等，2005）。据统计年鉴数据可知，2003~2018 年新疆多年平均地下水资源总量为 543 亿 m³，其中地表水与地下水资源重复量为 495 亿 m³。

4.2 气候变化对水资源的影响

4.2.1 观测期水资源变化

1. 全疆水资源

在气温和降水增加的气候变化背景下，新疆 1960~2018 年地表水资源量也呈现出不显著的增长趋势，增长速率为 4.7 亿 m³/10a，年平均水资源量约为 882 亿 m³；2012~2018 年新疆地表水资源量也呈现不显著的增长，多年平均水资源量达 878 亿 m³，低于多年平均（1960~2018 年）0.5%（图 4-4）。自 21 世纪 70 年代中期以来到 90 年代末期，新疆地表水资源呈现增加的趋势，主要原因是冰雪融水径流的增加；21 世纪初期（2000~2010年），新疆地表水资源呈现减少的趋势，其也与冰川融水总量的减少密切相关；2012 年以来，新疆地表水资源变化不明显。2000 年以来，新疆地表水资源在 2010 年到达最大值，为 1051.2 亿 m³，这是由于该年气候异常引起新疆大部分地区持续性暴雪引起的（郑媛芳，2018）；其次为 2016 年，新疆地表水资源量为 1039.3 亿 m³，这与 2016 年为年总降水历史峰值有关；最低值在 2014 年，新疆地表水资源量为 686.55 亿 m³。

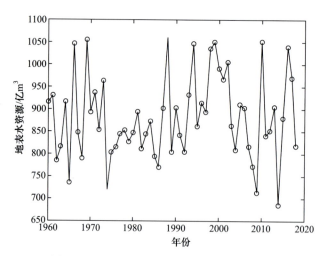

图 4-4　1960~2018 年新疆地表水资源量变化

北疆包括阿勒泰地区、塔城地区、伊犁州、博州、乌鲁木齐市及昌吉州,东疆包括哈密市及吐鲁番市,南疆包括阿克苏地区、喀什地区、和田地区、克州及巴州。在西北气候由暖干向暖湿转型的信号中,全疆也有所反应,且南疆强于北疆,西部多于东部（施雅风等,2002;韩萍等,2003）。据 2014~2016 年新疆水资源公报可知,2014~2016 年新疆多年平均地表水资源约为 866 亿 m^3,其中北疆地表水资源为 409 亿 m^3,南疆地表水资源为 437 亿 m^3,东疆地表水资源为 20 亿 m^3。北疆、南疆和东疆地表水资源分别占全疆的 47%、50% 和 3%（表 4-1）。

表 4-1　北疆、南疆和东疆地表水资源量

区域	地表水资源量 / 亿 m^3			
	2014 年	2015 年	2016 年	多年平均
北疆	295	400	532	409
南疆	375	452	484	437
东疆	16	21	23	20
全疆	686	873	1039	866

资料来源:新疆维吾尔自治区水利厅 . 2014,2015,2016.新疆水资源公报 . http://xjslt.gov.cn/zwgk/slgb/szygb/index.html

2. 北疆、南疆和东疆水资源

对于北疆地区,据观测站点数据可知,1961~2018 年北疆降水量呈现显著的上升趋势,上升趋势达 12.6 mm/10a;1961~2018 年年平均降水量为 250.3 mm,2012~2018 年年降水量为 278.7 mm,比多年平均降水量高 11%。1961~2018 年年平均气温也呈现显著的上升趋势,增长趋势为 0.33℃/10a;1961~2018 年年平均气温为 6.1℃,2012~2018 年年

平均气温为 6.9℃，比多年平均气温高 0.8℃。北疆降水和升温速率要高于全疆。北疆降水与水资源总量之间存在明显正相关，温度与水资源总量相关较差。降水对地表水资源量的影响要大于气温对地表水资源量的影响。自 20 世纪 80 年代以来，由于新疆北部地区降水的增加，水资源总量也相应随之增大（曹丽青等，2008）。从北疆乌鲁木齐河流域径流变化来看（表 4-2），乌鲁木齐河流域增幅较小，这与流域面积有很大关系。据第一次和第二次冰川编目数据，乌鲁木齐河流域冰川面积减少了 57.7%（刘时银等，2015）。因此流域径流量增加可能是由冰川融水径流量增加导致的。然而自 20 世纪 90 年代中期以来，流域径流量呈现减少趋势。此现象与河源区冰川严重退缩关系密切（邓海军和陈亚宁，2018）。此外，玛纳斯河也是北疆最大的内陆河流（表 4-2），主要通过冰雪融水和降水补给。1955~2010 年其径流量也呈现增加趋势（图 4-5）。径流量在 1955~1966 年波动上升趋势显著（图 4-6）；1967~1995 年呈不规则的波动变化且不显著；1996~2010 年波动上升趋势明显，且主要受气候变化影响，径流峰值也出现在 20 世纪 90 年代末期，2000 年以来径流量呈现减少的趋势（陈伏龙等，2015）。

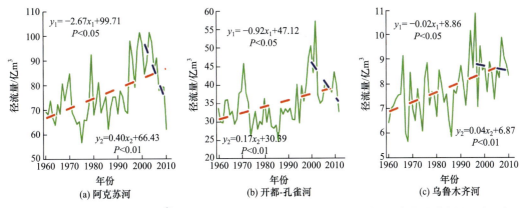

图 4-5　1960~2010 年阿克苏河流域、开都 – 孔雀河流域及乌鲁木齐河流域径流变化（邓海军和陈亚宁，2018）

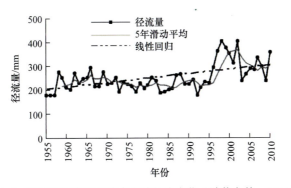

图 4-6　玛纳斯河肯斯瓦特水文站径流变化（陈伏龙等，2015）

表 4-2 典型流域径流特征分析

	流域	流域面积 / 万 km²	冰川面积 / 流域面积 /%	年均径流量 / 亿 m³
北疆	乌鲁木齐河	0.1114	2.75	7.93
	玛纳斯河	2.65	2.3	12.73
南疆	阿克苏河	4.1932	3.8	76.15
	开都 – 孔雀河	1.8631	2.2	35.53

对于南疆地区，受气候变暖导致冰雪快速消融和山区降水增加的影响，塔里木河出山口径流量显著增加（王玉洁和秦大河，2017）。据观测站点数据可知，1961~2018 年南疆降水量呈现显著的上升趋势，上升趋势达 7.3mm/10a；1961~2018 年年平均降水量为 82.3mm，2012~2018 年年降水量为 105.2mm，比多年平均降水量高 28%。1961~2018 年年平均气温也呈现显著的上升趋势，增长趋势为 0.24℃/10a；1961~2018 年年平均气温为 10.2℃，2012~2018 年年气温为 10.7℃，比多年平均气温高 0.5℃。南疆降水量要明显小于北疆，但 2012 年以来降水量的增加比例明显高于北疆；南疆年平均气温要高于北疆，但其气温变化趋势小于北疆地区。南疆暖湿的气候导致南疆地表水资源偏多（何清等，2003）。从阿克苏河和开都河两个典型流域来看（表 4-2），1960~2010 年阿克苏河的增幅较大，增长趋势达 0.4 亿 m³/a。据第一次和第二次冰川编目数据，阿克苏河流域（国内部分）、开都 – 孔雀河流域及乌鲁木齐河流域冰川面积分别减少了 29.7%、64% 和 57.7%（刘时银等，2015）。由此可知，南疆地表水资源的增加也与冰川融水径流量增加有关，但 20 世纪 90 年代中期以来，与北疆乌鲁木齐河流域一样，径流量呈现显著的减少趋势，其中阿克苏河流域减少速率达 2.67 亿 m³/a。冰雪消融初期，出山口径流随冰雪融水的增加而增加；冰雪消融中后期，冰雪融水随冰川面积减小、平衡线海拔上高及厚度变薄而减少，出山口径流也随之减少（邓海军和陈亚宁，2018）。

对于东疆地区，1961~2018 年东疆降水量呈现显著的上升趋势，上升趋势达 2.9mm/10a；1961~2018 年年平均降水量为 54.0 mm，2012~2018 年年降水量为 63.6 mm，比多年平均降水量高 18%。1961~2018 年年平均气温也呈现显著的上升趋势，增长趋势为 0.40℃/10a；1961~2018 年年平均气温为 10.4℃，2012~2018 年年气温为 11.5℃，比多年平均气温高 1.1℃。东疆降水量要明显小于北疆，但 2012 年以来降水量的增加比例高于北疆。新疆哈密河川径流量呈现先增再减的趋势，径流的多水期位于 20 世纪 70 世代，而该区域降水和气温是逐年增加的（奥斯曼·伊斯马伊力等，2017）。东疆地区水资源量对年降水有着正响应，对气温呈现负响应（何清等，2003）。

4.2.2 未来水资源变化

气候变化（气温、降水）通过直接或间接的方式影响着新疆水资源量的变化。受气温影响，降水可以分为降雪和降雨；气温也可以影响积雪融水、冰川融水和实际蒸散发等。

1. 降水

新疆地表水资源量的变化与降水量的变化息息相关。基于气候模式数据可知（图4-7），不同排放情景下2020~2099年降水量将呈现不显著的增加趋势，增加趋势分别为0.1mm/10a、0.9mm/10a和1.2mm/10a。RCP2.6、RCP4.5和RCP8.5情景下，相对于1986~2005年，2020~2099年降水量分别将增加约5.8%、5.5%和9.0%。排放越高的情景，降水量增加的比例也就越大。未来持续变暖背景下，新疆地区将可能有着更多的降水量。RCP2.6情景下，新疆降水量呈现增减增的变化趋势，降水量在2030年左右达到高值后下降，到2060年左右降水量又开始呈现增加趋势。相对于1986~2005年，21世纪近期、中期和末期年降水量将分别增加6.0%、3.7%和6.2%。RCP4.5情景下，新疆降水量也呈现增减增的变化趋势，降水量在2040年左右达到高值后下降，到2060年左右降水量又开始呈现增加趋势。相对于1986~2005年，21世纪近期、中期和末期年降水量将分别增加3.7%、2.2%和9.4%。RCP8.5情景下，相对于1986~2005年，21世纪近期、中期和末期年降水量将分别增加5.0%、6.1%和12.6%（表4-3）。

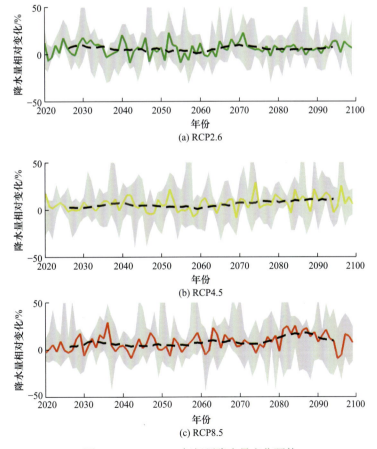

图 4-7　2020~2099 年新疆降水量变化预估

年份相对于 1986~2005 年，粗实线为中位数，灰色阴影为 5~95 分位数，黑虚线为 10 年滑动平均

表 4-3　相对于 1986~2005 年，21 世纪降水量变化　　（单位：%）

情景	近期（2020~2039 年）	中期（2046~2065 年）	末期（2080~2099 年）
RCP2.6	6.0	3.7	6.2
RCP4.5	3.7	2.2	9.4
RCP8.5	5.0	6.1	12.6

　　对于降水中的固态降水，随着全球变暖，降雪日数和降雪率都会降低（Knowles et al.，2006；Feng et al.，2007；Serquet et al.，2011）。新疆天山山区气温急剧升高，降雪率呈现降低趋势，从 1960~1998 年的 11%~24% 降低到 2000 年以来的 9%~21%（陈亚宁等，2017）。

2. 冰川融水

　　新疆境内形成了独具特色的大冰川，冰川冰储量为全国最多，占全国总储量的 47.97%，是新疆的天然"固体水库"（刘时银等，2015）。随着气温的增加，近年来全球高山冰川变化对气候变化的响应明显，21 世纪将可能呈现出持续的物质损失和退缩状况（Huss and Hock，2015）。冰川径流随着消融的加剧和体积的减少，会在短期内形成峰值，随后不断减少（Huss and Hock，2018）。冰川径流峰值期间会增加流域洪水风险，而在长期尺度上水资源短缺风险会增加（Ragettli et al.，2016）。塔里木河流域内有着丰富的高山冰川融水，是典型的冰川、积雪和降雨共同补给的流域。Huss 和 Hock（2018）的全球未来冰川物质损失研究中表明，塔里木河流域年冰川径流的增加趋势可能会持续到 21 世纪中期。此外，塔里木河源区阿克苏河流域提供 74% 的塔里木河干流水量（陈亚宁等，2014）。通过 2010~2099 年 RCP2.6、RCP4.5 和 RCP8.5 情景下的气候模式数据驱动水文模型而开展的冰川流域径流预估结果发现（Duethmann et al.，2016），随着阿克苏河流域气温的上升，到 2099 年冰川面积将持续下降为 2007~2010 年的 10%~75%（模式结果的 5~95 分位数，图 4-8）。冰川融水在 21 世纪的前几十年会持续上升，但随着冰川面积的持续减少，21 世纪中后期冰川融水也将持续减少。冰川融水的峰值会出现在 2030s（中位数为 2036 年，5~95 分位数为 2023~2057 年）。相比于北支库玛拉克河流域，由于冰川面积较少，西支托什干河流域冰川融水量相对较少且达峰发生时间较早（图 4-9）。整个塔里木河流域冰川径流达峰时间在 2040~2070 年间（图 4-10）。

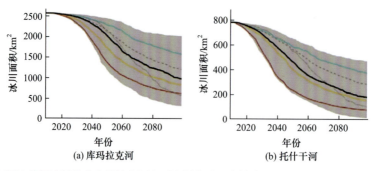

(a) 库玛拉克河　　　　　(b) 托什干河

图 4-8　21 世纪阿克苏河流域北支库玛拉克河和西支托什干河流域冰川面积变化（Duethmann et al.，2016）

黑实线为集合结果的中位数，灰色阴影为 5~95 分位数

新疆气候变化科学评估报告

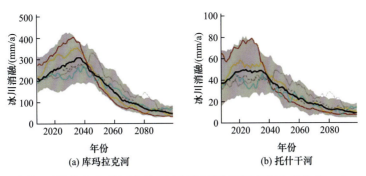

图 4-9　21 世纪阿克苏河流域北支库玛拉克河和西支托什干河流域冰川融水变化（Duethmann et al.，2016）

黑实线为集合结果的中位数，灰色阴影为 5~95 分位数

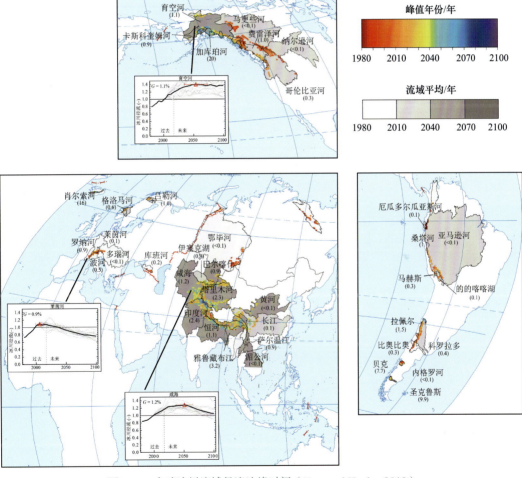

图 4-10　全球冰川流域径流达峰时间（Huss and Hock，2018）

3. 地表水资源量

基于全球 21 个模式和 VIC 水文模型的预估结果表明（图 4-11），未来不同排放情景（RCP2.6、RCP4.5 和 RCP8.5）下，地表水资源量变化不显著，呈现微弱的上升趋

势。RCP2.6、RCP4.5 和 RCP8.5 情景下，相对于 1986~2005 年，2020~2099 年水资源量分别将增加 0.2%、减少 2.1% 和增加 9.4%。低排放（RCP2.6）情景下，2020~2050 年地表水资源量呈现不显著的上升趋势，2050~2099 年水资源呈现显著的增加趋势。相对于 1986~2005 年，21 世纪近期（2020~2039 年）、中期（2046~2065 年）和末期（2080~2099 年）地表水资源量将分别减少了 1.8%、减少 0.2% 和增加 2.9%；中等排放（RCP4.5）情景下，2020~2050 年地表水资源量呈现不显著的下降趋势，而 2050~2099 年水资源呈现不显著的增加趋势。21 世纪近期、中期和末期地表水资源量将分别减少 2.7%、减少 4.5% 和增加 0.1%；高排放（RCP8.5）情景下，2020~2050 年和 2050~2099 年水资源都呈现不显著的增加趋势，且后期趋势较大。21 世纪近期、中期和末期地表水资源量将分别增加 8.6%、7.8% 和 13.5%（表 4-4）。

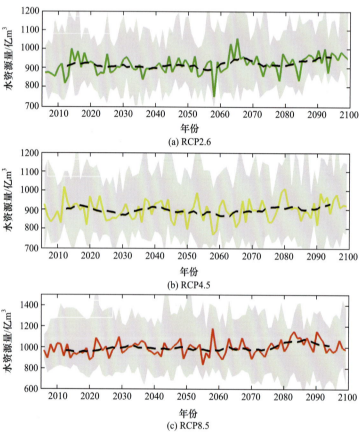

图 4-11　21 世纪新疆地表水资源量变化

粗实线为中位数，灰色阴影为 5~95 分位数，黑虚线为 10 年滑动平均

表 4-4　21 世纪地表水资源量　　　　　　　　　　（单位：亿 m³）

1986~2005 年	情景	近期（2020~2039 年）	中期（2046~2065 年）	末期（2080~2099 年）
	RCP2.6	901.9	916.3	945.3
918.5	RCP4.5	893.4	877.1	919.5
	RCP8.5	997.4	990.3	1042.8

新疆塔里木河流域四源流在不同排放情景下均呈现明显丰枯交替（图 4-12）。RCP 2.6 情景下，和田河流域水资源在 2025~2030 年和 2040~2059 年将处于较长时间的枯水期；叶尔羌河流域在 2040~2050 年出现较严重的枯水期；阿克苏河流域在 2030~2055 年存在较长时间的枯水期，并且逐步加剧，至 2055 年左右水资源情势有所好转；开都-孔雀河流域水资源在 2020~2039 年均处于较为严重的水资源短缺状况，2040s 略有好转，在 2050 年左右仍存在 5 年左右的枯水期，至 2055 年左右水资源情势有较大好转。在 RCP 4.5 和 RCP8.5 情景下，四源流在 2050~2059 年以后均出现较长时间的枯水期，尽管偏离距平的数值不大，但其长时间的缺水仍会对区域水资源供需产生较大影响（宁理科，2016）。

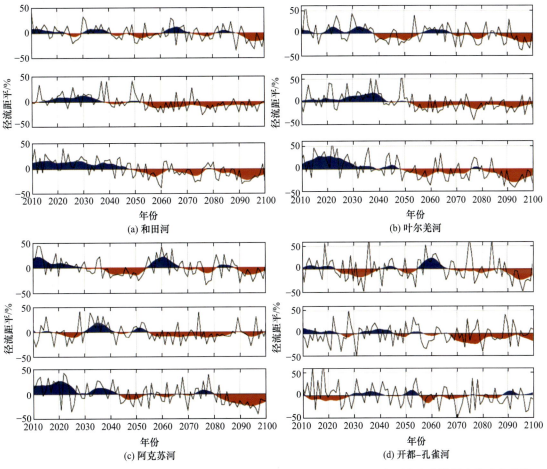

图 4-12 塔里木河流域四源流不同气候情景（RCP2.6、RCP4.5 和 RCP8.5）下未来水资源变化（宁理科，2016）

4. 水资源量变化成因

不难发现未来新疆水资源的变化与降水和冰川融水的变化息息相关。已有研究表明（Luo et al.，2019），在不久的未来，气温的增长对新疆各水文要素的影响要高于降水的变化。从阿克苏河流域上游径流量及其组成变化上也可以看出（表4-5），降雨和积雪融水是流域水资源的主要来源，但流域总径流量变化也会显著地受到冰川径流的变化的影响，阿克苏流域上游年径流达峰时间与冰川融水较一致（图4-13）。相比于1971~2000年，2010~2039年流域径流量处于增加阶段，而21世纪末期冰川覆盖面积较大的库玛拉克河流域径流量将减少15%（图4-13）。相比于1971~2000年，2010~2039年年径流量的增加是降雨、积雪融水和冰川融水共同作用的结果，其中冰川融水变化作用最大；2040~2069年年径流量的增加是受降雨和冰川融水增加的影响，但以降雨增加变化的作用为主；2070~2099年年径流量的减少是积雪和冰川融水的减少以及实际蒸散发的增加导致的，其中冰川融水减少作用显著，相比于1971~2000年冰川融水有61%的减少（Duethmann et al.，2016）。

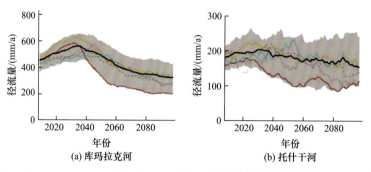

图4-13　21世纪阿克苏河流域北支库玛拉克河和西支托什干河流域出山口径流量变化

黑实线为集合结果的中位数，灰色阴影为5~95分位数（Duethmann et al.，2016）

表4-5　相对于1971~2000年未来阿克苏上游径流量及其组成变化（Duethmann et al.，2016）

年代	单位	降雨	积雪融水	冰川融水	实际蒸散发	径流量
1971~2000年	mm	206（200/209）	203（190/208）	92（92/97）	249（246/251）	256（247/260）
2010~2039年	%	20（12/28）	3（1/7）	47（32/52）	9（6/12）	27（24/32）
2040~2069年	%	29（16/39）	−1（−6/3）	1（−13/9）	12（6/17）	12（8/21）
2070~2099年	%	38（20/52）	−1（−8/3）	−61（−70/−54）	16（9/21）	−8（−14/4）

注：结果为中位数，括号内数值为5~95分位数

4.3　水资源需求变化

4.3.1　观测期用水量变化

1. 用水量变化

据国家统计局数据，2003~2018年全疆多年平均用水量为541.18亿 m³，其中农业、工业、生活和生态用水量分别为501.69亿 m³、10.85亿 m³、12.76亿 m³和15.88亿 m³，

新疆气候变化科学评估报告

分别占了全疆用水量的 92.7%、2.0%、2.4% 和 2.9%（图 4-14）。2012 年至今，新疆多年平均年用水量达 572.0 亿 m³，高于多年平均（2003~2018 年）5.7%。据 2014~2016 年新疆水资源公报也可知，2014~2016 年全疆多年平均用水量为 574.79 亿 m³/a，主要被用于生产用水，其次分别为居民生活用水和生态环境用水。全疆生产用水、居民生活用水和生态环境用水量分别为 558.92 亿 m³、10.02 亿 m³ 和 5.84 亿 m³，分别占了总用水量的 97.2%、1.7%、1.1%。

区域尺度上，南疆用水量要高于北疆和东疆，是北疆和东疆的 1.6 倍和 14.0 倍，南疆有较多的用水量用于生产。南疆用水量达 285.46 亿 m³，其中生产用水、居民生活用水和生态环境用水量的比重分别为 98.3%、1.2% 和 0.5%。北疆用水量为 209.80m³，其中生产用水、居民生活用水和生态环境用水量的比重分别为 95.7%、2.6% 和 1.7%。东疆用水量为 24.32m³，其中生产用水、居民生活用水和生态环境用水量的比重分别为 95.3%、2.9% 和 1.8%（表 4-6）。

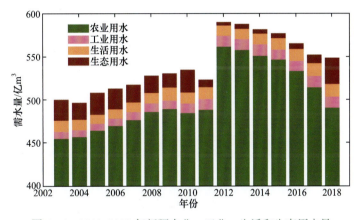

图 4-14　2003~2018 年新疆农业、工业、生活和生态用水量

表 4-6　北疆、南疆和东疆用水量表　　　　　　　　（单位：亿 m³）

地区	年份	生产用水量	居民生活用水量	生态环境用水量	合计
北疆	2014	193.05	5.73	4.05	202.83
	2015	205.94	4.88	3.17	213.99
	2016	203.30	5.43	3.85	212.58
	多年平均	200.76	5.35	3.69	209.80
南疆	2014	332.22	4.26	2.01	338.49
	2015	337.63	3.83	1.64	343.11
	2016	335.09	3.77	1.53	340.39
	多年平均	334.98	3.95	1.73	340.66
东疆	2014	22.87	0.76	0.42	24.05
	2015	23.68	0.56	0.46	24.70
	2016	22.98	0.82	0.41	24.21
	多年平均	23.18	0.71	0.43	24.32

地区	年份	生产用水量	居民生活用水量	生态环境用水量	合计
全疆	2014	548.14	10.75	6.48	565.37
	2015	567.25	9.27	5.27	581.79
	2016	561.37	10.02	5.79	577.18
	多年平均	558.92	10.02	5.84	574.78

注：因数值修约表中个别数据存在误差

资料来源：新疆维吾尔自治区水利厅 .2014，2015，2016.新疆水资源公报 . http://xjslt.gov.cn/zwgk/slgb/szygb/index.html

2. 用水量来源

据国家统计局数据，新疆用水量来源主要分为三类：地表水、地下水和其他，地表水资源为用水量的主要来源，其次分别为地下水和其他水资源。新疆用水量中地表、地下和其他的水资源量分别为 448.8 亿 m^3、91.4 亿 m^3 和 0.9 亿 m^3，分别占总用水量的 82.9%、16.9% 和 0.2%（图 4-15）。

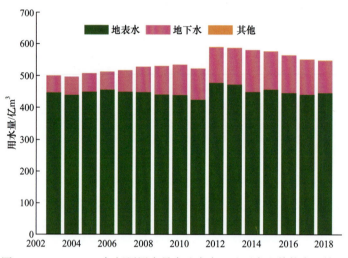

图 4-15　2003~2018 年新疆用水量中地表水、地下水和其他占比情况

区域尺度上，北疆、南疆和东疆用水的主要来源也是地表供水，其中南疆最大，其次分别为北疆和东疆，北疆、南疆和东疆用水来源中地表水的利用量分别为 151.11 亿 m^3、289.44 亿 m^3 和 10.18 亿 m^3。而对于地下水，北疆和南疆差异不大，东疆最小。中水利用量占南疆、北疆和东疆的总用水量的比例都很低，分别为 0.36%、0.02% 和 0.51%（表 4-7）。

表 4-7　北疆、南疆和东疆水资源利用量表　　　　　　（单位：亿 m³）

地区	年份	地表水利用量	地下水利用量	中水利用量	总量
北疆	2014	154.34	58.71	0.93	213.98
	2015	153.76	58.19	0.63	212.58
	2016	145.24	56.92	0.72	202.88
	多年平均	151.11	57.94	0.76	209.81
南疆	2014	286.13	56.95	0.04	343.12
	2015	292.14	48.20	0.05	340.39
	2016	290.05	48.33	0.10	338.48
	多年平均	289.44	51.16	0.06	340.66
东疆	2014	8.93	15.7	0.08	24.71
	2015	10.99	13.01	0.21	24.21
	2016	10.63	13.34	0.08	24.05
	多年平均	10.18	14.02	0.12	24.32
全疆	2014	449.4	131.36	1.052	581.81
	2015	456.89	119.40	0.89	577.18
	2016	445.92	118.59	0.90	565.41
	多年平均	450.74	123.12	0.95	574.81

资料来源：新疆维吾尔自治区水利厅，2014，2015，2016. 新疆水资源公报 . http://xjslt.gov.cn/zwgk/slgb/szygb/index.html

4.3.2　未来用水量变化

1. 现状方案

《中华人民共和国国民经济和社会发展第十三个五年规划纲要》明确提出在重点灌区全面开展规模化高效节水灌溉行动，在南疆、甘肃河西等严重缺水地区实施专项节水行动计划。以色列依靠开源节流和实施对水资源的总体规划，创造了世界一流的节水灌溉技术和污水处理技术（张敬涛等，2014）。新疆与以色列同属干旱半干旱地区，气候条件相似，但节水农业与以色列相比严重滞后（王映红等，2016）。根据《新疆维吾尔自治区农业节水发展纲要》《自治区新型工业化"十三五"发展规划》并结合新疆目前实际情况，制订出未来 30 年新疆及其四大区（吐哈地区、伊犁地区、准噶尔地区、塔里木地区）的节水目标，确定到 2050 年，新疆农业和工业节水将达到以色列目前节水状况，城镇生活和工业污水再利用率达到 75%，地表水、地下水资源量与目前相同，维持不变。该节水和水资源量的设定即为现状方案。

按照现状方案，到 2030 年、2040 年、2050 年，新疆总用水量将分别达到 784.3 亿 m³、828 亿 m³、795.4 亿 m³（图 4-16）。从用水结构来看，未来各部门用水量整体上均表现为增加趋势。到 2030 年、2040 年、2050 年，灌溉用水量将分别达到 718.6 亿 m^3、747.3 亿 m^3、684.3 亿 m^3；工业用水量将分别达到 20.2 亿 m^3、21 亿 m^3、19.9 亿 m^3；生活用水量将分别达到 13.5 亿 m^3、15 亿 m^3、16 亿 m^3；生态用水量将分别达到 31.9 亿 m^3、44.8 亿 m^3、75.3 亿 m^3（图 4-17）。

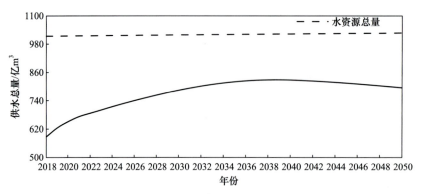

图 4-16 现状方案下新疆总用水量

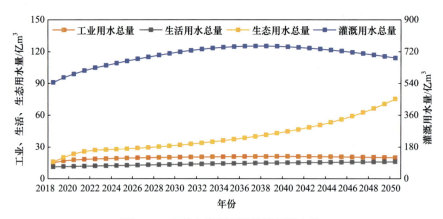

图 4-17 现状方案下新疆各部门用水量

按照现状方案，新疆总用水量会不断增加，供需矛盾日益突出。2021~2050 年新疆各区域总用水量均呈上升趋势，水资源压力不断增加，供需矛盾日益突出，准噶尔地区和吐哈地区将出现严重的水资源短缺问题（图 4-18）。到 2030 年、2040 年、2050 年，塔里木地区总用水量将分别达到 457.1 亿 m^3、450.7 亿 m^3、401.8 亿 m^3；准噶尔地区总用水量将分别达到 259.3 亿 m^3、300 亿 m^3、325 亿 m^3；吐哈地区总用水量将分别达到 26 亿 m^3、28.6 亿 m^3、32.7 亿 m^3；伊犁地区总用水量将分别达到 63.2 亿 m^3、64.7 亿 m^3、61.1 亿 m^3。

新疆气候变化科学评估报告

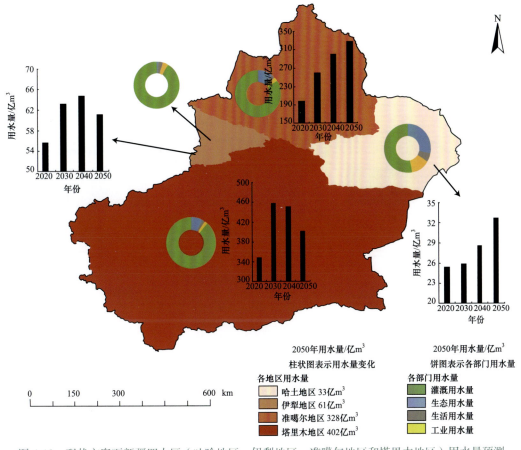

图 4-18 现状方案下新疆四大区（吐哈地区、伊犁地区、准噶尔地区和塔里木地区）用水量预测

2. 不同社会经济发展路径

不同发展道路的选择代表了地区面临的不同适应和减缓挑战。不同共享社会经济路径下的用水量预估也便于和代表不同减缓挑战的排放情景进行组合，进而评估不同情景下未来水资源短缺风险。

2003~2018 年新疆地区多年平均年总用水量约为 541.18 亿 m^3，其中农业用水为 501.69 亿 m^3，工业用水为 10.85 亿 m^3，生活用水为 12.76 亿 m^3。2020~2099 年不同共享社会经济路径下，新疆地区总需水量均有所增加。其中，农业需水量的比重最大，但是其需水量变化不显著；各发展路径下，工业用水都有所增加，其中 SSP1 和 SSP4 路径下工业用水有着先增后减的变化；除 SSP3 路径下生活需水减少外，其余路径下生活需水变化不显著；生态用水在所有 SSP 情景下都没有明显的变化趋势，且情景间差异不大（图 4-19）。

相比于 2003~2018 年，SSP1 情景下，21 世纪近期（2020~2039 年）、中期（2046~2065 年）和末期（2080~2099 年），新疆用水量将分别增加 18%、24% 和 24%；SSP2 情景下，21 世纪近期、中期和末期，新疆用水量将分别增加 17%、20% 和 22%；

SSP3 情景下，21 世纪近期、中期和末期，新疆用水量将分别增加 16%、16% 和 17%；SSP4 情景下，21 世纪近期、中期和末期，新疆用水量将分别增加 18%、21% 和 22%；SSP5 情景下，21 世纪近期、中期和末期，新疆用水量将分别增加 19%、27 和 29%。不同 SSP 情景下，用水量的增长率比重要远远高于地表水资源（表 4-8）。

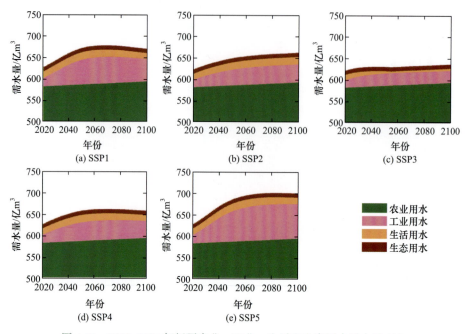

图 4-19　2020~2099 年新疆农业、工业、生活和生态用水需水量变化

表 4-8　21 世纪不同情景下新疆用水量　　　（单位：亿 m³）

情景	近期 （2020~2039 年）	中期 （2046~2065 年）	末期 （2080~2099 年）
SSP1	640.6	672.4	671.6
SSP2	631.7	650.9	660.0
SSP3	625.6	629.3	633.7
SSP4	636.6	657.3	657.9
SSP5	644.6	688.4	698.7

注：2003~2018 年各年平均总用水量 541.18 亿 m³

知识窗

共享社会经济情景（SSPs）

　　SSP1：可持续发展路径，很好地考虑了可持续发展和千年发展目标的实现，同时降低资源强度和化石能源依赖度，低收入国家快速发展，全球和经济体内部均衡

化，技术进步，高度重视预防环境退化，特别是低收入国家的快速经济增长降低贫困线以下人口的数量，是一个实现可持续发展、气候变化挑战较低的世界，代表低的气候变化减缓和适应挑战。

SSP2：中间路径，面临中等气候变化挑战。世界按照近几十年来的典型趋势继续发展下去，在实现发展目标方面取得了一定进展，一定程度上降低了资源和能源强度，慢慢减少对化石燃料的依赖，代表中等气候变化减缓和适应挑战。

SSP3：区域竞争路径，面临高的气候变化挑战。世界被分为极端贫穷国家、中等财富国家和努力保持新增长人口生活标准的富裕国家。他们之间缺乏协调，区域分化明显，代表高的气候变化减缓和适应挑战。

SSP4：不均衡路径，以适应挑战为主。此路径设想了国际和国内都高度不均衡发展的世界，代表低的气候变化减缓和高的气候变化适应挑战。

SSP5：一个以传统化石燃料为主的发展情景，以减缓挑战为主，强调传统的经济发展导向，通过强调自身利益实现的方式来解决社会和经济问题，代表高的气候变化减缓和低的气候变化适应挑战（秦大河，2018）。

4.4 水资源脆弱性评估和风险预估

4.4.1 水资源脆弱性评估

从新疆水资源脆弱性的空间分布上可看出，喀什地区、克拉玛依市、石河子市和乌鲁木齐市 4 地属于 I 级，水资源承载力为不安全水平，水源涵养与供应能力难以维持，无法为经济社会发展提供充足的水源支撑。该区域是新疆经济发展核心区，也是人口、工业密集区，由于地表径流缺失、用水量需求大，存在极大的用水缺口。南疆克孜勒苏和阿克苏以及东疆（哈密市、吐鲁番市及巴州）地区属于 II 级较不安全水平，水资源生态环境退化严重，仅能提供部分生态支撑功能。北疆的博尔塔拉州、伊犁州、昌吉州属于 III 级临界安全水平，主要位于天山山麓而冰川融水丰富；塔城地区和阿勒泰地区降水量为全疆最丰富，地表径流相对密集，水资源供应压力较小，水资源承载力处于 IV 级较安全水平（图 4-20）（郑媛芳，2018）。

以整个新疆地区为评价单位来看，2000~2015 年新疆水资源脆弱性指数呈现增长趋势，由 2000 年的 0.263 增加至 2015 年的 0.637（图 4-21）。脆弱性指数按等级可以分为：安全（0，0.2]，较安全（0.2，0.4]，临界（0.4，0.6]，较不安全（0.6，0.8]，较不安全（0.8，1]。水资源脆弱性指数的上升表明，2000~2015 年新疆水资源脆弱性由较安全演变至临界安全和较不安全，新疆水资源水环境质量和供应潜力在逐渐退化。2005~2008 年水资源承载力指数上升较快，此期间新疆人口密度从 11.6 人 /km^2 升高至 12.8 人 /km^2，人均用水量迅速减少；2009~2011 年水资源脆弱性指数有所下降，这是由于单位 GDP 耗水量减少且水资源的需求量降低造成的，相应的林草覆盖率有一定提高（郑媛芳，2018）。

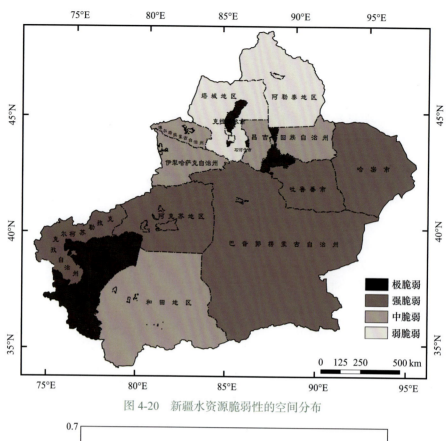

图 4-20　新疆水资源脆弱性的空间分布

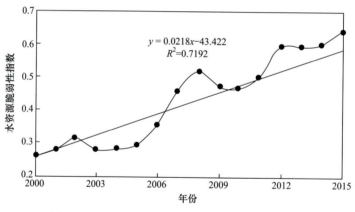

图 4-21　2000~2015 年新疆水资源脆弱性指数变化

知识窗

　　水资源脆弱性评价体系：水资源脆弱性是对水资源自身状况及其对社会经济共计潜力的总和度量，其具有自然和社会双重属性。影响水资源脆弱性的因素多而复杂，可划分为人口、经济技术、土地生产力、生态环境、环境治理措施等（刘珍等，2017；曹丽娟和张小平，2017；郑媛芳，2018）。

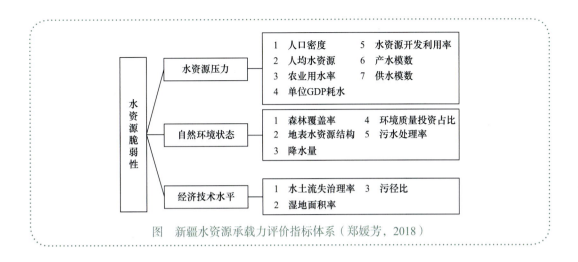

水资源脆弱性	水资源压力	1 人口密度　　5 水资源开发利用率 2 人均水资源　6 产水模数 3 农业用水率　　7 供水模数 4 单位GDP耗水
	自然环境状态	1 森林覆盖率　　4 环境质量投资占比 2 地表水资源结构　5 污水处理率 3 降水量
	经济技术水平	1 水土流失治理率　3 污径比 2 湿地面积率

图　新疆水资源承载力评价指标体系（郑媛芳，2018）

新疆的塔里木河流域是我国第一大内陆河流域，也是干旱区典型流域。从 2000 年和 2010 年的水资源脆弱性也可看出，塔里木河流域脆弱性在增加（图 4-22）。2000 年，塔里木河"四源一干"水资源脆弱性均处于中高脆弱以上。其中，和田河、叶尔羌河以及塔里木河流域干流水资源脆弱性为极端脆弱，开都 – 孔雀河流域为高脆弱，阿克苏河流域水资源脆弱性表现为中高脆弱。到 2010 年，塔里木河流域"四源一干"水资源脆弱性空间分布发生较大的变化。其中，叶尔羌河流域由 2000 年的极端脆弱降低为高脆弱，另外开都 - 孔雀河水资源脆弱性由高脆弱升级为极端脆弱。阿克苏河流域、叶尔羌河流域和和田河流域水资源脆弱性则略有下降，其主要原因是 2010 年水资源条件较好，尽管 2010 年社会经济用水增加较多，但开都 – 孔雀河流域来水较为丰沛。塔里木河流域干流由于 2000 年以来实施的"塔里木河流域近期综合治理工程"，严格要求阿克苏河流域、叶尔羌河流域、和田河流域和开都 – 孔雀河向干流输水，使得 2010 年塔里木河流域水资源总量相比 2000 年也有好转（宁理科，2016）。

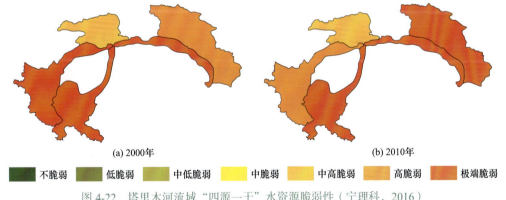

(a) 2000年　　　　　　　　　　　　　　　(b) 2010年

■ 不脆弱　■ 低脆弱　■ 中低脆弱　■ 中脆弱　■ 中高脆弱　■ 高脆弱　■ 极端脆弱

图 4-22　塔里木河流域"四源一干"水资源脆弱性（宁理科，2016）

第 4 章　气候变化对水资源的影响及其脆弱性

> **知识窗**
>
> 　　四源一干：塔里木河流域是环塔里木盆地的 114 条河流的总称，流域总面积 102 万 km²，全长 2437km。随着上游人类活动影响和用水量的不断增加，目前与塔里木河干流有地表水联系的只有阿克苏河、叶尔羌河、和田河三条源流，开都－孔雀河通过扬水站从博斯腾湖抽水经库塔干渠向塔里木河下游灌区输水，形成"四源一干"的格局。

4.4.2　水资源风险评估

　　由于不同 SSP 情景代表了不同的适应和减缓挑战，水资源风险评估中，应用的情景组合为 RCP2.6-SSP1，RCP4.5-SSP2 和 RCP8.5-SSP5。从未来地表水资源总量来看，地表水资源量可以满足未来新疆的用水量。但据中国统计年鉴和新疆水资源公报可知，2003~2018 年新疆用水量中地表水供水的多年平均值为 448.8 亿 m³（占总用水量的 82.9%），而新疆多年平均年地表水资源量为 864.5 亿 m³，由两者估算可知水资源的利用率为 51.9%。假定未来地表水供给比重和水资源利用率不变，全疆未来水资源风险评估中，采用有效地表水资源与需求地表水资源比值 r 为评价指标（若 $r<1$ 则水资源短缺风险高于当前）。由图 4-23 和表 4-9 可知，未来水资源短缺风险在不断增强。RCP2.6 情景下，到 21 世纪近期、中期和末期，水资源短缺指数由当前为 1，分别变为 0.88、0.85 和 0.88，未来水资源风险都要高于当前时期，但风险有着先增再减的变化趋势；RCP4.5 情景下，21 世纪近期、中期和末期的风险指数分别为 0.89、0.84 和 0.87，未来水资源风险较高，前期风险增加显著，后期风险变化不显著；相比于 RCP2.6 和 RCP4.5 情景，RCP8.5 情景下水资源风险较小，21 世纪近期、中期和末期的风险指数分别为 0.97、0.90 和 0.93，但水资源风险在 70 年代才呈现减少的趋势。

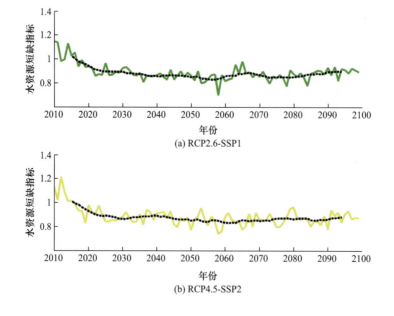

(a) RCP2.6-SSP1

(b) RCP4.5-SSP2

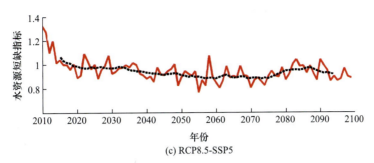

(c) RCP8.5-SSP5

图 4-23 2010~2099 年水资源短缺指数变化

表 4-9 21 世纪新疆水资源短缺

情景	近期 （2020~2039 年）	中期 （2046~2065 年）	末期 （2080~2099 年）
RCP2.6-SSP1	0.88	0.85	0.88
RCP4.5-SSP2	0.89	0.84	0.87
RCP8.5-SSP5	0.97	0.90	0.93

注：水资源短缺指数当前（2003~2018 年）为 1

　　对于塔里木河流域"四源一干"，不论何种情景下水资源风险状况都较差（图 4-24）。21 世纪 30 年代，开都–孔雀河流域和叶尔羌河流域都表现出极高风险；阿克苏河流域表现出中风险；塔里木河干流为中高风险；和田河流域在低排放情景下为高风险，而在中高排放情景下为极高风险。50 年代，低排放情景下，叶尔羌河流域风险有所下降，为高风险；RCP4.5 情景下，开都–孔雀河流域和田河流域风险等级有所变化，为高风险；RCP8.5 情景下，阿克苏河流域风险等级在上升，而开都–孔雀河风险等级有所下降（宁理科，2016）。

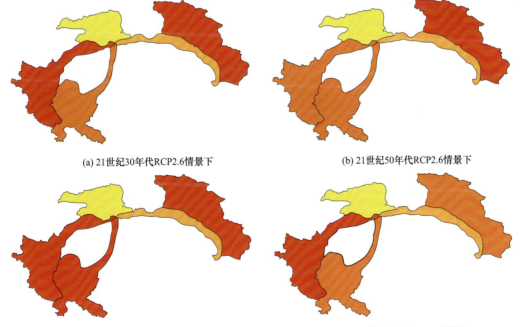

(a) 21世纪30年代RCP2.6情景下　　　　　(b) 21世纪50年代RCP2.6情景下

(c) 21世纪30年代RCP4.5情景下　　　　　(d) 21世纪50年代RCP4.5情景下

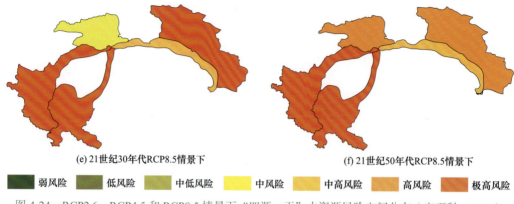

(e) 21世纪30年代RCP8.5情景下   (f) 21世纪50年代RCP8.5情景下

█ 弱风险　　█ 低风险　　█ 中低风险　　█ 中风险　　█ 中高风险　　█ 高风险　　█ 极高风险

图 4-24　RCP2.6、RCP4.5 和 RCP8.5 情景下"四源一干"水资源风险空间分布（宁理科，2016）

知识窗

风险评估：IPCC 第五次评估报告指出气候变化、社会经济活动、脆弱性、暴露度、危害与风险存在内在联系，并将风险归结为致灾因子、暴露度和脆弱性的耦合结果（Field et al.，2014）。水资源风险评估中致灾因子为水短缺，而水短缺主要受区域供水和需水间的关系决定。供水主要受气候变化（降水）和冰冻圈变化（冰川、积雪）影响。供水主要受三产发展结构和未来发展规划的影响，及区域三产发展的时空格局。脆弱性指的是三产的产出对水短缺程度的敏感性。水资源综合风险即为水短缺可能性、三产系统暴露度和三产系统脆弱性的耦合。

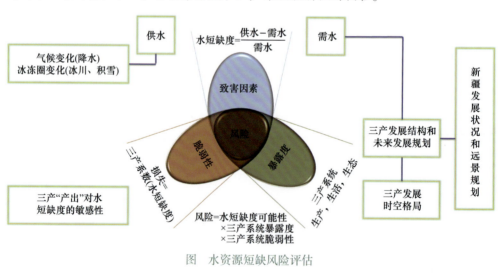

图　水资源短缺风险评估

新疆气候变化科学评估报告

参考文献

奥斯曼·伊斯马伊力，裴晶晶，郭伟．2017.气候变化对新疆哈密地区的河川径流影响分析.陕西水利，146-147.

曹丽青，林振山，葛朝霞，等．2008.新疆北部气候变化及其对水资源的影响分析∥河流开发、保护与水资源可持续利用——第六届中国水论坛论文集.成都：中国自然资料学会．

曹丽娟，张小平．2017.基于主成分分析的甘肃省水资源承载力评价.干旱区地理，40（4）：906-912.

陈伏龙，王怡璇，吴泽斌，等．2015.气候变化和人类活动对干旱区内陆河径流量的影响——以新疆玛纳斯河流域肯斯瓦特水文站为例.干旱区研究，32（4）：692-697.

陈亚宁，苏布达，陶辉，等．2014.塔里木河流域气候变化影响评估报告.北京：气象出版社．

陈亚宁，李稚，方功焕，等．2017.气候变化对中亚天山山区水资源影响研究.地理学报，72（1）：18-26.

崔彩霞，杨青，王胜利．2005.1960~2003年新疆山区与平原积雪长期变化的对比分析.冰川冻土，27（4）：486-490.

邓海军，陈亚宁．2018.中亚天山山区冰雪变化及其对区域水资源的影响.地理学报，73（7）：1309-1323.

邓铭江．2010.新疆水资源问题研究与思考.第四纪研究，30（1）：107-113.

国家统计局．2019.中国统计年鉴.北京：中国统计出版社．

韩萍，薛燕，苏宏超．2003.新疆降水在气候转型中的信号反应.冰川冻土，25（2）：179-182.

何清，袁玉江，魏文寿，等．2003.新疆地表水资源对气候变化的响应初探.中国沙漠，23（5）：493-496.

李培基．1988.中国季节积雪资源的初步评价.地理学报，43（2）：108-119.

李培基．2001.新疆积雪对气候变暖的响应.气象学报，59（4）：491-497.

刘珍，文彦君，韩梅，等．2017.人类活动影响下的陕西省水资源脆弱性评价.水资源与水工程学报，28（3）：82-86.

刘时银，姚晓军，郭万沁，等．2015.基于第二次冰川编目的中国冰川现状.地理学报，70（1）：3-16.

姜彤，孙赫敏，李修仓，等．2020.气候变化对水文循环的影响.气象，46（3）：289-300.

宁理科．2016.气候变化下干旱半干旱区水资源脆弱性及其风险评估研究——以塔里木河流域为例.北京：中国科学院大学学位论文．

秦大河．2018.气候变化科学概论.北京：科学出版社．

施雅风．2005.简明中国冰川目录.上海：上海科学普及出版社．

施雅风，沈永平，胡汝骥．2002.西北气候由暖干向暖湿转型的信号、影响和前景初步探讨.冰川冻土，24（3）：219-226.

苏宏超，沈永平，韩萍，等．2007.新疆降水特征及其对水资源和生态环境的影响.冰川冻土，29（3）：343-350.

沈永平，苏宏超，王国亚，等．2013.新疆冰川、积雪对气候变化的响应（Ⅰ）：水文效应.冰川冻土，35（3）：513-527.

孙宝林，魏林，杨瑾，等．2005.新疆地下水资源量及开采潜力分析．地下水，27（4）：266-267.

吴永萍，王澄海，沈永平．2011.1960~2009年塔里木河流域降水时空演化特征及原因分析．冰川冻土，33（6）：1268-1273.

王映红，夏金梧，李铭利．2016.以色列节水农业对新疆农业现代化的启示．水利发展研究，12：26-29，36.

王玉洁，秦大河．2017.气候变化及人类活动对西北干旱区水资源影响研究综述．气候变化研究进展，13（5）：483-493.

张敬涛，刘婧琦，盖志佳，等．2014.从以色列节水灌溉服务体系谈黑龙江大豆生产．中国种业，（5）：13-15.

郑媛芳．2018.新疆水资源分布及脆弱性评价．陕西水利，39-41.

Duethmann D，Menz C，Jiang T，et al. 2016. Projections for headwater catchments of the Tarim River reveal glacier retreat and decreasing surface water availability but uncertainties are large. Environmental Research Letters，11：054024.

Feng S，Hu Q. 2007. Changes in winter snowfall/precipitation ratio in the contiguous United States. Journal of Geophysical Research：Atmospheres，112：D15109.

Field C B，Barros V R，Dokken D J. 2014. Climate Change 2014：Impacts，Adaptation and Vulnerability. Intergovernmental Panel on Climate Change. Cambridge and New York：Cambridge University Press.

Huss M，Hock R. 2015. A new model for global glacier change and sea-level rise. Frontiers in Earth Science，3：54.

Huss M，Hock R. 2018. Global-scale hydrological response to future glacier mass loss. Nature Climate Change，8：135-140.

Knowles N，Dettinger M D，Cayan D R. 2006. Trends in snowfall versus rainfall in the western United States. Journal of Climate，19：4545-4559.

Luo M，Liu T，Meng F，et al. 2019. Identifying climate change impacts on water resources in Xinjiang，China. Science of the Total Environment，676：613-626.

Ragettli S，Immerzeel W W，Pellicciotti F. 2016. Contrasting climate change impact on river flows from high-altitude catchments in the Himalayan and Andes mountains. Proceeding of the National Academy of Sciences of the United States of America（PNAS），113（33）：9222-9227.

Serquet G，Marty C，Dulex J P，et al. 2011. Seasonal trends and temperature dependence of the snowfall/precipitation-day ratio in Switzerland . Geophysical research letters，38（7）：128-136.

新疆气候变化科学评估报告

第5章　气候变化对生态系统的影响

主要作者协调人：李新荣　吴建国
主　要　作　者：李　彦　曾凡江　王增如
贡　献　作　者：薛　杰　武亚堂

- ■ **执行摘要**

　　1960~2018 年，新疆荒漠生态系统面积整体上呈先减少后增加趋势，以 2000 年为拐点，于 2000 年之前呈显著减少趋势（减幅 10.5%），于 2000 年之后呈微弱增加趋势（增幅 0.2%）（中信度）。荒漠植被生产力和盖度整体上呈弱的增加趋势，NPP 平均增加速率为 1.8gc/（cm^2·10 a）；区域差异上表现为北疆略有增加和南疆略有减少，空间分异上表现为山前荒漠和荒漠绿洲交错带增加明显，荒漠腹地略有降低或无明显变化（高信度）。森林和草地生产力整体上以 0.118 t/（hm^2·10 a）的速率呈明显增加趋势，且自北向南增幅逐渐递减（中信度）。植物生长季开始时间整体上略有提前和结束略有推迟，生长季长度具有延长趋势（0.15~0.25d/a）（中信度）；空间分异表现为高海拔区域生长季开始时间呈提前趋势和低海拔区域呈推迟趋势或无明显变化（低信度）。绿洲面积由 20 世纪 50 年代的 1.3 万 km^2 增加到 7.07 万 km^2，其中耕地面积从 120 万 hm^2 扩大至 414.5 万 hm^2；绿洲稳定性整体下降，大部分绿洲处于不稳定状态；绿洲生态脆弱度整体增加，不同景观类型脆弱度排序为：未利用地＞农用地＞草地＞林地＞建设用地＞水域（中信度）。野生动植物多样性丧失速率增加，特色动植物种质资源分布范围发生改变或缩小，生物入侵危害范围扩大。病虫害、水土流失、地质灾害、火灾等生态灾害风险发生频率和强度增加（高信度），未来气候变化将使新疆生态问题更加凸显和灾害风险加剧（中信度）。

新疆"三山夹两盆"独特的地域结构形成了山地 – 绿洲 – 荒漠景观镶嵌分布格局，孕育了多样化的生态系统类型，主要包括荒漠、森林、草原、绿洲和湿地等。其中，荒漠生态系统以地貌单元可分为准噶尔盆地荒漠生态系统、塔里木盆地荒漠生态系统、东疆间山盆地荒漠生态系统及昆仑 – 阿尔金山高原荒漠生态系统；森林生态系统以天山、阿尔泰山的山区森林为主体；草原生态系统中由阿尔泰山、天山、昆仑山等山系的草甸生态系统和草原生态系统的两大部分组成。植物区系上地处欧亚森林亚带、欧亚草原区、中亚荒漠亚区、亚欧中部荒漠亚区和中国喜马拉雅植物亚区的交汇地带，植物资源种类丰富，养育着大量的野生动物，造就了丰富的生物多样性。

新疆深居内陆，远离海洋，气候干燥，属于温带大陆性气候，植被覆盖率低，自然生态系统的稳定性低，且对气候变化响应敏感。1958~2017 年，气候变化特征表现为气温升高、降水量增多、水循环加快和冰川积雪融化加速等特征。整体上由暖干向暖湿转变，且北疆气温和降水的增幅均大于南疆（Wu et al., 2019）。气候变化导致了区域水热的重新配置，成为天然生态系统结构和功能的主要驱动力，对生物多样性、植物种群分布、生态系统结构和功能以及生态灾害和风险等多个层面上产生了深刻影响。

5.1 生态系统结构、功能和服务

5.1.1 荒漠

1. 分布与格局

新疆荒漠分布广泛，面积达 131 万 km^2，占新疆国土总面积的 80.55%。荒漠类型复杂多样，有沙漠、砾漠、盐漠、泥漠、岩漠等 11 种类型。沙漠是荒漠分布面积最大的类型，面积达 42.68 万 km^2，占荒漠总面积的 32.49%；按地理区域可分为塔里木盆地沙漠区、准噶尔盆地沙漠区、阿尔泰山沙漠区、准噶尔西部山沙漠区、昆仑山—阿尔金山沙漠区、天山沙漠区 6 个区（杨发相等，2019）。荒漠生态系统植物生活型呈地带性分布，其中半灌木、小半灌木荒漠主要分布在塔克拉玛干大沙漠的边缘中低海拔地区，成环状分布向东延伸到若羌地区以及准噶尔盆地低边缘地区；灌木荒漠主要沿着塔里木河成条带状分布一直延伸到哈密；小乔木荒漠主要呈东西带状分布在婆罗科努山和博格达山一线以北地区的准噶尔盆地的大部，以及博格达山麓的以北地区，向东一直延伸到巴里坤哈萨克自治县；垫状小半灌木高寒荒漠呈环状分布在昆仑山和阿尔金山的高海拔地区。

自 20 世纪 60 年代以来，荒漠生态系统面积整体上呈先减少后增加趋势。2000 年之前面积呈现显著的增加趋势，减少面积为 10.5%（13.83 万 km^2），主要原因由于大面积垦荒和绿洲面积的急剧扩展（中信度）；2000 年之后整体变化幅度较小，呈弱的增加趋势。2000 之后，由于平均气温增加和水资源不合理利用，部分冰川积雪融化区转变为荒漠，以及部分森林、草甸、草原和退耕地转变为垫状小半灌木（高寒）荒漠和灌木荒漠，导致新疆荒漠生态系统面积略有增加，增加幅度为 0.2%（袁烨城等，2015）。

2. 植物物候

受气温和降水增加的影响，整体上新疆荒漠区植物生长季开始时间（start of season，SOS）略有提前，生长季结束时间（end of season，EOS）略有推迟，生长季长度（length of season，LEN）呈延长趋势（中信度）。1982~2015年，植被生长开始时间呈提前趋势，提前速率为0.14 d/a（李耀斌等，2019）；2001~2016年，生长季长度延长长度约为0.15 d/a（张仁平等，2018）。水平空间分异上，纬度较低且水热条件相对较好的区域EOS推迟较明显，特别是在河流沿岸更为明显；垂直格局上，SOS在高海拔区域呈提前趋势，荒漠平原等低海拔区域呈推迟趋势或无明显变化。不同物种物候特征对气候变化的响应具有一定的差异性，如吐鲁番地区自1977年以来，沙拐枣属（*Calligonum* L.）植物刺果组（Sect. *Medusa*）、泡果组（Sect. *Calliphysa*）、基翅组（Sect. *Calligonum*）和翅果组（Sect. *Pterococcus*）芽膨胀和开始展叶时间大部分呈提前趋势，同化枝开始变色和同化枝初落时间呈推后趋势；年平均气温每升高1℃，泡果组、刺果组、基翅组、翅果组的芽膨胀时间分别提前4.5d、4.3d、4.1d、8.3d。此外，准噶尔盆地早春短命植物物候主要受季降雪量和早春降雨量波动影响，典型建群种白梭梭、细穗怪柳、红砂和盐穗木等植物生长季长度与年均气温呈正相关，均不同程度延长。

3. 生态系统结构

降水变化是影响荒漠生态系统结构的主要原因，对荒漠植物萌发、存活和定居、种群物种组成和植物多样性等具有重要影响（中信度）。具体体现在：① 降水的增加提高了荒漠植物种子萌发率和存活率。模拟实验表明，秋季增加降水30%，北疆有15科47属63种一年生短命植物可在当年秋季萌发，约占一年生短命植物总数的43%（汤灵红，2016）。特别是冬季降雪增加，短命植物和多年生草本种子萌发率和存活率都显著增高（Liu et al.，2018）；而灌木和小乔木的萌发率和存活率对降雪、降雨及其交互作用的响应显著（Luo et al.，2015；刘华峰，2018）。② 降水变化改变了荒漠植物生活史和繁殖策略。如秋季或春季增水增加，使抱茎独行菜、小车前和角果毛茛等草本植物更早进入始花期和初果期，且开花持续时间和结实持续时间显著延长，凋亡期推迟，繁殖体或种子质量显著提高，进而增加了种子库的数量及种子适合度（汤灵红，2016）。③ 降水变化显著改变了荒漠植物物种组成、物种多样性、优势种优势度以及植物群落片层结构。降水增加荒漠生态系统片层结构的影响具有很大差异，其影响程度上依次为短命植物＞一年生草本＞多年生草本＞灌木。大部分荒漠物种（如灌木蛇麻黄、白茎绢蒿等）随着降水增加其优势度显著增加；但白梭梭、梭梭、淡枝沙拐枣等重要建群种将随着降水增加而分布频度降低（Zeng et al.，2016）。

未来气候变化情景下，多种荒漠植物物种分布范围将发生重要变化。在RCP4.5气候变化情景下，梭梭分布范围及重心可能从北疆将向西北和东北方向迁移（Li et al.，2019；马松梅等，2017；宁虎森等，2017）；裸果木分布范围和种群密度将减少（阿尔曼·解思斯，2019）。

4. 植被生产力和盖度

气候变化背景下，新疆荒漠植被盖度和生产力变化趋势一致。整体来看 20 世纪 60 年代以来，植被盖度和生产力略有增加，时空分异特征明显。空间分异上，南疆植被盖度和生产力呈下降趋势，而北疆呈增加趋势；其中，山前荒漠和荒漠绿洲交错带增加显著，内陆河中下游植被下降幅度最大，荒漠平原或腹地植被变化不明显。时间格局上，2000 年之前荒漠区植被盖度普遍呈下降趋势，仅局部区域有增加趋势；2000 年之后，两者均表现为微弱增加趋势（中信度）。

1961~2015 年间，NPP 平均值为 92.4 g C/m^2，增加速率为 1.8 g C/（m^2·10 a）（黄秉光等，2018）；南疆荒漠区 NPP 略有增加，主要分布在博州、塔城、吐鲁番盆地、阿克苏、克州以及巴州的西部地区，而古尔班通古特沙漠和塔克拉玛干沙漠两大沙漠腹地呈现出较大的不确定性（Fang et al.，2019）；北疆荒漠区 NPP 略有减少，主要有石河子、昌吉州的大部地区以及乌鲁木齐及沙漠腹地（杨红飞，2013；任璇等，2017；黄秉光等，2018）。

2005~2015 年，新疆荒漠区植被盖度基本没有变化，呈现出随降水波动变化的增加或减少（Fang et al.，2013；Xu et al.，2016；何宝忠等，2016；Yao et al.，2018；贾俊鹤等，2019）。植被盖度呈轻微减少趋势的区域为塔克拉玛干沙漠与塔里木河流域交界地区、车尔臣河改道前流域范围、若羌县城中心地区和米兰镇中心地区；略微增加的区域为若羌县城、米兰镇、瓦石峡镇、车尔臣河流域、铁干里克镇和塔里木河流域（王智超，2018）；沙漠腹地植被盖度变化不明显或局部区域有减少趋势，如罗布泊地区在 1988~2017 年间整体植被覆盖度保持相对稳定的状态，区域平均 NDVI 值的线性变化趋势为 –0.006/30a。

5. 服务功能

荒漠生态系统是新疆重要的生态屏障，对绿洲区的生产、生活及社会稳定发挥着至关重要的作用，具有不可忽视的生态功能和服务价值。据 2018 年估算，全疆荒漠生态系统每年产生 726.5 亿元的服务价值；其中，防风固沙功能价值最高，占 44.90%；固持水功能价值次之，占 31.67%；生物多样性保育价值占 10.44%；保育土壤功能价值占 7.55%；固碳释氧功能占 4.77%；净化大气环境和积累营养功能价值量较低，仅占 0.32%（刘茂秀等，2018）。梭梭林是北疆荒漠生态系统服务价值的主要功能种群，其防风固沙和生物多样性保护功能产生的价值占总价值的 86.02%（宁虎森等，2017）。荒漠生态服务功能对气候变化敏感，未来新疆气候向暖湿化转变的情景下，新疆荒漠生态系统服务功能和价值将有所增加（李婧昕等，2019）。

5.1.2 绿洲

1. 现状和面积变化

与 20 世纪 50 年代相比,新疆绿洲总面积增加显著,由当初的 1.3 万 km² 增加到 7.07 万 km²;耕地面积从 120 万 hm² 扩大至 414.5 万 hm²。人工绿洲面积增加尤其显著,自然绿洲有所缩减,目前一半以上的绿洲面积为人工绿洲(中信度)。70 年代新疆绿洲总面积占新疆国土面积的 8.18%,截至 2015 年,绿洲占比为 9.93%;从绿洲土地使用类型来看,耕地和建设用地呈增加趋势,而林地、草地、水域和未使用土壤呈减少趋势(图 5-1 和图 5-2)。由于绿洲变异性大、时空联系弱、水资源制约因素突出、生态环境极其脆弱、对水资源高度依赖等特点,使新疆绿洲具有对气候变化与人类活动变化响应的敏感。长时间尺度上,气候变化通过对新疆高山水资源的影响,间接影响着绿洲格局演化与脆弱性变化;短时间尺度上,人类活动对绿洲水资源变化直接影响着绿洲水资源合理配置、稳定性与可持续发展。

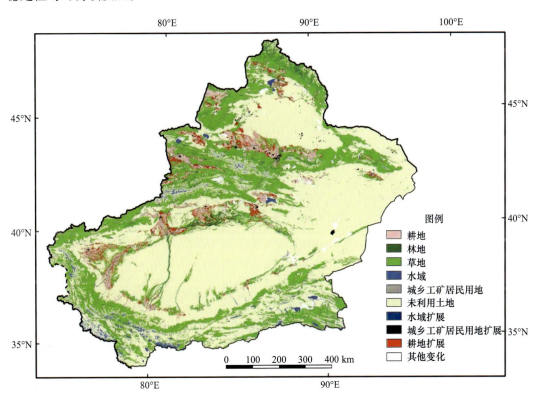

图 5-1 新疆 1970~2015 年绿洲年代空间变化(贺可等,2018)

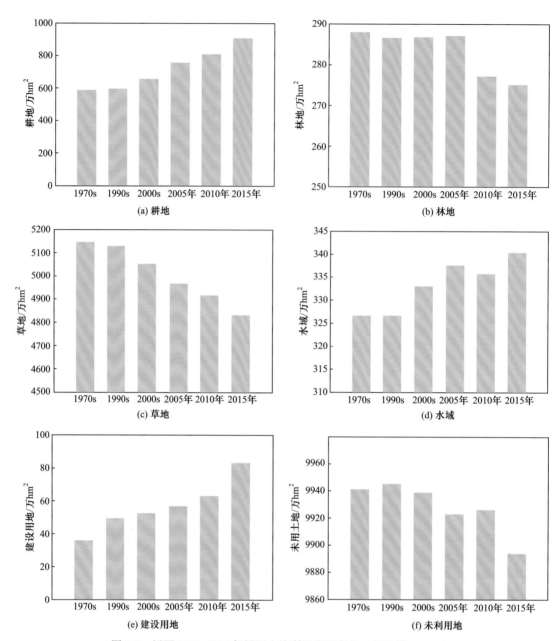

图 5-2　新疆 1970~2015 年绿洲土地利用类型变化（贺可等，2018）

2. 稳定性

　　气候变化是新疆绿洲稳定性发生变化的内在驱动力，过度的人类活动是绿洲稳定性发生变化的外在驱动力，二者之间的相互作用导致新疆绿洲自 70 年代以来系统稳定性整体下降（中信度）。其中，20 世纪 50~70 年代，由于人为过度利用水土资源的活动相对较少，气候与人为活动都处于适宜期，绿洲稳定性相对较高；70 年代之后，随着新疆大开发的深入，人口压力、城市化和农业经济的迅猛发展，不可避免地出现经济发展以生态环境的破坏为代价。由于水土资源开发强度的增大，绿洲荒漠化面积进一步扩大，林地、中覆盖草地、湖泊水库坑塘沟渠、湿地、河流河滩面积进一步减少，绿洲外围与荒漠间的交错带整体面积缩小。人类活动与气候因素的叠加作用下，最终导致新疆绿洲稳定性严重下降，目前新疆大部分绿洲出现不稳定状态（中信度），如和田绿洲、渭干河平原绿洲、三工河绿洲、玛纳斯河绿洲、且末绿洲、吐鲁番绿洲等。

从景观格局变化来看，新疆人工绿洲的兼容现象减少了景观斑块的数目，增大了景观斑块的粒径，降低了人工绿洲的异质性和多样性。人工绿洲兼容现象的产生是由于人类投入了大量的物质和能量，逐步降低了人工绿洲斑块的异质性和多样性，增强了其有序稳定性。如石河子莫索湾垦区绿洲景观破碎化程度越来越突出，其绿洲由稳定状态逐渐变为不稳定状态（贾宝全等，2001）。此外，绿洲土地利用程度越高，越有利于绿洲稳定状态发展，但土地弃耕比例越高，绿洲环境质量越低，绿洲稳定性逐渐变低。绿洲景观斑块的控制力随时间在逐步减弱，且变化的幅度也逐步减小（罗格平等，2004）。说明景观斑块之间的相互作用总体在下降，绿洲景观斑块的自然稳定性总体呈现增强的趋势。但由于人类活动对景观斑块的干扰强度趋于增强，景观斑块之间的转化趋于频繁，导致绿洲景观环境资源斑块的稳定性较低，人工引入斑块的稳定性较高（中信度）。

3. 生态脆弱性

新疆水资源极为缺乏，加之长期以来气候变暖和人类对资源的过度利用，生态环境系统抗逆性弱，绿洲脆弱性自20世纪80年来以来具有增加趋势（中信度）。新疆绿洲景观类型的脆弱度可排序为：未利用地 > 农用地 > 草地 > 林地 > 建设用地 > 水域（表5-1）。这表明未利用地、农用地以及草地景观类型的系统脆弱性强，对外界干扰反应敏感。其中，农用地和草地受外界干扰后沙化的概率较大，在粗放式的管理和利用条件下易发生退化。农用地主要为绿洲上的灌溉农业，由于大量引用河水和开采地下水，致使地下水位严重下降、盐渍化、沙漠化和土壤侵蚀过程明显，成为全区可利用土地中脆弱度最大的景观类型。林地主要分布在山区和河流沿线，由于近几年对河流的保护、治理比较重视，特别是从2000年开始的塔里木河向下游生态输水，使一度断流的塔里木河下游又恢复了生机，林地的景观脆弱度略有降低。

表 5-1　绿洲景观类型脆弱度指数（黄莹等，2009）

脆弱度指数	农用地	林地	草地	建设用地	水域	沙地	其他未利用地
分维倒数	0.73	0.72	0.74	0.78	0.71	0.76	0.77
破碎度	0.04	0.023	0.29	0.00	0.03	0.38	0.22
脆弱度	0.31	0.18	0.23	0.15	0.14	0.31	0.38

根据脆弱度指数可将新疆划分为五个脆弱性分区：一级区（EVI值为0.1490~0.1937），二级区（EVI值为0.1937~0.2384），三级区（EVI值为0.2384~0.2832），四级区（EVI值为0.2832~0.3279），五级区（EVI值为0.3279~0.3726）。一级区面积最

小，仅占研究区面积的 0.94 %，二级区约占 18.49%，三级区约为 22.01%，四级区面积最大为 42.15%，五级区约占 16.41%（黄莹等，2009）。这五类生态环境脆弱性的空间分布主要受制于气候和地貌因素所决定的水资源分布状况。南疆昆仑山沿线地区海拔较高，且植被盖度较低，受水力侵蚀影响，区域生态脆弱性较高。在水资源条件较好的绿洲区，人类活动则成为主导因素，比如中部天山沿线，来自大西洋的暖湿气流受到天山山脉的阻挡，形成较为丰富的降水，生态环境较稳定。但由于长期以来人类的过度开发，土壤侵蚀、土壤盐渍化频发，也出现了生态脆弱度高值区。总体而言，新疆绿洲生态脆弱度大体表现为环沙漠呈环状、条带状分布，距离沙漠越近生态脆弱度值越高，空间上东疆＞北疆＞南疆。同时，随着城镇化发展，绿洲城市规模越大，生态环境系统脆弱性越大。不同发展类型城市中以工业、石油开采业为主导产业的城市脆弱性较大，以商贸、旅游和农畜牧业加工为主导产业城市脆弱性较低。

绿洲 – 沙漠过渡带是新疆绿洲生态脆弱性变化最显著的区域，近年来，随着人工绿洲的扩张和对绿洲边缘植被资源的过度利用，新疆绿洲 – 沙漠过渡带面积明显减少，生境破碎化程度增加，对绿洲防护作用下降，其生态脆弱性增强，威胁着新疆绿洲生态安全。如三工河绿洲荒漠植被严重萎缩，其中萎缩面积最显著的是柽柳 – 琵琶柴群落，在过去 65 年间缩减了 192.06 km^2，其次是柽柳群落，缩减了 154.47km^2。另外，2000~2010年，策勒绿洲过渡带 NDVI 年最大值呈下降趋势，绿洲内部大部分区域生长季 NDVI 累计值呈下降趋势（潘光耀等，2014）。

4. 绿洲生态风险

水资源是保证新疆绿洲可持续性发展的基础。水资源的过度开发，使得天然绿洲失去了水资源的保障，产生了大面积土地退化和绿洲环境负效应，致使盐渍化、沙漠化和土壤侵蚀等生态风险增强（中信度）。过去几十年中，由于人口增长和经济发展压力，绿洲农业灌区面积不断扩张，绿洲水资源的 90% 以上用于农业灌溉。例如，塔里木南缘盆地绿洲的人工绿洲面积从 1990 年以来，面积已由 2100km^2 增长到 3300km^2，总面积增加了将近 1200km^2。此外，由于近年来城市化建设的飞速发展，农用地和草地受外界干扰后沙化的风险较大；大量引用河水和开采地下水，致使地下水位严重下降，盐渍化、沙漠化和土壤侵蚀风险增强（表 5-2）。

表 5-2 绿洲景观类型风险评估指标（黄莹等，2009）

风险评估指标	农用地	林地	草地	建设用地	水域	沙地	其他未利用地
沙漠化敏感度	0.31	0.09	0.09	0.08	0.06	0.21	0.32
盐渍化敏感度	0.33	0.11	0.08	0.06	0.05	0.05	0.34
土壤侵蚀敏感度	0.25	0.17	0.16	0.04	0.04	0.36	0.36

5.1.3 森林和草地

1. 分布与格局

新疆森林面积为 1165.36 万 hm^2，覆盖率为 4.70%。森林资源主要由山地森林、平原荒漠森林、绿洲人工林三大部分组成。林地水平分布格局上，山区多于平原、北疆多于南疆；垂直分布随海拔升高而减少的特征。新疆草地面积为 5725.55 万 hm^2，其中平原草地面积有 2401.19 万 hm^2，占总草地面积的 42%；山地草地面积有 3324.69 万 hm^2，占总草地面积的 58%。新疆草地类型包括荒漠、草原、草甸、沼泽四个类组，主要分布在天山、阿尔泰山、昆仑山、阿尔金山和准噶尔盆地、塔里木盆地边缘及各河沿岸。其中，阿尔泰山是全疆天然森林的主要分布地区和重要的牧区草场；天山极高山、高山带有大量草甸植被分布，中山带阳坡以草甸、草甸草原植被为主，阴坡或半阴坡长发育呈斑块状镶嵌分布的森林，是天山主要林区和优良草场分布区；昆仑山中山带植被以草原和荒漠草原为主，在帕米尔北坡有零星的云杉林，谷底分布有零星的草甸草原植被。除山地外，新疆平原各大河流域，广泛分布有天然荒漠阔叶林，主要有平原荒漠胡杨林与河谷次生林。平原荒漠天然林和河谷次生林的共性都是分布在河流两岸的天然阔叶林，且树种均是杨树类。

2. 植物物候

受气温和降水变化的影响，新疆草地 SOS 整体上略有提前，EOS 具有不确定性变化，且具有明显的空间分异（中信度）。空间上 SOS 在天山北坡部分区域有显著提前趋势，塔里木盆地北缘则呈显著推迟的趋势，植被 EOS 显著提前趋势零星分布于天山以北的区域（马勇刚等，2014）；物候变化特征随着高海拔变化呈现出明显的区域性差异，海拔 2500~3000m 草地的 SOS 呈推迟趋势，其他海拔带上均呈提前趋势；海拔 1500~2000m 草地的 EOS 呈提前趋势，其他海拔带上均呈推迟趋势；海拔 2700m 以下的草地 LEN 变化不大，而海拔 2700~4100m LEN 则呈现延长趋势（张仁平，2017）。2001~2014 年间，新疆草地返青期提前的面积比例（59.5%）大于推迟的面积比例（40.5%），显著提前的区域主要分布在阿尔泰山中山带和伊犁河谷中山带，显著推迟的区域零星分布在准噶尔盆地边缘地带，以及天山北坡的区域，SOS 提前速率为 0.11d/a。EOS 呈推迟趋势，推迟的面积比例（52.7%）略大于提前的面积比例（47.3%），草地枯黄显著提前的区域零星分布在伊犁河谷中山带以及准噶尔盆地，EOS 推迟速率为 0.14d/a。生长期呈延长趋势，LEN 的延长的面积比例（52.9%）略大于缩短的面积比例（47.1%），生长期延长的速率为 0.25d/a。

气温和降水变化是影响新疆草地物候变化的主要因素（中信度）。整体来看，春季气温对草地 SOS 提前有促进作用，秋季降水增加会推迟草地 EOS 的到来（张仁平，2017），不同草地类型物候对水热变化的响应不同。2 月份和春季气温上升有助于草地 SOS 的提前，除低地草甸、温性荒漠和高寒荒漠外，1 月份气温上升会导致草地 SOS 推迟。冬季降水对海拔较高降水较少的草地 SOS（如高寒草原和高寒荒漠）有促进作用，春季降水对较多的 SOS（高寒草甸、山地草甸和温性草甸草原）有延迟作用。

3. 生产力

20 世纪 60 年代以来，新疆森林和草地 NPP 呈现缓慢增加趋势（中信度）。1961~2008 年间，NPP 平均以 0.118 t/（hm² · 10a）的倾向率增长，并于 1978 年以来发生了突变性的增大。整体上草地生产潜力和增幅表现由北向南逐渐递减，与多年平均降水量变化趋势相同（张锐等，2012）。1961~2015 年，新疆 NPP 平均值为 92.4gC/m²，NPP 总量的时间动态变化呈缓慢增加趋势 [1.8gC/（m² · 10a）]（黄秉光等，2018）。其中，1969~2011 年，阿尔泰山中东部西伯利亚落叶松径向生长和材积生长量表现出显著增加趋势，且与生长季气温有较好的相关性，对气候变化的响应比较敏感，树木径向生长对生长季初期由高温引起的干旱的响应敏感性越来越强，而对生长季中期气温的敏感性表现出先减弱再增强的趋势（焦亮等，2019）；天山东部西伯利亚落叶松在气候变暖背景下，树木径向生长不断减小的特征在低海拔地区表现更为明显，高海拔地区西伯利亚落叶松的径向生长主要受气温的影响，而中低海拔地区主要受降水与气温的共同影响（黄力平等，2015）。整体来看，新疆 NPP 与降水量变化呈显著正相关，气温的变化对 NPP 的影响不显著，说明降水的增加相对气温的升高，对新疆植被净初级生产力的变化有着更加积极的影响。未来气候变化背景下，北疆草地生产力将呈现上升趋势，南疆草地生产力则有降低趋势。未来气候变湿将对新疆 NPP 产生积极影响，但气候变暖对 NPP 将产生不利影响。根据模型预测，年降水量每增多 10%，NPP 将增加 20%，年平均气温每升高 1℃，NPP 将减少 4%~6%（张山清等，2010）。

4. 服务功能

新疆森林生态系统服务功能总价值为 1134.5 亿元，其中直接经济价值 91.763 亿元，间接经济价值 1042.8 亿元，是直接经济价值的 11.36 倍（熊黑钢和秦珊，2006）。由于新疆地处干旱区，天然乔木林在涵养水源方面的作用最为突出，生物多样性保护次之。新疆天然乔木林生态效益总价值为 229.35 亿元 /a，其中涵养水源功能价值量最大，占新疆天然乔木林生态效益总价值的 39.20%，其次为生物多样性保护价值量，占总价值量的 21.11%（郭仲军等，2015）。各功能价值量的排序依次为：涵养水源＞固碳释氧＞生物多样性保育＞保育土壤＞净化大气环境＞积累营养物质；乔木林和灌木林生态服务价值量分别占总价值量的 69.27% 和 30.72%（李吉玫等，2016）。在未来 RCP4.5 和 RCP8.5 情景下，新疆中部森林生态系统服务总价值将呈现减少趋势（徐雨晴等，2018）。

新疆草地生态系统总服务价值估算值为 71.32 亿美元，其中经济功能和生态价值分别占 21.26% 和 78.74%。各草地类型中，温性荒漠草原、温性荒漠和低平地草甸是新疆草地的主体类型，合计占总服务价值的 58% 以上，其中低平地草甸提供的生态服务价值最高（30.20%）（叶茂等，2006）。例如，新疆伊犁河流域，草地生态系统每年的服务价值为 200.47 亿元，山地草甸类草地、温性草甸草原类以及温性草原类草地生态服务价值达 145.3 亿元，占到全流域草地总生态服务价值的 72.48%，流域生态系统服务性功能远大于生产性功能。

2000~2015 年，新疆森林和草地生态系统服务价值总量变化不大，但价值结构组成上变化呈现不同的变化趋势；其中气体调节服务、气候调节服务、原材料生产及文化服务价值呈单调下降趋势；水文调节服务价值呈先下降后上升的趋势，废物处理服务价值呈先上升后下降再上升的趋势（中信度）。空间变化分析上，喀什、阿克苏地区生态服务价值显著下降，阿勒泰、塔城地区生态服务价值显著上升（Zhang et al.，2019）。例如，伊犁河谷于 2001~2015 年间，90.04% 的草地出现不同程度的退化，草地退化面积及覆盖度降幅逐步增大，但退化速度在 2010 年以后年有所减缓；草地退化致使草地生态服务价值总量减少 10.30%，由畜牧超载和过牧所致使的草地生态服务价值减少总量远高于其食物和原材料价值的损失（闫俊杰等，2018）。未来 30 年在 RCP4.5（中低排放）和 RCP8.5（高排放）情景下，新疆中部小范围内草地生态系统服务总价值均将不同程度减少（徐雨晴等，2017）。

5.2　生物多样性

5.2.1　野生动植物

1. 动物

新疆鸟类共有 425 种（马鸣，2011），主要分布在阿尔泰山和天山南北坡中低海拔地区；新疆的哺乳动物共有 138~154 种（黄薇等，2007；阿布力米提·阿布都卡迪尔，2002），主要集中分布在山区（阿尔泰山、准噶尔西部山地、天山中西部和昆仑山前山带）（龙昶宇等，2019）。由于气候变化、生产活动侵占野生动物生境，加之非法捕猎，使部分野生动物种已灭绝（如新疆虎）、有的离境（如蒙古野马和赛加羚羊）、有的濒危（如新疆大头鱼）、有的数量减少（如鹅喉羚、马鹿、天鹅、大雁）、有的分布范围缩小（如野骆驼、野驴等）。新疆濒危物种以福海县最多（有 142 种），其次为布尔津县（140种）、富蕴县（139 种），都是阿尔泰山县市，而最少的是疏附县（42 种）、喀什等其次（袁国映等，2010）。气候变化影响了这些物种栖息环境。如基于新疆北鲵自然保护区周边气象站 1963~2014 年气温和降水数据分析表明，该区域近 1963~2014 年气候与新疆整体气候变化趋势一致，偏"暖湿"化，但降水增加弱于升温趋势，山间涌泉及溪流减少，使北鲵栖息湿地面积萎缩（袁亮等，2016）。气候变化也影响了一些昆虫种群。例如，新疆巴音布鲁克高寒湿地近 60 年来气候变化改变了湿地水量平衡，使栖息环境变化，影响摇蚊群落演替。近 60 年来巴音布鲁克区气候向暖湿方向转变，气温升高加速冰雪消融，加上降水量增加，使湿地水源补给充沛，地表径流增加，加剧土壤侵蚀，改变了洼地基底粒度组成，影响摇蚊生长和演替；而水源补给增加促进了湿地水生植物生长，提供了良好栖息场所和食物来源，促进摇蚊种群数量增加；从 20 世纪 90 年代开始摇蚊优势种从适应性较强类型向与水生植物关系密切类型转变（宁栋梁等，2017）。

　　未来气候变化对新疆的野生动物多样性将产生较大影响。如在 A2 和 B2 气候变化情景下，鹅喉羚（柴达木亚种）、鹅喉羚（南疆亚种）、草原斑猫、蒙古野驴、石貂和野骆驼目前适宜分布范围将缩小，2081~2100 年时段，鹅喉羚（南疆亚种）、草原斑猫和蒙古野驴变化幅度最大，鹅喉羚（柴达木亚种）、石貂和野骆驼次之；1991~2020 年到2081~2100 年时段，鹅喉羚（柴达木亚种）、石貂和野骆驼新适宜及总适宜分布范围呈增加趋势，其他动物这些范围呈现减小趋势。蒙古野驴目前适宜分布区西部、北部、南部和东南部一些区域将不适宜，新适宜分布范围将向青海西北部和西藏西部扩展；鹅喉羚（南疆亚种）适宜分布区极大破碎化，新适宜范围在新疆西部、北部及昆仑山呈零星分布；草原斑猫目前适宜区南部、西部和东部一些区域将不适宜，新适宜分布范围将向目前适宜分布区西部、北部、南部扩展；其他动物主要是目前适宜分布区南部及东南部一些区域不适宜，新适宜分布区将向目前分布区西部、西北和北部扩展（吴建国和周巧富，2011）。2010~2050 年，气候和土地覆盖变化情景下，在阿尔泰山的 9 种受威胁哺乳动物物种丰富度将下降，周转率将提高，预计将损失当前 50% 以上的范围，并且大多数物种会向东迁移，并移至高海拔地区而使其分布范围缩小（Ye et al.，2018）；塔里木兔当前气候条件下适宜生境主要分布在巴州、阿克苏地区、喀什地区东北部、和田地区西北部和东部，RCP4.5 情境下 2050 年代和 2070 年代适宜生境面积分别缩小 2.35% 和扩大2.96%；RCP 8.5 情境下两个年代适宜生境面积分别缩小 0.01% 和扩大 6.3%；草兔在当前气候条件下适宜生境主要分布在阿勒泰、塔城北部、伊宁县、沙湾县、克拉玛依、哈密市北部、南疆乌恰县和塔西库尔干县，RCP4.5 情境下适宜生境面积缩小 4.27% 和 5.37%，RCP8.5 情境下适宜生境面积缩小 7.22% 和 5.97%；雪兔当前气候条件下适宜生境主要分布在阿勒泰中北部、塔城地区北部、博州西部，伊宁县、尼勒克县等地区，RCP 4.5 情境下适宜生境面积缩小 5.68% 和 6.23%，RCP8.5 情境下适宜生境面积缩小 4.66% 和 4.21%（伊拉木江·托合塔洪等，2020）。

2. 植物

　　过去气候变化和人类活动已经对新疆野生植物多样性产生了影响。如过去几十年地下水位下降，土壤水分减少及土壤盐分含量过高导致古尔班通古特沙漠西部梭梭退化（刘斌等，2010）；2009~2018 年，准噶尔荒漠典型一年生猪毛菜属植物种群数量随季节波动剧烈，春季萌发植株的死亡率能达到 41.6%~100%，1988~2018 年样点内物种丰富度与3~6 月降雨呈显著正相关关系，物种多度与年降水量、3~6 月降雨呈显著正相关，Gleason指数与年降水量、降雪量和 3~6 月降雨量也表现出显著正相关性（刘华峰，2018）。近 56年来，绿洲胡杨年生长季起始日提前、终止日推迟、生长期延长（张文霞等，2017），但与 1960~2017 年和 1960~1998 年相比，1998~2012 年胡杨起始日推迟、终止日提前、生长期缩短（司文洋等，2020）。

未来气候变化将继续对新疆野生植物多样性带来影响。在 A2 和 B2 情景下（与 2000年相比，A2 情景指 CO_2 浓度于 2080 年上升至 700μL/L，气温增加 3.79℃；B2 情景指 CO_2 浓度至 2080 年上升至 550μL/L，气温增加 2.69℃），短叶假木贼、裸果木、梭梭、膜果麻黄、驼绒藜和喀什膜果麻黄目前适宜分布范围减小；从新适宜及总适宜分布范围而言，短叶假木贼和梭梭从 1991~2020 年到 2051~2080 年时段增加，之后减小，其他植物从 1991~2020 年到 2081~2100 年时段减小；喀什膜果麻黄和驼绒藜适宜分布范围减小并破碎化，其他植物向目前适宜分布的西部、西北部等区域扩展。未来气候变化下，这些植物目前分布范围减少，新适宜及总适宜分布范围近期增加，随气候变化程度增强，又逐渐减小（吴建国，2010）；未来气候变化情景下（2050 时段和 2070 时段，基于 RCP6.0 情景）裸果木在西北荒漠区分布区将减少 32% 左右，主要分布在塔里木盆地西端等，最适宜的分布区也将明显缩减（魏博等，2019）。在 A2 和 B2 情景下，密枝喀什菊、肉苁蓉、沙打旺、四合木、松叶猪毛菜、新疆贝母和伊贝母等濒危植物适宜分布范围较之目前缩小，到 2081~2100 年时段缩小 80% 以上；就新适宜及总适宜分布范围而言，密植喀什菊从 1991~2020 年到 2051~2080 年时段呈现增加趋势，之后呈现减小趋势，沙打旺从 1991~2020 年到 2081~2100 年时段呈现增加趋势，其他植物呈现减小趋势。气候变化下，6 种植物目前适宜分布区中大部分区域将不再适宜，新适宜分布区将主要向昆仑山、阿尔金山和帕米尔高原等高海拔区域扩展，沙打旺从 2051~2080 年到 2081~2100 年时段向东北高纬度区域扩展。气候变化下，这些植物目前适宜分布范围极大缩小，新适宜范围扩大（吴建国，2010）；A2 和 B2 气候情景下，百花蒿、红砂、灌木亚菊、灌木小甘菊、戈壁藜、瓣鳞花和白梭梭目前适宜分布范围呈缩小趋势；就新适宜及总适宜分布范围，瓣鳞花在 1991~2020 年到 2051~2080 年时段呈增加趋势，之后下降，灌木小甘菊在 1991~2020 年到 2081~2100 年时段变化不大，其他植物呈减小趋势，其中 A2 情景下变化较大，B2 情景下较小。气候变化下，白梭梭、瓣鳞花、戈壁藜和灌木亚菊目前适宜分布区南部、百花蒿目前适宜分布区北部和东部、灌木小甘菊目前适宜分布区北部和西北部、红砂目前适宜分布区北部、东北部和西北部一些区域将不再适宜，新适宜分布区将向昆仑山、帕米尔高原等高海拔区域扩展，白梭梭在 1991~2020 年到 2081~2100 年时段、瓣鳞花、戈壁藜和灌木亚菊在 2051~2080 年到 2081~2100 年时段新适宜分布区将向东北高纬度一些区域扩展（吴建国，2011）。在基准（1961~1990 年）及 2050（2041~2060年）和 2070（2061~2080 年）时段，在 RCPs 气候情景下，2050（2041~2060 年）和 2070（2061~2080 年）时段，梭梭适宜分布范围将显著增加，仅在塔里木盆地西端的分布将破碎和减少；分布范围及重心可能将向西北和东北方向迁移（马松梅等，2017），蒙古沙拐枣在当代及未来气候条件下均分布在塔克拉玛干沙漠、古尔班通古特沙漠、库姆塔格沙漠、柴达木沙漠、巴丹吉林沙漠、腾格里沙漠、乌兰布和沙漠、库布齐沙漠和毛乌素沙地及其周围。不同气候情景下，蒙古沙拐枣的适生范围虽未发生大幅度变化，但各级适生区面积及面积变化趋势各有差异，在 RCP8.5 情景下响应最为敏感；2050s，适宜生境均呈增加的趋势，总适生面积比例在 RCP2.6、RCP4.5、RCP8.5 情景下分别为 13.36%、13.18% 和 14.78%，至 2070s 为 13.39%、12.76% 和 12.71%，在 RCP8.5 情景下最为明显（塞依丁·海米提等，2018）。连轴藓属在新疆的适生区主要集中在阿尔泰山和天山沿线，在未来（2061~2080 年）气候情景下，连轴藓属分布面积将比现代气候下减少 10.39%，现有南部绝大部分适生区将丧失（刘艳等，2017）；目前气候条件下，对齿藓属植物适宜生境面积占新疆总面积的 38.51%；最适分布区域在中部天山、南部昆仑山东部和西部帕米尔高原；与当代分布相比，未来（2050 年和 2070 年）该属适宜栖息地分布范围退缩 36%~38%（夏尤普·玉苏甫等，2018）。

5.2.2 特色种质资源

1. 过去气候变化影响

新疆林果种植面积每年以百万亩速度递增，形成南疆环塔里木盆地以红枣、核桃、杏、香梨、苹果为主林果主产区，吐哈盆地、伊犁河谷、天山北坡以葡萄、红枣、枸杞、时令水果、设施林果为主的高效林果基地。另外，新疆有特色的药材种质资源，如贝母、甘草、枸杞、肉苁蓉、金银花（农区生物多样性编目委员会，2008）。同时，新疆也有许多特色家畜畜禽品种资源（表 5-3）。

气候变化对新疆特色种质资源也产生了影响。近 52 年气候变化对新疆红枣种植气候区产生影响，1997 年后新疆红枣适宜种植区面积增至 50.5 万 km^2，较之前增加 12.0 万 km^2，而次适宜种植区面积缩小 4.0 万 km^2，不适宜种植区面积缩小 8.01 万 km^2。气候变化使新疆红枣适宜种植区面积明显扩大，次适宜和不适宜种植区面积有所减小（张山清等，2014）；1960~2011 年伊犁河谷林果基地气温、降水线性倾向率最大并且降水最多，吐哈盆地林果基地降水线性倾向率最小、气温线性倾向率较大并且气温最高，天山北坡和环塔里木盆地林果基地气温、降水线性倾向率基本相同，并且都在 2000 年后增温、增湿趋势显著；暖湿化变化有利于林果产品产量的提高，特别是在增温、增湿显著发生年份后，对产量提高作用更明显，另外增温也促进了喜温林果产品种植面积扩大，并且由气温高的区域向气温低区域扩展；但是气温过高、降水过多，特别是气温、降水出现急剧增温、增湿和减温、减湿异常变化年份对林果产品的种植影响较大（刘敬强等，2013）。杏种植气候最适宜区在塔里木盆地西南缘；适宜区在塔里木盆地中西部、吐鲁番盆地腹地；次适宜区在塔里木盆地中东部和吐哈盆地南部；北疆大部、阿尔泰山、天山山区和昆仑山区为不适宜区。受气候变暖影响，1997 年后较其之前，杏种植气候最适宜区、适宜区和次适宜区扩大，不适宜区缩小（张山清等，2019）。过去气候变化和人类生产活动对中药材种质资源也产生了一定影响，体现在加剧栖环境退化。20 世纪 70 年代中后期新疆各地开始开发野生大宗药材；20 世纪 90 年代以来，对贝母、甘草、枸杞、肉苁蓉、金银花等开采增加，加上气候变化等原因，部分野生药用植物资源衰竭、植物资源濒临灭绝（农区生物多样性编目委员会，2008）。

新疆有许多地方特色畜禽品种资源（表 5-3）。2008 年对新疆地方畜禽品种调查与 20 世纪 80 年代相比发现，不少畜禽品种均受过外来品种冲击，并且受气候变化和人类生产活动的影响，使这些资源栖息环境也发生改变，部分品种栖息分布条件恶化（侯文通，2010）。

表 5-3　新疆特色的畜禽种质资源

种类	分布范围	气候变化和生产活动引起栖息地退化
哈萨克马	主要分布于伊犁、塔城、昌吉和阿勒泰地区，中心产区为伊犁州直属的巩留县、尼勒克县、昭苏县、特克斯县、新源县，塔城地区的额敏县、托里县、裕民县，阿勒泰地区的布尔津县、哈巴河县、吉木乃县、福海县及富蕴县，昌吉州的木垒县、呼图壁县	伊犁 1953 年来大量采伐森林，超载放牧，加上乱挖药材和放牧粗放，致使草场退化，冰川面积逐年减少，雪线上升；伊犁州潜在荒漠化土地面积增加；灌溉不当导致盐碱化增加。水土流失面积增加，发生严重旱情
焉耆马	主要分布于巴州的和静县、和硕县、焉耆回族自治县和博湖县，目前以和静县为中心产区。焉耆马包括山地型和盆地型，据 2008 年调查，山地型焉耆马中心产区变化不大，数量下降严重；盆地型焉耆马传统分布已很难寻觅，偶尔见到迁入山地型马	气候变化和过度放牧，天然草场面积缩减，草场质量退化
巴里坤马	主要分布在巴里坤县及伊吾县前山牧场一带，巴里坤县为中心产区。据 2008 年上调查，主产区范围变化不大，数量下降。近年来有些地区引入该马	降水量减少，蒸发量加大，超载放牧和上游打井、修水库等影响，草场沙化加剧，湿地萎缩
新疆驴	主要分布于喀什、和田、阿克苏、吐鲁番和哈密等地，北疆分布较少	生态环境极为脆弱；随绿洲扩大，沙漠扩展，次生盐渍化增加，森林功能下降，草地严重退化，河道断流，湖泊萎缩
哈萨克牛	主要分布于新疆北部的广大农牧区。中心产区在伊犁州直属的尼勒克县、新源县、霍城县、特克斯县、昭苏县，博州的温泉县、精河县，塔城地区的裕民县、额敏县、托里县，阿勒泰地区的哈巴河县、富蕴县，昌吉州的奇台县牧区	伊犁州 1953 年大量采伐森林，超载放牧、草原退化；近 10 年，草地严重超载，草原退化。冰川面积减少，雪线上升，水资源补给减少。土壤沙化，水土流失面积增加。灌溉不当导致盐碱化和易涝，农药、化肥过度使用导致耕地质量下降
新疆蒙古牛	主要分布于巴州。在博州、昌吉州、阿勒泰、塔城、哈密等地也有分布。据 2008 年上半年调查，新疆蒙古牛在全疆大部分地区已被杂交，已经不完全具备原蒙古牛的典型品种特征，分布范围大幅度萎缩。巴音布鲁克草原为纯种新疆蒙古牛主要养殖区	气候变化和过度放牧，天然草场面积减少，草场质量严重退化
阿勒泰白头牛	主要分布于阿勒泰地区阿勒泰市、青河县、布尔津县、哈巴河县、吉木乃县，中心产区在布尔津县禾木哈纳斯蒙古自治乡的禾木村和哈纳斯村	阿勒泰地区草地退化，其中严重退化达 40%，洪水灾害和水资源季节不平衡性加剧，水土流失和草地荒漠化突出
新疆牦牛	主要分布于天山以南阿尔金山、昆仑山、帕米尔高原，包括巴州、喀什、克州和吐鲁番等地；昌吉州、东天山的哈密等地也有少量分布；中心产区和静县巴音布鲁克区	在海拔 3000m 以上高原上，气温升高，极端天气事件增多，栖息条件恶劣，草地退化
新疆双峰驼	主要分布于准噶尔盆地和塔里木盆地边缘，以及天山南北坡的荒漠草原地带。北疆主要分布在阿勒泰地区、塔城地区、昌吉州、哈密市、吐鲁番市；南疆主要分布在阿克苏地区、和田地区、巴州及塔克拉玛干沙漠和古尔班通古特沙漠的周围。中心产区在阿勒泰地区的青河县、富蕴县，塔城的裕民县、托里县，昌吉州的木垒县，哈密市的巴里坤县，阿克苏地区的温宿县，和田的策勒县、民丰县等县	气候变暖使南疆灌区下游盐碱化加重；冰川萎缩，山区固体水库调蓄能力减弱，暴雨与融雪性洪水及雪崩与地质灾害增多，水土流失加剧。同时，管理加强，水资源配置改善，博斯腾湖、赛里木湖、艾比湖水位上升，已干涸的玛纳斯湖、台特玛湖出现水域。植被覆盖有所增加，沙化速度减缓。向塔里木河下游应急输水后，河道两侧生态开始恢复。部分地区沙漠化速率减缓
哈萨克羊	以前分布于伊犁、阿勒泰、塔城、博州等地。现在分布于伊犁、塔城、博州、昌吉、哈密等地。中心产区在伊犁的昭苏、特克斯、尼勒克等县	伊犁州 1953 年大量采伐山地森林，超载放牧、乱垦乱挖，草原资源退化。近 10 年期间，草地严重超载率达到 96%，载畜量减少，草原退化。冰川面积减少，雪线上升，资源补给减少。沙漠蚕食着伊犁州的土地。灌溉不当导致盐碱化和易涝，水土流失增加

种类	分布范围	气候变化和生产活动引起栖息地退化
阿勒泰羊	主要分布于阿勒泰地区的福海、富蕴、青河、布尔津、吉木乃、哈巴河等县及阿勒泰市,中心产区在福海县和富蕴县	草地退化,山区草地水源涵养作用减弱,洪水灾害和水资源季节不平衡加剧。超载过牧,草原遭到严重破坏,水土流失和荒漠化问题突出
和田羊	主要分布于和田地区的和田市、和田县、皮山县、墨玉县、洛浦县、策勒县、于田县和民丰县,其中以墨玉县、于田县、洛浦县及和田县为中心产区	气温上升,极端天气事件增多,土地沙化,水资源短缺,草地退化
多浪羊	主要分布于新疆叶尔羌河流域的麦盖提、巴楚、岳普湖、莎车等县,中心产区在麦盖提县。目前该品种分布还扩展至阿克苏、和田、昌吉、伊犁等地	气温上升,极端灾害性天气事件增加;草地质量退化、牧草种类减少。这些年加强生态建设,栖息地环境有所改善
巴什拜羊	主要分布于塔城裕民县境内,现主要产于塔城塔城市、裕民县、额敏县、托里县、乌苏市和布克赛尔蒙古自治县等,中心产区为裕民县、额敏县、托里县	气候干旱和人为破坏,草地退化,栖息地质量变差。近些年加强治理,有所改善。但气温上升,极端天气气候事件增加
巴音布鲁克羊	主要分布于和静县巴音布鲁克区等地,中心产区为巴音郭楞乡和巴音布鲁克总场	草原放牧家畜数量急剧上升,春夏季节干旱发生,草原退化。与20世纪80年代相比,草场单位面积产草量、覆盖度下降;一些优良牧场种类消失,不适合牲畜采食草种蔓延
柯尔克孜羊	中心产区为乌恰县和阿图什市牧区,主要分布在克州的乌恰县、阿合奇县和阿图什市、阿克陶县牧区。目前产区分布仍无变化	气温升高,过度放牧,草地退化。近年加强植树造林和退耕还林,对草场实行禁止过牧,草场退化得到遏制
塔什库尔干羊	主要分布于新疆塔什库尔干塔吉克自治县的当巴什地区,现在扩展至阿克陶县	气温上升,草地退化,水资源短缺,但目前加强了生态保护,恶劣的生态环境条件得到改善
策勒黑羊	原中心产区在策勒县的农区策勒镇、策勒乡、固拉哈玛乡、达玛沟乡等地,于田县卡尔喀依也有分布。2008年调查显示,中心产区在策勒县策勒乡,占绵羊存栏总量90%以上	草地退化,灾害性天气事件增多。但近年来狠抓生态环境保护,尤以林业更为突出,生态环境恶化趋缓
新疆山羊	以前主要分布于喀什、和田、塔里木河流域和北疆的阿勒泰、昌吉和哈密的荒漠草原及干旱贫瘠的山地牧场,如今南疆的本地山羊已经很难见到,北疆的土种山羊也只有在部分山区可以见到。现今主要分布在北疆的塔城、阿勒泰、哈密、博州、昌吉等地	多年来,草原家畜放牧数量急剧上升,加之春夏季时有干旱发生,造成了草场普遍退化,草场单位面积产草量下降,牧草覆盖度低
吐鲁番鸡	主要分布于吐鲁番盆地,中心产区在吐鲁番地区吐鲁番市、托克逊县和鄯善县的3县(市),其他地区(自治州)也有少量分布。现今中心产区和分布区与1981年相似	气温升高,生态环境脆弱,绿洲面积减少
新疆拜城油鸡	矮脚型和乌肉型集中在离拜城县较远的黑英山、老虎台、羊场、特热克等4个山区乡(镇)。高脚型集中在拜城县周围的米吉克、克孜尔、赛里木、托克孙、亚吐尔、大桥等6个乡村里	气温升高,过度放牧,植被稀疏,湿地退化。近年实施退耕还林、退耕还草、天然林保护、湿地保护等重,局部生态环境有所改善
伊利鹅	主要分布于新疆西部和西北部的伊犁和塔城一带,其中心产区为伊犁州直属的伊宁、昭苏、尼勒克、特克斯、察布查尔、霍城、巩留、新源等县和塔城地区的额敏县。另在博尔塔拉、阿勒泰、和田、喀什、阿克苏、焉耆和乌鲁木齐等地也有分布	伊犁州1953年以来大量采伐山地森林,超载放牧,使草场大面积退化,冰川面积减少,雪线上升,潜荒漠化土地增加;灌溉不当导致盐碱化和易涝面积增加。水土流失增加

资料来源:侯文通,2010

新疆气候变化科学评估报告

2. 未来气候变化情景下风险

未来气候变化将影响新疆特色种质资源分布。例如，在当前气候情景下，黑果枸杞适宜种植区主要分布在塔里木盆地、准噶尔盆地、吐鲁番盆地等。在未来气候变化情景下，黑果枸杞适宜种植面积扩大，但不受气候变化影响的黑果枸杞适宜种植区面积将减小（赵泽芳等，2017）；21 世纪 20~80 年代适生区总面积均有不同程度的减少，但是中度适生区又有不同程度增加（林丽等，2017）。未来 2070s（2060~2080 年）RCPs 情景下，沙枣、小果白刺和多枝柽柳潜在适宜面积最大；黑果枸杞、梭梭、沙拐枣和胡杨主要局限于西北干旱区；文冠果、乌柳和柠条锦鸡儿集中于半干旱区和半湿润区。在高浓度排放情景（RCP8.5）下沙枣适宜区净增加 57.5%；柠条锦鸡儿在低浓度排放情景（RCP2.6）下适宜区范围缩减幅度达 61.4%。多数树种当前适宜区在低浓度排放情景下缩减，而在高浓度排放情景下扩张，随着温室气体排放浓度增加缩减趋势减弱，扩张趋势增强；当前东部边缘适宜区将缩减，在干旱区分布树种将在塔里木盆地、吐鲁番盆地等北部获得新增适宜区，多数树种适宜区范围的地理质心向西移动，多数树种适宜区范围的海拔质心移动不明显，乌柳例外，在四种情景下以约 18~73m/10a 的速度向更高海拔移动。分布在干旱区树种，在未来气候变化下的适宜区面积将会增加（张晓芹，2018）。新疆阿魏潜在分布区主要集中在伊犁州直属尼勒克县和伊宁县，塔城的托里县和额敏县和昌吉州东部地区；相比当代，在 RCP6.0 情景下 2050 年在新疆伊犁州伊宁县、尼勒克县境内的沿天山山脉东西走向地区仍然是新疆阿魏高度适宜分布区域，但总面积减少约为 10.38 万 km²，较现在，分布总面积缩小近 14%，减少区包括玛纳斯县、尼勒克县、新源县、石河子市和托里县，且其高度适宜分布的区域整体向高纬度地区迁移；在未来气候变化下，新疆阿魏分布范围呈下降趋势（魏玉蓉，2019）。

5.2.3 生物入侵

1. 过去气候变化的影响

近几十年来，人类生产和生活等活动与气候变化引起了新疆入侵生物的增多。据文献记载和资料统计，近 60 年来新疆农林外来入侵生物达 79 种，其中害虫 50 种、病害 19 种、草害 10 种。入侵规律呈现出间隔期越来越短，突发性疫情频率越来越高特点。近 20 年来新疆农林外来入侵生物呈爆发式增长态势，传入有害生物有 58 种，平均传入速度 2.76 种 /a，入侵发生区分布不均衡（表 5-4~ 表 5-6）（郭文超等，2012）。在新疆发现并有记载造成较大危害外来入侵种中动物有欧金翅、家八哥、褐家鼠、麝鼠、河鲈、池沼公鱼、苹果小吉丁虫、植物有刺萼龙葵和加拿大一枝黄花（陈丽，2012）。气候变化将影响生物入侵。如无人类活动干扰下黄花刺茄在新疆总适生面积为 32.8 万 km²，人类活动干扰下总适生面积为 44.6 万 km²；阿勒泰地区北部、塔城中部和南部、博州中部和东部、伊犁州中部、克州西部、五家渠市、阜康市、玛纳斯县、呼图壁县为高危入侵风险区；影响黄花刺茄潜在分布的主导变量为年降水量、人类活动强度、海拔、下层土沙含量、降水量的季节性变化和年平均温，黄花刺茄在新疆的扩散与人类活动强度呈正相关；黄花刺茄在新疆的分布未达到饱和且处于逐步扩散态势，呈现以昌吉州和乌鲁木齐市为中心，向天山以北和新疆以西的区域辐射状扩散（塞依丁·海米提等，2019a）。枣实蝇入侵新疆吐鲁番市的高昌区、鄯善县、托克逊县，2007 年 7 月首次发现枣实蝇以来，危害面积达 1082.5hm²，占吐鲁番地区结果枣树面积 30%，且 70% 以上的"四旁"及零星栽植枣树都受到了危害，并已销毁有虫枣果 2233.8hm²。枣实蝇在吐鲁番地区的高昌区发生占红枣结果面积 96.3%，鄯善县发生范围占红枣结果面积的 30.0%，托克逊县发生范围占红枣结果面积的 0.2%，尤其对进入新疆吐鲁番、哈密、阿克苏、和田和喀什等枣主产区危害大（岳朝阳等，2009）。极端环境对成虫影响要大于其他虫态，40℃以上和相对湿度 20% 以下条件不利于该虫发生与危害，气温低于 5℃推迟其生育期；周降水量达 50~120mm 减轻该虫危害；周平均最低气温和周平均最高气温分别在 10~15℃和 25~40℃，且早、晚相对湿度在 25%~90% 是该虫理想活动条件。其中新疆北部和西部、具有高度适生性，在吐鲁番盆地具高度适生性（吕文刚等，2008）。松材线虫病在新疆属于高度危险森林有害生物（张新平等，2012）。刺萼龙葵是 20 世纪 80 年代入侵我国，2000 年后入侵到新疆，形成了以乌鲁木齐和昌吉为中心分布格局，同时又扩散到石河子和吐鲁番。人类生产活动是刺萼龙葵在我国远距离跨区域扩散主要驱动力，而水流等自然因素会促进其区域内的扩散蔓延（王瑞等，2018）。豚草和三裂叶豚草在新疆伊犁河谷呈快速扩散趋势；2010 年豚草和三裂叶豚草开始入侵伊犁河谷，新源县是两个物种主要分布区，2011~2013 年呈点状分布，2014 年后大面积爆发，2016 年豚草和三裂叶豚草面积分别达到 1015km² 和 215km²；主要传播方式为人畜活动和流水；局部扩散主要以道路和河流为中心向周围扩散，主要传播方式为山间、田间、路边流水、人畜活动等；豚草和三裂叶豚草入侵伊犁河谷 7 年，已呈带状分布，具极强扩散能力（董合干等，2017）。这些扩散也受气候变化影响。

表 5-4　近 60 年来新疆农林外来入侵害虫发生及分布

中文名	入侵或首次发现年份	寄主	分布
苹果蠹蛾	1953	苹果、沙果、梨、桃、杏、石榴等	新疆各苹果和梨产区
白杨透翅蛾	1960	杨树	全疆大部分林区均有
小麦黑森瘿蚊	1975	小麦、大麦、黑麦	伊犁河谷地区部分县市，博乐市等
小麦双尾蚜	1977	小麦、大麦、燕麦、黑麦、水稻、旱熟禾等	伊犁河谷和塔城地区部分县市、奎屯市、乌鲁木齐市、博乐市
温室白粉虱	1978	花卉、南瓜、番茄、菜豆等	全疆各地温室
枣球蜡蚧	1979	枣、核桃、苹果、梨、巴旦杏、榆、槐等	巴州、伊犁河谷、吐鲁番地区、哈密地区的部分县市等
山楂叶螨	1981	山楂、梨、海棠、榆叶梅、樱桃等	和田、喀什、阿克苏、伊犁河谷地区等部分县市
玉米三点斑叶蝉	1982	玉米、小麦、水稻等	全疆各地

中文名	入侵或首次发现年份	寄主	分布
棉蚜	1984	棉花、瓜类等	南北疆各棉区
梨茎蜂	1987	梨	巴州、阿克苏、喀什各县市、托克逊县、新源县等
苹果全爪叶螨	1990	苹果、梨、桃、李、杏、山楂、樱桃等	和田、喀什、阿克苏、伊犁河谷地区等部分县市
桑白蚧	1990	杏、桃、梨、桑、无花果等	南疆各地、北疆伊宁县等
枸杞瘿螨	1991	枸杞	精河县、沙湾县、乌苏市、博乐市等
梨黄粉蚜	1991	梨树	库尔勒市、阿克苏地区部分县市
枸杞刺皮瘿螨	1992	枸杞	精河县、乌苏市、沙湾县等
苹果小吉丁虫	1993	苹果、沙果、海棠等	新源县、巩留县、尼勒克县、特克斯县等地
马铃薯甲虫	1993	马铃薯、茄子、番茄	新疆北部马铃薯种植区
橄榄片盾蚧	1994	香梨、苹果	库尔勒市、阿克苏地区、喀什地区部分县市
茶藨子透翅蛾	1995	黑加仑	伊犁河谷巩留县、新源县、阿勒泰地区部分县市等
枣蝇蚊	1995	红枣	阿克苏地区、喀什地区、哈密市、吐鲁番市、巴州等地
蔗扁蛾	1995	巴西木、一品红、发财树等观赏植物	哈密市、乌鲁木齐市、伊宁市、新源县等
野蛞蝓	1995	菜豆、甘蓝、白菜、三叶草坪等	乌鲁木齐市、石河子市、奎屯市、吐鲁番等
枸杞红瘿蚊	1996	枸杞	精河县、沙湾县等
美洲斑潜蝇	1996	菊科、豆科、茄科等	乌鲁木齐市、库尔勒市、喀什市、伊犁州等
中国梨喀木虱	1997	香梨	和静县、库尔勒市等
南美斑潜蝇	1998	菊科、豆科、茄科等10个科45属的植物	乌鲁木齐市、伊犁河谷等
番茄斑潜蝇	1998	茄科和豆科的植物	乌鲁木齐市、伊宁市、霍城县等
双斑长跗萤叶甲	1998	棉花、玉米、白菜、沙枣树叶、杨树叶等	新疆生产建设兵团第五、六、七师等、奎屯市、乌苏市、博乐市、石河子市和沙湾县等
烟粉虱	1998	常见蔬菜、花卉、棉花、烟草等	吐鲁番、哈密、伊犁、喀什、阿克苏、和田、乌鲁木齐、奎屯市、石河子市等地
光肩星天牛（黄斑星天牛）	1999	杨树、柳树、榆树、槭树等阔叶林	焉耆县、和静县、博湖县、伊宁市、新源县、巩留县、和静县、焉耆县、新疆生产建设兵团第二师二十二团和二十三团等
葡萄斑叶蝉	1999	葡萄、苹果、桃、梨等	吐鲁番市、喀什地区、昌吉州、塔城地区、阿克苏地区、伊犁州等
黄刺蛾	2001	枣树、核桃树、石榴等园林树木	巴州、阿克苏地区、伊犁州、塔城地区部分县市
白星花金龟	2001	玉米、番茄、向日葵、西瓜、甜瓜、葡萄、苹果、桃和李等作物	昌吉市、乌鲁木齐市、阜康市、奎屯市、石河子市、呼图壁县、玛纳斯县、吐鲁番市等

中文名	入侵或首次发现年份	寄主	分布
椰子堆粉蚧	2001	无花果、石榴、红枣、桑、葡萄、花卉	泽普县、莎车县、叶城县、乌鲁木齐市
沟眶象	2002	千头椿树苗	阿克苏市、库尔勒市、轮台县、伊宁市
枣星粉蚧	2003	红枣	泽普县、和田地区、吐鲁番市、哈密市部分县市
锈色粒肩天牛	2003	槐树	库尔勒市
真葡萄粉蚧	2003	葡萄	和田地区墨玉县、喀什地区部分县市
双条杉天牛	2003	柏科植物	伊宁市、伊宁县、察布查尔县、新源县、霍城县等
大豆疫霉病	2005	大豆	石河子、玛纳斯、阿勒泰、伊宁市、新源县等
苹果绵蚜	2005	苹果树、梨树、杏树	特克斯县、新源县、察布查尔县、伊宁市、伊宁县、巩留县等
枣实蝇	2007	枣果	吐鲁番市高昌区、鄯善县、托克逊县
西花蓟马	2007	瓜类、西葫芦、棉花、辣椒、花卉等	乌鲁木齐市、喀什地区、阿克苏地区、库尔勒市等
黄斑长翅卷叶蛾	2008	苹果、桃、李、山楂	库车县
六星吉丁虫	2008	柳树、杨树等	喀什地区部分县市
灰暗斑螟	2008	枣、梨、苹果、巴旦木、杏、杨、柳、榆	喀什地区、巴州和硕县和若羌县等
稻水象甲	2008	水稻、玉米、甘蔗、小麦、禾本科杂草等	察布查尔县、米泉区等
绿长突叶蝉	2009	葡萄、杏树、枣树等	玛纳斯县
枣树锈瘿螨	2009		阿克苏、喀什、巴州等部分县市
扶桑棉粉蚧	2010	花卉	乌鲁木齐、疏附县、伊宁市、阜康市、和田市等
日本盘粉蚧	2011	卫矛、苹果等	乌鲁木齐市等

资料来源：郭文超等，2012

表 5-5　近 60 年来新疆农林外来入侵病害发生及分布

中文名	入侵或首次发现年份	寄主	分布
棉花黄萎病	1954	棉花、向日葵	全疆各棉区均有分布
苹果黑星病	1954	苹果	伊犁河谷地区
棉花枯萎病	1963	棉花、甜瓜	全疆各棉区均有分布
小麦一号病	1978	小麦	霍城县、新源县、伊宁市、察布查尔县、伊宁县等
葡萄黑痘病	1979	葡萄	塔城县、额敏县、乌苏市、沙湾县、伊宁市、新源县、和田市

中文名	入侵或首次发现年份	寄主	分布
苹果锈果病	1982	苹果	新源县、伊宁市、尼勒克县等
枣叶丛枝病	1980	枣树、酸枣	喀什地区部分县市
甜菜霜霉病	1991	甜菜	尼勒克县、新源县
甘薯茎线虫病	1992	甘薯、马铃薯、百合、人参、薄荷等	石河子市、沙湾县、乌苏市等
番茄溃疡病	1993	加工番茄	乌鲁木齐市、霍城县、玛纳斯县、石河子市等
瓜类细菌性果斑病	1996	甜瓜、西瓜、南瓜、黄瓜、蜜瓜、西葫芦	阿勒泰地区、呼图壁县、五家渠市、伊犁河谷地区部分县市等
苜蓿黄萎病	1996	马铃薯、啤酒花、茄子、大豆、花生等	阿克苏地区、巴州、伊犁河谷、阿勒泰地区部分县市
向日葵白锈病	2001	向日葵	伊犁河谷，博州部分县市及乌鲁木齐市
甜瓜根结线虫	2003	黄瓜、甜瓜、西瓜、番茄、茄子、莴苣、菜豆、花生、葡萄等	石河子市、吐鲁番市、哈密市、喀什地区部分县市
大豆疫霉病	2005	大豆	石河子市、玛纳斯县、阿勒泰市、伊宁市、巩留县、新源县等
向日葵黑茎病	2005	向日葵	特克斯、新源、尼勒克、昭苏、巩留、福海等县
玉米锈病	2007	玉米	霍城县、新源县、奇台县、木垒县等
沙棘溃疡病	2010	沙棘	阿勒泰地区部分县市

资料来源：郭文超等，2012

表 5-6　近 60 年来新疆农林外来入侵植物发生及分布

中文名	入侵或首次发现年份	寄生	分布
毒莴苣	1950		塔城市、额敏县、乌苏市、乌鲁木齐市、尼勒克县、奎屯市、伊宁市、托克逊县
列当属	1953	甜瓜、西瓜、向日葵、烟草、番茄、葫芦等	南、北疆各地
菟丝子属	1950	多种农作物、牧草、果树、蔬菜、花卉等	南、北疆各地
毒麦	1985		阿克陶县、拜城县、巩留县、新源县、塔什库尔干县
水葫芦	2000		乌鲁木齐市
意大利苍耳	2000		塔城地区部分县市
加拿大一枝黄花	2001		乌鲁木齐市、奎屯市
刺萼龙葵	2006		乌鲁木齐市、昌吉市、石河子市、克拉玛依市等
刺苍耳	2006		伊犁河谷各县市、昌吉市等
蒙古苍耳	2009		温宿县、昌吉市等

资料来源：郭文超等，2012

2. 未来气候变化情景下风险

未来气候变化将可能使部分入侵生物范围扩大、危害增加。如枣实蝇在新疆西部和北部适生程度较高（吕文刚等，2008）。在未来气候变化情景（RCP4.5 和 RCP 8.5）下，在 2050s 和 2070s，博州、塔城地区、阿勒泰地区西北部、哈密市中部、巴州北部、克州中部、阿克苏地区北部、奎屯市、克拉玛依市、五家渠市、喀什市等地为刺苍耳高危入侵风险区，两种气候模式下刺苍耳各级适生区面积和总适生面积均呈持续增加趋势，在RCP 8.5 情景下响应更敏感；刺苍耳在新疆的分布呈现以塔城中部为中心，向天山北麓和塔克拉玛干北缘方向辐射状扩散，且两种气候变化情景下至 2070s 分布区中心均向伊犁州奎屯方向移动（塞依丁·海米提等，2019b）；意大利苍耳在新疆的分布未达到饱和，呈现以伊犁州和博州为中心，向东北方向辐射状扩散的趋势，塔城地区、五家渠市、克拉玛依市、北屯市、巴州北部及阿克苏中部等地具有极高入侵风险（塞依丁·海米提等，2019c）；刺萼龙葵目前分布区基本位于适生区的中心，未来刺萼龙葵会继续向北和向南扩散，并且气候变暖会促使腺龙葵在新疆种群会继续向周边适生区扩张（唐瑶，2018）；未来气候变化将使松材线虫病在新疆的适宜区范围往北扩展（国家林业局森林病虫害防治总站，2012）。

5.3　生态退化与灾害

5.3.1　水土流失

1985~2000 年，新疆水土流失变化很大，与气候变化和生产活动影响等都有关（孜来汗·达吾提和努尔巴依·阿布都沙力克，2010）。在干旱少雨年份，风蚀沙化现象加剧；在多雨年，山区水力侵蚀加重；多雨多风年，山盆接合部水风交错侵蚀加重。据水利普查和水土保持普查，新疆土壤侵蚀面积达 97.34 万 km²，占新疆总面积的 1/2（古力巴哈，2019）；第三次水土保持遥感调查成果和水土保持普查，新疆水土流失总面积有所下降，但水土流失强度呈加剧趋势，呈现"北增南减"特点，重点矿产资源开发区的水土流失危害呈明显加剧趋势（陈顺礼，2013）；据第一次全国水利普查水土保持情况公报 [①]，新疆土壤侵蚀总面积（水蚀和风蚀面积）88.54 万 km²，占全国土壤侵蚀面积的30.02%，占全疆面积的 53.34%。风蚀主要分布在山麓、盆地和平原地带，以塔里木盆地南部、准噶尔盆地西北部及南缘、吐鄯托盆地最为强烈，风力侵蚀面积 79.78 万 km²，占全疆土壤侵蚀面积 90.10%；轻度、中度、强度、极强度和剧烈侵蚀面积分别为 36.40 万km²、12.52 万 km²、9.65 万 km²、8.19 万 km² 和 13.02 万 km²，分别占风蚀总面积的45.63%、15.69%、12.10%、10.26% 和 16.32%；水力侵蚀主要分布在北疆伊犁州、天山南北坡地带和阿勒泰山南坡，发生在中低山区和丘陵区；水力侵蚀面积 8.76 万 km²，占全疆土壤侵蚀面积 9.90%，轻度、中度、强度、极强度和剧烈侵蚀面积分别为

---

① 水利部发布第一次全国水利普查水土保持情况公报. http：// www.gov.cn/gzdt/ 2013-05/18/content_2405623［2013-08-16］

6.49 万 km²、1.88 万 km²、0.26 万 km²、0.13 万 km² 和 0.01 万 km²，分别占水蚀总面积74.06%、21.40%、2.92%、1.51% 和 0.11%；在水力侵蚀类型中，轻度和中度侵蚀面积所占比例高，达 95.46%；2000~2012 年，水土流失的总面积呈下降趋势，水土流失总面积由 105.82 万 km² 减少到 88.54 万 km²，减幅达 16.33%，其中水蚀面积减少 3.72 万 km²，风蚀面积减少 13.56 万 km²。轻度侵蚀面积减少 17.60 万 km²，中度侵蚀面积增加 3.71 万 km²，强烈侵蚀面积增加 2.42 万 km²，极强烈侵蚀面积减少 0.38 万 km²，剧烈侵蚀面积减少 5.44 万 km²。土壤侵蚀面积减少以轻度侵蚀为主，中度、强烈侵蚀面积增加。全区 14 个地区，土流失面积减少有 7 个，按面积减少大小依次为巴州、吐鲁番市、阿克苏地区、克州、喀什地区、哈密市、克拉玛依市；水土流失面积增加地区依次为和田地区、塔城地区、昌吉州、博州、乌鲁木齐市、伊犁州和阿勒泰地区；面积减少的 7 个地区中，除克拉玛依市外，其余均属于南疆地区；面积增加的 7 个地区中，除和田外，其余均属于北疆地区。水土流失严重等级发生变化地区包括和田地区、阿克苏地区、昌吉州、哈密市和吐鲁番市，其中和田地区和阿克苏地区水土流失严重度呈减弱趋势，由强度严重降为中度严重，水土流失严重度有所降低；昌吉州、哈密市和吐鲁番市水土流失严重度呈加剧趋势，其中昌吉州和哈密市由中度严重上升为强度严重，吐鲁番市由轻度严重上升为强度严重（陈顺礼，2013）。2011~2018 年，新疆水土流失面积轻度增加 20468 km²，中度类型增加 70295 km²、强度类型减少 134551 km²，总体减少 43788km²[①]。这些变化与过去的气候变化和人类活动都有关。

未来气候变化影响下，新疆水土流失风险将改变。在全球升温 1.5℃ 和 2.0℃ 情景下，新疆干旱地区蒸发增加；随时间推移，在 RCP2.6 情景下蒸发趋于平稳，在其他三种情景下增加。1980~2015 年，新疆沙质地区范围呈下降趋势，全球变暖 2.0℃（2040~2059 年）情景，相对于 1.5℃（2020~2039 年），沙地面积增长。此后，沙地面积稳定（Ma et al.，2018）。基于沙丘活动指数趋势和风沙化分析表明，气温升高可能会使新疆风沙化加剧，尽管降水增加可能有益于恢复，但降水减少并不是风蚀发生的关键因素。从植被生长早期到开花期，风沙化对风敏感性存在空间差异（Wang et al.，2017）；2006~2100 年，在RCP 8.5 情景下，新疆部分区域荒漠化趋势加快，与 RCP 2.6 情景相比，在 RCP 8.5 情景下荒漠化趋势更严重（Miao et al.，2015）；未来气候变化下，沙漠化风险将增加（丁文广和许端阳，2017）。

5.3.2 地质灾害

1958~2016 年，新疆滑坡、泥石流等灾害发生与气候变化和人类生产活动密切相关。1958~1997 年新疆发生崩塌、滑坡、泥石流、地面塌陷灾害 56 起（泥石流 33 起、滑坡12 起、地面塌陷 8 起、崩塌 3 起），因灾死亡 345 人；1995~2004 年发生不同规模的地质灾害 392 起（滑坡 324 起灾害、泥石流 44 起、崩塌 14 起、地面塌陷 10 起），因灾死亡77 人、伤 30 人、直接经济损失 18516 万元，其中 2002 年的灾情最重，发生崩塌、滑坡、泥石流和地面塌陷灾害 206 起，造成 14 人死亡、直接经济损失 10775 万元；2003 年地

---

① 中华人民共和国水利部 . 2018. 中国水土保持公报

质灾害造成 23 人死亡。新疆地质灾害以滑坡和泥石流为主，以中小型为主，灾情等级以小型居多，多集中于 4~7 月。1996~2004 发生灾害 315 起，多为滑坡（300 起）和泥石流（10 起）灾害，占全疆同期灾害总数的 80.4%，造成 63 人死亡，占全疆同期死亡总数的 81.8%，经济损失达 12084 万元，占全疆同期经济损失的 65.3%。2016 年全区发生地质灾害 65 起，其中崩塌 7 起、滑坡 35 起、泥石流 23 起，造成直接经济损失 2.91 亿元，因灾死亡失踪 42 人、受伤 8 人。与 2015 年相比，地质灾害发生次数增加 52 起，死亡失踪人数增加 42 人，受伤人数增加 8 人，直接经济损失增加 2.88 亿元[①]。引发新疆地质灾害因素主要为快速升温融雪及春季降水，地质灾害区域主要在伊犁谷地、天山北坡、南疆西部，以融雪、春季降水引发滑坡、泥石流、崩塌灾害为主，伊犁河谷地黄土滑坡、泥石流灾害活动可能最为强烈，易造成人员伤亡。7~8 月，地质灾害引发因素活动主要为强降水、局地暴雨，地质灾害活动区主要在天山南北麓、东昆仑山低山丘陵及山前地带和昆仑山西部山区及山前地带，受夏季强降水、局地暴雨影响，以泥石流、崩塌为主，尤其是强降水、局地暴雨引发山洪泥石流灾害，并可能造成严重危害。伊犁河谷地是新疆崩塌、滑坡、泥石流、地面塌陷等突发性地质灾害最严重地区。滑坡、泥石流等灾害 80% 左右是由暴雨或阵发性集中降水造成。新疆山区及高山带降水多，且分布着冰川和大面积季节性积雪等有利于促进灾害的因素。干旱区暴雨还使水土流失加重，形成各种劣形地貌，加剧地质灾害发生。地表水、地下水及由其携带的砂石、可溶盐等物质向平原和盆地中心汇集，对农业形成有潜在危害（居马·吐尔逊，2015）。

在气候变化影响下，山体滑坡、泥石流、崩塌等地质灾害增多，成为重灾灾种。未来气候变化影响下，随极端事件频发，自然灾害发生的频率和强度将增加（徐羹慧和陆帼英，2006）。

5.3.3　森林和草原火灾

1. 气候变化对森林草原火灾的影响

新疆林火高发区包括北部阿勒泰林区、塔城林区和西部伊犁林区，北疆是林火高发区。森林火灾主要是地表火，多为草原、灌木火引发；北部阿勒泰林区，人为火源多，也是雷击火主要发生地（梁瀛等，2011）。近几十年来，新疆森林和草原火灾发生呈波动状态。1994~2008 年，林火次数年际波动并呈上升的趋势，次数周期为 5.3 年，面积周期为 2.8 年。森林火灾过火面积可分为 2002 年前大面积阶段和 2002 年以后小面积阶段。1994~2009 年，森林火灾燃烧面积 12758.14 hm²，年均 797.4 hm²。1994~2009 年，全疆发生森林火灾 617 次，年均 38.6 次；一般森林火灾 474 次，年均 29.6 次，占总次数 76.8%；较大森林火灾 138 次，年均 8.6 次，占总次数 22.4%；重大森林火灾 5 次，年均 0.3 次，占总次数的 0.8%；没有发生特别重大森林火灾。新疆火灾发生呈上升趋势与近年来气候异常波动相关；1995 年、2001 年和 2008 年出现三个林火高峰期和 1997 年出现林火次高峰期，恰好为干旱年，气候年际变化直接影响森林火灾周期性变化。新疆林火多发生在

---

① 新疆环境保护厅 .2016.新疆环境状况公报

4~9月，主要发生在6~9月。按季节区域，森林火灾由南向北、由平原到山区。春季多发生在河谷平原，火灾多发期为4月，多为人为火源；夏季6~7月，由平原到中山，以雷击火和未查明火源较多；秋季8~9月，中山、深山区火灾多为人为火源。新疆林火主要分布在北疆林区，在南疆、东疆林区林火次数较少。新疆还是草原火灾高发、易发区。2000~2009年，全区共发生草原火灾381起，累计受灾面积48125.76hm²（柴晓兰和王志军，2011）。2016年全区发生森林火灾12起，其中一般森林火灾11起，较大森林火灾1起，火场总面积8.85 hm²，森林发生火灾面积7.01hm²，无人员伤亡。全区发生草原火警15起，未发生草原火灾 [①]。

2. 未来气候变化下森林火灾的风险

未来气候变化将继续影响新疆的森林火灾。1987~2010年，森林火灾风险高和很高的区域分别占21.2%和6.2%，与观测时段相比，2021~2050年RCP 2.6、RCP 4.5、RCP 6.0和RCP 8.5情景下森林火灾可能性高和很高的区域分别增加0.6%、5.5%、2.3%和3.5%，气候变化引起的森林火灾高风险区域增加，RCP 8.5情景下增幅最明显（+1.6%）（田晓瑞等，2016）。1961~2010年，森林分布区火险期平均气温增加，1976~2010年森林分布区火险期指数平均值表现出增加趋势。2021~2050年，RCP2.6、RCP4.5、RCP6.0和RCP8.5情景下，火险天气指数95th百分位数比基准时段高，高火险天气日数明显增加（田晓瑞等，2017）。

5.3.4　病虫害

1. 气候变化对病虫鼠害发生危害的影响

近几十年来，新疆病虫鼠害发生呈增加的趋势。2000~2011年，森林病虫害发生递增、发生面积扩大。2000年，森林病虫害发生总面积158073.33hm²，2011年达1223633 hm²，年平均增长率为23.76%；在2011年虫害发生面积达582653 hm²；鼠害发生面积567233 hm²，病害发生面积为73747 hm²（吐尔逊古丽·托乎提和亚里坤·努尔，2016）。2016年草原虫害发生面积228万hm²，严重危害95万hm²；鼠害发生面积478万hm²，严重危害161万hm²；毒草危害面积682万hm² [①]。近50年来，新疆病虫害种类增多，危害严重。随气温上升、降雨增多等，虫害呈上升趋势。在新疆林区及林果业聚集区发生严重危害有8目、19科、24种。以春尺蠖、枣叶瘿蚊、红枣大球蚧、枣瘿螨和苹果蠹蛾等造成的经济损失最为严重。近年来，光肩星天牛（岳朝阳等，2011）、苹果小吉丁虫（刘爱华等，2013）、杨十斑吉丁（努尔古丽·马坎等，2013）、枣疯病（张静文等，2012a）、果树根癌病（焦淑萍等，2013）、花曲柳窄吉丁（张静文等，2012b）、松褐天牛（张新平等，2013）和白星花金龟（许建军等，2009；李涛，2018）等呈现增加趋势，与气候变化和生产活动都有关。2001~2016年，叶尔羌河流域中下游胡杨林春尺蠖虫

---

① 新疆维吾尔自治区环境保护厅. 2016.新疆维吾尔自治区环境状况公报

害发生面积增加，由无虫害转移至有虫害的面积占比达59%、发病率超过50%，这些变化与温度增加有关（黄铁成等，2020）。气候变化下新疆林果业害虫发生表现了一些新特点，如2010年林果虫害发生面积比2009年降低，虫害重发地多集中分布在南疆及东疆。2011年受夏初季节低温气候影响，林果害螨发育迟缓，虫口基数不高；但受下半年8~9月持续高温影响，枣瘿螨爆发，阿克苏、喀什形成局部危害。2012年早春持续低温期长，降雪偏多，有害生物越冬死亡率高于其他年份，但后期气温高，局部地区降雨增加，虫害累计发生面积仍较高。近几十年，新疆鼠害呈现增加趋势，与气候变化也有关。受气候变暖的影响，有害生物入侵、扩散、成灾压力加大，危害扩大（朱金声，2018）。

2. 未来气候变化下病虫害爆发的风险

未来气候变化影响下，新疆部分病虫害范围将扩大，危害将增加。如RCP2.6、RCP4.5和RCP8.5情景下，在2021~2040年（2030s）、2041~2060年（2050s）和2060~2080年（2070s），意大利蝗适生区在北疆及天山一带分布格局基本保持不变，但高度适生区面积增加，其中在天山和阿尔泰山区，意大利蝗中和高适生区范围将向更高海拔区扩张，在北疆阿勒泰地区高适生区增加。极端水热条件对意大利蝗在新疆潜在分布影响较大，其中4月、10月、3月和11月降水影响最大（李培先等，2017）。

5.3.5 湖泊湿地变化

新疆湿地类型主要包括河流湿地、湖泊湿地、沼泽湿地、库塘湿地、稻田湿地。湖泊湿地主要包括博斯腾湖、艾比湖、乌伦古湖、巴里坤湖、艾丁湖、克拉玛依湖，以及高原和高山阿牙克库木湖、阿其克库勒湖、鲸鱼湖、赛里木湖、喀纳斯湖、天池，巴音布鲁克的大、小尤尔都斯及布伦口湖群等湿地。1989~2015年，受气候变化和人类生产活动等影响，新疆部分湖泊湿地萎缩，表现为湖泊湿地面积缩小、污染加剧、生态环境恶化。另外，新疆许多原有自然湿地消失或演变为人工湿地，"湿地人工化"和"湿地荒漠化"现象加剧。1989~1999年，新疆湿地总面积增加32.17万hm²，湖泊面积增加5.89万hm²，水库坑塘面积增加2.78万hm²，沼泽面积增加7.79万hm²；河流、河滩地、水田面积增加22.4万hm²。自然湿地变化主要是河滩地大幅增加，永久积雪、冰川减少所致；人工湿地变化主要是水库坑塘、水田大幅增加所致；北疆湿地变化比南疆湿地变化大。1989~1999新疆湿地年变化速度达0.58%，其中河流、水田、河滩地变化速度最大，年变化率分别达2.63%、3.08%和8.84%。人口增长、耕地增加、水环境污染也是新疆湿地变化主要动因（周可法等，2004）。由于上游河流过度利用或被截断，在新疆因干涸而丧失了罗布泊、台特玛湖和玛纳斯湖（又称艾兰湖）等。新研究发现，新疆阿牙克库木湖逐年扩大，面积由1995年的624 km²逐年扩张到2015年的995 km²，水位上升5 m。1995~2015年气候暖湿化是阿牙克库木湖水量增加主要原因，流域降水量增加对湖泊水位上升产生直接驱动，持续升高气温导致补给冰川消融对湖泊扩张具有重要促进作用。此外，蒸散、高海拔降水（雪）、冻土融化等也对湖泊扩张产生影响（陈军等，2019）。1992~2013年，阿尔泰山区冰川湖泊总体数量增多、面积增大，冰湖收入与支出水量受气温升高和降水减少影响较大（陈晨等，2015）。1961~2010年艾比湖流域气候由暖干型向暖湿型转变,冬季升温对流域气温增幅贡献率大;流域年平均气温与艾比湖面积大小关系复杂;年平均降水量与湖泊面积变化趋于同步,1996~1999年同步性更明显;气候变化直接影响冰川伸缩与雪线升降,冰川数量和规模均逐渐减小(许兴斌等,2015)。20世纪50年代前,博斯腾湖水矿化度一直在0.55 g/L左右,80年代以来,水质平均矿化度达1.44 g/L,已变为微咸水湖;1982年扬水站运行和1986年以来气候由暖干向暖湿转变,博斯腾湖入湖径流量增加,焉耆盆地农业结构调整,耕地面积稳定稍减,使湖水矿化度回落。博斯腾湖水位受自然和生产等因素制约。20世纪70年代前,生产活动对湖水位变化影响力略大于自然因素对湖水位变化影响,20世纪80年代以后湖水位变化主要受自然因素影响。受自然和生产活动影响,苇区环境发生了较大变化,大湖区芦苇已绝迹,小湖区芦苇面积缩小、质量退化(茎粗变细、茎株变矮)(何瑛,2010)。20世纪70~90年代,新疆西部湖泊呈现萎缩趋势,20世纪90年代至2000年前后呈现扩张趋势,2000年前后至2010年前后西部湖泊呈萎缩趋势。气候变暖下,湖泊动态变化与气候变化趋势相吻合。人类生产活动频繁区,生产活动对湖泊消长起重要作用(闫立娟和郑绵平,2014)。

未来气候变化影响下,新疆湖泊湿地将面临新风险。在耕地不扩张不退耕前提下,包括新疆在内干旱区湿地面积在2050年RCP2.6情景下将减少6.5%,在RCP6.0情景下减少45%,在RCP8.5情景下减少3.3%(吕宪国等,2017)。

5.4 结论与知识差距

5.4.1 主要结论

(1)1960~2018年,新荒漠生态系统面积整体上呈先减少后增加趋势,于2000年之前呈显著减少(10.5%),于2000年之后呈略有增加(0.2%)(中信度)。荒漠植被NPP整体上呈弱的增加趋势[1.8g C/(m² · 10 a)];空间分异明显,北疆略有增加,南疆略有减少,其中山前荒漠和荒漠绿洲交错带增加明显,荒漠腹地略有降低或无明显变化(高信度)。森林和草地NPP以0.118 t/(hm² · 10 a)的速率呈明显增加趋势,增幅表现由北向南逐渐递减。荒漠、森林和草地整体上植物生长季开始时间略有提前和结束略有推迟,生长季长度呈延长趋势(0.15~0.25d/a)(中信度);植物物候变化在空间分异上表现为高海拔区域生长季开始时间呈提前趋势和低海拔区域呈推迟趋势或无明显变化(低信度)。气候变化导致了区域水热的重新配置,是荒漠、森林和草地生态系统功能和结构变化的主要驱动力;但局部区域的植被退化和生态系统服务功能下降,主要由人为因素导致(高信度),未来气候变暖将增加退化生态系统恢复的难度。

(2)绿洲面积由20世纪50年代的1.3万km²增加到2015年的7.07万km²,其中耕地面积从120万hm²扩大至414.5万hm²;绿洲稳定性整体下降,大部分绿洲处于不稳定状态;脆弱度整体增加,按景观类型排序为:未利用地>农用地>草地>林地>建设用地>水域(中信度)。由于人工绿洲对水资源的过度开发,已接近水资源承载力的极限,致使地下水位严重下降,盐渍化、沙漠化和土壤侵蚀风险增强(高信度);同时,天然绿洲失去了水资源的保障,产生了大面积土地退化和绿洲环境负效应(中信度)。

（3）1953~2018年，气候变化对新疆生态环境、生物多样性、灾害等多个方面具有不同程度负面影响（高信度）。水土流失等生态环境恶化现象普遍，泥石流、滑坡、森林和草原的火灾等灾害加剧；森林和草原的病虫害也呈现增加趋势；湖泊湿地面积萎缩，部分扩张（高信度）。另外，气候变化和生产等活动使野生动植物多样性丧失速率提高，生物入侵范围扩大、危害提高，特色动植物种质资源分布改变或缩小、部分丧失（高信度）。未来气候变化将进一步使新疆生态问题凸显和面临的灾害风险增加，包括水土流失、自然灾害发生频率和强度增加，有害生物入侵风险及火灾和病虫害发生风险增加，生物多样性丧失加速（中信度）。

5.4.2　知识差距

气候变化对荒漠生态系统的影响具有一定滞后性，气候变化对生态系统的影响不是短期内显现。此外，由于缺少气候变化下生物进化、基因变异、物种灭绝等方面知识，对气候变化对生态系统的响应的评估结果具有很大的局限性。

生产活动等因素与气候变化对生态系统的影响识别具有不确定性。生态系统变化的驱动因素繁杂，一些生态要素变化，难以定量和辨识气候变化与生产活动等不同因素的贡献率，特别是对气候变化与生产活动如何耦合共同影响荒漠生态系统变化，资料匮乏，认识不足。

未来气候变化对新疆的水土流失、湖泊湿地退化、生物多样性（包括生物入侵在内）、自然灾害等风险研究还主要是个例的分析，对未来气候变化对新疆生态系统整体综合风险的认识有限。另外，缺少对气候变化对新疆自然保护区和生态红线影响等的评估。

参考文献

阿布力米提·阿布都卡迪尔.2002.新疆哺乳类（兽纲）名录.北京：科学出版社.

阿地力·沙塔尔，何善勇，田呈明，等.2008.枣实蝇在吐鲁番地区的发生及蛹的分布规律.植物检疫，22（5）：295-297.

阿尔曼·解思斯.2019.濒危植物裸果木（*Gymnocarpos Przewalskii*）在新疆的潜在地理分布研究.乌鲁木齐：新疆大学学位论文.

白蓉.2017.我国新疆地区荒漠化现状、成因及对策的研究.中国林业经济，2：81-82.

柴晓兰，王志军.2011.新疆草原防火的社会效益评析.草业与畜牧，5（45）：34-36.

陈晨，郑江华，刘永强，等.2015.近20年中国阿尔泰山区冰川湖泊对区域气候变化响应的时空特征.地理研究，34（2）：270-284.

陈军，汪永丰，郑佳佳，等.2019.中国阿牙克库木湖水量变化及其驱动机制.自然资源学报，34（6）：1345-1356.

陈克，范晓虹，李尉民.2002.有害生物定性与定量风险分析.植物检疫，16（5）：257-261.

陈丽.2012.新疆外来入侵种现状研究.新疆环境保护，34（1）：21-27.

陈顺礼.2013.新疆水土流失现状及变化趋势分析.中国水土保持科学，11（增刊）：93-97.

陈曦.2008.中国干旱区土地利用与土地覆被变化.北京：科学出版社.

陈曦，罗格平.2008.干旱区绿洲生态研究及其进展.干旱区地理，31（4）：487-495.

代述勇.2009.策勒绿洲地下水环境空间变异性特征研究.北京：中国科学院大学学位论文.

丁文广，许端阳.2017.气候变化影响与风险——气候变化对沙漠化影响与风险研究.北京：科学出版社.

董合干，周明冬，刘忠权，等.2017.豚草和三裂叶豚草在新疆伊犁河谷的入侵及扩散特征.干旱区资源与环境，31（11）：175-180.

窦燕，陈曦，包安明.2008.近40年和田河流域土地利用动态变化及其生态环境效应.干旱区地理，31（3）：449-455.

樊自立，马英杰，沈玉玲，等.2004.试论中国荒漠区人工绿洲生态系统的形成演变和可持续发展.中国沙漠，24（1）：10-16.

樊自立，徐曼，马英杰，等.2005.历史时期西北干旱区生态环境演变规律和驱动力.干旱区地理，28（6）：723-728.

高庆，艾里西尔·库尔班，等.2018.巴音布鲁克地区植物物候时空动态变化及其驱动分析.干旱区研究，35（6）：1418-1426.

葛全胜，戴君虎，何凡能，等.2008.过去300年中国土地利用、土地覆被变化与碳循环研究.中国科学（D辑：地球科学），38（2）：197-220.

古力巴哈.2019.新疆水土保持治理模式的研究.黑龙江水利科技，7：114-116.

桂东伟，雷加强，穆桂金，等.2009.干旱区农田不同利用强度下土壤质量评价.应用生态学报，20（4）：894-900.

桂东伟，雷加强，曾凡江，等.2010.绿洲化进程中不同利用强度农田对土壤质量的影响.生态学报，30（7）：1780-1788.

郭文超，吐尔逊，周桂玲，等.2012.新疆农林外来生物入侵现状、趋势及对策.新疆农业科学，49（1）：86-100.

郭仲军，黄继红，路兴慧，等.2015.基于第七次森林资源清查的新疆天然林生态系统服务功能.生态科学，34（4）：118-124.

国家林业局森林病虫害防治总站.2012.气候变化对林业生物灾害影响及适应对策研究.北京：中国林业出版社.

何宝忠，丁建丽，张喆，等.2016.新疆植被覆盖度趋势演变实验性分析.地理学报，71（11）：1948-1966.

何瑛.2010.全球气候变化下新疆湿地变化特征的初步分析-以博斯腾湖为例.云南地理环境研究，22（4）：105-109.

贺可，吴世新，杨怡，等.2018.近40a新疆土地利用及其绿洲动态变化.干旱区地理，41（06）：1333-1340.

侯文通.2010.中国西北重要畜禽遗传资源.北京：中国农业出版社.

黄秉光，杨静，黄玫.2018.近55a新疆植被净初级生产力的时空变化.沙漠与绿洲气象，12（4）：90-94.

黄力平，高亚琪，李云，等.2015.阿尔泰山中东部西伯利亚落叶松生长量及其对气候变化的响应研究干旱区地理，38（6）：1169-1178.

黄铁成，张晓丽，陈蜀江，等 . 2020. 叶尔羌河流域中下游胡杨林春尺蠖虫害蔓延的驱动因子分析 . 云南大学学报（自然科学版），42（2）：52-363.

黄薇，夏霖，冯祚建，等 . 2007. 新疆兽类分布格局及动物地理区划探讨 . 兽类学报，27（4）：325-337.

黄莹，包安明，刘海隆，等 . 2009. 基于景观格局的新疆生态脆弱性综合评价研究 . 干旱地区农业研究，27（3）：261-266.

吉春容，邹陈，陈丛敏，等 . 2011. 新疆特色林果冻害研究概述 . 沙漠与绿洲气象，（4）：1-4.

贾宝全，慈龙骏，任一萍 . 2001. 绿洲景观动态变化分析 . 生态学报，（11）：1947-1951.

贾俊鹤，刘会玉，林振山 . 2019. 中国西北地区植被 NPP 多时间尺度变化及其对气候变化的响应 . 生态学报，39（14）：5058-5069.

江红南，雷磊 . 2014. 新疆渭干河三角洲绿洲土壤盐渍化及影响因子特征分析 . 湖北农业科学，53（14）：3265-3270.

焦亮，王玲玲，李丽，等 . 2019. 阿尔泰山西伯利亚落叶松径向生长对气候变化的分异响应 . 植物生态学报，43（4）：320-330.

焦淑萍，岳朝阳，张新平，等 . 2009. 新疆林木外来有害生物种类记述 . 新疆农业科学，46（1）：95-101.

焦淑萍，张新平，张静文，等 . 2013. 果树根癌病入侵新疆的风险分析 . 江苏农业科学，41（6）：114-116.

居马·吐尔逊 . 2015. 新疆维吾尔自治区地质灾害防治的意义 . 西部探矿工程，（11）：97-100.

冷超 . 2011. 塔里木河下游绿洲土地利用 / 覆盖动态变化及其稳定性研究 . 北京：中国科学院大学学位论文 .

李海峰 . 2013. 基于棉田水分利用的策勒绿洲农田适宜规模确定 . 北京：中国科学院大学学位论文 .

李吉玫，张毓涛，白志强，等 . 2016. 新疆山地森林生态系统服务功能价值评估 . 西南林业大学学报，36（4）：97-102.

李婧昕，许尔琪，张红旗 . 2019. 关键驱动力作用下的新疆生态系统服务时空格局分析 . 中国农业资源与区划，40（5）：12.

李俊杰，刘志友，吴忠华 . 2012. 塔里木垦区二年生红枣冻害原因分析及预防措施 . 新疆林业，（1）：28-29.

李咪，刘晓琼，王成新 . 2016. 气候变化对红枣产量的影响分析 . 安徽农学通报，（24）：28-31，71.

李培先，林峻，麦迪·库尔曼，等 . 2017. 气候变化对新疆意大利蝗潜在分布的影响 . 植物保护，43（3）：90-96.

李涛 . 2018. 警惕白星花金龟在新疆南疆地区入侵危害 . 新疆农业科技，（9）：25-26.

李小明，张希明 . 1995. 策勒河下游绿洲近五十年来土地沙漠化成因 . 干旱区研究，12（4）：17-19.

李小明，张希明 . 2002. 策勒绿洲边缘自然植被恢复重建的盖度指标 . 干旱区研究，19（2）：12-16.

李耀斌，张远东，顾峰雪，等 . 2019. 中国温带草原和荒漠区域春季物候的变化及其敏感性分析 . 林业科学研究，32（4）：1-10.

梁瀛，张思玉，努尔古丽 . 2010. 新疆森林火灾分区分类施治研究 . 安徽农业科学，38（36）：20943-20944.

梁瀛，张思玉，努尔古丽 . 2011. 新疆森林火灾特征及变化规律分析 . 森林防火，（1）：39-42.

林丽，晋玲，王振恒，等 . 2017. 气候变化背景下藏药黑果枸杞的潜在适生区分布预测 . 中国中药杂志，
（14）：2659-2669.

刘爱华，张新平，温俊宝，等 . 2013. 苹果小吉丁虫入侵新疆的风险分析及管理对策 . 江苏农业科学，
41（3）：105-107.

刘斌，刘彤，李磊，等 . 2010. 古尔班通古特沙漠西部梭梭大面积退化原因 . 生态学杂志，29（4）：637-
642.

刘华峰 . 2018. 降水变化对准噶尔荒漠植物种子萌发及其群落多样性的影响 . 石河子：石河子大学学位论
文 .

刘敬强，瓦哈甫·哈力克，哈斯穆·阿比孜，等 . 2013. 新疆特色林果业种植对气候变化的响应 . 地理学
报，（5）：708-720.

刘茂秀，史军辉，王新英 . 2018. 新疆平原荒漠林生态系统服务功能评估 . 防护林科技，183（12）：54-57.

刘新春，杨金龙，杨青 . 2005. 三工河流域 40 年来气温、降水变化特征分析 . 水土保持研究，12（6）：
54-57.

刘艳，阿提古丽·毛拉，沙毕热木·斯热义力，等 . 2017. 气候变化下耐旱藓类连轴藓属在新疆的分布模
拟 . 西北植物学报，37（9）：1881-1887.

龙昶宇，万华伟，李利平，等 . 2019. 新疆地区鸟类和哺乳动物丰富度与环境因子的空间格局与关系 . 遥
感学报，23（1）：155-165.

龙花楼，刘松 . 1999. 绿洲农业生态经济系统的结构与功能分析 . 应用生态学报，10（2）：213-217.

罗格平，周成虎，陈曦 . 2006. 干旱区绿洲景观斑块稳定性研究：以三工河流域为例 . 科学通报，
51（s1）：73-80.

罗格平，陈嘻，周可法，等 . 2002. 三工河流域绿洲时空变异及其稳定性研究 . 中国科学 D 辑：地球科
学，（6）：83-90.

罗格平，周成虎，陈曦，等 . 2004a. 区域尺度绿洲稳定性评价 . 自然资源学报，19（4）：519-524.

罗格平，周成虎，陈曦 . 2004b. 干旱区绿洲景观尺度稳定性初步分析 . 干旱区地理，27（4）：471-476.

吕文刚，林伟，李志红，等 . 2008. 枣实蝇在中国适生性初步研究 . 植物检疫，22（6）：343-347.

吕宪国，邹元春，王毅勇，等 . 2017. 气候变化对湿地影响与风险研究 . 北京：科学出版社 .

马鸣 . 2011. 新疆鸟类名录 . 北京：科学出版社 .

马松梅，魏博，李晓辰，等 . 2017. 气候变化对梭梭植物适宜分布的影响 . 生态学杂志，36（5）：1243-
1250.

马勇刚，张弛，塔西甫拉提·特依拜，等 . 2014. 中亚及中国新疆干旱区植被物候时空变化 . 气候变化
研究进展，10（2）：95-102.

玛地尼亚提·地里夏提，玉素甫江·如素力，海日古丽·纳麦提，等 . 2019. 天山新疆段植被物候特征及
其气候响应 . 气候变化研究进展，9（6）：624-632.

倪永明，欧阳志云 . 2006. 新疆荒漠生态系统分布特征及其演替趋势分析 . 干旱区资源与环境，20（2）：
7-10.

宁栋梁，张恩楼，高光，等 . 2017. 新疆巴音布鲁克湿地沉积摇蚊记录对气候变化的响应 . 湖泊科学，
29（3）：713-721.

宁虎森，罗青红，吉小敏，等 . 2017. 新疆梭梭林生态系统服务价值评估 . 生态科学，36（3）：74-81.

农区生物多样性编目委员会 . 2008. 农区生物多样性编目 . 北京：中国环境科学出版社 .

努尔古丽·马坎，岳朝阳，张新平，等 . 2013. 杨十斑吉丁入侵新疆的风险分析 . 防护林科技，6：25-27.

潘光耀，穆桂金，岳健，等 . 2014. 2001—2010 年策勒绿洲 – 沙漠过渡带的变化及其成因 . 干旱区研究，31（1）：169-175.

普宗朝，张山清 . 2018. 气候变暖对新疆核桃种植气候适宜性的影响 . 中国农业气象，（4）：267-279.

普宗朝，张山清，吉春容，等 . 2015. 气候变化对新疆哈密瓜种植气候区划的影响 . 气候变化研究进展，（2）. 115-122.

热依汗古丽，彭锋 . 2012. 哈密红枣安全越冬技术 . 北方果树，（2）：29-30.

任朝霞，杨达源 . 2008. 近 50a 西北干旱区气候变化趋势及对荒漠化的影响 . 干旱区资源与环境，22（4）：91-95.

任晓，穆桂金，徐立帅，等 . 2015. 塔里木盆地南缘 2000—2013 年人工绿洲扩张特点 . 干旱区地理，38（5）.1022-1030.

任璇，郑江华，穆晨，等 . 2017. 新疆近 15 年草地 NPP 动态变化与气象因子的相关性研究 . 生态科学，36（3）：43-51.

塞依丁·海米提，努尔巴依·阿布都沙力克，阿尔曼·解思斯，等 . 2019a. 人类活动对外来入侵植物黄花刺茄在新疆潜在分布的影响 . 生态学报，39（2）：629-636.

塞依丁·海米提，努尔巴依·阿布都沙力克，许仲林，等 . 2019b. 气候变化情景下外来入侵植物刺苍耳在新疆的潜在分布格局模拟 . 生态学报，39（5）：1551-1559.

塞依丁·海米提，努尔巴依·阿布都沙力克，迈迪娜·吐尔逊，等 . 2019c. 外来入侵植物意大利苍耳在新疆的潜在分布及扩散趋势 . 江苏农业科学，47（13）：126-130.

塞依丁·海米提，努尔巴依·阿布都沙力克，李雪萍，等 . 2018. 气候变化及人类活动对蒙古沙拐枣分布格局的影响 . 干旱区研究，35（6）：1450-1458.

史瑞琴 . 2006. 气候变化对中国北方草地生产力的影响研究 . 南京：南京信息工程大学学位论文 .

司文洋，刘普幸，张明军，等 . 2020. 绿洲胡杨生长期对全球变暖停滞响应的时空差异 . 生态学杂志，39（6）：1921-1928.

孙慧兰，陈亚宁，李卫红，等 . 2011. 新疆伊犁河流域草地类型特征及其生态服务价值研究 . 中国沙漠，31（5）：1273-1277.

汤发树，陈曦，罗格平，等 . 2006. 干旱区绿洲两种典型的 LUCC 过程与驱动力对比分析——以天山北坡三工河流域为例 . 中国科学，36（增刊Ⅱ）：58-67.

汤灵红 . 2016. 降水变化对一年生短命植物的萌发可塑性及生活史的影响 . 乌鲁木齐：新疆农业大学学位论文 .

唐瑶 . 2018. 气候变化条件下四种入侵植物在我国潜在分布预测分析 . 合肥：安徽农业大学学位论文 .

田晓瑞，代玄，王明玉，等 . 2016. 多气候情景下中国森林火灾风险评估 . 应用生态学报，27（3）：769-776.

田晓瑞，舒立福，赵凤君，等 . 2017. 气候变化对中国森林火险的影响 . 林业科学，53（7）：159-169.

吐尔逊古丽·托乎提，亚里坤·努尔 . 2016. 新疆病虫害发生面积趋势分析 . 中国林副特产，2：35-37.

吐鲁番地区森防站 . 2008. 吐鲁番地区枣实蝇防控工作有序开展 . 新疆林业，（3）：9-10.

王兵，马向前，郭浩，等 . 2009. 中国杉木林的生态系统服务价值评估 . 林业科学，45（4）：124-130.

新疆气候变化科学评估报告

王进，白洁，罗格平，等 . 2015. 近 34 年玛纳斯河流域棉花生长和耗水特征研究 . 农业机械学报，46（8）：83-89.

王瑞，唐瑶，张震，等 . 2018. 外来入侵植物刺萼龙葵在我国的分布格局与早期监测预警 . 生物安全学报，27（4）：284-289.

王涛 . 2009. 干旱区绿洲化、荒漠化研究的进展与趋势 . 中国沙漠，29（1）：1-9.

王智超 . 2018. 基于 Landsat 的新疆罗布泊地区植被覆盖度时空变化及其与气候因子的关系 . 石家庄：河北师范大学学位论文 .

魏博，孙芳芳，马新，等 . 2019. 荒漠濒危植物裸果木适宜分布区对未来气候变化情景的可能响应 . 石河子大学学报（自然科学版），37（4）：490-497.

魏玉蓉 . 2019. 濒危民族药新疆阿魏分布的环境需求及适生区研究 . 石河子：石河子大学学位论文 .

吴建国 . 2010. 气候变化对 7 种荒漠植物分布的潜在影响 . 应用与环境生物学报，16（5）：650-661.

吴建国 . 2011. 未来气候变化对 7 种荒漠植物分布的潜在影响 . 干旱区地理，34（1）：70-85.

吴建国，周巧富 . 2011. 气候变化对 6 种荒漠动物分布的潜在影响 . 中国沙漠，31（2）：464-475.

吴建国，吕佳佳，周巧富 . 2010. 气候变化对 6 种荒漠植物分布的潜在影响 . 植物学报，45（6）：723-738.

夏尤普·玉苏甫，买买提明·苏来曼，维尼拉·伊利哈尔，等 . 2018. 基于 MaxEnt 生态位模型预测对齿藓属（Didymodon）植物在新疆的潜在地理分布 . 植物科学学报，36（4）：541-553.

熊黑钢，秦珊 . 2006. 新疆森林生态系统服务功能经济价值估算 . 干旱区资源与环境，20（6）：146-151.

徐德源，王健，任水莲，等 . 2007. 新疆杏的气候生态适应性及花期霜冻气候风险区划 . 中国生态农业学报，（2）：18-21.

徐羲慧，陆帼英 . 2006. 新疆气候变化诱发和加剧缓发性灾害的对策研究 . 新疆气象，29（4）：34-36.

徐雨晴，於琍，周波涛，等 . 2017. 气候变化背景下未来中国草地生态系统服务价值时空动态格局 . 生态环境学报，26（10）：1649-1658.

徐雨晴，周波涛，於琍等 . 2018. 气候变化背景下中国未来森林生态系统服务价值的时空特征 . 生态学报，38（6）：1952-1963.

许建军，袁洲，刘忠军，等 . 2009. 白星花金龟在新疆农田生态区的寄主、分布及其发生规律 . 新疆农业科学，46（5）：1042-1046.

许兴斌，王勇辉，姚俊强 . 2015. 艾比湖流域气候变化及对地表水资源的影响 . 水土保持研究，22（3）：121126.

薛杰 . 2017. 基于贝叶斯网络的绿洲水资源综合管理研究 . 北京：中国科学院大学学位论文 .

闫金凤，陈曦，罗格平，等 . 2005. 绿洲浅层地 - 下水位与水质变化对人为驱动 LUCC 的响应——以三工河流域为例 . 自然资源学报，20（2）：172-180.

闫俊杰，黄辉，崔东，等 . 2018. 新疆伊犁河谷草地退化及其对生态服务价值的影响 . 生态经济，34（1）：191-196.

闫立娟，郑绵平 . 2014. 我国蒙新地区近 40 年来湖泊动态变化与气候耦合 . 地球学报，35（4）：463-472.

杨发相，李生宇，岳健，等 . 2019. 新疆荒漠类型特征及其保护利用 . 干旱区地理，42（1）：12-19.

杨发相，穆桂金，岳健，等 . 2006. 干旱区绿洲的成因类型及演变 . 干旱区地理，29（1）：70-75.

杨红飞 . 2013. 新疆草地生产力及碳源汇分布特征与机制研究 . 南京：南京大学学位论文 .

杨依天，郑度，张雪芹，等．2013. 1980~2010年和田绿洲土地利用变化空间耦合及其环境效应．地理学报，68（6）：813-824.

叶茂，徐海量，王小平，等．2006.新疆草地生态系统服务功能与价值初步评价．草业学报，15（5）：122-128.

伊拉木江·托合塔洪，阿迪力·艾合麦提，单文娟，等．2020.新疆兔属三物种潜在生境分布及未来气候变化的影响．野生动物学报，41（1）：70-79.

袁国映，陈丽，程芸．2010.新疆生物多样性调查与评价研究．新疆环境保护，32（1）：1-6.

袁亮，吴烨，叶小芳，等．2016.近52a区域气候变化对濒危物种新疆北鲵潜在影响分析．干旱区地理，39（1）：58-66.

袁烨城，刘海江，李宝林，等．2015. 2000~2010年新疆陆地生态系统变化格局与分析．地球信息科学学报，17（3）：300-308.

岳朝阳，田呈明，张新平，等．2009.枣实蝇入侵我国的风险分析．防护林科技，6：32-34.

岳朝阳，张新平，刘爱华，等．2011.光肩星天牛在新疆的风险分析．西北林学院学报，26（5）：153-156.

岳阳，朱万斌，李连禄，等．2013.基于"GIS"的环塔里木盆地杏气候适应性区划研究．中国农业大学学报，18（4）：59-63.

张静文，岳朝阳，焦淑萍，等．2012a.枣疯病入侵新疆的风险分析．新疆农业科学，49（2）：261-266.

张静文，岳朝阳，焦淑萍，等．2012b.花曲柳窄吉丁入侵新疆的风险分析．防护林科技，（2）：65-67.

张琪．2016.三工河流域绿洲荒漠景观土地利用／覆被变化与地表热效应分析．北京：中国科学院大学学位论文．

张晴，于瑞德，郑宏伟，等．2018.天山东部不同海拔西伯利亚落叶松对气候变暖的响应分析．植物研究，38（1）：14-25.

张仁平．2017.新疆地区草地NPP和物候对气候变化的响应研究．兰州：兰州大学学位论文．

张仁平，郭靖，冯琦胜，等．2018.新疆地区草地植被物候时空变化．草业学报，27（10）：66-75.

张锐，刘普幸，张光新，等．2012.新疆草地气候生产潜力变化特征及对气候响应的预测研究．中国沙漠，32（1）：181-187.

张润志，汪兴鉴，阿地力·沙塔尔．2007.检疫性害虫枣实蝇的鉴定与入侵威胁．昆虫知识，44（6）：928-930.

张山清，吉春容，普宗朝．2019.气候变暖对新疆杏种植气候适宜性的影响．中国农业资源与区划，40（9）131-141.

张山清，普宗朝，伏晓慧，等．2010.气候变化对新疆自然植被净第一性生产力的影响．干旱区研究，27（6）：905-914.

张山清，普宗朝，吉春容，等．2016.气候变化对新疆酿酒葡萄种植气候区划的影响．中国农业资源与区划，（9）.125-134.

张山清，普宗朝，李景林，等．2014.气候变化对新疆红枣种植气候区划的影响．中国生态农业学报，22（6）：713-721.

张山清，普宗朝，李景林，等．2015.气候变暖背景下南疆棉花种植区划的变化．中国农业气象，（5）：594-601.

张文霞，刘普幸，冯青荣，等．2017. 1960–2015年中国绿洲胡杨生长季对全球变暖的时空响应及原因．

地理学报，72（7）：1151-1162.

张晓芹．2018.西北旱区典型生态经济树种地理分布与气候适宜性研究．北京：中国科学院大学学位论文．

张新平，焦淑萍，张静文．2012.岳朝阳．松材线虫病入侵新疆的风险分析．防护林科技，2：73-74.

张新平，焦淑萍，张静文，等．2013.松褐天牛入侵新疆的风险分析．西北林学院学报，28（56）：110-113.

张兆永，海米提·依米提．2011.干旱区典型绿洲热场分布规律研究——以渭干河-库车河三角洲绿洲为例．气象与环境学报，27（2）：32-38.

赵同谦，欧阳志云，贾良清，等．2004.中国草地生态系统服务功能间接价值评价．生态学报，24（6）：1101-1110.

赵文智，刘志民，程国栋．2002.土地沙质荒漠化过程的土壤分形特征．土壤学报，39（6）：877-891.

赵泽芳，卫海燕，郭彦龙，等．2017.黑果枸杞（Lycium ruthenicum）分布对气候变化的响应及其种植适宜性．中国沙漠，37（5）：902-909.

郑伟，朱进忠．2012.新疆草地荒漠化过程及驱动因素分析．草业科学，29（9）：1340-1351.

周可法，吴世新，李静，等．2004.新疆湿地资源时空变异研究．干旱区地理，27（3）：405-408.

周日平．2019.中国荒漠化分区与时空演变．地球信息科学学报，21（5）：675-687.

朱金声．2013.气候变化下新疆林果业重大害虫灾变规律研究．南京：南京农业大学学位论文．

孜来汗·达吾提，努尔巴依·阿布都沙力克．2010.新疆水土流失时空分布规律性研究与防治对策．新疆农业科学，47（3）：600-606.

Cheng G，Li X，Zhao W，et al. 2014. Integrated study of the water–ecosystem–economy in the Heihe River Basin. National Science Review，1（3）：413-428.

Fang S，Yan J，Che M，et al. 2013. Climate change and the ecological responses in Xinjiang，China：Model simulations and data analyses. Quaternary International，311：108-116.

Fang X，Chen Z，Guo X L，et al. 2019. Impacts and uncertainties of climate/CO_2 change on net primary productivity in Xinjiang，China（2000–2014）：A modelling approach. Ecological Modelling，408：108742.

Garcia-Garizabal I，Causape J，Abrahao R. 2011. Application of the irrigation land environmental evaluation tool for flood irrigation management and evaluation of water use. Catena，87（2）：260-267.

Gui D W，Wu Y W，Zeng F J，et al. 2011. tudy on the oasification process and its effects on soilparticle distribution in the south rim of the Tarim Basin，China in recent 30 years. Procedia Environmental Sciences，3：14-19.

Gui D W，Zeng F J，Lei J Q，et al. 2016. Suggestions for sustainable development of the oases in the South Rim of Tarim Basin. Journal of Desert Research，36（1）：6-11.

Han D L，Meng X Y. 1999. Recent progress of research on oasis in China. Chinese Geogr Sci，9（3）：199-205.

Han D，Song X，Currell M，et al. 2011. A survey of groundwater levels and hydrogeochemistry in irrigated fields in the Karamay Agricultural Development Area，northwest China：Implications for soil and groundwater salinity resulting from surface water transfer for irrigation. Journal of Hydrology，405（3–4）：217-234.

Hu L，Xu Z，Huang W. 2016. Development of a river–groundwater interaction model and its application to a catchment in Northwestern China. Journal of Hydrology, 543: 483-500.

Jia B Q, Zhang Z Q, Ci L J, et al. 2004. Oasis land use dynamics and its influence on the oasis environment in Xinjiang, China. J Arid Environ, 56: 11-26.

Lepeltier S. 2014. Field assessment of surface water–groundwater connectivity in a semi arid river basin (Murray–Darling, Australia). Hydrological Processes, 28 (4): 1561-1572.

Li J, Chang H, Liu T, et al. 2019. The potential geographical distribution of Haloxylon across Central Asia under climate change in the 21st century. Agricultural and Forest Meteorology, 275: 243-254.

Liu B, Zhao W Z, Chang X L, et al. 2010. Water requirements and stability of oasis ecosystemin arid region, China. Environ Earth Sci, 59: 1235-1244.

Liu H F, Liu T, Han Z Q, et al. 2018. Germination heterochrony in annual plants of *Salsola* L.: an effective survival strategy in changing environments. Scientific Reports, 8 (1): 6576.

Luo G P, Amuti T L, Zhu L, et al. 2015. Dynamics of landscape patterns in an inland river delta of Central Asia based on a cellular automata-Markov model. Regional Environmental Change, 15 (2): 277-289.

Luo G P, Zhou C H, Chen X, et al. 2008. A methodology of characterizing status and trend of land changes in oases: a case study of Sangong River watershed, Xinjiang, China. Journal of Environment Management, 88 (4): 775-783.

Ma X, Zhao C, Tao H, et al. 2018. Projections of actual evapotranspiration under the 1.5℃ and 2.0℃ global warming scenarios in sandy areas in northern China. Sci Total Environ, 645: 1496-1508.

Miao L, Ye P, He B, et al. 2015. Future climate impact on the desertification in the Dryland Asia using AVHRR GIMMS NDVI3g data. Remote Sens, 7: 3863-3877.

Nasierding N, Zhang Y Z. 2009. Change detection of sandy land areas in Minfeng oasis of Xinjiang, China. Environ Monit Assess, 151: 189-196.

Ning L, Feng L H, Chi L Z, et al. 2015. Specificity of germination of heteromorphic seeds in four annuals (*Salsola* L.) at different temperatures in the Junggar basin. Pakistan Journal of Botany, 47 (3): 867-876.

Song W, Zhang Y. 2015. Expansion of agricultural oasis in the Heihe River Basin of China: Patterns, reasons and policy implications. Phys Chem Earth, 89-90: 46-55.

Su Y Z, Zhao W Z, Su P X, et al. 2007. Ecological effects of desertification control and desertifiedland reclamation in an oasis-desert ecotone in an aridregion: A case study in Hexi Corridor, northwest China. Ecol Eng, 29: 117-124.

Sun Z, Ma R, Wang Y, et al. 2016. Hydrogeological and hydrogeochemical control of groundwater salinity in an arid inland basin: Dunhuang Basin, northwestern China. Hydrological Processes, 30 (12): 1884-1902.

Suzuki R, Nomaki T, Yasunari T. 2003. West-east contrast of phenology and climate in northern Asia revealed using a remotely sensed vegetation index. International Journal of Biometeorology, 47 (3): 126-138.

Tateishi R, Ebata M. 2004. Analysis of phenological change patterns using 1982-2000 Advanced Very High Resolution Radiometer (AVHRR) data. International Journal of Remote Sensing, 25 (12): 2287-2300.

Wang L, Li G, Dong Y, et al. 2015. Using hydrochemical and isotopic data to determine sources of recharge and groundwater evolution in an arid region: a case study in the upper–middle reaches of the Shule River basin, northwestern China. Environmental Earth Sciences, 73 (4): 1901-1915.

新疆气候变化科学评估报告

Wang T. 2009. Review and prospect of research on oasification and desertificationin arid regions. Journal of Desert Research, 29（1）: 1-9.

Wang X, Hua T, Lang L, et al. 2017. Spatial differences of aeolian desertification responses to climate in arid Asia Glob Planet Change, 148: 22-28.

White C J, Tanton T W, Rycroft D W. 2014. The Impact of Climate Change on the Water Resources of the Amu Darya Basin in Central Asia. Water Resources Management, 28（15）: 5267-5281.

Wu P, Ding Y H, Liu Y J, et al. 2019. The Characteristics of moisture recycling and its impact on regional precipitation against the background of climate warming over Northwest China. International Journal of Climatology, 39（1）: 5241-5255.

Xie Y W, Wang G S, Wang X Q. 2015. Spatio-temporal process of oasification in the middle-HeiheRiverbasin during 1368-1949 AD, China. Environ Earth Sci, 73: 1663-1678.

Xie Y X, Gong J, Sun P, et al. 2014. Oasis dynamics change and its influence on landscape pattern on Jintaoasis in arid China from 1963a to 2010a: Integration of multi-sourcesatellite images. Int J Appl Earth OBS, 33: 181-191.

Xu Y, Yang J, Chen Y. 2016. NDVI-based vegetation responses to climate change in an arid area of China. Theoretical and Applied Climatology, 126（1–2）: 213-222.

Yao J, Hu W, Chen Y, et al. 2019. Hydro-climatic changes and their impacts on vegetation in Xinjiang, Central Asia. Science of The Total Environment, 660: 724-732.

Yao J Q, Zhao Y, Yu XJ. 2018. Spatial-temporal variation and impacts of drought in Xinjiang (Northwest China) during 1961-2015. PeerJ, 6:e4926.

Ye X, Yu X, Yu C, et al. 2018. Impacts of future climate and land cover changes on threatened mammals in the semi-arid Chinese Altai Mountains. Sci Total Environ, 612: 775-787.

Zeng Y, Liu T, Zhou X B, et al. 2016. Effects of climate change on plant composition and diversity in the Gurbantünggüt Desert of northwestern China. Ecological Research, 31（3）: 427-439.

Zhang H, Wu J W, Zheng Q H, et al. 2003. A preliminary study of oasis evolution in the Tarim Basin, Xinjiang, China. J Arid Environ, 55: 545-553.

Zhang R, Guo J, Liang T, et al. 2019. Grassland vegetation phenological variations and responses to climate change in the Xinjiang region, China. Quaternary International, 513: 56-65.

第6章　气候变化对农业的影响

主要作者协调人：田长彦　姜逢清
主　要　作　者：吉春容　陈彤　张山清
贡　献　作　者：买文选　王雪姣　杨卫君　王　森

▪ 执行摘要

　　在全球变暖的背景下，包括光热、水分资源在内的新疆农业气候资源发生了明显的变化。总体上水分条件有所改善（降水增多、潜在蒸散降低），有利于农业生产但作用有限；土壤含水量有降低的趋势，存在干旱损失加大的风险（中信度）。农业气象灾害（干旱、冷害等）的发生频次增多、强度加大。秋季初霜冻灾害风险总体呈显著的减弱趋势，而春季出现霜冻的频次呈增加趋势，霜冻所造成的经济损失增大（中信度）；干热风和大风的频次降低，土壤风蚀及其相关的沙尘天气频率降低，对农业的危害程度减轻（高信度）。气候变暖尤其是冬季变暖，有利于各种病虫害的越冬，使单位面积上的虫口基数增大，同时生长季延长使害虫繁殖代数增多，棉花、小麦以及特色林果的病虫害危害风险加大、损失趋重（高信度）。受热量增多的影响，新疆主要农作物小麦、玉米和棉花以及特色林果如香梨、红枣等的物候提前、生育期延长，产量有所增加；十分有利于非适宜种植区向适宜种植区的转化，单一熟制向多熟制的转变（中信度）。气候变化，尤其是气候变化导致的气象灾害对新疆农业金融工具具有不利影响（低信度）。

新疆位于温带干旱气候区，拥有丰富的光热、土地等自然资源，为发展农业提供了优越的自然条件，孕育了棉花、优质小麦、玉米、葡萄、红枣、核桃、香梨等优势特色农业产品。2019年新疆棉花种植面积为3810.75万亩，占全国总种植面积的约74%，棉花总产量为500.2万t，占全国总产量的约84%，并已连续多年保持我国最大优质商品棉生产基地的地位。同时，新疆也是我国粮食生产重要战略阶梯区，2019年新疆粮食播种面积3275.33万亩，总产1511.09万t。其中，小麦播种面积1592.39万亩，占总播种面积的48.62%，总产576.03万t；玉米播种面积1495.80万亩，占总播种面积的45.67%，总产858.37万t。新疆特色果树种植面积2167.74万亩（其中兵团322.18万亩），总产量为1165.83万t（其中兵团396.58万t），其中葡萄产量最高，在新疆水果总产量中的比重超过30%；其次是杏和梨，所占比重都超过了20%。环塔里木盆地是新疆特色林果面积最大最集中的区域。随着新疆农业生产规模的不断扩大，优势特色农产品种植业不仅已成为新疆区域经济发展的支柱性产业和新的经济增长点，而且在我国农业生产中所占据的地位变得越来越重要。新疆还是我国五大牧区之一。新疆天然草地面积76670.7万亩，占我国草地总面积比重较大，位居全国第三。统计年鉴数据显示，2016年新疆牲畜总存栏4621.35万头（只），其中：牛408.17万头、马89.01万匹、驴54.59万头、骆驼18.15万峰、羊3915.7万只；全年出栏大小牲畜4428.62万头（只），其中：牛258.07万头、羊3612.82万只（不含兵团）。新疆肉类总产量由2006年158.21万t增加到2016年159.73万t。其中，牛肉产量由39.25万t增加到42.48万t；羊肉产量由66.99万t减少到58.31万t。

然而，新疆位于内陆，远离水汽源地，整体属于温带大陆性气候，降水稀少，气候干燥，多风沙、干热风、低温冷害和冰雹天气，农业生产的气象灾害风险很高。区域内沙漠、戈壁和盐碱地广布，水资源缺乏，农业外延式发展具有巨大阻力。位于绿洲内农田需要依靠灌溉才能得以维持生产，一旦河流来水量不足，干旱损失巨大，并且耕地还面临着沙化、盐渍化威胁，农业生态系统的脆弱性很高。

在当前全球气候变暖的背景下，新疆气候呈现出了以气温升高、降水增多为主的暖湿化变化趋势（施雅风等，2002；参见本报告第一部分第2章），水热气候条件的改变，对农业生产的多个方面产生了巨大的正面和负面影响。多种全球气候模型预测未来全球气候变暖的趋势依然存在，新疆农业暴露于气候极端事件的风险加大（《新疆区域气候变化评估报告》编写委员会，2013；Xia et al.，2017；参见本报告第一部分第3章）。全面科学地评估气候变化对新疆农业的影响，可为新疆应对未来气候变化可能带来的挑战奠定坚实的科学基础。

目前针对新疆气候变化农业影响的系统性评估工作还较为缺乏。由于气候变化对新疆农业影响涉及广泛，本次评估无法面面俱到，仅侧重于全球变暖背景下新疆农业光热、水分、土壤、病虫条件等变化对主要农作物种植的影响、农业气象灾害的危害、气候变化对农业金融工具的影响以及气候变化对主要作物适宜种植区和种植制度的影响等方面。

6.1 农业自然条件变化的影响

农业是对气候变化最为敏感的行业之一。当前以变暖为主要特征的气候变化对农业发展和农业安全带来了前所未有的严峻挑战。一方面气候是农业生产的基础，气候要素（气温、降水等）的变化对农作物的萌发、生长、适宜种植区的范围等造成影响，另一方面气候变化还可能引起土壤含水量不足，病虫害发生率提高，土壤有机质降解加快，土壤侵蚀加强，旱涝灾害增加等，进而对农业生产造成影响。

新疆是我国重要的棉花和特色瓜果等大宗农产品的主产区，农业是区域经济的支柱产业，对国民经济发展具有举足轻重的作用。气候变化对新疆农业产生的负面影响，特别是气候变化诱发的自然灾害等将危及新疆社会的稳定和经济的可持续健康发展。因此，有必要全面准确地评估气候变化对新疆农业的影响，为趋利避害奠定坚实科学基础。

6.1.1 光热资源变化的影响

当前的研究认为，在全球变暖的背景下，新疆呈现出了以日照时数为代表的光能资源减少的趋势，1961~2018 年日照时数的减少速率达 21.9 h/10a（参见本报告第一部分第 2 章）；同时，新疆呈现出了气温升高、积温增多（图 6-1）、无霜期（图 6-2）和气候生长季（图 6-3）延长的趋势（Ci et al., 2015；慈晖等，2015；Jiang et al., 2011），意味着在全球变暖的背景下新疆热量资源是增加的。光热量资源的变化对新疆的农业生产将产生深刻影响。以下从主要作物来评估这些影响。

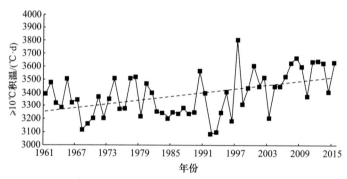

图 6-1　1961~2015 年新疆≥10℃积温变化（据普宗朝和张山清，2017 修改）

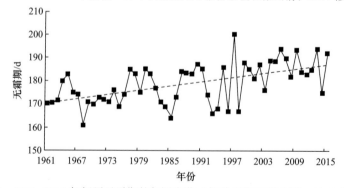

图 6-2　1961~2015 年新疆无霜期的年际变化（据普宗朝和张山清，2017 修改）

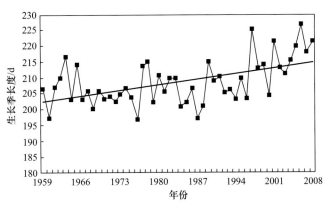

图 6-3　1959~2008 年新疆气候生长季长度的变化

1. 光能资源变化的影响

棉花是一种喜光作物，具有喜温好光的特性（刘海蓉等，2005）。光照不足会使棉花功能叶面积叶绿体减少，叶片光合速率下降（周治国，2002；韩春丽，2005）。处于生长稳定的植物在光照减弱时，植株则会对地上部分投入更多的物质，以促进植株生长出更多的叶片来增大光捕获面积，弥补光能的不足。故在光照不足环境下生活的植物会比较好光照条件下生活的植物投入更多营养物质于叶片的生长（吴能表和谈锋，1999）。低光照下，叶损失植株对叶片的生物量分配率明显高于高光照下的叶损失植株（孟金柳等，2004）。也有研究认为，日照时数与单株铃数呈极显著相关（狄佳春等，2003）。光照对棉花蕾铃脱落有明显影响，现蕾、开花和成铃与 6 月光照有密切关系。光照不足时，棉铃不能正常开裂，影响正常吐絮（张金帮等，2000），且烂铃率与脱落率会升高（张荣霞等，2002）。光照不足还对棉花纤维的长度、品质以及马克隆值造成影响（周桂生等，2003；王庆材等，2005；韩春丽等，2005）。

光照是小麦生长发育的原动力，是小麦进行光合生产的基本元素和必要条件，直接影响小麦产量和品质的形成。新疆小麦种植有冬小麦和春小麦之分，春夏是冬小麦生长的关键时期，而春小麦的主要生长期为夏季。新疆夏季和春季的日照时数均呈降低趋势，这将十分不利于小麦的生长。但北疆塔额盆地、石河子垦区的日照时数存在增多的趋势，将有利于垦区内冬小麦的种植。

玉米为喜光作物，在其整个生长发育过程中都需要有强烈的光照时间。新疆的玉米种植主要集中在夏季。由于新疆夏季日照时数呈现一定的减少趋势，若这种趋势在未来得以持续，必将导致光照不足，严重影响玉米作物的光合作用，难以实现现有技术条件下的玉米的稳产和高产。

此外，南疆地区林果面积的大幅增长，挤占了粮食种植面积。为弥补不足，实施了果粮套种措施。然而，在日照时数降低致使光照普遍下降的背景下，南疆特色林果带初植密度过大，随着树龄逐渐增大，果园郁闭，林下粮食作物的光照不足，不仅使粮食产量降低，而且导致果品品质明显下降。

2. 热量资源变化的影响

棉花是喜温作物，气温升高、积温增多和无霜期延长等无疑有利于棉花的生长。有研究认为，新疆棉花产量和年平均气温、≥10℃积温、无霜期长度等热量指标呈正相关（田彦君，2016；Li et al.，2019）。热量增多使棉花后期生长遭遇霜冻的风险减小，霜前花产量高，品质好。≥10℃终日和初霜日变化在很大程度上影响着棉花的种植界限，近年来新疆棉区向北向西扩展（曹占洲等，2011）。有关新疆热量资源增多对棉花适宜种植区的影响将在后面的章节中详细说明。

气候变暖使棉花的全生育期总体上明显延长，为生长发育赢得了更加充足的热量资源，对生长和发育均比较有利。与1991~2000年相比，2001~2010年全疆棉花全生育期延长了4~8d（曹占洲等，2011）。虽然气候变暖导致棉花生育期延长、产量增加，但是多年后，产量因生长发育速率过快生育期缩短而下降，若更换生育期更长的中熟、晚熟品种会利于提高产量；北疆部分棉区棉花品种由早熟更换为中熟，生育期延长10d左右（赵黎等，2018）。新疆地区棉花产量变化动力学评估结果显示，20世纪90年代以来，南疆、北疆棉花产量分别比20年代增产26.4kg/hm^{2}和25.4kg/hm^2（张燕，2016）。

冬小麦是新疆重要的粮食作物，每年种植1000万亩左右。冬季气温升高，使冬小麦越冬死亡率降低，产量有所提高。自20世纪50年代以来，新疆冬小麦单产在波动中增长，气候变化将对冬小麦发育进程产生重要影响。气候变暖导致的物候提前或推迟一定程度上使作物各生长阶段历时发生改变。新疆冬小麦播种期1991~2000年比1981~1990年推迟了4~8d，冬前生长发育速度推迟。由于受春季气温升高作用，冬小麦春初提前返青，生殖生长阶段提早，全生育期缩短了7~9d（曹占洲等，2011）。新疆地区春小麦营养生长阶段（播种—抽穗）平均缩短1.2d/10a，而生殖生长阶段（抽穗—成熟）平均仅缩短0.1d/10a。冬小麦营养生长阶段与生殖生长阶段呈相反的变化趋势，营养生长阶段平均缩短达5.9d/10a，而生殖生长阶段却平均延长了1.9d/10a，导致整个生育期平均缩短4.0d/10a（肖登攀等，2015）。1961~2012年阿勒泰地区春小麦播种期也呈现提前的趋势，其中吉木乃县、福海县、富蕴县提前天数分别达5d、4.7d、2d（王荣晓，2014）。

气候变暖背景下，新疆春玉米和夏玉米物候期主要呈提前趋势，其中夏玉米播种期平均提前达11.0d/10a。春玉米和夏玉米各生长阶段也主要呈延长趋势，春玉米营养生长阶段、生殖生长阶段和整个生长阶段分别平均延长0.8d/10a、1.5d/10a和2.3d/10a；夏玉米3个生长阶段分别平均延长7.2d/10a、1.2d/10a和8.3d/10a（肖登攀等，2015）。阿勒泰地区春玉米种植区北界东扩，发生了不宜种植到种植早熟性品种、早熟品种到中（晚）熟品种、中晚熟品种到晚熟品种的变化；春玉米播期提前幅度在3~8d，其中哈巴河县提前最多为8d（王荣晓，2014）。

新疆冬季平均气温、平均最低气温、极端最低气温均呈现升高趋势，尤其是20世纪90年代以来，冬季气温升高明显，暖冬年份增多，冬季长度明显缩短，低温日数减少，暖冬气候整体有利于果树的越冬。受冬、春季气温升高的影响，2000年以来南疆的杏、香梨等林果花芽膨大期普遍比1981~1990年提前3~7d；1981~2010年库尔勒香梨始花期以1.96d/10a的趋势提前（吉春容等，2011）。新疆气候暖湿化的变化趋势有利于林果产品产量的提高，特别是在增温、增湿显著年份后，对产量的提高积极作用更显著，另外气温的增加也促进了喜温林果产品种植面积的扩大，并且由气温高的地区向气温低的地区扩展。但是，气候出现异常波动变化时（急剧增温、增湿和减温、减湿）对林果产品的种植影响较大，使林果产品产量降低，并且气温过高对于林果产品种植也不利（刘敬强等，2013）。

6.1.2 水分条件变化的影响

1. 降水变化的影响

有研究认为，1961年以来新疆的降水呈现出了较为明显的增多趋势（参见本报告第一部分第2章）。降水的增多对农牧业生产具有积极的一面。新疆整体位于内陆干旱区，属灌溉农业区。作为灌溉水来源地的阿尔泰山、天山和昆仑山山区，区域内降水的增多有利于河川径流的增加，可为下游绿洲农业区提供更多的灌溉水量。山区降水的增多也十分有利于山地草原牧草的生长，但也有分析认为，干旱区的山区降水的增加主要是缘于极端降水（强降水）增多所致，增加的降水多数以径流的方式输往平原区，对山区天然草地植被的生长意义不明显（《新疆区域气候变化评估报告》编写委员会，2013）。20世纪60年代以来新疆山区草地土壤水分的降低是其例证之一。由于新疆绝大多数的土地位于年降水量远低于200mm的干燥盆地，即使这些土地所在区域的年降水量增加20%，也无助于改变干旱区的性质，灌溉农业依然无法由旱地农业所替代。

显著增加的夏季降水量使可利用水资源略有增加，有利于农作物的生长发育，同时洪水事件频率增多，也给农业生产造成一定不利影响。北疆降水量显著增加给农作物种植创造了非常有利的条件。冬季降水量增多，对土壤保墒和作物安全越冬有利。新疆越冬作物、春小麦生育期降水量增加有利于农作物的生长发育（曹占洲等，2011）。

值得注意的是，在当前全球变暖的背景下，新疆呈现出了极端降水事件的频次增多和强度加大的态势（《新疆区域气候变化评估报告》编写委员会，2013；本报告第一部分第2章），受其影响新疆农业遭受与降水有关的自然灾害（干旱、洪灾和冰雹）的损失在加大（唐湘玲等，2017）。

2. 潜在蒸散量变化的影响

潜在蒸散量的变化势必会对农作物生长过程中的水分消耗产生影响。理论上，气温升高对作物水分利用效率的影响主要体现在对作物的光合作用和蒸腾作用两个方面：气温升高可能增加或降低作物的光合速率，进而影响干物质的累积；同时，气温的变化也会通过影响作物叶片气孔导度和土壤蒸发速率，进而影响作物群体水平的蒸发蒸腾过程（Avola et al.，2007；Gratani et al.，2009），导致潜在蒸散量的增加。由于潜在蒸散量的增大，土壤水分亏缺会加剧，若灌溉不及时，会影响农作物的生长。然而，有研究表明，由于风速、日照时数和平均气温日较差减小以及降水量增多、空气相对湿度和水气压增大对潜在蒸散量的降低作用超过了气温升高对潜在蒸散量的增大作用，1961~2008年新疆

潜在蒸散量平均以 –23.89mm/10a 的倾向率呈极显著的下降趋势（董煜和陈学刚，2015；张山清和普宗朝，2011）。

潜在蒸散量的下降，对降低农田和自然植被蒸散量、减少作物需水量和灌溉量、降低地表干燥度、改善新疆脆弱的生态环境都具有重要意义（张山清和普宗朝，2011）。

6.1.3 土壤条件改变的影响

1. 土壤含水量变化的影响

土壤水是水文循环中最重要的组分之一，由降水入渗和地下水毛管作用补给，决定了蒸发与植物可利用水分的总量，在全球水和生物地球化学循环上发挥着重要作用。因此，了解土壤水分在全球气候变化背景下的变化趋势及其影响，对于区域水资源管理、农业发展等具有科学意义。

新疆气候干旱，降水稀少，除少量山区外，绝大部分区域的土壤水分长期处于负平衡状态，是典型的生态脆弱区。然而，在全球变暖背景下，作为气候变化比较敏感的环境因子之一的土壤水分必然也必定会发生相应的变化（王锡稳等，2007）。在极端干旱的新疆地区，气象因素是影响土壤干层发育的控制因素，小尺度非气象的陆面因子是影响土壤水分变异的主导因素。与降水在季节内分布的规律一致，西北干旱地区土壤水分季节特征明显，整个西北干旱区夏季土壤含水量最高。2000~2017 年以来，深层（10~100 cm）土壤变湿润程度明显（李祥东，2019）。

总体上，在当前全球变暖的背景下，新疆的气候发生了比较明显的变化，受其影响，新疆土壤水分存在下降的趋势。2008~2014 年间艾比湖流域土壤水分主要受气温、降水及人类活动影响，呈波动变化，总体偏低且具有逐年减小趋势。受降水、地形及土地覆被影响，土壤水分分布呈现出由山区向两侧平原减少的特点，且林地>农用地>草地>稀疏植被。近 10 年间土壤水分低值区由原来的北部山区及平原向东部、东南部平原区及南部山区迁移，东部减少最为明显。流域四季土壤水分变化差异显著。其中，春季主要受融雪影响；夏季、秋季主要受降水量和气温影响；冬季主要受固态降雪和气温影响（王瑾杰等，2019）。模型模拟的结果表明，未来我国西北干旱区干旱将更加严重，土壤水资源愈加短缺（Li et al.，2015；Xia et al.，2017）。

土壤水分的降低将对农业和生态系统产生明显的影响。土壤水分降低最大的影响在于将增大农作物与人工草场的灌溉用水需求，进而加重新疆水资源供需的矛盾。新疆灌溉用水量长期居高不下的原因，除了耕地、人工林地和城市绿地扩张、用水量增大之外，还有一个主要原因可能在于土壤含水量的降低。此外，由于土壤水分在很大程度上影响着蒸散发量，即土壤表层含水量高的区域蒸散发量就越高，土壤含水量低的区域蒸散发量就低（张淑霞，2018），新疆总体土壤水分降低，区域蒸散发量会有所下降。

2. 土壤肥力与土壤侵蚀及其影响

目前有关气候变化对土壤肥力的影响研究相对欠缺。气候变化可通过以下几种途径对土壤肥力造成影响：其一是气候变化通过影响土壤有机碳含量来影响土壤肥力。气温升高和降水增多会加速植物凋落物的分解速率；增大的风蚀和水蚀会增大土壤有机碳和土壤养分的流失。其二是气候变化导致土壤长期变干或变湿，会影响其上的植物生长，进而造成进入土壤层凋落物的数量变化。其三是因气候变化所导致的土壤理化性质的改变，又会进一步影响土壤层穴居动物和微生物，提升或降低其活力，进而影响土壤有机碳和肥力。但以上还缺乏大量证据的支撑。反之，土壤碳储的变化也将对气候带来影响。

土壤侵蚀尤其是土壤风蚀是与新疆农业开发长期相伴的环境问题。土壤风蚀不仅造成多年耕作熟化的土壤层变薄，土壤有机质和肥力流失，而且土地状况的变化可以对数百里公里外的气温和降雨产生影响；不当的土地使用和管理方式，如为应对粮食减产而进行的耕地扩张，挤占了林业用地空间，造成土地退化，进一步加剧全球变暖，形成恶性循环（IPCC，2019）。地力下降后，为维持一定的产量势必需要增大化学肥料的施用量，过量施肥造成土壤板结、土壤污染。此外，土壤风蚀导致的扬尘，一旦降落在作物叶面后，会通过遮蔽阳光、阻塞气孔等方式，对作物的光合生理产生影响。

值得注意的是，当前的研究普遍认为，新疆近十年来造成土壤风蚀的驱动因子——大风风速与发生频率呈现出了比较明显的降低趋势（陆吐布拉·依明，2011；陈洪武等，2010；参见本报告第一部分第2章），以沙尘暴为代表的沙尘天气明显减少（王森等，2019）。阿克苏地区沙尘日数逐渐减少，平均每10年减少18.7d，尤其是1986年后，下降率明显。各县市年沙尘日数均呈显著减少趋势，其中库车、阿拉尔、阿瓦提等地减少的速度最快，分别为32.3d/10a、28.3d/10a、41.7d/10a（刘卫平，2007）。说明新疆土壤风蚀的严重程度存在降低的趋势。

3. 土壤盐渍化及其影响

土壤盐渍化是土地退化的主要表现形式之一。土壤盐渍化问题不仅一直是全球性问题，而且也是制约我国新疆农业生产力和生态环境的重大环境问题。有关新疆气候变化与土壤盐渍化之间关系的研究还相对薄弱。大体上，气候变化可通过改变地表蒸散发潜势的方式，对土壤盐分含量造成影响；而盐渍化地表也会通过改变盐分粒子（大气气溶胶）等向大气输送通量的方式，影响大气化学构成、太阳辐射强度和日照等对气候进行反馈。

在土壤盐渍化形成和发展的诸多影响因素中，地表蒸散发发挥着作用。蒸散发与土壤表层含盐量一般呈线性负相关关系，且 R^2 均大于 0.7，呈显著性相关，说明土壤盐分在很大程度上影响着蒸散发，即土壤含盐量高德区域地表蒸散发较小，而土壤含盐量低的区域，地表蒸散发较高（张淑霞，2018）。1995~2015 年间，玛纳斯河流域蒸散量均值增加了 3.3mm，增幅达 1.5%。同期，流域非盐渍化地转为其他地类与地表蒸散发量显著性最高，其中非转重的相关性高达 0.67。重度盐渍化转为其他地类与地表蒸散发量呈负相关，重度盐渍化区域转为非盐渍化区域的相关性最高，达到 -0.757。蒸散发能力的强弱一定程度上决定了一个区域内土壤盐分聚集表层的速率。蒸散发量的增加与土壤盐渍化程度的加深有一下的正相关性，灌区内水分供给相对充裕，蒸发和蒸腾作用将土壤和植被中水分带走，水中可溶性盐便留在表层土壤中，导致地表盐分的累积（罗冲，2016）。

新疆是土壤盐渍化大区，盐渍土种类多，盐渍土总面积达 3.27 亿亩。现有耕地中，31.1% 的面积受到盐碱危害（田长彦等，2000）。土壤盐渍化对新疆的农业产生了巨大的影响，若未来受气候变化影响，土壤盐渍化加剧的话，农业生产成本会明显提高，极重度盐渍化耕地弃耕现象增多；尤其是增大现有技术水平下控制盐渍化发展的水量，加大新疆水资源供需矛盾。

6.1.4　病虫害的影响

气候变化已成为病虫害发生的主要驱动力之一（李培先等，2017）。在气候变暖背景下，中国病虫害呈发生面积逐年增长、暴发种类逐年增加、灾害损失逐年扩大的趋势，而未来气候持续变暖将导致这种情况进一步加重（霍治国等，2012）。受当前全球气候变暖的影响，新疆也出现了病虫害灾害损失加剧的现象，给新疆的农业、畜牧业和特色林果业等的发展造成了比较严重的影响。

1. 棉花

新疆棉花病虫害问题已成为影响植棉业的重要问题。有研究显示，过去很长时期，新疆是棉花病虫害较轻的地区，但到了 20 世纪 80 年代末期以后，由于一些外来品种的引进，农田生态系统趋于单一，加上气候变暖的影响，受气温限制的病虫害活动范围扩大，虫口繁殖率提高，冬季气温升高，有利于病虫害的越冬、繁殖，促使病原、虫源基数增多，从而影响农业生产（普宗朝等，2011）。新疆冬季气温的增加，棉铃虫和棉蚜等昆虫越冬存活率提高，增加了越冬虫源基数；春季气温的升高，导致病虫害发生明显提早。同时，气温升高导致积温的增加，可缩短昆虫的发育历期，增加棉蚜、烟粉虱等昆虫的发生世代数，进而增加了害虫种群数量，加剧其对棉花的危害。降水量增加，弥补了新疆极度干旱的不足，总体对棉花病虫害的发生危害起到促进作用。20 世纪 80 年代中后期新疆仅个别地区有零星的枯黄萎病发生，90 年代棉花枯黄萎病发病面积已达 300 万亩，全疆各棉区都有不同程度的危害。另外，棉花蚜虫和棉铃虫的危害也日益严重，1996 年全疆发生面积达 300 万亩（不含兵团），占地方棉田面积 40%，严重危害面积 46.5 万亩，损失皮棉 3 万 t（贺晋云等，2011）。

据《全国植保专业统计资料》统计，新疆棉区（指自治区、不含生产建设兵团）1991~2014 年棉花病虫害发生面积和产量损失均呈现波动中增大的趋势（图 6-4）（姜玉英等，2015）。

晚春冷事件在驱动棉铃虫种群动态中发挥着重要作用。在全球春季变暖背景下，棉铃虫的数量将随着晚春冷事件的频率和持续时间的减少而增加（Gu et al., 2018）。

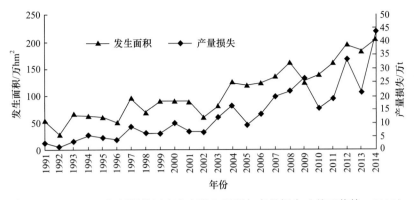

图 6-4　1991~2014 年新疆棉区病虫害发生面积与产量损失（姜玉英等，2015）

2. 小麦

小麦是新疆的主要粮食作物，常年种植面积在 1000 万亩以上。新疆小麦病虫害发生种类有 50 余种，发生面积广、发生频繁、危害严重的有条锈病、白粉病、黑穗病、雪腐雪霉病、蝗虫、麦蚜、土蝗等。统计资料显示，从 2000~2008 年的近十年中，新疆小麦锈病、白粉病、黑穗病、麦蚜、地老虎、土蝗等病虫害发生面积累计达到 4100 万亩、防治面积累计达到 3300 万亩以上，病虫害造成的小麦损失累计高达近 23 万 t（李广华等，2009）。

有研究认为，随着新疆农业的快速发展及气候变暖，复种指数显著提高，为小麦生产过程中病虫害的发生、繁殖提供了良好的场所和迁徙宿主；各种保护区（地）数量和面积的增大，为病虫提供了安全越冬的场所和条件；收割后麦田留茬、直接返地，无形中增多了田间残留虫卵与病菌数量，扩大病虫越冬基数；气候变暖尤其是持续出现的暖冬年份，十分有利于各种病虫害的越冬，为来年虫口基数的增大奠定基础（李广华等，2009）。气候变暖、降水增多，将导致麦蚜、雪腐病、条锈病等小麦病虫害趋于严重，对小麦产量和品质造成不利影响。随着国际国内农产品贸易品种和数量的增大，包括小麦病虫在内的有害生物的入侵形势变得日益严峻。

3. 特色林果

20 世纪 80 年代中期以来，新疆暖湿气候变化明显，与此同时特色林果业也取得快速发展。受新疆气温整体上升、降雨增多及林果面积扩大等影响，各类林果虫害次数呈上升趋势，危害日趋严重。在新疆广大林区及林果业聚集区发生严重危害的有 8 目、19 科、24 种。其中，以春尺蠖、枣叶瘿蚊、红枣大球蚧、枣瘿螨和苹果蠹蛾等害虫导致的经济损失最为严重（朱金声，2013）。2009 年和 2010 年新疆林果虫害发生面积均在 700 万亩以上，且虫害重发地多集中分布在南疆五地区（自治州）及东疆地区。2011 年由于受到夏初季节低温气候影响，林果害螨发育迟缓，虫口基数不高，上半年没有形成危害，但受到下半年的 8~9 月持续高温气候的影响，枣瘿螨在阿克苏地区、喀什地区局部区域大发生并形成危害。2012 年早春持续低温时间较长，降雪量普遍偏多，林业有害生物越冬死亡率高于其他年份，但后期气温高，局部地区降雨增加，全年虫害累计发生面积仍高达 687.70 万亩（朱金声，2013）。

枣裂果病属于生理性疾病，一般连续阴雨天气会使红枣感染枣裂果病，这种症状主要在果实的成熟期发生，果实的表面就会出现裂缝，最后导致红枣变质腐烂（孙红艳等）。在全球变暖的背景下，新疆优质红枣的主要产地南疆，表征连续阴雨天气的湿日数存在增加的趋势（张延伟，2014），意味着南疆存在阴雨天气增多，红枣发生枣裂果病增大的可能。

在全球经济一体化速度的加快、国际贸易往来增多的背景下，受全球气候变暖和局部气候异常等因素影响，新疆林业有害生物入侵、扩散、成灾的压力不断加大。通过对新疆多年气候变化观测，林果业病虫害的发展变化间接地影响到植食性昆虫，并通过食物链影响到以之为食的天敌尾虫。"果棉粮争地"矛盾凸显、病虫草害交叉传播、农业投入品的不规范使用等，使得新疆特色果品质量安全问题逐渐显露。

4. 牧草

新疆是我国五大畜牧业基地之一，是遭受蝗灾影响最严重的区域之一。新疆蝗虫具有种类多，分布广，数量大，危害严重等特点。新疆有蝗种类 大约150余种，主要优势种蝗虫有亚洲飞蝗、意大利蝗、戟纹蝗、黑条小车蝗、西伯利亚蝗、小翅曲背蝗、小垫尖翅蝗、肿脉蝗、牧草蝗、宽须蚁蝗、网翅蝗、雏蝗等 10 多种，广泛分布在北疆沿天山，东起巴里坤盆地、昌吉州，西至博州、伊犁州、塔城盆地、阿勒泰山区以及南疆的巴州，阿克苏地区和喀什等地。在全球变暖的大背景下，新疆草原蝗灾持续发生，多年生牧草由于被蝗虫取食殆尽而由一年生草本植被代替，造成草场严重退化。频繁发生的蝗灾不仅给新疆畜牧业造成严重损失，而且导致天然牧场沙化，每年给新疆畜牧业经济带来严重损失（李培先等，2017）。

意大利蝗（*Calliptamus italicus* L.）是新疆草原主要优势蝗虫之一。有研究表明，新疆蝗灾发生严重年份与一般发生年份相比，月均气温和月降水量存在明显差异；蝗灾严重发生年份产卵期（上年 7~8 月）的平均气温往往偏高；塔城地区和哈密市冬季气温偏高，孵化期（5~6 月）气温偏高、降水偏少有利于蝗灾的发生，而伊犁地区冬季和孵化期（5 月）气温偏高，易于蝗虫灾害的大爆发（杨洪升等，2007，2008）。1961~2013 年新疆意大利蝗适生区气温明显升高，南疆、北疆降水量明显增加。气候变化加剧了蝗灾的发生频率并增大了其严重程度，其危害区域也发生了改变（王晗等，2014）。据预测，在 BCC-CSM1.1 的各种情境下，意大利蝗适生区在北疆及天山一带分布格局基本保持不变，但高度适生区面积都有所增加，其中在天山和阿尔泰山地区，意大利蝗中、高度适生区范围将向更高海拔区域蔓延，在北疆阿勒泰地区高度适生区明显增加（Yu，2009）。

6.1.5　气象灾害对农业生产的影响

气候变化对新疆农业的影响不只是来自于平均气温和降水量的变化，许多重要影响来自于极端气候事件频率和强度的变化，气候变化对农业的冲击是极端事件的影响所致。极端气候事件往往会使农业受害和成本大幅升高。农业经营中盈利和亏损的平衡，往往取决于有利天气和不利天气相对频率（章基嘉，1995）。

新疆是农业极端气候事件频发，气象灾害多发、重发的省区之一。由于新疆受西风带天气系统、极地北冰洋系统、副热带天气系统等多种天气系统影响，而且地形地貌复杂，使得新疆农业气象灾害年年都有发生，不同的季节有不同的农业气象灾害发生。冬季新疆位于蒙古冷高压的西南沿，极地冷空气常顺西北气流南下，引起急剧降温，并伴有降雪，发生冻害或雪灾；春季冷暖交替频繁，常形成霜冻、大风、沙尘暴等灾害天气；夏季新疆为南亚大陆热低压控制，大气结构不稳定，多阵性风雨天气，暴雨可形成洪水灾害，阵性大风遇干热环境易酿成干热风，在中低山区和山麓地带常有冰雹灾害发生；秋末冷空气入侵频繁，常形成初霜冻和冻害。从农业气象灾害的发生规律来看，新疆农业气象灾害具有种类多、范围广、分布不均匀、局地性强、发生频率高、群发性显著、突发性强、持续性和周期性等特点。新疆常见的农业气象灾害主要有干旱、大风与干热风、低温冷害、霜冻、冰雹、沙尘暴等。

1. 干旱

新疆农业干旱平原较山区明显，南疆比北疆严重。喀什地区、和田地区、塔里木盆地东南部、巴州南部、吐鲁番市、哈密市为特旱区；塔城地区南部、准噶尔盆南缘、阿克苏地区等为重旱区；两大盆地边缘为中至轻旱区，天山中段和中天山的森林和草场不存在永久性干旱。新疆山区干旱是属于临时干旱，林木和牧草迅速生长的季节，正是山区降水量最多的时候，也不存在季节性干旱。干旱风险上，东疆哈密市的风险较高，其次是博州，乌鲁木齐、昌吉州和伊犁河谷地区，南疆大部分地区干旱风险相对较小（吴美华等，2016）。

1984~2014年新疆干旱发生频率呈减少的趋势。尽管如此，新疆每年都有不同程度的干旱出现，新疆干旱大体上是3年一中旱，6~7年一大旱，年年有局部旱灾，农区干旱可持续7~10个月。尤其是冬春连旱和4~6月的干旱，对农作物特别是对粮食作物和牧草以及树木的生长危害极大。新疆经常受干旱威胁的重点县（市）有20~35个，受旱农田495万~990万亩。而且发生频次高，持续时间长。如1989年是严重干旱年，哈密市、昌吉州、塔城地区等地为重旱区，不仅有春旱，而且有夏旱、秋旱、冬旱，基本是全年持续干旱。1966~1968年、1985~1987年基本上是3年持续干旱。

新疆是一个以农牧业为主的省份，干旱在新疆的灾害影响主要体现在农牧业方面。南疆地区主要是灌溉农业，平原降水在农业生产中所起作用不大，因此由降水造成的气象干旱对农牧业生产来说，南疆不如北疆明显，因此北疆旱灾往往多于南疆。

虽然新疆是灌溉农业，但对降水的依赖性较高，干旱是新疆农业生产最严重和常见的气象灾害，其对农业生产的影响和危害程度与其发生季节、时间长短以及作物所处的生育期有关；春旱往往造成耕地缺水，不能适时播种，影响作物的正常生长，延迟果树的发芽时间和降低生育期等；夏季作物生长盛期的干旱"卡脖旱"影响作物的生长发育、正常灌浆，造成产量下降，严重干旱可造成作物死亡而绝收；秋旱影响秋收作物的生长发育和产量形成。干旱对畜牧的影响：首先表现在牧草的生长，春旱影响天然牧草的正常返青，导致青草期相对缩短，夏旱影响牧草产量，而连旱往往导致牧草产量降低、品质恶劣、适口性变差；其次是影响畜产品和家畜的生存；最后是加剧草场退化和沙漠化，造成牧草长势差，牲畜吃草困难，同时造成水资源紧缺，引起牲畜饮水困难。干旱对生态环境影响往往会造成水资源减少，甚至造成一些小型水域逐渐干涸、河流干枯断流，成为沙尘暴的源地，使脆弱的生态环境进一步恶化，出现大面积土地退化沙化、土壤盐渍化和水土流失。例如，① 1974 年，新疆大旱，全区农田受旱面积达 327 万亩，粮食减产 4.78 亿公斤，占总产 15.6%。② 1989 年，新疆干旱。13 个地区（自治州）44 个县受灾，旱情较重的有 28 个县（市），受旱面积 272.55 万亩，7000 余万亩草场受灾，农牧区 100 万人和 801 万头牲畜缺水，瘦弱牲畜达 700 万头，牧草减产 6.06 亿 kg。③ 1997 年，新疆干旱。11 个地区（自治州、市）60 多个县（市）568 万亩农作物受旱，成灾 369 万亩，绝收 107 万亩，草场受旱面积约 3.3 亿亩，死亡牲畜 45 万余头（只），造成直接经济损失 27 亿元。④ 2008 年 5~9 月，全疆各地气温持续异常偏高，偏高程度为 50 年一遇；大部分地区降水偏少，尤其是北疆和天山山区明显偏少，偏少 4~6 成，其中伊宁县、霍城县、巩留县偏少幅度破历史同期极值；同时山区积雪明显偏少。受其影响，新疆特别是北疆发生了严重的春夏秋连旱，旱情仅次于 1974 年，是历史上第二个干旱严重年。7 月初，昌吉、塔城个别水库临近空库，造成农业大面积受灾，绝收小麦达 70 多万亩；天然草场大面积干枯，全区有 2.8 亿亩天然草场严重受旱，尤其是阿勒泰地区、塔城地区和伊犁河谷天然草场受灾极为严重，北疆及天山山区草场还发生了大面积的鼠害、虫害。⑤ 2009 年南疆 1~8 月降水量连续偏少，平均降水量仅 17.4 mm，偏少 59%，为 1961 年以来同期最小值，同时气温偏高，农田失墒快，使得南疆在经历了 2008 年春夏秋连旱后，再次出现严重干旱，气象干旱程度超过 2008 年，对农业生产造成严重影响，尤其是喀什地区旱情最为严重。

2. 干热风

干热风指引起作物大量蒸腾作用的综合天气现象（温度高、湿度低、风速大的旱风）。干热风天气的特点是高温、低湿并伴有一定的风速。干热风是农业生产的主要农业气象灾害之一。新疆是我国干热风危害最严重的地区之一。新疆干热风多发生在春、夏之间，正是小麦抽穗、灌浆至成熟的时期，对小麦产量影响很大。据托克逊的资料，每年由于干热风的影响，小麦损失 10% 以上。

新疆干热风类型分高温低湿型、大风低湿型和高温窝风型三类。高温低湿型干热风发生时，表现为急剧的增温降湿，之后又维持较长时间的高温低湿天气。特点是高温、低湿，风速不一定大。如遇较大风速，则会加重危害。这是新疆干热风的主要类型，多出现在 5 月和 6 月，即小麦开花至成熟期。大风低湿型（即旱风型）干热风以风速大、湿度低为特点。这类干热风多发生在风口和多大风地带的春、夏转换季节，具有焚风性质，危害严重。高温窝风型干热风以高温为主，风速不大，多发生在地势较低和郁闭的地方。

新疆干热风发生的地区是南疆多于北疆，东部多于西部，盆地腹部多于边缘。吐鲁番盆地、塔里木盆地腹部偏东地区和准噶尔盆地腹部偏南地区是新疆 3 个多干热风日中心，以此向四周逐渐减少。

重干热风区包括吐鲁番盆地、淖毛湖、塔里木盆地的若羌、铁干里克一带，年平均干热风日数在 10d 以上,年平均干热风天气过程在 2 次以上,小麦受害可减产达 10% 以上,干热风出现频率在 15% 以上。其中吐鲁番盆地是新疆乃至中国干热风最严重的地区。如托克逊年平均干热风日数达 30d 以上,重干热风日数为 19d 以上,年平均干热风天气过程次数达 8.1 次。若羌、铁干里克一带是南疆干热风最严重的地方。若羌年平均干热风日数在 19d 以上,其中,重干热风日数为 10d,干热风天气过程次数为 2~4 次。

次重干热风区包括哈密、塔里木盆地北部、南部和准噶尔盆地中部,年平均干热风日数 5~10d,年平均干热风天气过程次数 1~2 次,干热风出现频率为 10%~15%,小麦千粒重降低 5%~10%。

轻干热风区包括塔里木盆地西部、准噶尔盆地周围以及伊犁河谷等地区,年平均干热风日数都不超过 5d,干热风天气过程不超过 1 次,干热风出现频率小于 10%,小麦千粒重降低 5% 左右。另外,塔里木盆地四周的一些山间盆地和谷地,如焉耆、拜城、乌什等地,干热风日数年平均不到 1d。

干热风大致发生在 4~9 月,其中 6~8 月出现机会较多,7 月出现最大值比较普遍。南疆多集中在 5 月中旬至 7 月中旬。干热风危害时期,如吐鲁番、托克逊、淖毛湖、三塘湖、若羌、铁干里克等地干热风发生频率高,重干热风所占比重较大。北疆多集中在 6 月中下旬至 7 月中旬,干热风危害程度,一般以轻微的居多。

3. 低温冷害

低温冷害是指作物生长期内,气温大于 0℃但小于作物生长发育下限温度,而引起农作物生育期延迟或使生殖器官的生理机能受到损害,从而造成农业减产的一种自然灾害。

新疆低温冷害分为延迟型冷害、障碍型冷害和混合型冷害三种。延迟型冷害是指作物营养生长阶段,因受低温危害引起作物生育期延迟,导致后期不能正常成熟而减产;障碍型冷害是指作物生殖生长阶段,生殖器官受低温危害,不能健全发育,形成空壳秕粒而减产;混合型冷害是两者兼有之。不同的地区、不同的农作物,或者同一农作物在不同的发育时期,对温度条件的要求都不相同,因此,低温冷害具有明显的地域性和农作物种类性。

从发生地区看,新疆重冷害区有阿勒泰、塔城、尼勒克、新源、特克斯、霍城、温泉、博乐、精河、呼图壁、吉木萨尔、阿合奇、乌鲁木齐达坂城等地;轻冷害区有北疆沿天山一带、南疆大部地区。

冷害发生在温暖季节,主要危害喜温作物。从危害作物生育时期看,冷害发生在作物孕穗、抽穗、开花、灌浆期。从作物受害机理看,冷害造成作物生长发育的机能障碍,导致作物减产。冷害受害过程的时间长,一般在 3d 以上的低温天气。

低温冷害对新疆棉花产量和品质影响最大,特别是延迟型冷害(7~9 月出现低温、初霜期又提前的冷害),其成灾面积特别大、灾害十分严重,且往往不易察觉,它不仅造成棉花大幅度减产,而且造成棉花品质急剧下降。例如,1996 年南疆的主要棉区出现的严重延迟型冷害,使棉花单产下降了 40%,霜前花不足常年的 1/3,直接经济损失 15 亿元以上。2001 年北疆棉区出现了少见的障碍型冷害(一般指棉花花铃期严重低温),棉花单产下降五成左右,直接经济损失 20 亿元左右。

近 10 年，新疆发生了 3 次严重的低温冷害事件，其中 2012 年的低温冷害经济损失超过 4 亿元，其次是 2007 年超过 6000 万元，2014 年超过 4000 万元位居第三。

4. 霜冻

霜冻是一种限制作物生长期内热量资源充分利用的农业气象灾害。一般当最低气温降低到 0℃时，大部分作物都会遭受冻害，因此，在新疆以最低气温 ≤ 0℃作为霜冻指标。日平均气温稳定 ≥ 10℃代表喜温作物的生长期，如果多年平均终霜冻日晚于 ≥ 10℃初日，或初霜冻日早于 ≥ 10℃终日，作物遭受霜冻危害的可能性就较大，并且随着终霜冻日晚于 ≥ 10℃初日或初霜冻日早于 ≥ 10℃终日日数的增多，霜冻灾害的风险就越大；反之，如多年平均终霜冻日早于 ≥ 10℃初日，或初霜冻日晚于 ≥ 10℃终日，作物遭受霜冻危害的概率就较低，并且随着终霜冻日晚于 ≥ 10℃初日或初霜冻日早于 ≥ 10℃终日日数的增多，霜冻灾害的风险就越小。尽管新疆多年平均终霜冻日早于 ≥ 10℃初日约 5d，初霜冻日晚于 ≥ 10℃终日约 6d，无霜冻期较 ≥ 10℃持续日数长 11d 左右，从理论上说喜温作物生长期内遭受霜冻危害的概率较低，但由于新疆地域辽阔，各地气候差异明显，加之春、秋季冷空气活动频繁，气温变化不稳，初、终霜的年际间变化很大，很多地区秋季初霜冻过早来临或春季终霜冻较晚结束的现象常有发生，对农作物尤其是喜温作物正常生长发育和产量形成造成严重影响，因此，研究分析新疆初、终霜冻灾害风险的时空变化规律，对预防和减轻霜冻危害，充分合理地利用农业气候资源，促进农业经济的持续稳定发展具有重要意义。

在全球变暖背景下，1961~2015 年新疆终霜冻日和 ≥ 10℃初日分别以 1.58d/10a 和 1.10d/10a 的速率呈显著（$P < 0.05$）的提早趋势，由于终霜冻日提早速率大于 ≥ 10℃初日，受其影响，新疆终霜冻日早于 ≥ 10℃初日的天数以 0.48d/10a 的速率呈不显著的增多趋势，1961~2015 年增多了 2.6d。这说明，1961~2015 年新疆春季终霜冻灾害风险总体呈不显著的减弱趋势。

1961~2015 年新疆初霜冻日和 ≥ 10℃终日分别以 1.89d/10a 和 0.93d/10a 的速率呈极显著（$P < 0.001$）的推迟趋势（图略）。由于初霜冻日推迟速率大于 ≥ 10℃终日，受其影响，新疆初霜冻日迟于 ≥ 10℃终日的天数以 0.96d/10a 的速率呈极显著（$P < 0.001$）的增多趋势，1961~2015 年增多了 5.3d。这说明，1961~2015 年新疆秋季初霜冻灾害风险总体呈显著的减弱趋势。

新疆终霜冻灾害风险的空间分布总体呈现"东部高，西部低；平原和盆地高，山区低"的特点。东疆的吐鲁番盆地、哈密盆地大部，南疆东部，以及北疆东北部等地多年平均终霜冻日多出现在 ≥ 10℃的初日之后，常对喜温作物（如棉花）的幼苗以及正处于展叶、开花期的部分果树（杏、桃、葡萄等）造成冻害，因此，为终霜冻灾害高风险区；南、北疆平原地区以及伊犁河谷虽多年平均终霜冻日多出现在 ≥ 10℃的初日之前，但提前日数一般只有 2~10d，一些年份终霜冻还会出现在 ≥ 10℃的初日之后，仍会对部分作物（果树）造成一定霜冻危害，因此，属于终霜冻灾害中度风险区；天山、昆仑山区及其山前丘陵、倾斜平原地带多年平均终霜冻日多出现在 ≥ 10℃初日之前 10d 以上，农作物遭受春霜冻的概率很低，加之山区多为牧区，农作物种植面积较小，因此，属于终霜冻灾害低风险区。

在全球变暖背景下，1961~2015 年新疆终霜冻日和 ≥ 10℃初日分别以 1.58 d/10a 和 1.10 d/10a 的速率呈显著（$P < 0.05$）的提早趋势，由于终霜冻日提早速率大于 ≥ 10℃初日，受其影响，新疆终霜冻日早于 ≥ 10℃初日的天数以 0.48 d/10a 的速率呈不显著的增多趋势，1961~2015 年增多了 2.6d。这说明，1961~2015 年新疆春季终霜冻灾害风险总体呈不显著的减弱趋势。

新疆初霜冻灾害风险的空间分布与终霜冻大体相似，也总体呈现"东部高，西部低；平原和盆地高，山区低"的特点。东疆的哈密盆地大部，南疆的塔里木盆地东部，北疆东北部以及伊犁河谷东部等地多年平均初霜冻日多出现在 ≥ 10℃的终日之前，常对大秋作物（如棉花、玉米）形成秋霜冻危害，造成农作物不能正常成熟，产量和品质均受到严重影响，因此，为初霜冻灾害高风险区；南、北疆平原地区以及伊犁河谷大部虽多年平均初霜冻日多出现在 ≥ 10℃的终日之后，但延后日数一般只有 3~8d，一些年份还会出现初霜冻日在 ≥ 10℃的终日之前，仍会对部分作物（果树）造成一定霜冻危害，因此，属于初霜冻灾害中度风险区；天山、昆仑山区及其山前丘陵、倾斜平原地带多年平均初霜冻日多出现在 ≥ 10℃终日之前 8d 以上，农作物遭受秋霜冻的几率很低，加之这些地区多为牧区，农作物种植面积较小，因此，属于初霜冻灾害低风险区。

在全球变暖背景下，1961~2015 年新疆初霜冻日和 ≥ 10℃终日分别以 1.89d/10a 和 0.93d/10a 的速率呈极显著（$P < 0.001$）的推迟趋势（图略）。由于初霜冻日推迟速率大于 ≥ 10℃终日，受其影响，新疆初霜冻日迟于 ≥ 10℃终日的天数以 0.96d/10a 的速率呈极显著（$P < 0.001$）的增多趋势，1961~2015 年来增多了 5.3d。这说明，1961~2015 年新疆秋季初霜冻灾害风险总体呈显著的减弱趋势。

新疆霜冻灾害具有明显的区域性特点，无论是终霜冻还是初霜冻其灾害风险均具有"东部高，西部低；平原和盆地高，山区低"的特点。在全球变暖背景下，1961~2015 年新疆霜冻灾害总体呈减弱的趋势，其中，初霜冻灾害风险减弱速率大于终霜冻。

从 1984 年以来的霜冻灾情数据来看，终霜冻的发生频率相对较高；若终霜冻结束迟，将推迟喜温作物苗期生长和导致部分果树开花率降低，影响作物的品质和产量。

由于新疆春季出现霜冻频次呈增加趋势，与之相对应，近些年霜冻所造成的经济损失也在增加，其中 2014 年最多，约 7 亿元；2003 年次多，超过 2 亿元，2001 年为第三位，也超过 1 亿元。

终霜冻出现特别晚的年份将推迟喜温作物苗期生长和导致部分果树开花率降低，影响作物的品质和产量，严重的致使作物死亡，造成严重减产。例如：① 2005 年 4 月 5~10 日，受西伯利亚强冷空气入侵，北疆大部、南疆部分地区遭受低温冷害、霜冻袭击，北疆地区最低气温降到 -2~-12℃，降温幅度大都超过 10℃，南疆地区的最低气温也下降了 6~9℃，同时伴有大风或大降水，个别地区出现暴雪（或暴雨）。受这次强天气过程影响，和田、喀什、塔城、吐鲁番、哈密及乌鲁木齐、巴州等地受灾人口约 15.7 万人，直接经济损失 2 亿多元。② 2010 年 5 月 13~17 日，寒潮侵袭新疆，全疆大部先后出现了降水、降温天气过程，局部地区出现霜冻、大风、冰雹等天气，南疆部分地区伴有沙尘暴和扬沙，全疆 56 站日最低气温突破近 10 年历史同期极值，其中塔城等 9 站突破近 20 年历史同期极值；塔城、博州、伊犁、哈密、阿克苏、巴州有 12 个县市遭受低温冻害、霜冻灾害。同时，由于气温明显偏低，因此对喜温作物的苗期生长和设施农业带来不利影响，尤其给棉花生产带来潜在的威胁。

5. 大风沙尘

大风沙尘是新疆农业尤其是特色林果业发展中面临的主要灾害之一。大风沙尘因其突发性强、成灾面广、造成的损失大，对新疆农业尤其是特色林果的生长和产量造成巨大的损失，给当地农民和区域经济造成了重大影响。空间上，东疆和南疆地区的大风沙尘频率和强度明显高于北疆地区（吴美华等，2016）。

统计资料显示，1998 年，席卷新疆的特大沙尘暴，造成林果经济损失 3.22 亿元；2008 年上半年，大风沙尘造成新疆特色林果受灾面积 162 万亩，经济损失 3.15 亿元；2012 年 4 月，南疆盆地的大风沙尘对杏、葡萄等林果造成了较大损失，5 月新疆生产建设兵团第一师塔里木垦区突遭强大风沙尘天气，对红枣的开花、授粉产生了严重影响，杏大面积出现落果，11 月北疆大部、南疆局部以及东疆地区遭受大风袭击，大量果树被拦腰折断（鲁天平等，2016）。

有研究结果显示，1961~2018 年新疆大风沙尘天气存在减少的趋势（参见本报告第一部分第 2 章）。

6. 冰雹

新疆是冰雹灾害多发区，一次雹灾虽然影响范围不大，持续时间短，但其强度大，常常使受灾地区作物遭到毁灭性打击（王秋香和任宜勇，2002）。1961~2014 年新疆雹灾经济损失总体呈波动上升趋势，新疆累计出现 1426 县次冰雹灾害，年均雹灾 26.4 县次，2011 年最多达 71 县次，1990 年次多为 68 县次。温泉县、石河子市、昭苏县为北疆雹灾出现最多的县市，乌什县为南疆雹灾出现最多的县。54 年新疆单县年平均受灾面积 89.55 万亩，经济损失 7500 万元，年平均灾损指数 1.86。20 世纪 60 年代和 70 年代年累计雹灾频次、受灾面积、经济损失、灾损指数低于多年平均值，分别为 11.4 县次、24.3 万亩、2200 万元、0.5，这些特征参数的年际变化起伏不大。1980~1994 年的 15 年新疆出现了雹灾的第一个多发期，2001~2014 年雹灾又进入第二个高峰期，两个高发期年累计雹灾频次、受灾面积、经济损失、灾损指数分别为 39.1（35.3）县次、132.0（151.7）万亩、12500（11000）万元、2.0（2.9）（史莲梅等，2017）。1951~2017 年的多年平均表明，新疆雹灾出现次数、受灾面积、经济损失 3 大灾情要素的年值分别为 39 次、113.2 万亩、10996 万元，雹灾在 5~8 月农作物生长期集中出现，6 月最多；3 大灾情要素均呈线性增加趋势，每年分别增加 1.2 次、3.88 万亩、336 万元（王昀等，2019）。

在冰雹风险中，阿克苏地区是风险最高的地区，其次是博州、塔城地区、巴州（吴美华等，2016）。雹灾出现次数多、受灾面积大、经济损失重的地域在博州、奎屯河 – 玛纳斯河流域、昭苏县、阿克苏地区、喀什地区，而单次受灾面积最大地区为玛纳斯河流域和阿克苏地区，单次经济损失最大地区为巴州北部和喀什地区中部（王昀等，2019）。

6.2 气候变化对棉粮作物与特色林果适宜种植区的影响

有研究认为，气候变暖有利于越冬作物种植北界向北扩展，多熟制向北推移，喜温作物面积扩大，复种指数提高（谷然，2017；曹占洲等，2011；章基嘉，1996）。1961年以来，新疆气候变化显现出了平均气温显著升高的特征（田彦君，2016；参见本报告第一部分第2章）。气温升高使新疆农业热量资源增多（田彦君，2016；普宗朝等，2013），生长季延长（慈辉等，2016；曹占洲等，2011），进而导致农业生产空间（种植区范围和熟制）的变化。

6.2.1 对棉花适宜种植区的影响

新疆是我国最大的优质棉生产基地，尤其是20世纪90年代以来新疆的棉花种植业发展迅速，然而在棉花种植业迅猛发展的同时，新疆部分地区也出现了因忽视气候条件的适宜性而盲目扩大种植规模，或种植区域不合理，导致棉花产量低而不稳、霜前花比例低、品质下降的现象时有发生，严重影响了棉花生产的经济效益。就棉花生态气候条件而言，北疆因热量条件相对较少，一般仅能种植早熟品种棉花。南疆热量条件较为充裕，且各地差异较大，早熟、早中熟和中熟棉均有种植。

1. 对北疆棉花适宜种植区的影响

北疆地区热量资源相对匮乏，对棉花种植和高产稳产影响较大。在全球变暖背景下，1961年以来，北疆地区≥10℃积温、最热月（7月）平均气温和无霜冻期等热量条件呈显著的增多趋势（谷然，2017；李景林等，2015；普宗朝等，2013；曹占洲等，2011），对棉花适宜种植区的扩大起到了促进作用（赵黎等，2018；田彦君，2016；张燕，2016）。

20世纪60年代是1961~2012年时期北疆地区热量条件最差的时段，宜棉区面积只有37716.0km²，仅占北疆地区总面积的7.8%。80年代虽7月份平均气温和无霜冻期较70年代略有增多，但≥10℃积温较70年代略有减少，因此，宜棉区面积也较70年代略有减小，为53590.6km²，占北疆地区总面积的比例也略降至11.0%。2001~2012年是近52年北疆地区热量资源最丰富的时段，因此，宜棉区分布区域也较其他年代明显扩大，面积增至103132.4km²，占北疆地区总面积的比例增至21.2%。2001~2012年宜棉区面积与20世纪60年代相比增加了65416.4km²，占比增加13.4个百分点（李景林等，2015）（图6-5）。

2. 对南疆棉花适宜种植区的影响

受气候变暖的影响，1961~2013年南疆地区≥10℃积温、无霜期和最热月（7月）平均气温均呈现显著的上升趋势，气候倾向率分别达56.63℃·d/10a、2.15d/10a和

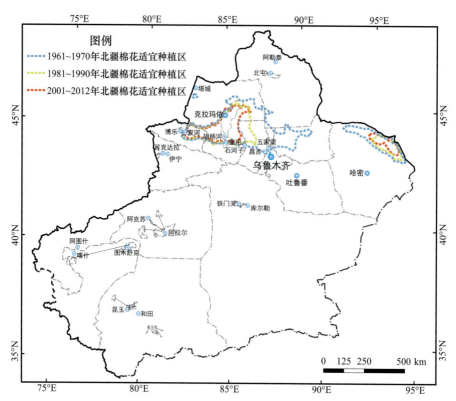

图 6-5　1961~2012 年北疆各年代棉花适宜种植区分布（据李景林等，2015 重绘）

0.15℃/10a，并且分别于 1997 年、1997 年和 1994 年发生了突变。气候变暖使南疆地区棉花的品种熟型向生育期更长、增产潜力更大的晚熟方向改变成为可能，中熟和中早熟棉花品种的适宜区扩大，不宜棉区明显减小（张山清等，2015）。1997 年后较之前，南疆地区中熟棉、中早熟棉区面积分别扩大 17682km² 和 43033km²，早熟棉区面积变化不明显，特早熟棉区和不宜棉区分别减少 4940km² 和 56589km²（张山清等，2015）（图 6-6）。

6.2.2　对粮食适宜种植区的影响

1. 对小麦适宜种植区的影响

气候变化对小麦适宜种植区的影响主要表现在：气温升高，热量资源增多，小麦可种植区面积扩大。冬季气温升高，冬小麦遭受越冬冻害的风险降低，适合冬小麦种植的区域增大。

1）冬小麦区

本区 85% 以上的年份冬小麦可安全越冬，小麦生育期间气候条件也较适宜冬小麦的种植。根据中、后期高温的危害程度，可分为适宜种植区和次适宜种植区两个亚区（图 6-7）。

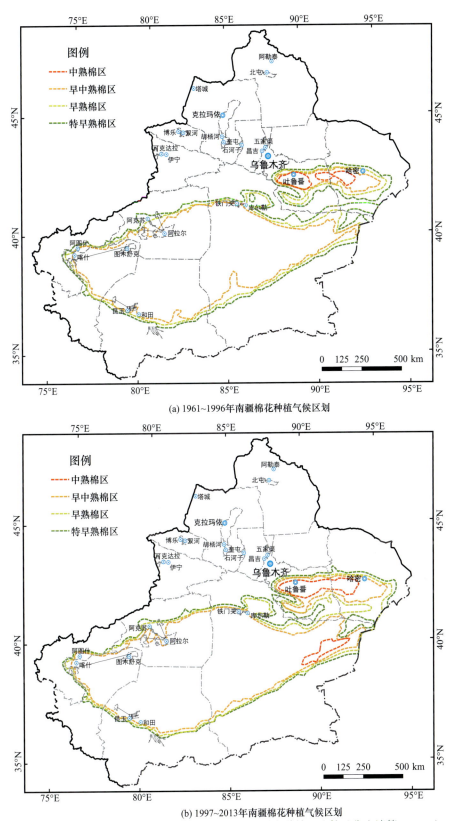

(a) 1961~1996年南疆棉花种植气候区划

(b) 1997~2013年南疆棉花种植气候区划

图 6-6 1961~1996 和 1997~2013 年南疆地区棉花适宜种植区比较（张山清等，2015）

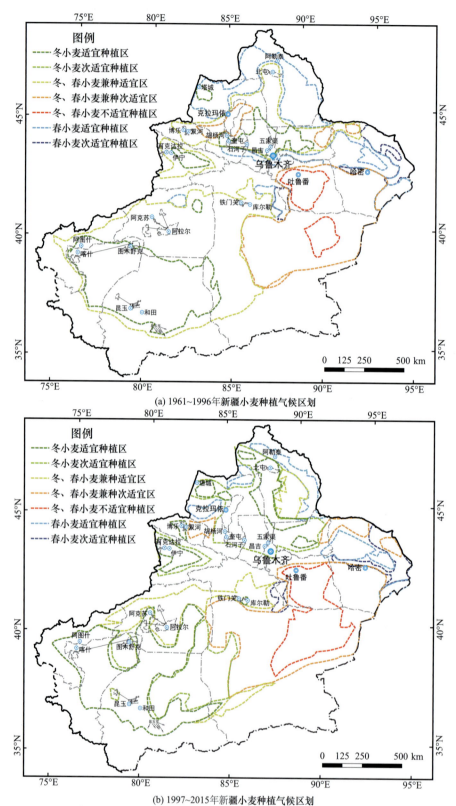

(a) 1961~1996年新疆小麦种植气候区划

(b) 1997~2015年新疆小麦种植气候区划

图 6-7　1961~1996 年和 1997~2015 年新疆小麦适宜种植区比较

1997 年前，新疆冬小麦适宜种植区主要在北疆的准噶尔盆地南部乌苏至奇台的山前冲积平原，以及南疆塔里木盆地西南部的喀什、和田地区，另在北疆的塔额盆地、伊犁谷地东部也有少量分布，总面积 2.60073 万 km²，占新疆总面积的 15.6%。1997 年后，冬小麦适宜种植区总体向高纬度、高海拔转移，北疆主要分布在阿勒泰地区中南部、塔额盆地以及北疆沿天山海拔 600~1000 m 山前倾斜平原、伊犁河谷海拔 1400 m 以下的谷地平原和低山丘陵地带，另在博乐市的山间谷地也有少量分布；南疆主要在阿克苏地区和克孜勒苏州的南部、喀什地区大部以及和田地区的西部和南部，总面积增至 29.0610 万 km²，占比增至 17.5%，较 1997 年前增加 3.0537 万 km²，占比增加 1.9 个百分点。

2）冬、春小麦兼种区

冬、春小麦兼种区冬小麦安全越冬的气候条件次于冬小麦种植区，冬小麦能够安全越冬的年份一般为 40%~85%，在越冬安全性较高的区域或年份可以冬小麦种植为主、春小麦为辅；反之，在越冬安全性较低的区域或年份应适当压缩冬小麦的种植，增大春小麦的种植比例。根据生长发育中、后期高温的危害程度，冬、春小麦兼种区可分为适宜种植区、次适宜种植区和不适宜种植区三个亚区（图 6-7）。

1997 年前，新疆冬、春小麦兼种的适宜区，北疆主要分布在塔里木盆地中北部、北疆沿天山海拔 600~1000m 山前倾斜平原、伊犁河谷海拔 1400m 以下的河谷平原和低山丘陵地带，另在塔额盆地丘陵地带和博乐市山间谷地也有少量分布；南疆主要分布在包括阿克苏地区和克孜勒苏州的平原以及巴音郭楞蒙古自治州除和静县和若羌县以外区域的塔里木盆地北部和东南部，总面积 37.3488 万 km²，占全疆总面积的 22.4%。1997 年后，冬、春小麦兼种适宜区总体向高纬度、高海拔区域转移，分布区域明显压缩，总面积降至 19.7358 万 km²，占比减至 11.9%，较 1997 年前面积减少 17.613 万 km²，占比减少 10.5 个百分点。

3）春小麦区

本区因冬季寒冷且漫长，加之稳定积雪期短，冬小麦难以安全越冬，因此只能种植春小麦。根据小麦生长发育中、后期温度的适宜程度，可分为适宜种植区和次适宜种植区两个亚区（图 6-7）。

春小麦适宜种植区是新疆热量条件最少的小麦区，全年 ≥ 0℃积温 2100~3500 ℃·d，气候温凉，小麦生育期间无或仅有轻度高温、干热风危害，气候条件适宜小麦的生长发育，利于形成大穗，提高粒重。1997 年前，主要分布在北疆北部山前冲积平原和天山北坡、伊犁河谷的低山丘陵地带，另在天山南坡低山带和昆仑山中低山带也有少量存在，总面积为 20.2981 万 km²，占新疆总面积的 12.2%。1997 年后，受气候变暖的影响，该区总体向高纬度、高海拔退缩，退缩现象在北疆表现得更为明显，面积降至 11.4918 万 km²，占比降至 6.9%，较 1997 年前面积减少 8.8064 万 km²，占比减少 5.3 个百分点。

2. 对玉米适宜种植区的影响

玉米不仅是新疆主要粮食和饲料作物，而且在农业种植结构的调整、作物轮作倒茬、提高复种指数等方面也具有其他作物无可替代的重要作用。

在全球变暖背景下，气候变化对玉米适宜种植区的影响主要表现在：气温升高，热量资源增多，因热量不足而不适宜玉米种植的区域减小，玉米可种植区扩大；气候变暖，≥0℃积温增多，无霜冻期延长，对一年一熟春玉米种植区来说，玉米品种可向生育期更长、生产潜力更大的晚熟品种方向转变，利于增产；与此同时，种植制度改变、复种指数增多，两年三熟和一年两熟种植区增大，复播夏玉米种植区扩大，对提高农作物产量有利。

1）早熟春玉米种植区

新疆早熟春玉米气候适宜区主要分布在北疆准噶尔盆地周边及伊犁河谷的低山、丘陵地带。1997年前，该区的海拔高度范围约1150~1300 m，面积只有2.5664万km²，占新疆总面积的1.54%。1997年后，受气候变暖，中熟春玉米种植区向高纬度、高海拔抬升的影响，早熟春玉米气候适宜区受到明显"挤压"，海拔普遍抬升了180 m左右，面积和占比分别降至1.5397万km²和0.92%，较1997年前面积减少1.0267万km²，占比减少0.62个百分点（图6-8）。

2）中熟春玉米种植区

新疆中熟春玉米气候适宜区主要分布在北疆准噶尔盆地周边及伊犁河谷的山前倾斜平原地带。1997年前，该区在准噶尔盆地周边及伊犁河谷分布的海拔高度范围约850~1000 m，面积5.0409万km²，占新疆总面积的3.03%。受气候变暖的影响，1997年后，其分布区域向高海拔抬升了200 m左右，面积和占比分别降至3.7131万km²和2.23%，较1997年前面积减少1.3278万km²，占比减少0.80个百分点（图6-8）。

3）晚熟春玉米种植区

1997年前，新疆晚熟春玉米气候适宜区主要在北疆准噶尔盆海拔500~750 m，南疆塔里木盆地北部海拔1100~1400 m、南部1600~1800 m的带状区域以及伊犁河谷海拔800 m以下的区域内，是新疆玉米单产最高的地区，面积13.7439万km²，占新疆总面积的8.26%（图6-8）。

1997年后较其之前，北疆准噶尔盆地及伊犁河谷的晚熟春玉米气候适宜区海拔下限变化不大，但海拔上限抬升了200 m左右，该区域的北部也明显向北扩展，其面积较1997年前有所扩大。在南疆，晚熟春玉米气候适宜区的海拔上限较1997年前抬升了70~140 m，其下限受复播夏玉米次适宜区扩大、海拔上限升高的影响，抬升了150~200 m，因此南疆的晚熟春玉米气候适宜区面积有所减小。综合南、北疆的变化，1997年后新疆晚熟春玉米气候适宜区面积为13.8297万km²，占新疆总面积的8.31%，较1997年前面积增加858 km²，占比增加0.05个百分点。

4）复播早熟夏玉米种植区

1997年前，新疆复播早熟夏玉米气候适宜区主要分布在南疆塔里木盆地北部海拔950~1150m、南部1150~1350m的带状区域内，面积7.2806万km²，占新疆总面积的4.37%。1997年后较其之前，塔里木盆地的复播早熟夏玉米气候适宜区海拔上限普遍抬升了70~150m，但下限受复播夏玉米中熟次适宜区扩大的挤压，抬升了约200m，受其综合影响该区面积降至2.6744万km²，占比降至1.61%，较1997年前面积减少4.6062万km²和2.76个百分点（图6-8）。

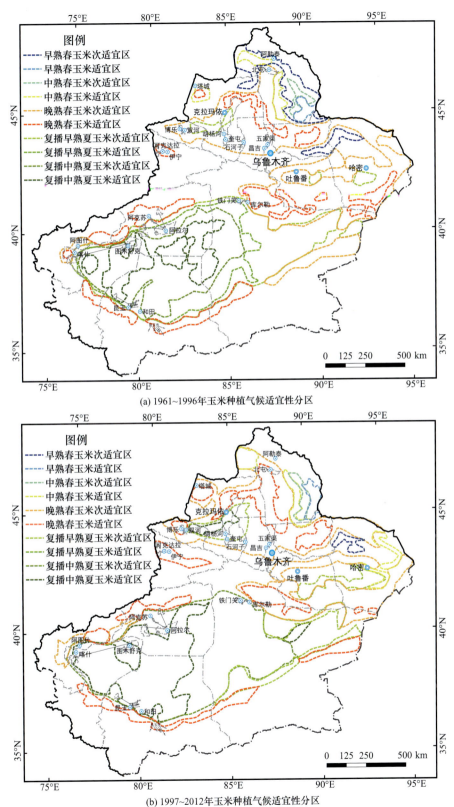

(a) 1961~1996年玉米种植气候适宜性分区

(b) 1997~2012年玉米种植气候适宜性分区

图 6-8　1961~1.996 年和 1997~2012 年新疆玉米种植农业气候区划

5）复播中熟夏玉米种植区

1997 年前，新疆复播中熟夏玉米气候适宜区主要分布在南疆塔里木盆地中西部自北向南海拔 850~1300m 以下的若干片状区域内。该区面积 8.5103 万 km^2，占新疆总面积的 5.11%。1997 年后较其之前，塔里木盆地复播中熟夏玉米气候适宜区海拔上限抬升了约 70~150m，分布区域明显向盆地西部集中，面积扩至 16.487 万 km^2，占比增至 9.90%，较 1997 年前面积增加 7.9767 万 km^2，占比增加 4.79 个百分点（图 6-8）。

6.2.3 对特色林果适宜种植区的影响

1. 对红枣种植区的影响

20 世纪 90 年代后期以来新疆的红枣种植业发展异常迅速，至 2012 年全疆红枣种植面积达 552 万亩，约占全国红枣面积的 23%，产量 62 万 t，约为全国红枣总产量的 12%。目前，红枣已成为新疆特色林果的第一大果种，红枣产业在新疆社会经济发展、生态环境保护以及农民脱贫致富奔小康中已占有举足轻重的地位。

冬季寒冷和作物生长期热量条件总体不足是影响新疆红枣生产和种植规模扩大的主要气候因素。在全球变暖背景下，1961~2012 年的 52 年里，尤其是 1997 年以后新疆农业热量资源明显改善，使得新疆红枣的适宜种植区明显扩大，次适宜区和不适宜区有所减小（张山清等，2014）。

1997 年前新疆红枣适宜种植区主要分布在南疆的塔里木盆地中部以及东疆的吐鲁番盆地周边地区，面积为 3.85 万 km^2，占新疆总面积的 23.1%。1997 年后，红枣适宜种植区在南疆和东疆均有较大幅度的扩张，其中，塔里木盆地南部的和田地区扩大最为明显，另外，塔里木盆地周边的其他地区以及吐鲁番盆地红枣适宜种植区也向高海拔区域上移了 50~150 m，面积有所扩大。受其影响，1997 年后全疆的红枣适宜种植区面积增至 50.5 万 km^2，较 1997 年前面积增加 12 万 km^2，占比增加 7.3 个百分点（图 6-9）（张山清等，2014）。

2. 对香梨适宜种植区的影响

气候变化对新疆香梨种植适宜种植区的影响主要表现在：气候变暖，光热资源增加，香梨果实生长期的日平均气温稳定 ≥ 20℃积温和 ≥ 20℃期间日照时数增多，冬季最低气温 ≤ −25℃日数减少，使以前因光热条件不足或越冬冻害风险较大对香梨种植具有不同程度影响的地区，香梨种植的气候适宜性得到提高，可种植区（含最佳、适宜和次适宜种植区）面积增大，不适宜种植区减小。

1997 年前新疆香梨最佳种植区主要分布在塔里木河中下游流域以及车尔臣河流域，另外，塔里木河上游的叶尔羌河流域也有零星分布，面积 3.801 万 km^2，占新疆总面积的 2.3%。1997 年后，香梨最佳种植区总体向南转移并且面积有较大幅度的增大，具体表现为，塔里木盆地腹地以及和田河、车尔臣河流域成为香梨最佳种植区的主要分布区域，而

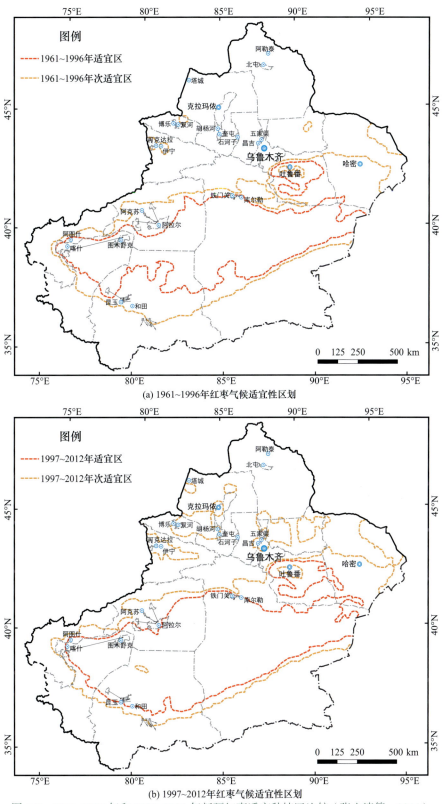

(a) 1961~1996年红枣气候适宜性区划

(b) 1997~2012年红枣气候适宜性区划

图 6-9　1961~1996 年和 1997~2012 年新疆红枣适宜种植区比较（张山清等，2014）

塔里木河流域的最佳种植区则有所减小，受以上变化的共同影响，1997年后香梨最佳种植区面积增至10.61万km²，较1997年前增加6.8106万km²，占比增加4.1个百分点（图6-10）。

1997年前新疆香梨适宜种植区主要分布在南疆的塔里木盆地大部，面积为34.812万km²，占新疆总面积的20.9%。1997年后较其之前，塔里木盆地中、西部的香梨适宜种植区不同程度地向高海拔区域扩展，而塔里木盆地东部的适宜种植区由于受次适宜种植区扩大的挤压，面积明显缩小，受上述变化的共同作用，1997年后香梨适宜种植区面积降至26.10万km²，较1997年前减少了8.709万km²，占比减少5.2个百分点（图6-10）。

3. 对杏适宜种植区的影响

气候变暖对新疆杏的种植总体趋于有利，主要是杏生长季热量条件明显改善，越冬期遭受冻害以及展叶、开花期遭受霜冻危害的风险均有所降低，使以前因热量条件不足，或越冬期遭受冻害以及展叶、开花期遭受霜冻危害风险较大而不宜种植杏的一些区域成为次适宜种植区，因而杏的可种植区增大，不宜种植区减小（张山清等，2019）。

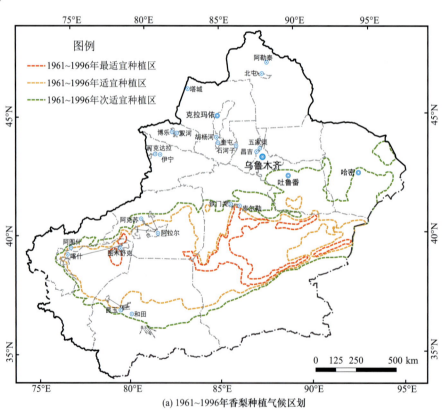

(a) 1961~1996年香梨种植气候区划

新疆气候变化科学评估报告

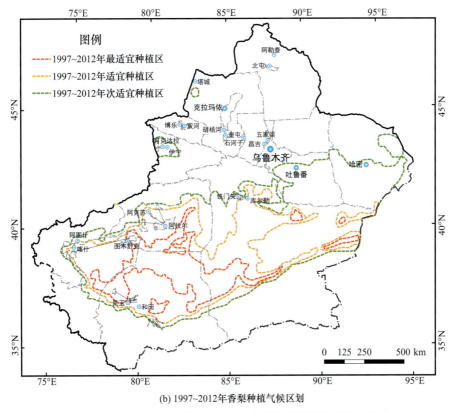

(b) 1997~2012年香梨种植气候区划

图 6-10　1961~1996 年和 1997~2012 年新疆香梨适宜种植区比较

1997 年前新疆杏种植的气候最适宜区仅在塔里木盆地西南缘的喀什地区东南部至和田地区西部的平原地带有少量分布，面积只有 1.32 万 km²，占新疆总面积的 0.8%。1997 年后较其之前，杏种植气候最适宜区向喀什地区西部平原有所扩展，面积增至 2.10 万 km²，较 1997 年前增加 7790 km³，占比增加 0.5 个百分点（图 6-11）（张山清等，2019）。

1997 年前新疆杏种植的气候适宜区主要在南疆的喀什、阿克苏地区以及和田地区中西部的平原地带，面积 22.3 万 km²，占新疆总面积的 13.4%。1997 年后较其之前，适宜区总体向高纬度、高海拔方向扩展，其主体覆盖了喀什、和田、阿克苏三地区平原大部以及巴音郭楞蒙古自治州西部，另外，吐鲁番盆地中部也成为杏的适宜种植区，面积增至 38.5 万 km²，较 1997 年前增加 16.3 万 km²，占比增加 9.8 个百分点（图 6-11）（张山清等，2019）。

4. 对苹果适宜种植区的影响

作为新疆特色林果产业发展的重要组成部分，近几年苹果生产发展迅速，2015 年全疆苹果种植面积 69.15 万亩，总产 6.85 亿 kg。新疆苹果种植业快速发展的同时，部分地区出现了忽视气候条件的适宜性而盲目扩大种植面积，或种植区域不合理，导致苹果遭受越冬冻害、高温热浪等农业气象灾害的风险增加，产量低而不稳，品质下降，严重影响了苹果生产的经济、社会效益。

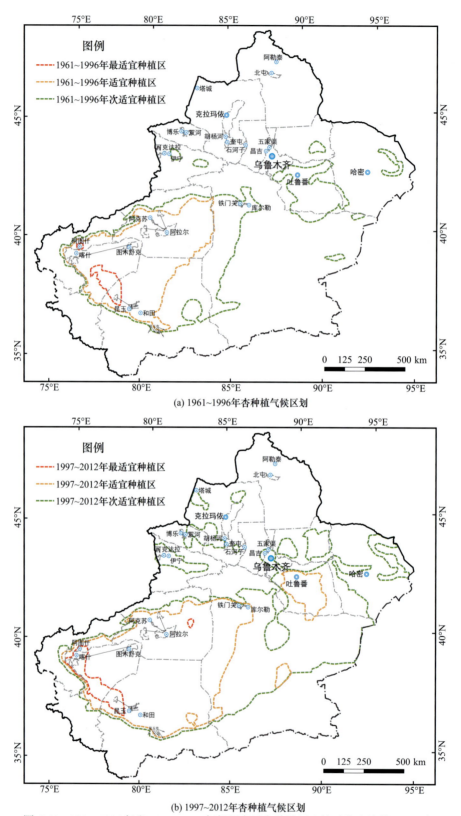

图例
1961~1996年最适宜种植区
1961~1996年适宜种植区
1961~1996年次适宜种植区

(a) 1961~1996年杏种植气候区划

图例
1997~2012年最适宜种植区
1997~2012年适宜种植区
1997~2012年次适宜种植区

(b) 1997~2012年杏种植气候区划

图 6-11　1961~1996 年和 1997~2016 年新疆杏适宜种植区比较（张山清等，2019）

气候变暖使以往因热量条件不足或越冬冻害风险较大不宜种植苹果的北疆部分地区以及天山、昆仑山低海拔区域成为苹果的次适宜种植区，因而苹果可种植区增大，不宜种植区减小。不利方面是，对热量资源本已十分丰富的吐哈盆地以及塔里木盆地东部等地区而言，气候变暖使苹果果实主要生长期的夏季气温升高并超出其生长发育的适宜范围，导致适宜种植区缩小（张山清等，2018）。

1997 年前新疆苹果适宜种植区主要在南疆的阿克苏地区、和田地区大部、喀什地区东部、巴音郭楞蒙古自治州西部、克孜勒苏柯尔克孜自治州西南部，北疆的伊犁河谷海拔 1400m 以下的河谷平原地带，另在南疆焉耆盆地和哈密盆地也有零星分布，面积 33.5 万 km²，占新疆总面积的 20.1%。1997 年后较其之前，南疆苹果适宜种植区除焉耆盆地有所扩大、克孜勒苏柯尔克孜自治州变化不大外，其余各地均明显减小，主要分布区域压缩到了阿克苏地区中西部、和田地区北部、喀什地区东北部的范围内。而同期北疆的苹果适宜种植区略有扩大，表现为除伊犁河谷略有扩大外，另在塔额盆地、北疆沿天山低山丘陵等冬季逆温带也有少量出现。受上述变化的共同影响，1997 年后苹果适宜种植区面积降至 12.7 万 km²，较 1997 年前减少 20.8 万 km²，占比减少 12.5 个百分点（图 6-12）（张山清等，2018）。

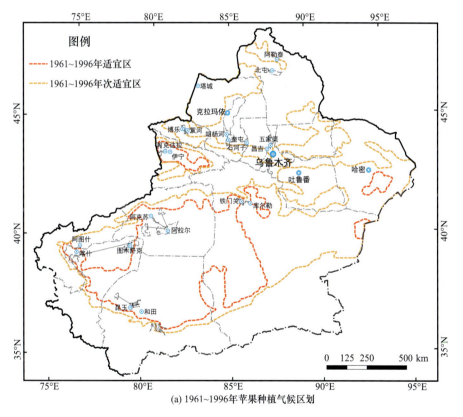

(a) 1961~1996 年苹果种植气候区划

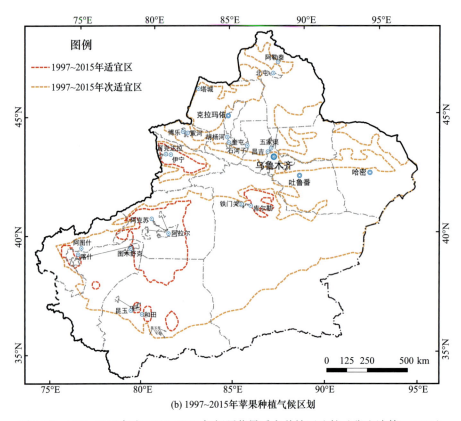

(b) 1997~2015年苹果种植气候区划

图 6-12 1961~1996 年和 1997~2015 年新疆苹果适宜种植区比较（张山清等，2018）

6.2.4 对农作物熟制区的影响

气候变暖对农作物的种植制度有较明显的影响。春播期较过去提前，种植制度也将发生变化，在农业水分能够满足的地方，南疆地区可以增加麦－玉米两熟、麦－菜两熟、果粮间作、果棉间作面积，提高复种指数。

因热量条件的差异对作物品种熟型的影响，新疆农区各种植制度气候区又可分为若干个亚区，其中，"一年一熟"区分为四个亚区，"两年三熟"和"一年两熟"区各分两个亚区，这样，新疆农业种植气候区划共划分为 8 个亚区（图 6-13）（普宗朝和张山清，2017）。

1. "一年一熟"种植区

由于北疆大部纬度偏北，南疆塔里木盆地和吐哈盆地周边的中低山带海拔较高，因此，热量资源相对较少，只能实行"一年一熟"的种植制度。1997 年前"一年一熟"种植区面积 58.2643 万 km²，占新疆总面积的 35.0%；1997 年后，该区面积降至 49.7591 万km²，占比降至 29.9%，减少 8.5052 万 km²，占比减少 5.1 个百分点。

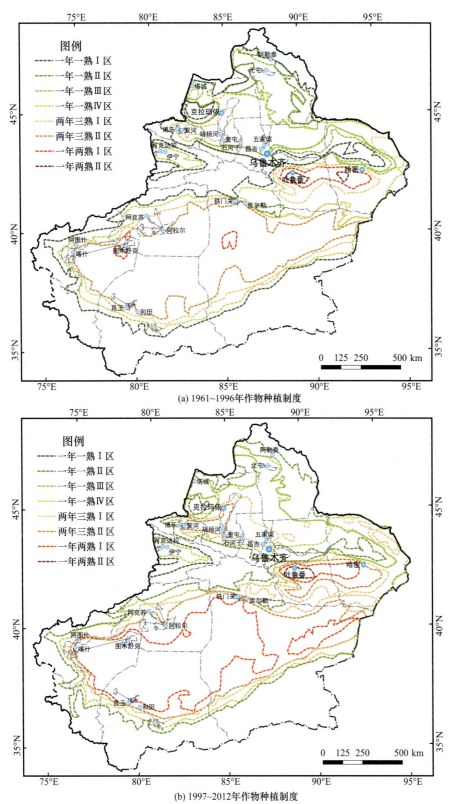

(a) 1961~1996年作物种植制度

(b) 1997~2012年作物种植制度

图 6-13　1961~1996 年和 1997~2012 年新疆农作物熟制区比较（普宗朝和张山清，2017）

2. "两年三熟"种植区

1997 年前新疆的"两年三熟"种植区主要分布在南疆的塔里木盆地和东疆的吐哈盆地，北疆仅准噶尔盆地西南缘海拔 450m 以下的区域有局部出现，其面积 56.1471 万 km²，占新疆总面积的 33.7%；1997 年后较其之前，该区在北疆有明显增大，但在南疆，由于受"一年两熟"区扩大的"挤压"，面积降至 35.9779 万 km²，占比降至 21.6%；面积减少 20.1692 万 km²，占比减少 12.1 个百分点。

3. "一年两熟"种植区

1997 年前新疆的"一年两熟"种植区仅出现在吐哈盆地腹地，另在南疆的塔里木盆地中部和西部也有零星分布。其面积很小，只有 1.4864 万 km²，仅占新疆总面积的 0.9%；1997 年后，该区在塔里木盆地有明显增大，在吐哈盆地也有所增大，其面积增至 32.8232 万 km²，占比增至 19.7%，增加 31.3368 万 km²、18.8 个百分点。

综上所述，气候变暖导致非农业区以及"一年一熟""两年三熟"种植区不同程度地减小，而"一年两熟"种植区明显增大，这对扩大农作物可种植区域、提高土地复种指数、增加农作物产量、提高新疆粮食安全具有十分重要的意义。然而，如何根据未来气候变化及种植技术的提高来规划新疆未来农区的发展依然是一个亟须解决的问题。

6.3 气候变化对农业金融平台的影响

农业是基础性产业，为人类基本生活提供了各种食物、为工业发展提供着丰富的原材料。维持农业生产的稳定性，对于人类经济社会的可持续发展具有十分重要的意义。农业虽然不是资本密集型产业，但农业的发展离不开资本。可以说资本投入贯穿现代农业的每一个过程，无论是土地的开垦、灌溉设施的建设、农业机械的运转、肥料农药的生产，还是农产品的加工、运输和销售都需要大量的资本投入才能实现。此外，特色优质农产品的做大做强更是离不开资本的支持，农业生产体系防灾、减灾、灾后恢复也需要资本的帮助，农业科技进步同样也需要资本作为靠山。耕作类型的地区性迁移、灌溉需求的改变会引起资本的需求，农业布局和农业支持服务（市场、信贷等）的很大变化。如果没有政府涉农政策的变化和补偿投资，最终农业生产格局的调整幅度不会很大（章基嘉，1995）。

6.3.1 对农业投资的可能影响

农业的发展离不开金融的支持。近几年，国家对农业的支持不断加大，金融对农业发展的支持力度也越来越大。涉农资金逐年增多，金融支农环境逐步优化、服务网络进一步完善、金融产品不断增加等，这些都在一定程度上促进了农业的发展。尽管这样，农业发展依然面临诸多风险，其中最为关注的是全球气候变暖所带来的极端事件的冲击。

气候变化正在以气温上升和降水模式改变的方式证明自己在全球范围内的影响力。随之而来的结果是，更多的极端气候／天气事件，如热浪、干旱和更强的风暴等。与此同时，投资者的投资年期越长，气候变化风险对投资组合的影响就越大。呈现上行轨迹的气候变化风险，已经蔓延至各种资产类别、各行各业和不同地域，并从以下三个方面带来威胁：①有形损害：土地、建筑物和基础设施都会受到高温、干旱和洪水影响；②责任增加：金融责任（比如说保险索赔）和法律损害（比如说与气候相关风险有关的侵权和过失诉讼）；③名誉损害：与利益相关者可能认为和气候变化问题不一致的行为有关。因此，对于长期投资者来说，通过了解和分析这些风险并确定它们对价值创造有何影响，是至关重要的。展望未来，与气候相关的风险预计会随着时间的推移而加剧，这意味着在技术变革加快或灾难性天气事件更加频繁的情况下，与气候变化和谐相处的投资组合可能会表现更出色。

气候变化给农业投资带来了极大的威胁。未来30年里，全球人口将增加20亿，因此农产品需求将呈现上行态势。然而，随着严重的风暴、洪水、野火和干旱越来越多，气候变化让农民更难种出粮食。对于利益相关者来说，可持续发展是维持长期价值的关键，因为如果一块农田要想年复一年地生产粮食或其他农作物，就必须被持续地耕种、养护和保护。如果政府不利用政策工具，引导投资未来面临巨大气候变化风险的农业产业的话，则依据避险原则，资本进入农业产业的意愿与数量将会明显降低，这无疑会给本已岌岌可危的农业产业带来雪上加霜的效果。每次遭遇重大气象灾害后，农业股股价急剧下跌就是明证。

政府应该通过政策干预保证农户可获得足够的资金支持，继续加强水利等基础设施建设，加强农户的教育和培训力度。积极推进上述外界干预适应性政策有助于提高农户应对各种极端自然灾害和气候变化的适应能力和农业生产水平（谭灵芝和郭艳琴，2016）。

出于气候成本规避的需要，偏离地区气候变化、资源禀赋等基础条件的农业种植结构和产业类型会被逐渐摒弃，该地区农业产业结构发生相应的调整，更适应当地环境禀赋和气候变化条件的种植结构将占据更大的比重。根据选择理论，一些农户和企业也可能因为农业外部性条件的改善和成本的降低重新回到这些地区。这种替代效应有利于整个区域农业产业结构的重构和发展，促使产业结构向更适合区域气候变化的实际转变；并从一定程度上降低气候变化对农业生产产生更大负面影响的可能性；设计和建立完善的适应性策略和方案，可有效降低农业生产受气候变化的不确定影响，特别是发展中国家和生态脆弱地区农业生产的波动性（谭灵芝，2015）。

6.3.2　对农业保险的可能影响

农业是经济和社会发展的基础，农业的稳定发展离不开风险管理制度，农业保险是最重要的制度和工具之一（庹国柱，2019）。保险作为非银行金融机构，在农牧业发展中起着保护网的作用，可以最大限度地降低自然灾害给农牧业生产造成的危害，减少农户非经营性损失，有助于保障农牧业生产的可持续性发展，保证国民经济的协调发展。农业保险可为农户提供灾后风险融资，为农业生产经营活动提供风险保。农产品期货为涉农企业进行农产品价格风险分散与对冲的提供金融工具。农业保险和农产品期货市场都是国家服务"三农"、保障粮食安全的重要金融媒介。农业保险旨在实现对农户生产风险的转移；农产品期货市场旨在为涉农企业实现风险对冲，二者虽角色定位不同，但共同致力于转移和分散农业全产业链的风险（叶明华和庹国柱，2016）。

随着新疆粮食、经济作物与林果种植面积的扩大，农业经济取得了长足发展。但同时干旱、沙尘暴、低温冷害、干热风、冰雹等极端天气也对农业生产影响巨大。农牧产品关系着许多新疆农牧民的生计，但天灾、病害时常导致农牧民因灾致贫，近年来屡有果农绝收现象发生，损失惨重。因此，必须尽快建立完善的新疆农牧业保险体系，给农牧民吃上"定心丸"，有利于新疆农牧业生产的稳定发展。

传统意义上的农业保险一般包括单一及指定灾害保险和多灾害保险。前者提供特定灾害（如冰雹、洪灾）风险保障，后者又称为产量保险，保障各种原因导致的农作物产量损失（陈晓峰，2012）。以美国为代表的发达国家更是充分利用"绿箱"政策空间，出台实施各类与农户生产行为脱钩、不扭曲农产品贸易，又可对农产品价格、单产、收入三方面同时提供保障的农业政策性保险（方言和张亦弛，2017）。棉花保险是全疆最早开办的农业保险险种之一，成本保险、产量保险、天气指数保险、价格保险、收入保险，这些保险满足了新疆棉花保险制度结构的需要，其目的是为新疆棉花产业发展及棉农增收提供更加全面有效的保障服务，从而全方位、多角度地发挥棉花保险经济补偿功能与作用（王磊焱等，2016）。棉花价格的稳定，保护了新疆棉农的利益，稳定了新疆棉花生产，同时对下游棉花加工业和纺织业产生了积极影响，对新疆社会稳定也具有一定的政治意义（黄季焜等，2015）。为应对天气异常变化对人类生产经营活动造成的影响，天气风险保险应运而生。保险作为应对天气风险的重要工具在国外发展得已经较为成熟，灾害天气保险与一般天气保险在为各行各业分散和转移天气风险方面发挥了重要作用（金满涛，2018）。农业天气指数保险是与农业单险种保险和多险种保险完全不同的一种保险机制和产品，属于农业保险的制度和产品创新。但农业天气指数保险存在基差风险问题，不解决这个问题，农业天气指数保险难以实现大规模应用。虽然风险难以消除，但可以通过缩小项目范围等措施予以减轻。在特定的地区开发一款农业天气指数保险产品，针对特定的风险、特定的保险标的和特定的被保险人，只要项目目标适宜且能够实现，那么项目就能获得成功，再将覆盖不同地区或不同风险的成功项目汇聚起来，就形成了规模（张玉环，2017）。

6.3.3 对农产品期货市场的可能影响

对现有期货研究成果的分析中，到目前为止跟气候变化影响有关的农产品期货市场研究并不多（Nordlund，2008），主要集中在棉花和红枣期货方面。通过棉花期货对新疆棉花产业保障作用的分析发现：郑棉期货价格与新疆棉花现货价格具有双向引导关系，但期价对现价的引导作用相对较大；以月为套保周期，利用郑棉期货市场能分散新疆棉花现货市场中 20.8% 的非系统风险，棉花期货已经初步具备了保障棉花产业发展的功能（李辉和孔哲礼，2009）。在新疆棉花收入保险设计中，可采用棉花期货价格作为价格指标，期货价格对新疆棉花现货价格存在单向引导。从长期来看，对现货价格变动起主要作用的是棉花期货价格的推动，表明棉花期货市场有较强的价格发现功能，在收入保险设计中可以采用棉花期货价格作为价格指标（晁娜娜，2018）。通过南疆红枣期货上市分析发现，天气因素是推升红枣价格上涨的重要因素。2019 年以来，南疆地区出现了一定的灾害天气，但范围不大，预计红枣产量和 2018 年相比不会出现太大变化。但期货市场上的红枣价格却出现了较大波动，2019 年 6 月、9 月市场先后因天气、交割品级等因素，使红枣期货价格出现振荡上涨的行情。2019 年 4~9 月红枣期货市场行情变化过程如图 6-14 所示。

图 6-14　2019 年 9 月新疆红枣期货市场行情变化图

2019 年 4 月 30 日红枣期货上市之初，市场对于红枣的真实价值并不清楚，使得红枣期货价格小幅下挫。不过，随着市场对仓单成本逐渐明确，红枣期货走出了一波单边上涨的价值修复行情。

2019 年 6 月之后，市场先后炒作天气、交割品级等因素，7 月、8 月市场传言南疆地区遭受了大范围的大风和冰雹天气，红枣大量减产。使得红枣期货的价格在 10000~11000 元 /t 宽幅振荡。

2019 年 9 月 3 日，受红枣托市政策传闻以及未来南疆将会持续降雨的影响，红枣期货涨停，并成功突破 11000 元 /t 的振荡区间上沿，之后价格继续上行，9 月 4 日最高达到 11520 元 /t。

从 4 月 30 日红枣期货上市，主力红枣 1912 合约价格由最低 8545 元 /t 最高涨至 10935 元 /t，基差达到 2390 元 /t，涨幅达到 27.97%。6 月 6 日收盘最低 9605 元 /t。此后持续震荡上涨 9 月 4 日最高达到 11555 元 /t。

6.4　未来气候变化对新疆农业的可能影响

6.4.1　对粮棉作物的可能影响

未来气候变化对新疆农业种植和生产有利有弊。气候变暖使新疆 ≥10℃ 积温增多，无霜冻期延长，热量资源更加丰富，导致非农业区以及"一年一熟""两年三熟"种植区不同程度地减小，而"一年两熟"种植区明显增大，这对扩大农作物可种植区域、提高土地复种指数、增加农作物产量、提高新疆粮食安全具有十分重要的意义。

对新疆未来小麦生产的影响预估：① 气温升高，热量资源增多，小麦可种植区面积扩大。冬季气温升高，冬小麦遭受越冬冻害的风险降低，适合冬小麦种植的区域增大。虽然降水对新疆小麦生产的直接影响相对较小，但冬季降雪增多、积雪深度增大，对冬小麦安全越冬较有利；另外，小麦生长发育中后期降水量增多对减轻高温干热风危害、延长灌浆时间，增加小麦穗粒数和千粒重有利。② 小麦生长发育中后期，尤其是孕穗期、抽穗期、开花期、灌浆期气温升高，最高气温 ≥ 35℃ 的日数增多，高温、干热风危害趋于严重，对增加穗粒数和粒重，进而对产量的提高都会造成不利的影响。气候变暖、降水增多，将导致麦蚜、雪腐病、条锈病等小麦病虫害趋于严重，对小麦产量和品质造成不利影响。③ 作物种植结构和布局将有所调整，小麦种植区域向夏季气候相对凉爽的较高纬度或较高海拔地带转移；小麦播种期会发生改变。

对新疆未来玉米生产的影响预估：未来气候变暖，≥ 0℃ 积温增多，无霜冻期延长，对新疆玉米生产产生十分明显的影响，主要表现在：① 对一年一熟春玉米种植区来说，玉米品种可向生育期更长、生产潜力更大的晚熟品种方向转变，利于增产。与此同时，种植制度改变、复种指数增多，两年三熟和一年两熟种植区增大，复播夏玉米种植区扩大，对提高农作物产量有利。② 玉米吐丝期、授粉期气温升高、最高气温 ≥ 35℃ 的日数增多，高温、干热风危害趋于严重，将造成玉米秃尖、吐穗率增多，穗粒数和粒重降低，进而对提高产量不利。气温升高将导致玉米螟、玉米叶螨、玉米蚜虫和棉铃虫等病虫害越冬基数及繁殖世代数增加，对玉米生产的影响区域加重。③ 在种植区域上，气候适宜区玉米种植的面积会扩大，次适宜种植区减少，不适宜区应尽量避免种植。气候变暖、热量资源增多，一年一熟春玉米种植区需选用生育期更长、生产潜力更大的品种熟型，以促进高产。与此同时，新疆两年三熟和一年两熟种植区增大，需及时确定与当地气候变化相适应的复播夏玉米品种熟型和栽培管理技术，复播夏玉米在新疆玉米生产中的比率会增大，提高复种指数，促进玉米生产。

对新疆未来棉花生产的影响预估：① 北疆地区热量资源 ≥ 10℃ 积温、最热月（7月）平均气温和无霜冻期等热量条件呈显著的增多趋势，对扩大棉花适宜种植区，延长棉花生长季，提高棉花产量和品质均具有十分重要的意义。但值得说明的是，气候变暖只是一种趋势，气候条件尤其是热量条件的区域间和年际间差异较大，并且随着全球气候的变暖，北疆地区低温冷害、霜冻等异常天气、气候事件呈多发之势，对棉花生产将造成不利的影响，对此，在实际生产中须给予高度重视。② 气候变暖、热量资源增多，使南疆地区棉花的品种熟型向生育期更长、增产潜力更大的晚熟方向改变成为可能，中熟和中早熟棉花品种的适宜区扩大，不宜棉区明显减小。但值得指出的是，由于气候变暖具有季节的不均衡性，夏季气候变暖速率小于其他各季，致使最热月（7月）平均气温的相对升高幅度小于 ≥ 10℃ 积温和无霜冻期，因此，随着气候的持续变暖，最热月（7月）平均气温将成为制约南疆地区宜棉区更大幅度扩张的"短板"。③ 气候变暖将导致吐鲁番盆地等部分地区最高气温 ≥ 40℃ 的酷热日数增多，高温热害加剧，蕾铃脱落严重。另外，气候变暖将使棉铃虫、棉蚜、棉叶螨等棉花病虫害趋于严重，对棉花产量和品质造成不利影响。

6.4.2 对特色林果种植的可能影响

南疆红枣种植区年平均气温、红枣主要生长季（4~10月）平均降水量增加，有利于南疆红枣产量的增加；6~7月平均气温及≥10℃积温和≥20℃积温增加，有利于红枣生长及种植面积的扩大；冬季日最低气温不高于 –21℃、–23℃、–24℃的平均日数少，有利于红枣安全越冬。在未来两种气候情景（RCP4.5 和 RCP8.5）下，新疆枣适生区面积有着一定的增加，但适生区的区域变化较小。在全球气候变暖的趋势下，新疆红枣潜在适生区面积呈现增加的特点，且有向高纬度区域迁移的趋势，北疆地区开始出现较少部分的低适生区（张梅等，2020）。

未来 80 年，库尔勒香梨种植区年平均气温增高、无霜期延长有利于库尔勒香梨生长期的延长；≥10℃积温和≥20℃积温增加，有利于库尔勒香梨的营养生长和果实生长，也利于库尔勒香梨种植面积的扩大；暖湿化的变化趋势利于库尔勒香梨产量的提高，也有利于果园土壤水分的增加，从而减轻干旱对果实增长及产量、品质的影响；冬季最低气温呈显著的升高趋势，较有利于香梨安全越冬。

值得特别注意的是，多种全球气候模型预测未来全球气候变暖的趋势依然存在，新疆农业暴露于气候极端事件（热浪、干热风等）的风险加大（《新疆区域气候变化评估报告》编写委员会，2013；Xia et al.，2017；参见本报告第一部分第 3 章），同时病虫害的危害加重（Gu et al.，2018）。鉴于特色林果业都具有投入大、效益高等特点，因此气象灾害和病虫害对特色林果生产的影响更大、损失将更严重。

6.4.3 对草原畜牧业的可能影响

预测显示，未来新疆气候变暖、降水增多的概率很高（参见本报告第一部分第 3 章）。未来气温升高、降水增多对新疆畜牧业发展将会产生较大影响。

1. 对草场的影响

总体上，春季气温升高，冬季降水增加，有利于牧草提早返青，年降水增加及夏秋季气温增高有利于牧草生长。气候变暖同时会使干旱地区潜在荒漠化趋势增大，局部地区草地退化，草原界限可能上升。据模型预测，未来新疆年降水量每增加或减少 1 mm，草地的年气候生产力增加或减少 24.392kg/（hm^2·a），在全球气候变暖背景下，新疆气候趋于暖湿的变化将有利于草地生产潜力的增加。

新疆草地植被净初级生产力空间分布特征受区域水热条件的制约，南疆地区多为荒漠草地和高山亚高山草地，而北疆雨水较多，分布的多为草甸、平原草地，因此新疆草地净初级生产力呈明显的北高南低格局。有研究表明，新疆草地的平均净初级生产力与降水的相关系数的空间分布整体呈现正相关关系（呈正相关的占 58.51%，呈负相关占 1.19%；相关系数均值为 0.490），北疆地区的净初级生产力与降水的相关性较高，而南疆的相关性相对较低。平均净初级生产力与温度的相关性不明显，而且主要呈负相关关系，随着温度的升高净初级生产力值相对减少。如果这种关系在未来得以维持，则未来新疆南疆地区的草地第一性生产力将有继续降低的可能，而北疆地区草地第一性生产力会有一定程度的增大。

2. 对牲畜的影响

未来新疆气候变暖、降水增多的背景下，新疆北疆地区草地生产力增加将十分有利于畜牧业的发展，但南疆草地第一性生产力降低，加上农业发展的重心偏向经济效益好的植棉业与林果业，可供饲料减少，对畜牧业发展不利。冬季平均最低气温及冬季极端最低气温增高，有利于牲畜越冬、接羔保育，减少母、幼畜的死亡率。在传统畜牧业大区的阿勒泰、塔城、伊犁地区，白灾和低温冷害发生次数减少，对草原畜牧业的影响减少，损失趋低，其畜牧业可能会迎来一个良好的发展机遇期，尽管冬季降水增加可能使北疆北部、西部等地发生较严重雪灾的概率增加，单次牲畜损失可能增大。

参考文献

阿布都克日木·阿巴司，胡素琴，努尔帕提曼·买买提热依木 . 2015. 新疆喀什气候变化对棉花发育期及产量的影响分析 . 中国生态农业学报，23（7）：919-930.

白素琴 . 2010. 哈密市近 30 年物候变化及其对气候变化的响应 . 乌鲁木齐：新疆师范大学学位论文 .

曹占洲，毛炜峰，李迎春 . 2011. 近 49 年新疆棉区 ≥ 10℃终日和初霜期的变化及对棉花生长的影响 . 中国农学通报，27（8）：355-361.

晁娜娜 . 2018. 新疆棉花收入保险定价研究 . 北京：中国农业大学学位论文 .

陈洪武，辛渝，陈鹏翔，等 . 2010. 新疆多风区极值风速与大风日数的变化趋势 . 气候与环境研究，15（4）：479-490.

陈晓峰 . 2012. 农业保险的发展、挑战与创新——全球天气指数保险的实践探索及政府角色 . 区域金融研究，(8):62-67.

慈晖，张强，陈晓宏 . 2015. 1961—2010 年新疆生长季节指数时空变化特征及其农业响应 . 自然资源学报，30（6）：963-973.

狄佳春，许乃银，陈旭升，等 . 2003. 长江流域气象因素对棉花产量及其构成因子的影响 . 中国棉花，30（6）：25-27.

董煜，陈学刚 . 2015. 新疆参考作物蒸散量敏感性分析 . 灌溉排水学报，34(8): 82-86.

董煜，海米提·依米提 . 2015. 1961—2013 年新疆潜在蒸散量变化特征及趋势 . 农业工程学报，31（1）：153-161.

方言，张亦弛 . 2017. 美国棉花保险政策最新进展及其对中国农业保险制度的借鉴 . 中国农村经济，（5）：88-96.

谷然 . 2017. 气候变暖背景下新疆农业热量资源时空变化特征研究 . 兰州：兰州大学学位论文 .

郭金强，陈建民，王肖娟．2015.新疆石河子市近 51a 农业气候资源变化特征分析．干旱区资源与环境，29（8）：99-103.

韩春丽，赵瑞海，勾玲，等．2005.新疆不同棉花品种纤维品质变化及与气象因子关系的研究．新疆农业科学，23（1）：83-88.

贺晋云，张明军，王鹏，等．2011.新疆气候变化研究进展．干旱区研究，28（3）：499-508.

胡颖颖，玉米提·哈力克，塔依尔江·艾山，等．2014.新疆 2001—2010 年农业气候干旱脆弱性分析．中国沙漠，34（1）：254-259.

黄季焜，王丹，胡继亮．2015.对实施农产品目标价格政策的思考——基于新疆棉花目标价格改革试点的分析．中国农村经济，（5）：10-18.

霍治国，李茂松，王丽，等．2012.气候变暖对中国农作物病虫害的影响．中国农业科学，45（10）：1926-1934.

吉春容，邹陈，陈丛敏，等．2011.新疆特色林果冻害研究概述．沙漠与绿洲气象，5（4）：1-4.

姜玉英，陆宴辉，李晶，等．2015.新疆棉花病虫害演变动态及其影响因子分析．中国植保导刊，35（11）：43-48.

金满涛．2018.天气保险的国际经验比较对我国的借鉴与启示．上海保险，(9): 49-51.

李广华，李晶，艾合买提江，等．2009.浅析新疆小麦病虫害防治工作面临的问题及对策．新疆农业科技，3：30.

李辉，孔哲礼．2009.棉花期货市场对棉花产业保障作用的实证研究——以新疆棉区为例．改革与战略，（5）：83-85.

李江风．1991.新疆气候．北京：气象出版社．

李景林，普宗朝，张山清，等．2015.近 52 年北疆气候变化对棉花种植气候适宜性分区的影响．棉花学报，27（1）：22-30.

李培先，林峻，麦迪·库尔曼，等．2017.气候变化对新疆意大利蝗潜在分布的影响．植物保护，43（3）：90-96.

李西良，侯向阳，丁勇，等．2013.天山北坡家庭牧场复合系统对极端气候的响应过程．生态学报，33（17）：5353-5362.

李祥东．2019.西北干旱区土壤水分时空变异特征及其影响因素研究．北京：中国科学院大学学位论文．

刘海蓉，刘进新，李风琴，等．2005.不同气候条件对棉花产量的影响．新疆气象，(2)：21-23.

刘敬强，瓦哈甫·哈力克，哈斯穆·阿比孜，等．2013.新疆特色林果业种植对气候变化的响应．地理学报，68（5）：708-720.

刘强吉，武胜利，徐珊，等．2016.1961—2013 年南疆日照时数变化特征及其影响因子分析．中国农学通报，32（11）：101-108.

刘卫平．2007.阿克苏区域气候变化特点及其对棉产区的影响．乌鲁木齐：新疆师范大学学位论文．

鲁天平，郭靖，陈梦，等．2016.新疆林果业大风沙尘灾害风险评估模型构建及区划，农业工程学报，32（增刊 2）：169-176.

陆吐布拉·依明．2011.南疆近 60a 来风灾时空变化特征及其对农业生产的影响研究．乌鲁木齐：新疆师范大学学位论文．

第 6 章 气候变化对农业的影响

罗冲.2016.气候变化下的玛纳斯河流域土壤盐渍化动态演变研究.石河子:石河子大学学位论文.

孟金柳,曾波,叶小齐.2004.不同光照水平下叶损失对樟生物量分配的影响.西南师范大学学报(自然科学版),29(1):439-458.

苗运玲,张林梅,卓世新.2017.哈密绿洲近55年日照和风速变化特征.陕西气象,(1):14-19.

潘蕾,刘强吉,武胜利,等.2017.阿勒泰地区风速和日照时数时空变化特征分析.新疆师范大学学报(自然科学版),36(4):1-9.

普宗朝,张山清.2017.气候变暖对新疆粮食作物种植制度的影响//第34届中国气象学会年会S12提升气象科技水平,保障农业减灾增效论文集.北京:中国气象学会.

普宗朝,张山清,李景林,等.2013.近50a新疆≥0℃持续日数和积温时空变化.干旱区研究,30(5):781-788.

普宗朝,张山清,王胜兰,等.2011.近48a新疆干湿气候时空变化特征.中国沙漠,31(6):1563-1572.

施雅风,沈永平,胡汝骥.2002.西北气候由暖干向暖湿转型的信号、影响和前景初步探讨.冰川冻土,24(3):219-226.

史莲梅,李斌,李圆圆,等.2017.新疆冰雹灾害经济损失评估及风险区划研究.冰川冻土,39(2):299-307.

孙红艳,热沙来提·买买提,刘多红,等.2011.新疆红枣主要病虫害及综合防治技术.北方园艺,(13):148-149.

谭灵芝.2015.适应性政策对区域农业产业结构调整与农业发展的影响.浙江农业学报.27(10):1850-1858.

谭灵芝,郭艳琴.2016.外界干预气候变化适应性政策对农业生产的影响研究.中国延安干部学院学报,9(1):113-127.

谭灵芝,马长发,王国友.2014.新疆于田绿洲农户应对气候变化适应性行为选择偏好测量研究.干旱地区农业研究,32(5):198-205.

谭灵芝,王国友,马长发.2013.气候变化对干旱区居民生计脆弱性影响研究——基于新疆和宁夏两省区的农户调查.经济与管理,27(3):10-16.

唐湘玲,吕新,欧阳异能,等.2017.1978—2014年新疆农作物受极端气候事件影响的灾情变化趋势分析.中国农学通报,33(3):143-148.

田长彦,周宏飞,刘国庆.2000.21世纪新疆土壤盐渍化调控与农业持续发展研究建议.干旱区地理,23(2):178-181.

田彦君.2016.近52年北疆热量资源时空变化及其对熟制的影响.乌鲁木齐:新疆农业大学学位论文.

廑国柱.2019.我国农业保险政策及其可能走向分析.保险研究,(1):3-14.

王晗,于非,扈鸿霞,等.2014.新疆意大利蝗适生区的气候变化特征分析.中国农业气象,35(6):611-621.

王瑾杰,丁建丽,张喆.2019.2008—2014年新疆艾比湖流域土壤水分时空分布特征.生态学报,39(5):1784-1794.

王晶,肖海峰.2018.2000—2015年新疆粮食生产时空演替与驱动因素分析.中国农业资源与区划,

39（2）：58-66.

王磊焱，徐向勇，孙莉萍 . 2016. 改进创新新疆棉花保险产品研究 . 金融发展评论，（4）：57-79.

王庆材，王振林，宋宪亮，等 . 2005. 花铃期遮阴对棉花纤维品质的影响 . 应用生态学报，16（8）：1465-1468.

王秋香，任宜勇 . 2002. 51 a 新疆雹灾损失的时空分布特征 . 干旱区地理，29（1）：65-69.

王荣晓 . 2014. 阿勒泰地区气候变化及其对主要农作物种植的影响 . 乌鲁木齐：新疆农业大学学位论文 .

王森，王雪姣，陈东东，等 . 2019. 1961—2017 年南疆地区沙尘天气的时空变化特征及其影响因素分析 . 干旱区资源与环境，（9）：81-86.

王锡稳，王毅荣，张存杰 . 2007. 黄土高原典型半干旱区水热变化及其土壤水分响应 . 中国沙漠，27（1）：123-129.

王昀，王式功，王旭，等 . 2019. 新疆农作物生长期雹灾的时空分布及危害性评估 . 农业工程学报，35（6）：149-157.

吴美华，王怀军，孙桂丽，等 . 2016. . 新疆农业气象灾害成因及其风险分析 . 干旱区地理，39（6）：1212-1220

吴能表，谈锋，1999. 光照强度的增长对肉桂类植物苗木的影响 . 西南师范大学学报（自然科学版），24（2）：214-217.

武胜利，刘强吉，潘蕾，等 . 2017. 1961—2013 年新疆博斯腾湖流域风速和日照时数变化特征 . 水土保持通报，37（3）：188-194.

肖登攀，齐永青，王仁德，等 . 2015. 1981—2009 年新疆小麦和玉米物候期与气候条件变化研究 . 干旱地区农业研究，33（6）：189-202.

《新疆区域气候变化评估报告》编写委员会 . 2013. 新疆区域气候变化评估报告决策者摘要及执行摘要（2012）. 北京：气象出版社 .

杨洪升，季荣，王婷 . 2008. 新疆蝗虫发生的大气环流背景及长期预测 . 生态学杂志，27（2）：218-222.

杨洪升，季荣，熊玲，等 . 2007. 气象因子对北疆地区蝗虫发生的影响 . 昆虫知识，44（4）：517-520.

叶明华，庹国柱 . 2016. 农业保险与农产品期货 . 中国金融，（8）：64-66.

章基嘉 . 1995. 气候变化的证据、原因及其对生态系统的影响 . 北京：气象出版社 .

张金帮，王勇，毛允峰 . 2000. 气象因素对棉花铃重、衣分的影响 . 江西棉花，（2）：29-32.

张立波，肖薇 . 2013. 1961—2010 年新疆日照时数的时空变化特征及影响因素 . 中国农业气象，34（2）：130-137.

张梅，禄彩丽，魏喜喜，等 . 2020. 基于 MaxEnt 模型新疆枣潜在适生区预测 . 经济林研究，38（1）：152-161.

张荣霞，王书同，徐军 . 2002. 气象条件对棉花主要产量因素的影响 . 中国棉花，29（11）：17-18.

张山清，普宗朝 . 2011. 新疆参考作物蒸散量时空变化分析 . 农业工程学报，27（5）：73-79.

张山清，吉春容，普宗朝 . 2019. 气候变化对新疆杏种植气候适宜性的影响 . 中国农业资源与区划，40（9）：131-141.

张山清，普宗朝，李景林 . 2013. 近 50 年新疆日照时数时空变化分析 . 地理学报，68（11）：1481-1492.

张山清，普宗朝，李景林，等 . 2014. 气候变化对新疆红枣种植气候区划的影响 . 中国生态农业学报，22（6）: 713-721.

张山清，普宗朝，李景林，等 . 2015. 气候变暖背景下南疆棉花种植区划的变化 . 中国农业气象，36（5）: 594-601.

张山清，普宗朝，李新建，等 . 2018. 气候变化对新疆苹果种植气候适宜性的影响 . 中国农业资源与区划，39（8）: 255-264.

张淑霞 . 2018. 于田绿洲地表蒸散发与土壤水盐关系研究 . 乌鲁木齐：新疆大学学位论文 .

张延伟 . 2014. 新疆观测极端气候事件研究进展 . 商丘师范学院学报，30（6）: 70-74.

张燕 . 2016. 北疆垦区农业气候变化对棉花生产影响的研究 . 兰州：兰州大学学位论文 .

张玉环 . 2017. 国外农业天气指数保险探索 . 中国农村经济，（12）: 81-92.

赵黎，李文博，吾米提·居马泰，等 . 2018. 气候变化对新疆棉花种植布局与生长发育的影响 . 新疆农垦科技，（7）: 7-10.

中国科学院新疆资源开发综合考察队 . 1989. 新疆种植业资源开发与合理布局 . 北京：科学出版社 .

周桂生，封超年，蒋金虎 . 2003. 气象因子对棉纤维品质影响的研究进展 . 棉花学报，15（6）: 372-375.

周治国，孟亚丽，尹育红，等 . 2002. 苗期遮阴对棉花产量与品质形成的影响 . 应用生态学报，13（8）: 997-1000.

朱金声 . 2013. 气候变化下新疆林果业重大害虫灾变规律研究 . 南京：南京农业大学学位论文 .

左停，周智炜 . 2014. 农业安全视域下的粮食安全再认识 . 江苏农业科学，42（5）: 1-2.

Avola G, Cavallaro V, Patane C, et al. 2007. Gas exchange and photosynthetic water use efficiency in response to light, CO_2 concentration and temperature in Viciafaba. Journal of Plant Physiology, 165（8）: 796-804.

Chen X, Qi Z, Gui D, et al. 2019. Simulating impacts of climate change on cotton yield and water requirement using RZWQM2. Agricultural Water Management, 222: 231-241.

Ci H, Zhang Q, Singh V P, et al. 2015. Spatiotemporal properties of growing season indices during 1961-2010 and possible association with agroclimatological regionalization of dominant crops in Xinjiang, China. Meteorol Atmos Phys., 128: 513-524 .

Gratani L, Varone L, Crescente M F. 2009. Photosynthetic activity and water use efficiency of dune species: The influence of air temperature on functioning. Photosynthetica, 47（4）: 575-585.

Gu S, Han P, Ye Z, et al. 2018. Climate change favours a destructive agricultural pest in temperate regions: late spring cold matters. Journal of Pest Science, 91: 1191-1198.

IPCC. 2013. Climate Change 2013: the physical science basis: contribution of workshop group I to the Fifth Assessment Report of the IPCC. Cambridge and New York: Cambridge University Press.

IPCC. 2019. Special Report on Climate Change, Desertification, Land Degradation, Sustainable Land Management, Food Security, and Greenhouse gas fluxes in Terrestrial Ecosystems. https://www.ipcc.ch/srccl/chapter/summary-for-policymakers/[2019-09-16].

Jiang F, Hu R, Zhang Y, et al. 2011. Variations and trends of onset, cessation and length of climatic growing season over Xinjiang, NW China. Theor Appl Climatol, 106: 449-458.

新疆气候变化科学评估报告

Li N，Lin H，Wang T，et al. 2019. Impact of climate change on cotton growth and yields in Xinjiang，China. Field Crops Research，247：107590.

Li X W，Gao X Z，Wang J K，et al. 2015. Microwave soil moisture dynamics and response to climate change in Central Asia and Xinjiang Province，China，over the last 30 years. Journal of Applied Remote Sensing，9：1-17.

Nordlund G. 2008. Futures research and the IPCC assessment study on the effects of climate change. Futures，40(10): 873-876.

Xia J，Ning L，Wang Q，et al. 2017. Vulnerability of and risk to water resources in arid and semi-arid regions of West China under a scenario of climate change. Climatic Change，144（3）: 549-563.

Yu G. 2009. Impacts of climate change on locust outbreaks in China`s history. Bulletin of Chinese Academy of Sciences，23（4）: 234-236.

第6章 气候变化对农业的影响

第7章 气候变化对关键行业（交通、旅游、能源）的影响

主要作者协调人：姜克隽　王世金
主　要　作　者：王 丹 刘 俊 贺小荣 贺晨旻

▪ 执行摘要

　　新疆地域广大，自然条件多样，是受气候变化影响最为脆弱的地区之一。作为新疆经济发展的主要行业，交通、旅游和能源也是受到气候变化影响最为明显的经济行业，这些行业的变化会大幅度影响新疆未来社会经济发展，进而影响美丽新疆的建设。气候变化已经给这些行业带来了影响（高信度）。气候变化会导致极端降水、滑坡泥石流、沙尘暴等极端事件的增加，从而破坏新疆地区交通基础设施（高信度）。大风、低温雨雪冰冻、冻雾等给新疆的交通运输带来不利影响，最终导致的结果表现为三个方面，即增加基础设施修理维护的成本（高信度），大范围发生交通延误和中断（高信度）、增加交通事故的发生率（高信度）。随着交通基础设施的改进以及交通工具性能的不断完善，气候变化对交通运输造成的影响逐渐降低。气候变化对新疆维吾尔自治区旅游影响机遇与挑战共存。伴随着气候暖湿化，对于中国西北干旱区旅游气候舒适度、适游期而言，机遇大于风险（高信度），但对干旱区文化遗产、冰雪资源、农业景观将造成极大影响（高信度）。过去几十年的气候变化带来的气温、风速、极端天气变化增加了新疆制冷的能源需求和消费，而减少了采暖的能源需求和消费（高信度），使得风电产出有负面影响（中等信度），给电网的运行带来更大挑战（高信度）。未来气候变化背景下，气温将持续上升，长期来讲会对新疆采暖和制冷能源需求产生进一步的影响，甚至会带来一些根本性的变化（高信度）。极端事件将增加，对电网运行的负面影响会加大（高信度）。风速会持续下降，可能会使风电单位产出减少10%以上。光照条件持续变好，有利于新疆光伏发电和相关产业发展（高信度）。

　　而且未来气候变化的不确定性，也导致对这些行业影响的不确定性，但是总体上的影响很明显。新疆的交通、旅游业和能源系统需要对这些行业的基础设施、布局、发展格局做出安排。需要很好地认识未来气候变化对这些行业的影响，以支持近期的政策制定，明确未来这些行业的发展战略。

气候变化除了给人类生活、环境带来显著影响之外，对经济部门的影响也很明显。在所有经济部门中，气候变化对农业、交通、能源、旅游等行业的影响在所有行业中最为明显（IPCC，2014）。这几个行业都和气候条件有直接的联系，气候灾害常常给这些行业带来巨大损失。对于新疆来说，地域广大，气候条件多样。一旦出现气候灾害，常常由于距离遥远而使得采取措施更加困难。而新疆的道路交通、旅游点、电网以及能源设施分布可达 1000km 以上，未来气候变化会使得美丽新疆建设中应对这些行业的气候灾害的措施要更加完备和充分，以避免带来的巨大损失。

本章将主要针对交通、旅游、能源等行业中气候变化带来的影响。下面介绍本章所考虑的气候变化对这三个行业的主要影响因素。后续小节将分别针对这些因素进行分析，最后给出评估结论。

对交通的影响

气候变化对交通运输有直接和间接影响两种方式。直接影响主要源于气候变化导致极端事件的增加，包括高温、热浪、干旱、强降雨、暴雪、冰冻、强热带风暴、雷暴以及沙尘暴等，及其引发的洪水、滑坡、泥石流、雪崩等次生灾害，直接损坏交通运输设备、地面基础设施等，从而对水运、陆运、空运的安全运行造成十分不利的影响与危害。间接影响包括通过影响矿物燃料使用、农产品重新分布、旅游及区域发展等，影响经济活动、人口流动，进而影响货物和旅客流通量，最终使交通系统改变以适应社会经济变化的要求。

对旅游的影响

旅游业是一个高度依赖气候的产业。人类旅游活动的开展需要一定的气候条件和自然环境基础，这使得旅游业对气候的变化比较敏感，相对于其他产业更容易受到气候变化的影响。气候变化在不同时空尺度上影响着全疆旅游气候舒适度、冰雪旅游资源、文化旅游资源，并对旅游者出游动机、旅游基础设施及其整个旅游产业产生一定影响。未来气候变化对新疆维吾尔自治区旅游影响机遇与挑战共存。伴随着暖湿化的气候变化，对于新疆旅游气候舒适度而言，机遇远大于风险。未来气候变化将对文化遗产、冰雪资源、农业景观造成极大影响。

对能源的影响

对能源行业的影响主要包括对利用自然条件的发电方式，如风电、光伏、水电等领域的影响，其受到未来大气环流变化、光照条件变化、地表径流变化等方面的影响；包括对化石燃料发电、核电等采用蒸汽循环的效率的影响，以及温度变化后对制冷和采暖用能需求的影响，还有对电网等能源供应系统的影响。

同时，气候变化对能源的影响也包括应对气候变化带来的对能源系统低排放的要求而引发的能源系统的转型。这样的转型在第三部分第 14 章介绍。

7.1 气候变化对交通行业的影响

7.1.1 新疆交通运输发展

新疆位于中国的西北边疆地区，地形分布呈现出"三山夹两盆"的特点，地形条件复杂，新疆是很典型的绿洲经济区域，城市主要区呈点状、片状分布且相互之间联系较松散。与蒙古国、俄罗斯、哈萨克斯坦、吉尔吉斯斯坦、塔吉克斯坦、阿富汗、巴基斯坦、印度 8 个国家接壤，是连接我国与亚欧腹地及其西侧区域的重要枢纽，横贯欧亚大陆东西的北、中、南三条道路均在此汇聚，是丝绸之路经济带全境通过、全面覆盖、全线连通的核心区域。

总体上来说，新疆已经形成以乌鲁木齐为中心，以铁路、公路、民航为主的交通网络，东连甘肃、青海，南接西藏，西出中西亚的综合交通运输网络。目前，新疆对外开放一类边境口岸 17 个。其中，航空口岸 2 个，陆路口岸 15 个。航空口岸有乌鲁木齐航空口岸、喀什航空口岸。

1. 公路交通

2020 年末公路通车总里程达 20.92 万 km（其中新疆生产建设兵团 3.71 万 km），和 2011 年相比增长了 35%。全区公路密度按土地面积计算为 12.57km/100km²。全区等级公路里程为 18.24 万 km（其中新疆生产建设兵团 2.57 万 km），占全区公路总里程的 87.2%。二级及以上公路里程为 27637km，占全区公路总里程的 13.2%。按照技术等级分，全区高速公路达到 5555km；一级公路 1901km；二级公路 18057km；三级公路 29968km；四级公路 99817km；等外公路 34504km。

总体来说，公路基本实现全区覆盖，密度与长度逐步增长；但公路密度小，通达性仍相对较差。截至 2020 年，新疆已经基本实现全部县市通达率 100% 的目标，所有地区（自治州、市）迈入高速公路时代。由于地形原因，公路多沿天山两侧盆地边缘绿洲呈网状分布，相较内地而言，公路路网密度稀疏，城际间距离较长，道路穿越天山南北复杂地形区，沿线洪水、泥石流等地质灾害发生频率较高、范围较广，混合交通状况复杂，公路技术等级主要以二级及以下公路为主体，公路技术等级低（阿帕尔，2010）。

2018 年，全区国道网年平均日交通量为 6048.13 辆 /d（当通量标准小客车，下同），比上年下降 2.6%。其中，一般国道年平均日交通量混合当量数 4549.65 辆 /d，国家高速公路年平均日交通量混合当量数 10196.43 辆 /d，地方高速公路年平均日交通量混合当量数 5576.34 辆 /d。部分国道线路交通量较大，其中，G3016 线清水河—伊宁高速公路年平均日交通量达到 15400 辆，G30 线连云港—霍尔果斯高速公路新疆段年平均日交通量达到 14252.44 辆，G7 线北京—乌鲁木齐高速公路新疆段年平均日交通量达到 13204.59 辆，G3012 线吐鲁番—和田高速公路年平均日交通量达到 10091.15 辆。

全区省道网年平均日交通量为 4165.73 辆 / 日，比上年下降 6.9%。部分省道线路交通量较大，其中，S115 线乌鲁木齐—乌苏公路年平均日交通量达到 34770 辆，S105 线乌鲁木齐—西山公路年平均日交通量达到 19975 辆，S12 线伊墩高速公路年平均日交通量达到 10192 辆，S308 线柯坪县阿恰勒乡—柯坪县县城公路年平均日交通量达到 9354 辆，S231 线五家渠—昌吉公路年平均日交通量达到 8823 辆，S327 线奇北线公路年平均日交通量达到 8249 辆。

在经营性道路运输上，全区累计完成经营性道路客运量和旅客周转量 4948 万人次和 43.35 亿人公里（不含城市客运），较上年分别下降 68.5% 和 61.1%；平均运距公里。年末全区累计完成经营性道路货运量和货物周转量 40305 万 t、491.05 亿吨公里，较上年分别下降 41.8% 和 38.7%（表 7-1）。

表 7-1　年全区经营性道路运输量基本情况

年份	客运量 / 亿人次	旅客周转量 / 亿人公里	货运量 / 亿 t	货运周转量 / 亿吨公里
2016 年	2.9	213.47	6.51	1102.21
2017 年	2.36	157.57	7.48	1306.66
2018 年	1.74	123.15	8.5	1476.7
2019 年	1.57	111.38	6.9	801.8
2020 年	0.49	43.35	4.03	491.05
同比增长 /%	−68.5	−61.1	−41.8	−38.7

数据来源：2018 年新疆维吾尔自治区道路运输统计报表（不含城市客运）

由于新疆地域广阔，新疆的公路密度和高速公路密度只有全国平均水平的 23% 和 20%（阿帕尔，2010；马延亮和李会芳，2019）。在新疆，由于地理环境的制约和影响，很多地区（自治州、市）之间的交通联系通道干线很少，主要以单线进出的线路为主，各地区（自治州、市）之间的连通性尚需改进（于若冰和葛晓燕，2018）。

交通通达性方面，公路交通网密度与通达性南北差异明显，北疆可达性较好，尤其是以乌鲁木齐为核心的吐鲁番、昌吉、石河子的城市圈层。南疆地区的公路交通可达性较差，尤其是以和田为中心的地区。从宏观角度来看，新疆公路交通可达性呈现以乌鲁木齐城市圈为中心，可达性水平向南北两边逐渐减少，尤其是新疆西南部可达性最差。从微观角度分析，新疆公路交通可达性较好的地区处于北疆，包括乌鲁木齐市、石河子市、昌吉州、吐鲁番市，新疆公路交通可达性较差的地区位于南疆，包括和田地区、喀什地区、克州、阿克苏地区。新疆公路交通可达性呈现出了以乌鲁木齐城市都市圈为核心，向南北逐渐递减的圈层式结构特点，尤其是向西南方进行圈层式递减的趋势，总体呈现出明显的核心边缘趋势（潘稼佳，2019）。

国际公路交通方面，国际道路运输监管与服务系统已在全区 15 个口岸试点运行，中巴经济走廊布伦口至红其拉甫公路已开工建设，中俄过境哈萨克斯坦的多边国际道路运输线路开通，中巴哈吉四国过境运输正式开通运行，新开通中哈、中吉国际道路 4 条客货运输线路，总数达 118 条，占到全国已开通国际道路客货运输线路总数的 50% 以上。全区 2018 年完成国际道路客运量 17.7 万人次、旅客周转量 0.36 亿人公里，分别较上年下降 59.0% 和 60.4%；完成国际道路货运量 479.4 万吨、货物周转量 10.98 亿吨公里，分别较上年增长 12.7% 和下降 5.6%（马延亮和李会芳，2019）。

2. 铁路交通

新疆作为"一带一路"的枢纽，对运力的需求促进了铁路交通的快速发展，但是由于自身地形限制，铁路建设难度大，已经建设的铁路多为国际运输线路，新疆内部的铁路通达性不足。由于新疆特殊的经济地理特征和经济发展环境，近50%的进出疆物资由铁路运输承担，更加决定了铁路在新疆区域经济、社会发展中有着不可替代的重要地位和作用。目前，新疆"一轴两环"的主骨架正在形成，初步形成了以乌鲁木齐为全国性综合交通枢纽，新欧亚大陆桥为主轴，环塔里木盆地和环准噶尔盆地为两翼的综合交通网络（窦燕等，2019）。

截至2018年底铁路营运总里程5959km，高速铁路718km。2020年新疆铁路货物周转量1216.98亿吨公里，铁路旅客周转量为141.58亿人公里。铁路建设稳步推进，南疆铁路至兰新铁路联络线建成，乌准铁路乌北至准东铁路扩能改造等项目开工建设，库尔勒至格尔木铁路项目全线铺轨。塔城地区也于2019年5月实现通车，至此新疆实现全地区铁路线覆盖。新疆铁路的发展对沿线经济起着带动作用，其中高速铁路更是对沿线经济文化交流起着重要影响。

2018年底新疆铁路网密度35.7km/万km²，为全国平均水平的28%。路网规模不足，结构不合理，覆盖广度和通达深度十分有限。南北疆交通通道联系薄弱，缺乏直通型综合运输通道，至今尚未形成真正意义上跨天山便捷的铁路通道（马延亮和李会芳，2019）。

3. 航空交通

截至2020年底新疆民用运输机场总数达22个，拥有240条国内航线和24条国际（地区）航线。2019年，新疆新增69条国内航线，成为全国拥有航线里程最长、机场最多的省区。2020年，新疆民航运输实现货物运输量16.1万t，货物周转量1.41亿吨公里；旅客运输量1896.4万人次，旅客运输周转量150.33亿人公里。其中乌鲁木齐地窝堡国际机场是我国航空枢纽机场之一，月旅客吞吐量超过百万人次。

由于新疆气候原因，春秋季浮尘风沙多发，夏季会有沙尘暴天气，冬季部分机场所在地区降雪频繁，对飞机通行效率和航空安全有着重大影响（卢翠琴，2015a）。同时有学者指出，因气候原因，新疆部分机场冬季限制使用，不执行航班，对机场运营有巨大影响。

新疆支线机场众多，但区域内经济较为落后，支线航空业务量小，机场建设投资和运行成本高于东部地区导致大部分支线处于亏损状态（熊朝，2013）。同时新疆航空客流量季节波动明显，机场基础设施不够完善，相关制度不健全，机场运行保障能力有待改善，缺乏相关专业人才（姚焕明，2018；张军，2019）。新疆机场受国家国防需求、抗震救灾需求、地方公益等政策因素影响较大，盈利能力不够导致整体水平不高（康艳，2019）。

7.1.2 气候变化对新疆交通运输的影响

新疆自然灾害的类型比较多,有雪灾、干旱、洪涝、地震、暴雨、风雹、沙尘暴等,这些灾害发生的次数相对较多,影响相对较大(陈晓艳,2019)。气候变化会导致极端天气事件的增加,而各类极端天气的出现会引起洪涝积水等灾害破坏基础设施,以及路面湿滑、可见度降低等对交通运营带来不利影响,最终导致的结果大致体现在三个方面:增加基础设施修理维护的成本、大范围发生交通延误和拥堵、增加交通事故的发生率(祝毅然,2018)。

1. 道路交通

交通行业是受气候变化影响敏感的行业,不同地理环境和经济发展状况的国家的公路交通都受到了灾害性天气气候事件所带来的不利影响(Steve et al.,1993;莫振龙,2013;Schweikert et al.,2014;Amin et al.,2014;徐雨晴和何吉成,2016)。

1)大风对新疆道路交通的影响

新疆地处亚洲腹地,大陆性气候明显,干燥少雨,夏季酷热,冬季严寒。受西伯利亚、乌拉尔山南下冷空气影响,风力强劲,大风频繁。寒流经过风口时由于地形地貌,风速增大,流经公路线路,因此造成严重的风害。在大风天气,对新疆道路行车安全造成影响的另一现象就是从侧面吹来的强烈阵风。如强大的风力突然从侧面作用在汽车上,对于重量不是很大的小型车辆足以使其明显地偏离原来的行驶方向(祁延录和王怀军,2009)。

公路沿线气象站与沿线梯度风和铁塔监测站,以及铁路沿线大风监测站最大瞬时风速具有空间相关性,平原路段空间代表性为20~40km;特殊路段(垭口、山口、峡谷、高路堤、高架桥等区间)空间代表性为5~10km。新疆"五横七纵"高速公路沿线大风日的分布特征受天气系统和地形影响的制约,以山口、垭口、峡谷、河谷、特大桥和高路基弯道区间强风和大风日数最多。公路沿线的绿洲区间全年大风日数不足10d。沙漠公路沿线大风日数明显多于公路沿线的绿洲区间。新疆五横七纵高速公路大多数区间年平均大风日数随年代呈现递减趋势,这主要是北方冷空气活动减弱结果和公路绿洲区间植树造林防风效应所致;百里风区戈壁路段自20世纪90年代开始,大风强度有增加的趋势,这主要由于全球气候变暖,戈壁地带温度增高,气压梯度增大所致(陈文友等,2013)。

高速公路不同类型汽车倾覆翻车事故主要由于强横风天气条件下瞬时风速达到倾覆临界风速所致(陈文友等,2013)。影响高速公路交通的致灾大风频率与强度的高值区主要分布在新疆西北部和东部、西藏北部和西部。对高速公路交通产生影响的致灾大风高危险区主要分布在北疆南部、东疆西北部以及西藏北部和西部的局部地区,途经上述地区的高速公路,如吐和高速新疆小草湖至托克逊段、连霍高速达坂城风区、三十里风区与百里风区段、荣乌高速出现致灾大风的可能性大、交通受影响程度高。较高危险区主要分布在新疆西北部和东部的部分地区,上述范围内高速公路沿线交通运行遭受致灾大风影响的危险性程度较高。而对于西藏东部、北疆中东部和南疆盆地等地的主要公路沿线,致灾大风发生概率较小,危险性程度较低(宋建洋等,2017)。

2）低温雨雪冰冻对新疆道路交通的影响

低温雨雪冰冻天气是冬季诱发道路交通事故的主要因素之一，尤其是在中高纬度国家或地区（张朝林等，2007；Datla et al.，2013；Peng et al.，2015）。冰雪道路环境下，道路交通事故伤亡率增加25%，事故率上升100%（史培军，2008；祝毅然，2018）。

雪崩、风雪流和路面集中持续降雪形成的积雪等都是雪害，对道路交通形成交通危害，在我国西北部地区非常常见。例如，风吹雪雪害在塔城的玛依塔斯风区、阿勒泰地区及天山地区出现频繁危害严重。这些地区所处的位置和地形均有利于公路风吹雪的形成，具有降雪量大、积雪深度大、降雪日数多、雪密度低而便于雪粒启动等特点（吴鹏，2019）。风吹雪一般发生在降雪中或降雪后，以降雪之后为多，其危害在于：一是对来往车辆造成视线障碍，阻挡视线易引发交通事故；二是在挖方路段及其他路段的背风区可在较短的时间内埋没路基及车辆，形成背风积雪障碍。背风积雪障碍会阻断正常的交通通行，造成道路交通中断，给风吹雪地区冬季交通安全的保障带来了许多困难（陈晓光等，2001）。另外，在新疆北部这样的冬季寒冷地区，当气温降到零下20℃以下，汽车挡风玻璃上往往会结霜不易擦掉，同样会形成视线障碍，影响行车安全。当积雪厚度达到20~30cm时，行车就很困难，对道路交通状况造成影响。

新疆有大量的冰川，共计1.86万余条，总面积超过2.4万km²，占全国冰川面积的42%，冰储量2.58亿m³，居全国第一。随着全球变暖，冰川剧烈消融，由冰川融水引发的冰川泥石流已成为中巴公路沿线发生最频繁与危害最严重的冰川灾害类型之一。

3）其他气候条件及伴生的地质灾害对新疆道路交通的影响

新疆地区气候比较干旱，海拔高，地表植被分布较为稀少，地表径流主要以冰雪融水为主，而且地下水发育，冻土层容易出现热融等现象。很多高峡谷高寒缺氧，不利于工程施工，且容易发生泥石流、山洪、冰雪及冻土融化水聚集冲毁路基路面的现象，造成公路水毁的灾害。此外，新疆地区气候条件独特，昼夜温差作用巨大，很多公路都会出现温缩裂缝和高温车辙损坏公路路面的现象，导致交通安全隐患的出现（董萍，2013；周明，2018）。

在新疆与西藏接壤的高原冻土区，由于海拔比较高，而且土质主要以盐渍土、多年冻土或永冻土为主，受到恶劣条件的影响，该地区的路基设置得普遍较低，而一旦没有良好的排水措施，就会由于排水不畅，影响路基的稳定性。在春季气温回暖时，该地区存在的冻土层就会慢慢融化，而这一地区的公路又处于低洼地段，所以融化的水一旦流向路基，就会造成路基下沉，而天气变冷之后又会重新冻结路基，由此就会使路面高低起伏。气候变化会加重这些现象的发生，对新疆公路道路和建设产生重大安全影响。新疆地区存在着河谷、高原冻土、戈壁等复杂地质地层，在公路修建过程中存在的路基施工风险复杂多样（李娜，2017）。冲积平原土质松软且缺少砾石材料，绿洲地带地下水位较高，易造成路基松软和翻浆，部分地方有盐碱危害；黄土状土分布区路基易发生湿陷；部分地方缺水，风沙大的沙漠边缘地带，公路面易积沙影响交通；阿勒泰、塔城等地区，冬季路面积雪，常妨碍交通畅通。阿拉山口等风口地方，春、秋季节大风对交通有不良影响。夏季山洪泥石流灾害时有发生，会影响交通（吴鹏，2019）。

2. 铁路交通

自从 1962 年 12 月乌鲁木齐开通火车线路以来，铁路便成了新疆经济发展的命脉，也成为新疆与内地往来最重要的交通工具。受自南往北地表接收热量与自西向东和自山地至平原降水量减少的影响，新疆地区自然条件复杂，地貌类型多样，水热地带性差异明显，大风、沙尘、积雪等铁路气象灾害频繁发生（刘艳等，2016）。

1）大风天气对新疆铁路交通的影响

大风影响新疆铁路运输生产和行车安全的主要气象灾害之一。新疆铁路主要风口包括安西风口、烟墩风口、百里风区、三十里风区及阿拉山口风口。上述风口主要受西伯利亚寒流影响，加之特殊的地形地貌，风力强劲，大风频繁。其中小草湖至了墩为百里风区，每年的大风天数为 208d，头道河至后沟为三十里风区，每年的大风天数为 160d，阿拉山口每年的大风天数为 165d。这些风口中兰新线百里风区和三十里风区南疆线前百公里列车主要受横风影响，对铁路运输安全的影响最大，几乎所有的风灾事故都发生在这里，是世界铁路风速最高、受风沙影响最严重的地区之一。此外，南疆线前百公里风区是新疆除百里风区和三十里风区外又一强风区，前百公里风区风速强劲、持续时间长、季节变化明显、影响范围广，对交通运行可形成较大危害（潘新民等，2019）。

新疆铁路自开通运营以来，遭遇过多次大风灾害。新疆铁路风灾表现形式主要有大风吹翻列车、积沙埋道、击碎车窗玻璃、铁路行车设施损毁、大风停轮等。根据铁路部门现场实测和统计分析，新疆铁路大风区主要特点：① 风速高：据现场实测和统计分析，南疆线吐鲁段最大风速达 64m/s，百里风区最大风速达 60m/s；② 风期长：上述主要风口一年中的大风天数也相当高，大于 8 级风的大风天数基本上都超过 100d，局部地段已超过 200d；③ 季节性强：每年 4~5 月大风最为集中，占全年大风天数的 30% 以上，全年最大风速也发生在此时，9~10 月大风天气也较多；④ 风向稳定：新疆铁路风区大风主要受寒潮天气影响，因素单一，加之区域辽阔平坦，每次大风所经路线较为固定，主风向大约在 0°N~30°W 范围内。新疆铁路大风的观测通常把瞬时风速达到或超过 17m/s 或风力大于 8 级的风称为大风，风速一般以安置在离平坦地面 10~12m 高的风速计所测行的风速为准，而风级是指风对地面物体影响程度而定出的等级，新疆铁路大风地区大风特征有着其独特性，具有风力强、起风快、局域性强等特点（祁延录和王怀军，2009）。另一方面，因大风引起的晚点、停运也给铁路运输组织秩序造成很大影响（潘新民等，2019）。

2）低温雨雪冰冻对新疆铁路交通的影响

对于普通路基而言，由于受到工程施工的扰动以及多年冻土上限提升等多方面因素的影响，使得路基浅层冻土地温相比天然活动层地温要高，同时又由于路基边坡效应的存在也导致了路基左、右路肩温度分布的不对称。气候变化对于普通路基下的冻土地温变化产生了直接的影响（张万虎，2016）。强降雨的增加，会影响铁路的正常运行，对基础设施造成极大的破坏。暴雨天气会带来山体滑坡，泥石流等，造成铁路塌方。冬春季是铁路沿线雪灾高发季，特别在北疆阿勒泰地区和塔城盆地，降雪会使铁轨湿滑，较大的降雪可造成铁路交通中断。需要根据各段地貌特征和气象条件建设铁路，选择积雪概率小的地段且线路走向尽量与盛行方向一致（刘艳等，2012）。

3）气温升高对新疆铁路交通的影响

近年来新疆的年平均气温和年均降水量呈上升趋势，尤其是北疆对全球变暖的响应较为敏感。气候变暖后，冻土层变薄，可能会影响铁路地基的安全[①]。

3. 航空交通

全球气候变暖的趋势愈加严重，灾害性天气发生的频率也在逐年增加，而航空产业对气候的变化表现极为敏感，对飞行安全带来了更大的影响（卢翠琴，2015a）。然而气候在变化的过程中表现出了很强的地域特征，这就造成了各个地方的气候变化并不完全相同。新疆是中国航站最多、航线最长的一个省份，乌鲁木齐、和田、库尔勒、喀什、塔城、阿克苏、伊宁、且末、阿勒泰、哈密、克拉玛依和库车等市县都建有机场。

1）冻雾天气对新疆航空交通的影响

冻雾是一种冬季影响机场航班安全和正常的重要复杂天气，其分布地区较为偏北，主要发生在新疆北部。冻雾的主导能见度小于1000m，包括冻结的和过冷却的两种；冻结的冻雾指地面产生了雾凇，过冷却的冻雾指由过冷却水滴组成的雾，即气温虽在0℃以下仍未冻结的雾，因此判断冻雾的标准就是气温是否在0℃以下。发生冻雾天气时，飞机能见度较低，无法满足航空器起飞标准，会造成飞机延误，当能见度低于800 m时就会影响航空器运行正常。还可能会因飞机机身表面形成积冰，影响飞机性能而造成飞行事故（陈阳权等，2018）。

2）沙尘暴、降雨等对新疆航空交通的影响

沙尘暴、降雨等天气现象时，会影响大气透明度，此时的能见度较低。能见度是评估机场天气状况的唯一指标，航空运行受能见度的影响很大。如果遇到低云天气，飞行员很难分辨清楚目标，如果继续飞行，可能会产生飞行事故，无法降落到地面。低云主要是指在云层底端与地面之间的距离小于2000m以下的云层，当云底距离地面在300m以下时，对飞机安全的影响是最大的。在航空器正常飞行和起降的过程中受风向和风速的影响很大。如果飞机在着陆过程中利用逆风的方式，可以有效减少或避免飞机对地面的巨大冲击力的反作用力。气温的变化对航空器有较大的影响，其在一定程度上限制了飞行器的起飞和平飞高度、称重量及发动机等的性能指标。

3）气候条件变化对新疆航空交通的影响

恶劣的飞行条件会导致航空器飞行受到限制，主要表现为飞行事故和航班延误。飞机在飞行过程中最容易发生飞行事故的阶段是飞机着陆阶段，此时外界的隐患力量对飞机的干扰很大，很容易出现危险，有很大一部分气象要素都会对其产生影响。现阶段，尽管机场配备相关设备越来越先进，飞机的性能也在不断完善，因气候变化对其造成的影响逐渐降低，但是当气候变化条件和气候环境的变化比较大时，会对机场和航路产生直接影响。

7.1.3　未来气候变化对交通的影响和适应措施

未来新疆交通将持续发展，道路里程继续延长，航线加密加频，出行人数和货物运

---

① 中国气象局局长专访.http://www.chinadaily.com.cn/hgzg/rwft_zgg.html

输周转量明显上升。道路和航线分布在广袤的地域中，受到天气灾害的影响会更加频繁和剧烈。对交通来说，更加频繁的极端气候事件是带来损失的主要因素。

根据第一卷第三章的结论，新疆地区年平均气温的未来变化也存在明显的区域特征。虽然未来整个新疆区域均呈现出一致的增温趋势，但北疆和南疆昆仑山地区增温幅度明显高于天山、塔里木盆地等地区。在RCP4.5情景下，21世纪近期，新疆区域的年平均气温相对当前气候约增加1.3℃；21世纪中期，年平均气温约增加2.2℃；21世纪末期，年平均气温约增加2.6℃。在RCP8.5情景下，增温幅度明显高于RCP4.5情景，21世纪近期、中期和末期，新疆地区的年平均气温相对当前气候分别约增加1.5℃、3.0℃、5.4℃。

新疆地区21世纪年平均降水也呈现出增加的趋势，相对增加幅度高于全国平均水平。在RCP4.5情景下，新疆地区21世纪年平均降水以0.8%/10a的趋势明显增加；RCP8.5情景下的增温趋势约为RCP4.5情景下的2倍，年平均降水以1.3%/10a的速率显著增加。RCP4.5情景下，在21世纪近期新疆地区的年平均降水相对当前气候约增加了5%；21世纪中期，年平均降水约增加了6%；21世纪末期，年平均降水约增加了10%。RCP8.5情景下的增加幅度明显大于RCP4.5情景，在21世纪近期、中期和末期，年平均降水相对当前气候分别增加了6%、10%和16%。

从极端天气事件来看，同时无论是从发生频率、持续性还是降水强度来看，未来新疆极端降水都呈现增加的趋势。新疆地区在21世纪中期和末期相比现在滑坡发生频次都是增加的，主要也是发生在天山山脉及其周边，并且频次有显著增加，增加幅度最高可以达到200%以上。而在21世纪末期，昆仑山系以及阿尔金山附近滑坡的频次也有显著增加。区域内滑坡频次有显著的逐渐增加趋势，随时间往后，滑坡发生频次越来越高。

气候变暖影响下，喀喇昆仑山地区有12%的山谷冰川成为跃动冰川；洪扎河谷及附近地区成为中巴公路沿线冰湖分布最为集中、危害最严重的地区；喀喇昆仑山叶尔羌河流域冰湖溃决洪水发生频率越来越高，由60年一遇到30年一遇到10年一遇，再到现在的几年一遇。观测和研究表明，南疆喀什和克州地区四条主要的河流（阿克苏河、喀什噶尔河、叶尔羌河、和田河）上游冰川的消融尚未达到鼎盛阶段，冰川融水量仍然处在增加的过程，产生冰川泥石流等灾害风险仍在加大。

在A1B情景下，到21世纪末期，地表起沙量、柱含量的空间分布与基准期基本一致，大值中心依然位于塔克拉玛干沙漠。虽然东亚平均的地表起沙量将增加，但新疆范围内的起沙量大都减少，最大减幅位于塔克拉玛干沙漠。

气象事件会给城市交通带来影响。根据建立的评估指标体系，评估城市地下交通轨道在暴雨内涝情景下不同线路的脆弱性度量与差异（朱海燕等，2018），部分地区交通对雪灾脆弱性的时间和地域差异及动态变化，等等。乌鲁木齐已经在发展地铁，城市交通的应对也需要纳入应对方案中。

在升温的大背景下，山洪、冰雪及冻土融化的现象将更为频繁，山洪水和积雪融化水更易于聚集冲毁路基，造成路基下沉形成公路水毁的灾害，而等到冬季天气变冷路基重新冻结可能会高低起伏，这种现象也会影响铁路路基的安全，对工程施工造成干扰。未来气温升高也会影响航空交通，随气温升高空气密度变小，产生的升力变小，飞机载重能力减小，起飞的滑跑距离变长，也会降低发动机的燃烧效率。另一方面，降水量也呈现上升趋势，在气温较低的冬季道路结冰的可能性更大，也会影响路面交通安全。

气候变化导致极端天气气候事件增多趋强。随着极端事件出现频次的增加、范围的扩大以及程度的加重，交通系统的暴露度和脆弱性都有所增加，面临的风险也日益增大，适应气候变化成为新疆交通发展面临的严峻挑战。为了持续增强交通领域应对气候变化能力，提高交通安全水平、减少灾害损失，政府和相关部门在交通运输的规划、设计、建造、运行以及维护等方面应充分考虑气候变化带来的影响，同时结合当前及未来形势判断，从技术、管理和政策方面采取相应的适应性预防措施。

无论是古代的丝绸之路还是现代的"一带一路"，都无法避开新疆，新疆维吾尔自治区位于欧亚大陆中心，是"一带一路"关键区域，是通向中亚、西亚、北欧的中途站，这里还是三大宗教的交汇地点，多个民族在此居住。发展交通行业，不仅能够促进区域之间、国家之间的交流和互通有无，还能加速人口聚集，优化产业格局，深化贸易合作，增加全社会的消费需求。随着 2011 年中欧班列的开通以及 2016 年乌鲁木齐率先开行了国内首趟"公铁海"联运班列，新疆的交通基础设施有了一定的提升，实现了陆上丝绸之路和海上丝绸之路的连接，然而新疆的交通基础设施密度仍然较低，因此，新疆地区应该是未来交通基础设施建设之中的重中之重。从政策和管理层次上看，鼓励沿线国家视实际情况放开市场，在有序的政策监管框架内，鼓励金融创新，增强政府与社会资金合作，除了政府财政预算安排的交通建设专项资金，积极探索完善 PPP 和 BOT、TOT、资产证券化等为代表的政府与社会资本合作建设模式的融资机制，运用贷款、担保、股权投资、联合融资等多种渠道和方式，发挥促进融资和风险分担的作用，提高基础设施的数量和质量。同时，建立政府和社会资本之间有效的信息交流，实现融资的可持续发展，以持续促进新疆交通业的发展（赵冰，2018；张利娟，2018）。深化现代信息技术在交通运输领域的应用，使社会公众享有更多的信息资源，可以提升交通运输行业建设、养护、运营管理的效率和水平，具体表现在：积极推进"互联网+"在交通建设、公路管理、道路运输、综合执法等主要行业管理中的应用，提升交通政务信息化应用水平；加快云计算大数据等新一代信息技术在综合运输服务领域的融合创新和应用，以"交通专属云"为依托，做大做强交通行业大数据中心；利用现代信息技术，加强行业监测预警，提升行业应急管理能力和决策水平；推进新基建与交通运输融合，促进信息化建设和行业发展深度融合（张颖，2021）。

从技术层次来讲，应对气候变化主要是解决实际交通运输过程中出现的相关问题，如针对各类极端天气气候事件，包括高温天气、海平面上升、干旱、强降雨、热带风暴等以及可能产生的自然灾害，启动相应的应急措施，加强部门联动，形成应急保障以及预警预报机制等。工程建设方面，充分考虑气候风险，加快地质勘查项目研判技术的创新与应用；积极推进地质勘查信息化建设，配套建立风险信息共享、地质资料共享、技术成果共享平台；建立健全科学的安全与质量监管机制，加强现场监测，掌握地层、地下水、围护结构与支撑体系的状态，及施工对既有建筑物的影响，对施工工程实施动态控制，以保证基坑支护的安全；监测交通设施对地下管线沉降和变形、周围建（构）筑物的变形（如沉降、倾斜）、基坑周围地表沉降、地下水位、围护墙顶变形（沉降、位移）等内容，若变形超过有关标准或场地条件变化较大，则应加大观测；若有危险事故征兆，则应进行连续监测；各类监测数据的采集由计算机实时处理，对大的变化复核数据，即重新计算，保证数据的真实性。施工工艺风险处置方面，做好道路和地面的硬化和防水措施并设置集水井，以避免基坑严重变形及排水外渗；混凝土施工前，应检查基坑侧壁，并对车站基坑周围土体进行加固、对基坑进行支护，渗透极限位置应凿除并确保净壁不侵；根据土质情况确定基坑边坡坡度放坡系数，同时采用安全支撑措施来确保施工安全；一旦发现隧道接缝漏水，应立即停止开挖，针对渗漏水的清浊、水量大小等的情况，应立即采取措施，如果发生涌水、沙流时，应进行土方反压；建立完善的事前、事中、事后风险控制机制以规避设计或计算失误风险（李影，2018）。另外，在道路桥梁施工中，脚手架的搭设工程量大，钢管、扣件质量应符合规定，安全技术措施要满足要求，需制订专项施工方案，并经过项目总工、总监理工程师审批后，方可实施。对于危险性较大的工程，脚手架专项方案还应经过专家论证（赵江学，2021）。

从宏观层次上看，需要减少交通运输对气候变化带来的影响，同时需要应对气候变化对交通运输产生的不利影响，具体措施包括：① 制定政策、法规从源头上控制气候变化。主要是减少与交通运输相关的燃料消耗和空气污染，以降低温室气体和悬浮颗粒的排放量。② 加强重点地区主要路段、城市的交通气象观测网建设，构建交通气象预测、预警和评估系统。③ 政府和交通规划、设计部门应考虑气候变化的因素，制定相适应的建筑设计标准。同时，交通部门和气象部门相联合，加强交通适应气候变化相关理论研究，包括气候变化相关的极端事件研究，识别交通领域在极端天气下的脆弱性和危险源，评估风险概率及影响程度，提出应对措施。而且，根据气候变化实际与未来趋势，研究完善交通基础设施相关规划建设标准。④ 在交通拥堵管理方面，进行战略规划和设计。需要制定有关交通运输管理的政策来改善交通状况，同时充分考虑将来气候变化可能带来的影响，在已经建立的性能标准的基础上，增加一些新的指标体系。⑤ 交通部门在制定中长期计划过程中，充分考虑气候变化的影响，制定切实有效的方案和措施以增强运输系统的安全性，提高系统的管理和运作效率，同时要加强运输系统的综合性和一体化；在有关交通运输计划的编制和政策制定过程中，需要进一步考虑将来的气候变化趋势，同时还需要考虑将来可能采取的政策和措施的影响。⑥ 根据气候变化的特点及可能产生的天气灾害，适时开展有针对性的交通安全宣传，提高对恶劣气候的认识，减少相关人员的失误，提高人们的交通安全意识和自我调节意识（秦大河，2021）。

7.2 气候变化对旅游行业的影响

多样而富集的气候旅游资源是新疆旅游产业体系的重要组成部分，且促进了新疆旅游业的快速发展。2016~2018 年，新疆累计接待国内外游客 33852.4 万人次，实现旅游总消费 5802.68 亿元，旅游接待人数及旅游总消费年均增幅均超过 30%。2019 年，新疆接待游客历史性突破 2 亿人次，实现旅游收入超 3400 亿元，增幅均超 40%，新疆旅游呈现"井喷式"增长态势。

7.2.1 新疆气候及旅游特征

旅游资源是自然界和人类社会凡能对旅游者产生吸引力，可以为旅游业开发利用，并可产生经济效益、社会效益和环境效益的各种事物和因素。新疆旅游产业空间布局受气候要素影响显著，不同季节的旅游资源，对游客具有不同吸引力。冬季白雪皑皑、水墨泰加，春季山花烂漫、积雪消融，夏季流水潺潺、草木葱茏，秋季层林尽染、五彩缤纷，四季变换。冬春季以冰雪、赏花旅游为主，夏季以避暑、草原旅游为主，秋季以乡村、森林、农业旅游（特色农产品旅游）为主。

12月至翌年2月，新疆天山以北地区冬季旅游资源十分丰富，北疆地区部分城市年均温6.4℃，雪期达到160天以上，冰雪体育旅游发展潜力巨大（况明亮，2013）。《中国冰雪旅游发展报告（2018）》发布，乌鲁木齐市、阿勒泰地区获"2018十佳冰雪旅游城市"称号；新疆丝绸之路国际度假区入选"2017~2018冰雪季滑雪旅游区十强"，中国西部冰雪旅游节暨中国新疆冬季旅游产业交易博览会入选"2017~2018冰雪季冰雪旅游节事十强"。

3~5月则是最佳的赏花季节，期间春季赏花游产品丰富多彩，大规模产品如杏花、桃花、玫瑰花，雪菊等。例如，阿克苏地区乌什县已连续5年成功举办"杏花节"文化旅游活动，2018年两个星期的杏花期接待了游客6.5万人次。霍城县中华福寿山景区每年4月举办山花节，景区的野酸梅、野山楂、野苹果的山花有将近40万株。2018年3~5月，新疆共推出342项春季文化和旅游活动，近百个赏花游、春季游线路产品，让天山南北的"花带"赏花期超过半年，而以花为媒，新疆多地的"赏花经济"已绽放成具有潜力的"花产业"。

6~8月是夏季避暑旅游旺季，草原、薰衣草花海等旅游资源吸引着众多游客。近年来，伊犁因其与世界著名薰衣草产地法国普罗旺斯地处同一纬度带，拥有得天独厚的种植条件，以及昼夜温差大、有效光照长、逆温带适宜的空气湿度、夏季没有极端高温等优良的气候资源，成为世界上为数不多适合生产薰衣草的最佳地区，并与日本北海道的富良野及普罗旺斯被称为世界上三大薰衣草基地（窦永刚，2018；耿清涛，2012；贾敏，2015）。

9~11月秋季是新疆农业旅游旺季，吸引着众多游客进行采摘与农田休闲体验。新疆是久负盛名的"瓜果之乡"，瓜果品种繁多，质地优良，建立了一批特色瓜果种植基地，吐鲁番葡萄、哈密瓜，哈密红枣，喀什石榴、无花果、伽师瓜，和田红枣、核桃，库尔勒香梨，库车小白杏，阿克苏苹果等。塔河沿岸金色的胡杨与河流、沙漠、戈壁、沙湖、湿地、古道及荒漠草原景观为一体，构成了胡杨与沙漠毗邻、胡杨与河湖相嵌、生死胡杨交替、胡杨与红柳相依、芦苇相伴、死亡之海–魔鬼林等高品质、多样化的原始自然生态景观。

7.2.2 气候变化对旅游资源的影响

气候变化会导致新疆许多类型旅游资源的数量、质量及其空间分布等方面发生变化，尤其是水域类、生物类、建筑遗址人文类旅游资源，这些变化往往是通过影响旅游资源的生成与赋存环境而实现的。中长期气候变化引起冰川退缩、冰湖数量增多，形成新的旅游景点，年际气候变化对湖泊旅游资源的丰富度和稳定性影响显著，同时气候变化对赏花期、候鸟越冬周期带来直接影响，因而从景观类型、数量上对旅游景观资源影响显著。另外，历史时期气候变化对新疆古城、遗迹、石窟等文化遗产也造成了很大影响。

1. 中长期气候变化对旅游资源的影响

1）气候变化对冰川旅游资源的影响

全球变暖背景下，全球冰川呈现不同程度持续退缩状态，最近几十年呈加速退缩态势。气候变化对冰川景观的影响主要体现在美感的下降和景观的减小乃至消失。当然，也存在冰川消退过程中形成的新的景观（高晓清等，2000），但总体上，负面影响较大。喀纳斯国家自然保护区位于新疆阿尔泰山中段，是阿尔泰山最大的冰川作用中心，第四纪以来正在发生着剧烈的冰川运动。保护区集中展示了阿尔泰山冰川、雪峰、湖泊、河流、森林、草原、湿地等山地综合自然景观，其美学特征表现为冰川雪峰雄姿美、河流湖泊形态美、森林景观季相美、高山草甸色彩美和天象景观动态美（刘旭玲等，2012）。发育了 210 条规模宏大、保存完整的现代冰川，冰川面积和冰储量分别为 209.51km² 和 13.4km³。广泛发育复式山谷冰川、树枝状山谷冰川、覆盖式冰川等冰川景观，形成角峰、刃脊、大型冰川槽谷、基岩冰溜面、羊背岩等冰蚀地貌景观序列，以及巨大的冰碛垄岗和冰川漂砾等冰川沉积地貌，喀纳斯湖、白湖、黑湖、双湖等冰川湖串珠状分布，反映了冰川退缩的时段和规模（图 7-1、图 7-2）。伴随着冰川的退缩，一些积雪覆盖的高山变成裸露的岩石山，许多冰川谷的较低部分已经不再被积雪覆盖，新植被开始逐渐在新的裸露的岩石和山坡上生长，而植被的不断演替和新的生物景观的出现，反映了阿尔泰山气候变暖趋势下冰川退缩和生物演进的过程。

冰雪资源是对气候变化影响最为敏感的旅游资源，气候变暖导致全球各地冰雪旅游资源面临着消融退化的威胁。旅游季缩短，对冰雪旅游项目而言，潜在损失巨大，当地特色旅游业受到了严峻的考验。气温升高将导致新疆天山、阿尔泰山、昆仑山的冰川范围将向高纬度收缩，很大程度上影响冰雪旅游景观效果，使冰雪旅游资源品质与空间格局发生变化。

2）气候变化对塔河胡杨景观的影响

胡杨，杨柳科杨属中最古老的、最原始的木本植物，古近纪和新近纪残余的古老物种，是干旱区生态环境变迁的标志性木本植物。塔里木河南北两侧拥有着不同时期塔里木河迁移摆动遗留下的多条相互平行且不连续分布的廊状胡杨森林；集中保存了胡杨林幼龄林、中龄林、成龄林、过熟林和衰老林等森林不同发育阶段的连续龄级序列；真实记录了气候变化和人类活动影响下塔里木河多次改道的变迁过程，真实而完整地记录了过去百万年气候与环境的变迁历史（李华林等，2019）。轮台胡杨林拥有全球最高大、密集、起源类型最完整、演替序列多样、林龄组合合理的原始胡杨林，保留了十几道大河古河道留下的不同发育阶段的胡杨林，反映了塔里木河的变迁历史。塔克拉玛干沙漠分布的规模壮观的古老胡杨林、醒目而巨大的胡杨枯立木和特有连续的灌丛沙丘，真实而完整地记录了过去百万年气候与环境的变迁，特别是近千年人类活动与气候变化共同驱动引起塔里木河胡杨林的发生、发展及兴衰史。

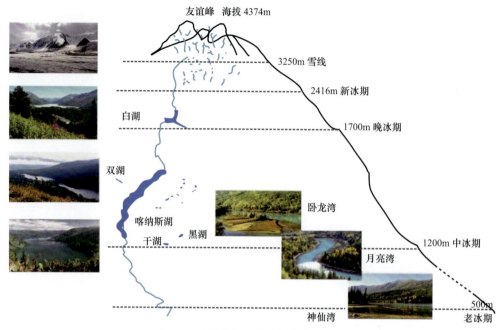

图 7-1 喀纳斯串珠状冰川湖分布状况

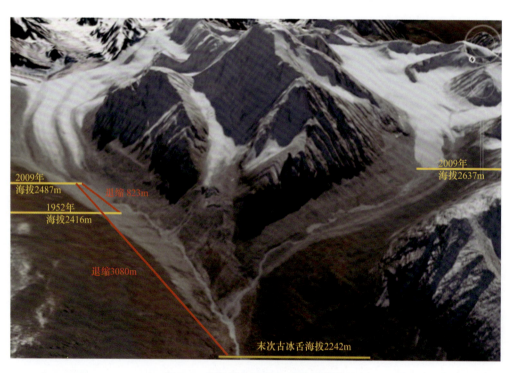

图 7-2 喀纳斯友谊峰冰川退缩状况

在全球气候变化的背景下，气候变化对胡杨林的时空格局影响较为明显。基于1990~2015年Landsat TM/OLI长时间序列遥感数据，发现塔里木河上游干流及源流两岸胡杨林面积减少了2260.45km^2，呈缩减趋势，且分别向其他林地、根底和未利用地面积转移。时间序列上胡杨林群落结构区域简单化，呈现出衰败趋势，胡杨林生态空间逐渐退化。空间上，沿着远离河道主轴线方向，胡杨林个体长势逐渐下降，但总体上胡杨林空间分布逐渐集中、空间连续性逐渐增高，分离度逐渐降低（李华林，2018）。

3）气候变化对人文旅游资源的影响

气候变化对新疆塔里木盆地古城、绿洲兴盛与消亡关系密切（张小雷，1993；孙秋梅等，2005）。随着历史时期气候变化的影响，绿洲在空间上发生变化，因此新的城镇向绿洲区域转移，古城逐渐变为遗址。新疆塔里木盆地中具有众多古代遗址中，楼兰、尼雅、克里雅遗址是国内外学者关注的主要遗址。三大遗址群分布的共同点是位于古代大河的尾段。河流改道或断流是造成各类古城废弃的主要原因。气候变化和人类活动共同作用下，现代城镇与已发现遗址点分布在空间上存在显著差异。现有城镇主要集中在绿洲区，且在塔里木盆地外缘，而遗址分布较为分散，主要分布在塔克拉玛干沙漠腹地以及沙漠东缘区域。除克里雅遗址、达玛沟遗址和米兰遗址点与现有城镇于田县、策勒县、若羌县分布范围较近外，其他遗址均远离现有城镇。其中，圆沙古城遗址距离现代城镇最远，与阿克苏、喀什、和田区域的距离分别为169km、321km和221km。楼兰遗址群距离库尔勒较远为282km，距离若羌县较近为117km。尼雅遗址距离现代城镇不远，与民丰县和且末县的距离分别为127km和165km（图7-3）。

世界遗产名录的830个遗址正面临着气候变化带来的威胁，气候变化将破坏历史古城内古建筑物，极端气候事件、气候变化可能对全球珍贵的古文物或文化遗址造成"不可逆的损害"（贺小荣等，2016）。新疆历史悠久，文化深厚，地上、地下的遗产极为丰富。新疆境内入选世界文化遗产名录的遗产有：交河故城、高昌故城、北庭故城、克孜尔石窟、苏巴什佛寺遗址、克孜尔尕哈烽燧、长城（新疆段）。

新疆文化遗产资源中，以泥土为主要建筑材料的土遗址现存较多。土遗址病害主要分为如下类别：表面风蚀、裂隙发育、基础掏蚀凹进、表面水蚀、酥碱、泥皮片状剥落、生物破坏、坍塌（梁涛，2009）。风力侵蚀是新疆文化遗产损害的主要原因，位于吐鲁番东部的高昌古城，其重要组成部分—城墙遗址不断遭受墙体风蚀与表面风化。风化酥碱消减着城墙遗址的体积和外形，甚至会毁损现存城墙（阿布都艾尼·阿不都拉，2016）。同样，位于吐鲁番以西的交河古城，风蚀在其各种病害中占主导地位。强劲的风沙冲刷、剥蚀遗产的建筑及文化层，甚至导致交河古城遗产建筑物的坍毁（徐佑成，2017）。雨雪侵蚀造成的破坏也对新疆文化遗址产生严重影响。例如，雨蚀是北庭古城损害的主导病害因子，在其作用下多种病害异常发育，主要形成墙面片状剥蚀、低洼区浸水、冲沟等三种病害（郭青林等，2013）。泥皮剥落主要由雨蚀、风蚀等综合因素造成，既影响遗址稳定性，更威胁遗址表层的完整性。风雨交替的侵蚀使遗址表面出现龟裂及小块，迎风面的墙体影响最为严重。北庭古城迎风面-西北面存在不同程度的墙面片状剥蚀现象（郭青林等，2013）。库车县苏巴什佛寺遗址的洞窟同样存在着坍塌、掏蚀与冲沟三种主要病害（梁涛，2010）。古代壁画普遍存在裂隙、空鼓、色变、起甲、酥碱、烟熏和生物侵蚀

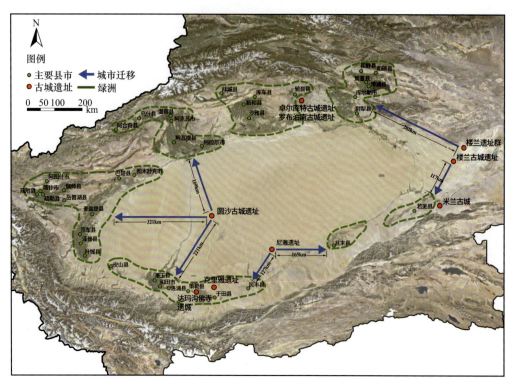

图 7-3　塔里木盆地现代城镇与已发掘遗址位置空间关系示意图

等多种病害（王旭东等，2013）。气候变化引起的温度变化会造成壁画的损坏。研究发现，库木吐喇石窟岩体与壁画材质成分不同，其热胀冷缩系数有所差异，温度剧变使得壁画与岩体产生不同程度的分离（徐永明等，2016）。另外，干旱 - 大风导致古建筑火险增加。

总体上看，气候变化不仅直接作用文化遗产的本体，还对其载体（如岩体／崖体）产生影响。气候变化对文化遗产的作用形式既有物理方式，又有化学方式；既会产生单一病害，也会形成复合病害。

2. 年际气候变化对湖泊旅游资源的影响

塔里木河下游的台特玛湖是塔里木河和车尔臣河的尾闾湖泊。在 1921 年前的 1500年内，台特玛湖是塔里木河及且末河（即车尔臣河）的中间河，湖水从南部入罗布泊。20 世纪 50 年代以来，由于受到人类活动的影响，下游断面来水量锐减，使得下游中下段逐渐断流，这期间尾闾台特玛湖干涸（邓铭江，2009；艾尔肯·艾白不拉，2012）。2001年，国务院正式批复了总投资 107.39 亿元的《塔里木河流域近期综合治理规划报告》，针对塔里木河流域的受损生态系统，实施了一系列生态修复工程。截至 2015 年 9 月，塔里木河已先后实施 16 次生态输水，水头 12 次到达尾闾台特玛湖，台特玛湖的湖面面积也从 1976 年秋的 1.5km² 达到 2012 年初的 507.1km²（阿布都米吉提·阿布力克木等，2016），2009 年与 2013 年的年纪变化对比显著（图 7-4）。

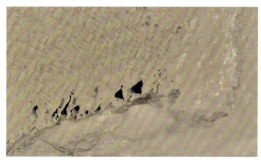

(a) 2009年   (b) 2013年

图 7-4   台特玛 - 康拉克湖水域年际变化

生态输水工程也使得塔里木河下游台特玛 - 康拉克湖泊群与车尔臣河相连的区域形成小的湖泊，其分布数量多、面积小。而区域气候的变化，即气温升高、降水量减少或蒸发量增加，都可能导致湖泊水位下降（杜军等，2008）。年际变化内的降水量增加、平均气温升高，使得湖泊水位上涨，因此植被多样性、覆盖度变好，野生动物种多样性增多，丰富了旅游景观资源的类型。相反，年际变化内的降水量减少、蒸发量增加，使得湖泊水位下降，导致区内面积较小的湖泊干涸，不仅湖泊数量减少，周边的植物、动物均受到一定影响，因此旅游景观资源的丰度也受到影响。

3. 季节性气候变化对物候景观的影响

1）气候变化对观鸟旅游的影响

鸟类是观鸟旅游活动发展的资源基础，全球观鸟活动的规模达到了每年几千万人次，观鸟旅游已经成为世界野生动物观赏业的重要组成部分（刘俊等，2019a）。气候变化改变了鸟类物候期及其空间格局，从而影响观鸟者的旅行周期。通过对近 20 年中国 26 个地区的 98 个物候序列的鸟类研究分析发现，随着 20 年来气候变化的影响，鸟类离开、抵达、停留时间以及鸟类栖息地的格局都已经发生了变化，鸟类停留的时间呈现延长趋势（低纬度地区和西部地区鸟类停留时间更长），鸟类栖息地的格局呈现出向北和向西迁移的特征（刘俊等，2019a）。

随着气候变暖，近年来，新疆冬季天鹅越冬地增加，伊宁、库尔勒、博乐、焉耆、玛纳斯、巴音布鲁克等地都成为冬季看天鹅的旅游目的地。2007~2019 年，新疆库尔勒孔雀河天鹅数量从 19 只增加到 320 只，从品种单一屈指可数的银鸥到现在数量上千只的绿头鸭、鹊鸭、秋沙鸭、白眼潜鸥、白秋沙鸭、红嘴雁、鸳鸯等。2018 年，游客们发现第一批到达孔雀河越冬的天鹅时间首次提前到了 9 月中旬，天鹅越冬栖息的时间也从 51 天变成了 180 余天，每年到库尔勒观看天鹅的人数都超过了 10 万人次，最多的年份达到了几十万人次。

2）气候变化对赏花旅游的影响

以赏花为主要内容的时令性的旅游活动，极易受到气候变化的影响。物候期对气候变化高度敏感，气候变化通过改变植物花期，对赏花旅游活动产生影响。每年的花期会因为气温、降水的变化而不同。赏花旅游产品的组织者根据花期的变化及时调整节庆活动时间。研究认为，温度对花期的影响显著，温度升高导致盛花期显著提前，气温低则使盛花期推迟，间接影响旅游经营的时间长度，引起人们出游时间发生变化（刘俊等，2019b）。

植物的花期是赏花活动开展的重要基础，气候变化通过改变植物花期，对赏花旅游活动产生影响。影响花期的提前或推迟，低温等极端天气导致花朵脱落也会严重影响赏花旅游活动的开展，在对人类人身、财产和生活造成极大损害的同时，可能对赏花旅游活动开展赖以存在的观赏植物造成巨大的破坏。因此，为适应气候变化，赏花旅游做好抵御低温等极端气象灾害工作同样至关重要（刘俊等，2016）。

2010~2018 年间，新疆适宜开展观赏桃花旅游活动的日序数为每年的第 90~105 日，即为每年 4 月上旬。由于植物花期等物候期对温度变化比较敏感，使得赏花等植物观赏旅游活动容易受到气候变化的影响，通常开花前一个月温度和前三个月温度对植物物候期的影响最大。新疆大部分地处南温带和中温带气候区，2010~2018 年间，新疆桃花花期出现了不同程度的提前或推迟趋势，其中伊犁哈萨克自治州桃花花期显著提前（刘俊等，2019b）。除桃花外，新源的番红花（俗称野百合）、杏花、霍城的薰衣草等都是重要的植物观赏旅游资源（耿清涛，2012；贾敏，2015；窦永刚，2018）（表 7-2）。总体上，伴随着气温的升高，花期将有所提前，进而会延长春季赏花旅游期。

表 7-2　新疆季节气候变化下的赏花期

3 月	4 月	5 月	6~7 月	8 月
吐鲁番杏花，花期：3 月中旬至月底	伊犁杏花沟，花期 4 月20~30 日，花期集中，每年因气温和降水变化而变化	伊犁新源野果林，花期：5.1 前后	霍城薰衣草，花期：6 月中下旬	喀拉峻草原花海，花期：5~8 月
莎车县巴旦姆花，花期：3~4 月	托克逊县克尔碱镇红河谷杏花，花期：4 月	裕民山花，花期：5~8 月，不同时间，花品不同	伊犁河谷天山红花，花期：5 月至 6 月，在霍城、伊宁、新源、尼勒克等县次第开放，花期非常短，基本在 10d 以内，而且红花对光照的敏感度非常强	阿勒泰向日葵，花期：7 月中旬至 8 月上中旬，花期约 1 个月
塔什库尔干杏花，花期：3 月中旬至 4 月初	石河子桃花，花期：4 月下旬	赛里木湖山花，花期：5 月中旬至 6 月下旬，不同时间，不同湖段，花品不同	吉木萨尔花儿沟，花期：5 月底至 7 月	
	五家渠郁金香，花期：4 月底至 5 月初		昭苏草原油菜花，花期：6 月底至 7 月中旬，油菜花期为 20~40d	

7.2.3　气候环境对旅游舒适度的影响评估

当前新疆气候变化趋势具有连续性，春季降水有减少趋势，今后仍将保持这种趋势。

气温和降水变化会影响旅游气候舒适度，在一定程度上还影响着旅游季节的长短和旅游资源的品质。同时，气候条件还直接影响到游客的出游时间、数量、集中度以及旅游时的体验感。总体而言，新疆较为适宜的旅游气候主要分布在伊犁河谷、北疆南疆山麓地带。高山区拥有较为适宜的滑雪旅游气候。旅游气候舒适度因旅游项目不同评价体系各异，本研究以休闲度假、康养旅游、冰雪旅游三种旅游类型为例，对典型区域旅游气候舒适度进行评估。

1. 休闲度假旅游气候舒适度评估

伊犁河谷位于中纬度大陆中部，三面环山，远离海洋，属于大陆性中温带干旱气候和高山气候类型，光能资源较为丰富，光照充分，年日照时数平均为 2781h，日照百分率平均为 65%。来自大西洋的湿气流进入河谷时，受到东南部高山阻截，在山区形成地形降水，使其成为天山山系最大的降水中心和新疆降水量最多的地区。总体来说，伊犁气候温和湿润，昼夜温差大，夏热少，酷暑日短，冬冷少，严寒日长。

采用伊犁河谷海拔、气温、湿度及伊犁河谷的行政区划和高程数据，利用旅游气候舒适度计算方法（曹开军等，2015），借助 ArcGIS 地理信息系统分析软件，对伊犁河谷的气候舒适度进行分析研究，伊犁河谷春季（3~5 月）、夏秋季（6~10 月）、冬季（11 月至翌年 2 月）休闲度假旅游适宜度评价，结果如图 7-5 和图 7-6 所示。气候要素对人体的生理影响主要表现在体感温度和热量交换方面。据生理卫生实验研究，最适合人类生存的海拔高度是 500~2500m，适合人类生存的大气压范围是 750~950hPa。海拔 500m 以下的地方因气压较高，空气密度较大，对人体机能有较重的负担；高于2500m，因大气压力较低，空气密度较小，空气中氧气含量减少，使人呼吸困难而出现高山反应。

伊犁河谷春季气候舒适度适宜区主要分布在海拔为 770~1600m 的低山带，适宜的区域主要集中在霍城县、伊宁市和伊宁县的中部区域，尼勒克县的西南部，新源县和巩留县的西北部，特克斯县城周边地区和察布查尔县的中部地区。夏秋季气候适宜区面积较大，昭苏 – 特克斯盆地海拔在 2500m 以上的中南部地区、尼勒克县东北部地区和霍城县的西北部地区的气候舒适度未达到"适宜"级别，其他区域气候舒适度较高，特别是海拔在1000~2800m 范围内，伊犁河谷垂直自然地带从山地草原植被带、山地森林带过渡到亚高山草甸带，该区域植物种类繁多、雪岭云杉成片状分布、空气质量优良、负氧离子浓度较高、气候凉爽湿润，适合夏季山地避暑度假。冬季气候适宜区的评价主要是从低山滑雪和高山滑雪两个方面设计的评价指标，从研究结果来看，低山滑雪气候适宜的区域主要集中在伊犁河谷海拔范围在 800~1700 的冬季逆温层形成区域。最大逆温层厚度为 1000m，最高上限海拔为 1700~3300m，最大强度为每 100m 上升 0.4℃。

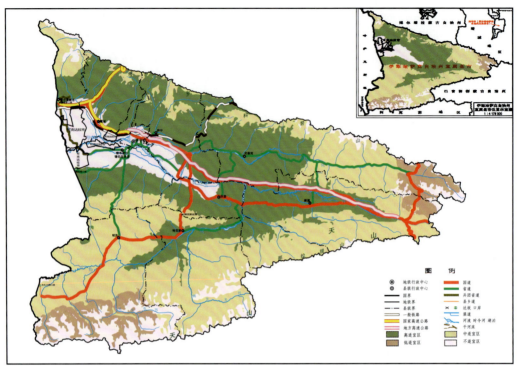

图 7-5 伊犁河谷春季休闲度假旅游气候适宜区

新
疆
气
候
变
化
科
学
评
估
报
告

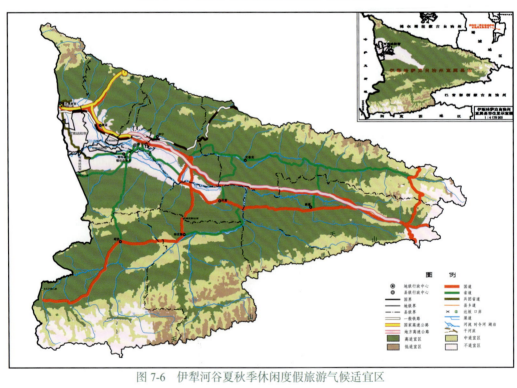

图 7-6 伊犁河谷夏秋季休闲度假旅游气候适宜区

2. 康养旅游的适宜度评估

康养旅游指通过养颜健体、营养膳食、修身养性、关爱环境等各种手段，使人在身体、心智和精神上都达到自然和谐的优良状态的各种旅游活动的总和[1]。吴耿安和郑向敏（2017）以产品功能为分类标准，将康养旅游分为生态养生康养旅游、运动健身康养旅游、休闲度假康养旅游、医疗保健康养旅游和文化养生康养旅游。谢晓红等（2018）将资源载体为划分标准，将康养旅游分为乡村田园康养、森林康养旅游、阳光康养旅游、温泉康养旅游和文化康养旅游。在上述分类基础上，结合康养旅游的概念，以旅游者康养需求作为分类标准，将康养旅游划分为养生保健、康体健身、医药疗养和休闲养老四个基本类型。以康养旅游适宜性为评价目标，选择不同部门相关专业的专家，通过书面问卷及邮件的方式进行专家咨询，运用德尔菲法筛选旅游气候、康养旅游资源、康养旅游环境评价指标，运用网络分析法（ANP）确定指标权重，构建康养旅游适宜性评价模型。针对康养旅游不同类别（养生保健、运动康体、医药疗养和健康享老）对资源、环境、设施水平等需求差异，对康养旅游适宜性评价体系指标权重进行调整修正，构建养生保健旅游适宜性评价模型、运动康体旅游适宜性评价模型、医药疗养旅游适宜性评价模型和健康享老旅游适宜性评价模型（表 7-3）。

表 7-3 康养旅游适宜性评价表

影响因素（权重）	适宜性等级	养生保健	运动康体	医药疗养	健康享老
坡度（0.027）	0~2%	5	5	5	5
	2%~6%	4	5	3	5
	6%~12%	3	4	1	3
	12%~20%	2	3	1	1
	20%~30%	1	2	1	1
	>30%	1	1	1	1
海拔（0.145）	<500m	3	3	3	5
	500~1000m	5	4	5	5
	1000~1500m	5	5	4	3
	1500~2000m	4	4	2	2
	2000~2500m	2	3	1	1
	>2500m	1	2	1	1
气候（0.159）	温湿指数 55<THI<75	5	5	5	5
	风效指数 −800<WCI<80	5	5	5	5
	衣着指数 0.5<ICL<1.8	5	5	5	5

---

[1] 旅游行业标准 LB/T 051—2016 国家康养旅游示范基地标准

影响因素（权重）	适宜性等级	养生保健	运动康体	医药疗养	健康享老
空气质量（0.155）	AQI ≤ 50	5	5	5	5
	50<AQI ≤ 100	4	3	3	3
	100<AQI ≤ 150	3	2	1	1
	150<AQI ≤ 200	2	1	1	1
	AQI>200	1	1	1	1
地表水环境质量（0.088）	Ⅰ级	5	5	5	5
	Ⅱ级	3	4	4	3
	Ⅲ级	1	3	3	1
	Ⅳ级	1	2	2	1
	Ⅴ级	1	1	1	1
声环境质量（0.055）	0级	5	5	5	5
	1级	5	5	3	3
	2级	3	4	1	1
	3级	1	3	1	1
	4级	1	1	1	1
地表植被（0.166）	森林	5	5	5	5
	草原	5	4	3	5
	灌木林	3	3	1	1
	农田	1	1	1	3
	沙漠	2	1	2	1
外部交通便利程度（0.051）	0~500m	5	2	3	3
	500~1000m	4	4	5	5
	1000~2000m	3	5	3	1
	2000~3000m	2	3	1	1
	>3000m	1	1	1	1
康养旅游资源点集中程度（0.154）	高密度	5	5	1	3
	中等密度	3	3	5	5
	低密度	1	1	3	1

根据已构建的康养旅游适宜性评价模型，选择伊犁河谷坡度、海拔、温度、湿度、风速、太阳辐射、空气质量、地表水环境质量、声环境质量、康养旅游资源点等属性数据和伊犁河谷行政区划、地表植被、内部交通便利程度、外部交通便利性等空间数据相结合，利用 ArcGIS 地理信息系统分析软件，对伊犁河谷康养旅游各项评价因子的适宜度进行评价，对康养旅游适宜性评价模型进行实证分析。利用 ArcGIS 栅格计算器，根据评

价因子权重，综合评价筛选出伊犁河谷康养旅游适宜区。

相较于其他康养旅游产品，伊犁河谷养生保健旅游适宜区占比最大，分布在唐布拉草原、库尔德宁、夏塔、阔克苏等优质康养旅游集中区；喀拉峻、那拉提、托乎拉苏草原等地康养旅游资源品位高，但受海拔高、坡度高、交通不便等因素影响，处于养生保健旅游限制适宜区。运动康体旅游适宜区集中在伊犁河谷东部和南部，海拔高、坡度高、交通不便等养生保健旅游发展限制因素，则成为运动康体旅游的发展优势，特别是喀拉峻、那拉提、托乎拉苏草原等地，应注重保护当地环境，开发生态型康养旅游活动。医药疗养旅游适宜区集中在霍尔果斯市、霍城县、伊宁市和伊宁县。其中，霍尔果斯市是中国和哈萨克斯坦的陆地边界，应发挥其地理位置优势，开发边境医疗和医药旅游。健康享老旅游适宜区集中在伊宁市周边和西部山区，伊宁市凭借其区位、交通和医疗资源优势，应建设大型综合养老旅游服务设施；伊犁地区西部，充分发挥其康养旅游资源环境和交通优势，打造世界级旅居养老旅游目的地（图 7-7）。

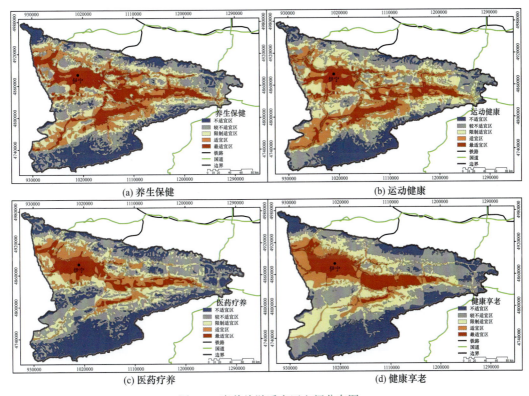

图 7-7 康养旅游适宜区空间分布图

3. 冰雪旅游的适宜度评估

冬季冰雪运动及滑雪休闲旅游的发展，不仅受当地气候条件、冰雪旅游资源、旅游环境、区位条件等因素影响，也与住宿、餐饮服务、娱乐设施以及旅游服务等因素息息相关，结合冬季冰雪运动及滑雪休闲旅游特点，用文献资料法、德尔菲法、层次分析法等研究方法，选出影响因子与评价指标，构建冬季冰雪运动及滑雪休闲旅游适宜性评价模型（表 7-4），运用 Arcgis 栅格计算筛选出国家、省级冰雪运动基地。

表 7-4 冬季冰雪运动的旅游适宜性评价表

目标层	准则层	指标层
冬季冰雪运动及滑雪休闲旅游适宜度	冰雪旅游资源	冰雪旅游资源品位
		冰雪旅游资源知名度与影响力
		旅游资源空间组合状况
	冰雪旅游环境	旅游气候舒适度
		空气质量
		地表水环境质量
		生态环境承载力
	区位条件	内部交通便捷程度
		外部交通可达性
		冰雪赛道数量与总长度
	运动设施与娱乐项目	索道数量与类别
		冰雪运动器具量
		冬季旅游娱乐项目数量
	综合管理	机构与制度
		旅游服务水平
		安全防护与紧急救援水平
	旅游体验	重游率
		人均逗留时间
		参与项目丰度
		游客满意度

新疆气候变化科学评估报告

依托 ArcGIS 地理信息系统分析软件，对新疆冬季冰雪运动及滑雪休闲旅游适宜度进行评价，利用自然间断法（Jenks）将其划分为国家级和自治区级冬季冰雪运动及滑雪休闲旅游潜力区。结果显示，研究区冬季平均气温处于 –24 ～ –2℃，温度较低有利于室外冰雪旅游场地的建设，北疆阿勒泰地区气温最低。冬季日照充足适宜出行，北疆东部最高可达 690h。总体上，伊犁东部、阿勒泰北部地区冰雪旅游气候适宜性最好。新疆冰雪旅游资源综合适应性较高区域位于天山北坡、阿勒泰北部、伊犁、塔城北部、哈密中部等地。其中，国家级冬季冰雪运动及滑雪休闲旅游适宜区主要集中在天山北坡与阿勒泰北部（张雪莹等，2018）（图 7-8），冰雪旅游资源品位高，交通便利，具备发展冰雪旅游的天然优势。此外，这些地区具有独特多样的民俗文化优势，能够不断丰富冰雪旅游产品，延长旅游时间，提高旅游竞争力。其中，丝绸之路滑雪场、天山天池滑雪场、阿勒泰将军山滑雪场的冰雪资源品位高，冬季旅游气候适宜，基础设施和服务设施完善，具备打造世界级冰雪旅游目的地的潜力。

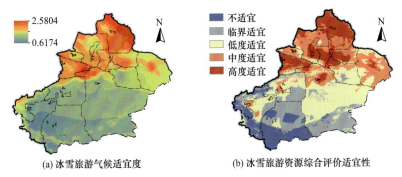

(a) 冰雪旅游气候适宜度

(b) 冰雪旅游资源综合评价适宜性

不适宜
临界适宜
低度适宜
中度适宜
高度适宜

图 7-8　新疆冰雪旅游气候适宜度及其冰雪旅游资源综合评价适宜性空间分布

自治区级冬季冰雪运动及滑雪休闲旅游适宜区主要集中在塔城、昌吉等地，旅游产品较为丰富，交通较为便利，但基础设施和服务设施具有很大的提升空间，目前应丰富旅游产品，延长产品链，开发冰雪观光、冰雪娱乐等项目（张雪莹等，2018）。

7.2.4　过去气候变化对旅游业的影响

旅游业因高度暴露于气候变化的众多直接与间接影响，影响了旅游目的地、游客态度与游客行为，被认为是最易受气候变化影响的部门（Hall et al.，2015）。旅游业是综合性强、易受气候变化影响的社会经济产业，气候变化对新疆旅游业的总体影响主要体现在旅游者出游动机、旅游体验活动、旅游市场、旅游服务、旅游社会经济效益等方面（席建超，2010）。

1. 气候变化对旅游行为决策的影响

旅游者的出游意愿和旅游决策会受到气候舒适度的显著影响（Scott and Lemieux，2010）。对于旅游者而言，旅游目的地良好的气候条件是天然的旅游吸引物，对旅游者出游产生拉力，而客源地恶劣的气候条件则会对旅游者的旅游决策产生推力，两者的相互作用产生了旅游流（Gössling and Hall，2005；Kozak et al.，2008；Scott and Lemieux，2010；Chen et al.，2017；刘春燕等，2010；曾瑜皙等，2019）。旅游者出游意愿受气候舒适度影响的直观表现就是客流量的相应变化，气候舒适度与客流量呈现显著的相关关系（吴普和葛全胜，2009），综合气候舒适指数每升高 1 个单位，入境客流量将增加 1.852 万人次，国内客流量将增加 35.263 万人次。1977~2017 年，乌鲁木齐气候舒适度持续增高，其入境旅游年接待游客量增幅较大，国内旅游接待量的增加则更为显著，增长了约 136.6 万人次（马丽君，2012）。

伴随气候变化，旅游者会改变自己的旅游目的地和出游时期，旅游流会在各目的地或同一目的地的不同空间以及不同季节之间转移，旅游流时空格局逐渐发生改变。在时间尺度上，春季和夏季是新疆旅游客流量相对集中的时期，这是由于旅游者往往会选择气候最舒适的季节出游，新疆大多数地区春季和夏季的旅游舒适度普遍高于秋季和冬季（房靓，2016），冬季虽然由于舒适度低而客流量明显减少，但不少旅游者仍会选择在冬季前往阿勒泰、乌鲁木齐等北疆地区开展冰雪旅游活动。在空间尺度上，旅游者偏好于气候舒适的旅游目的地（马丽君，2012）。因此，在进行目的地选择时会避开如吐鲁番等夏季原本就炎热且舒适度进一步降低的地区，旅游流明显呈现出向气候舒适度高的地方迁移的趋势。新疆各地气候舒适度的普遍上升对旅游者开展多种类型的旅游活动的体验有积极影响，而对于在吐鲁番等夏季尤其炎热的地区旅游的旅游者来说，气温的进一步升高不仅会降低旅游体验，还会引起中暑、晕眩等人体伤害。

相反，极端天气气候事件及其相关灾害则极大地影响着旅游出游动机及其旅游体验感，甚至引发旅游者的恐慌心理，严重时会威胁到旅游者的生命财产安全（马丽君等，2010；Wang and Zhou，2019），对旅游者旅游体验有严重的负面影响。2007 年，新疆突发大风等天气事件造成的旅游列车安全事故，2013 年新疆遭遇接地龙卷风和严重冰雹袭击等事件均为典型案例。

2. 气候变化对旅游业的综合影响

1）对旅游市场的影响

气候变化直接影响冰雪旅游、漂流、狩猎、钓鱼等与气候密切联系的旅游产品项目开展。例如气候变暖将使臭氧层变薄会增加紫外线对人体的伤害，可能最终影响人们对日光浴的态度。而全球变暖将导致新疆冰雪资源不同程度上缩减，进而影响冰雪型旅游产品的开发。气候变化还可能影响户外运动、自驾车、露营等旅游产品的开发。

气候变化通常有利于新疆高山地区的夏季旅游，因为温度的升高常意味着夏季旅游季节的延长。在全球变暖的情景下，夏季新疆湖泊型、森林型等旅游目的地的旅游市场需求会增加，而在冬季，冰雪旅游目的地的市场需求也将呈现上升趋势。

气候变化可能减少国际旅游市场，而国内旅游市场将增大。新疆入境旅游市场与出境旅游市场将受到气候变化的影响，由于全球气候变化与能源问题的影响，出境旅游的成本将逐步上升，而新疆旅游资源等级较高，独特的自然、人文景观使其成为国内重要的旅游目的地，同时，新疆入境旅游市场也将受此影响。

2）对旅游服务体系的影响

气候变化会对新疆旅游接待设施和旅游交通设施带来一定影响。气候条件的持续反常变化，将提高旅游基础设施接待设施的建设和维护成本。随着景区地理位置的不同，旅游相关的基础设施的建设标准也存在差别，例如房车在中国南方和北方在底架、车轮、保暖、内外墙设计等方面存在差异。气候变化，尤其是极端气候的出现对住宿设施建设造成毁灭性的破坏。气候变化对旅游交通的影响特别突出，主要体现在旅游交通设施的损坏、旅游交通安全性与旅游交通可运营与否。气候变暖导致托木尔大峡谷景区极端暴雨天气的增加，景区内道路和旅游设施严重损毁，红层地貌的崩塌和急流洪水造成游客生命安全隐患。

气候变化对旅游服务体系的综合管理能力提出了严峻的挑战，影响着相关资源与资金的重新配置，突出表现在旅游保险业、旅游医疗卫生、旅游安全等旅游服务体系方面。气候变化将直接导致旅游保险成本变大，这将加重游客花费，对出游率造成一定负面影响。气候变化导致传染性疾病的快速传播，影响到旅游安全系数降低，给旅游业的服务体系管理工作带来不少难题。

3）对旅游社会经济效益的影响

气候变化对旅游带来的社会经济效益影响显著。研究反映，到2050年，如果考虑气候变化带来的经济损失，地中海旅游收入将下降640亿~1100亿美元，加勒比海地区旅游收入将下降80亿~110亿美元（Travel Research International，2009）。极端气候事件直接导致旅游业难以开展，旅游经济效益也就无从谈起，而极端气候事件将大大增加旅游基础设施维护成本，削减旅游经济收益。

伴随着气候暖湿化的转型，一定程度上全疆旅游舒适度、适游期将得以提高和延长，进而总体上将提升全疆旅游社会经济效益的持续增加。相反，极端天气气候事件的增加，将影响旅游经济效益。1961~2018年，新疆区域暖昼事件显著增加。日最大降水量、极端降水事件均呈增加趋势。暴雨日数和暴雨量均呈增加趋势。暴雪日数和暴雪量增加趋势显著。相反，同期，新疆平均年寒潮频次、大风日数和沙尘暴日数呈显著减少趋势（第一部分第2章结论）。这些极端天气气候事件将对游客出游动机、旅游活动造成一定影响，进而波及旅游产业系统。可以说，全疆气候变化对其旅游经济社会效益的影响是利弊共存。

7.2.5 未来气候变化对旅游的影响

未来气候变化对新疆旅游的影响具有综合性，需要提前着手进行优化、调整与应对。未来气候变暖对于新疆旅游气候舒适度而言，机遇远大于风险。

1. 未来气候变化对旅游舒适度和适游期的影响

从四季变化趋势来看，1958~2017年新疆四季年均气温和年均降水量都是增加的（张音等，2019），对森林草原类景观、沙漠类景观、地貌景观是正向影响，增加精华自然景观的类型数量，提升自然旅游资源的品质，对新疆自然类旅游景观整体上是正向影响。以21世纪中期（2041~2160年）RCP4.5中等排放情景和末期（2079~2098年）RCP8.5高排放情景下为例，相对于当代（1986~2005年），年平均气温将分别升高1.7℃和4.9℃，夏季升温幅度略高于冬季；年平均降水分别增加9%和28%（33 mm和102 mm），冬季和盆地区域增加明显（第一部分第3章预估结论）。这在一定程度上会进一步改善新疆旅游气候舒适和延长适游期。这对于游客出行选择及其动机具有正向引导作用，旅游规模在很大程度上有所增长。气候舒适度变化度对入境旅游也有重要影响。综合气候舒适指数每变化1个单位，国内及入境旅游客流量将增加或减少1.85万人次和35.26万人次（马丽君等，2012）。

2. 未来气候变化对旅游设施与服务的影响

气候变化除了对旅游直接产生影响外，也会通过对旅游支撑系统产生的诸多负面影响，进而间接影响旅游。气候变湿变暖将会加剧文化遗产资源的损毁程度，增加遗产保护的成本。2000年以后，中国西北地区持续性高温事件的发生频次在增加、低温事件在减小（Shi et al.，2019）。气候预估结果显示：未来高温热浪事件将增加，冷事件减少

（高信度）；极端强降水事件增多（高信度）。未来滑坡泥石流灾害可能会增加，沙尘暴的发生频率在冬季减少、春季增加（低信度）。

极端天气气候事件总体呈现频次增多、强度增大、损失加重的趋势。气候变化除了对旅游者、旅游活动直接产生影响外，也会通过对旅游设施等支撑系统产生的诸多负面影响，间接影响旅游服务质量。例如，极端天气事件会造成旅游交通运输的不便，冬季大雾天气天数增多，加剧航班延误次数，影响旅游交通正常运行。旅游航空运输对于气象环境的要求较为严格，对航空安全影响最大的天气环境因素是风切变（82.13%），其次是雷雨（79.85%），其余依次为鸟害（27.38%）、大雾（25.10%）、沙尘暴（16.35%）（罗帆，2004）。极端天气下的强降水、暴雪、沙尘暴、冻雨等严重影响机场能见度运行安全，从而导致大面积航班延误。研究发现，极端天气事件下可能形成低能见度天气以及对航班安全飞行的影响，秋冬两季易形成大雾，大雾天气对航班的安全飞行影响较大（张序等，2018）。沙尘暴是我国北方地区高发的极端天气之一，带来的天气影响主要是能见度低、空气浑浊、阳光减弱，对交通带来严重威胁，危及飞行安全、道路出行速度、通行能力等（卢翠琴，2015b）。冻雨、暴雪、暴雨造成或诱发的交通气象灾害给城市交通带来了极大的威胁，影响交通出行需求、出行方式、运行速度、通行能力和交通安全等方面（苏跃江等，2016）。同时，暴雨和滑坡、泥石流等自然灾害发生频次和危害程度增加，导致旅游设施建设安全等级的提升和投入的增加。例如，民航资源网显示：截至2018年12月2日12点，新疆机场集团所辖乌鲁木齐机场、富蕴、博乐、库尔勒、塔城机场均因跑道积冰导致关闭，造成机场不同程度的航班延误。2019年3月19日和20日，受较强冷空气影响，新疆南部地区开始出现大风导致的扬沙、浮尘天气。导致库尔勒、阿克苏、喀什、和田、图木舒克等多地机场能见度出现下滑，能见度仅有350m。为保障飞行安全，南航在以上地区共取消36架次航班，另有1架次航班处于延误状态。

7.3 气候变化对能源行业的影响

7.3.1 新疆能源发展

新疆有着丰富的能源资源，包括煤炭、石油、天然气等传统化石能源，以及风电、光伏等可再生能源。新疆已经成为我国的一个重要能源基地，以及延伸的化工和金属冶炼行业基地。能源产业和其他相关产业已经成为拉动新疆经济发展的重要支柱产业，为新疆的稳定发展做出重大贡献。国家和新疆已经制定大量能源政策促进能源行业发展和转型，使得新疆能源行业建设成为一个重要的支撑行业。能源行业的发电、电网、采暖和制冷需求都受气候条件的明显影响。过去的气候变化已经带来了气候条件的变化，因而对能源供应也产生了影响。未来的气候变化还会对能源系统产生深远影响。

1. 新疆能源资源

新疆是我国一个重要的能源基地。能源行业也是新疆经济发展的一个支柱产业。新疆地区生产总值由2012年的7529亿元增加到2017年的10920亿元，年均增长9%。

2018 年全年实现地区生产总值（GDP）12199.08 亿元，比上年增长 6.1%。自治区重点监测的十大产业中，石油工业增加值 1360.07 亿元，占比 11%；煤炭工业 184.96 亿元，占比 1.6%；六大高耗能行业增加值增长 2.9%，占规模以上工业增加值比重为 54.3%。

新疆是我国化石能源和可再生能源的富集区。据统计，新疆石油、天然气、煤炭资源地质储量分别为 209.2 亿 t、10.85 万亿 m^3、2.19 万亿 t，分别占我国陆上资源总量的 30%、34% 和 40%。新疆煤炭资源的 90% 分布于北疆的准噶尔盆地、吐哈盆地和伊犁地区。南疆的阿克苏地区、喀什地区、克州、和田地区的煤炭资源仅占新疆煤炭资源总量的 2%。油、气资源分布呈"北油（准噶尔盆地）南气"（塔里木盆地、吐哈盆地）格局。

新疆共有大小河流 570 条，水资源总量为 832.0 亿 m^3，其中疆域内产水的地表径流总量为 788.7 亿 m^3；计入国外入境水量之后的河川径流总量为 879.0 亿 m^3。新疆水力资源理论蕴藏量为 3817.87 万 kW。水力资源技术可开发量 2041 万 kW，年发电量 864 亿 kW·h，居全国第五位。新疆水能资源分布中，南疆地区占蕴藏总量的 51.9%，北疆地区占 48.1%。新疆的水能资源主要集中在额尔齐斯河、伊犁河、喀什河、玛纳斯河、开都河、渭干河、阿克苏河、叶尔羌河、和田河等九条河流流域，理论蕴藏量 2913.61 万 kW·h，占新疆水能蕴藏总量的 76.36%。

新疆风能资源总储量 9.57 亿 kW，约占全国风能储量的 1/4，是全国风能资源最丰富的省区之一。根据 2016 年我国风能资源普查结果，新疆 80m 高度风能资源技术开发量 3.9 亿 kW，约占全国风能资源技术可开发量的 1/10。新疆可开发风能资源所占面积只有全区面积的 8%，主要分布在阿拉山口、额尔齐斯河河谷、达坂城和小草湖、哈密盆地的三塘湖 – 淖毛湖、十三间房和哈密东南部以及罗布泊地区（图 7-9）。

新疆太阳能资源十分丰富，全年日照时数为 2550~3500h，日照百分率为 60%~80%，年辐射总量达 4800~6400 MJ/m^2。分布特点是东南部多，西北部少，前者多在 6000 MJ/m^2 以上，后者多在 5800 MJ/m^2 以下（图 7-10）。年辐射总量比我国同纬度地区高 10%~15%，比长江中下游地区高 15%~25%，居全国第二位，仅次于西藏。全年日照大于 6h 有 250~325d，气温高于 10℃ 的日照天数普遍在 150d 以上。新疆年辐射总量受太阳高度、地理纬度、云量和大气透明度的影响明显。其中，阿勒泰地区全年日照时数为 1480~3100h，日照率为 60%~80%，年辐射总量均达 4800~5800 MJ/m^2；塔城地区全年日照时数为 1000~3000h，日照率为 55%~67%，年辐射总量均达 4800~5700 MJ/m^2；克拉玛依市全年日照时数为 2000~2800h，日照率约为 60%，年辐射总量均达 5200~5500 MJ/m^2。

按照 2016 年光伏技术条件，新疆光伏发电技术装机容量为 13.67 亿 ~123.47 亿 kW，约占全国光伏发电技术装机容量的 29.1%~31.4%。新疆光热资源的技术装机容量为 11.36 亿 ~102.86 亿 kW，约占全国光热发电技术装机容量的 29.1%~31.5%。

如果考虑技术进步，以及更大地域的光伏发展，新疆的太阳能装机潜力在 1000 亿 kW 以上。我国 2050 年电力需求有可能达到 15 万亿 kW·h，因此新疆 120 亿 kW 的装机就足够 2050 年全国的电力需求。300 亿 kW 的装机可以提供全国能源需求。

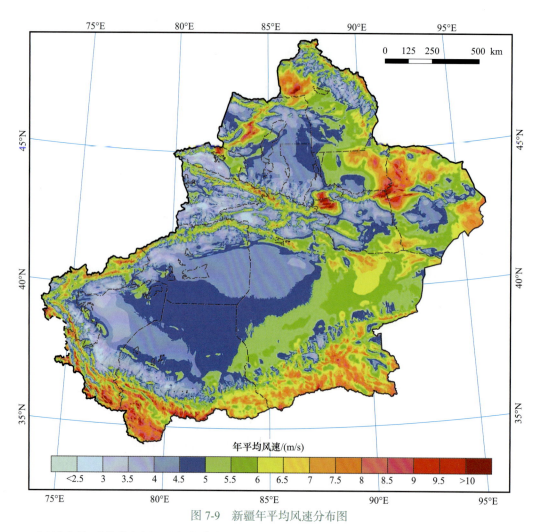

图 7-9　新疆年平均风速分布图

新疆生物质能资源主要有农作物秸秆、林木枝丫和林业废弃物、畜禽粪便、能源作物、工业有机废水、城市生活污水和垃圾等，资源总量约折合标准煤 5577.8 万 t。其中，农作物秸秆除部分用作饲草、肥源和轻工原料外，可转换为能源的资源量约 1600 万 t，折合标准煤 800 万 t；林木枝丫和林业废弃物除大部分被农民作为生活用能源直接燃烧外，可转换为能源的资源量约 1500 万 t，折合标准煤 750 万 t；能源作物种植面积约 300hm²，可满足年产生 750t 生物液体燃料的原料需求；畜禽粪便可利用量 3814 万 t，折合标准煤 1920 万 t；城市生活垃圾约 360 万 t，折合标准煤 l08 万 t。

2. 新疆能源供应

2018 年，新疆原煤产量 21317.4 万吨，位居全国第四位，同比增长 19.9%；原油产量 2647.4 万 t，位居全国第四位，同比增长 2.1%；天然气产量 321.9 亿 m³，位居全国第三位，同比增长 4.8%；全社会发电量 3283.3 亿 kW·h，同比增长 8.1%。2018 年，非化石能源生产占一次能源生产比例为 9%，比 2012 年提高 5.3 个百分点；非化石能源消费占一次能源消费比重为 12.3%，比 2012 年提高 6.5 个百分点。

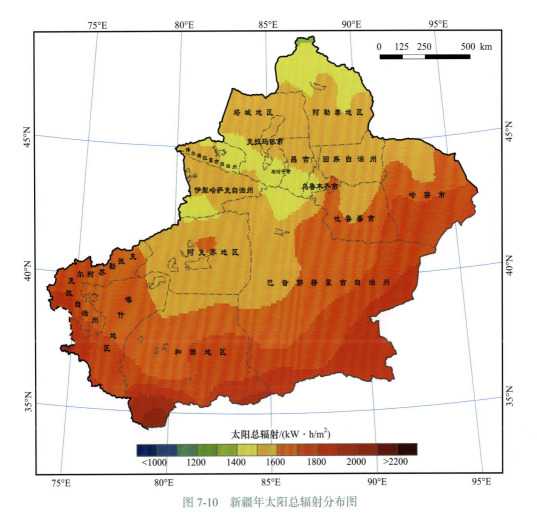

图 7-10 新疆年太阳总辐射分布图

1995~2018 年，新疆全社会用电量和发电装机容量保持较快速度增长（表 7-5）。2018 年，新疆全社会用电量 2138 亿 kW·h，比 1995 年增长了约 19.5 倍。2018 年，新疆发电装机容量 8991 万 kW，比 1995 年增长了约 29 倍。

表 7-5　1995~2018 年新疆全社会用电量和发电装机容量

年份	全社会用电量 / （亿 kW·h）	发电装机容量 / 万 kW
1995	110	310
2000	183	446
2005	310	654
2010	662	1607
2015	2160	6992
2016	2316	8109
2017	2002	8503
2018	2138	8991

2018 年，新疆各类电源总装机容量 8991 万 kW，总发电量 3231 亿 kW·h。其中水电装机 695 万 kW，占电源总装机容量的 7.7%，发电量 249.53 亿 kW·h，占总发电量的 7.7%，水电平均利用小时数 3750h。2018 年新疆风电总装机 1921 万 kW，占电源总装机容量的 21.4%，发电量 359 亿 kW·h，占总发电量的 11.1%，风电平均利用小时数为 1967h。2018 年新疆太阳能装机量 992 万 kW，占电源总装机容量的 11%，发电量 121 亿 kW·h，占总发电量的 3.8%，太阳能平均利用小时数 1262h。风电、太阳能和水电等清洁能源发电量占全部发电量的 21.7%。

2018 年新疆新能源（风电＋太阳能）累计装机 2913 万 kW，占电源总装机容量的 32%。新能源累计发电量 484 亿 kW·h，占比总发电量的比例为 14.9%。2018 年新疆新能源消纳问题依然严峻，新能源弃电率 21.3%，处于红色预警区间。

2019 年，新疆电网发电总装机 9231.8 万 kW，位居全国第六位（风电、太阳能发电装机高居全国第二位），其中，火电装机 5107.6 万 kW，风电装机 1925.2 万 kW，太阳能发电装机 1021.6 万 kW，水电装机 695.4 万 kW。新疆电网调度口径总发电量 3159.18 亿 kW·h，同比增长 13.34%。2019 年全年，新疆电网调度口径全部联网运行发电设备平均利用小时 3425h。其中：太阳能发电设备平均利用小时数为 1425h，同比增加 88h。

2018 年新疆有火电厂 76 个，其中热电厂 41 个。新疆属于寒冷地区，大部分区域供热时间为 10 月中旬到次年 4 月中旬，供热时间超过半年。

2018 年，自治区鼓励新能源"内扩外送"，包括扩大新能源电厂和燃煤自备电厂替代交易规模、开展大用户直接交易打捆新能源方式、积极开展新能源跨省跨区现货交易等，使得全区光伏和风力发电量均实现两位数增长。2019 年上半年，"疆电外送"规模同比增长 16.76%，达到 285.6 亿千瓦时，其中新能源占比 41%。

3. 新疆能源产业在社会经济发展中的地位

2010 年以来新疆能源工业增加值和利税总额的比重逐年扩大，能源工业已成为新疆工业经济中重要的支柱产业，对工业经济的发展做出了重大贡献。

十八大以来，新疆以供给侧结构性改革为主线，以推动绿色发展、推进能源生产和消费革命为方向，围绕国家大型油气生产加工和储备基地、大型煤炭煤电煤化工基地、大型风电和太阳能发电基地、国家能源资源陆上大通道及综合能源基地建设，先后建成一批"疆电外送""西气东输"、现代煤化工等重大工程，全区能源供应保障能力显著提高，能源结构不断优化，为保障国家能源供应安全、推动新疆经济高质量发展作出重大贡献。

发展新疆能源行业也已经是新疆经济发展的战略。中央新疆工作座谈会和对口援疆会议明确提出："新疆要建设成全国大型油气生产加工和储备基地、大型煤炭基地、重要的石化产业集群、全国可再生能源规模化利用示范基地和进口能源资源的陆上大通道"。按照这个要求，新疆要大力发展煤化工，实现以煤炭为原料生产合成天然气、甲醇、燃料油和精细化学品，实施煤炭转化疆电外送、疆煤东运和煤化工等一系列战略部署。中央新疆工作座谈会以后，新疆被国家正式规划为第 14 个大型煤炭基地，随后自治区政府又将准东、吐哈、伊犁和库拜初步规划为四大煤炭基地。

新疆石油天然气储量丰富，新疆在努力建成全国大型油气生产加工基地，进一步加快了塔里木、准噶尔和吐哈三大盆地油气资源勘探步伐，扩大开采规模，提高油气产量；同时，利用原料优势，发展塑料制品、化纤制品、橡胶制品和精细化学品，形成中国重要的石化产业集群。

在绿色发展理念的引领下，新疆电力加快推动风电、太阳能发电等新能源大规模开发利用，不断推进工业、建筑、交通等领域实施电能替代，大力实施电采暖示范项目建设。仅 2017 年，新疆在居民采暖、工农业生产制造、交通运输、电力供应与消费、家庭电气化等五大重点领域实施 6500 余个电能替代项目，替代电量 28.7 亿 kW·h，在能源终端消费环节节约标煤 100.5 万 t，减排二氧化碳 251.3 万 t、二氧化硫 7.5 万 t、氮氧化物 3.8 万吨 t、粉尘 68.4 万 t。

7.3.2 气候变化对能源的影响

气候变化对能源的影响主要体现在升温带来对采暖和制冷需求的影响，极端天气对电网等能源供应系统的影响，对水电、风电、太阳能发电的影响，以及升温对火电发电效率的影响等。新疆面积大，涵盖多种气候区，是我国气候类型最为全面的地区之一。因此气候变化对新疆能源系统的影响也很明显。

1）温度的变化带来对能源需求和供应的影响

1961~2018 年新疆区域年平均气温显著上升，升温速率为 0.30℃/10a 冬季平均气温上升趋势最明显，升温速率为 0.36℃/10a（第一部分第 2 章）。

新疆等纬度较高的地区最低气温增温趋势高达 0.9℃/10a 以上。新疆区域平均极端最低气温升温速率（0.63℃/10a）远高于平均极端最高气温上升趋势（0.13℃/10a）。暖夜事件显著增加，是暖昼事件的 1.9 倍；冷夜事件显著减少，是冷昼事件的 2.8 倍（第一部分第 2 章）。

根据《采暖通风与空气调节设计规范》（GB 50019—2003）的规定，日平均温度稳定 ≤ 5℃的日期为采暖起始日期，日平均温度稳定 ≥ 5℃的日期为采暖结束日期。日平均温度低于 5℃时，将日平均温度与 5℃之差的绝对值乘以 1d，成为度日值（单位：℃·d）。采暖期内，所有度日值的和即为采暖度日（单位：℃·d）。基于中国北方 15 个省地面气象观测资料的分析表明，1961~2017 年中国北方采暖度日呈明显下降的变化趋势，与采暖季平均温度变化趋势基本一致，1988 年以前，采暖度日均高于常年平均值（1981~2010年）；1988 年起，大多数年份采暖度日低于常年平均值。

近年来有关气候变化对我国冬季采暖影响的研究表明，因气候变暖，20 世纪 80 年代中期以来，我国集中采暖区和过渡采暖区的界线明显北移，北方大部采暖期初日呈推迟趋势，终日呈提早趋势，采暖期长度缩短 5~15d，采暖强度减小 200℃·d，严寒和寒冷地区冬季采暖燃煤能耗降低 5%~30%（高峰等，2012；李喜仓等，2010）。

基于新疆 101 个气象台站 1961~2014 年逐日气温资料，以日平均气温稳定 ≤ 5℃为冬季采暖临界温度，使用线性趋势分析、累积距平和 t- 检验对采暖期初终日，采暖期日数和采暖强度变化趋势、突变特征及其对气候变暖的响应进行分析；基于 ArcGIS 的空间插值技术，对突变年前后采暖期初、终日，采暖期日数、采暖强度以及采暖能耗变化百分率的空间分布进行了研究。结果表明：新疆采暖期初日的空间分布表现为"北疆早，南疆晚；山区早，平原和盆地晚"，采暖期终日为"南疆早，北疆晚；平原和盆地早，山区晚"，采暖期日数和采暖强度为"北疆多，南疆少；山区多，平原和盆地少"的特点。近54年新疆年平均气温和冬半年平均气温分别以0.29℃/10a和0.36℃/10a的倾向率呈极显著（$P > 0.001$）的上升趋势，受其影响，采暖期初日以1.58d/10a的倾向率呈极显著（$P > 0.001$）推迟趋势，采暖期终日以–0.66d/10a的倾向率呈显著（$P < 0.05$）提早趋势，采暖期日数和采暖强度分别以–2.25d/10a和–53.86℃·d/10a的倾向率呈极显著（$P < 0.001$）的减小趋势，各要素还分别于1997年和1988年发生了突变。突变后较其之前，全疆平均采暖期初日推迟5.9d，采暖期终日提早3.2d，采暖期日数减小9.1d，采暖强度减小192.6℃·d，采暖能耗降低11.6%（普宗朝等，2017）。

温度上升同时会影响制冷能源需求。Li（2019）基于2014~2016年上海市逐日工业、商业和居民用电数据，通过入户调查1394居民用电情况，建立了居民用电和日平均气温的关系，研究发现：当日平均气温＞26℃时，气温每升高1℃，居民用电总量增加14.5%。针对新疆制冷需求变化的研究还很缺乏，但是随着气温上升的趋势，新疆制冷能源需求也应呈现类似的变化。

升温对化石燃料发电机组的效率会带来影响（秦大河，2021）。温度上升一度，会带来燃煤发电机组效率下降0.7%。新疆已经建设了大量的燃煤发电，但是机组相对比较新，历史的影响还不大，但是对未来的影响会比较显著。

2）水资源变化带来的对水电的影响

2013年中国水资源系统的脆弱性空间分布存在显著差异，其范围覆盖低脆弱到极端脆弱。水资源脆弱性（vulnerability）是受到气候变化、极端事件、人类活动等因素的影响，水资源系统正常的结构和功能受到损害并难以恢复到原有状态的倾向或趋势（夏军等，2012）（图7-11）。新疆维吾尔自治区处于中脆弱区域（图布新，2021）。

新疆全区有大小河流570多条。新疆维吾尔自治区多年平均降水总量2544m³，自产水资源量832.7亿m³，其中地表水788.6亿m³，地表水与地下水不重复量44.1m³。新疆维吾尔自治区人均水资源量4000m³，处于全国前列。新疆河流水能资源量为40546MW，居全国第四位，经济可开发量为15670MW。新疆河流以冰川和永久性积雪补给为主。到2015年底，新疆农村水电在运行的有264座，127.9万kW，年发电量58.35亿kW·h。

根据第一卷第2章的结论，1961~2018年，新疆区域年降水量呈增加趋势，增加速率为10mm/10a。1986年以前降水量以偏少为主，1987年以后偏多，降水量明显增加。2016年是最多的年份，比多年平均值偏多45mm；1997年是最少的年份，比多年平均值偏少33mm。与1961~2012年（《新疆区域气候变化评估报告》编写委员会，2013）相比，新疆多年平均年降水量增加13mm。

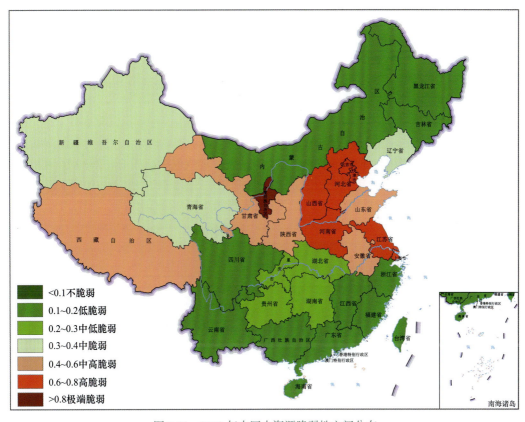

图 7-11　2013 年中国水资源脆弱性空间分布

根据对一些小水电在不同降水条件下对发电的影响分析，发电利用小时数和降水量的相关系数为 0.705，呈现较显著相关（郑立坤和吕悦惠，2010）。即冬季温度上升导致的年利用小时增加；小于春季温度上升导致的年利用小时减少；致使年利用小时数呈减少趋势。相对于其他季节；白山地区春季温度升高致使发电能力降低；主要体现在：春季风速较大，相对湿度较小，温度升高导致了蒸腾量的增加；直接（水面蒸腾量增加）和间接（土壤持水量降低）的损失了发电水量，进而影响了发电能力。年降水量每增加 1mm，利用小时数将可能增加 1.9371h。因此，新疆气候变化对小水电的影响为正面影响。

大型水电发电运行和来水关系密切。根据一些大型水电站的发电和来水的关联度分析，发电和来水的关联系数为 0.68。对于新疆大型水电站分布较为集中的流域，Xue 等（2017）分析塔里木河流域 1960~2015 年水文气象数据发现，该流域降水呈增加趋势（0.61mm/a），潜在蒸散发呈显著减少趋势（-2.99mm/a），径流呈轻微减少趋势（-0.15mm/a）。气候变异对 1973~1986 和 1987~2015 年间径流变化的影响分别占20.68%~44.6% 和 40.38%~128.68%。人类活动是塔里木河水资源减少的主要原因。在天山山区（阿克苏河、开都河及乌鲁木齐河 3 个典型流域），气候变化驱动下冰川和积雪的变化导致该区域近半个多世纪以来径流量增加，其中阿克苏河增幅最大（0.4×10m/a）。但自

20世纪90年代中期以来，3个流域的径流量都呈减少趋势，与流域内冰川面积减少、厚度变薄及平衡线海拔升高的关系密切。气候变暖驱动冰川融化导致近几年新疆水资源的变化趋势存在地区差异，北疆和南疆呈增加趋势，东疆呈下降趋势（也尔盼·乌尔克西，2018）（来自第二部分第5章）。因此总体上过去几十年气候变化对大型水电的影响是正面的，增加了水电的产出。

3）日照变化

从日照时数的长期趋势来看，20世纪60年代以来，中国平均年日照时数呈显著的减少趋势，平均每10年减少1.4%（图7-12）（中国气象局气候变化中心，2019）。且阶段性变化特征明显：20世纪60年至90年代初，日照时数快速下降，平均每10年减少1.8%；90年代初以来，日照时数总体趋于平稳，主要表现为小幅年际波动。

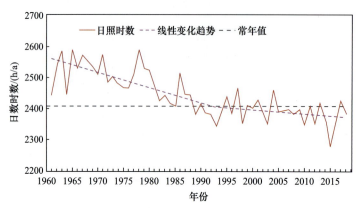

图 7-12　1961~2018 年中国平均年日照时数距平变化

据中国气象局气候变化中心（2019）改绘

新疆南部地区日照时数则表现为增加趋势，可能与20世纪60年代以来北方地区沙尘天气减少、粉尘气溶胶影响减弱有关。而1961~2010年乌鲁木齐市太阳总辐射和日照时数明显减少，其原因主要有两个方面，一是受全球气候变化影响，近50年来，尤其是20世纪80年代以来，乌鲁木齐市的气候发生了突变性的变湿，云量和降水量显著增多，导致日照时数和太阳总辐射减少；二是20世纪80年代以来，乌鲁木齐市经济、社会迅猛发展，城市规模日益扩大，能源消耗增多，大气污染日益严重，导致气溶胶浓度上升，大气透射率降低。气溶胶不仅可以直接影响日照，而且可以作为云凝结核，通过改变云的物理特性和结构，直接或间接影响地面太阳辐射。根据IPCC AR4，1950~2000年间气溶胶对地面短波辐射的负强迫作用快速增强，这可能也是引起地面太阳辐射减少的一个原因。

日照变化会导致太阳能发电的产出的变化。根据对国内针对光伏发电的电站出力模型研究，光伏发电的产出和光照时间强度成正比（黄伟等，2014；魏勇等，2016）。考虑到新疆光伏发电布局，新疆气候变化对增加了光伏发电的产出，有利于新疆太阳能发电建设。

4）风速变化

基于气象台站观测记录，很多研究分析了中国区域近地面平均风速的变化，根据分析所用站点数目的多少以及时段的长短差异，风速的下降趋势有所不同，如 Chen 等（2013）对全国 540 个气象站点资料 1971~2007 年资料的分析，发现下降趋势为每 10 年下降 0.17 m/s，其中春季风速以及风速高百分位的下降幅度更明显。西北地区 125 站统计，1960~2006 期间的趋势为每 10 年下降 0.12 m/s（田莉和奚晓霞，2011）；但是 2019 年发表在《自然·气候变化》杂志上的研究表明，过去十年来，全球风速迅速增长，这标志着可再生能源行业的好消息。该研究结果表明，自 20 世纪 70 年代以来风速下降的趋势（一种被称为全球陆地静止的现象）现已被扭转，自 2010 年以来观测到的显著增加。从 1978 年开始的前三个 10 年中，全球平均年风速每十年以 2.3% 的速度下降。然而，调查结果显示，自 2010 年以来，风速的增长速度是 2010 年之前下降速度的三倍。如果这种趋势至少持续十年，到 2024 年风电将上升到 330 万 kW·h，总体增长 37%。

根据第一部分第 2 章的结论，1961~2018 年，新疆区域年平均风速呈下降趋势，每 10 年下降 0.16m/s，且下降趋势显著，通过了 0.05 的显著性检验。20 世纪 70 年代之前年平均风速变化趋势不明显，70 年代至 90 年代末年平均风速急剧下降，而 21 世纪以来有所恢复，但仍然在多年平均值以下。其中 1970~1972 年是最大的年份，比多年平均值偏大 0.7m/s；1997~1999 年是最小的年份，比多年平均值偏小 0.2m/s。

从达坂城 49 年平均风速变化曲线上可以看出（图 7-13），年平均风速变化情况大致可分为两个阶段：1961~1988 年年平均风速较大；1988~2009 年年平均风速较小；特别是进入 21 世纪以来，年平均风速下降趋势明显加快，为风速明显偏小时期，平均风速的年际变化幅度在逐渐增大。风速最大年份与最小年份之间的差值已多达 3.2m/s，从总的变化趋势上来看，年平均风速总体呈下降趋势，其气候倾向率为每 10 年下降 0.22m/s。风速的四季变化与年际变化趋势相一致，也为下降趋势，但每个季节下降的幅度变化情况不一，其中以夏季每 10 年下降 0.3m/s 为最大，春季以每 10 年下降 0.28m/s 列次之，秋季与冬季下降幅度较少，分别仅为每 10 年下降 0.2m/s 和每 10 年下降 0.1m/s（任泉等，2012）。

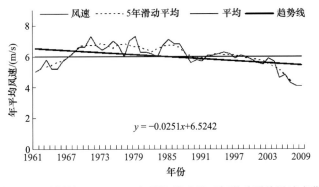

图 7-13　达坂城 1961~2009 年平均风速及五年滑动平均风速变化

风速的下降，对区域范围内的风电供应就会产生影响。例如，2014 年 2~5 月，内蒙古和东北地区盛行东风或偏东风，导致三北地区冬末和春季风速明显偏小，致使中国风力发电集中的内蒙古中东部、黑龙江西南部、吉林西部、辽宁西部以及河北张北地区的70m高度年平均风速较2013年偏小8%~12%。以河北承德地区为例，2014年风电上网电量较2013年减少20%。

根据风电机组风速-功率特性曲线建模研究（杨茂和杨琼琼，2018；郎斌斌等，2008），对于大型风机来说，风速在10m以上，风机进入额定发电效率，5m/s的风速，发电出力下降80%左右。新疆平均风速减小对新疆风力发电带来负面影响。特别是在新疆风电集中的区域，如达坂城，风速影响会更加明显。

5）极端事件对能源系统的影响

未来气候变化将使水电业面临若干挑战。通常，温度、降水和风速这3种气候因子与水力发电关系密切。温度升高使水库蒸发增加（风速也对蒸发有影响），同时使水轮机需要频繁冷却。降水变化则影响径流。平均气候要素的变化对水力发电影响不大，但极端气候事件将最终影响水电的生产、输送和分配。气候变化和极端天气事件可能对世界许多地区的水电和火电业产生影响。

新疆地域广大，电网布局广泛。新疆电网目前总长度超过2.4万km，是国内最大的电网之一，而且电网跨越区域复杂，气候条件多样。因此对极端天气的承受力更弱。2011~2013年，新疆电网跳闸1311次，影响线路74.83万km。其中气候气象因素占了一半以上（图7-14）（梁志峰，2014）。

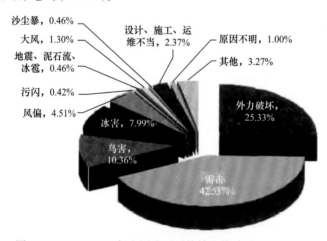

图7-14　2011~2013年电网公司系统输电线路跳闸原因分类

除了新疆电网的影响以外，对城市和地区配电网的影响也很明显。2019年6月19日17~20时，洛浦县阿其克乡政府降水量达34.0mm。此次暴雨导致阿其克乡部分道路路基、路面损毁，电力、通信中断，农田被洪水淹没。

新疆在大力发展可再生能源。风电、光伏发电系统的输出受气象条件包括风速、光照、温度等环境因素的影响，输出功率会呈现较大的变化，特别是天气多变时，其发电功率呈现较为明显的随机性与不可控性。

当光伏组件有积雪后，随着光伏组件表面积雪的增多，光伏组串发电量越来越低，发电量变化较为明显的是积雪厚度为3mm和6mm厚，在积雪厚度为6mm厚之后，由于

新疆气候变化科学评估报告

太阳光无法透过雪层照射到光伏组件表面，光伏组件发电量几乎为零。随着阴天云量的增多，阴天对光伏电站发电量影响程度越严重，光伏电站损失电量越大，在少云天、多云天和全云天分别损失电量为 24.87%、39.64% 及 69.24%（牛海霞等，2017）。这种多变给电网系统带来更大的稳定性调控要求。

1961~2018 年，新疆区域平均极端最高气温呈显著上升趋势，升温速率为 0.13 ℃/10a，最大值出现在 2015 年，比历年平均值偏高 2.3℃；最小值出现在 1993 年，比历年平均值偏低 2.3℃。北疆、天山山区和南疆各分区的变化趋势与新疆区域一致均呈上升趋势，升温速率分别为 0.09 ℃/10a、0.13 ℃/10a、0.17 ℃/10a（第一部分第 2 章）。

1961~2018 年，新疆区域平均极端最低气温呈显著上升趋势，升温速率为 0.63 ℃/10a，远远高于平均极端最高气温的升温速率。最大值出现在 1982 年，比历年平均值偏高 3.0℃；最小值出现在 1969 年，比历年平均值偏低 5.9℃，平均极端最低气温的变化幅度大于平均极端最高气温。北疆、天山山区、南疆各分区平均极端最低气温变化趋势与新疆区域一致，均呈现显著上升趋势，升温速率分别为 0.75 ℃/10a、0.56 ℃/10a、0.52 ℃/10a。

1961~2018 年，新疆平均年大风日数呈显著减少趋势，减少速率为 3.8d/10a，1985 年以前以偏多为主，1985 年以后均偏少。大风日数最多的一年出现在 1966 年（34.1d），最少的一年出现在 2016 年（11.2d），比历年平均值偏少 5.72d。大风日数减少给风力发电带来的影响既有负面影响，也有正面影响。一方面超过 10m/s 的风速的减少，会带给风力发电产出的下降，另一方面，极端大风天气也会减少对风电场的运行事故。同时，大风日数的减少，对新疆电网总体有利。

暴雪日数和暴雪量增加趋势显著。新疆平均年暴雪日数呈显著增加趋势，增加速率为 0.03d/10a。北疆、天山山区、南疆各分区平均年暴雪日数与新疆区域一致，均呈现增加趋势，增加速率分别为 0.06d/10a、0.03d/10a、0.01d/10a。新疆平均年暴雪量呈显著增加趋势，增加速率为 0.47 mm/10a。北疆、天山山区、南疆各分区平均年暴雪日数与新疆区域一致，均呈现增加趋势。暴雪日数和暴雪量增加趋势给电网的运行带来更多的困难。

6）能源转型的影响

我国已经签署了 2015 年通过的《巴黎协定》，因此《巴黎协定》的气候变化目标也是我国的应对气候变化的目标。这因而也要求新疆的能源转型。新疆已经在大力发展可再生能源。而新疆有丰富的化石能源资源。这种不一致给新疆能源发展和经济发展带来挑战。新疆未来能源转型也基本需要和国家的转型途径一致，到 2050 年实现 CO_2 的深度减排。

7.3.3 未来气候变化对能源的影响

1. 气温变化对能源需求和发电的影响

在中等排放路径 RCP4.5 下，21 世纪新疆地区年平均气温以 0.3℃/10a 的趋势显著增加；RCP8.5下的增温趋势明显大于RCP4.5，年平均气温以0.6℃/10a的趋势显著增加。定量计算结果表明，在RCP4.5情景下，21世纪近期，新疆区域的年平均气温相对当前气候约增加1.3℃；21世纪中期，年平均气温约增加2.2℃；21世纪末期，年平均气温约增加2.6℃。在RCP8.5情景下，增温幅度明显高于RCP4.5情景，21世纪近期、中期和末期，新疆地区的年平均气温相对当前气候分别约增加1.5℃、3.0℃、5.4℃（第一部分第3章）。

考虑未来社会经济发展，在共享社会经济路径下（姜彤等，2018），全球平均气温升温1.5℃，对城市能源消耗影响而言，耗电量比2010~2015年增加3.3 [1.8，4.1] 倍，升温2.0℃增加8.9[3，12.4] 倍，升温4.0℃增加10.2 [2.4，18.3] 倍。Li（2019）采用两种RCP情景（RCP4.5和RCP8.5）下21个全球模式温度预估数据，在假设社会经济维持2010年水平的情况下，全球平均气温升高1℃时，上海市居民用电总量增加9.2%，但是峰值耗电总量会增加36.1%。针对未来气候变化对商业和居民用电的需求分析表明，新疆2050年预计气温升高2℃的情况下，采暖度日数会减少15%以上，带来的采暖能源需求减少17%到35%。同时燃煤发电效率会下降1.2%~1.4%左右。

2. 极端事件对电网的影响

RCP4.5情景下，在21世纪近期新疆地区的年平均降水相对当前气候约增加了5%；21世纪中期，年平均降水约增加了6%；21世纪末期，年平均降水约增加了10%。RCP8.5情景下的增加幅度明显大于RCP4.5情景，在21世纪近期、中期和末期，年平均降水相对当前气候分别增加了6%、10%和16%。

无论是从发生频率、持续性还是降水强度来看，未来新疆极端降水都呈现增加的趋势。CMIP5的18个耦合模式的未来预估结果表明，相较于参考时段1986~2005，RCP8.5（RCP4.5）情景下，21世纪中期R1mm增加约3.3d（2.6d）、R10mm增加约2d（0.5d），R20mm增加约0.5d（0.1d）；到21世纪末R1mm将增加5.4d（4.7d）。

全球变化导致西北干旱区极端水文事件和洪、旱灾害增加。伴随全球变暖，山区冰川加速退缩，冰雪水储量呈减少态势，部分河流出现冰川消融拐点，冰川变化已经对水资源量及年内分配产生重要影响（陈亚宁等，2014）。全疆极端洪水呈区域性加重趋势，尤其南疆区域极端洪水明显加剧。天山主要河流极端洪水变化与区域增温以及天山山区极端降水事件增多等有密切关系（毛炜峄，2012）。

因此新疆电网会面临更大的挑战。需要在电网布局、电网类型、储能等方面对电网进行规划。

3. 水资源变化对水电的影响

未来气候变化影响下中国水资源的脆弱性发生了明显变化，至2030s，中国整体水资源脆弱性上升，中脆弱及以上的区域面积将明显扩大，极端脆弱区域面积也将进一步扩大。新疆属于极其脆弱地区（第二部分第1章）。

未来不同排放情景（RCP2.6、RCP4.5和RCP8.5）下，地表水资源量变化不显著，呈现微弱的上升趋势。RCP2.6、RCP4.5 和 RCP8.5 情景下，相对于 1986~2005 年，2020~2099 年水资源量分别将增加约 1.4%、4.4% 和 11.7%。低排放（RCP2.6）情景下，2020~2050 年地表水资源量呈现不显著的上升趋势，2050~2099 年水资源呈现显著的增加趋势。相对于基准期 1986~2005 年，21 世纪近期（2020~2039 年）、中期（2046~2065 年）和末期（2080~2099 年）地表水资源量将分别减少了 1.8%、减少 0.2% 和增加 2.9%；中等排放（RCP4.5）情景下，2020~2050 年地表水资源量呈现不显著的下降趋势，而 2050~2099 年水资源呈现不显著的增加趋势。21 世纪近期、中期和末期地表水资源量将分别减少 2.7%、减少 4.5% 和增加 0.1%；高排放（RCP8.5）情景下，2020~2050 年和 2050~2099 年水资源都呈现不显著的增加趋势，且后期趋势较大。21 世纪近期、中期和末期地表水资源量将分别增加 8.6%、7.8% 和增加 0.1%。

因此总体上来讲，新疆未来水资源的变化不明显，对水力发电的影响也不大。但是不同流域却展现不同的格局，却会对水电开发产生影响。

新疆塔里木河流域四源流在不同排放情景下均呈现明显丰枯交替。RCP 2.6 情景下，和田河流域水资源在 2020s 后期、2040s 和 2050s 将处于较长时间的枯水期；叶尔羌河流域在 2040s 至 2050s 前期出现较严重的枯水期；阿克苏河流域在 2030s 至 2050s 中期存在较长时间的枯水期，并且逐步加剧，至 2055 年左右水资源情势有所好转；开孔河流域水资源在 2020s 中期至 2030s 末期均处于较为严重的水资源短缺状况，2040s 略有好转，在 2050 年左右仍存在 5 年左右的枯水期，至 2055 年左右水资源情势有较大好转。在 RCP 4.5 和 RCP8.5 情景下，四源流在 2050s 以后均出现较长时间的枯水期，尽管偏离距平的数值不大，但其长时间的缺水仍会对区域水资源供需产生较大影响。

由于水电项目的寿命期可以达到 50 年甚至更长，2030 年之后出现的较长时间的枯水期会使得这些流域的水电开发面临巨大的挑战，因此这些流域的水电开发需要依据这些枯水期的变化而进行决策。

4. 风速变化对风电的影响

预估结果表明：① 21 世纪全国平均的年平均风速呈微弱的减小趋势，且随着预估情景人类排放的增加，中国年平均风速减小趋势越显著。② 冬季（夏季）全国平均风速呈减小（增大）趋势，人类排放量越多，冬季（夏季）风速减小（增加）程度越大。21 世纪我国风速夏季（冬季）增大（减小）与全球变暖的背景下未来亚洲夏季风（冬季风）增强（减弱）有一定关系。③ 与 20 世纪末期（1980 ~ 1999 年）相比，21 世纪初期（2011 ~ 2030 年）中国区域年平均风速 A2 情景下略偏小，A1B 和 B1 情景下年平均风速无明显变化；21 世纪中期（2046~ 2065 年）和后期（2080 ~ 2099 年），三种排放情景下中国年平均风速均比 20 世纪末期风速小。④ 21 世纪初期、中期和后期均表现为冬季（夏季）平均风速比 20 世纪末期冬季（夏季）平均小（大）。⑤ 夏季中国中北部和东北地区风速偏大，其余地区风速无明显变化或略偏小；冬季除了东北北部和西藏东南部外，中国大部地区风速偏小（江滢等，2010）。

风能与风速的三次方成正比，风速一个很小的变化就会对风能资源产生巨大影响。如风速从 5m/s 增加到 5.5m/s，10% 的风速增加可以使平均风能密度增加 33%。新疆是目前和未来我国风力发电的重要地区，未来能源转型研究结果表明新疆的风力发电可能从2019年1956万kW上升到2050年1.2亿kW以上。风速逐渐变弱导致风力发电出力下降。因此新疆风力发电需要在气象评估基础上，考虑未来风速变化进行选址，以及风电技术选型。既有风电场选址较为优越，但是仍然会收到平均风速变化的负面影响，有可能风力发电出力会下降5%以上。

5. 光照变化对光伏发电的影响

全球陆地太阳能资源在未来不同RCPs情景下均呈增加趋势，尤其在欧洲光能资源丰富区（张飞民等，2018）。不同区域的太阳能资源在不同气候变化情景、不同季节均呈现增加趋势，即全球陆地各丰富区的太阳能资源在未来气候变化情景下始终呈现增加趋势。就年平均而言，2020~2030年全球大陆丰富区的太阳能资源在不同气候变化情景下欧洲增加最为明显，其次为亚洲和澳洲，美洲和非洲太阳能资源的增加幅度相对较小。不同气候变化情景下，冬季，澳洲丰富区的太阳能资源增加最为明显，欧洲丰富区增加最少；春季，澳洲和欧洲的太阳能资源增加最为明显，其他地区增加相对较少；夏季和秋季，亚洲、澳洲和欧洲的太阳能资源增加最为明显，美洲和非洲的增加量相对较少。其中，亚洲丰富区各季节的太阳能资源在RCP8.5情景下增加幅度最为明显。可见，在不同气候变化情景下，2020~2030年全球陆地太阳能资源的增加幅度也具有明显的区域性和季节性差异。亚洲区域未来光资源增加在17%左右。

总体上，新疆作为太阳能富集地区，未来气候变化带来的影响会更加正面，可以增加光伏发电的产出，这有助于降低新疆光伏发电的成本，使得光伏发电和相关联产业发展更为有利。

6. 新疆未来能源转型

为了支持全国的减排目标，新疆的能源也需要出现明显的转型。不仅为本地的能源需求提供零碳能源，同时也为全国的能源转型提供支持。新疆未来能源转型途径中，2050年新疆一次能源结构可以出现明显变化，煤炭占比从现在的70%下降到2050年的7.1%，而可再生能源从2015年的5.4%增加到2050年的63%。同时2050年新疆仍然消费290亿m³的天然气，需要利用一定的CCS技术。图7-15和图7-16给出了未来新疆的分方式发电量和装机容量。可以看出，到2050年，新疆已经非常依赖光伏、风电、水电，以及核电的发展。气候变化将会对这些发电方式产生影响。

新疆供暖期长，供暖能源需求大。新疆属于温带大陆性气候，四季变化非常明显，夏季高温多雨，冬季干燥寒冷，早晚温差大。新疆每年供暖期长达六个月，从10月上旬开始至翌年4月上旬，居民室内采暖温度不低于18℃。现阶段新疆供暖方式大量依靠热电联产燃煤供热和天然气供热。在新疆风力发电装机容量大、弃风限电严重、供暖期能源需求较大等多重因素影响下，风力发电清洁能源供暖是未来的一个方向。

风力发电清洁能源供暖本质上是电力供暖，为高效利用清洁能源，积极探索可再生能源，以及风力发电消纳提供了新思路、新方法，是治理雾霾、解决弃风限电的重要途径。当前的风力发电清洁能源供暖项目都由政府主导，包括风力发电上网电价、供暖电

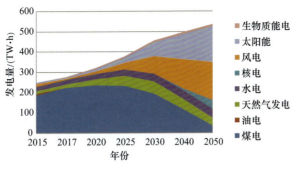

图 7-15 新疆分方式发电量

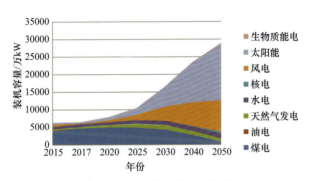

图 7-16 新疆分方式装机容量

价、结算方式等，都需要政府进行协调沟通。而从长远看，建立有效的电力市场，是解决风发电清洁能源供暖问题的最终出路。在健全的电力市场环境下，风力发电清洁能源供暖的盈利测算相对简单。

高比例可再生能源发展情景下的电力系统将越来越容易受气候变化和极端天气气候事件的影响，电力系统的脆弱性和风险增加。电力系统是由发电厂、送变电线路、供配电所和用电等环节组成的电能生产与消费系统。未来气候变化和极端天气气候事件，将对可再生能源资源、可再生能源发电场运营、可再生能源发电场基础设施、可再生能源发电效率产生重大影响，同时也会对输电环节和用电侧需求产生不利影响。

随着核电技术的进步，核电已经成为最为安全、低碳和高可靠性供电的一种发电技术。新型核电堆可以具有固有的安全性，同时也可以解决核扩散问题。新疆具有适合发展一定核电的条件。发展一定的核电可以增强能源供应安全并降低电力价格（姜克隽等，2021）。

7.4 结论与知识差距

气候变化对新疆交通、旅游和能源行业的影响是全方位的。新疆道路长度 18.9 万 km，分布在广袤的区域内，交通航线处于气象不稳定地区，都受自然灾害影响很大。交通行业是受气候变化影响敏感的行业。气候变化会导致极端天气事件的增加，从而引起洪涝积水等灾害，破坏新疆地区交通基础设施。气候变化会导致冻土层变薄、山洪水和积雪融化水，给现有公路和铁路的基础设施和交通安全带来隐患。随着机场配备相关设备越来越先进，飞机的性能也在不断完善，气候变化对航空交通造成的影响逐渐降低。大风、低温雨雪冰冻、冻雾等对新疆的交通运输带来不利影响，最终导致的结果大致为三个方面，即增加基础设施修理维护的成本、大范围发生交通延误和中断、增加交通事故的发生率。

气候、冰川、积雪、水、生态、农业资源变化均会波及和影响相应的旅游景观变化，而这些变化在其他章节中有体现。气候变化对新疆文化遗产、冰雪旅游、农业旅游等具有一定影响（高信度）。新疆暖湿化过程将一定程度上促进全区旅游气候舒适度的改善，适游期持续时间延长，总体上有利于全区旅游可持续发展。

过去几十年的气候变化带来的温度、风速、极端天气变化明显，增加了新疆制冷的能源需求和消费，而减少了采暖的能源需求和消费（高信度），使得风电产出有负面影响（中等信度），给电网的运行带来更大挑战（高信度）。未来气候变化背景下，温度将持续上升，长期来讲会对新疆采暖和制冷能源需求产生进一步的影响，甚至会带来一些根本性的变化（高信度）。极端时间将增加，对电网运行的负面影响会加大（高信度）。风速会持续下降，可能会使风电单位产出减少10%以上。光照条件持续变好，有利于新疆光伏发电和相关产业发展（高信度）。水资源变化根据不同流域出现不同情况，但是总体上对水电发展的影响是负面的。未来新疆能源发展规划中需要充分考虑这些影响。

气候变化对新疆交通、旅游业和能源行业的影响具有综合性、复杂性。一些结论文献不足，缺乏佐证，很难给出信度。在评估过程中，十分缺少有针对性的研究，需要在未来尽快强化相关研究。

参考文献

阿布都艾尼·阿不都拉. 2016. 高昌故城城墙保护加固研究. 敦煌研究,（5）: 150-157.

阿布都米吉提·阿布力克木, 阿里木江·卡斯木, 艾里西尔·库尔班, 等. 2016. 基于多源空间数据的塔里木河下游湖泊变化研究. 地理研究, 35（11）: 2071-2090.

阿帕尔. 2010. 新疆公路交通信息管理与服务的应用. 科技促进发展,（S1）: 71-75.

艾尔肯·艾白不拉, 刘桂林, 艾里西尔·库尔班, 阿布都米吉提·阿布利克木. 2012. 基于 CBERS/CCD 遥感影像的塔里木河下游生态输水监测. 长江流域资源与环境, 21（S2）: 157-162.

艾克热木·阿布拉, 王月健, 凌红波, 等. 2019. 塔里木河流域水资源变化趋势及用水效率分析. 石河子大学学报（自然科学版）, 37（1）: 112-119.

艾里西尔·库尔班. 2012. 干旱区河流廊道变化的景观效应研究. 北京: 中国科学院大学学位论文.

安晓亮. 2013. 新疆低碳城市建设研究. 乌鲁木齐: 新疆师范大学学位论文.

曹开军, 杨兆萍, 孟现勇, 等. 2015. 基于栅格尺度的阿勒泰地区旅游气候舒适度评价. 冰川冻土, 37（5）: 1420-1427.

常浩娟, 刘卫国. 气候变化背景下气象灾害影响新疆生产建设兵团农业经济的动态效应分析. 生态经济, 35（5）: 125-128.

陈海龙.2015.新疆能源资源生产结构调整分析——基于灰色关联理论.黑河学院学报,(3):41-45.

陈水莲.2012.新疆能源消耗、碳排放与经济增长的关联研究.乌鲁木齐:新疆财经大学学位论文.

陈文友,马志福,马淑红,等.2013.新疆公路风害风险区划研究.中国科技信息.(15):139-141.

陈物华.2016.基于RS和GIS的天山托木尔地区冰川变化研究.兰州:西北师范大学学位论文.

陈晓光,李俊超,李长林,等.2001.风吹雪对公路交通的危害及其对策研讨.公路,(6):113-118.

陈晓艳.2019.论新疆自然灾害应急管理体系建设.价值工程.38(18):14-17.

陈亚宁,李稚,范煜婷,等.2014.西北干旱区气候变化对水文水资源影响研究进展,地理学报.(9):1295 -1304.

陈阳权,杜安妮,窦新英,等.2018.WRF模式对乌鲁木齐机场一次冻雾天气的数值预报对比试验分析.沙漠与绿洲气象,(2):63-70.

程清平,王平,谭小爱.2017.梅里雪山气候变化与旅游气候舒适度评价.西南师范大学学报(自然科学版),42:70-77.

程蓉.2015.浅析新疆能源开发趋势.化工中间体,11(10):135-137.

邓铭江.2009.塔里木河流域治水思路探析.中国水利,(21):32-34,36.

董萍.2013.新疆公路交通安全设施问题及其养护管理措施探讨.黑龙江交通科技,36:199-201.

窦燕,王芝皓,宋香荣.2019.新疆铁路沿线城市交通可达性及经济联系对比研究.湖北农业科学.(58):122-126.

窦永刚.2018.加快推进伊犁薰衣草产业发展的思考.中共伊犁州委党校学报,(1):49-52.

杜军,胡军,唐述君,等.2008.藏羊卓雍湖流域近45年气温和降水的变化趋势.地理学报,(11):1160-1168.

杜鑫.2017.基于经济发展和社会稳定的新疆公路网优化研究:西安:长安大学学位论文.

范业正,郭来喜.1998.中国海滨旅游地气候适宜性评价.自然资源学报,(4):17-24.

房靓.2016.新疆重点旅游地旅游气候舒适度分析.乌鲁木齐:新疆师范大学硕士学位论文.

付豪,陈立新.2014.大风对新疆电网输电线路的危害浅析.新疆电力技术,(1):9-12.

付兴春,赵卫敏.2018.新疆能源结构、效率与经济增长研究.克拉玛依学刊,8(4):52-58.

高峰,姚国友,朱晓飞,等.2012.吉林省冬季气温变化对采暖期的影响.气象与环境学报,28(4):22-27.

高晓清,汤懋苍,冯松.2000.冰川变化与气候变化关系的若干探讨.高原气象,(1):9-16.

耿清涛.2012.伊犁薰衣草产业发展现状、问题及其对策研究.新疆农垦经济,(3):46-51.

龚海涛,张晟义.2011.新疆能源生物质资源的估算及分布特点.新疆财经,(2):52-56.

郭杜杜,王兵,常翠平,等.2014.交通工程重点行业紧缺专业人才培养模式探究.科技创新导报.11:151-152.

郭青林,张景科,孙满利,等.2013.新疆北庭故城病害特征及保护加固研究.敦煌研究,(1):13-17,126.

何剑,董丹丹.2014.新疆能源消费、碳排放与经济增长——基于近似和脱钩关系的实证.科技管理研究,34(17):243-247.

贺小荣,Jiang M.2015.国外气候变化与旅游发展研究的新进展.地理与地理信息科学,31(4):100- 106.

贺小荣,胡强盛,Jiang M.2016.气候变化背景下文化遗产旅游发展模式的重构.南京社会科学,(9):

138-143, 151.

何昭丽, 孙慧, 王雅楠. 2013. 新疆能源消费碳排放现状及因素分解分析. 资源与产业, (4): 81-87.

侯小刚, 郑照军, 李帅, 等. 2018. 近15年新疆逐日无云积雪覆盖产品生成及精度验证. 国土资源遥感, 30 (2): 214-222.

胡明明, 李爱军. 2016. 水资源制约下新疆煤炭产业低碳发展研究. 北方经贸, (5): 48-51.

黄鹏程. 2005. 酸雨对建筑物的危害及防治. 柳钢科技, 3: 32-34.

黄伟, 张田, 韩湘荣, 等. 2014. 影响光伏发电的日照强度时间函数和气象因素. 电网技术, 38 (10): 2789-2793.

贾敏. 2015. 新疆薰衣草产业发展的困境与对策. 农村经济与科技, (7): 145-147.

简咏梅. 2013. 新疆: 用新能源描绘"美丽乡村". 农业工程技术 (新能源产业), (3): 37-38.

江滢, 罗勇, 赵宗慈. 2010. 全球气候模式对未来中国风速变化预估. 大气科学, 34 (2): 323-336.

姜克隽, 向翩翩, 贺晨旻, 等. 2021. 零碳电力对中国工业部门布局影响分析. 全球能源互联网, 3 (1): 6-11.

姜彤, 王艳君, 翟建青. 2018. 气象灾害风险评估技术指南. 北京: 气象出版社.

敬珠玛, 丁锦智. 2014. 如何打造新疆能源公司的发展升级版. 投资与合作 (学术版), 169.

康艳. 2019. 新疆通航短途运输业务经营策略研究: 石河子: 石河子大学学位论文.

况明亮. 2013. 新疆冰雪体育旅游研究综述. 当代体育科技, 3(34): 95, 97.

郎斌斌, 穆钢, 严干贵, 等. 2008. 联网风电机组风速-功率转性曲线的研究. 电网技术, (12): 74-78.

雷汉云, 刘清娟. 2012. 基于低碳经济的新疆能源发展战略. 生态经济 (学术版), (2): 61-64.

李东, 杨兆萍, 时卉, 等. 2014, 乌鲁木齐市旅游气候与旅游气候舒适度分析. 干旱区研究, 31 (3): 33-38.

李东, 由亚男. 2014. 新疆旅游气候舒适性分析与旅游区划. 资源开发与市场, 30 (3): 371-373.

李华林. 2018. 塔里木河上游胡杨林遥感动态监测与分析. 贵阳: 贵州大学硕士学位论文.

李华林, 白林燕, 冯建中, 等. 2019. 新疆叶尔羌河流域胡杨林时空格局特征. 生态学报, 39(14): 5080-5094.

李兰海, 白磊, 姚亚楠, 等. 2012. 基于IPCC情景下新疆地区未来气候变化的预估. 资源科学, 34: 602-612.

李娜. 2017. 谈新疆公路交通发展战略相关问题. 交通企业管理, 32: 22-23.

李喜仓, 白美兰, 杨晶, 等. 2010. 气候变暖对呼和浩特地区采暖期能源消耗的影响. 气候变化研究进展, 6(1): 29-34.

李晓燕, 钟玉婷, 侯俊. 2010. 新疆降水pH值的时空分布及变化趋势初步分析. 沙漠与绿洲气象, 4 (5): 24-26.

李影. 2018. 二道桥地铁站施工对大巴扎造成的风险管理应用研究. 乌鲁木齐: 新疆大学学位论文.

梁彬. 2014. 新疆地区公路路基施工中的风险与防范. 交通标准化, 42: 42-44.

梁金强, 黎雪, 张守杰, 等. 2013. 新疆能源结构调整及能源发展策略分析. 节能技术, (1): 59-61, 85.

梁娜, 张吉刚, 周迪. 2013. 新疆能源消耗、环境污染、经济增长的协整分析. 中国商贸, (8): 163-165.

梁涛. 2009. 新疆地区土遗址病害类型及成因初步分析. 考古与文物, (5): 103-106.

梁涛. 2010. 新疆苏巴什佛寺遗址保护加固研究. 兰州: 兰州大学学位论文.

梁志峰 . 2014. 2011—2013 年国家电网公司输电线路故障跳闸统计分析，42（11）: 2265-2270.

刘春燕，毛端谦，罗青 . 2010. 气候变化对旅游影响的研究进展 . 旅游学刊，25(2): 91-96.

刘佳，安珂珂 . 2018. 国内气候变化与旅游研究热点及展望——基于文献计量与社会网络分析 . 中国海洋经济，240-255.

刘景锦 . 2018. 新疆地区能源禀赋与经济发展的协同效应 . 现代营销（下旬刊），（2）: 104.

刘俊，黄莉，孙晓倩，等 . 2019a. 气候变化对中国观鸟旅游的影响—基于鸟类物候变化的分析 . 地理学报，74（5）: 78-88.

刘俊，李云云，刘浩龙，等 . 2016. 气候变化对成都桃花观赏旅游的影响与人类适应行为 . 地理研究，（3）: 504-512.

刘俊，王胜宏，金朦朦，等 . 2019b. 基于微博大数据的 2010~2018 年中国桃花观赏日期时空格局研究 . 地理科学，39（9）: 1446-1454.

刘露 . 2018. 新疆交通运输业与区域经济发展的实证关系研究 . 山东纺织经济，28-31.

刘时银，姚晓军，郭万钦，等 . 2015. 基于第二次冰川编目的中国冰川现状 . 地理学报，70（1）: 3-16.

刘晓婷，陈闻君 . 2015. 新疆能源消费碳排放空间格局演化特征 . 福建江夏学院学报，（4）: 13-25.

刘旭玲，杨兆萍，陈学刚 . 2012. 旅游对自然遗产地景观视觉的影响研究——以喀纳斯自然保护区为例 . 生态经济，（2）: 80-84.

刘艳，刘杨 . 2015. 新疆能矿资源开发与保护当地农牧民利益关系研究 . 内蒙古民族大学学报（社会科学版），（41）: 13.

刘艳，何清，戴晓爱，等 . 2016. 新疆铁路沿线主要气象灾害风险区划及减灾对策探讨 . 自然灾害学报，（3）: 48-57.

刘艳，阮慧华，何清 . 2012. 新疆拟建铁路沿线雪风灾分区和致灾性分析 . 灾害学，（2）: 54-57, 61.

卢翠琴 . 2015a. 新疆哈密地区气候变化特征分析及对航空运行的影响 . 北京农业，（19）: 70-71.

卢翠琴 . 2015b. 新疆哈密机场一场沙尘暴天气分析 . 北京农业，（18）: 109-110.

罗帆 . 2004. 航空灾害成因机理与预警系统研究 . 武汉: 武汉理工大学学位论文 .

马丽君，孙根年，马耀峰，等 . 2010. 极端天气气候事件对旅游业的影响——以 2008 年雪灾为例 . 资源科学，32(1): 107-112.

马丽君，孙根年，谢越法，等 . 2012. 气候变化对旅游业的影响: 气候舒适度视角 40 座城市的定量分析 . 旅游论坛，5(4): 35-40.

马丽君 . 2012. 中国典型城市旅游气候舒适度及其与客流量相关性分析 . 西安: 陕西师范大学学位论文 .

马延亮，李会芳 . 2019. 新疆向西开放交通互联互通发展基础、问题及对策探析 . 新疆社科论坛，（4）: 62-64.

毛炜峄，樊静，沈永平，等 . 2012. 近 50 年来新疆区域与天山典型流域极端洪水变化特征及其对气候变化的响应 . 冰川冻土，（5）: 33-42.

米尔扎 M M Q，常箭 . 2009. 气候变化对水力发电的影响 . 水利水电快报，（2）: 11-13, 20.

苗昱，李季刚 . 2011. 新疆能源低碳化发展的路径依赖研究 . 新疆财经，（3）: 32-36.

闵富强 . 2018. 新疆电网新能源电力消纳方法研究 . 北京: 华北电力大学学位论文 .

莫振龙 . 2013. 不利气候对高速公路交通安全影响分析及对策 . 中国水运（下半月），（1）: 59-61.

牛海霞，李晓琴，董正茂 . 2017. 光伏组件表面积雪及阴天对其发电量预测实验研究 . 包头职业技术学院学报，18（2）：8-10.

潘稼佳.2019.交通可达性与旅游经济联系的空间关系分析.乌鲁木齐：新疆大学学位论文.

潘新民，彭艳梅，屈梅，等.2019.新疆铁路沿线前百公里风区大风特征统计分析.沙漠与绿洲气象，
（3）：66-71.

普宗朝，张山清，赵逸舟，等.2017.气候变暖对新疆冬季采暖的影响//第34届中国气象学会年会S5应
对气候变化，低碳发展与生态文明建设论文集.郑州：中国气象学会.

祁延录，王怀军.2009.大风对新疆铁路的影响及防护.西部探矿工程，（6）：161-163.

秦大河.2021.中国环境和气候演变2021.北京：科学出版社.

任泉，张山清，马文惠，等.2012.全球变暖背景下的新疆达坂城地区气候变化特征分析//S3聚焦气候
变化，探索低碳未来.沈阳：中国气象学会.

任艳群，刘海隆，包安明，等.2015.基于SSM/I和MODIS数据的天山山区积雪深度时空特征分析.冰
川冻土，37（5）：1178-1187.

史培军.2008.从南方冰雪灾害成因看巨灾防范对策.中国减灾，15（2）：12-15.

宋建洋，柳艳香，田华，等.2017.影响高速公路交通的致灾大风危险性评价.科技导报，（18）：73-79.

孙秋梅，李志忠，武胜利，等.2005.全球气候变化与塔里木盆地古城绿洲演变关系.新疆师范大学学报
（自然科学版），（3）：113-116.

谭灵芝；王国友；马长发.2013.气候变化对干旱区居民生计脆弱性影响研究——基于新疆和宁夏两省区
的农户调查，环境和管理，27（3）：10-16.

陶宏强.2011.我国机场冰雪灾害预警管理系统研究.德阳：中国民用航空飞行学院学位论文.

田莉，奚晓霞.2011.近50年西北地区风速的气候变化特征，安徽农业科学，（32）：65-68.

仝富利，朱美玲.2013.新疆能源开发利用对工业化的贡献分析.经济视角（下），（6）：19-20.

图布新.2021.新疆水资源脆弱性评价研究，地下水，（2）：163-165.

苏跃江，周芦芦，崔昂.2016.极端天气对城市交通运行的影响分析及对策.交通企业管理，31(10)：6-9.

王刚.2019.聚焦热点难点创新解决方案推动高质量发展——第二届"一带一路"中国（新疆）交通基础
设施建设养护解决方案高峰论坛成功召开.交通建设与管理，23-27.

王海珍.2007，胡杨、灰叶胡杨水势对不同地下水位的动态响应.干旱地区农业研究，25（5）：125-129.

王建，田浩，庄文兵，等.2017.过去三年新疆大风沙尘分布及电网吐哈线路大风灾害风险分析，气象科
技进展，7（2）：24-31.

王亮.2015.塔里木河中游胡杨林景观格局与土壤水文特征研究.阿拉尔：塔里木大学硕士学位论文.

王亮，樊小朝.2017.新疆新能源产业发展综述及"十三五"展望.应用能源技术，（7）：1-4.

王文哲.2019.公路典型自然灾害建模及其在应急资源量化调度中的应用.乌鲁木齐：新疆大学学位论
文.

王鑫.2018.基于碳足迹的新疆产业、能源与环境可持续发展研究.乌鲁木齐：新疆大学学位论文.

王秀兰，吴亚琪，王秀芬.2013.气候变化对山西省旅游气候舒适度的影响分析.山西师范大学学报（自
然科学版），27：106-113.

王旭东，苏伯民，陈港泉，等.2013.中国古代壁画保护规范研究.北京：科学出版社.

王雪姣.2015.气候变化对新疆棉花物候、产量和品质的影响与适应措施.北京：中国农业大学学位论
文.

王涌，柳立慧，曹志猛，等.2011.太阳能技术开发对新疆能源经济发展的促进作用.新疆电力技术，（1）：82-84.

魏勇，李浩然，范雪峰，等.2016.计及日照强度时间周期特征的光伏并网系统风险评估方法.电网技术，42（8）：2562-2569.

吴耿安，郑向敏.2017.我国康养旅游发展模式探讨.现代养生，（6）：294-298.

吴鹏.2019.新疆公路风吹雪雪害防治措施的研究.西部交通科技，（6）：54-57.

吴普，葛全胜.2009.海南旅游客流量年内变化与气候的相关性分析.地理研究，28（4）：1078-1084.

吴文婕，张小雷，杨兆萍，等.2017.基于社会需求与交通可达性的新疆通勤机场布局研究.干旱区地理，40：1097-1104.

席建超，赵美风，吴普，等.2010.国际旅游科学研究新热点：全球气候变化对旅游业影响研究.旅游学刊，25（5）：86-92.

夏军，陈俊旭，翁建武，等.2012.气候变化背景下水资源脆弱性研究与展望.气候变化研究进展，8(6)：6-10.

谢晓红，郭倩，吴玉鸣.2018.我国区域性特色小镇康养旅游模式探究.生态经济，34（9）：150-154.

熊朝.2013.新疆民航支线机场发展的困局.中国民用航空，（12）：22.

许建述.2009.关于新疆水电发展现状及发展面临的问题探讨.中国西部科技，8（21）：30-31.

徐永明，叶梅，王力丹.2016.库木吐喇石窟第56窟空鼓及起甲壁画的抢救性保护修复.敦煌研究，（5）：158-164.

徐佑成.2017-02-17.交河故城环境影响及保护思路.中国文物报，8.

徐雨晴，何吉成.2016.气候变化对公路交通的影响研究进展.气象与减灾研究，（1）：1-8.

闫广新.2019.新疆风力发电清洁能源供暖项目的可行性分析.上海电气技术，12（1）：18-21.

鄢雪英，张琴琴，张思聪，等.2019.2005~2015年新疆冰川与常年积雪变化监测研究.地理空间信息，17（8）：37-39.

杨发相，穆桂金，雷加强，等.2004.新疆地貌及其过程对公路交通建设的影响.干旱区地理，（4）：525-529.

杨伶俐，李小娟，王磊，等.2006.全球气候变暖对我国西南地区气候及旅游业的影响.首都师范大学学报（自然科学版），86-89，71.

杨茂，杨琼琼.2018.风电机组风速-功率特性曲线建模研究综述.电力自动化设备，38（2），34-40.

姚焕明.2018."一带一路"背景下南航建设乌鲁木齐航空枢纽战略研究.石河子：石河子大学学位论文.

姚露露，高志刚.2011:低碳中国中的新疆：地位、挑战与策略.新疆财经，（2）：41-44.

也尔盼·乌尔克西.2018.气候变化对新疆地区水文水资源系统的影响分析.陕西水利，（6）：3-6.

于若冰，葛晓燕.2018.陆路运输与地区经济协调发展研究——以新疆各地州市为例.物流科技，41：124-127.

曾瑜哲，钟林生，刘汉初，等.2019.国外气候变化对旅游业影响的定量研究进展与启示.自然资源学报，34(1)：205-220.

张朝林，张利娜，程丛兰，等.2007.高速公路气象预报系统研究现状与未来趋势.热带气象学报，（6），652-658.

张飞民，王澄海，谢国辉，等.2018.气候变化背景下未来全球陆地风、光资源的预估.干旱气象，36（5）：725-732.

张军．2019.坚持航空为民理念扎实提升新疆机场服务品质.中国民航报，3.

张利娟．2018.创新应用 PPP 模式 助力新疆交通建设.交通财会，（7）：5-7.

张万虎．2016.冻土区铁路路基热状况对工程扰动及气候变化的响应.科技与企业，（8）：137.

张小雷．1993.塔里木盆地城镇的地域演化.干旱区地理，（4）：51-57.

张晓美，吕明辉，王毅，等．2019.我国公路交通气象灾害风险隐患特征分析.灾害学，34（4）：19-24.

张新华．2015.新时期新疆能源产业发展机遇和挑战.实事求是，（4）：32-36.

张序，罗凤娥，李家南，等．2018.广元盘龙机场温度天气事件下签派放行研究.航空科学技术，29（11）：43-49.

张雪莹，张正勇，刘琳．2018.新疆冰雪旅游资源适宜性评价研究.地球信息科学学报，20（11）：1604-1612.

张雪莉，刘其辉，马会萌，等．2012.光伏电站输出功率影响因素分析，电网与清洁能源，28（5）：75-81.

张扬，楚新正，杨少敏，等．2019.近 56a 新疆北部地区气候变化特征.干旱区研究，36（1）：215-222.

张音，古丽贤·吐尔逊拜，苏里坦，等．2019.近 60a 来新疆不同海拔气候变化的时空特征分析.干旱区地理，42（4）：822-829.

张颖．2021.浅谈新疆交通运输行业信息技术和行业管理的融合发展策略.中国信息化，（7）：112-113.

赵冰．2018."陇海—兰新"沿线城市铁路基础设施融资效应研究.北京：首都经济贸易大学学位论文.

赵尔胜，赵铁军．2013.新疆公路工程路基路面设计弯沉存在的问题探讨.交通标准化，（24）：28-31.

赵江学．2021.新疆精河交通桥脚手架专项施工方案研究.工程技术研究，6（7）：106-108.

赵亮，阿布都热合曼·阿布都艾尼．2019."一带一路"背景下新疆物流业发展路径探讨.商业经济研究，（4）：159-161.

赵显．2018.新疆地区公路养护管理绩效评价研究：乌鲁木齐：新疆大学学位论文.

郑杰，张茹馨，雷硕，等．2018.气候变化对游客生态旅游行为的影响研究——以秦岭地区为例.资源开发与市场，34：987-991，1036.

郑立坤，吕悦惠．2010.气候变化对长白山区地方水电的影响与应对策略.小水电，（2）：58-61，69.

中国气象局气候变化中心．2019.中国气候变化蓝皮书（2019）.北京：中国气象局气候变化中心.

周明．2018.新疆公路沥青路面养护决策研究.乌鲁木齐：新疆大学学位论文.

周远刚，赵锐锋，张丽华，等．2019.博格达峰地区冰川和积雪变化遥感监测及影响因素分析.干旱区地理，42（6）：1395-1403.

朱海燕，尤秋菊，郝敏娟．2018.北京市地下轨道交通暴雨内涝灾害脆弱性评估.安全，(2)：24-27，31.

祝毅然．2018.气候变化对交通领域的影响及相关对策.交通与运输，(6)：63-64.

Abudureyimu A，Han Q. 2014. Clean energy development of silk road economic belt in Xinjiang//Applied Mechanics and Materials. Trans Tech Publications，521：846-849.

Amelung B，Nicholls S，Viner D. 2007. Implications of global climate change for tourism flows and seasonality. Journal of Travel Research，45（3）：285-296.

Amin S R，Zareie A，Luis E，et al. 2014. Climate change mod — eling and the weather-related road accidents in Canada. Transp Res D-TR E，32：171-183.

Bode S，Hapke J，Zisler A. 2003. Need and options for a regenerative energy supply in holiday facilities. Tourism and Management，24（3）：257-266.

新疆气候变化科学评估报告

Chen F，Liu J，Ge Q. 2017. Pulling vs. pushing：effect of climate factors on periodical fluctuation of Russian and the republic of Korean tourist demand in Hainan Island，China. Chinese Geographical Science，27(4)，648- 659.

Chen L，Frauenfeld O W. 2014. Surface air temperature changes over the twentieth and twenty-first centuries in China simulated by 20 CMIP5 models. Journal of Climate，27：3920-3927.

Chen L，Li D，Pryor S C. 2013. Wind speed trends over China: quantifying the magnitude and assessing causality. International Journal of Climatology，33（11）：2579-2590.

Datla S，Sahu P，Rohd H J，et al. 2013. A comprehensive analysis of the association of highway traffic with winter weatherconditions. Procedia Soc Behav Sci，104：497-506.

Fan X，Wang W，Shi R，et al. 2017. Hybrid pluripotent coupling system with wind and photovoltaic-hydrogen energy storage and the coal chemical industry in Hami，Xinjiang. Renewable and Sustainable Energy Reviews，72：950-960.

Gössling S，Hall M C. 2005. Tourism and Global Environmental Change. London：Routledge.

Guo B，Geng Y，Dong H，et al. 2016. Energy-related greenhouse gas emission features in China′s energy supply region：the case of Xinjiang. Renewable and Sustainable Energy Reviews，54：15-24.

Hall C M, Amelung B, Cohen S, et al.2015. Denying bogus skepticism in climate change and tourism research. Tourism Management, 47：352-356.

He G，Kammen D M. 2016. Where，when and how much solar is available? A provincial-scale solar resource assessment for China. Renewable Energy，85：74-82.

IPCC.2014. Climate Change 2014：Impacts，Adaptation，and Vulnerability. Part A：Global and Sectoral Aspects//Field C B，Barros V R，Dokken D J，et al. Contribution of Working Group II to the Fifth Assessment Report of the Intergovernmental Panel on Climate Change. Cambridge and New York：Cambridge University Press.

Ke L，Ding X，Song C. 2015，Heterogeneous change of glaciers over the western Kunlun Mountain based on ICESat and Landsat-8 derived glacier inventory. Remote Sensing of Environment，168：12-23.

Kozak N，Uysal M，Birkan I. 2008. An analysis of cities based on tourism supply and climatic conditions in Turkey. Tourism Geographies，10（1），81-97.

Li Y，Pizer W A，Wu L. 2019. Climate change and residential electricity consumption in the Yangtze River Delta，China. Proceedings of the National Academy of Sciences，116（2）：472-477.

Lin C, Yang K, Qin J et al. 2013. Observed coherent trends of surface and upper-air wind speed over China since 1960. Journal of Climate, 26（9）：2891-2903.

Ma Z，Xue B，Geng Y，et al. 2013. Co-benefits analysis on climate change and environmental effects of wind-power: A case study from Xinjiang，China. Renewable energy，57：35-42.

Mah D N，Hills P. 2012. Collaborative governance for sustainable development：wind resource assessment in Xinjiang and Guangdong Provinces，China. Sustainable Development，20（2）：85-97.

Peng H，Ma W，Mu Y H，et al. 2015. Degradation characteris — tics of permafrost under the effect of climate warming andengineering disturbance along the Qinghai-Tibet highway. Nat Hazards，75(3)：2589-2605.

Schweikert A，Chinowsky P，Espinet X，et al. 2014. Climatechange and infrastructure impacts：comparing the impacton roads in ten countries through 2100. Procedia Eng，78：306-316.

Scott D，Lemieux C. 2010，Weather and Climate Information for Tourism. Procedia Environmental Sciences，（1）：146-183.

Shi N，Wang X，Tian P. 2019. Interdecadal Variations in persistent anomalous cold events over Asian mid-latitudes. Climate Dynamics，52（5-6）：3729-3739.

Shi R，Fan X，He Y. 2017. Comprehensive evaluation index system for wind power utilization levels in wind farms in China. Renewable and Sustainable Energy Reviews，69：461-471.

Steve L G，Richard D，Woo M K. 1993. Climate change andtransportation in Northern Canada：An integrated impactassessment. Climatic Change，24（4）：331-351.

Travel Research International. 2009. The Impact of Climate Change on the Tourism Sector. http：//www. mif. uni-freiburg. de/isb/ws/report. htm. [2009-09-30].

Wang C，Zhang X，Zhang H，et al. 2016. Influencing mechanism of energy-related carbon emissions in Xinjiang based on IO-SDA model. Acta Geographica Sinica，71（7）：1105-1118.

Wang S J，Zhou L Y. 2019. Integrated impacts of climate change on glacier tourism. Advances in Climate Change Research，10（2）：9.

Zhao X G，Wang J Y，Liu X M，et al. 2012. China's wind，biomass and solar power generation：What the situation tells us? Renewable and Sustainable Energy Reviews，16（8）：6173-6182.

新疆气候变化科学评估报告

第 8 章   气候变化对城乡发展与居民健康的影响

主要作者协调人：方创琳　雷　军
主　要　作　者：阿尔祖娜　张　利
贡　献　作　者：刘　晶　高　倩　赵瑞东

▪ 执行摘要

　　气候变化影响新疆城乡国土空间规划的资源环境承载力和国土空间开发适宜性评价，制约了城市规模的扩大，影响新疆城市选址及空间布局、城市风环境、城市热环境、城市通风廊道和城乡基础设施布局，进一步影响新疆民居建筑形态及风貌，对城市防洪排涝、供热工程、清洁能源利用、城市防灾减灾设施和传统民居建设提出了新要求和高要求（中信度）。气候变化加大乌鲁木齐等城市的热岛效应，对城市空气质量造成了显著影响，引发的气象、地质灾害造成了居民点破坏和经济损失。过去 2000 年气候变化影响了新疆居民点数量、空间迁徙格局和政治经济发展，导致部分城乡居民点废弃（中信度），极端气候事件引发大规模移民活动，导致人口向河流中上游地区迁徙，并影响移民政策。新疆气候变化影响居民身体和心理健康，可能加重肺结核等传染病和流行性疾病，滋生碘缺乏病、地方性氟中毒和克山病等地方病；蒸发量大和沙尘天气可能是导致肺结核发病率增多的原因之一（低信度），南疆地区春季为高发病区，气候持续干热可能引发西北燥证及心理健康问题。

气候变化和城市化日渐以危险的方式交织胁迫区域发展（UNHP，2011）。世界气象组织发布的《2015—2019年全球气候》最终报告指出，极端气候事件对社会经济发展和自然环境造成严重影响（WMO，2019）。联合国2030年可持续发展目标（SDGs11）等更多地关注气候变化和城市可持续发展问题（Rodriguez et al.，2018；翟盘茂等，2019）。气候变化影响波及城乡经济发展、居民生活质量，甚至生态与社会环境稳定的连锁效应（谈建国等，2012）。

气候变化不仅影响农作物种植，导致营养不良和食品安全问题，而且影响城市发展、城市生命线系统运行、人居环境质量和居民生命财产安全。越来越多的全球城市开始在城市规划中考虑应对气候变化问题，将城市政府的气候承诺植入到城市规划目标和行动计划中，将适应气候变化相关指标纳入城乡规划体系、建设标准和产业发展规划中，通过建设低碳城市、海绵城市、宜居城市、生态城市等方式，创建气候适应型城市。气候变化可能导致病媒生物分布改变，增加传统虫媒疾病和新生传染病的防控压力，还可能导致更多的高温热浪和冰雪严寒等极端天气，对人民生活、安全生产、经济发展和城市发展都产生了重大影响。现代城市人口、住房和交通设施的建设给城市气候变化带来了不可预测的后果。我国正在积极推动针对气候变化加强健康管理的国际合作，参与全球环境基金"应对气候变化，保护人类健康"全球项目，为减缓和应对气候变化做出应有的贡献①。

为积极应对全球气候变化，落实《国家适应气候变化战略》的要求，有效提升我国城市的适应气候变化能力，2016年2月国家发展和改革委员会与住房城乡建设部共同发布了《城市适应气候变化行动方案》，提出将适应气候变化纳入城市群规划、城市国民经济和社会发展规划、生态文明建设规划、土地利用规划、城市规划等，按照气候风险管理的要求，考虑城市适应气候变化面临的主要风险、优先领域和重点措施，将适应目标纳入城市发展目标，在城市相关规划中充分考虑气候承载力。既要通过各种措施降低城乡发展的脆弱性及风险，也要有效利用气候变化所带来的机遇（袁朋伟等，2014）。加强适应气候变化的顶层设计、提高城乡基础设施适应气候变化的支持能力、积极开展气候适应型城乡生态系统建设、加强气候风险评估及基础研究支撑，迫在眉睫（彭俊杰，2019）。

为了提升新疆城乡发展适应气候变化的能力，本章重点评估新疆气候变化对城市化、城乡规划、国土空间规划、城市基础设施布局、城市空间布局、城市热场环流、民居建筑布局与营造模式等的影响（图8-1）；评估新疆气候变化对天山北坡城市群、城市规模、农村发展与美丽乡村建设、人口迁移、城乡居民点建设及废弃的影响；评估新疆气候变化对城市空气质量、居民身体健康和心理健康的影响。

新疆气候变化科学评估报告

---

① 陈竺，要探索气候变化对居民健康影响的干预措施，www.chinagate.com .cn [2008-04-08]

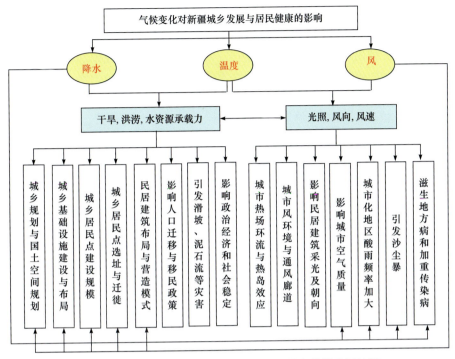

图 8-1　新疆气候变化对城乡发展与居民健康的影响框架图

8.1　气候变化对城乡规划及发展的影响

气候变化影响新疆城市国土空间规划的"双评价"，制约了城市规模的扩大和天山北坡城市群形成发育与生态屏障建设，影响新疆城乡基础设施规划与布局，对城市防洪排涝、供热工程、清洁能源利用、城市防灾减灾设施布局与建设提出了新要求和高要求；影响城市选址、城市空间布局、城市风环境、城市热环境、城市通风廊道，进一步影响新疆民居建筑形态及风貌，改变了新疆传统民居的营造策略和适应建设模式。

8.1.1　对新疆城乡国土空间规划的影响

气候变化影响新疆城乡生态安全、粮食安全、水资源安全和能源安全，进而影响城乡可持续发展，应对气候变化和防灾减灾已成为经济社会发展战略的重要组成部分（秦大河，2007）。通过编制气候适应型城市国土空间规划，降低气候变化带来的消极影响，扩大气候变化带来的有利影响，是国土空间规划编制应考虑的重要因素。气候变化对新疆城市国土空间规划的影响主要体现在以下几方面：

1. 气候变化影响新疆城乡国土空间规划的资源环境承载力和国土空间开发适宜性

按照国土空间规划的编制办法，开展新疆城乡国土空间规划编制。首先要开展新疆资源环境承载力评价和国土空间开发适宜性评价，简称"双评价"。研究气候变化对新疆国土空间规划的影响，重点要在"双评价"阶段，加强气候变化对水土资源承载能力、生态系统服务功能和生态敏感性、农业生产适宜性、城镇建设适宜性等因素产生的影响，研判国土空间开发利用风险，明确农业生产、城镇建设的合理规模和适宜空间，为完善主体功能区布局，划定生态保护红线、永久基本农田、城镇开发边界，优化国土空间开发保护格局，实施国土空间用途管制和生态保护修复提供技术支撑。

从对新疆资源环境承载力的影响分析，一方面气候变暖导致山区降水量、冰川融水量与河川径流量显著增加，平原地下水天然补给量增加，天山南坡的河流最大增幅达20%~40%，天山北坡的河流、帕米尔高原和阿尔泰地区的河流增幅约为5%~15%（中信度）；另一方面气候变湿使得降水明显增加，洪水出现频次和强度增大。以超过年最大洪峰流量多年平均值的洪水出现次数分析，1985~2000年比1958~1985年年平均多了44%。需要强调的是，新疆气候虽然向"暖湿"方向发展，但不可能根本改变干旱半干旱的气候特征（徐羹慧和陆帼英，2004；曹占洲等，2013）。这就要求我们在编制新疆国土空间规划中要充分考虑受气候变化影响的资源环境承载力，尤其是水资源承载力，做出科学评价，编制与适应气候变化和资源环境承载力的国土空间规划。

从对新疆国土空间开发适宜性的影响分析，气候变化引起北疆天山地区冰川加速融化，河流径流量增加（施雅风等，2002），北疆地区土地利用/土地覆被变化强度加大，且有向东发展趋势，土地利用程度重心向东北偏移（黄莹等，2009）。这就要求在编制新疆国土空间规划时，根据适宜性科学划分出干旱脆弱的生态功能区、产业集聚的生产功能区、城镇集聚的生活功能区三大功能区进行管控和评价（方创琳，2019）。

2. 气候变化影响新疆城乡基础设施规划与布局

气候变化对新疆城乡规划布局的影响主要体现在城市供排水设施布局、城市供热工程布局和城市防灾减灾设施布局等方面，需要倡导编制气候适应型规划。

一是影响新疆城市供排水设施布局，对城市防洪排涝工程规划与建设提出了高要求（中信度）。新疆绝大部分城市分布在河流冲积平原区、丘陵地带或山区，其洪水成因主要为暴雨型洪水、季节型积雪融水洪水、雨雪混合型洪水和高山冰雪融水洪水4种类型。洪水历时短，突发性强，造成水资源的浪费和灾害损失。在城镇供排水设施规划建设应对上，要加强水库和防洪工程建设，提高防洪标准，通过水库加强防洪蓄水能力，有效控制河流天然径流，提高流域水资源利用率，缓解季节性缺水问题，提高城乡用水保证率（古丽娜，2010）。

二是影响新疆城市供热工程设施布局，对城市供热工程规划和清洁能源供热提出了新要求（中信度）。在全球气温持续升高的背景下，新疆的气温尤其是冬季气温将继续升高，绝大部分城市冬季采暖度日数减少趋势明显。同时，大多数城市存在热季制冷能源需求增多的趋势，由于新疆冷期采暖时间长，仍然以煤炭为主，气候变暖一定程度上有助于新疆能源消耗量的减少，减轻城市煤烟型大气污染（赵宗慈等，2002）。城市供热工程布局要求需要根据气候变暖趋势逐步调整热源机构、集中供热方式、集中供热时间等，倡导推广建设利于环境保护的风能、太阳能等风光互补的清洁能源供热设施建设，供热热源结构由单一的煤炭占主导逐步实现"煤改气""煤改电"供热等，供热方式由分散供热转为集中供热（城区为主）和分布式清洁供热（乡村）。

三是影响新疆城市防灾减灾规划与设施布局，对防灾减灾提出了高要求（中信度）。城市灾害与气候变化息息相关，对城市生产生活影响显著。新疆城市气象灾害主要有暴雨、洪水、干旱、大风、沙尘暴、寒潮、高温、雷电、雾、大雪、冰雹及其衍生灾害，如大气污染、地质灾害等。对城镇建设影响严重的主要是洪水，这是新疆城镇灾害中频次高、受灾最重的一个灾种。受新疆气候暖湿趋势影响，山区降水量、冰川融水量与河川径流量显著增加，洪水灾害发生强度和频率在提高。春季洪水以融雪洪水为主，而夏季洪水以暴雨洪水为主，偶发冰川融水洪水。洪水发生的主要月份呈现出随纬度增加而提前的规律。处于新疆北部的阿尔泰和塔城地区洪水发生月份主要集中在 4~6 月；天山北坡一线洪水集中出现在 6~7 月；而南疆绝大部分地区洪水集中发生在 6~8 月。为应对洪水、干旱等灾害，应在城市调洪、防洪、排涝和防灾减灾等基础设施规划建设上加大投入，提高城市防灾减灾应对能力，建设海绵城市和韧性城市。

3. 气候变化影响城市空间布局、城市热场环流与通风廊道

在全球变化和城市化的双重作用下，城市热岛效应加强，夏季热浪、高温发生的频率、强度和持续时间增加，空调用电负荷增加（中信度）。首先，应加强城市通风廊道的规划预留，利用城区内的街道、公园和建筑错落布局形成通风道，切割城市热场，缓解热场环流，消除热岛的叠加效应。城市的用地和街道布局应顺应夏季的主导风向，采用平行或垂直于主导风向的"长街短巷"的形式，提高通风效果。在布置街道时还应考虑整合多种城市功能，通过对道路断面形态的控制形成通风廊道，将街头绿地、公园、绿化带等与街道整合布局。再者，通过降低建筑密度、布局点式建筑、高低层建筑结合等手段，增加中心城区的空气流通（蔡志磊，2012）。同时，对多风城市，还应注意防风工作。城区内防风林/防风绿地应以城市景观绿地、防护绿地、城市公园、道路防护绿地为主，防风林的构建以东西向为主，成廊成网，与西北风向相垂直或夹角不小于 45°。主城区内防风林/防风绿地应采用常绿乔木，落叶乔木和灌木混合组成，形成复层绿化，提升防风效果（王汛枫等，2019）。

4. 气候变化引发的沙漠侵蚀影响城市选址

以和田地区策勒县总体规划为例研究南疆沙漠地区规划，发现沙漠地区城镇发展具有明显的绿洲平原指向性、生态环境脆弱性、水资源指向性、交通通道依赖性等特征。在城乡总体规划中应结合沙漠地区城镇的基本特征，确定规划的关注重点。南疆地区生态环境薄弱，沙漠不断侵蚀绿洲生态系统，沙进人退现象严重，策勒县城曾因沙漠侵蚀而被迫迁址 3 次。在规划之初首先测算绿洲生态承载力，着重对绿洲用水量进行预测，在此基础上安排绿洲人口与产业规模。从水资源总量来看，策勒县水资源仍有一定开发空间，由于策勒用水的 77.6% 以上为农业用水，而城市生产和生活用水只占 0.47% 左右，农业用水比重过大，制约了城市发展的用水要求。规划重点提出了水资源使用结构调整的对策以及节约利用原则，对现有用水量偏大的农业用水方式改变，由原来漫灌式为主

逐渐调整为以滴灌为主（安童鹤，2011）。

8.1.2 对新疆民居建筑布局与营造模式的影响

气候变化影响新疆民居建筑形态及建筑风貌。新疆民居建筑与气候适应性的关系，主要体现在气候对民居建筑的直接影响，包括外部气候因素对民居建筑室内物理环境的影响（舒适性）；传统民居建筑材料在气候环境条件的作用下所表现出的耐久性（耐候性）；以及传统民居建筑在面对气候灾难所表现的安全性（茹克娅·吐尔地和潘永刚，2008；杨涛和母俊景，2009；宋辉，2017；黄玉薇等，2016）。以准东西部新城为例开展的温带极端气候区城市设计策略研究为例分析，再对极端寒冷干旱地区的城市日照标准、通风要求和污染物扩散等设计策略研究后发现，冬季的极端严寒和强劲的北风将成为新疆城市建设最严峻的挑战（江乃川，2013）。

1. 气候变化改变了新疆传统民居的建筑形态及风貌，建设气候适应型民居是主要的应对方向（中信度）

以新疆库车老城区为例，气候因素对聚落内民居元素和建筑形态造成显著影响。库车老城区建筑密度较低，院落相对集中、布局灵活自由，且随着新疆气候变化，库车气候较之喀什、和田地区显得较为温和，绿洲总体环境有所改善，土壤肥沃，风沙较小，风沙次数也少，由此影响到民居的建筑形态，库车老城区民居顶部严密封盖的阿以旺式民居就较为少见了，然而为了阻挡风沙，库车地区的院落亦多由厚实的外墙和组合式建筑围合而成，外形简朴，但较喀什、和田地区的院落则显得不再严密围合，院落布局更为灵活，以合院式布局围多，一侧敞开的"阿克赛乃"式中庭多见，即民居由"阿以旺－沙依拉"形式过渡为"辟希阿以旺－米黑曼哈那式"（图8-2），采光天窗也由防暑防寒，也由可以防风沙的房顶小天窗转变为墙壁上的大窗户（穆学理，2018）。

(a) 阿以旺式　　　　　　　(b) 阿以旺–沙依拉式　　　　　(c) 辟希阿以旺–米黑曼哈那式

图 8-2　气候变化影响新疆民居建筑形态变化示意图

（a）为传统阿以旺式，是封闭式内部空间，防风防沙，保暖；（b）为阿以旺 - 沙依拉式，屋顶有天窗，注重采光通风；（c）为辟希阿以旺 - 米黑曼哈那式，有开敞的庭院，房间有大窗

2. 气候变化改变了新疆传统民居的营造策略和适应建设模式（中信度）

以吐鲁番市鄯善县麻扎村为例，吐鲁番市极度干旱，夏热冬冷，日温差大，辐射量大，风沙猛烈。麻扎村为适应当地具有极端性的气候特征，发展出针对性的且区别于其

他地区的民居设计对策，概括为生土建材、深院落、爬山屋、高架棚等。这些营造措施有效解决了民居保温、隔热、防晒、防风、通风等问题；而于田县老城区所处地区气候特点为温差较大，日照强烈，降水稀少，蒸发量大，风沙猛烈，其在应对气候特征方面所采取的设计对策为水空间、冬居室与夏居室、过街楼等（李春静，2011）。在农村建筑方面，南疆地区农村通过建筑布局、庭院空间组织、廊道–棚架–小高窗等相结合来避开或降低不利因素的影响，营造出适宜的微气候，形成低能耗的住房建筑（赵晓文，2014）；北疆地区农村住宅应考虑充分利用太阳能，冬季保证住宅尽可能多地接受太阳辐射。

8.1.3　对城市规模及城市脆弱性的影响

1. 气候变化制约城市发展规模

水资源是影响新疆城市规模扩大的最主要制约因素，而冰川融水则是新疆城市水资源的主要来源（中信度）。水资源变化和人口变化是城市规模变化的主要驱动力，而径流变化与气温、降水显著相关（秦鹏，2016）。对乌鲁木齐市 1990~2012 年气候变化数据与生活用水数据研究发现，年平均气温上升 1.0℃，人均年生活用水量将增加 12.8 m³，反映出气候变暖对生活用水量有着较强的脆弱性响应（窦燕，2015）。受气候变暖及人为活动等因素影响，新疆境内冰川消融速度加快，面积大幅缩减，乌鲁木齐河来水量减少给乌鲁木齐城市规模扩大带来了严峻挑战。气候变化背景下坚持的"以水定城"原则，决定了在不调水的前提下乌鲁木齐市建设特大城市将受到水资源的严重约束。倡导城市建设走节能建筑和节水建筑之路，建设节水型和节能型城市。

以新疆生产建设兵团 38 团小城镇为例，开展基于南疆气候特征的兵团小城镇规划方法研究，提出了包括能源利用规划和防风规划在内的专项规划以及具体的应对措施，并提出在城市规划过程中不能只依据全年的气候平均效果，而要综合考虑气候可能出现的其他影响和极端气候现象（魏秀月，2015）。

2. 气候变化影响城市脆弱性

通过对气候变化下的新疆城市脆弱性评价及影响因素分析发现，乌鲁木齐市脆弱性值小于克拉玛依市，通过主成分分析得出，新疆城市脆弱性的首要影响因素是城市适应能力；第二大贡献因素为城市化和社会环境因素；贡献度排在第三位的因素为城市自然环境状况；影响城市脆弱性的第四个影响因素为气候变化因素。在分析丝绸之路沿线城市脆弱性及其主要影响因子的基础上，根据不同城市脆弱性类型而提出了相应的政策建议（王阿如娜，2016）。

8.1.4　对天山北坡城市群发育程度与脆弱性的影响

气候变化影响新疆水资源空间分布格局，进而影响城镇体系等级规模结构、职能结构和空间结构，形成了北疆以乌鲁木齐市为核心的天山北坡城市群和南疆以喀什为核心的喀什城市圈，形成了逐水而居的分散型城镇空间格局，体现出新疆城镇化的强烈旱生性特点。

1. 气候变化影响着天山北坡城市群的人口集聚与发育程度

天山北坡城市群是立足新疆、辐射中亚西亚南亚、服务丝绸之路经济带的战略枢纽型边疆城市群。2019年5月8日由国家发改委批复实施的《天山北坡城市群发展规划（2018—2035）》明确提出，未来将建成丝绸之路经济带重要的战略支撑点、全国重要的战略资源加工储运基地、新疆城镇化与经济发展的核心引擎、边疆民族团结和兵地融合发展示范区（方创琳，2019；方创琳等，2019a，2019b）。天山北坡城市群是新疆经济社会发展的重要引擎，但也是气候变化影响的脆弱敏感地区。受气候变化影响，天山北坡城市群长期缺水，水资源承载力低，人口集聚总量不到900万人，并呈进一步减少趋势；城市群经济发展占新疆的比重有降低态势，城市群产业发展和产业园区建设对水资源的依赖十分严重，受脆弱生态环境的约束大，与全国其他城市群相比，天山北坡城市群的辐射带动能力、空间紧凑程度、投入产出效率、资源环境保障程度均较低，总体发育程度低（方创琳等，2019a），增加了城市群形成发育的脆弱性（中信度）。

2. 气候变化显著影响天山北坡城市群的植被覆盖度与生态屏障建设

天山北坡城市群从南向北依此划分为中高山带、前山带、人工绿洲区、北部沙漠区以及人工绿洲荒漠过渡带。中高山带指主体山脉海拔>1600m，前山带指位于主体山脉之前的低山区，一般由一排或几排褶皱构造带和相间的山间洼地组成（程维明等，2001），人工绿洲区常位于前山带河流出山口形成的冲洪积扇冲积平原，其下部紧邻北部沙漠区（陈曦等，2004）。天山北坡城市群以南部山地草地森林为屏障，以准噶尔盆地南缘绿洲区为支撑，以玛纳斯河、奎屯河、古尔图河、呼图壁河、金沟河、四棵树河、乌鲁木齐河、头屯河、水磨河、古牧地河、白杨河等若干河流为廊道、以点状分布的省级以上自然保护区重点风景区、森林公园、地质公园、重要水源地等为基底，整体组成山区–绿洲–沙漠边缘一体化的"梳状"生态格局（方创琳等，2019b）。气候变化影响着天山北坡城市群山前地带若干条"梳状"河流的来水量及山前绿洲的发育，进而影响着城市群人口集聚、工业发展、城市建设和森林草场、自然保护区建设和生态屏障建设（中信度）。

1960~2011年期间，随着北疆气温和降水均显著增加（Xu et al.，2015），天山北坡城市群气温和降水增加，特别是20世纪90年代以来的近10年气温、降水与径流量增加幅度较大，与60年代相比，90年代山区年降水量增加了12%~15%，而平原区年降水则增加了30%~40%，平原区植被覆盖度也随之增加了8%~10%。如果这种气候持续发展，将会对天山北坡城市群地表生态产生重大影响。但是，气候变化和人类活动影响下，天山北坡城市群谷地天然植被群落的自我维持和扩展机能逐渐丧失，林分不断衰退，面积不断缩小，部分地段出现河岸崩塌、谷地森林消失等，导致水土流失，山洪频发，生态防护功能下降。天山北坡城市群的昌吉州及乌鲁木齐市等地夏牧场普遍超载，沙湾、乌苏局部超载。天山北坡城市群降水增加，一定程度上增加了人工绿洲区域的水资源量和供水量，有利于人工绿洲建设，尤其有利于天山北坡城市群内部的绿地系统及城市景观河道建设，改善了城市群生态环境（中信度）。

8.1.5 对乡村发展与美丽乡村建设的影响

1. 气候变化影响新疆农牧民生计

气候变化对农牧民生计产生显著影响（武艳娟和李玉娥，2009；张钦等，2016），影响实质上是气候变化对农民使用的资源及其谋生活动的影响（Young et al.，2010）。通过对于田绿洲调查发现，在气候变化条件下的社会经济结构、地理位置差异、族群及相邻效应等对农民生计脆弱性有明显影响，绿洲—荒漠交错带与离城镇较远的农村通常更易受气候变化的影响，生计水平表现最为脆弱（谭灵芝和王国友，2012）。气候变化带来的灾害对牧民生计影响日益凸显，受气候变暖影响新疆冰川雪线持续上升，灾害发生的可能性增大。2015年阿克陶县公格尔九别峰遭遇了历史上最大雪崩，倾泻而下的冰雪和冰川沉积物顷刻间使1000km²草场化为乌有，70户牧民赖以谋生的自然资本丧失殆尽，使牧民顷刻间沦为气候灾民，冰川崩塌下泄导致河流断流形成的堰塞湖溃坝，对牧民房屋、牛羊等既有资产造成严重损毁（曹志杰和陈志军，2016），进一步加剧了农牧户生计风险及脆弱性。另外，大风对于新疆农村发展的影响主要表现为拔树、折苗，严重情况下可使农作物颗粒无收，损坏大棚设施、房屋、电线等农村基础设施，大风灾害对新疆农民生计的影响十分显著（夏祎萌等，2012）。

2. 气候变化影响新疆农村水利及农村基础设施建设

农田水利是保障新疆绿洲农业发展的重要设施，而气候变化通过改变全球水文循环现状，引起水资源在时空上的重新分配，进而影响水利工程的设计、运行和水工材料特性等，对水利工程的运行调度及安全造成直接影响（张建云，2015）。新疆农村水利设施建设须充分考虑气候变化影响，寻求有效应对措施。在日照强烈的新疆农村道路受气温、太阳辐射的影响十分显著（Mohamed et al.，2018），受气候变化及不合理人类活动的影响，新疆农村道路、水利工程等设施直接受气温、日照、降水等各种自然因素影响，部分基础设施出现不同程度损害，制约着新疆农村社会经济发展。

3. 气候变化对美丽乡村建设产生了一定影响

随着全国美丽乡村建设的深入，土地生产出现新模式，生产性景观所具备的生产、生态以及社会功能（舒蓓和赵宏波，2020），不仅能展现乡村风貌自然美的独特性，还是美丽乡村建设过程中极其重要的组成部分，乡村生产性景观主要有农田类、林果类、牧业类、渔业类四种类型。新疆气候暖湿化趋势有利于牧场植被、葡萄、油菜花、薰衣草等乡村生产性景观的形成，有利于带动乡村旅游发展，有利于提高林果产品产量，有利于改善农村生态环境和农村人居环境，为美丽乡村建设奠定自然基础。有必要加强新疆农村的基础设施建设、防灾减灾水平和人居环境建设，以科学有效的适应方法和路径来提升新疆农村气候恢复能力（巢清尘等，2014；王玉洁和秦大河，2017）。

8.2 气候变化对城市化及城乡居民点建设的影响

新疆气候变化和快速城市化加大了乌鲁木齐等城市的热岛效应（中信度），引发的气象、地质灾害造成了居民点破坏和经济损失。过去两千年的气候变化影响了新疆居民点数量、空间迁徙格局和政治经济发展，导致城乡居民点废弃（中信度）。极端气候事件引发大规模移民活动，导致人口向河流中上游地区迁徙，并影响移民政策。

8.2.1 对城市热岛效应的影响

1. 乌鲁木齐市城市热岛效应日趋明显

新疆城市热岛效应研究多集中于乌鲁木齐市，城市热岛效应日趋显著（中信度）。研究表明，1980~2010年乌鲁木齐城郊平均气温呈上升趋势，城内上升幅度大于郊区，冬季城、郊温差逐渐增大，春夏秋季城、郊温差逐渐缩小，形成显著的城市热岛效应（刘卫平等，2010）。乌鲁木齐城市热岛虽与其他大城市热岛特征在时空分布规律上有较多相似之处，但也有其自身特性：干旱区城市的郊区下垫面较多为戈壁荒漠，热岛效应的分布与其下垫面地表类型和功能密切相关，高温区在空间上的分布与城市建筑、交通运输干道等基本一致，而水面、城市绿地与农田等对应的温度较低。因此，乌鲁木齐城市热岛效应在日间并不明显。基于景观生态的研究结果显示，在乌鲁木齐城区内部，各类城乡建设用地温度景观在1987~1999年呈现高度破碎，到2005年部分碎片聚合，特高温城乡建设用地在此过程中变化尤为显著，热中心由热碎片形成了热团块，趋于稳定趋势（贡璐，2007；贡璐和吕光辉，2009）。也有学者对乌鲁木齐市建成区不透水层研究表明，裸地因具有极高的地表温度，形成局部的热岛中心，对干旱区城市地表热环境具有重要影响，因此减少和改变裸地对于缓解干旱区城市热岛效应，改善城市热环境具有重要意义（买买提江·买提尼亚孜和阿里木江·卡斯木，2015）。

对乌鲁木齐市热岛效应日际和候际变化研究发现，乌鲁木齐城市热岛强度日内变化情况表明，城区逐小时的城市热岛强度可以分为三个阶段：8~17时为下降时期，17~22时为迅速上升时期，22时至次日8时为稳定强热岛时期（图8-3、图8-4、图8-5）。乌鲁木齐市平均城市热岛强度年内的变化情况总体上热岛强度冬季比较高，夏季和春季、秋季比较低，候际之间波动比较大，初冬季节尤为突出。小时-候平均剖面可知，冬、春季晚上城市热岛强度较强且维持时间较长，而白天城市热岛强度较弱；夏季晚上和白天城市热岛强度都较弱，白天弱热岛持续时间较长，整体上夏季最弱；秋季晚上城市热岛强度最强且强热岛持续时间较长。秋季和晚夏季节出现这种负城市热岛强度，可能与乌鲁木齐市位于干旱区、是荒漠中的绿洲有关，白天城市内树木和草地的蒸腾和蒸发作用消耗了热量，致使地面气温相对变凉，出现"绿洲化现象"；冬季白天和晚上城市热岛强度都比较强，是四季里城市热岛强度最强的季节。乌鲁木齐市冬季绿色植物枯萎，潜热通量减少，感热通量增加，加之人为取暖释放热量等因素，致使城市热岛强度增大。这种相对强的冬季城市热岛效应，与北方其他城市十分相似（瓦力江，2018）。

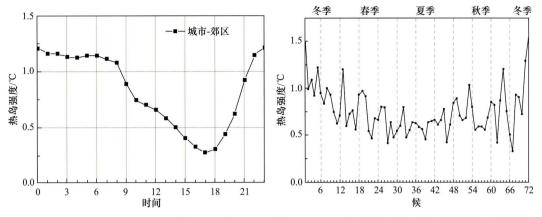

图 8-3　乌鲁木齐市年平均城市热岛强度日内逐小时变化　图 8-4　乌鲁木齐市候平均城市热岛强度变化

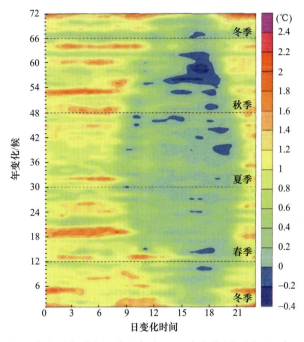

图 8-5　乌鲁木齐市城市热岛强度的年内 和日内变化剖面图（瓦力江，2018）

通过对乌鲁木齐市气温、降水、风速、日照时数、相对湿度 5 个气象参数的长期趋势分析表明：1960~2013 年乌鲁木齐市的气温和降水量均有明显的增加。秋季是气温上升幅度最大的季节，冬季是降水增加幅度最大的季节。平均最低气温的上升速度快于平均最高气温，从而导致日变化幅度和年变化幅度明显减小，风速明显减弱。相对湿度或多或少保持不变，这意味着在变暖的条件下，水蒸气的绝对数量增加了。相比之下，乌鲁木齐站（即气温、降水量和日照时数）的变化最明显，可能是自然因素和人为因素共同作用的结果（Xu et al.，2015）。

2. 新疆其他城市热岛效应逐年增强

气候变化对昌吉市、石河子市等带来的城市热岛效应呈逐年增强趋势（中信度）。对昌吉市热岛效应的研究表明，昌吉市热岛效应对气温的影响是随城市化进程加快，逐步具有明显的季节性，冬季明显大于其他季节（鲁小荣和郭万里，2007）。石河子市热岛效应变化特征及其影响因子研究结果表明，1989~2014年间石河子市热岛强度逐年增强，人口、经济、NDVI、城市建成区面积等因素是热岛效应的主要因素，其中建成区面积、人口、经济与热岛强度成正比，NDVI与城市热岛效应呈负相关，适当增加城市绿地对于缓解城市热岛效应有积极作用（王雅君等，2016）。

8.2.2 对城乡居民点受损的影响

1. 气候变化导致滑坡、泥石流等灾害频发

新疆地质灾害灾种以滑坡和泥石流为主，灾害规模以中小型为主，灾情等级以小型居多，时间多集中发生于4~7月。地质灾害引发因素主要为快速升温融雪及春季降水，地质灾害活动区域主要在伊犁谷地、天山北坡、南疆西部，以融雪、春季降水引发滑坡、泥石流、崩塌灾害为主，伊犁谷地黄土滑坡、泥石流灾害活动可能最为强烈，易造成人员伤亡。其次为7~8月，地质灾害引发因素活动主要为强降水、局地暴雨，地质灾害活动区域主要在天山南北麓、东昆仑山低山丘陵及山前地带和昆仑山西部山区及山前地，受夏季强降水、局地暴雨影响，以泥石流、崩塌为主，尤其是强降水、局地暴雨引发山洪泥石流灾害，并可能造成严重危害（中信度）（居马·吐尔逊，2015）。

2. 气候变化引发气象灾害造成人员伤亡和经济损失

1958~1997年新疆发生崩塌、滑坡、泥石流、地面塌陷灾害56起（其中泥石流33起、滑坡12起、地面塌陷8起、崩塌3起），因灾死亡345人，经济损失12697.89万元。1995~2004年统计表明，新疆发生不同规模的崩塌、滑坡、泥石流、地面塌陷灾害392起（其中滑坡324起灾害、泥石流44起、崩塌14起、地面塌陷10起），因灾死亡77人，伤30人，直接经济损失18516万元。其中2002年灾情最重，共发生崩塌、滑坡、泥石流和地面塌陷灾害206起，造成14人死亡，5人受伤，直接经济损失10775万元；2003年地质灾害造成23人死亡，4人受伤，是自1998年以来新疆因灾伤亡人数最多的一年。伊犁谷地是新疆崩塌、滑坡、泥石流、地面塌陷等突发性地质灾害最严重的地区，1996~2004年发生灾害315起，多为滑坡（300起）和泥石流（10起）灾害，占新疆同期灾害总数的80.4%，造成63人死亡，10人受伤，占新疆同期死亡总数的81.8%，经济损失达12084万元，占新疆同期经济损失总数的65.3%。

3. 极端强降雨是造成新疆地质灾害多发的主动力因子

研究表明，复杂地形下的极端强降雨是新疆地质灾害形成发育的主要动力因子（中

信度），并根据灾害强度进行了灾害等级区域划分，结合新疆干旱区特点提出了减轻新疆地质害的主要对策和措施（陈亚宁，1993；陈亚宁和李卫红，1995）。2016年新疆喀什地区叶城县柯克亚乡玉赛斯（六村）发生滑坡堰塞坝溃决泥石流灾害，造成36人死亡，6人失踪，7户民房被完全毁坏，其余数十间房屋和大量基础设施不同程度受损，造成此次灾害性泥石流的原因是当日发生的极端强降雨。新疆降水呈现出了夏季暴雨或较长持续性降水增多的现象，与之相应的洪水灾害几乎连年不断，经济损失巨大（姜逢清等，2017）。据报道，1999年开都河出现有历史记录以来最大洪水，大山口站洪峰流量达1870m³/s。同年7~8月，在伊犁河、玛纳斯河及塔里木盆地主要河流相继发生大或特大洪水，其中有37条河流出现危险流量，有18条河流超过危险流量的1倍以上，25条河流出现有实测资料以来第一位洪水，造成经济损失达30亿元以上。2002年7月，新疆64个县（市）的276个乡（镇）遭受洪涝灾害，受灾人口达92.5万人，有38人死亡8人失踪，9.9万间房屋倒塌。农作物受灾面积10.04万hm²，死亡牲畜15.4万头，毁坏公路606km，直接经济损失13.5亿元（古丽娜，2010）。

4. 气候由暖干向暖湿转型使得南疆沙尘暴天气总体呈下降趋势

分析新疆1960~2016年气候变化以及人类活动的影响表明，新疆气候由暖干向暖湿发展，使得南疆沙尘暴天气总体呈下降趋势，增加了城市建设、交通出行和居民健康的可能性，利于降低南疆的城市脆弱性（中信度）。自20世纪70年代中期以来，新疆暖湿过程非常明显，特别是南疆与北疆的气候变化特点和高山与盆地的气候变化差异，都明显反映了干旱区域气候变化的敏感性。由于气候的波动和人类活动的干扰，使不同地区的荒漠环境受到不同程度影响。干旱地区的降水、大气湿度、下垫面状况等都直接影响着沙尘暴的发生和发展。沙尘暴的发生频率、强度与沙尘源区的状况、荒漠环境变化以及天气系统动力条件等具有密切的关系（魏文寿等，2004）。南疆不同地区发生沙尘天气的日数由多到少的顺序依次为：中部（塔中）>南部（和田、民丰、于田）>西部（喀什、巴楚、莎车）>东部（若羌、且末）>北部（阿克苏、库车、库尔勒）。各分区浮尘天气次数均占总沙尘日数的最高比例；不同分区间，南部的浮尘天气最多，扬沙发生次数较少，民丰的沙尘暴日数最高；中部扬沙天气占有较高比例（刘尊驰，2016）。

南疆沙尘多发地集中于塔克拉玛干沙漠边缘地区，其中又以沙漠南缘沙尘暴的出现概率最高。这与其气温、风力、降水、土质、植被盖度等环境特征密切相关。沙漠南缘沙尘发生频率明显高于北缘，一是因为沙漠北缘地表多为砾石覆盖，沙尘量少；二是受冷空气东灌影响，东北风和东风为南疆地区年际主导风向，受风向与沙漠腹地丰富沙尘源的影响，位于下风口的南缘、西南缘成为沙尘天气的高发地。1960~2016年间研究区沙尘暴发生日数变率较大，线性下降趋势显著；沙尘暴多发年代多集中在20世纪80年代前，80年代后开始缓慢减少，90年代沙尘暴的发生明显减少。在全球气候变暖背景下，新疆气候由暖干向暖湿转型发展，突出表现为：平均气温、极端气温升高趋势显著，降水量、蒸发量有所增加（图8-6）。气温升高，间接反映入侵冷空气的强度和次数减弱、减少，导致引发沙尘暴的风动力。降水增多，利于增加土壤湿度，促进地表植被生长，提高植被覆盖率，降低沙源供应。认为上述原因综合导致新疆南部地区沙尘暴天气的总体下降趋势（姜萍等，2019）。

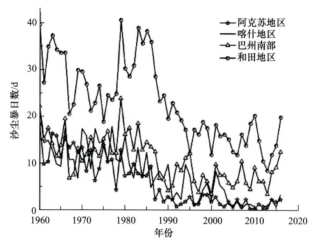

图 8-6　南疆地区沙尘暴日数年际变化图（姜萍等，2019）

8.2.3　对城乡居民点布局的影响

1. 过去 2000 年气候变化影响了新疆居民点数量与空间迁徙格局

历史时期的气候变化决定了新疆居民点数量与空间分布的格局与演变过程，其中温暖期加速了居民点的形成，同时促进了居民点北移（中信度）。表 8-1 列出了新疆过去 2000 年各朝代居民点数量与温度距平（Jia et al.，2017）。由表看出：汉朝与两晋南北朝时期为相对冷期。这一时期居民点数量基本保持稳定，主要分布在天山南麓、阿尔金山北麓以及昆仑山冲积扇绿洲。

表 8-1　过去 2000 年新疆各朝代居民点数量与温度距平分析表

朝代名称（时期）	朝代长度 /a	居民点数量 /个			温度距平 /℃
		北疆	南疆	总数	
汉朝（206BC~220AD）	426	15	99	114	-0.0179
晋朝（265AD~420AD）	155	5	86	91	-0.2632
南北朝（420AD~589AD）	169	13	95	108	-0.0868
唐朝（618AD~907AD）	289	62	237	299	0.1096
宋朝（960AD~1276AD）	319	36	94	130	-0.0994
元朝（1279AD~1368AD）	89	38	16	54	0.0493
明朝（1368AD~1644AD）	276	9	7	16	0.1748
清朝（1644AD~1911AD）	267	86	57	143	-0.1595

资料来源：Jia et al.，2017

唐朝为温暖期，是居民点数量和空间分布变化的拐点期。这一时期居民点数量急剧增加，达到历史鼎盛的299个，接近前三个朝代居民点总数。居民点在空间上呈北向移动趋势，在伊犁河沿岸形成了新的居民点，分布在吐鲁番盆地的居民点数量也得到显著提升。这可能来自于温暖气候加速了雪水与冰川水融化，丰富的水资源为农田灌溉提供了良好的条件，为农业向北疆迁移创造了驱动力。根据《大唐西域记》记载，和田河和塔里木河曾出现过季节断流，为了争得水源，居民将水利工程不断向上游推进。尤其是随着制铁器技术和耕牛技术以及水利工程技术不断传入新疆，生产力得到提高，生产方式不断更新，人为治水成为可能。由此以来，居民开始开发水土光热等条件较好的洪冲积扇扇缘绿洲，居住绿洲由中下游转移到中上游一带，下游的绿洲随之放弃。

宋朝至明朝时期，尽管处于温暖期，气候条件良好，但居民点数量逐年递减，尤其是天山南侧居民点大幅度减少，其主要原因在于政局不稳，战争频发。这一时期，内地分裂割据，经济萧条，国家动乱，中央政府无力顾及西域边境的巩固。特别是明朝时期，中央政府仅控制吐鲁番、哈密以东部分地区，其他地区则处在蒙古部落统治下，基本上处于分裂割据状态，居民点数量降至16个。值得注意的是，元朝之后，南疆居民点数量小于北疆，北疆成为新疆社会经济发展中心区。

清朝时期，尽管温度相对寒冷，但是湖泊沉积物的研究证实表明此期间湖泊得到扩张，可利用水资源量得到提升。气候变化通过其与丰富水资源的相互作用，促进了农业生产、人口规模提升和社会发展。加之清朝重新统一了新疆，并加强对天山南北的统治，南北疆居民点数量大幅回升。尤其是高昌、焉耆、龟兹等地出现新的定居点，良好的气候条件为居民兴修水利，开垦荒地，发展农业生产提供了便利，从而促进了吐鲁番盆地绿洲、焉耆盆地绿洲和渭干河流域绿洲的开发和发展。

图8-7展示了新疆8个朝代的居民点分布图，由图可见，自汉朝以来，新疆居民点大体上分布在伊犁河、塔里木河、和田河沿线的河流中游和河流末端湖泊绿洲，以及天山、昆仑山的山前洪积、冲积扇扇缘绿洲（Jia et al.，2017）。

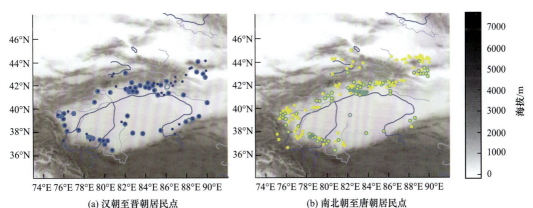

(a) 汉朝至晋朝居民点 　　　　(b) 南北朝至唐朝居民点

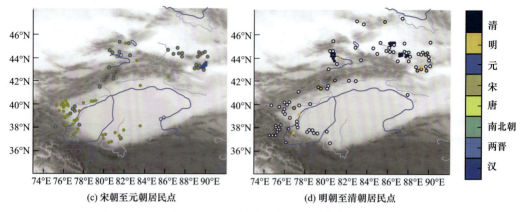

(c) 宋朝至元朝居民点　　　　　　(d) 明朝至清朝居民点

图 8-7　新疆 8 个朝代城乡居民点空间分布图（（Jia et al., 2017）

彩色圆点代表对应朝代的居民点；蓝线表示河流的位置

　　总体来看，近 2000 年来，气温波动与居民点位置、居民点数量呈正相关（低信度）。在新疆极端干旱的条件下，受气候变化影响的水是制约农业发展和人类生活主导因素，影响机理可能在于气候变冷导致冰川融水减少、河流缩短、绿洲萎缩、荒漠化加剧，最终导致部分居民点的废弃（Jia et al., 2017）。

　　2. 气候变干导致南疆 90% 古城废弃，集中废弃时期基本对应相对暖干时期

　　在新疆东部罗布泊地区的楼兰古国始建于西汉时期，是丝绸之路上重要的古城之一，此后却神秘消失。水资源短缺造成的灌溉农业系统废弃被认为是导致古楼兰王国消失的主要原因（Li H et al., 2017；Shi et al., 2019；Qin et al., 2012），也有学者认为是由极

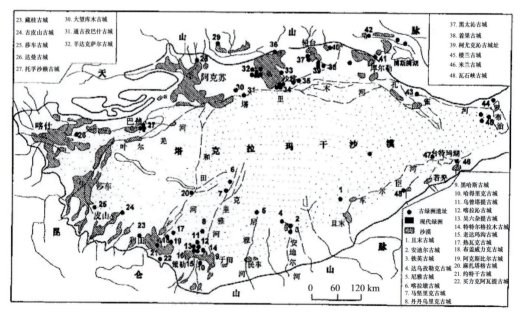

图 8-8　南疆地区部分古城废弃遗址分布状况图（舒强，2001）

端干旱气候引起的古城水资源缺乏（Cai et al.，2017）。总结历史时期南疆地区古城的废弃时间，会发现古城废弃主要集中于几个特殊时期（图 8-8），对比于气候变化，可以发现其中 90% 的古城集中废弃时期基本上都与相对暖干时期吻合（钟巍和熊黑钢；1999），南疆地区部分古城废弃遗址分布状况如表 8-2 所示。当然气候变化并不是导致古城镇集中废弃的唯一原因。不可否认的是，在极端干旱的南疆地区，人类生存的基本条件是水，而水资源状况又直接与气候变化相关，如气候的转干必将导致河流水量减少，河流流程缩短，绿洲范围趋于萎缩，沙漠化进程加剧，这也是导致南疆地区古城被集中废弃的重要原因之一（殷晴，1988；黄文弼，1958）。

表 8-2　南疆地区部分古城废弃遗址分布状况表

序号	古城名称	废弃过程
1	且末古城	汉代且末国地，位于且末河向西分支的干三角洲上，在今且末县城东北约 150 km 的沙漠中，废弃于公元 7 世纪
2	安迪尔古城	汉唐睹货故国地，古安迪尔河下游，今安迪尔下游最顶端西部的沙漠中，深入沙漠约 50 km，废弃于公元 7 世纪
3	铁英古城	汉唐睹货故国地，古安迪尔河下游，今沙漠边缘，废弃于公元 13 世纪
4	达乌孜勒克古城	汉唐睹货故国地，古尼雅河下游，今沙漠边缘，废弃于公元 4~5 世纪
5	尼雅古城	汉代精绝国地，尼雅河下游干三角洲上，今民丰县城北约巧 25 km 的沙漠中，废弃于公元 4~5 世纪
6	喀拉墩古城	位于古克里雅河下游，今克里雅河下游最顶端，深入沙漠约 230 km，废弃于公元 4~5 世纪
7	马坚里克古城	位于古克里雅河下游，今克里雅河下游最顶端，深入沙漠约 220 km，废弃于公元 7~8 世纪
8	丹丹乌里克古城	汉唐抒弥国地，叉流希吾勒克河下游，今策勒县城东北 90 km 的沙漠之中，废弃于公元 8 世纪
9	黑哈斯古城	位于古克里雅河下游扇缘带上，今沙漠边缘，废弃于公元 8 世纪
10	.哈得里克古城	位于古达玛沟河下游，今策勒县城以东 30 km 的沙漠之中，废弃于公元 7 世纪
11	乌宗塔提古城	位于古达玛沟河下游，今策勒县城以北 50 km 的沙漠之中，废弃于公元 11 世纪
12	喀拉沁古城	位于古达玛沟河下游，今策勒县城以北 40 km 的沙漠之中，废弃于公元 15 世纪
13	吴六杂提古城	位于古达玛沟河下游，今策勒县城以北 35 km 的沙漠之中，废弃于公元 11 世纪
14	特特尔格拉木古城	位于古达玛沟河下游干三角洲上，今策勒县城以东略偏北 40 km 的沙漠之中，废弃于公元 11 世纪
15	老达玛沟古城	位于古达玛沟河下游干三角洲上，今策勒县城东北 25 k 的沙漠之中，废弃于公元 19 世纪
17	热瓦克古城	位于玉龙喀什河东叉流干三角洲上，今和田绿洲东北角，深入沙漠约 5~10km，废弃于公元 13 世纪
18	布盖威力克古城	位于玉龙喀什河东叉流干三角洲上，今和田绿洲东北角，深入沙漠约 30km，废弃于公元 7~8 世纪
19	阿克斯比尔古城	位于洛浦县西北约 30km，从采集的遗物汉代五铢、王莽钱币、唐乾元重宝和宋代铜钱等物来看，此遗址延续时间较长，由汉至宋，废弃年代约为公元 13 世纪
20	麻扎塔格古城	位于今和田河中下游麻扎塔格山，深入沙漠约 250km，废弃于公元 7~8 世纪

序号	古城名称	废弃过程
21	约特干古城	位于今和田市西南约7km的冲沟中，冲沟深5~6m还发现遗物，出土有大量的小佛像、小陶饰人面、驼、猴、狮等物
22	买力克阿瓦提古城	汉为圆国地，位于玉龙喀什河河谷低阶地上，废弃于公元7~8世纪
23	藏桂古城	汉代皮山国地，古藏桂河下游，今深入沙漠2~5km，废弃于公元7~9世纪
24	古皮山古城	汉代皮山国地，古皮山河下游，今深入沙漠25km，废弃于公元4~5世纪
25	莎车古城	位于莎车县西北约20km的沙漠中，在此遗址采集的有丝绢木器、玻璃碎片及陶器等物
26	达曼古城	位于今喀什河吐曼河大桥的西岸上，此城只剩下一段墙，夯土版筑，可能为东汉班超驻节的盘陀城
27	托孚沙赖古城	位于巴楚县东约60km的托孚沙赖山谷中，古城址范围较广，有佛教寺庙、北魏至宋的历代铜钱等物出土，可能为唐代尉头州治
30	大望库木古城	位于新和县西南约45km的荒滩中，1929年黄文弼调查，认为可能是东汉西域都护府驻地它乾城遗址
31	通古孜巴什古城	位于新和县西南约40km，采集有木雕小佛像，刻花卷草纹粗泥陶碗，碗中绘有有翼飞马和人物形象，其他尚有唐代大历宝铜钱等物，应属于唐代古城址
32	羊达克萨尔古城	位于沙雅县西北约40km，城址作方形，残存有高约2m的墙基，附近曾掘出桥纽钢质图章、刻字木板等
37	黑太沁古城	在轮台县南约25km的盐碱滩中，城中曾出土数百枚铜钱，钱面仿东汉五铢，铸有"五铢"二汉字，钱背面铸有少数民族文字，似为汉代仑头国治
38	着果古城	在轮台县东南约4km的盐碱滩中，城基范围较大，被该县草湖乡用作蓄水库，可能是西汉轮台古城址，西域都护府治所
39	柯尤克沁古城址	在轮台县西南约30km的盐碱滩中，被盐碱淤蚀，可能为汉代乌垒国治
45	楼兰古城	位于罗布泊的西北部，是古代早期"丝绸之路"上的分叉点，北可通车师都城交河，西北可通龟兹，东南可通伊循（米兰古堡）、都善（今若羌），废弃年代大约为公元4世纪
46	米兰古城	是汉代屯垦重地，在古堡中曾发现古藏文文书，说明公元八九世纪吐蕃人曾占领此地，废弃年代大约为公元9世纪中期前后
48	瓦石峡古城	位于若羌县城西南约90km的干涸瓦石峡古河西岸，由于自然和人为的破坏，遗址保存情况较差，各种类型的陶器、石器、金属器、钱币、玻璃、和瓷器碎片混杂于地表.提供出的典型断代文化的遗物表明，该遗址的历史延续时间较长，废弃的时代较晚，大约为14世纪上半叶

本表根据钟巍和熊黑钢（1999）、殷晴（1988）、黄文弼（1958）等文献，结合网上文献综合整理而成

3. 古气候变迁对新疆古代政治经济的影响也较为显著

综观从西汉到五代的近千年气候变化过程，发现古气候变迁对新疆古代政治经济的影响也较为显著，气候变干是朝代频繁更替和政治经济动荡的主要原因之一（中信度）。

西汉时期（公元前206年至公元25年），东部气候相对暖湿（竺可桢，1973），水热条件较好，有利于农牧业的发展，使得西汉政权逐步得以巩固，军事实力得以加强，使其有能力出军西域，打通丝绸之路。同时由于此时西部地区处于相对冷湿环境时期之中，

丝绸之路沿线的水草条件较好，也为丝绸之路的通行提供了可能（熊黑钢等，2000；舒强，2001）。

公元初年至公元 600 年，东部地区处于一个相对冷干时期（竺可桢，1973），使得东部农耕区的范围相应缩小，五谷歉收，内乱常起，政权更迭频繁，处于大动荡大分裂和民族大融合时期，极大削弱了中原封建政权的国力，无力顾及西域。同时西部相对干暖的气候也使得天山南北的各个政权为了争夺生存资源，相互战斗、兼并，形成七国对峙局面，鲜卑、柔然、高车、嚈哒等几个民族在西域进行了长期的争霸战争，丝绸之路沿线的环境条件恶劣，导致了丝绸之路的阻塞，较长时期处于沉寂荒芜之中（熊黑钢等，2000；舒强，2001）。

隋唐时期（581～907 年），东部相对暖湿、西部相对冷湿（竺可桢，1973），湿润的气候不仅有利于中原王朝，对西域诸国也有着明显的作用，魏晋南北朝数百年的混战宣告结束，大统一的局面出现，重新加强了对西域的经营与管理，在西域驻军戍边（熊黑钢等，2000）。还在塔里木盆地大兴水利设施建设，改善生产工具，进行屯田，使塔里木盆地周缘的诸绿洲农业，有了一定的发展（钟巍和熊黑钢；1999），同时，丝绸之路也重新畅通，交通往来发展到一个全新的空前繁荣的历史阶段。

五代之后，南疆地区气候总体向干旱化转化（竺可桢，1973），在距今 800 年左右达到一小峰值，人类生存受到威胁。唐朝灭亡以后，我国西北地方势力崛起，中原王朝势力衰弱，无力铲除地方割据势力，导致西北地方割据十分严重。在气候环境恶化和割据战争的双重影响之下，导致一部分遗址在 11 世纪前后陆续荒废（熊黑钢等，2000；舒强等，2001）。

8.2.4 对人口迁移与移民的影响

1. 极端干旱导致人口向河流中上游地区迁徙

在人类历史变迁中，早期自然环境因素的影响所占比重大，水是干旱区绿洲赖以生存的基础，水量的变化直接影响到各绿洲的繁荣与消失。而气候的变化控制着水量大小。水量周期性的波动特性决定了绿洲系统的可变性和脆弱性。诚然，战争等人文因素可以使绿洲消失，但不会仅使其向河流上游迁移。人类不断向上游迁移这一大趋势，是以自然环境的影响为主。研究表明，塔里木盆地南缘人类居所在空间上的主要迁移路线是：早期，河流中上游的山前地带（山前草原带）；中期，河流下游（沙漠中心）；晚期，河流中游（沙漠边缘），这一过程主要影响因素可能正是气候的变化（舒强，2001）。气候环境变化与新疆南疆地区人文事件之间的耦合关系研究表明，历史时期以来南疆地区气候变化在很大程度上影响着人类活动及人类生存的自然环境条件，在气候相对湿润期，环境条件适宜，有利于人类活动，使农牧业生产繁盛，人类活动范围扩大，丝绸之路畅通；在暖干环境条件下，由于水分减少，则会抑制人类活动，导致农业歉收，人类的生存环境和条件恶化，古城废弃、丝绸之路衰落。由于人类对自然界的干预越来越强，对环境变迁的影响越来越大，人类活动范围又发生了相对较大的变动。从空间上来说，表现为在河流上中下游间迁徙或随河道左右方向变动（中信度）（图 8-9）。如尼雅河、安迪尔河等表现为从河流中下游向河流中上游方向的迁移；而在且末河、克里雅河和和田河，则表现为沿一部分河道的左右摆动而变动。这一人类活动范围在时空上的变迁规律与气候环境的冷暖变化有很大联系。气候的变暖，使得南疆地区水分条件恶化，河流水量减少，下游出现断流情况，水分缺少使下游一些绿洲居民的农牧业生产受到很大影响，生活供给出现困难，居民为了生计，被迫放弃原有古绿洲，向上游迁移（舒强，2001）。

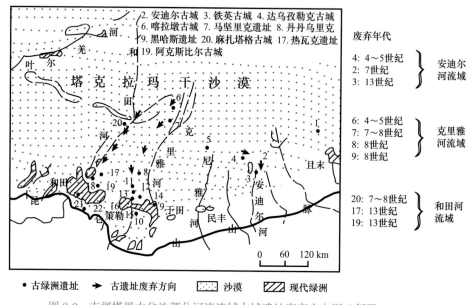

图 8-9　南疆塔里木盆地部分河流流域古城遗址废弃方向图（舒强，2001）

其他序号的注释同图 8-8

2. 极端干旱事件引发了移民高潮，影响了移民政策

以 1761~1780 年新疆天山北麓的移民活动为研究对象，讨论移民政策、移民高潮与移民迁出地极端气候事件之间的关系。结果显示：1761~1780 年间有 3 次移民高潮，分别发生在 1764~1766 年、1772~1773 年和 1777~1780 年。1761~1780 年天山北麓的移民政策没有发生大的改变，但 1763~1765 年、1771 年、1775~1778 年移民迁出地——河西走廊发生了 3 次极端干旱事件（图 8-10），揭示 1761~1780 年的 3 次移民高潮受极端干旱事件的驱动，且移民高潮的出现滞后迁出地极端干旱事件 1~2 年。第 3 次干旱推动了第 3 次移民高潮的出现，使得当时清政府于 1780 年转变了移民政策。1775~1780 年河西走廊极端干旱事件—天山北麓移民高潮—政府移民政策转变之间形成了一个完整的气候变化 - 社会响应链条。1760~1884 年期间，甘肃和陕西有 14 个旱年和 9 个洪水年，导致甘肃和陕西生活生产条件恶化，而此时的新疆气候异常寒冷和潮湿，寒冷潮湿的气候致使新疆区域水资源丰富，为农业发展和人类生产生活提供了有利条件。气候变化作为外部条件，对新疆社会发展的历史趋势产生了重大影响，尤其是在清朝中期成为新疆行政改革的原动力，气候变化的影响逐渐从水资源转移到农业、人口变化和城镇化发展（李屹凯和张莉，2015；李屹凯，2016；Li Y P et al.，2017），极端干旱事件引发了移民高潮，影响了移民政策（中信度）。

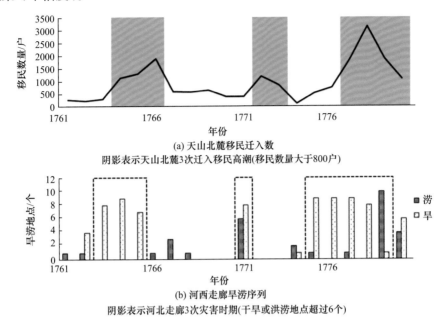

(a) 天山北麓移民迁入数
阴影表示天山北麓3次迁入移民高潮(移民数量大于800户)

(b) 河西走廊旱涝序列
阴影表示河北走廊3次灾害时期(干旱或洪涝地点超过6个)

图 8-10　1761~1780 年新疆天山北麓移民迁入数量和河西走廊旱涝序列（李屹凯和张莉，2015；Li Y P et al.，2017 等）

3. 应对气候变化实施了生态脆弱区的生态移民工程

受全球气候变化复杂性的影响，新疆生态环境出现退化趋势，绿洲外围植被稀疏，沙害频繁。在这种背景下，生态学家提出了"人退沙退"的新思路，即推行生态移民工程，其根本目的是减少生态环境退化地区的人口数量，将其控制在资源承载范围内，利用环境的自我调节和恢复能力，使生态逐步向良性循环发展。塔里木河流域在现代干旱环境背景下，超载放牧、乱挖滥采、毁林毁草开荒以及水资源的不合理利用是导致目前塔里木河干流沙漠化持续扩展的几种主要的不合理人为活动。部分学者在实地考察基础上，结合前人研究的成果资料，对导致塔里木河流域沙漠化扩展的深层次原因进行分析认为，来水量减少、人口增长是导致塔里木河流域环境恶化的主要原因，只有控制人口增长、采取正确的政策引导才能有效遏制当地环境恶化（吐尔逊·哈斯木等，2011）。自20 世纪末，新疆开始推行生态移民工程，已使 15 万人从生态退化地区迁出。如塔什库尔干县阿巴提镇、柯坪县启浪乡、若羌县、轮台县草湖乡生态移民工程都是把环境脆弱地区的人口通过移民方式集中起来，整体迁移（张英，2013；张建军，2015）。为了遏制塔里木河下游生态退化现状，自 2000 年起到 2019 年，经过塔里木河已向下游进行了 19 次生态输水，累计输送生态水量超过 75 亿 m³，结束了塔里木河干流下游河道连续断流 30 年的历史，让尾闾台特玛湖形成了 500 余平方千米的湖面和滨湖湿地，促进了流域经济社会发展与生态保护"双赢"。

8.3 气候变化对城市空气质量及居民健康的影响

新疆气候变化对城市空气质量造成了显著影响，可能会引发肺结核等流行性疾病，滋生碘缺乏病、地方性氟中毒和克山病等地方病（低信度）。蒸发量大和沙尘天气可能是导致肺结核发病率增多的主要原因之一（低信度），南疆春季为高发病区，部分城市主要大气污染物与气象因子之间存在正相关关系，气候持续干热可能引发西北燥证及心理健康问题。

8.3.1 对城市空气质量的影响

1. 乌鲁木齐市大气污染较为严重，酸雨频率呈上升趋势

新疆空气环境质量研究多集中于乌鲁木齐市，该市空气污染严重（中信度）。早在2004年，乌鲁木齐市的空气污染严重程度已位居全球第4位，国内47个重点城市中位居第3位（钱翌和巴雅塔尔，2004），后经过治理，有所好转，但目前仍为全国城市空气污染最严重的城市之一，尤其是冬季采暖期长，采暖用煤量增加使得空气中污染物越积越多，加上没有强冷空气入侵和下雪天气，风力小，特殊的地理环境使空气中积累的污染物很难扩散和降解，不利于污染物的扩散，致使空气污染严重。针对乌鲁木齐的大气污染，不少学者利用气象及环境监测数据，对乌鲁木齐大气污染的理化特征、时空分布开展了较系统的研究。研究表明：乌鲁木齐市大部分低能见度出现在冬季，占全年总次数的97%；夏半年低能见度出现频率很低。近1978~2008年低能见度的年出现频率随年代增加而减小的倾向率为0.52%/10a（郑玉萍等，2007；郑玉萍和李景林，2008；李景林等，2008）。

由于乌鲁木齐特殊的地理环境和以煤为主的能源消费模式，使乌鲁木齐的污染相当严重，导致大气降水的酸化日趋严重，酸雨污染呈逐年加剧之势（高信度），而酸雨会对植物、土壤、水体、建筑物造成破坏。乌鲁木齐市区大气降水总体以中性和碱性为主，但有逐渐酸化的趋势，其中冬半年酸化更为明显，降水的年平均pH以0.048%的速率递减，年酸雨频率以0.624%的速率递增（张山清等，2008；刘佳，2010）。1992~2006年乌鲁木齐市区酸雨出现频率具有非常明显的年际波动，1992年、1993年的酸雨频率相对较高，1994~2000年连续7年在波动中一直保持着较低的酸雨出现频率，但自2001年起至2006年，酸雨频率又出现了持续快速反弹的现象，至2006年酸雨频率达到了近15年的最高值（图8-11）。就酸雨频率在年内的分布情况来看，冬半年各月（11月至翌年4月）出现频率较高，其中尤以2月和3月最高，夏半年（5~10月）较低（图8-12），其中，1992~2006年近15年来的9月份从未出现过酸性降水（张山清等，2008）。

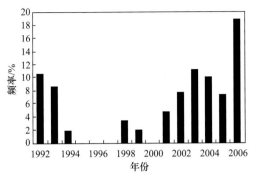

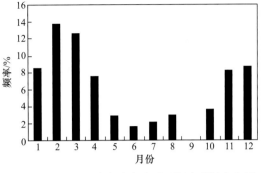

图 8-11　乌鲁木齐市酸雨频率年际变化图　　　　图 8-12　乌鲁木齐市酸雨频率月际变化图

基于乌鲁木齐、伊犁、哈密、和田酸雨观测站观测分析发现，酸雨季节的变化特点是伊犁冬季最多，其次为夏季和春季。乌鲁木齐冬季和春季出现最多。乌鲁木齐和伊犁两站的降水 pH 均值都在减小，酸雨频率呈现出上升趋势；酸雨频率分别以 5 百分点 /10a 和 10 百分点 /10a 的速度上升。地域差异上，酸雨出现率北疆多，东疆次之，南疆没有出现，南北疆差异很大（李晓燕，2010）。

2. 典型城市气象要素与大气污染物之间呈较强的相关性

探讨乌鲁木齐、克拉玛依、喀什、伊宁 4 个城市气象因素和大气污染物之间的关系表明，乌鲁木齐 SO_2 浓度以及 NO_2 浓度远超过其他 3 个城市，且 NO_2 浓度每年均超过《环境空气质量标准》（GB 3095—2012）限值（年平均 $40\mu g/m^3$），污染较为严重，历年最高分别为（92.5 ± 83.4）$\mu g/m^3$、（83.4 ± 68.1）$\mu g/m^3$。4 个城市 PM_{10} 浓度均超过限值 $40g/m^3$，且喀什 PM_{10} 浓度远远超过其他 3 个城市，最高为（345.7 ± 170.5）$\mu g/m^3$。4 个城市气象因子与主要污染物之间存在较强的正相关，且 4 个城市大气主要污染物 SO_2 及 NO_2 浓度总体呈下降趋势（闫琪和晓开提·依不拉音，2018）。

8.3.2　对居民身体健康的影响

新疆属温带大陆性干旱气候，具有夏季炎热，昼夜温差大，湿度低，沙尘暴及浮尘天气多，空气含尘量高及日照时间长，紫外线强等特点（赵济，1995）。过去的研究表明新疆是结核病、高血压、糖尿病等心血管疾病高发区，极端高温可能是心脏病发病率高的主要原因之一（低信度）。据 2019 年新疆农村人群健康状况与卫生习惯的抽样调查数据表明，农村居民每年支付的家庭药费大约占家庭收入的 10.6%，农村居民中因心脏病死亡的比重占 29.4%，因脑血管病死亡的比重占 20.91%，因呼吸系统疾病死亡的比重占 12.93%。

1. 蒸发量大和沙尘天气加重肺结核发病率，春季南疆地区的为高发病区

北京结核病控制研究所资料显示，我国是肺结核患者数仅次于印度，居世界第 2 位的结核病高负担国家[①]，而新疆是我国肺结核年均发病率最高的省份（Wang et al.，2014）。

---

① 中国疾病预防控制中心. 2011. 国家人口与健康科学数据共享平台——公共卫生科学数据中心肺结核数据库.（2011-12-31）. http://www.phsciencedata.cn[2012-04-03]

通过计算全国 31 个省份肺结核发病率与气候因子之间的相关性，发现我国西部地区肺结核疫情受气候因子影响明显，极端气候可能是传染病发病率回升的重要因素之一（丛明瑶等，2014）。在气候相关指标中，全年平均气温跟活动性结核病报告发病率呈正相关，即全年平均气温越高，活动性结核病报告发病率越高。而全年合计降水量跟活动性结核病报告发病率呈负相关，即全年合计降水量越高，活动性结核病报告发病率越低（康万里等，2012）。

新疆远离海洋，深居内陆，四周有高山阻隔，海洋气流不易到达，形成明显的温带大陆性气候。南疆的气温高于北疆，北疆的降水量高于南疆。由此说明南疆是活动性结核病的高发地区。肺结核和气象因素关系的神经网络模型研究显示，平均蒸发量对肺结核病发病率的影响最大。蒸发量是指一定时间段内水分经蒸发而散布到空中的量，通常用蒸发掉的水层厚度的毫米数表示，一般温度越高、湿度越小、风速越大、气压越低、则蒸发量就越大，蒸发量大则易发生干旱。新疆 3000 mm 以上的蒸发量，尤其是塔克拉玛干沙漠边缘的南疆地区蒸发量较高，气候非常干旱，再加上沙尘暴引起的沙尘污染会影响到这些区域结核病的流行（低信度）。

"空气质量达到及好于二级天数"跟活动性结核病报告发病率呈负相关，即空气质量达到及好于二级天数越多，空气质量越好，活动性结核病报告发病率越低。有关研究结果显示，沙漠尘对肺巨噬细胞有杀伤作用，使巨噬细胞脂质过氧化作用增强，并能引起纤维化因子 TGF-B1 的释放，并且风沙尘肺合并肺结核的比例高达 72.9%。综上所述，新疆干旱的气候和沙尘暴天气，对该区活动性结核病的流行有较大影响（低信度）。加强新疆的绿化工作，增加植被覆盖度，截留沙尘，降低大气颗粒污染物浓度，改善新疆的生态环境，是降低肺结核发病率的重要措施之一（阿提开木·吾布力，2016）。

2. 部分城市大气污染物与气象因子之间存在着正相关关系，并对呼吸系统带来影响

分析乌鲁木齐市、克拉玛依市、喀什市、伊宁市四个城市大气污染对呼吸系统及心血管系统影响的危险因素和大气污染健康效应的季节特征，得出这四个城市大气污染物年均浓度较高，其中乌鲁木齐 SO_2、NO_2 浓度远超于其他 3 个城市（表 8-3~ 表 8-6），喀什 PM_{10} 浓度远超于其他 3 城市；4 个城市污染物浓度基本呈现逐年下降趋势；大气污染

表 8-3　2015~2017 年乌鲁木齐市大气污染物与气象因素间 Pearson 相关分析表（闫琪，2019）

指标	SO_2	NO_2	PM_{10}	气温	气压	湿度	风速
SO_2	1	0.800**	0.820**	−0.683**	0.449**	0.569**	−0.360**
NO_2		1	0.694**	−0.616**	0.369**	0.474**	−0.322**
PM_{10}			1	−0.592**	0.374**	0.470**	−0.303**
气温				1	−0.761**	−0.814**	0.459**
气压					1	0.639**	−0.384**
湿度						1	−0.351**
风速							1

** 表示 $P<0.01$

新疆气候变化科学评估报告

表 8-4 2015~2017 年克拉玛依市大气污染物与气象因素间 Pearson 相关分析表（闫琪，2019）

指标	SO_2	NO_2	PM_{10}	气温	气压	湿度	风速
SO_2	1	0.477**	0.686**	−0.599**	0.509**	0.507**	−0.351**
NO_2		1	0.527**	−0.235**	0.172**	0.190**	−0.145**
PM_{10}			1	−0.564**	0.431**	0.475**	−0.315**
气温				1	−0.862**	−0.824**	0.470**
气压					1	0.653**	−0.425**
湿度						1	−0.443**
风速							1

** 表示 $P<0.01$

表 8-5 2015~2017 年喀什市大气污染物与气象因素间 Pearson 相关分析表（闫琪，2019）

指标	SO_2	NO_2	PM_{10}	气温	气压	湿度	风速
SO_2	1	0.299**	0.017	−0.509**	0.425**	0.293**	−0.326**
NO_2		1	0.034	−0.289**	0.153**	0.147**	−0.104**
PM_{10}			1	−0.059*	0.079*	0.035	−0.031
气温				1	−0.701**	−0.632**	0.536**
气压					1	0.443**	−0.458**
湿度						1	−0.468**
风速							1

* 表示 $P<0.05$，** 表示 $P<0.01$

表 8-6 2015~2017 年伊宁市大气污染物与气象因素间 Pearson 相关分析表（闫琪，2019）

指标	SO_2	NO_2	PM_{10}	气温	气压	湿度	风速
SO_2	1	0.789**	0.765**	−0.682**	0.511**	0.504**	−0.328**
NO_2		1	0.599**	−0.785**	0.530**	0.558**	−0.300**
PM_{10}			1	−0.440**	0.326**	0.333**	−0.233**
气温				1	−0.793**	−0.670**	0.318**
气压					1	0.540**	−0.180**
湿度						1	−0.192**
风速					.		1

** 表示 $P<0.01$

物浓度在采暖期高于非采暖期。4 城市气象因子与污染物之间存在正相关关系。3 个主要污染物对 4 个城市人群呼吸系统和心血管系统疾病死亡影响存在滞后效应，对呼吸系统及心血管系统疾病死亡人数的影响在调整后都各有所下降（闫琪，2019）。

通过研究乌鲁木齐市气象因素与大气污染的交互作用关系认为，大气污染可能是与呼吸系统疾病日住院人数变化的混杂因素。

另外，月温差等气候因素可能导致慢性支气管炎等呼吸道疾病发病率增加。对新疆其他呼吸道疾病如慢性支气管炎急性发作住院患者人数产生影响的气候因素包括气温、气压、湿度、风速、日照时数等多个因素（低信度）（表 8-7）。月最大温差为新疆特有的影响慢性支气管炎急性发作的气象因素（李争等，2016）。

表 8-7　慢性支气管炎急性发作住院人数与气象因子相关性表（李争等，2016）

相关因素	r 值	P 值
慢支患者住院人数与温度	−0.725	0.008
慢支患者住院人数与降水量	0.022	0.945
慢支患者住院人数与日照时数	−0.605	0.037
慢支患者住院人数与风速	−0.604	0.037
慢支患者住院人数与气压	0.859	0.000
慢支患者住院人数与湿度	0.618	0.032
慢支患者住院人数与月气温极差	0.636	0.026

3. 可能滋生碘缺乏病、地方性氟中毒和克山病等地方病

地方病大部分为环境物理因子所致，其分布主要取决于太阳辐射、气压、高温、严寒等因子的地域分异（《中国大百科全书》总编委会，2002；Confalonieri and Cmichael，2006）。新疆是一些特殊地方病，如碘缺乏、大骨节病、克山病、农牧区皮肤病和风湿免疫性疾病高发区（低信度）（Yang et al.，2002；刘运起，2011）。较早研究新疆地方病的学者研究了塔里木河中、下游地区沉积环境与地方病的关系，研究表明塔里木河中、下游地区的地方病主要有甲状腺肿、氟中毒属碘、氟缺乏或超标，这几种地方病与当地气候与水文状况关系密切，对当地居民有较大危害。例如，天山南坡山区强降雨径流淋洗表土中的碘和氟随着水流向山麓、平原区迁移，山区表土中缺碘少氟，使山区甲状腺肿患病率极高；而塔河平原地区气候表现为高温，少雨，干燥的特点。强烈的蒸发使山区径流带来的碘和氟随水盐、土盐浓缩而相对聚集、增加，平原区甲状腺肿相应减轻，氟病患病率则加重（蒋岐鸣和蒋建华，1993）。

8.3.3　对居民心理健康的影响

采集新疆及全国相关气候指标数据，运用因子分析法探讨六淫与气候因素的关系，从理论上证实新疆燥气最盛西北燥证外感病因首推燥邪，次则火邪，亦关乎风寒二邪。通过对新疆油田工人流行病学调查和沙漠燥证症状计量辨证后发现，沙漠地区石油工人受酷热、干燥等环境影响，会出现一组以干燥为主要病机的症状，尤以心、胃、肾症状表现突出，有膝胫酸软、精神迟滞、心烦、性欲减退等症状。干热的沙漠环境亦可引起人群神经行为异常改变，引起作业人群焦虑、忧郁、易怒等倾向（低信度）。无论是西北燥证，还是沙漠燥证，其发病均与干燥有关，干燥气候条件亦导致了与西北燥证相关的多发病，患病率及患病严重程度的变化（表 8-8），如常年性变应性鼻炎、慢性支气管炎等（周铭心等，2006；牟全胜和周铭心，1991）。

表 8-8　新疆五地市与四川乐山、上海西北燥证患病率与相关气候指标比较表（牟全胜和周铭心，1991）

调查地点	西北燥证罹患率 /%	年均相对湿度 /%	年总降水量 /mm	年总蒸发量 /mm	年均水汽压 /mbar	年均日照比例 /%	年沙暴日数 /d
和田	39.52	42	364	3290	4.0	60	33.6
吐鲁番	23.51	41	156	2 973	8.2	75	3.7
哈密	34.11	44	391	3 465	5.0	76	22.5
伊犁	4.61	60	2689	2 850	7.5	65	10.0
乌鲁木齐	9.44	58	2 863	2 850	6.2	63	6.3
乐山	0.51	85	10 520	940	16.4	27	1.0
上海	0.48	76	11844	1 349	16.4	46	0.8
r	1	-0.874^{**}	-0.784^{*}	-0.424	-0.770^{*}	0.62	0.858^{**}

注：r 为各指标值与罹患率相关分析得出的相关系数，* 表示 $P<0.05$，** 表示 $P<0.01$

此外，干旱区平均气压与流行性脑膜炎、麻疹、百日咳发病率呈负相关，平均蒸发量与流行性脑膜炎、麻疹、百日咳发病率呈正相关，平均降水量与流行性脑膜炎发病率呈负相关（Shi et al.，2006）。

8.4　知识差距与不足

新疆气候变化对城乡发展的影响如城市迁移等只有在百年时间尺度上才能显现出来，除极端气候事件外，对短时间的城乡规划和城乡发展的影响总体不明显，新疆国土空间规划和城乡发展在很大程度上受地形、水源等自然因素以及经济、政策等人为因素影响较大，对城市提升适应气候变化的能力关注不够。气候变化对未来城市的长远发展将产生显著影响，但相关研究仍有待深化。

新疆地域辽阔，绿洲分散、城镇零星散布，但生态环境敏感脆弱，不能忽视城市化等人类活动对区域气候的影响，尤其是北疆地区。但定量探讨新疆城乡发展与气候变化关系的研究尚少。

新疆气候变化影响居民健康，但与居民健康有关的地方病、流行病等病种类单一，加上数据涉密等因素，根据已有公开的极少文献无法客观评估新疆气候变化对居民健康的真实影响。

参考文献

阿提开木·吾布力 . 2016. 新疆活动性结核病的空间分布特征、季节性以及影响因素的生态学研究 . 乌鲁木齐：新疆医科大学学位论文 .

安童鹤 . 2011. 新疆南疆沙漠地区规划研究——以和田地区策勒县总体规划为例 // 转型与重构——2011中国城市规划年会论文集 . 南京：中国城市规划学会 .

蔡志磊 . 2012. 应对气候变化的城市总体规划编制响应 . 武汉：华中科技大学学位论文 .

曹占洲，毛炜峄，陈颖．2013.近50年气候变化对新疆农业的影响.农业网络信息，6：123-126.

曹志杰，陈绍军．2016.气候风险视阈下气候贫困的形成机理与演变态势.河海大学学报（哲学社会科学版），18（5）：52-59，91.

常浩娟，刘卫国．2019.气候变化背景下气象灾害影响新疆生产建设兵团农业经济的动态效应分析.生态经济，35（5）：125-129.

巢清尘，刘昌义，袁佳双．2014.气候变化影响和适应认知的演进及对气候政策的影响.气候变化研究进展，10（3）：167-174.

陈曦，罗格平，夏军，等．2004.新疆天山北坡气候变化的生态响应研究.中国科学（D辑：地球科学），34：1166-1175.

陈晓峰．2012.农业保险的发展、挑战与创新——全球天气指数保险的实践探索及政府角色.区域金融研究，（8）：62-67.

陈亚宁．1993.新疆干旱区地质灾害形成的系统分析.中国地质灾害与防治学报，（3）：15-21.

陈亚宁，李卫红．1995.新疆干旱区地质灾害研究.海洋地质与第四纪地质，（3）：121-128.

程维明，周成虎，汤奇成，等．2001.天山北坡前山带景观分布特征的遥感研究.地理学报，（5）：540-547.

丛明瑶，云妙英，阿德娜依·阿力肯．2014.气候因子对肺结核病率影响的分析.中华疾病控制杂志，18（11）：1051-1054.

窦燕．2015.经济发展和气候变化与乌鲁木齐市生活用水关联度分析.水利科技与经济，6：7-9.

方创琳．2019.天山北坡城市群可持续发展的战略思路与空间格局，干旱区地理，43（1）：1-9.

方创琳，高倩，张小雷，等．2019b.城市群扩展的时空演化特征及对生态环境的影响——以天山北坡城市群为例.中国科学（D辑：地球科学）．49（9）：1413-1424.

方创琳，高倩，赵瑞东．2019a.天山北坡城市群可持续发展与决策支持系统．北京：科学出版社．

贡璐．2007.干旱区城市热岛效应定量研究——以乌鲁木齐为例.乌鲁木齐：新疆大学学位论文．

贡璐，吕光辉．2009.基于景观的干旱区城市热岛效应变化研究——以乌鲁木齐市为例.中国沙漠，29（5）：982-989.

古丽娜．2010.气候变化下新疆洪水演变及其防洪对策研究.中国农村水利水电，（10）：64-66.

胡桂胜，尚彦军，曾庆利，等．2017.新疆叶城"7.6"特大灾害性泥石流应急科学调查.山地学报，35（1）：112-116.

胡仁巴．2015-05-20.冰川缘何发生罕见位移.人民日报，2.

黄文弼．1958.塔里木盆地考古记．北京：科学出版社．

黄莹，包安明，王爱华，等．2009.近25a新疆LUCC对气候变化及人类活动的响应.干旱区资源与环境，23（10）：118-124.

黄玉薇，姜曙光，段琪，等．2016.新疆民居阿以旺原型空间自然通风研究.建筑科学，32（2）：99-105.

江乃川．2013.温带极端气候区城市设计策略研究——以新疆准东西部新城为例//城市时代，协同规划——2013中国城市规划年会论文集（02-城市设计与详细规划）.青岛：中国城市规划学会：15-16.

姜逢清，胡汝骥，李珍．2007.新疆主要城市的采暖与制冷度日数——近45年来的变化趋势.干旱区地理，30（5）：11-18.

姜萍，徐洁，陈鹏翔，等．2019.南疆近57年沙尘暴变化特征分析.干旱区资源与环境，33（2）：103-

109.

蒋岐鸣,蒋建华.1993.塔里木河中、下游地区沉积环境与地方病的关系.干旱区地理,(2):52-57.

居马·吐尔逊.2015.新疆维吾尔自治区地质灾害防治的意义.西部探矿程,27(11):97-100.

康万里,郑素华,刘冠,等.2012.社会因素和自然因素与肺结核患病关系的研究//中华医学会结核病学分会2012年学术大会论文集汇编.杭州:中华医学会结核病分会.

李春静.2011.干旱区气候环境下的乡土景观设计对策研究.西安:西安建筑科技大学学位论文.

李景林,郑玉萍,赵娟,等.2008.乌鲁木齐近30年低能见度气候特征.干旱区地理,31(2):189-196.

李晓燕.2010.新疆降水pH值的时空分布及变化特征初步分析//第27届中国气象学会年会论文集.北京:中国气象学会.

李屹凯.2016.清代天山北麓移民垦殖与气候变化的关系.西安:陕西师范大学学位论文.

李屹凯,张莉.2015.1761~1780年极端气候事件影响下的天山北麓移民活动研究.陕西师范大学学报(自然科学版),43(5):84-89.

李争,李风森,高振,等.2016.气象因素对乌鲁木齐慢性支气管炎患者急性发作的影响.海南医学,27(13):2107-2109.

莉娅,李鹏,何佳,等.2006.西北燥证外感病因六淫构成情况因子分析.新疆医科大学学报,(12):1123-1127.

刘佳.2010.乌鲁木齐市大气颗粒物TSP,PM_{10}与降水化学特征初步分析.乌鲁木齐:新疆大学学位论文.

刘卫平,张帆,魏文寿,等.2010.乌鲁木齐近30 a城市与郊区气候参数对比分析.中国沙漠,30(3):681-685.

刘运起,刘辉,刘宁,等.2011.中国大骨节病病情监测结果分析与未来流行趋势的估计.中国地方病防治杂志,26(4):259-264.

刘尊驰.2016.南疆典型沙区沙尘天气发生发展规律研究.石河子:石河子大学学位论文.

鲁小荣,郭万里.2007.昌吉市城市热岛效应的分析.沙漠与绿洲气象,1(2):29-32.

买买提江·买提尼亚孜,阿里木江·卡斯木.2015.干旱区典型城市下垫面特征及其与地表热环境的关系研究.生态环境学报,24(11):1865-1871.

牟全胜,周铭心.1991.西北多燥说.新疆中医药,(4):1-6.

穆学理.2018.环境适应性背景下天山南坡传统绿洲聚落形态研究.乌鲁木齐:新疆大学学位论文.

彭俊杰.2019.气候变化背景下中原城市群城市发展的响应及适应策略.创新科技,19(3):30-36.

钱翌,巴雅塔尔.2004.乌鲁木齐市大气污染物时空分布特征.新疆农业大学学报,27(4):51-55.

秦大河.2007.应对全球气候变化 防御极端气候灾害.求是,(8):51-53.

秦鹏.2016.气候变化下渭干河流域绿洲适宜规模研究.乌鲁木齐:新疆农业大学学位论文.

茹克娅·吐尔地,潘永刚.2008.特定地域文化及气候区的民居形态探索——新疆维吾尔传统民居特点.华中建筑,(4):99-101.

施雅风,沈永平,胡汝骥.2002.西北气候由暖干向暖湿转型的信号,影响和前景初步探讨.冰川冻土,24(3):219-226.

舒蓓,赵宏波.2020.浙江省美丽乡村建设下生产性景观发展现状与展望.园林,(3):76-81.

舒强.2001.历史时期以来南疆地区的气候环境演化与人地关系研究.乌鲁木齐:新疆大学学位论文.

舒强，钟巍，熊黑钢，等.2001.南疆尼雅地区4ka来地化元素分布特征与古气候环境演化的初步研究.中国沙漠，21（1）：12-18.

宋辉.2017.新疆喀什高台民居街巷空间相关性分析.城市建筑，（29）：46-48.

谈建国，侯依玲，田展.2012.城市可持续发展的气候风险与多元应变举措上海城市管理，21（3）：27-31.

谭灵芝，王国友.2012.气候变化对干旱区家庭生计脆弱性影响的空间分析——以新疆于田绿洲为例.中国人口科学，（2）：67-77，112.

吐尔逊·哈斯木，曼尼萨汗·吐尔隼，祖木拉提·伊布拉音，等.2011.导致塔里木河流域土地沙漠化扩展的深层次原因分析.中国沙漠，31（6）：1380-1387.

瓦力江.2018.乌鲁木齐市近地面气温变化特征及其城市化效应.南京：南京信息工程大学学位论文.

王阿如娜.2016.气候变化下的城市脆弱性评价及影响因素分析.西安：陕西师范大学学位论文.

王沨枫，林丽霞，雒婉.2019.多风城市风环境改善策略研究——以克拉玛依为例.建筑热能通风空调，38（2）：24-27.

王生霞，丁永建，叶柏生，等.2012.基于气候变化和人类活动影响的土地利用分析——以新疆阿克苏河流域绿洲为例.冰川冻土，34（4）：828-835.

王雅君，徐丽萍，郭鹏，等.2016.石河子市热岛效应亮温反演特征及趋势预测.环境科学与技术，39（11）：162-166.

王玉洁，秦大河.2017.气候变化及人类活动对西北干旱区水资源影响研究综述.气候变化研究进展，13（5）：483-493.

魏文寿，高卫东，史玉光，等.2004.新疆地区气候与环境变化对沙尘暴的影响研究.干旱区地理，（2）：137-141.

魏秀月.2015.基于南疆气候特征的兵团小城镇规划方法研究.武汉：华中科技大学学位论文.

武艳娟，李玉娥.2009.气候变化对生计影响的研究进展.中国农业气象，30（1）：8-13.

夏训诚，李崇舜，周兴佳，等.1991.新疆沙漠化与风沙灾害治理.北京：科学出版社.

夏祎萌，何清，李军，等.2012.新疆大风灾害灾度和危险度分析.中国沙漠，32（4）：1025-1028.

熊黑钢，钟巍，努尔巴依，等.2000.塔里木盆地南缘自然与人文历史变迁的耦合关系.地理学报，（2）：191-199.

徐羹慧，陆帼英.2004.新疆气候变化与生态环境关系的近期研究.新疆气象，（2）：2-5.

闫琪.2019.新疆4城市大气污染对呼吸系统及心血管系统影响的危险因素分析.乌鲁木齐：新疆医科大学学位论文.

闫琪，晓开提·依不拉音.2018.气象条件对新疆4个城市主要大气污染物的影响.职业与健康，34（13）：1831-1833.

杨涛，母俊景.2009.地域性气候对新疆喀什民居建筑形式的影响.山西建筑，35（24）：43-44.

殷晴.1988.湮埋在沙漠中的 弥古国 // 陈华.和田绿洲研究.乌鲁木齐：新疆人民出版社.

袁宝印，魏兰英，王振海，等.1998.新疆巴里坤湖15万年以来古水文序列.第四纪研究，（4）：319-326.

袁朋伟，宋守信，潘显钟，等.2014.气候变化条件下的城市脆弱性建模与仿真.城市发展研究，21（1）：54-59.

翟盘茂，袁宇锋，余荣，等.2019,气候变化和城市可持续发展.科学通报，64（19）：1995-2001.

新疆气候变化科学评估报告

张建军 . 2015. 塔里木河流域生态移民实践与可持续发展的对策探析 . 新疆农垦经济，（10）：72-77.

张建云 . 2015-11-04. 水利工程建设须充分考虑气候变化影响 . 中国气象报，11（4）：1.

张钦，赵雪雁，王亚茹，等 . 2016. 气候变化对石羊河流域农户生计资本的影响 . 中国沙漠，36（3）：814-822.

张山清，任泉，刘振新，等 . 2008. 乌鲁木齐市区大气降水酸碱度及电导率变化分析 . 沙漠与绿洲气象，2（2）：11-14.

张英 . 2013. 新疆生态移民的特点 . 水利规划与设计，（2）：44-46.

赵济 . 1995. 中国自然地理 . 北京：高等教育出版社 .

赵晓文 . 2014. 脆弱生态环境下聚落住宅的环境适应性研究 . 乌鲁木齐：新疆大学学位论文 .

赵宗慈，高学杰，汤懋沧，等 . 2002. 气候变化预测 // 丁一汇 . 中国西部环境演变评估（第二卷）. 中国西部环境变化的预测 . 北京：科学出版社 .

郑玉萍，李景林 . 2008. 乌鲁木齐近 31 年大雾天气气候特征分析 . 气象，34（8）：22-28.

郑玉萍，李景林，刘增强，等 . 2007. 乌鲁木齐冬季大雾与低空逆温的关系 . 沙漠与绿洲气象，1（3）：21-25.

竺可桢 . 1973. 中国近 5000 年来气候变迁的初步研究 . 中国科学，（2）：291-296.

《中国大百科全书》总编委会 . 2002. 中国大百科全书 . 北京：中国大百科全书出版社 .

钟巍，熊黑钢 . 1999. 塔里木盆地南缘 4ka 来气候环境演化与古城废弃事件关系研究 . 中国沙漠，19（4）：343-347.

周铭心，单丽娟，宋晓平，等 . 2006. 西北燥证外感病因六淫构成情况因子分析 . 新疆医科大学学报，（12）：1123-1127.

Cai Y，Chiang J C H，Breitenbach S F M，et al. 2017，Holocene moisture changes in western China，Central Asia，inferred from stalagmites. Quaternary Science Reviews，158：15-28.

Confalonieri A，Cmichael M A .2006. Global environmental change and human health.ESSP Report No.4.IHDP，http：//www.ihdp.org.

Jia D，Fang X，Zhang C. 2017. Coincidence of abandoned settlements and climate change in the Xinjiang oases zone during the last 2000 years. Journal of Geographical Sciences，27（9）：1100-1110.

Li H，Liu F，Cui Y，et al. 2017. Human settlement and its influencing factors during the historical period in an oasis-desert transition zone of Dunhuang，Hexi Corridor，northwest China.Quaternary International，458：113-122.

Li Y P，Ge Q S，Wang H J，et al. 2017. Climate change，migration，and regional administrative reform：A case study of Xinjiang in the middle Qing Dynasty（1760-1884）. Science China Earth Sciences，60（7）：1328-1337.

Maimaitiyiming M，Ghulam A，Tiyip T，et al. 2014.Effects of green space spatial pattern on land surface temperature：Implications for sustainable urban planning and climate change adaptation. ISPRS Journal of Photogrammetry and Remote Sensing，89：59-66.

Mohamed E，Christopher R W，Eric C. 2018.Investigation of fatigue and thermal cracking behavior of rejuvenated reclaimed asphalt pavement binders and mixtures. International Journal of Fatigue，（108）：90-95.

Qin X，Liu J，Jia H，et al. 2012. New evidence of agricultural activity and environmental change associated with the ancient Loulan kingdom，China，around 1500 years ago. The Holocene，22（1）：53-61.

Rodriguez R S，Ürgevorsatz D，Barau A S. 2018. Sustainable development goals and climate change adaptation in cities. Nature Climate Change，8：181-183.

Shi H，Qu B，Guo H，et al.2006. Effect of meteorological factors on epidemic situation of aspiratory infectious diseases in drought area. Chin J Public Health，22（4）：417-418.

Shi Z，Chen T，Storozum M J，et al. 2019.Environmental and socialfactors influencing the spatiotemporal variation of archaeological sites during the historical period in the Heihe River Basin，Northwest China. Quaternary International，507：34-42.

UNHP. 2011.Global Report on Human Settlements 2011：Cities and Climate Change. London：Earthscan，https：//unhabitat. org/cities-and-climate-change-global-report-on-human-settlements-2011.

Wang L，Zhang H，Ruan Y，et al. 2014. Tuberculosis prevalence in China，1990-2010；a longitudinal analysis of national survey data. Lancet，383（9934）：2057-2064.

WMO. 2019. WMO report on The Global Climate in 2015-2019. https：//library. wmo. int/index. php?lvl=notice_display&id=21522.

Xu C，Li J，Zhao J，et al. 2015. Climate variations in northern Xinjiang of China over the past 50 years under global warming. Quaternary International，358：83-92.

Xu C C，Zhao J，Li J X. 2015. Climate change in Urumqi City during 1960–2013.Quaternary International，358：93-100.

Yang L S，Peterson P J，Williams W P，et al. 2002. The relationship between exposure to arsenic concentrations in drinking water and the development of skin lesions in farmers from Inner Mongolia，China. Environmental Geo-chemistry and Health，24（4）：293-303.

Yang Y，Chen Y，Li W，et al. 2012. Climatic change of inland river basin in an arid area：a case study in northern Xinjiang，China. Theoretical and Applied Climatology，107（1-2）：143-154.

Young G，Zavala H，Wandel J，et al. 2010. Vulnerability and adaptation in a dryland community of the Elqui Valley，Chile. Climatic Change，98（1）：245- 276.

第9章　气候变化对大气环境的影响

主要作者协调人：李　霞　孙俊英

主要作者：郭宇宏　姜克隽　钟玉婷　王　郁　王　楠

贡献作者：赵克明　王胜利　于晓晶　李淑婷　李阿桥　任　岗

▪ 执行摘要

本章主要阐述了新疆大气环境现状、1961 年以来气候变化对大气环境的影响、气候变化背景下未来新疆大气环境的可能变化以及改善大气环境的可能途径。

当前，新疆首要污染物以颗粒物为主，全疆反应性气体浓度均达标。全疆空气质量由北往南呈现逐步加重的趋势，南疆重于北疆。冬季天山北坡 $PM_{2.5}$ 污染最为严重，南疆则是春季沙尘天气造成 PM_{10} 严重超标。SO_4^{2-}、NO_3^- 和 NH_4^+ 3 种离子是天山北坡重污染地区 $PM_{2.5}$ 中的主要离子；南疆地区 PM_{10} 中的离子如 Ca^{2+}、Na^+、Cl^- 较北疆地区明显偏高。人为排放源密集于天山北坡和东疆，沙尘排放源则分布在塔里木盆地。大气扩散条件普遍夏半年好于冬半年、南疆大气环境容量比北疆小。

1961 年以来，全疆地面风速普遍减小（置信度为 95%），1975~2019 年大气环境容量整体呈现逐步降低的趋势，二者都不利于污染物浓度稀释扩散。沙尘天气频次呈现减少趋势，有助于南疆颗粒物浓度下降。2007~2018 年卫星反演的气溶胶光学厚度数据证实南疆空气质量有所好转、天山北坡城市群存在恶化的趋势。

区域气候模式预估 21 世纪中期（2046~2065 年）和末期（2080~2099 年），新疆地面风速减小、大气环境容量降低、静稳天气日数增加，颗粒物污染可能增加，臭氧日最大小时浓度在北疆和南疆偏北地区有所上升（中等信度）。南疆塔里木盆地腹地及其南缘边界层高度上升，沙尘天气减少，预计颗粒物浓度将下降。在未来新疆的能源转型情景（到 2050 年）下，新疆可再生能源占据一次能源的主要部分，煤炭消耗量明显下降，空气质量有望得到明显改善（中等信度）。

气候变化可以通过改变地面气温而加速某些大气污染成分（如 O_3）的前体物（如 VOCs）的自然源排放，可以通过改变化学反应速率、边界层高度、天气系统出现频率等来影响污染物的垂直混合和扩散速度，还可以通过改变大气环流形势，进而改变污染物的传输方式。气候变化可以深刻地影响空气质量，从而给人体健康带来威胁。国民经济和社会发展规划分别提出了应对气候变化和大气污染防治的目标。由于大气污染和气候变化在成因上关系密切，在治理上也应采取相应策略，以实现碳排放和主要污染物排放"双减"目标，建设天蓝、地绿、水净的美好家园。

新疆地处欧亚大陆的腹地干旱半干旱地区，远离海洋，降水稀少，夏季酷暑、冬季严寒，气候独特。三山夹两盆的地形决定了降水的空间分布，新疆的城镇基本都坐落在山前地带、盆地边缘的绿洲上。一方面，山盆结构的地形促使新疆的降水、温度、风速、混合层高度等大气扩散条件不同于我国东部地区；另一方面，全疆经济发展非常不平衡，导致各地的污染排放源强度分布不均、大气污染程度不同；此外，南北疆两大盆地中部都是沙漠，提供了丰富的沙源，因此新疆的大气环境非常复杂。新疆随着经济跨越式发展，石油化工、煤化工等行业规模的扩大、新项目的陆续建成等，对城市环境空气质量而言，除传统的 PM_{10}、SO_2、NO_2 三项大气污染物外，$PM_{2.5}$、VOCs、O_3 等大气污染物的污染防治也日益凸显，干旱区绿洲城市大气环境污染压力逐年增大，由煤烟污染或沙尘污染发展为煤烟、沙尘和汽车尾气复合型污染。

未来新疆的气候将如何变化？又会对大气扩散条件如何产生影响？同时沙尘天气的频率、强度等又会发生怎样的变化？这些都将和今后经济的发展共同影响新疆的大气环境。本章将从大气环境现状、新疆过去的气候变化对大气环境的影响以及未来气候变化的可能影响三个方面入手，探讨气候变化下新疆地区大气环境的演变及适应对策。

9.1　新疆大气环境现状

9.1.1　空气质量现状

1. 污染物浓度特征

目前，新疆生态环境厅在 14 个地区（自治州、市）的 19 座城市进行 SO_2、NO_2、PM_{10}、O_3、CO、$PM_{2.5}$ 和降尘量等污染物的监测。全疆 19 座城市共设置了 41 个国控级环境监测站，具体地理位置分布如图 9-1 所示。本节基于这些国控级大气环境监测站的观测资料进行分析。

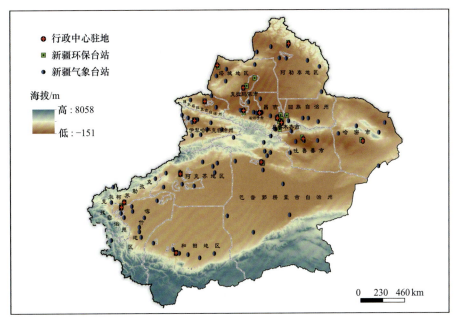

图 9-1　新疆气象站（蓝色圆点）和大气环境监测站（红色圆点和绿色方框）空间分布图

1）污染物空间分布特征

2018 年，新疆大气环境首要污染物以颗粒物为主，所有城市 SO_2 年平均浓度都达到国家一级标准，NO_2、CO 和 O_3 达到国家二级标准[①]。

2018 年新疆 19 个城市污染物年平均浓度、不同污染等级日数以及 PM_{10} 和 $PM_{2.5}$ 年平均浓度空间分布分别如图 9-2、表 9-1 和表 9-2 所示。整个新疆的大气环境状况从北往南大致可分为"4 大片区"的分布模态，污染程度由北往南逐步加重。第一片区对应 45°N 以北区域，涵盖阿勒泰、塔城、克拉玛依和博乐。这一片区 PM_{10} 和 $PM_{2.5}$ 年平均浓度分别是 47.3μg/m³、20μg/m³，均达到优良级别；第二片区 44°~45°N 区域，集中于天山北坡，包括伊宁、乌苏、奎屯、石河子、昌吉、乌鲁木齐、五家渠、阜康，PM_{10} 和 $PM_{2.5}$ 年平均浓度分别为分 103.1μg/m³、56μg/m³，都已经达到轻度污染级别；第三片区是南疆，主要是环绕塔里木盆地的绿洲城市，PM_{10} 污染非常严重，年平均浓度为 302.8μg/m³，属于严重污染级别，而 $PM_{2.5}$ 浓度 81.4μg/m³，为中度污染级别；第四片区是东疆，包括吐鲁番和哈密，这个片区与天山北坡、南疆的气候有区别，颗粒物污染程度和南疆盆地、天山北坡也存在明显差异。如 PM_{10} 年平均浓度介于轻度 – 中度污染级别（83~178μg/m³），细颗粒物 $PM_{2.5}$ 则介于良 – 轻度污染（29~56μg/m³）。吐鲁番盆地粗细颗粒物污染级别类似南疆塔里木盆地北缘，哈密的粗细颗粒物污染比吐鲁番盆地低一个级别。全疆空气质量最好、最差的 2 个城市分别是新疆最北端的阿勒泰和最南端的和田。阿勒泰粗细颗粒物年平均浓度都属于优级别，分别为 18μg/m³、9μg/m³；和田粗、细颗粒物年平均浓度分别为 456μg/m³、120μg/m³，达到严重、重度污染级别。颗粒物这种空间分布模态与 2015 年的环境状况大体一致（郭宇宏等，2012；2014；谢运兴等，2019）。

---

① 新疆维吾尔自治区生态环境厅，2019.新疆维吾尔自治区 2018 年环境状况公报

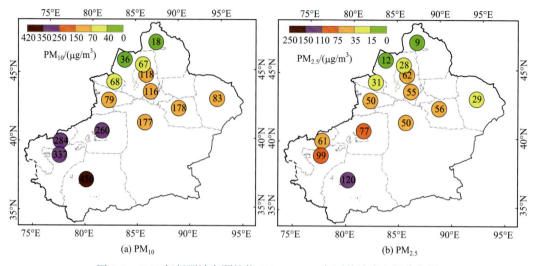

(a) PM₁₀   (b) PM₂.₅

图 9-2　2018 年新疆城市颗粒物 PM_{10}、$PM_{2.5}$ 年平均浓度空间分布图

表 9-1　2018 年新疆 19 个城市 6 类污染物年平均浓度

浓度单位：SO_2、NO_2、PM_{10}、$PM_{2.5}$、O_3 为 $\mu g/m^3$；CO 为 mg/m^3

区域与城市		污染物浓度						日均超标率 %				
		SO_2	NO_2	PM_{10}	CO-95	O_3-90	$PM_{2.5}$	SO_2	NO_2	PM_{10}	CO	O_3	$PM_{2.5}$
北疆 45°N 以北	阿勒泰	9	15	18	1.4	124	9	0.0	0.0	0.0	0.0	0.0	0.0
	塔城	4	15	36	2.0	134	12	0.0	0.0	0.5	0.0	1.4	0.0
	博乐	15	20	68	2.2	114	31	0.0	0.0	4.9	0.0	0.0	5.2
	克拉玛依	7	21	67	1.5	129	28	0.0	0.0	5.8	0.0	0.0	7.4
北疆 天山 北坡	伊宁	21	34	79	4.9	130	50	0.0	3.8	12.3	6.8	0.0	22.2
	石河子	12	35	102	2.6	136	62	0.0	3.8	19.5	0.0	3.0	26.0
	昌吉	15	44	118	2.8	134	62	0.0	2.5	24.1	0.5	1.1	26.3
	奎屯	5	32	85	2.4	118	52	0.0	1.4	14.0	0.0	0.6	20.9
	乌苏	6	19	72	1.8	125	35	0.0	0.3	8.3	0.0	0.3	11.3
	乌鲁木齐	11	45	116	3.0	134	55	0.0	6.3	18.4	0.3	1.1	24.4
	阜康	15	29	118	3.3	138	63	0.0	3.0	22.5	1.7	0.7	26.8
	五家渠	14	35	135	3.5	138	69	0.0	4.7	27.3	3.9	1.9	28.0
东疆	吐鲁番	11	35	178	3.1	76	56	0.0	0.0	40.2	0.0	0.0	23.4
	哈密	9	31	83	2.4	138	29	0.0	0.0	9.1	0.0	0.3	1.7
南疆	库尔勒	7	21	177	1.7	117	50	0.0	0.0	43.0	0.0	0.0	15.3
	阿克苏	8	30	260	2.2	139	77	0.0	0.0	61.6	0.0	0.5	34.9
	阿图什	4	11	284	1.4	154	61	0.0	0.0	62.8	0.0	5.4	19.2
	喀什	9	32	337	3.4	152	99	0.0	0.3	72.6	0.5	4.4	52.9
	和田	21	27	456	3.2	110	120	0.0	0.0	86.0	0.5	0.0	55.3
全区平均		11	28	147	2.6	128	54	0.0	1.4	28.0	0.8	1.1	21.1

新疆气候变化科学评估报告

续表

区域与城市	污染物浓度						日均超标率 %					
	SO$_2$	NO$_2$	PM$_{10}$	CO-95	O$_3$-90	PM$_{2.5}$	SO$_2$	NO$_2$	PM$_{10}$	CO	O$_3$	PM$_{2.5}$
北疆 45°N 以北	8.8	17.8	47.3	1.8	125.3	20	0	0	2.8	0	0.4	3.2
北疆天山北坡	12.4	34.2	103.1	3.0	131.6	56	0	3.2	18.3	1.7	1.1	23.3
东疆	10	33	130.5	2.8	107	42.5	0	0	24.7	0	0.2	12.6
南疆	9.8	24.2	302.8	2.38	134.4	81.4	0	0.1	65.2	0.2	2.1	35.5

注：因数值修约表中个别数据略有误差

表 9-2　2018 年新疆 19 个城市不同污染等级的日数统计情况　　（单位：d）

区域	城市	轻度污染	中度污染	重度污染	严重污染	合计
北疆	阿勒泰	0	0	0	0	0
	塔城	5	2	0	0	7
	博乐	25	2	0	0	27
	克拉玛依	25	10	2	1	38
	乌苏	27	11	15	1	54
	奎屯	35	17	18	12	82
	伊宁	43	23	20	0	86
	阜康	27	15	41	20	103
	昌吉	37	26	36	9	108
	石河子	38	28	32	12	110
	乌鲁木齐	51	26	27	6	110
	五家渠	28	28	38	22	116
东疆	哈密	23	5	3	5	36
	吐鲁番	102	17	7	27	153
南疆	库尔勒	91	31	10	25	157
	阿克苏	112	57	20	38	227
	阿图什	140	33	19	45	237
	喀什	114	63	43	60	280
	和田	102	78	26	108	314

2）污染物年内变化特征

新疆 PM$_{10}$ 和 PM$_{2.5}$ 月平均质量浓度空间分布与年均质量浓度空间分布有很好的一致性，也呈现出南高北低的态势。由于受不同气象因素和排放源的影响，不同月份之间存在着明显的空间分布差异（图 9-3）。全疆 PM$_{10}$ 四季的污染程度依次是：春季（217.7 μg/m^3）>冬季（158.0μg/m^3）>秋季（104.7μg/m^3）>夏季（80.3μg/m^3）；PM$_{2.5}$ 四季的污染程度依次是：冬季（71.3μg/m^3）>春季（55.7μg/m^3）>秋季（36.0μg/m^3）>夏季（24.3

μg/m³）。植被覆盖稀少的下垫面一年四季都为干旱区大气提供了大量的颗粒物（江远安等，2005；梁云等，2008；毛东雷等，2017），配合春季频繁的大风、沙尘天气导致春季粗颗粒物浓度最高（艾力·买买提明等，2005；郭宇宏等，2006），夏半年降水增多、植被覆盖率增加、大风次数减少导致粗颗粒物相应减少（谢运兴等，2019；李蒙蒙等，2014）。但是对于细颗粒物 $PM_{2.5}$ 来说，冬季北疆冰雪覆盖、南疆沙尘天气急剧减少，冬季 $PM_{2.5}$ 的高浓度值与人为源的贡献和不利的扩散条件紧密相关（李景林等，2007；杨静等，2011；郭宇宏等，2014；谢运兴等，2019）。

新疆四个片区 PM_{10}、$PM_{2.5}$ 浓度年内变化彼此之间存在差别 [图 9-3（c）]。北疆 45°N 以北地区和天山北坡的颗粒物浓度月变化趋势大体相似——单峰单谷型，即夏半年污染物浓度低、冬半年高，这与北疆冬季寒冷，采暖期长，大量使用燃煤致使污染物排放量大以及不利的气象条件有关（吴雷，2012；李蒙蒙等，2014；谢运兴等，2019）。45°N 以北地区 PM_{10}、$PM_{2.5}$ 浓度的最高值都出现在 1 月，分别是 65.3 μg/m³、46.5 μg/m³。最低值分别出现在 6 月、8 月，浓度值各是 26.0 μg/m³、8.8 μg/m³。天山北坡 PM_{10}、$PM_{2.5}$ 浓度的最高值分别出现在 12 月（222.8 μg/m³）、1 月（166.0 μg/m³），最低值出现在 7 月（各是 43.2 μg/m³、16.8 μg/m³）。对于天山北坡来说，地处古尔班通古特沙漠南缘，夏半年（主要在春季）也会受到沙尘天气的影响，粗细颗粒物浓度在 5 月份略有增加（徐鸣和王建国，2002；Li et al.，2017）。南疆盆地颗粒物浓度年内部化大体呈现双峰双谷型，即 3~4 月是全年中颗粒物浓度最高的月份，全年 3 月 PM_{10} 浓度最高（564.2 μg/m³），4 月 $PM_{2.5}$ 浓度最高（137.4 μg/m³），次大值都出现在 12 月（分别为 272.4 μg/m³、78.6 μg/m³）。PM_{10}、$PM_{2.5}$ 浓度 2 个谷值分别出现在 10 月（141.8 μg/m³）、8 月（34.4 μg/m³）。南疆 PM_{10} 浓度这种波动与沙尘天气的年内波动频次变化一致（王旭等，2003；宋健侃，2003；艾力·买买提明等，2005），证实沙尘天气是影响南疆 5 个地区（自治州）PM_{10} 浓度的重要因素，但冬季采暖导致的污染也已经突显 [图 9-3（b）]。因此，人为污染已然不可小觑（李蒙蒙等，2014；谢运兴等，2019）。东疆的吐鲁番和哈密颗粒物浓度月变化趋势与南疆盆地类似，也属于双峰双谷型。PM_{10} 的 2 个极大值出现在 4 月（224.5 μg/m³）、12 月（188.5 μg/m³），PM_{10} 极小值分别在 7 月（49.5 μg/m³）、2 月（100.5 μg/m³）。$PM_{2.5}$ 浓度的 2 个极大值出现在 4 月（67.0 μg/m³）、12 月（59.5 μg/m³），2 个极小值分别 7 月（15.0 μg/m³）、3 月（31.5 μg/m³）。东疆明显受到春秋季沙尘天气和冬季人为源污染的双重影响（郑乐娟等，2003；道然·加帕依和阿依夏木，2004；葛洪燕，2018），不过二者的影响程度大致相同，没有南疆盆地变幅显著。

我国重点区域（如京津冀、京津冀周边、长三角、珠三角、成渝等地）2013~2017 年间大气颗粒物中细颗粒物占比为 60%~65%（王跃思等，2020）。新疆 45°N 以北、天山北坡、南疆、东疆的细颗粒物比例分别是 41%、47%、29%、34%，说明从全年平均来看，粗颗粒物含量居高。然而从细颗粒物年内变化来看 [图 9-3（c）]，北疆地区冬季 1~2 月细颗粒物含量都已经超过 60%，其中天山北坡 2 月比例高达 81%，45°N 以北 1 月份 71%，东疆 1 月接近 58%，进一步说明在干旱区的新疆，北疆、东疆地区冬季的细颗粒物污染物比较严重（谢运兴等，2019）。

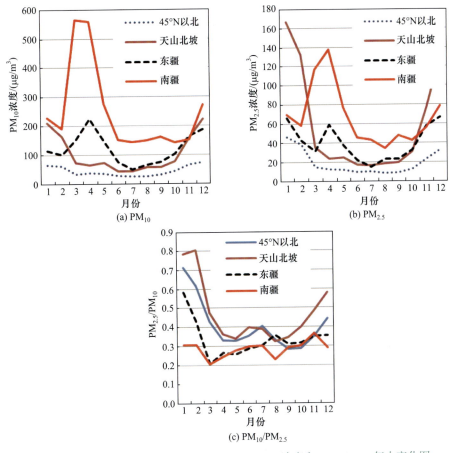

图 9-3 2018 年新疆四个片区颗粒物 PM_{10}、$PM_{2.5}$ 浓度和 $PM_{2.5}/PM_{10}$ 年内变化图

第 9 章 气候变化对大气环境的影响

2. 颗粒物化学组分特征

新疆地区大气颗粒物中的化学组分随着地域分布、气象因素和人类生产活动等多种因素的变化而变化。按照新疆大气污染状况由北往南分别选取了北疆的阿克达拉、天山北坡的乌鲁木齐、南疆塔里木盆地的塔中、西部边缘的喀什、和田等地的颗粒物组分进行分析，以期对新疆的颗粒物的化学组成有较为全面的了解。

北疆偏北地区的阿克达拉是中国气象局的区域大气本底站，该站的观测可以反映背景区域大气的变化。PM_{10} 和大气总悬浮颗粒物（TSP）中的 Ca^{2+}、Mg^{2+}、Na^{+}、Cl^{-} 具有地壳成因，主要来源于盐渍土。PM_{10} 中的 SO_4^{2-}、K^{+} 和元素碳（EC）之间以及 TSP 中的 EC 和元素 S 之间的显著相关性揭示了煤炭燃烧和生物质燃烧的贡献。SO_4^{2-}/Ca^{2+} 比率的变化表明了人为因素的影响。此外，地壳来源离子如 Ca^{2+}、Mg^{2+}、Na^{+} 可能在 TSP 中富集，而 PM_{10} 中的 SO_4^{2-} 和 K^{+} 分别占 TSP 中的 72% 和 94%，证实了人为源的影响。阿克达拉 PM_{10} 中有机碳（OC）和元素碳（EC）浓度的季节变化比青藏高原南部变化明显，冬季 OC、EC 和 SO_4^{2-}、NO_3^-、NH_4^+ 的浓度较高，PM_{10} 的质量以 OC 和 SO_4^{2-} 为主，而其与污染程度较高的城市相比，其气溶胶组成特征又相对稳定，没有明显的季节变化。阿克达拉气溶胶成分的主要来源有四种：人为燃料燃烧（OC、EC、SO_4^{2-}、NH_4^+ 和 K^+），土壤粉尘（Ca^{2+}、Mg^{2+}、Na^+ 和 SO_4^{2-}），盐渍化土壤（Cl^-、Na^+、NO_3^-）和半挥发性有机碳和次生有机碳（Qu et al.，2008）。

乌鲁木齐是天山北坡经济带的重要城市之一，工业发展水平在新疆最高，也是全国污染最为严重的城市之一。乌鲁木齐市区 TSP 中水溶性离子（Na^+、NH_4^+、K^+、Mg^{2+}、Ca^{2+}、F^-、Cl^-、SO_4^{2-}、NO_3^-）总浓度是南郊清洁区的 4 倍，浓度最高的阴阳离子分别是 SO_4^{2-} 和 Ca^{2+}，且冬季最高、夏季最低（刘新春等，2012）。SO_4^{2-}、NO_3^- 和 NH_4^+ 3 种二次离子是 $PM_{2.5}$ 中主要的离子，在冬季污染浓度最高（刘新春等，2015）。采暖期 $PM_{2.5}$ 与 PM_{10} 的水溶性离子平均质量浓度约为非采暖期的 2 倍（魏明娜等，2017）。OC、EC 浓度在细粒子中所占比例较高，季节分布特征是冬季最高，春季最低，约有 84% 的 OC 和 80% 的 EC 分布于 $PM_{2.5}$ 中（王果等，2016）。冬季 OC、EC 的相关性最低，说明冬季排放源结构复杂，OC 和 EC 来源复杂，SO_4^{2-}、NH_4^+ 和 SOC 对霾形成的影响最大（韩茜等，2016）。$PM_{2.5}$ 中重金属质量浓度在不同季节有较大的差异，Pb、Cu、Cd、Mn 在采暖期的质量浓度均值高于非采暖期，Ni 在非采暖期的质量浓度均值多数高于采暖期（王文全等，2012）。可吸入颗粒物中多环芳烃（PAHs）主要分布在细颗粒物中，其浓度随 $PM_{2.5}$ 比表面积增大有上升趋势，2/3 来自煤和生物质燃烧排放，而 1/3 则来自燃油（吾拉尔·哈那哈提等，2014；2015）。

南疆地区常年伴随着沙尘天气，粗颗粒浓度明显高于北疆地区，容易富集在粗颗粒中的离子如 Ca^{2+}、Na^+、Cl^- 也较北疆地区明显偏高。塔克拉玛干沙漠腹地塔中、喀什、民丰（和田地区）TSP 中无机水溶性离子浓度都在冬季较低，春夏季较高，年均总离子浓度塔中最高，喀什最低，SO_4^{2-} 和 Ca^{2+} 是三站最主要的阴离子和阳离子（钟玉婷等，2012）；塔中 7 个不同高度沙尘样品中 SO_4^{2-}、Cl^-、Ca^{2+}、Na^+ 4 种离子在 ≥ 63 μm 颗粒中的比例明显大于其在 <63 μm 颗粒中的比例；粗离子中的 SO_4^{2-}、Cl^-、Ca^{2+}、Na^+ 4 种离子在距地 32 m 高度处出现最大值，32~80 m 随高度升高呈下降趋势（刘新春等，2017）。

3. 气溶胶光学厚度分布特征

气溶胶光学厚度（aerosol optical depth，AOD，无量纲参数）是指无云大气铅直气柱中气溶胶散射和吸收造成的消光系数在垂直方向上的积分，是评价大气环境污染的重要参数之一。新疆 2003~2018 年 AOD 的空间分布地域性差别很大（图 9-4）。北疆 45°N 以北和哈密天山以北地区 AOD 值普遍较低（<0.2）；伊犁河谷、博州、奎独乌地区（奎屯—独山子—乌苏）、乌昌石地区（乌鲁木齐—昌吉—石河子）到吐哈盆地（吐鲁番和哈密的天山南部地区）AOD 值较高（0.3~0.5），其中有 3 个高值中心（AOD>0.4），分别对应着奎独乌地区、乌昌石地区，这是由于上述地区工业生产活动较为密集所致。塔里木盆地 AOD 普遍较高（0.4~0.8）（于志翔等，2021）。由东向西顺时针环绕塔里木盆地，年平均 AOD 大于 0.6 高值中心分别是盆地东南边缘若羌—民丰一带、盆地西南的和田和喀什、盆地西北缘的阿克苏、盆地北部边缘的库沙新（库车、沙雅和新和）以及焉耆盆地（赵仕伟和高晓清，2017；胡俊等，2019）。盆地偏东地区若羌及周边地区年平均值大于 0.7，此高值分布与该地区的地形和气候特征密切相关。塔里木盆地的北、西、南面分别被天山、帕米尔高原和昆仑山包围,北方冷空气东南下的过程中往往从塔里木盆地东北缺口涌入,在沙漠下垫面热力作用和狭窄地形共同作用下,形成高值区(赵仕伟和高晓清,2017)。

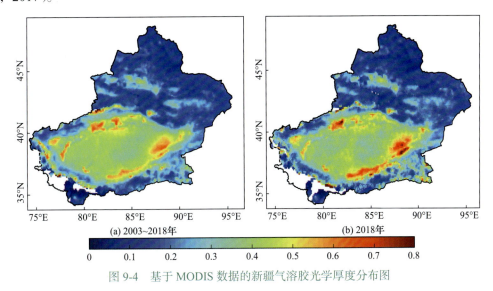

(a) 2003~2018年   (b) 2018年

图 9-4 基于 MODIS 数据的新疆气溶胶光学厚度分布图

由于南北疆大气中颗粒物的污染物来源不同,因此,AOD 的季节变化也截然不同。北疆的 AOD 在冬末 2 月最高,其次是春季 3~4 月,秋季 10 月最低(黄观等,2013;2015)。南疆和东疆的 AOD 最明显特点是春季最大,其中塔里木盆地春、夏季 AOD 较大,秋、冬季 AOD 相对较小(吴序鹏等,2012;胡俊等,2019)。南疆个别城市春季 AOD 甚至是夏季的 2 倍以上,如喀什春季为 0.75,夏季约 0.37(胡俊等,2019)。

Angstrom 波长指数可以表征气柱中粒子大小,值越大则表示粒子越小,反之亦然。乌鲁木齐冬季 Angstrom 指数最大,1 月可达 1.4,而春季 4~5 月最低,为 0.6 左右。乌鲁木齐冬季受人为排放影响,大气中细粒子居多;春季冷空气活跃,地表裸露,造成的沙尘天气较多,导致粗粒子增多(Li et al.,2012;2017)。塔里木盆地 Angstrom 波长指数在春季最小(0.11),夏季次之,秋季和冬季较大(0.61),说明春、夏季气溶胶粒子偏大,秋、冬季气溶胶粒子偏小。主要是春、夏季发生的沙尘暴产生大量的沙尘大粒子,而秋、冬季由于沙尘天气较少,从而气溶胶粒子平均半径低于春、夏季(吴序鹏等,2012)。

9.1.2 新疆人为源和自然源排放现状

新疆众多城市的大气环境深受自然环境和人为活动的双重影响。除了高山和西部伊犁地区以外,整个新疆都属于气候极端干旱、降水稀少地区,且森林覆盖率很低。盆地中是浩瀚的沙漠,山麓地带则多为砾石、荒漠、戈壁覆盖。强劲的风蚀作用造就了丰富的沙尘物质。春季土壤翻耕,在农作物出苗之前,广袤的农田也成为土壤颗粒的温床。加之春夏季冷暖空气交汇,大风、阵风天气频繁发生,因此对于新疆的绿洲城市来说,自然源的沙尘气溶胶是影响空气质量的重要因素(艾力·买买提明等,2005;李景林等,2008;Li et al.,2012)。

新疆冬季气候寒冷，采暖期长达半年（北疆地区150d，南疆地区120d），北疆被冰雪覆盖，大气稳定度增加、混合层高度下降（郝毓灵，1999；Li et al.，2020）。燃煤采暖、工业排放导致冬季大气污染严重，尤其是乌鲁木齐市及其周边城市群能源消耗迅猛增加，污染形势更为严峻。在不同季节不同污染源导致的大气污染困扰着新疆城市环境质量的提升，成为公众政府关注的焦点问题（艾合买提等，2011；赵克蕾等，2014；张小啸等，2015）。

1. 新疆人为源排放现状

2018年环境统计调查结果显示，全区纳入调查范围的污染源共2762个，其中工业源2310个，规模化畜禽养殖场171个，集中式污染治理设施281个。集中式污染治理设施中，污水处理厂137个，生活垃圾填埋厂（场）94个；危险废物（医疗废物）集中处理厂50个。14个地区（自治州、市）的重点工业企业中有废气及废气污染物排放的重点企业1974家，主要集中在：①非金属矿物制品业；②电力、热力生产和供应业；③农、林、牧、渔业及辅助性活动；④农副食品加工业；⑤化学原料和化学；⑥食品制造业；⑦煤炭开采和洗选业；⑧石油、煤炭及其他燃料加工业等8个行业。这些重点企业分布在阿克苏地区最多，其次为昌吉州、喀什地区、乌鲁木齐市、塔城地区、伊犁州、巴州等地。全区排放工业$SO_2$28.76万t、NO_x29.55万t、烟（粉）尘47.03万t。与2015年相比，2018年全区工业SO_2排放量、NO_x排放量下降明显，分别下降63.0%、59.9%，工业烟（粉）尘排放量下降21.3%（表9-3和表9-4）。

表 9-3 2015~2018 年新疆主要污染物排放量统计[①]　　（单位：万 t）

年份	二氧化硫			氮氧化物				烟（粉）尘			
	总量	工业源	生活源	总量	工业源	生活源	机动车	总量	工业源	生活源	机动车
2015	77.82	62.21	15.62	73.65	41.48	2.86	29.30	59.75	46.42	11.03	2.30
2016	38.37	24.24	14.13	50.54	20.94	2.44	27.15	40.39	28.7	9.72	1.95
2017	34.12	20.19	13.92	32.74	18.94	2.26	11.53	45.09	34.27	9.75	1.07
2018	28.76	15.72	13.04	29.55	15.58	2.07	11.89	47.03	36.50	9.55	0.98

注：因数值修约表中个别数据略有误差

表 9-4 2017 年全疆主要城市污染物排放量[①]

城市	工业废气排放量 / 亿 m³	工业 SO_2 排放量 /t	工业 NO_x 排放量 /t	工业烟（粉）尘排放量 /t
乌鲁木齐	3447.81	17695.52	26574.75	29182.61
克拉玛依	1085.07	5865.59	14028.33	2365.00
吐鲁番	1118.00	7984.32	11142.16	9447.12
哈密	1384.91	29021.51	15932.40	129179.37
昌吉	295.19	914.00	1469.88	1904.89
阜康	789.31	4574.81	5971.35	4089.68

① 新疆维吾尔自治区统计局 . 2016~2019. 新疆统计年鉴 . 北京：中国统计出版社

城市	工业废气排放量 / 亿 m³	工业 SO_2 排放量 /t	工业 NO_x 排放量 /t	工业烟（粉）尘排放量 /t
博乐	142.99	1795.40	1831.22	1488.04
库尔勒	558.98	5637.17	3915.87	3469.80
阿克苏	278.95	3807.03	3055.23	3788.02
阿图什	58.65	234.63	970.29	1132.67
喀什	146.55	884.24	1651.99	2824.59
和田	174.63	265.60	177.81	781.96
伊宁	362.63	3442.69	4101.54	3019.97
奎屯	233.47	583.25	1756.39	1000.67
塔城	20.08	1042.88	817.60	967.96
乌苏	190.79	736.08	788.98	1712.92
阿勒泰	25.40	727.03	329.34	1156.89
五家渠	2963.54	19812.75	9948.69	10025.26
石河子	493.43	1186.48	3241.06	590.04

在全疆 19 座城市中（表 9-4），工业废气排放量最多的 3 座城市分别是：乌鲁木齐市（3447.81 亿 m³）＞五家渠市（2963.54 亿 m³）＞哈密市（1384.91 亿 m³），最少的是塔城市（20.08 亿 m³）；工业 SO_2 排放量最多的 3 座城市是：哈密市（29021.51 t）＞五家渠市（19812.75 t）＞乌鲁木齐市（17695.52 t），最少的是阿图什市（234.63 t）；工业 NO_x 排放量前 3 名是：乌鲁木齐（26574.75 t）＞哈密市（159322.40 t）＞克拉玛依（14028.33 t），最少的是和田市（177.81 t）；工业烟（粉）尘排放量前 3 座城市是哈密市（129179.37 t）＞乌鲁木齐市（29182.61 t）＞五家渠市（10025.26 t），最少的是和田市（781.96 t）。由此可见，除了哈密市，天山北坡城市是工业污染源排放大户。尽管和田市的工业排放量相对较少，和田却是全疆空气质量最严重的城市，这主要是受沙尘的影响较大。

新疆煤炭、石油、矿产资源丰富，煤炭资源达到了全国的 40%，位居全国之首。2001~2013 年党中央和自治区对新疆煤化工业等重工业的大力支持，意在把新疆建设成全国大型油气生产加工和储备基地、大型煤炭基地、最大的煤炭资源转换基地。煤炭化工等重工业得到迅速发展，在此阶段新疆工业 SO_2 排放量也持续增长。2014~2015 年间国家给予自治区差别化节能政策，SO_2 排放强度下降，尤其是 2016 年的工业 SO_2 排放相较于 2015 年下降了 61%（张晓莉和夏衣热·肖开提，2020）。2001~2016 年间新疆工业烟（粉）尘排放量呈现先下降后增长再下降的趋势，2014 年后新疆工业烟（粉）尘排放出现大幅度下降，2015~2016 年间较上一年下降了 38%（张晓莉和夏衣热·肖开提，2020）。在 2007~2014 年间，新疆工业废气排放量，呈现逐年上升趋势且在 2014 年达到最高，2014 年新疆工业废气排放占总废气排放量的 40.3%，在西北五省中位居第二。通过大气污染治理综合工程的全面实施，2015 以后工业废气排放量开始有所下降，但依然很高。第二产业占新疆 GDP 比重最高，对环境污染的比重很大，而新疆经济发展大都依赖于工业发展，大力发展第二产业会导致资源浪费以及环境污染严重，促使空气质量下降（任倩，2017）。

2. 新疆自然源—沙尘源现状

新疆除了对沙尘天气开展了必要的监测以外，对其他自然排放源缺少监测，因此本章主要探讨沙尘排放源特点。

1）沙尘排放源时空变化特征

中国的沙尘气溶胶排放主要集中在西北地区，尤其是塔克拉玛干和巴丹吉林沙漠，古尔班通古特沙漠也有少量排放，这三大沙漠沙尘气溶胶排放主要集中在春季和夏季（贾瑞等，2019）。西北地区沙尘气溶胶的远距离输送主要是向东输送，春季和秋季的影响范围最大，大量的气溶胶可以输送到东部海洋上空，夏季和冬季只有极少量可以输送到海洋上空。受到塔里木盆地地形和气流的影响，塔克拉玛干沙漠排放的沙尘气溶胶大部分都滞留在塔里木盆地。例如，沙漠西部的沙尘气溶胶滞留在盆地的比例是：冬季76%、春秋季 50%~60%、夏季 30%；沙漠中部 50% 的沙尘气溶胶都影响源地或略微向西输送，尤其秋季，高达 68% 的沙尘气溶胶都停留在盆地内部；沙漠东部排放的沙尘气溶胶受气象条件影响较大，随偏东气流向塔里木盆地输送的比例分别是：春季 13%、夏季39%、秋季 23%、冬季 62%（贾瑞等，2019）。

2）降尘量时空变化特征

新疆的降尘量与沙尘气溶胶排放强度具有高度相似的变化特征，即春夏季最多，冬季最少（毛东雷等，2017；石晓宁，2017）。2006~2010 年期间，新疆年均降尘量为266.4~295.2 t/（km²·a），月均降尘量为 11.6~38.9 t/（km²·mon），其中 5 月降尘量最大，2 月最小。各地区（自治州、市）的降尘量峰值均集中在 3~6 月，占全年降尘量的 51%，且降尘量基本与沙尘天数变化趋势一致。从空间分布来看，14 个地区（自治州、市）的月平均降尘量为 4.3~108.2 t/（km²·mon），其中克拉玛依市最低，和田地区最高；南疆年均降尘量明显高于北疆，且南疆 5 个地区（自治州）的降尘量占全疆总降尘量的 70.2%（仲嘉亮和叶德斌，2012）。塔里木盆地内部降尘量分布也不均匀，盆地中部塔中的降尘量远远大于盆地周边地区，而周边地区从南部—西部—东部—北部的降尘量依次降低（王慧琴，2012）。盆地南缘和田降尘量则以夏季居多（赵丹丹等，2005；毛东雷等，2017），其中 6 月最高，4~8 月的降尘量占全年的 88.4%；冬半年 11 月至翌年 1 月降尘量较少，其中 12 月最少（赵丹丹等，2005）。

9.1.3 大气扩散条件现状

气象条件对空气质量存在极其重要的影响，风速、大气混合层高度、通风量、大气环境容量等都与污染物的累积、输送与扩散密不可分（蒋维楣等，2004）。

1. 风速

风速直接影响大气污染物的扩散稀释能力。低风速气象条件下，大气扩散能力弱，往往导致污染物的累积，形成重污染。对于多数地区来说，大风有利于污染物扩散稀释，但是大风也能将局地排放的污染物输送到下游地区，从而造成下游地区空气质量恶化。此外，对于干旱半干旱地区来说，大风还容易导致沙尘天气的发生，造成局地或区域性颗粒物浓度骤升（艾力·买买提明等，2005；蔡仁等，2014）。受复杂地形和气候要素的综合影响，新疆的地面风速空间分布差异显著（任国玉等，2009；郭梦婷等，2016）。如第 2 章所述：新疆地面风速分布特点是北疆大，南疆小；北疆东部、西部和南疆东部大，盆地腹地小；戈壁大、绿洲小；空间分布极不均匀，风速较大区域呈孤岛状分布。新疆地区年平均风速的多年平均值为 2 m/s。与全国其他地区相比，新疆北疆沿天山一带、南疆塔里木盆地的偏西的广大地区风速都 <2 m/s，与长江以南广大地区的风速接近（任国玉等，2009）。春季、夏季南疆塔里木盆地偏东地区、西部个别地区风速在 2~4 m/s，这与东灌天气（陈勇航等，1999；艾力·买买提明等，2005）和偏西地区翻山大风天气（江远安等，2005）对应，易于造成塔里木盆地的沙尘天气。2 m/s 一般作为低风速状态的衡量标准（Lines et al.，1997），风速 <2 m/s 极不利于空气污染物的扩散。冬季，新疆除了个别风口地区以外，全疆大部地区风速 <2 m/s（图 9-5），与全国风速最小的地区——四川盆地的风速大小接近（王楠等，2019），这正是新疆冬季易于发生重污染的重要因素之一（Li et al.，2015）。

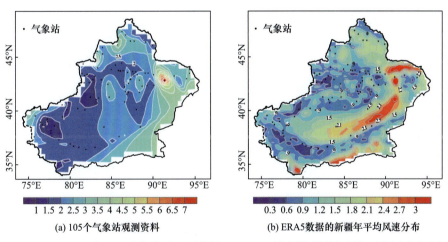

(a) 105个气象站观测资料   (b) ERA5数据的新疆年平均风速分布

图 9-5　基于 2018 年 105 个气象站观测数据、ERA5 再分析资料的新疆年平均风速分布图

2. 大气混合层高度

大气边界层是地表与自由大气间物质和能量交换的"媒介"，边界层结构会对大气污染物的扩散、混合、输送、转化和沉降等过程产生重要影响。一般来说，大气混合层高

度越低，污染物的垂直扩散空间越小，污染程度越高。因此，大气混合层高度在我国大气环境污染研究和预报中被广泛运用（Holzworth，1964；潘云仙和蒋维楣，1982；吴祖常和董保群，1998；Seibert et al.，2000）。我国最大混合层高度的分布大体呈现西高东低，从西南向东、向北降低的走势。新疆的准噶尔盆地和塔里木盆地的混合层高度属于较低地区。大部分地区的混合层高度最低值出现在冬季，而最高值出现在夏季（潘云仙和蒋维楣，1982；吴祖常和董保群，1998；娄梦筠，2019）。

从时间上来看，全疆的混合层高度普遍夏半年高、冬半年低（潘云仙和蒋维楣，1982；吴祖常和董保群，1998）。南疆月平均混合层高度最大值多出现在春季 4~5 月（2400~2500m），北疆则在夏季 6~7 月（2000~2500m）；冬季 1 月混合层高度最低，北疆介于 300~400m，南疆为 500m 左右。乌鲁木齐的颗粒物浓度与混合层高度存在较高的相关关系，证实冬季混合层高度低是新疆冬季污染严重的一个重要原因（赵克明等，2011；杨静等，2011）。图 9-6 显示了 1961~2018 年基于全疆 14 个探空站资料计算的最大混合层高度状况。南疆混合层高度年均值（1492m）高于北疆（1336m），全疆范围内克拉玛依混合层高度最低（1221m），最高值在民丰（1724m）。此外，沙漠地区夏季由于太阳辐射强烈，地表白天吸收太阳能多，大气边界层热力湍流旺盛，致使午后混合层高度非常深厚。超过 3000m 以上的深厚边界层日数较多，最大高度可超过 5000m，沙漠中部和南缘边界层最高，南缘高于北缘，东部高于西部（Wang et al.，2019）。

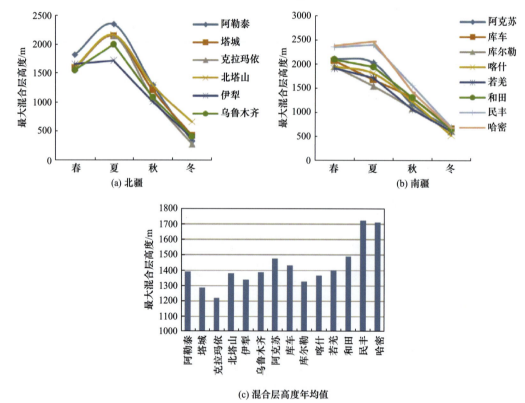

图 9-6　1961~2018 年北疆、南疆混合层高度季节平均值状况、混合层高度年均值

3. 通风量

通风量也称为通风系数，是混合层内平均风速与混合层高度的乘积，代表了大气动力与热力综合作用下对大气污染物的清除能力。我国的通风量大体呈现北高南低、西高东低，但是在新疆乌鲁木齐附近、南疆盆地偏西地区通风量也较低（徐大海和朱蓉等，1989）。从空间分布来看（图9-7），北疆的通风量要普遍高于南疆，北疆均值是8132m²/s、南疆为6888m²/s。全疆通风量最高值出现在北疆东部的北塔山，为9197m²/s，最低值出现在喀什，仅为6065m²/s。北塔山探空站海拔较高（1654.7m），与850hPa接近，对应高度的风速较大，导致通风量较高，扩散条件好；喀什处在塔里木盆地西南缘的闭塞角落，海拔较低，周边高山环绕，风速偏小，因此通风量较小。从四季来看，南北疆四季的通风量差异很大。北疆普遍是夏季最高，为8500~14000m²/s；冬季最低，普遍<2000m²/s，夏季几乎是冬季的7~8倍。南疆则春季通风量最高，为10000~12000m²/s；冬季最低，维持在2000m²/s左右。南疆春季的通风量大有利于沙尘天气向下游地区传输颗粒物，冬季则利于颗粒物本地累积，这与颗粒物浓度在春季、冬季的高值对应。

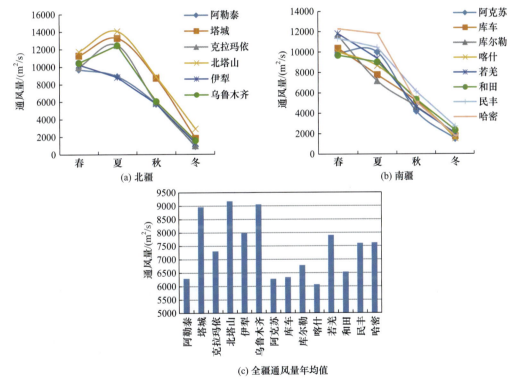

图9-7　1961~2018年北疆、南疆通风量季节平均值和年均值

4. 大气环境容量

大气环境容量常用来表征一个地区大气污染承载能力。大气环境容量数值越高，意味着该地区大气能够承载污染物的能力就越高，反之亦然。大气环境容量与大气环境容

量系数成正比（徐大海等，2016，2018），由此环境容量系数可以间接反映大气环境容量的特点。大气环境容量系数是反映大气自清除能力的一个参数，主要受气象条件如风速、降水等影响。大气环境容量系数越大，表示大气对污染物的清除能力越强，则相应污染物浓度就会越低；反之，表示大气自净能力弱，则污染物浓度会偏高（徐大海等，2016，2018；朱蓉等，2018）。1975~2014年中国大陆地区的大气环境容量系数大体分布在2~10之间，全国大气环境容量系数气候平均值为6.8。由于秋冬季节我国易发生污染天气，尤其11月至翌年2月全国大气环境容量系数气候平均值为5.4（王郁等，2021）。

与全国大气环境容量系数相比，新疆值偏低，在污染高发季节这一特征尤其明显（徐大海等，2018）。新疆大气环境容量系数不仅空间差异显著，而且季节变化也很大（图9-8）。从空间分布来看，新疆的大气环境容量系数分布形似"鞍形场"，低值区集中在新疆东西向两端，即偏西地区（伊犁地区、塔里木盆地西北缘比如阿克苏地区）和偏东地区（东疆吐鲁番市和哈密市），高值区则大体集中在新疆南北向两端，如北疆偏北地区阿勒泰和塔里木盆地南部。从季节变化来看，大气环境容量系数在春季最高，意味着春季是大气环境容量最高的季节；冬季相对较低，表明冬季大气容量最小。"鞍形场"特点在

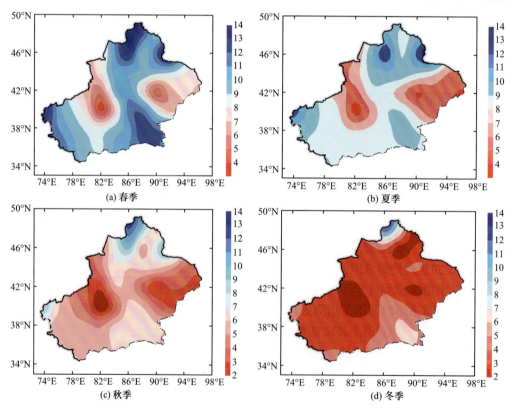

图9-8　1975~2019年新疆春季、夏季、秋季、冬季大气环境容量系数分布图（王郁等，2021）

新疆气候变化科学评估报告

春夏秋 3 个季节明显，最显著季节是春季，如低值中心为 2.0，高值中心可达 14，差异显著，证明大气的自洁能力空间差异很大。但是冬季"鞍形场"特点基本消失殆尽，除了北疆阿勒泰偏北地区的大气环境容量系数能够保持在 12~14 之间以外，全疆其他地区都为 2~4，最低值仍然聚集在阿克苏、伊犁河谷、吐鲁番盆地以及阿勒泰偏东地区，大约为 2，远远小于我国冬季均值 5.4（徐大海等，2018）。以天山北坡为例，春季大气环境容量系数接近 10，冬季只有 4，说明冬季空气质量如果要维持春季的水平，大气污染物的排放量几乎需要减少一半以上。

新疆的空气质量空间差异巨大，污染级别由北往南逐步升高，偏北地区空气质量在全国排名居前 3 名，偏南地区则排名最后。天山北坡以细颗粒污染为主，南疆塔里木盆地则以粗颗粒为主。天山北坡的人为源排放量巨大，南疆则以沙尘源为主。无论南疆、北疆，冬季的大气扩散能力最弱，加之冬季较高的人为源排放量，导致冬季空气质量较差。

9.2 1961 年以来气候变化对新疆大气环境的影响

随着新疆经济的快速发展，新疆的大气环境日趋恶化，同时新疆的气候和大气扩散条件也在发生变化。本节挑选了 3 座城市：阿勒泰市、乌鲁木齐市及和田市，分别剖析气候变化对新疆城市空气质量的影响。

9.2.1 气候变化对大气扩散条件的影响

1. 气候变化对大气扩散条件的影响

1）风速的长期变化特征

如第 2 章所述，1961~2018 年，新疆区域年平均风速呈减小趋势，每 10 年减小 0.16m/s，且减小趋势显著，通过了 0.05 的显著性检验。从季节变化看，1961 年以来新疆区域四季平均风速均呈减小趋势，且减小趋势显著，均通过了 0.05 的显著性检验。全疆四季风速每 10 年的递减率排序是春季（0.19m/s）> 夏季（0.18m/s）> 秋季（0.14m/s）> 冬季（0.09m/s）。

2）大气环境容量的长期变化特征

新疆大气环境容量具有显著的季节变化，春季最大，冬季最低，春夏季的约为秋冬季的两倍（图 9-9）。1975~2019 年，新疆不同季节的平均大气环境容量系数整体呈现逐步降低的趋势。从 1975 到 1989 年下降明显，春夏季节的降幅也比秋冬季节大，之后相对平稳，2014~2018 年间有大幅回升，但 2019 年又回落到与 2005~2013 年相近的状态。冬季大气环境容量系数在 4 左右，秋季大气环境容量系数在 5 左右。

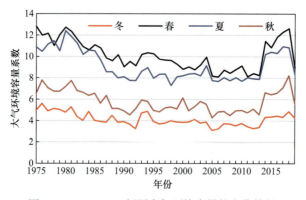

图 9-9 1975~2019 新疆大气环境容量的变化特征

2. 气候变化对沙尘天气的影响

1956~2004 年，中国北方的沙尘暴频数总体呈下降趋势，年沙尘暴日数每 10 年减少 0.63 d，春季每 10 年减少 0.33 d。中国北方沙尘暴日数与强风日数有明显的正相关，相关系数在大部分地区达到 0.25~0.35（Zou et al.，2006）。1961~2013 年，如北疆除了博乐、精河一带、南疆轮台浮尘天气有增加趋势（不显著）以外，其他地区普遍下降，北疆、南疆和东疆递减率分别是 0.31 d/10a、8.19 d/10a、3.80 d/10a；对于扬沙天气来说，则只有轮台有增加趋势，北疆、南疆和东疆递减率分别是 1.16 d/10a、4.11 d/10a、2.46 d/10a；沙尘暴天气则是全疆减少，三地区递减率各是 0.74 d/10a、2.48 d/10a、2.10 d/10a，明显高于全国的沙尘暴递减率（范一大等，2005）。从不同季节上来看（表 9-5），南疆和东疆的 3 类沙尘天气的递减率都是春季最大，其次是夏季、秋季和冬季，但是北疆浮尘遵循这个趋势，而扬沙和沙尘暴递减率则是夏季高于春季。

表 9-5 1961~2013 年北疆、南疆、东疆沙尘天气四季和年变化率　（单位：d/10a）

类型	地区	春季	夏季	秋季	冬季	年
浮尘	北疆	-0.17	-0.08	-0.06	-0.00	-0.31
	南疆	-3.06	-2.58	-1.37	-1.13	-8.19
	东疆	-1.64	-0.55	-0.50	-1.12	-3.80
扬沙	北疆	-0.30	-0.59	-0.25	-0.01	-1.16
	南疆	-1.71	-1.59	-0.46	-0.33	-4.11
	东疆	-1.04	-0.85	-0.39	-0.16	-2.46
沙尘暴	北疆	-0.23	-0.36	-0.14	-0.01	-0.74
	南疆	-1.19	-1.01	-0.17	-0.10	-2.48
	东疆	-1.06	-0.61	-0.29	-0.14	-2.10

新疆气候变化科学评估报告

9.2.2 气候变化对空气质量的影响

1. 气候变化对阿勒泰市空气质量的影响

2006~2018 年，地处新疆北部的阿勒泰市能源消耗总量在 2012 年以前持续增加，后期相对稳定，但是数值相对较小 [图 9-10（a）和 9-10（b）]，多年来能源消耗量只有

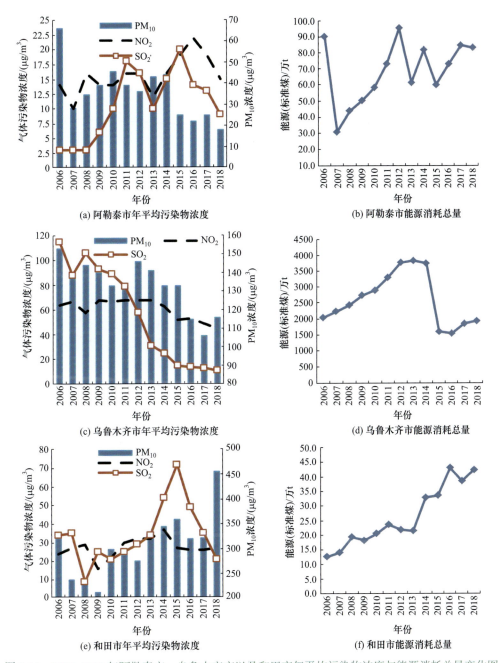

(a) 阿勒泰市年平均污染物浓度

(b) 阿勒泰市能源消耗总量

(c) 乌鲁木齐市年平均污染物浓度

(d) 乌鲁木齐市能源消耗总量

(e) 和田市年平均污染物浓度

(f) 和田市能源消耗总量

图 9-10　2006~2018 年阿勒泰市、乌鲁木齐市以及和田市年平均污染物浓度与能源消耗总量变化图

乌鲁木齐的 6.6%。2006~2018 年大气环境容量系数无明显变化，良好的空气质量说明阿勒泰市的污染物排放量多年来一直没有超出大气承载力。

2. 气候变化对乌鲁木齐市空气质量的影响

图 9-10（c）和图 9-10（d）显示了 2006~2018 年期间乌鲁木齐污染物浓度 PM_{10}、SO_2、NO_2 与能源消耗总量之间的关系图。乌鲁木齐在 2012~2013 年大规模地使用天然气替代冬季燃煤采暖，随着能源消耗总量在 2014 年显著下降以及脱硫技术的严控措施后，SO_2 浓度削减效果显著（李军等，2014；张晓莉和夏衣热·肖开提，2020），但是 PM_{10}、NO_2 浓度下降幅度并不显著。这个阶段，大气环境容量系数变化不大（图略）、地面风速逐年减小，因此气候变化导致的扩散条件更加不利于乌鲁木齐污染物浓度的稀释扩散。

3. 气候变化对和田市空气质量的影响

1）人为排放源对空气质量的影响

图 9-10（e）和图 9-10（f）显示了 2006~2018 年和田 NO_2、SO_2、PM_{10} 年平均浓度与能源消耗总量的关系。2006~2019 年，随着和田市能源消耗量逐步增加，年平均浓度在 2015 年以前也基本同步增加。之后随着脱硫技术的采用，SO_2 浓度显著下降，但是颗粒物浓度与能源消耗量变化趋势并不同步，说明存在其他影响因素。

2）沙尘源对空气质量的影响

图 9-11（a）显示了和田市 2006~2018 年多年来月平均沙尘日数与 PM_{10} 月平均浓度的关系，沙尘天气对和田市的污染物浓度影响非常大，相关系数达到了 0.83。图 9-11（b）显示 PM_{10} 与 $PM_{2.5}$ 的月平均浓度也是几乎发生同步的变化，说明沙尘天气对于南疆和田的粗、细颗粒物浓度都存在较大影响。同时，从 $PM_{2.5}$ 与 PM_{10} 的浓度比值可见，大值出现在 11 月~翌年 1 月，介于 0.34~0.44；其中最高值在 12 月（0.44），表明沙尘很少发生的秋末和冬季，和田地区细颗粒物 $PM_{2.5}$ 还深受人为排放源的影响（谢运兴等，2019）。

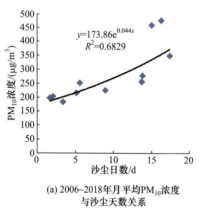

(a) 2006~2018年月平均PM_{10}浓度与沙尘天数关系

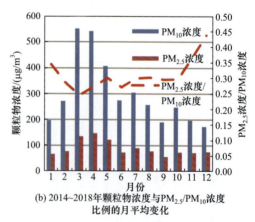

(b) 2014~2018年颗粒物浓度与$PM_{2.5}$/PM_{10}浓度比例的月平均变化

图 9-11　和田市 2006~2018 年月平均 PM_{10} 浓度与沙尘天数关系和 2014~2018 年颗粒物浓度与 $PM_{2.5}$ 浓度/ PM_{10} 浓度的月平均变化

2006~2019 年和田全年、春季沙尘天数都是略微减少（不显著），年平均 PM_{10} 浓度显著增加，为 6.5 μg/m³/a[图 9-12（a）]。从大气扩散条件风速和大气环境容量系数 [图 9-12（b）]，和田在此期间风速和大气容量都在下降，不利于污染物的扩散，但是和前期 2006 年 134 天的沙尘日数、更低的大气环境容量系数对应的 PM_{10} 浓度（274 μg/m³）比较可见，可能人为导致的排放源贡献不容忽视。

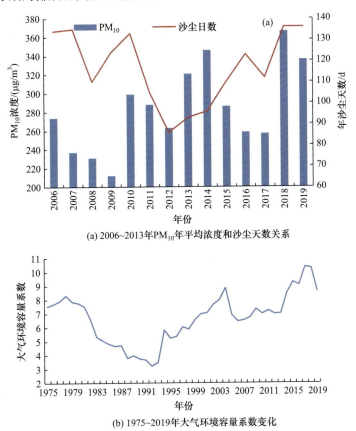

(a) 2006~2013年PM_{10}年平均浓度和沙尘天数关系

(b) 1975~2019年大气环境容量系数变化

图 9-12　和田市 2006~2019 年 PM_{10} 年平均浓度和沙尘天数关系和 1975~2019 年大气环境容量系数变化

4. 基于气溶胶光学厚度对空气质量变化的佐证

2007~2017 年中国年平均 AOD 总体趋势表现为显著性减小，平均趋势系数为 −0.009，但是新疆大部分地区基本不变，而北疆沿天山一带 AOD 显著增加（张亮林等，2018）。该区域为天山北坡经济带，有乌鲁木齐、昌吉、石河子、奎屯和克拉玛依等 5 座城市，集中了全疆 83% 的重工业和 62% 的轻工业，对 AOD 的增量具有一定贡献（图 9-13）（赵仕伟和高晓清，2017；蔡宁宁等，2020）。同时准噶尔盆地中央地势较低，古尔班通古特沙漠的沙尘源气溶胶粒子不易向盆地外输送，从而导致准噶尔盆地不同类型气溶胶粒子累积，使得该区域表现出 AOD 年平均分布呈增加趋势（赵仕伟和高晓清，2017）。

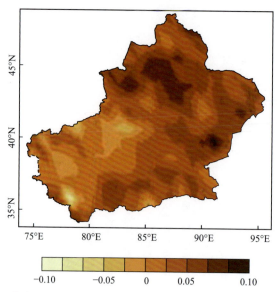

图 9-13　2011~2015 年与 2006~2010 年新疆 AOD 的差异分布图（赵仕伟和高晓清，2017）

南疆大部地区 AOD 都呈现减小趋势（赵仕伟和高晓清，2017；张亮林等，2018；胡俊等，2019）。2006~2009 年间 AOD 降幅明显，2010 年因沙尘高发出现短暂上升后，2011~2015 年再次呈现缓慢下降趋势（赵仕伟和高晓清，2017）。2006~2017 年间，阿克苏、喀什、和田和若羌地区 AOD 分别下降了 0.18、0.16、0.16 和 0.09（胡俊等，2019）。

9.3　未来气候变化对新疆大气环境的影响

风、气温、降水、相对湿度、边界层高度等气象条件都对空气质量有明显影响，且这种影响具有较大的区域差异。例如，臭氧污染与气温和太阳辐射密切相关，臭氧是大气光化学的产物，具有明显的日变化（午后高值）和季节变化（夏季高值），气温升高、太阳辐射增强有利于地面臭氧浓度的增加。静稳的天气条件、较低的边界层高度不利于污染物稀释扩散，污染程度加重。不同强度的降水对大气污染物的清除程度不同，强降水的清除作用较强。气象条件对大气污染物的扩散、混合、输送、转化和沉降等过程都有重要影响，因此，未来气候变化也必将对大气环境产生影响，继而危害人体健康（Hong et al.，2019）。

9.3.1　未来气候变化对大气扩散条件的影响

1. 未来气候变化对大气环境容量的影响

利用高分辨率区域气候模式的气候变化试验结果，集合预估了 RCP4.5 中等排放情景下新疆地区 21 世纪中期和 21 世纪末期的大气环境容量的变化（Han et al.，2017）。图 9-14 给出区域模式模拟的 21 世纪中期（2046~2065 年）和末期（2080~2099 年）平均大气环境容量变化的空间分布。除 21 世纪中期时北疆部分盆地地区外，新疆多数地区的大气环境容量在未来都将降低，且降幅随时间增加；南疆盆地偏西偏南地区的降幅略高于北疆盆地。在大气环境容量降低的多数区域，模式间一致性较好。从区域平均来看，21世纪中期新疆的大气环境容量平均降低2.0%，到21世纪末期这种变化更明显，平均降低3.4%[图9-14（a）（b）]。与目前相比，在RCP4.5情景下空气污染的风险将进一步增强。

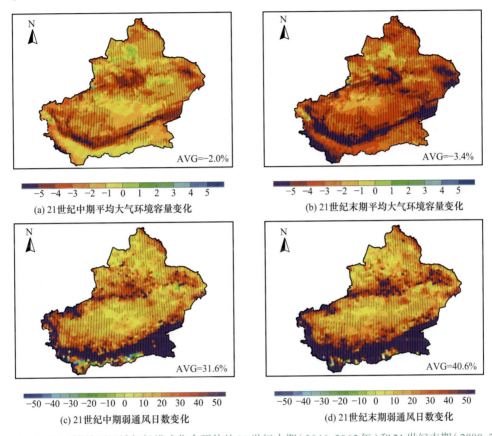

(a) 21世纪中期平均大气环境容量变化

(b) 21世纪末期平均大气环境容量变化

(c) 21世纪中期弱通风日数变化

(d) 21世纪末期弱通风日数变化

图9-14 RCP4.5情景下区域气候模式集合预估的21世纪中期（2046~2065年）和21世纪末期（2080~2099年）新疆地区年平均大气环境容量和弱通风日数相对于1986~2005年的变化（%）（根据Han et al.，2017重绘）

图中竖线标记区域表示所有模式未来预估的正负变化一致

2. 未来气候变化对地面风速的影响

在RCP4.5情景下，未来新疆多数地区的弱通风日数将增加，21世纪中期新疆的弱通风日数平均增加31.6%[图9-14（c）]，两大盆地边缘的绿洲地带尤其是天山北坡、塔里木盆地南缘的弱通风日数增加幅度大于两大盆地的中心地区；21世纪末期弱通风日数平均增加40.6%[图9-14(d)]，同样还是准噶尔盆地南缘和塔里木盆地南缘增加幅度较大。

3. 未来气候变化对极端天气事件的影响

在未来气候变化的背景下，预估将会有更多、更强烈的极端天气事件发生。我国热浪的发生频率将从目前的 2.7d/a 到未来为 8.8d/a，在新疆的增加尤为明显。我国强降水事件的变化并不显著，从现在的 7.4d/a 到 8.1d/a，新疆大部分地区变化也不明显，只在沿天山一带（从奎独乌地区至乌昌石地区和巴音郭楞蒙古自治州东南部）有增加的趋势。大气静稳日数从 54.0d/a 增加到 57.4d/a，北疆大部分地区和南疆南部地区大气静稳日数有增加的趋势，而南疆北部地区大气静稳日数减少（Hong et al.，2019）（图 9-15）。预估结果显示，极端天气事件对严重的空气污染事件有很大的影响，绝大部分高 PM$_{2.5}$ 浓度都出现在大气静稳条件下。地表风速减小、边界层高度下降都不利于空气污染物的传输和扩散，进而加重污染。因此，极端天气气候事件对 PM$_{2.5}$ 的影响很大，对臭氧的影响略小（Hong et al.，2019）。

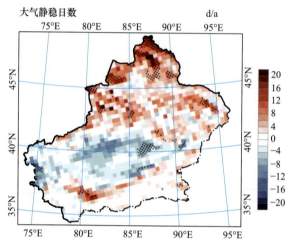

图 9-15　新疆大气静稳日数的多年平均值变化预估（模式结果 2046~2050 年与 2006~2010 年多年平均值的差值）（Hong et al.，2019）

阴影区域的变化在 90% 的置信度下经过显著性检验

9.3.2　未来气候变化对空气质量的影响

目前，有关气候变化对大气环境的影响，特别是对空气质量影响的研究较少（Hong et al.，2019；Han et al.，2017）。Hong 等（2019）使用动力降尺度气候与空气质量模型（CESM-NCSU 模式协同 WRF-CMAQ）在 RCP4.5 气候情景并假定污染排放和人口保持现有水平情况下，模拟了当前（2006~2010 年）和 21 世纪中期（2046~2050 年）气候要素和空气质量的变化。

对新疆而言（图 9-16），21 世纪中期（2046~2050 年）整个新疆全年不同季节的地面温度都将上升，其中北疆阿勒泰地区、南疆吐鲁番地区、东疆天山南麓地区温度上升显著，北疆大部、南疆偏东地区次之；伊犁地区西南部和巴音郭楞东南部降水略有增加，北疆阿勒泰地区北部和南疆和田地区南部降水略有减少，其他地区变化不明显；全年不同季节风速都减小，北疆、东疆地区地面风速普遍减小，且高海拔地区如天山山脉、北疆偏西地区山脉风速降低最为明显；在南疆和田地区南部和喀什地区西南部一带风速有增加趋势。全疆边界层高度变化以南北疆为界线呈相反趋势，北疆包括伊犁地区边界层高度普遍下降，南疆塔里木盆地腹地及其南缘边界层高度呈上升趋势。结合南北疆风速、边界层高度的变化，21世纪中期，新疆北疆的大气更加稳定，南疆的大气扩散条件将有利于污染物的扩散。预估结果显示，细颗粒物 $PM_{2.5}$ 的质量浓度在南疆有降低的趋势，而在北疆以增加趋势为主，沿天山一带（从奎独乌地区至乌昌石地区）的细颗粒物 $PM_{2.5}$ 的质量浓度将上升 $2\mu g/m^3$，而南疆塔里木盆地的南缘细颗粒物浓度显著下降达 $2\sim5\mu g/m^3$。臭氧日最大小时浓度在北疆和南疆偏北地区显著上升，上升幅度约为1ppb，其中奎独乌—石河子地区达2ppb。在南疆偏南地区略有下降。区域模拟结果表明，气候变化将使未来的空气质量恶化，会增加严重污染事件的风险（Hong et al.，2019）。

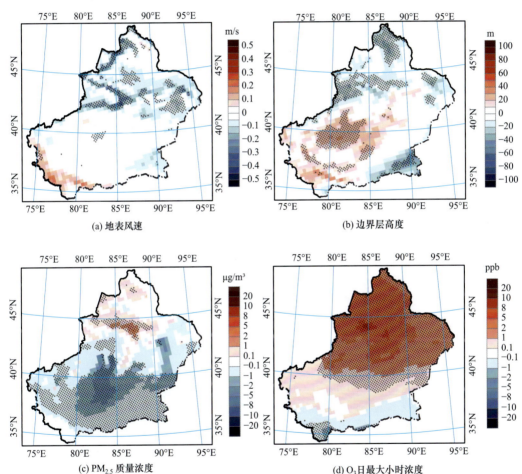

(a) 地表风速　　　　　　　　　　(b) 边界层高度

(c) $PM_{2.5}$ 质量浓度　　　　　　　(d) O_3 日最大小时浓度

图 9-16　新疆未来（2046~2050年）主要气象要素多年平均值变化以及由于气候变化导致的空气质量变化的预估结果（相对于 2006~2010 年多年平均值）（根据 Hong et al.，2019 重绘）

阴影区域的变化在 90% 的置信度下通过显著性检验

9.4 能源结构调整对新疆大气环境的影响

大气环境，特别是空气质量除了受气候变化的影响外，能源结构的调整也对其有重要影响。从资源赋存丰度来看，我国"贫油、少气、相对富煤"，煤炭占我国已探明化石能源资源总量的94%左右，而石油、天然气合计占比仅约6%，这决定了我国长期以煤为主的能源利用结构状况。2015年能源消费结构中煤炭占63.7%，石油18.3%，天然气5.9%，非化石能源12.1%。为了减少对空气污染的影响，我国不断改善能源结构，提升清洁能源比例，到2018年能源消费结构中煤炭占59.0%，石油18.9%，天然气7.8%，非化石能源14.3%。在过去的近20年中，我国天然气总消耗量从2000年的245亿 m^3 增加到2017年的近2400亿 m^3，年增长率平均超过14%。与此同时，进口天然气量从2006年9.5亿 m^3 到2017年的945亿 m^3，我国天然气对外依存度较高。

9.4.1 煤制天然气工程对空气质量的影响

为了增加天然气供应，减少对国外天然气的依赖和减少燃煤造成的环境污染，我国大力推行煤制天然气（coal-based synthetic natural gas，SNG）的开发以及相关的能源基础设施建设。煤制气工程主要集中在新疆和内蒙古等地。2017年，我国已建成煤制天然气项目4个，煤制天然气总产能为51.05亿 m^3/a，产量为26.3亿 m^3，转化煤炭710.1万 t（杨芊等，2019），其中两个项目在新疆，产量为12.1亿 m^3。

煤制天然气以煤为原料，通过煤气化、净化和甲烷化将煤转化为天然气，为我国煤炭的清洁化利用提供了一条途径。煤气化过程中，原料煤中含有的硫和氮会分别与 O_2、H_2、C、CO 等发生一系列化学反应，所生成的硫化物和氮化物会对设备、管道造成腐蚀，同时，还可以使一些工业催化剂的活性降低，所以在甲烷化之前必须对这些物质脱除。通常是将这些物质转化为硫黄、氨水等产品，进行资源化利用。与煤炭的直接燃烧相比，同样用煤量的煤制天然气排放 SO_2、NO_x、粉尘和烟尘的量分别减少95%、74%、99%和99%（宋鹏飞等，2016）。因此，用SNG替代煤将大大减少能源使用地的大气污染物排放（宋鹏飞等，2016；Qin et al.，2017；龚梦洁等，2015）。

煤制天然气可以替代不同部门的煤炭，由于各部门用煤的大气污染物和 CO_2 排放因子的变化以及能源效率的不同，用煤制天然气替代煤炭会带来不同程度的空气质量的改善和对气候变化的影响（Qin et al.，2017）。利用模式进行的敏感性分析显示，在电力、工业和居民生活等关键需求部门中用SNG替代煤炭的情景下，都会导致空气污染物排放净减少（$-40\sim-0.7$g SO_2 /m^3 SNG，$-5\sim-0.5$ NO_x / m^3 SNG，$-21\sim-0.7$g PM_{10} / m^3 SNG，以及 $-19\sim-0.4$g $PM_{2.5}$ / m^3 SNG），但是用于不同的部门，减排程度不同（图9-17）。在居民生活中使用SNG替代煤可以最大程度地减少所有空气污染物的排放。例如将SNG分配给居民生活所减少的 SO_2 排放量是将SNG分配给工业部门的两倍以上，是分配给电力部门的15倍以上。这主要是居民家庭燃煤效率低且不受控制，而电力部门和工业部门都有比较严格的污染排放控制措施。另外，天然气具有更高的能源效率和更低的空气污染物排放因子。与分配给电力或工业部门相比，将当前可用的SNG分配给居民生活可获得最大的空气质量和健康效益，但是也会带来 CO_2 排放增加，大约在 0.5kg CO_2/m^3 到 2.5 kg CO_2/m^3 SNG 范围内变化，与能源最终利用的部门和方式有关（Qin et al.，2017）。

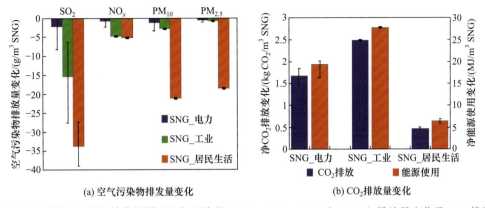

(a) 空气污染物排发量变化　　　　(b) CO_2 排放量变化

图 9-17　使用煤制天然气替代燃煤后空气污染物（SO_2、NO_x、PM_{10} 和 $PM_{2.5}$）排放量变化及 CO_2 排放量变化（Qin et al.，2017）

　　煤制天然气作为煤炭消费的替代品，若仅从使用地来考虑，煤制天然气与常规天然气相似，其燃烧产生的大气污染物和 CO_2 排放远低于煤炭。但是，从煤炭开发、煤制天然气生产和最终利用全过程的能量消耗和环境排放的角度来看，以煤制天然气替代煤炭发电为例，每发 1 kW·h 电可以减少 SO_2 排放 9.73 g，减少 NO_x 排放 0.45 g；但同时将多消耗 142 g 标准煤，增加 CO_2 排放 406.2 g。也就是说，以煤制天然气替代煤炭发电，SO_2、NO_x 的排放量分别减少 84.8% 和 11%，但是用煤量和 CO_2 排放增加 45% 左右（表 9-6）。在居民、工业、电力等不同部门使用 SNG 替代燃煤，能源消耗和 CO_2 排放都呈现增加趋势，增加幅度在 20%~108% 范围内变化（龚梦洁等，2015；Ding et al.，2013）。

表 9-6　煤炭、煤制天然气发电全生命周期资源消耗、大气污染物与 CO_2 排放比较（龚梦洁等，2015）

指标	煤炭消耗 /[kg/（kW·h）]	CO_2 排放 /[g/（kW·h）]	SO_2 排放 /[g/（kW·h）]	NO_x 排放 /[g/（kW·h）]
煤炭	0.305	893.7	11.48	4.09
煤制天然气	0.447	1299.9	1.75	3.64
煤制天然气替代煤炭的差值	0.142	406.2	-9.73	-0.45
煤制天然气替代煤炭的百分比	46.6%	45.4%	-84.8%	-11.0%

　　煤制天然气替代煤炭可以起到削减大气污染物排放的作用，特别是对 SO_2 的减排效果非常明显。但需要指出的是，煤制天然气在生产地和使用地对污染排放和碳排放的影响有显著不同。煤制天然气生产过程会产生大量的废水、废气和废渣。排放的废气主要有含尘气体、NO_x、SO_2、CO_2，也有硫化氢、汞等污染物。产生的废水中含有大量酚类、长链烷烃、吡啶等有毒难降解有机物，还有氨氮、硫化物、氰化物等有毒无机物。废渣主要是燃煤灰渣，需要渣场长期填埋。如果废气、废水、废渣处理不当，则会对于周边环境和居民健康造成伤害（Yang and Robert，2013；冯亮杰，2011）。另外，在煤制气过程中也会消耗大量的水，大约是煤消耗量的 2 倍，相当于每立方煤制气需要 6 升水左

右（冯亮杰，2011）。煤制天然气项目目前大多布局在煤炭资源丰富的新疆、内蒙古等地，而这些地区水资源匮乏。煤制天然气的大量生产将进一步加剧这些地区的缺水状况（Yang and Robert，2013；龚梦洁等，2015）。煤制天然气生产过程还会排放大量 CO_2，按照年产 40 亿 m^3 的煤制气，每年排放 CO_2 大约 2500 万 t，增加煤制天然气生产地碳排放的压力（冯亮杰，2011；Ding et al.，2013）。

总体而言，煤制天然气对天然气使用地的低碳发展和大气污染防治具有正面作用，但对煤制天然气的生产地产生严重的负面影响。从全生命周期来看，整体上提高我国的煤炭使用量、CO_2 排放量和水资源消耗。新疆作为煤制天然气的生产地，生产过程中排放的污染物将不利于空气质量的改善，还会加剧用水紧张的趋势。

9.4.2 能源转型对空气质量的影响

由于我国在《巴黎协定》目标下需要实现明显的 CO_2 减排，实现这样明显的 CO_2 减排，需要低碳能源转型。新疆是我国化石能源和可再生能源（风能、太阳能、地热能等）最为富足的地区之一，其能源转型也将和全国，以至全球的能源转型一致。图 9-18 给出了新疆到 2050 年的一种能源转型图景。在分析能源转型的时候，CO_2 减排目标、空气质量目标以及能源安全是能源转型的驱动目标。因此，在很大程度上，CO_2 减排和空气质量相关污染物的排放控制具有协同性。近期，大气污染控制较多是末端处理，而长期来讲能源转型、产业转型将起到更为决定性的作用。

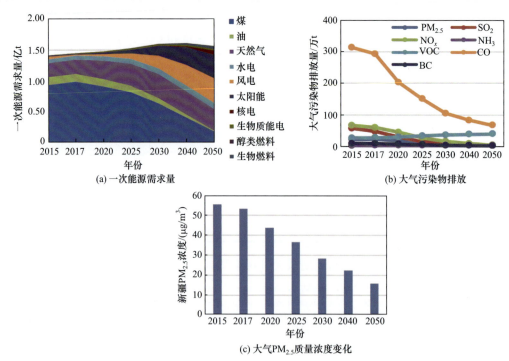

图 9-18　能源转型情景下新疆一次能源需求量、新疆大气污染物排放情况和新疆大气 $PM_{2.5}$ 质量浓度的变化

新疆气候变化科学评估报告

图 9-18（a）给出了未来新疆的能源转型途径的情景。到 2050 年，新疆可再生能源占据一次能源的主要部分，占 63%。煤炭消耗明显下降。在这种能源转型情景下，SO_2、NO_x、CO、$PM_{2.5}$ 等大气污染污染物排放的明显下降 [图 9-18（b）]，将会使新疆空气质量明显改善 [图 9-18（c）]。2030 年新疆空气质量可以达标，到 2050 年新疆有可能实现世界卫生组织的空气质量标准。也就是说，能源转型在减少温室气体排放的同时，也会带来空气质量改善的效益。控制这些共同的排放源，既可以减轻气候变化的影响，又可以直接改善空气质量，有益于人类健康。

参考文献

艾合买提，李世迁，周培疆 . 2011. 吐鲁番空气中总悬浮颗粒物和可吸入颗粒物的相关性 . 环境科学与技术，34（6）：44-47.

艾力·买买提明，袁玉江，玉苏浦·阿布都拉，等 . 2005. 2004 年春季沙尘天气对和田市空气质量的影响 . 干旱区地理，28（5）：665-669.

蔡宁宁，王宝庆，胡新鑫，等 . 2020. 乌昌石区域的非金属矿物制品业大气污染物排放清单研究 . 环境污染与防治，42（3）：299-304.

蔡仁，李霞，赵克明，等 . 2014. 乌鲁木齐大气污染特征及气象条件的影响，环境与科学技术，37（S1）：40-48.

陈勇航，向鸣，吕新生，等 . 1999. 塔克拉玛干沙漠腹地盛夏十场沙尘暴综合分析与预报探讨 . 新疆气象，22（1）：9-12.

道然·加帕依，阿依夏木 . 2004. 哈密地区风沙天气特征分析 . 气象，30（12）：61-64.

范一大，史培军，周俊华，等 . 2005. 近 50 年来中国沙尘暴变化趋势分析 . 自然灾害学报，14（3）：22-28.

冯亮杰 . 2011. 我国发展煤制天然气项目的分析探讨 . 化学工程，39（8）：86-89.

葛洪燕 . 2018. 吐鲁番市颗粒物浓度变化特征及其与气象要素的关系 . 沙漠与绿洲气象，12（2）：78-83.

龚梦洁，李惠民，齐晔 . 2015. 煤制天然气发电对中国碳排放和区域环境的影响 . 中国人口·资源与环境，25（1）：83-89.

顾强 . 2017. 煤制天然气废水处理技术研究现状及展望 . 洁净煤技术，23（5）：92-97.

郭梦婷，蔡旭晖，宋宇 . 2016. 全国低风速气象特征分析 . 北京大学学报（自然科学版），52（2）：219-226.

郭宇宏，达丽努尔·塔力甫，康宏，等 . 2012. 新疆部分城市可吸入颗粒物的浓度及粒径分布 . 环境科学与研究，35（12J）：240-244.

郭宇宏，康宏，王自发 . 2014. TSP 和 PM10 监测指标对新疆城市空气质量级别的影响 . 干旱区地理，37（4）：731-743.

郭宇宏，马禹，高利军，等 . 2006. 天山北麓一次沙尘天气污染过程剖析 . 干旱区地理，29（3）：354-359.

韩茜，钟玉婷，陆辉，等 . 2016. 乌鲁木齐市碳质气溶胶季节变化及其对霾形成的影响 . 干旱区研究，

33（6）：1174-1180.

郝毓灵.1999.新疆的主要河流全年及枯水期水质状况的分析和预测//新疆水利学会获奖论文集（1989-1998）.新疆维吾尔自治区水利学会：107-119.

胡俊，钟珂，亢燕铭，等.2019.新疆典型城市气溶胶光学厚度变化特征.中国环境科学，39（10）：4074-4081.

黄观，刘伟，刘志红，等.2013.乌鲁木齐市MODIS气溶胶光学厚度与PM_{10}浓度关系模型研究.环境科学学报，36（2）：649-657.

黄观，刘志红，刘伟，等.2015.北疆地区气溶胶光学厚度的分布特征.生态与农村环境学报，31（3）：286-292.

贾瑞，刘玉芝，吴楚樵，等.2019.2007~2017年中国沙尘气溶胶的三维分布特征及输送过程.中国沙漠，39（6）：108-117.

蒋维楣，孙鉴泞，曹文俊，等.2004.空气污染气象学教程.北京：气象出版社.

江远安，张云慧，霍广勇，等.2005.喀什地区沙尘天气过程分析.新疆气象，28（增刊）：8-11.

李景林，郑玉萍，刘增强.2007.乌鲁木齐市低空温度层结与采暖期大气污染的关系.干旱区地理，30（4）：520-525.

李景林，郑玉萍，赵娟，等.2008.乌鲁木齐近30年低能见度气候特征.干旱区地理，31（2）：189-196.

李军，吕爱华，李建刚.2014."十一五"时期乌鲁木齐市大气污染特征及影响因素分析.中国环境监测，30（2）：14-20.

李蒙蒙，黄昕，李建峰，等.2014.基于MODIS地表数据对2006年中国北方沙尘排放的估算.高原气象，33（6）：1534-1544.

梁云，刘新春，何清，等.2008.新疆春夏季大气降尘分析.中国沙漠，28（5）：992-995.

刘新春，陈红娜，赵克蕾，等.2015.乌鲁木齐大气细颗粒物$PM_{2.5}$水溶性离子浓度特征及其来源分析.生态环境学报，24（12）：2002-2008.

刘新春，代亚亚，陈红娜，等.2017.塔克拉玛干沙漠腹地沙尘天气过程粗细颗粒中水溶性离子组分垂直分布特征.生态环境学报，26（6）：991-1000.

刘新春，钟玉婷，何清，等.2012.乌鲁木齐大气总悬浮颗粒物（TSP）离子化学组分及影响因素.干旱区研究，29（4）：713-720.

娄梦筠.2019.我国不同地区大气边界层与$PM_{2.5}$相互作用的观测研究.北京：中国气象科学研究院学位论文.

毛东雷，蔡富艳，雷加强，等.2017.新疆策勒不同下垫面大气降尘时空分布特征.干旱区研究，34（6）：1222-1229.

潘云仙，蒋维楣.1982.我国大陆大气的平均最大混层高度.中国环境科学，2（6）：51-56.

任国玉，张爱英，王颖，等.2009.我国高空风速的气候学特征.地理研究，28（6）：1583-1592.

任倩.2017.丝绸之路经济带核心区建设背景下的新疆环保投资研究.新疆职业大学学报，25（3）：36-40.

石晓宁.2017.新疆伊宁市大气降尘变化规律及趋势.环境与发展，6：178-183.

宋健侃.2003.浅析沙尘天气对和田市大气污染的影响及对策.干旱环境监测，17（4）：227-229.

宋鹏飞，侯建国，王秀林，等.2016.煤制天然气对降低大气污染的贡献分析.煤化工，44（1）：15-18.

王果，迪丽努尔·塔力甫，买里克扎提·买合木提，等．2016.乌鲁木齐市 PM$_{2.5}$ 和 PM$_{2.5-10}$ 中碳组分季节性变化特征．中国环境科学，36（2）：356-362.

王慧琴．2012.塔里木盆地大气降尘时空变化及理化特性分析．乌鲁木齐：新疆大学学位论文.

王楠，游庆龙，刘菊菊．2019. 1979~2014 年中国地面风速的长期变化趋势．自然资源学报，34（7）：1531-1542.

王文全，孙龙仁，吐尔逊·吐尔洪，等．2012.乌鲁木齐市大气 PM$_{2.5}$ 中重金属元素含量和富集特征．环境监测管理与技术，24（5）：23-27.

王旭，马禹，陈洪武，等．2003.南疆沙尘暴气候特征分析．中国沙漠，23（2）：147-151.

王郁，徐大海，孙俊英．2021. 新疆地区大气环境容量系数的气候特征及其在空气质量变化中的作用．环境科学学报，41（12）：5073-5082.

王跃思，李文杰，高文康，等．2020. 2013~2017 年中国重点区域颗粒物质量浓度和化学成分变化趋势．中国科学：地球科学，50（4）：453-468.

魏明娜，谢海燕，邓文叶，等．2017.乌鲁木齐市采暖期与非采暖期大气 PM$_{2.5}$ 和 PM$_{10}$ 中水溶性离子特征分析．安全与环境学报，17（5）：1986-1991.

吾拉尔·哈那哈提，薛静，迪丽努尔·塔力甫．2014.乌鲁木齐市大气可吸入颗粒物中多环芳烃与颗粒物比表面积、气象因素相关性的探讨．广东化工，41（13）：27-29.

吾拉尔·哈那哈提，迪丽努尔·塔力甫，买里克扎提·买合木提，等．2015.乌鲁木齐市大气可吸入颗粒物中多环芳烃的污染特征及来源解析．环境污染与防治，37（1）：35-40.

吴雷．2012.克拉玛依市大气 PM$_{2.5}$、PM$_{10}$ 污染水平浅析．干旱环境监测，26（3）：158-161.

吴序鹏，杨军，车慧正，等．2012.塔克拉玛干沙漠地区气溶胶光学厚度卫星遥感产品验证．气候与环境研究，17（2）：149-159.

吴祖常，董保群．1998.我国陆域大气最大混合层厚度的地理分布与季节变化．科技通报，14（3）：158-163.

谢运兴，唐晓，郭宇宏，等．2019. 新疆大气颗粒物的时空分布特征．中国环境监测，35（1）：26-36.

徐大海，朱蓉．1989.我国大陆通风量及雨洗能力分布的研究．中国环境科学，9（5）：367-374.

徐大海，王郁，朱蓉．2016.大气环境容量系数 A 值频率曲线拟合及其应用．中国环境科学，36（10）：2913-2922.

徐大海，王郁，朱蓉．2018.中国大陆地区大气环境容量及城市大气环境荷载．中国科学（地球科学），48（7）：924-937.

徐鸣，王建国．2002.一次特大沙尘暴对乌鲁木齐市环境空气质量的影响分析．干旱环境监测，16（1）：139-144.

杨静，李霞，李秦，等．2011.乌鲁木齐近 30a 大气稳定度和混合层高度变化特征及与空气污染的关系．干旱区地理，34（5）：747-752.

杨芊，颜丙磊，杨帅．2019.现代煤化工"十三五"中期发展情况分析．中国煤炭，45（7）：77-83.

于志翔，李霞，于晓晶，等．2021. 2003—2019 年新疆气溶胶光学厚度时空变化特征．干旱区地理，45（2）：346-358.

张亮林，潘竟虎，张大弘．2018.基于 MODIS 数据的中国气溶胶光学厚度时空分布特征．环境科学学报，38（11）：4431-4439.

张小啸，陈曦，王自发，等. 2015. 新疆和田绿洲大气降尘和PM$_{10}$浓度变化特征分析. 干旱区地理，38（3）：454-462.

张晓莉，夏衣热·肖开提. 2020. 新疆工业污染的库兹涅茨曲线特征及影响因素的灰色关联分析. 数学的实践与认识，50（3）：69-78.

赵丹丹，关欣，李巧云，等. 2005. 新疆和田降尘的时空分布与影响因子. 新疆农业大学学报，28（2）：14-l7.

赵克蕾，何清，钟玉婷，等. 2014. 2012年库尔勒市PM$_{10}$质量浓度的变化特征分析. 沙漠与绿洲气象，8（1）：11-16.

赵克明，李霞，杨静. 2011. 乌鲁木齐最大混合层厚度变化的环境响应. 干旱区研究，28（3）：509-513.

赵仕伟，高晓清. 2017. 利用MODIS C6数据分析中国西北地区气溶胶光学厚度时空变化特征. 环境科学，38（7）：2637-2646.

郑乐娟，张志军，张慧琴，等. 2003. 吐鲁番盆地近30年沙尘天气分布特征. 新疆气象，26（2）：12-14.

仲嘉亮，叶德斌. 2012. "十一五"期间新疆大气降尘量时空分布特征及影响因素分析. 干旱环境监测，26（2）：91-95.

钟玉婷，刘新春，范子昂，等. 2012. 2009年塔里木盆地总悬浮颗粒物时空分布及无机离子浓度特征分析. 中国沙漠，32（4）：1053-1061.

朱蓉，张存杰，梅梅. 2018. 大气自净能力指数的气候特征与应用研究. 中国环境科学，38（10）：3601-3610.

Ding Y，Han W，Chai Q，et al. 2013. Coal-based synthetic natural gas（SNG）: A solution to China's energy security and CO$_2$ reduction. Energy Policy，55：445-453.

Han Z，Zhou B，Xu Y，et al. 2017. Projected changes in haze pollution potential in China: an ensemble of regional climate model simulations. Atmospheric Chemistry and Physics，17：10109-10123.

Holzworth G C. 1964. Estimates of mean maximum mixing depths in the contiguous United States. Monthly Weather Review，92（5）：235-242.

Hong C，Zhang Q，Zhang Y，et al. 2019. Impacts of climate change on future air quality and human health in China. Proceedings of the National Academy of Sciences，116（35）：17193-17200.

Lines I G，Deaves D M，Atkins W S. 1997. Practical modeling of gas dispersion in low wind speed conditions for application in risk assessment. Journal of Hazardous Materials，54（3）：201-226.

Li X，Xia X，Che H，et al. 2017. Contrast in column-integrated aerosol optical properties during heating and non-heating seasons at Urumqi — Its causes and implications. Atmospheric Research，191：34-43.

Li X，Xia X，Wang S，et al. 2012. Validation of MODIS and Deep Blue AOD Products in an arid/semi-arid region of northwest China. Particuology，10（1）：132-139.

Li X，Xia X，Wang L，et al. 2015. The role of foehn in the formation of heavy air pollution events in Urumqi，China. Journal of Geophysical Research: Atmospheres，120：5371-5384.

Li X，Xia X，Zhong S，et al.2020. Shallow foehn on the northern leeside of Tianshan Mountains and its influence on atmospheric boundary layer over Urumqi，China — A climatological study. Atmospheric Research，240：104940.

Qin Y，Wagner F，Scovronick N，et al. 2017. Air quality，health，and climate implications of China's synthetic natural gas development. Proceedings of the National Academy of Sciences, 114 (19): 4887-4892.

Qu W J, Zhang X Y, Richard A, et al. 2008. Chemical composition of the background aerosol at two sites in southwestern and northwestern China: potential influences of regional transport. Tellus B: Chemical and Physical Meteorology, 60B: 657-673.

Seibert P, Beyrich F, Gryning S E, et al. 2000. Review and intercomparison of operational methods for the determination of the mixing height. Atmospheric Environment, 34 (7): 1001-1027.

Wang M, Xu X, Xu H, et al. 2019. Features of the deep atmospheric boundary layer over the Taklimakan Desert in the summertime and its influence on regional circulation. Journal of Geophysical Research: Atmospheres, 124: 12755-12772.

Yang C Robert B J. 2013. Commentary: China's synthetic natural gas revolution. Nature Climate Change, 3: 852-854.

Zou X, Alexander L V, Parker D. 2006. Variations in severe storms over China. Geophysical Research Letters, 33: L17701.

第10章　气候变化对重大工程的影响

主要作者协调人：陈　曦　赵成义
主　要　作　者：马晓飞　雷加强　李兰海

■　**执行摘要**

　　近50年来，新疆重大工程建设的数量和规模不断增加。气候变化，特别是气温升高、极端天气气候事件频发，尤其降水强度反常，会通过影响重大工程的设施本身、重要辅助设备以及重大工程所依托的环境，从而进一步影响工程的安全性、稳定性、可靠性和耐久性，并对重大工程的运行效率和经济效益产生影响。

　　气候变化使得新疆山区水利枢纽工程的设计标准和安全运行受到一定威胁（中信度），其中受极端天气气候事件的影响最为显著（高信度）。虽然目前通过塔里木河流域下游生态输水工程使得塔里木河下游生态环境得以大幅改善（高信度），但随着气候变化引起的未来30~50年塔里木河流域源流区冰川融水量的减少，预计将会对塔里木河沿岸绿洲、水体面积及生物多样性产生功能性锐减的可能（中信度）。中巴经济走廊区是全球地质灾害（洪水、泥石流、崩塌、雪崩等）的多发区，受气候变化影响，洪水和泥石流频率增加，将成为区域山地灾害的主要组成（高信度），预计未来30~50年这一区域的山地灾害将严重影响以中巴公路为核心的重大工程的设计标准和安全运行（中信度）。新疆积雪资源丰富，近50年来受气候变化影响使得新疆雪深、降雪强度增加，一方面带来了丰硕的水资源，利于冬季滑雪旅游资源开发（高信度）；另一方面受温度升高影响，以风吹雪、雪崩和融雪性洪水为主的雪灾发生频率也呈增加趋势（高信度），使得雪灾防治工程稳定性下降。受温度和降水增加的影响，新疆沙漠公路和输水工程沿线生态环境得以改善，降低了工程受沙漠覆盖和侵蚀的影响（中信度），但温度的升高也降低了工程耐热性和抗腐性（中信度）。

　　本章选取了新疆对气候变化影响极其敏感的重大工程，评估了气候变化对新疆重大工程的影响范围和程度，提出了新疆重大工程适应气候变化的对策。

自 20 世纪 80 年代末以来，新疆地区的气温和降水均呈增加趋势，其中气温东西向增速大于南北向，西部降水量增量多于东部。气候变化通过改变内陆河流域水文循环现状，进而影响重大工程的设计、运行和维护等，同时，从世界各国的实践来看，也证明大型工程的修建对区域气候也可能产生一定的反馈作用。任何一项重大工程在建设和运行期，均需考虑气候对重大工程的可能影响，这种影响在极端气候事件下会变得更加明显和深刻。在全球变暖背景下，新疆地区气候未来进一步的变化对重大工程的影响成为政府和社会各界关注的重点。本章选取在新疆经济社会建设过程中具有代表性的 6 个重大工程来分析评估气候变化对新疆重大工程的影响及其存在的风险。新疆重大工程包括：① 山区水利枢纽工程；② 塔里木河流域近期综合治理工程；③ 中巴走廊山地灾害防护工程；④ 雪灾防护工程；⑤ 沙漠公路及横穿沙漠的输水工程；⑥ 能源工程。

10.1 山区水利枢纽工程

新疆三山夹两盆的地形，使得山区降水量占全区的 84% 以上，90% 的河流径流量形成于山区。由于降水的年内和年际变化很大，水资源时空分布极不均衡，河道来水呈现春旱、夏洪、秋缺、冬枯特征，夏季水量占到全年的 50%~70%。河流径流量的不均衡不仅严重制约农业灌溉、生态保护和水能的开发利用，而且洪旱灾害还严重影响新疆各个流域人民生活生产及经济社会可持续发展，因此，建设山区控制性水利工程尤为必要。目前，新疆有 570 多条河流，灌溉和防洪任务较重的河流上均有山区控制性水利枢纽工程，对提高洪旱灾害调控能力和水资源利用率起到重要作用。如阿尔塔什水利枢纽工程，将叶尔羌河流域防洪标准从 20 年一遇提高到 50 年一遇，将下游灌区灌溉保证率从 50% 提高到 75%，并可有效保证塔里木河的生态供水。

1. 对水库大坝设计标准的影响

1961~2018 年，新疆极端降水天数均显著增加，增加速率为 0.9 d/10a，其中北疆增加速率最大，南疆最小。在过去的 30 年中，新疆特大洪水的发生频率呈显著上升趋势（+54.2%）。其中，夏季降雨的增加是导致洪水发生频率上升的主要因素（邓铭江，2012）。新疆平均年暴雨日数呈显著增加趋势，天山山区、南疆各分区平均年暴雨日数均呈增加趋势，增加速率分别为 0.13 d/10a、0.02 d/10a。新疆平均年暴雨量呈显著增加趋势，增加速率为 1.82 mm/10a，其中北疆、天山山区、南疆各分区平均年暴雨量增加速率分别为 2.0 mm/10a、4.57 mm/10a、0.65 mm/10a。极端降水事件和平均年暴雨量显著增加易引发洪涝灾害。洪水发生的频率增加，规模增大，对山区水利枢纽工程的抗洪能力提出了更高的要求，如果在设计大坝时不充分考虑气候变化带来的影响，防洪标准选择偏小，将会引发重大事故。

气候变化使得水库大坝工程的设计风险加大：① 由气候变化引起流域降雨和径流的变化，将影响流域的设计暴雨和设计洪水，即影响到水利工程防洪的设计标准；② 气候变化将可能加剧干旱发生的频率、范围和程度，进而降低水利工程的供水保证率；③ 极端降水事件和平均年暴雨量显著增加，可能引起次生灾害的发生和加大泥沙冲淤对水利工程安全和寿命的影响；④ 气候变化会加大极端水文气候事件发生的频次和强度，引发超标准洪水，进而影响水利工程运行规程的设计和编制。

2. 对水库调度安全的影响

新疆洪水的特点是瞬时洪峰流量很大，但持续时间短，夏季汛期由于需要防止瞬时大洪峰产生的防汛安全，不得不大量提前泄洪，而使新疆水库群在秋冬季节普遍缺水，造成了水资源的流失。极端降水事件和平均年暴雨量显著增加，加大了瞬时洪水流量和水库风险，使新疆水库群联合调度的难度增大，更进一步影响了水库的供水保证率和水库的安全运行能力。

气候变化背景下水库调度的风险增大，水循环过程加剧，流量过程发生较大变化，洪峰水量增大和枯水水量减少，水库蓄水量要做出相应调整，会对流域社会经济用水产生更大影响。需要进一步强化河流水情信息的监测和预报预警系统建设，强化防洪抗旱应急预案的编制和执行。同时，由于气候变化的影响，河流的来水和用水条件与原水利工程设计条件都发生了明显的变化，亟须对已建工程的运行规则和规程作相应的必要调整，以降低气候变化对水利工程的安全风险。

3. 对水库大坝安全运行的影响

极端气候事件频发，给社会经济发展造成巨大威胁，特别是短时极端降水（具有历时短、突发性强、危害大的特点），瞬时大降水量可引起河道和水库水位短时间内发生巨大变化，而高水位可能对大坝防洪安全带来极大的考验。由于上游山区水库存在灌溉、防洪、发电、生态等多方面的相互关系，山区水库一旦漫坝失事，极可能导致下游绿洲生产、生活和人民生命财产的损失。未来50~70年随着气候变化的加剧，新疆地区年平均降水的变化幅度也将增大，极端降雨事件增多，1.5~2℃升温阈值下，降水的变化值为0~20%，3~4℃升温阈值下，区域内平均降水增加值分别为10%~40%和20%~60%（Wu et al.，2019）。极端降水在未来30~50年增幅分别达到10.4%和20.8%，极端降水风险增加快速。同时，极端升温可显著提高地面温度，而基础地面荷载是混凝土大坝所承受的主要荷载之一。极端气候事件频发将可能导致更多不利工况的出现，如突发性持续干旱、高温低水位、低温高水位、高温高水位或低温低水位等，这些不利工况将对混凝土坝特别是拱坝的安全影响更加突出。气候变化对水利工程自身安全的影响主要体现在水利工程环境的显著变化，需要加强水库大坝本身安全建设与预警研究。由于极端降水对洪水过程线的影响巨大，研究极端降水条件下的山区水库漫坝风险分析，对于山区水利枢纽工程防洪系统的安全有很好的现实意义。

10.2　塔里木河流域近期综合治理工程

塔里木河流域是中国最大的内陆河流域，包括整个塔里木盆地，面积 102 万 km²，拥有 9 大水系 144 条河流。20 世纪 50 年代以来，塔里木河流域人口快速增长、水土资源开发规模不断增大，致使塔里木河干流下游河道断流 321km，尾闾罗布泊和台特玛湖相继干涸，大片胡杨林死亡，沙漠化加重，生态系统破坏严重，给流域人民生活和社会经济发展带来严重影响。2001 年国家开始实施塔里木河流域近期综合治理工程项目，投资 107 亿元，至 2013 年工程全面竣工，塔里木河下游断流河道恢复，尾闾台特玛湖恢复，流域生态系统得到很大改善。

1. 对下游生态输水的影响

冰川积雪融水是塔里木河源流区河川径流的主要补给来源，近 40 年随着气温升高，塔里木河流域冰川的面积和储量分别减少了 6.6% 和 3.8%，相当于年均减少 21.8 亿 m³ 水当量（刘时银等，2006）。而 1957~2013 年塔里木河源流区出山口地表径流呈显著的增加趋势，特别是 1994~2013 年源流区出山口地表径流年均增加 18.44 亿 m³，说明近 50 年塔里木河源流区来水量的增加与冰川消融速率表现出明显的一致性。源流区径流量的增大确保了近 20 年塔里木河流域近期综合治理工程生态输水目标 3.5 亿 m³/a 的实现，2000~2019 年塔里木河干流持续累计向下游断流河段生态输水 20 次，累计向下游生态输水逾 81 亿 m³，年均达 4 亿 m³，向胡杨林区生态输水逾 50 亿 m³。但气候变化也使源流区地表径流变异系数波动幅度增大，加大了生态输水目标实现的不确定性。今后 30~50 年，随着冰川面积和储量的加速减少，多数冰川消融殆尽，冰川径流和源流区来水量会发生锐减，预计 2050 年前后，四源流的阿克苏河、叶尔羌河、和田河以及开都–孔雀河的径流量将发生变化，总体水量将减少 13%~15%，四源流来水量从目前年均增加 20 亿 m³ 到年均减少 30~35 亿 m³，塔里木河流域重大工程生态输水将面临断流风险，源流区来水难以保障下游输水目标的实现，需要在塔里木河流域综合远景规划中予以重点考虑。

2. 对下游生物多样性的影响

2000~2019 年，塔里木河 20 次向下游生态输水有效缓解了塔河流域生态严重退化的局面，下游植被恢复和改善面积达 2285 km²，其中新增植被覆盖面积 362 km²，沙地面积减少 854 km²。以柽柳为主的灌木冠幅增大，株高增加，枝条嫩绿，长势良好，特别是一些地势较低的地方，如库尔干以南沿河道两侧已形成大片茂密的柽柳林。2000~2010 年，下游天然植被面积扩大到 88.64 km²，生物多样性得到提高，由输水前的 9 科 13 属 17 种，增加到输水后的 16 科 35 属 46 种。动物方面出现成群的大雁、鸬鹚，以往难以觅寻的鹅喉羚、赤狐、野猪也重现身影。随着气温增高和降水量的增加，塔里木河下游天然植被生物多样性将增强，植被覆盖度和长势会进一步变好。预计未来 30~50 年，随着气候变化引起的源流区来水量减少，补给塔里木河下游荒漠生态系统的水量减少，低于 50 mm 的降水量不足以抵消因升温导致实际蒸散发消耗的水分，故下游河岸植被在其生长季节中时常面临水分严重亏缺风险，植物会出现半枯死或全枯死现象。生物多样性受到抑制和减少。生境会发生受损，环境逐渐恶化，动物多样性也存在减少的风险。

3. 对尾闾湖泊的影响

塔里木河流域综合治理工程通过生态输水不但结束了长达 30 多年的大西海子以下 321 km 的河道断流，而且通过闸库调控使支汊流进，水长度增加了 156.2 km，河水漫溢面积达到 174.6 km²，尾闾湖泊台特玛湖水域面积变化更为显著。1966 年台特玛湖水域面积达 88 km²，到 1983 年仅存几平方千米，随后发生连续 17 年的干涸。生态输水后，2018 年初湖水面积最大时超过 526 km²。但以上水域面积非常不稳定，未来 30~50 年随着源流区冰川融化出现拐点，中下游湖泊水域面积将会出现很大的不确定性，干涸的湖盆由于风速和风力增加，起沙天数增多，沙漠化和沙尘天气会再次迅速增加。

4. 对塔里木河沿岸绿洲的影响

气候变化、水资源和人类活动是干旱区绿洲变化的主要因素。预计未来 30~50 年，多数冰川消融殆尽，对该地区水资源将产生很大变化（牟建新等，2019）。2018 年塔里木河流域绿洲灌溉面积增加了 36.2 万 hm²，干流区较 2000 年增加了 18.9 万 hm²。同时，流域水资源利用效率不高，单位用水产值 7.3 元，远低于新疆平均值 14.6 元，不及新疆平均水平的 50%，特别是农业单方水产值仅 1.3~1.5 元。塔里木河流域绿洲生态环境总体呈现"绿洲扩大、绿洲内部生态改善，绿洲外围整体处于持续恶化"的态势。在气候变化影响下，按照目前水资源利用效率无法满足绿洲耗水需求，预计缺水率将达到 20%，对区域绿洲社会经济和生态保护构成严重威胁。

10.3　中巴经济走廊山地灾害防护工程

中巴经济走廊北起中国喀什地区，南至巴基斯坦最南端瓜达尔港，全长 3000 km，以中巴公路（喀喇昆仑公路）为导向，北接"丝绸之路经济带"，南连 21 世纪海上丝绸之路，是贯通南北丝路的关键枢纽，也是"一带一路"的重要组成部分。瓜达尔港建成后，不仅会带动贫困落后的俾路支省乃至整个巴基斯坦的经济发展，还将成为阿富汗、乌兹别克斯坦、塔吉克斯坦等中亚内陆国家最近的出海口，担负起这些国家连接斯里兰卡、孟加拉国、阿曼、阿联酋、伊朗、伊拉克和中国新疆的海运任务，最终成为海上中转站。

中巴经济走廊地处喜马拉雅地震带，地震活动频繁、地质构造活跃、区域稳定性极差（刘杰等，2015）；地层从寒武系至第四系均有出露，寒武系最为发育，尤其在巴基斯坦北部地区地层岩性以软和极软岩石为主。该区域年降水量为 600~1000 mm，夏季降雨集中，最高温度可达 40℃，冬季最低气温可至 −30℃（李凌婧，2015），气候恶劣，昼夜温差大，冻融交替循环，加之高寒区冰川融冻等外动力作用，导致该区成为山地灾害易发、频发区（胡进等，2014；梁洪国和李明，2010）。

中巴经济走廊是地质灾害类型最全的地区之一。与降水有关的如洪水、泥石流等，与重力有关的（降水可诱发）滑坡、崩塌、落石等，与冰雪有关的冰湖溃决洪水、泥石流、冰川融水洪水、融雪洪水、溜冰、雪崩、风吹雪等。目前，中巴经济走廊现已出现地质灾害 2369 处，其中滑坡 584 处、崩塌 116 处、泥石流 1669 处（柴宗新，1999；米德才等，2005；裴艳茜等，2018）。中巴经济走廊大约 75% 的地质灾害点属于小规模（面积小于 1km^2）地质灾害，仅有 12 处特大规模地质灾害点，为滑坡和沟谷泥石流。受气候变化影响，近 10 年中等以上规模地质灾害发生频次普遍较高，自 2011 年以来，地质灾害发生频次逐年增加。

1. 对崩塌防护工程的影响

崩塌是在特定自然条件下形成的，其过程为岩土体与母体脱离后经过不断翻滚、跳跃，最后堆积于坡脚，形成倒石堆。气候对崩塌的影响主要是通过风化作用使岩石破碎，加速崩塌，在风化作用较严重的地区，岩石在较短的时间就会被风化破碎，对明洞、棚洞等防崩塌工程措施造成危害。随着全球变暖的进一步加剧，冰川迅速后退，冰川 U 形谷两侧的临空面增加，加剧了滑坡、崩塌的发生概率。研究表明：昆仑山系以及阿尔金山附近滑坡的频次显著增加，中巴经济走廊区域内的滑坡频次也呈现显著的逐渐增加趋势，随着时间推移，滑坡发生频次越来越高（Ali et al.，2018）。在今后崩塌的治理中，应考虑气候变化因素，根据每个工点的不同地形、岩性、成因、运动形式，决定具体的处理方法。对于特别严重的崩塌，采用明洞、棚洞工程措施来避绕崩塌，特别严重且影响路段长的崩塌也可结合线路进行调整改线避绕。

2. 对滑坡防护工程的影响

滑坡是指斜坡上的土体或者岩体，受河流冲刷、地下水活动、雨水浸泡、地震以及人为活动等因素的影响，在重力作用下，沿着一定的较软的面或带状区域，整体地或者分散地顺坡向下滑动的自然现象（刘芸芸，2013）。水的作用对滑坡的发生影响很大。而气候变化产生的强降水既能减少山体的抗滑力，又能通过软化、腐蚀等作用降低岩石体强度，产生静水和动水压，对透水岩层产生浮托力，致使滑坡更易发生。冰雪消融增大冰湖蓄水量，不仅增加了冰湖溃决风险，而且增大了溃决洪水的规模；水热同期增大了泥石流和洪水的激发水量。这些因素均有利于大规模滑坡、冰湖溃决、泥石流和洪水的形成（崔鹏，2014）。随着气候变化影响的加大，山区建造工程时，要尽量避开易发生的滑坡地区，防止滑坡的发生。治理工程中排水、支挡、减压、滑动带加固工程等措施要综合考虑，优化治理方案，综合实施。滑坡防治工程在技术方面，要根据实际地质条件和气候变化预估做出合理的规划方案，优先考虑排水工程（谢全敏，2004）。

3. 对泥石流防护工程的影响

泥石流是指松散土体和水的混合体在重力作用下沿自然坡面或沿压力坡的流动，具有结构性、惯性强、搬运力大、破坏力强和分选性差等特征（陈晓清，2002）。随着全球变暖，冰川剧烈消融，由冰川融水引发的冰川泥石流已成为中巴公路沿线发生最频繁与危害最严重的冰川灾害类型之一。冰川泥石流主要包括冰川（积雪）消融型泥石流、冰崩雪崩型泥石流、冰湖溃决型泥石流。中巴经济走廊区域的冰川灾害（冰川跃动、冰崩等）和冰川次生灾害（突发性冰雪消融洪水、冰川阻塞湖溃决等）为泥石流的发生提供了充足的水动力条件和激发因素。西昆仑山、喀喇昆仑山、帕米尔高原地区，近30年来包括冰川泥石流在内的冰川灾害发生频次和强度呈显著增加趋势，其很大程度上是由于气候变暖导致的冰川融水剧增所引起的。气候变暖影响下，喀喇昆仑山地区有12%的山谷冰川成为跃动冰川；洪扎河谷及附近地区成为中巴公路沿线冰湖分布最为集中、危害最严重的地区。观测和研究表明，中巴经济走廊区域的喀什噶尔河、叶尔羌河上游冰川的消融尚未达到鼎盛阶段，冰川融水量仍然处在增加的过程，产生冰川泥石流等灾害风险仍在加大。以中巴经济走廊KKH沿线为例：该地区共有1050条冰川，80%为山岳冰川，主要分布在洪扎河流域，每年秋末冬初和春末夏初极易发生积雪型和融雪型雪崩；同时，该地区冰湖分布也最为集中，冰舌的迅速消融与进退，频繁引起冰湖溃决。对有规律暴发的小型冰川泥石流进行治理，并制定针对冰川泥石流的监测方案。对规模小、有拦挡条件、对公路危害小的坡面泥石流，可路线外移，设置拦挡墙；在没有拦挡条件的地方，设置过水路面，加强后期养护。对规模大、对公路运营安全产生影响的坡面泥石流，结合坡面泥石流的颗粒组成，设置明洞或棚洞排导泥石流。对影响路段特别长的，也可考虑改线避绕泥石流。对于沟谷型泥石流，根据公路与泥石流的关系和地形条件，采用拦挡、排导、跨越的综合治理措施，对规模较大的沟谷泥石流，结合线路调整改线避绕。对于规模巨大、暴发频率极低的冰川泥石流，结合现在的经济条件，技术水平，采用对其上有规律暴发的小型泥石流进行治理，主冰川泥石流进行监测的方案（季新友，2018）。

10.4　雪灾防治工程

新疆的积雪占全国积雪资源的1/3，北疆积雪较南疆分布广泛，特别是冬季积雪范围大、持续时间长，积雪变化易引发融雪型洪水、雪崩、风吹雪（风雪流）和牧区雪灾等灾害（胡汝骥等，2015）。受气候变化影响，新疆雪灾呈频发趋势，给新疆经济社会可持续发展带来严重挑战。1960年至今，新疆雪灾发生频率增加，灾情强度不断加强、升级。1960~2014年，北疆雪灾发生频率为49次/10a，且以大雪灾为主，南疆发生频次仅为6次/10a（胡列群等，2015）。新疆北部的重雪灾和特大雪灾主要发生在1990年以后，且强度逐渐增强，在2000年以后尤为显著（庄晓翠等，2015）。

新疆一些重大工程（高速公路、国防公路、铁路、高压输变电工程、中哈石油管道工程、山区水利枢纽工程、牧区水利工程等）主要分布在天山雪灾区和阿尔泰雪灾区，为保障工程安全运行，每一项重大工程均需要建设有雪灾防护工程，主要包括风吹雪棚洞防护工程、防雪长廊、防雪栅栏、导风栅、管式化风墙、阻雪栅、挡雪板、防雪林等，如独库公路防雪长廊、塔城玛依塔斯风吹雪棚洞防护工程、果子沟高速公路防雪栅栏工程、中哈石油管道和特高压输变电塔基阻雪栅工程等。

1961~2010年，天山山区和阿勒泰山区降雪日数显著增加，大到暴雪有显著增强趋势，新疆和阿勒泰山区大到暴雪变化率分别为1.99 mm/10a和2.09 mm/10a（白松竹等，

2014；李效收，2013）。阿尔泰山区、准噶尔西部山区、北疆沿天山一带和南疆西部山区，雪灾频率达 5~7 次 /10a，其他地区在 3 次 /10a，重雪灾高达 50%。

1. 对融雪型洪水防护工程的影响

新疆山区融雪径流对气候变化敏感。近 60 年来，新疆冬季降雪量增加，加之春季增温使融雪速率加剧，导致短时间内融雪产流量加大，从而容易形成洪峰高、量大的融雪洪水（Shen et al.，2019；Zhang F Y et al.，2016；Zhang et al.，2020；包安明等，2010；李兰海等，2014）。总体来看新疆融雪型洪水灾害呈增长趋势，新疆南部的春季融雪径流显著增加，且天山南坡春季融雪径流自 20 世纪 80 年代开始提前（Shen et al.，2018）；新疆阿勒泰地区的春季融雪期提前，融雪洪峰有增大的态势（贺斌等，2012；努尔兰等，2014）。融雪型洪水对防护工程影响范围大，灾害损失严重。新疆地形复杂，山高坡陡，河流积水快，易形成山洪毁坏道路、村庄，对路面的冲刷及防护工程基础的淘刷而破坏路基的整体稳定性，严重影响新疆重大工程的安全运行（董玉文等，2004；陆帼英，2000；周宇，2013）。如独山子—库车公路沿线均为沟谷型泥石流，仅哈希勒根达坂以北就有 30 处泥石流易发路段分布，沟槽横断面呈 "V" 形，切割深度多大于 40 m，沟长大于 500 m，沟宽 2~20 m，沟床纵坡 >12°，沟谷两侧有崩塌、滑坡发生，堆积区形态呈扇形，扩散角 30°~70°，扇面较平整，堆积物厚度一般 < 3 m。在暴雨和融雪洪水作用下，沟谷两侧的松散堆积物、沟底松散物以及沟谷流域上的第四系松散堆积物被冲刷和堆积形成泥石流，毁坏挡石墙及导水涵洞等防护工程。

未来气候变化情景下，天山北坡径流量将会增加，同时，将会导致融雪径流洪峰提前、洪峰量变大（Ren et al.，2017；Zhang F Y et al.，2016；何新林和郭生练，1998；王晓杰等，2012）。天山南坡春季径流量也将呈增加趋势，春季洪峰将会呈现显著增加趋势，春季洪峰的开始时间有显著提前趋势（李晓菲等，2019；张飞云，2016）。新疆南部的阿克苏河、叶尔羌河、和田河上游，未来 20 年气候变暖将使春季径流增加，这是因为冷季温度、降水显著上升将导致积雪量上升，积雪累积和融化速率增大（Liu et al.，2010，2013；Xu et al.，2008；张国威等，2012）。受融雪洪水影响的重大工程包括阿尔塔什水利枢纽（叶尔羌河）、察汗乌苏水利枢纽、大石峡水利枢纽工程（阿克苏河）、精河至霍尔果斯铁路、精河至伊宁的高速公路、312 国道果子沟段、阿勒泰至克拉玛依 - 奎屯铁路、乌鲁木齐至尉犁高速公路、新藏公路、独库公路、精伊高速公路、中巴经济走廊等，在未来工程防护中都需要考虑气候变化因素。

2. 对雪崩防护工程的影响

雪崩具有潜在性、突发性、难以预测性、破坏力巨大等特点，雪崩形成的条件和类型因积雪雪层结构，土壤温湿度变化和区域天气模式的不同而异（Morin et al.，2020）。在一定的地形和积雪条件下，雪崩灾害由多种自然因素（强降雪、温度剧增、雨夹雪、地震和风等）和人类活动（滑雪、登山、采矿和军事活动）诱发引起（Kumar et al.，2019）。雪崩灾害的影响范围主要为交通线路与关键设施。雪崩对重大工程的影响表现为：① 雪崩从山坡滑落，可能直接掩埋过路车辆和行人，而滑落的积雪堆积在交通线上，会阻断交通；② 雪崩从山坡滑落，冲击掩埋建筑物和居民点；③ 放牧、野外徒步、滑雪运动等引发雪崩滑落冲击掩埋人员。雪崩的受灾区域广、影响程度深、牵连范围大，是雪害的最主要类型。

中国天山西部地区 49% 的雪崩是由强降雪诱发引起，27% 的雪崩是由温度剧烈升高诱发引起，24% 的雪崩分别是由其他因素诱发形成（Blagovecsenkiy et al.，1995；Hao et al.，2018）。近 60 年来，新疆积雪平均深度和最大深度均呈现显著增加趋势，且在冬季增加更为明显，但春季有所减少（Zhong et al.，2018）。1957~2009 年新疆平均雪深变化率为 0.07 cm/10a，冬季为 0.34 cm/10a（马丽娟和秦大河，2012）。新疆的雪崩灾害突发性强，来势凶猛，历时短，破坏性大，对山区、山前平原和沿山一带城镇构成很大威胁。在全球气候变化大背景下，雪崩的频率和强度不断增强对人类的危害也在进一步增加（崔鹏等，2019）。新疆境内的天山、昆仑山、喀喇昆仑山和阿尔泰山山区地形复杂，积雪较厚导致山区雪崩十分活跃。未来天山、昆仑山、喀喇昆仑山等山区的冬季平均气温增加，降雪量增加，往往容易导致冬前降雪触发的干雪崩，同时冬季最大积雪深度增大和春季升温的情况下，将导致积雪内部的含水量增大，积雪与山坡表面的摩擦力降低，将更有利于春季湿雪崩的发生，以前不易发生雪崩的地方也会发生雪崩（Ballesteros-Cánovas et al.，2018），这将导致雪崩灾害更重，影响范围更大，灾情更加严重。因此，随着气候变化导致的区域降雪量、积雪分布和气温的变化，雪崩的未来风险将呈现显著波动特征。雪崩具有突然性、运动速度快、破坏力大等特点。雪崩能摧毁重大工程的防雪长廊、防雪栅栏、导风栅、管式化风墙、阻雪栅、挡雪板等工程防雪设施，也能摧毁掩埋房舍、交通线路、通信设施等，甚至能堵截河流，发生临时性的涨水，引发山体滑坡、山崩和泥石流等衍生自然灾害。在新疆伊犁天山果子沟公路 35 km 路段，穿越将近 100 条雪崩路径，这里不但雪崩路径稠密、雪崩频繁，而且过往车辆很多，成为天山北坡雪崩危害最严重的公路路段之一。受雪崩影响较大的工程有独库公路、精河至霍尔果斯铁路、精河至伊宁的高速公路、312 国道果子沟段、阿勒泰至克拉玛依 - 奎屯铁路、乌鲁木齐至尉犁高速公路、新藏公路、精伊高速公路、中巴经济走廊等。其中独库公路防雪长廊是受雪崩影响最大的工程之一。

3. 对风吹雪防护工程的影响

风吹雪是指风速较大区域的气流挟带起分散的雪粒在近地面运行，并在风速较弱的区域气流中的雪粒又沉积下来的天气现象。根据强度的大小等方面分为低吹风、高吹风和暴风雪三类（祁延录，2018）。风吹雪多发生在高纬度、高海拔和地形起伏变化较大的积雪地区，主要受风速和降雪双重因素综合影响。新疆是我国著名的大风发生区域，但风吹雪灾害主要发生区在北疆和西部天山地区，包括阿勒泰山区、塔城周边山区、天山山区北坡、伊犁河谷周边山区的中低海拔的缓坡丘陵地带，常常引起严重的灾害损失（Lü et al.，2012；包岩峰等，2012；马高生和黄宁，2006）。风吹雪现象常发生在降雪和雪停之后，具有影响区域广、发生时间长的特点。在气候变化背景下，1992~2012 年西北干旱区的地表风速呈现增加趋势，伴随冬季降雪量的增加，常常导致风吹雪灾害发生，致使交通线关闭（Hu et al.，1992；Lü et al.，2012）。风吹雪灾害影响的表现形式主要是降低能见度影响交通、风吹雪雪粒堆积在交通路线上妨碍交通，造成交通中断，是新疆雪害的主要类型之一（武鹤等，2008）。乌鲁木齐 – 塔城公路的老风口、玛依塔斯风区、阿拉山口、乌伊公路松树头、独库公路拉尔墩山隘、伊焉公路艾肯山隘等都是风吹雪多发区。受风吹雪影响较大的工程有克拉玛依至塔城铁路、克拉玛依至塔城高速公路及省道公路等。塔城公路的老风口—玛依塔斯风区常年受到东、西两个方向大风天气的影响，其中偏东大风占大风出现总次数 78.3%，偏西大风占 21.7%。风区年均 ≥ 8 级大风 150 日，最多 180 日，每年 8 月至翌年 3 月，老风口大风日数在 15 日左右；一次大风持续时间可达 7 日，最大风速 > 40 m/s。冬季发生偏东大风时，暴风雪使能见度极差，交通严重受阻。1992~2018 年，该路段共造成 956 人因风吹雪死亡（冻死、车内缺氧窒息或其他），20 余万人滞留和受灾。未来新疆近地面风速将持续下降（Falamarzi et al.，2014；Zeng et al.，2018），老风口防风阻雪生态工程的区域风速将可能降低，风吹雪的发生频次也可能降低，公路安全通行保证率将提高，但应加强未来气候变化对防风阻雪生态工程稳定性的影响研究（Chen et al.，2019）。

新疆的风吹雪灾害多发生在秋末和初春，随寒潮出现的情况较多。已有研究表明，新疆北部的风吹雪最早出现在 11 月，主要集中在 12 月至翌年 2 月，终止时间主要集中在 3~4 月。受气候变化影响，新疆风吹雪出现日数有季节变化，可分为单峰和双峰两种类型。双峰值差异较大，表明受不同的系统影响。另外，有研究表明，由于防风林的建立，新疆区域的风吹雪日数呈下降趋势（刘洪鹄和林燕，2005）。未来天山山区和北疆在冬季可能出现气温升高（Li et al.，2013）、降水量增加、风速下降（江滢等，2010；李思思等，2015）等趋势。冬季平均气温升高将导致积雪含水量增大，不利于风吹雪的发生；降雪量增加将导致风吹雪的物质来源增加，加之风速减小，将不利于风吹雪的发生；平均气温的升高，往往伴随着全球对流的减弱，往往使得冬季风速降低，冬季风速的降低将不利于风吹雪的发生。总的来说，在未来平均气温增加，风速降低，积雪减少等诸多因素的综合影响下，风吹雪灾害的未来变化存在较大的不确定性，尚需进一步研究。

4. 对畜牧业的影响

新疆暴雪过程多发区主要分布在阿勒泰地区、塔城盆地、伊犁河谷、乌苏到木垒的天山北坡一带及天山中部的中山带，发生时间多在秋末初冬、初春和隆冬时节。近 1960~2014 年，阿勒泰地区、伊犁河谷和天山北坡暴雪过程呈显著的线性增多趋势，增长率分别为 0.3 次 /10a、0.7 次 /10a、0.5 次 /10a。牧区暴雪过程异常偏少和偏少年在 20 世纪 80 年代以前，异常偏多和偏多年在 20 世纪 80 年代以后，主要在 90 年代以后（胡列群等，2015）。新疆牧区暴雪、暴风雪发生的频率并不高，但它是直接对牧业工程及牲畜造成伤亡的严重气象灾害。新疆的暴雪、暴风雪多发生在秋末初冬和初春，随寒潮出现的次数较多，北疆的塔城、阿勒泰、伊犁地区是牧区暴风雪多发区，由于地形的影响，这些地区的山口、峪口、隘口等地的暴风雪强度会加强，在秋末和初春牲畜转场路过这些地方时，如果恰遇暴风雪，牲畜无处躲藏，损失巨大。

10.5　沙漠公路和输水工程

　　新疆所处的特殊地理环境和气候条件，决定了新疆公路建设、调水工程和经济建设不可避免地要面对沙漠公路和输水工程修建的问题。新疆沙漠植被覆盖率低，生态环境极端脆弱，气候调节能力差。沙漠公路和输水工程的建设与运营对气候变化具有一定的敏感性，风沙活动对沙漠公路和输水工程的影响贯穿于各个施工阶段（包括建设原材料质量、运输、工程施工以及劳动力价格等）。在强烈持续的风沙作用下，沙漠公路和输水工程均面临着被流沙埋没的巨大威胁。全球变暖背景下，新疆沙漠地区的气候及其带来极端气候事件也发生了变化。暴雨洪水、大风、暴风雪等自然灾害，对沙漠公路和输水工程建设及安全运行构成了一定的威胁（伊里哈木等，2007）。

1. 大风的影响

　　风速是表征气候变化的重要因子。风速变化可影响陆地表层水分蒸发和土壤风蚀（张国平等，2001）。1970~2013 年，全疆多年平均风速为 2.34 m/s，平均年大风日数呈显著减少趋势，下降速率为 –0.0148 m/（s·a），1985 年以前以偏多为主，1985 年以后均偏少。风速变化具有一定空间差异，可划分成 3 个区域，即准噶尔盆地区域、塔里木盆地区域和七角井区域，风速下降速率准噶尔盆地区域＞塔里木盆地区域＞七角井区域（贾诗超等，2019）。风速变化将一定程度影响沙漠公路和输水工程的运营安全，以准噶尔沙漠输水明渠工程（全长 166.49 km）为例，因古尔班通古特沙漠地表的脆弱性，该明渠工程扰动沙面的风蚀问题会直接影响到渠道的长期安全运营，因而风沙危害防治是整个输水工程正常运行的关键。当渠道与起沙风主导风向大角度相交时，风沙危害最大。根据沙漠渠道布置，北部和中部渠道与起沙风主导风向夹角垂直，风沙危害较大；南部渠道施工期横切和斜切沙垄处较多，多为弯道，且弯道与起沙风主导风向夹角垂直，易于积沙，总体上该工程风沙危害南部大于北部，填方段大于挖方段（全永威，2013）。风沙危害也因局部的防沙措施而不同：在未设防（无草方格防护）的情况下，工程风沙危害较大，主要沙害类型为被切断沙垄向南延伸而造成的压埋危害和垄间填方段就地起沙造成的积沙危害；在有草方格防护的情况下，工程切割沙垄的大挖方地段，表现为垄顶防护体系外流沙向南蔓移所造成对草方格的压埋危害，垄间则表现为因填方坡度不适造成的草方格内部风蚀和积沙危害（王雪芹等，2006）。总体来看，该沙漠工程风沙流运行方向稳定（王雪芹等，2006），加之多年平均风速呈下降趋势，工程风沙沙害降低，有利于工程安全。

2. 沙尘暴的影响

　　新疆是中国和世界上沙尘暴发生频率较高的地区。沙尘暴天气是一个降温增湿的过程，沙尘暴过境前后大气层结发生了转变，边界层风、温、湿廓线都打破了原有分布规律，影响了大气边界层结构的发展变化，在沙漠腹地因局地热低压发展和南支卷云线共同作用可触发中小尺度的强沙尘暴天气（刘新春等，2011）。据观测数据，全疆大部分站点沙尘暴显著减少，尤其是 20 世纪 80 年代中期以后沙尘暴日数明显偏少。1961~2018 年，新疆平均年沙尘暴日数呈显著减少趋势，减少速率为 1.50 d/10a。北疆、天山山区、南疆各分区平均年沙尘暴日数与新疆区域一致，均呈现明显减少趋势，减少速率分别为 1.0 d/10a、0.31 d/10a、2.46 d/10a。沙尘暴以风沙流的方式造成农田、渠道、村舍、铁路、输水渠道、草场等被大量流沙掩埋，对沙漠公路和输水工程造成严重威胁。

未来新疆多数地区的年起沙量将减少，但各季节的增减变化有所差异，主要沙源中心—塔克拉玛干沙漠处的起沙量在沙尘暴常发季节将减少。未来春季起沙量会减少，这可能与冷空气爆发减少、风速减弱有关 (Tsunematsu et al., 2011; Zhang D F et al., 2016)。从沙尘事件来看，新疆范围内 10 月至翌年 3 月的不同强度沙尘事件都将增加，而 4 月之后的事件将减少，意味着沙尘暴活跃期将提前，沙尘暴对沙漠公路和输水工程造成的危害需要得到长期关注。

3. 极端降水的影响

无论是从发生频率、持续性还是降水强度来看，未来新疆极端降水都呈现增加的趋势。新疆平均年暴雨日数呈显著增加趋势，北疆、南疆各分区平均年暴雨日数与新疆区域一致，均呈现增加趋势，增加速率分别为 0.06 d/10a、0.02 d/10a。新疆平均年暴雨量呈显著增加趋势，增加速率为 1.82 mm/10a。新疆平均年暴雪日数呈显著增加趋势，增加速率为 0.03 d/10a。北疆、南疆各分区平均年暴雪日数与新疆区域一致，均呈现增加趋势，增加速率分别为 0.6d/10a、0.01 d/10a。新疆平均年暴雪量呈显著增加趋势，增加速率为 0.47 mm/10a。北疆、南疆各分区平均年暴雪日数与新疆区域一致，均呈现增加趋势，增加速率分别为 0.93 mm/10a、0.06 mm/10a。

极端降水增多对沙漠公路和输水工程的影响既有弊端也有好处。暴雨洪水事件增多，冲毁桥涵、路段、渠道，直接淹没公路，阻断交通；同时，沙漠降雨会淋洗表层土壤盐分迁移至植物根系层，高盐水会影响工程两侧的防护林生长。新疆轮台至民丰沙漠公路每年都发生洪水冲毁路基，淹没涵洞事件；突发性强降雨，由此引起的表层土壤盐分淋溶造成了公路两侧防护林主要植物种之一的沙拐枣大量死亡，导致后期防护林生态系统生物多样性受损，造成树种更换等大量经济损失 (张建国等，2008)。和田—阿拉尔沙漠公路沿线的和田河下游河道宽浅，河漫滩广阔，河心洲发育，低阶地与河床的相对高差多在 1~2 m 之间。因径流泥沙含量高，河床淤积严重，一旦遇到大的洪水，河床决口或淹没岸坎低地，易形成大面积洪泛，直接威胁公路安全。准噶尔盆地沙漠明渠工程输水线路较长，有大量人工开挖和填方形成的裸露边坡，在降水和地面径流影响下，产生坡面径流细沟冲蚀，导致工程高边坡失稳，同时部分边坡土壤表层盐碱化，边坡工程龙骨抗冲蚀能力降低，给供水工程的营运带来安全隐患。

极端降水增多对沙漠公路和输水工程运行安全也有益处。降水增多有利于工程沿线荒漠植被发育和地表覆盖稳定。天山北坡洪积冲积扇与古尔班通古特沙漠南缘的广大区域分布着原始旱生荒漠植被，为以梭梭等典型荒漠灌木、半灌木为优势种的单生或混生植物群落，是中亚干旱区生态过程与生态安全的关键区域，以降水和地下水为补给的土壤水是该区域自然植被的主要水源 (李彦等，2008; 徐贵青和魏文寿，2004)。由于该区冬季可形成稳定积雪，积雪层在春季融化，为荒漠短命、类短命植物生长提供关键水资源。研究表明，该区多数区域 6 月的 NDVI 与冬季降雪呈显著正相关，以位于准噶尔盆地的荒漠生态系统最为典型（杨涛等，2017）。对于穿越古尔班通古特沙漠的沙漠输水明渠工程而言，两侧的沙垄扰动带主要靠梭梭为主的人工防护林体系抵御风沙，降水增多将有助于该工程两侧的免灌梭梭林及林下草本植物生长，增加生物多样性，促进受损生态系统恢复，增强工程沙害防治能力，有利于工程安全。

10.6 能源工程

1. 西气东输工程

西气东输工程包括西一线、西二线、西三线网络干线工程和支线网络工程组成，是新疆及西部大开发的标志性工程。截至 2019 年 5 月底，作为西气东输主力气源地的塔里木油田已累计向下游供应天然气 231.5 km³，辐射 15 个省份、120 多个大中型城市的约 4 亿居民、3000 余家企业。西气东输工程在新疆的管道长度超过了 1360 km，未来还将建设更多管道以满足国民经济需要。管道工程因其埋地敷设的特点，相对于其他重点工程项目是安全的，受气候变化的影响小，且在设计上对自然灾害有一定的抵抗能力，但由于管道工程所经地域面积大，气候变化引起的各种影响也会对其产生不同的后果。大气温度升高将直接影响西气东输工程的运行效率，各种次生灾害将影响西气东输工程的运行安全。随全球温度升高，工程环境温度升高将导致天然气介质黏度增加、天然气压缩机出气温度增加，对燃驱压缩机组、空冷器等设备的运行效率和能耗等会造成一定影响。燃气轮机的运行效率因工作环境温度升高而降低，相应的单位能耗随环境温度升高而增大，环境温度升高会降低燃气轮机的输出功率。在 ISO（环境温度 15℃，海拔 0 m）状态下，环境温度每升高 1℃，燃气轮机的输出功率降低约 1%，一定程度上降低了管道系统最大输气能力。总的来看，气候变化对西气东输工程有一定的直接影响，主要体现在成本略有增加，相对整个工程项目来说直接影响较小。因西气东输工程穿越山区、戈壁、河流、沙漠等复杂地形区域和不同气候区，气候变化引起的各种次生灾害将影响工程的安全运行。对管道影响较大的暴雨、风沙、干旱、昼夜高温、热浪等灾害，这些均与全球温度升高有关。

2. 风能工程

新疆的风能储量大、分布面广，发展迅速。截至 2019 年 10 月底，新疆电网联网运行风电装机容量为 1925.1 万 kW，占装机总容量的 21.3%。新疆电网调度口径风电发电量 353.4 亿 kW·h，同比增长 15.1%，占总发电量 13.7%。弃风电量 62 亿 kW·h，同比减少了 34.9%，弃风率为 14.9%，同比下降了 9 个百分点。总体来看，阿勒泰地区、昌吉州弃风率仍然较高，分别为 24.1%、21.2%。

3. 风能资源变化

1961~2018 年，新疆区域年平均风速呈明显的减弱趋势，为每 10 年降低 0.10~0.16 m/s。其中 1970~1972 年是最大的年份，比多年平均值偏大 0.7 m/s；1997~1999 年是最小的年份，比多年平均值偏小 0.2 m/s。从区域来看，除伊犁地区外，北疆、天山山区、南疆各分区年平均风速变化趋势均呈减弱趋势，分别为每 10 年降低 0.20 m/s、0.14 m/s、0.07 m/s，以塔城和博乐地区减小速率最大，天山山区最小。20 世纪 80 年代中期以前北疆年平均风速变化趋势不明显，20 世纪 80 年代以后风速则呈减弱趋势；天山山区和南疆在 20 世纪 70 年代以前变化趋势不明显，之后呈直线减弱趋势，21 世纪以来天山山区有所增大，接近多年平均值，而南疆在 20 世纪 90 年代以后有所增大，但仍然远远小于多年平均值。北疆、天山山区、南疆各分区年平均风速最大的年份分别出现在（1970 年、1971 年、1975 年）、（1970~1972 年）、（1963 年、1966 年、1969~1972 年），比多年平均值分别偏多 0.8 m/s、0.4 m/s、0.7 m/s；最小的年份分别出现在（2011~2013 年）、（1997~1999 年）、（1992 年、1995~1998 年），比多年平均值分别偏少 0.3 m/s、0.3 m/s、0.2 m/s。从季节变化看，1961 年以来新疆区域四季平均风速均呈减弱趋势，且减弱趋势显著，均通过了 0.05 的显著性检验。春、夏季平均风速减弱趋势最明显，为每 10 年降低 0.19 m/s 和 0.18 m/s，秋季次之（每 10 年降低 0.14 m/s），冬季最弱（每 10 年降低 0.08 m/s）。年代际变化与年平均风速一致，20 世纪 70 年代之后明显减弱，21 世纪以来逐渐恢复。新疆年平均风速呈明显减弱趋势（小于 ~0.12 m/s）的地区与多年平均风速较大（大于 2.2 m/s）的区域吻合，年平均风速无明显趋势变化的与多年平均风速较小的区域对应，即新疆年平均风速主要是在风速大的地区有明显的减小趋势（图 10-1）。

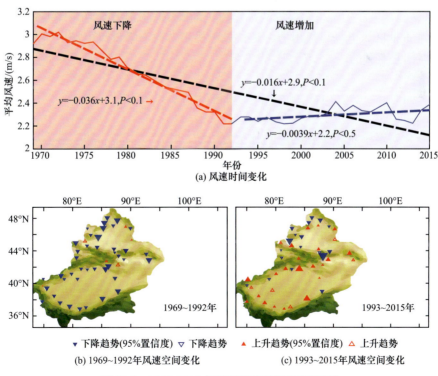

图 10-1　1969~2015 年新疆风速时间和空间变化

研究表明，未来新疆年平均风速均呈微小的减弱趋势（Zeng et al., 2018）。随着全球升温加剧，新疆年平均风速减弱趋势明显，预估风速呈减弱趋势的模式数依次增多，即风速呈减小趋势变化的可信度也依次增大（Li et al., 2020）。未来新疆年平均风速呈微弱的减弱趋势（每10年降低0.02~0.04 m/s），且随着排放情景的增加，风速减小的幅度越大，预估风速呈减弱趋势的模式数越多，该预估结论的可信度越高。季节上，未来新疆冬季平均风速呈略减弱趋势，夏季平均风速呈略增大趋势。

4. 气候变化影响

1965~2015年，新疆主要风能区易对风力发电造成损失的大风日数显著减少，风电机组造成损害的风险降低，利于风力发电的日数增加，风速的长期变化趋势对风电的开发利用有利。但近50年的年平均风速减弱，可利用风速小时数将减小，区域尺度上的风电场风电机组发电可能减少。在新疆风能资源较好或一般的区域，风速虽然没有明显的增加趋势，但是小型风机可利用轻风和微风日数有所增加了，风速的变化也有利于该地区潜在风电的开发利用，但就目前风速变化幅度来看，该区域风速变化对风能利用的影响还十分有限。未来新疆区域冬季风速略减小的可能较大，可利用风能也可能略有减少，但夏季的可利用风能有可能增加。最大风速的变化可能影响风电场运行安全和生存安全。近50年来，新疆最大风速和大风日数均呈明显的减小趋势，该变化对风能开发十分有利。在气候变化的大背景下，近50年来新疆区域最低气温呈明显的上升趋势，日、季温差减小，未来新疆区域气温可能上升。未来最低气温和日、季温差的变化，将对新疆大部地区风电场提高风机出力、延长风电机组寿命、降低风电场运行风险是有利的。未来新疆区域最高气温可能继续上升，对延长风电机组寿命、降低风电场运行风险是不利的。近50年来新疆区域沙尘暴呈明显的减小趋势，未来新疆区域沙尘暴可能继续减少，对新疆沙尘较严重地区风电场风机出力、延长风电机组寿命、降低风电场运行成本、减少维修次数和时间是有利的。

10.7　知识差距与认知不足

气候变化对新疆重大工程的影响是全方位的。作为"一带一路"核心区的新疆，区域内公路、铁路、中巴走廊、电网和输油管道等基础设施的建设方兴未艾。大批工程建设将显著增加工程设施在重大灾害危害下的暴露度，从而造成重大工程安全运行灾害风险增加。气候变化通过改变陆地表层水热条件，进而影响重大工程的设计、运行和维护等，从世界各国的实践来看，证明大型工程的修建对区域气候也可能产生一定的反馈作用。新疆任何一项重大工程在建设和运行期，均需考虑气候对重大工程的可能影响，论证极端气候事件对新疆公路、铁路、水库、油气管道等工程设施的安全运行带来的风险，减少在国家油气资源、电力能源、水利和交通重大工程建设方面可能的损失。在全球变暖背景下，新疆地区气候未来进一步的变化对重大工程的影响成为政府和社会各界关注的重点。

过去几十年的气候变化带来的温度、降水、风速、极端天气事件变化明显，极端天气变化通过影响重大工程的设施本身、重要辅助设备以及重大工程所依托的环境，进一步影响工程的安全性、稳定性、可靠性和耐久性，并对重大工程的运行效率和经济效益产生一定的影响（高信度）。极端天气的未来变化也充满着较多的不确定性。一方面，全球增温将引发极端天气的变化，极端气候事件增多，影响工程运行的自然灾害将会有新的变化特征，另一方面，伴随人类活动增加造成地貌及地表覆被类型的变化，亦有可能形成若干新的灾害点。由于我们目前对关键要素的观测资料系统性不强，时间序列较短，对其未来变化过程，尤其是变化趋势拐点出现时间的预测还存在不确定性。

气候变化对新疆重大工程的影响具有综合性、复杂性。有些重大工程的影响没有开展研究，已有的部分结论文献不足，缺乏佐证。在评估过程中，十分缺少有针对性的研究，需要在未来加强相关内容的研究。

参考文献

白松竹，陈真，庄晓翠，等.2014.阿勒泰地区冬季降雪的集中度和集中期变化特征.干旱气象，32（1）：99-107.

包安明，陈晓娜，李兰海.2010.融雪径流研究的理论与方法及其在干旱区的应用.干旱区地理，33（5）：684-691.

包岩峰，丁国栋，赵媛媛，等.2012.风吹雪灾害防护林格局及配置研究.东北农业大学学报，43（11）：109-115.

柴宗新，1999.山地灾害概念之我见.山地学报，17（1）：91-94.

陈晓清.2002.泥石流综合治理及防治工程信息系统.成都：西南交通大学学位论文.

陈忠升，陈亚宁，李卫红，等.2011.塔里木河干流径流损耗及其人类活动影响强度变化.地理学报，66（1）：89-98.

崔鹏.2014.中国山地灾害研究进展与未来应关注的科学问题.地理科学进展，33（2）：145-152.

崔鹏，郭晓军，姜天海，等.2019."亚洲水塔"变化的灾害效应与减灾对策.中国科学院院刊，34（11）：1313-1321.

邓铭江.2012.塔里木河流域气候与径流变化及生态修复.冰川冻土，28（5）：694-702.

丁一汇，任国玉，石广玉.2007.气候变化国家评估报告（Ⅰ）：中国气候变化的历史和未来趋势.气候变化研究进展，3（z1）：1-5.

董玉文，胡江，杨胜发.2004.新疆洪水成因及特性分析.重庆交通大学学报（自然科学版），23（2）：118-122.

傅丽昕，陈亚宁，李卫红，等.2009.近50a来塔里木河源流区年径流量的持续性和趋势性统计特征分析.冰川冻土（3）：67-73.

贺斌，王国亚，苏宏超，等.2012.新疆阿尔泰山地区极端水文事件对气候变化的响应.冰川冻土，34（4）：927-933.

何新林，郭生练，1998.气候变化对新疆玛纳斯河流域水文水资源的影响.水科学进展，9（1）：77-83.

胡进，朱颖彦，杨志全，等.2014.中巴喀喇昆仑公路（巴基斯坦境内）河床沉积物与泥石流堆积物的关系.中国地质灾害与防治学报,25(3):1-8.

胡列群,张连成,梁凤超,等.2015.1960—2014年新疆气象雪灾时空分布特征研究.新疆师范大学学报(自然科学版),(3):1-6.

胡汝骥,陈曦,葛拥晓,等.2015.冰冻圈过程对中国干旱区水文环境的影响评估.干旱区研究,32(1):1-6.

季新友.2018.中巴公路地质灾害多发区公路路基与总体设计研究.西安:长安大学学位论文.

贾诗超,陈晓梅,宋义和,等.2019.1970-2013年新疆地区风速变化特征分析.鲁东大学学报(自然科学版),(4):12.

江滢,罗勇,赵宗慈.2010.全球气候模式对未来中国风速变化预估.大气科学,34(2):323-336.

李豹.2016.山地灾害对重大桥梁结构安全的影响分析及对策研究.成都:西南交通大学学位论文.

李建峰,左其亭.2004.塔里木河水资源利用存在的问题及解决方法.郑州大学学报(工学版),(4):80-84.

李兰海,尚明,张敏生,等.2014.APHRODITE降水数据驱动的融雪径流模拟.水科学进展,25(1):53-59.

李凌婧.2015.中巴经济走廊主要工程地质问题合成孔径雷达识别研究,北京:中国地质大学学位论文.

李思思,张飞云,白磊,等.2015.北疆地区生长季参考作物蒸散量的时空变化特征及其敏感性分析.中国农业气象,36(6):683-691.

李晓菲,徐长春,李路,等.2019.21世纪开都–孔雀河流域未来气候变化情景预估.干旱区研究,36(3):556-566.

李效收.2013.1961—2010年新疆降雪的变化特征.兰州:西北师范大学学位论文.

李彦,张英鹏,孙明,等.2008.盐分胁迫对植物的影响及植物耐盐机理研究进展.中国农学通报,24(1):258-265.

梁洪国,李明.2010.喀喇昆仑公路泥石流灾害的治理措施研究.交通运输研究,17:222-225.

刘洪鹄,林燕.2005.中国风雪流的变化趋势和时空分布规律.干旱区研究,22(1):125-129.

刘杰,毛爱民,王立波,等.2015.中巴喀喇昆仑公路奥依塔克镇—布伦口段泥石流灾害及防治.公路,12:8-14.

刘时银,丁永建,张勇,等.2006.塔里木河流域冰川变化及其对水资源影响.地理学报,61(5):482-490.

刘新春,钟玉婷,何清,等.2011.塔克拉玛干沙漠腹地沙尘暴过程大气颗粒物浓度及影响因素分析.中国沙漠,31(6):1548-1553.

刘芸芸.2013.国外滑坡活动与气候变化关系研究进展评述.气象科技进展,1:30-33.

陆帼英.2000."99"新疆特大混合型洪水的气象成因分析.新疆气象,23(1):1-3.

马高生,黄宁.2006.风雪流临界起动风速的研究.兰州大学学报(自然科学版),(6):130-134.

马丽娟,秦大河.2012.1957—2009年中国台站观测的关键积雪参数时空变化特征.冰川冻土,34(1):1-11.

米德才,聂德新,刘惠军.2005.与水文气象,地质因素有关的几种自然灾害概念的辨析.地质灾害与环境保护,16(3):260-262.

牟建新,李忠勤,张慧,等.2019.中国西部大陆性冰川与海洋性冰川物质平衡变化及其对气候响应——

以乌源 1 号冰川和帕隆 94 号冰川为例.干旱区地理,42(1):20-28.

努尔兰,哈再孜,沈永平.2014.新疆阿勒泰地区的洪水特性.水文,34(4):74-81.

裴艳茜,邱海军,胡胜,等.2018.中巴经济走廊地质灾害敏感性分析.第四纪研究,38(6):1369-1383.

祁延录.2018.考虑风吹雪灾害的新疆克塔铁路选线研究.铁道科学与工程学报,(11):12.

全永威.2013.浅谈沙漠明渠工程生态环境恢复的措施及效果.水利建设与管理,(12):42-45.

沈永平,王顺德,王国亚,等.2006.塔里木河流域冰川洪水对全球变暖的响应.气候变化研究进展,2(1):32-35.

施雅风,沈永平,胡汝骥.2002.西北气候由暖干向暖湿转型的信号、影响和前景初步探讨.冰川冻土,(3):4-11.

王晓杰,刘海隆,包安明.2012.气候变化对玛纳斯河的径流量影响预测模拟分析.冰川冻土,34(5):1220-1228.

王选仓,侯荣国.2007.长寿命路面结构设计.交通运输工程学报,(6):50-53.

王雪芹,蒋进,雷加强,等.2006.古尔班通古特沙漠重大工程扰动地表稳定性与恢复研究.资源科学,28(5):190-195.

武鹤,张家平,魏建军.2008.公路风吹雪灾害形成机理与空间分布特征.黑龙江工程学院学报(自然科学版),22(3):5-7.

吴绍洪,戴尔阜,黄玫,等.2007.21 世纪未来气候变化情景(B2)下我国生态系统的脆弱性研究//2007 年全球华人地理学家大会暨 2007 海峡两岸地理学家大会——中国地理学会年度研究生联合论文发表会论文集.高雄:中国地理学会.

谢全敏.2004.滑坡灾害风险评价及其治理决策方法研究.岩石力学与工程学报,23(24):4260-4260.

徐贵青,魏文寿.2004.新疆气候变化及其对生态环境的影响.干旱区地理,27(1):14-18.

杨涛,黄法融,李倩,等.2017.新疆北部植被生长季 NDVI 时空变化及其与冬季降雪的关系.遥感技术与应用,32(6):1132G1140.

叶茂,徐海量,宋郁东.2006.塔里木河流域水资源利用面临的主要问题.干旱研究,23(3):388-392.

伊里哈木,卡德尔,秦榕,等.2007.大气监测成果在新疆重大项目建设中的应用及意义.科技资讯,(29):190-191.

张飞云.2016.开都河流域山区季节性土壤冻融过程对径流的影响.北京:中国科学院大学学位论文.

张国平,张增祥,刘纪远.2001.中国土壤风力侵蚀空间格局及驱动因子分析.地理学报,68(2):146-158.

张国威,吴素芬,王志杰.2012.西北气候环境转型信号在新疆河川径流变化中的反映.冰川冻土,25(2):183-187.

张建国,徐新文,雷加强,等.2008.咸水滴灌对沙漠公路防护林土壤环境的影响.农业工程学报,24(10):34-39.

周宇.2013.新疆融雪型洪灾公路水毁处治技术研究.重庆:重庆交通大学学位论文.

庄晓翠,周鸿奎,王磊,等.2015.新疆北部牧区雪灾评估指标及其成因分析.干旱研究,32(5):1000-1006.

Ali S,Biermanns P,Haider R,et al.2018.Landslide susceptibility mapping by using GIS along the China–Pakistan Economic Corridor(Karakoram Highway),Pakistan.Nataral Hazards Earth System Sciences,

19（5）：999-1022.

Ballesteros-Cánovas J A，Trappmann D，Madrigal-González J，et al. 2018. Climate warming enhances snow avalanche risk in the Western Himalayas. Proceedings of the National Academy of Sciences，115（13）：3410-3415.

Blagovecsenkiy V，Ruji H，Hong M，et al. 1995. Zoning of hazardous avalanche area in the Tianshan Mountains. Arid Land Geography，18（4）：33-40.

Chen Y N，Li B F，Fan Y T，et al. 2019. Hydrological and water cycle processes of inland river basins in the arid region of Northwest China. Journal of Arid Land，11（2）：161-179.

Falamarzi Y，Palizdan N，Huang Y F，et al. 2014. Estimating evapotranspiration from temperature and wind speed data using artificial and wavelet neural networks（WNNs）. Agricultural Water Management，140：26-36.

Hao J S，Huang F R，Liu Y，et al. 2018. Avalanche activity and characteristics of its triggering factors in the western Tianshan Mountains，China. Journal of Mountain Science，15（7）：1397-1411.

Hu R，Ma H，Wei W. 1992. Snow hazard regionalization in China. Chinese Geographical Science，2（3）：197-204.

Kumar S，Srivastava P K，Bhatiya S. 2019. Geospatial probabilistic modelling for release area mapping of snow avalanches. Cold Regions Science and Technology，165：102813.

Lü X，Huang N，Tong D. 2012. Wind tunnel experiments on natural snow drift. Science China Technological Sciences，55（4）：927-938.

Li J，Ma X，Zhang C. 2020. Predicting the spatiotemporal variation in soil wind erosion across Central Asia in response to climate change in the 21st century. Science of The Total Environment，709：136060.

Li L H，Bai L，Yao Y A，et al. 2013. Patterns of climate change in Xinjiang projected by IPCC SRES. Journal of Resources and Ecology，4（1）：27-35.

Liu Z，Xu Z，Fu G，et al. 2013. Assessing the hydrological impacts of climate change in the headwater catchment of the Tarim River basin，China. Hydrology Research，44（5）：834-849.

Liu Z，Xu Z，Huang J，et al. 2010. Impacts of climate change on hydrological processes in the headwater catchment of the Tarim River basin，China. Hydrological Processes：An International Journal，24（2）：196-208.

Morin S，Horton S，Techel F，et al. 2020. Application of physical snowpack models in support of operational avalanche hazard forecasting：a status report on current implementations and prospects for the future. Cold regions science and technology，170：102910.

Ren L，Xue L Q，Liu Y H，et al. 2017. Study on variations in climatic variables and their influence on runoff in the Manas River basin，China. Water，9（4）：258.

Shen Y J，Shen Y，Fink M，et al. 2018. Trends and variability in streamflow and snowmelt runoff timing in the southern Tianshan Mountains. Journal of hydrology，557：173-181.

Shen Y J，Shen Y，Guo Y，et al. 2019. Review of historical and projected future climatic and hydrological changes in mountainous semiarid Xinjiang（northwestern China），central Asia. Catena，187：104343.

Tsunematsu N，Kuze H，Sato T，et al. 2011. Potential impact of spatial patterns of future atmospheric warming on Asian dust emission. Atmospheric Environment，45（37）：6682-6695.

Wu J，Han Z，Xu Y，et al. 2019. Changes in extreme climate events in China under 1.5 ℃-4 ℃ global warming targets：projections using an ensemble of regional climate model simulations. Journal of Geophysical Research：Atmospheres，125（2）：e2019JD031057.

Xu C C，Chen Y N，Li W H，et al. 2008. Potential impact of climate change on snow cover area in the Tarim River basin. Environmental Geology，53（7）：1465-1474.

Zeng X M，Wang M，Wang N，et al. 2018. Assessing simulated summer 10-m wind speed over China：influencing processes and sensitivities to land surface schemes. Climate Dynamics，50（11-12）：4189-4209.

Zhang D F，Gao X J，Zakey A. et al. 2016. Effects of climate changes on dust aerosol over East Asia from RegCM3. Advances in Climate Change Research，7（3）：145-153.

Zhang F Y，Bai L，Li L H，et al. 2016. Sensitivity of runoff to climatic variability in the northern and southern slopes of the Middle Tianshan Mountains，China. Journal of Arid Land，8（5）：681-693.

Zhang K X，Dai S P，Dong X G. 2020. Dynamic variability in daily temperature extremes and their relationships with large-scale atmospheric circulation during 1960–2015 in Xinjiang，China. Chinese Geographical Science，30（2）：233-248.

Zhong X，Zhang T，Kang S，et al. 2018. Spatiotemporal variability of snow depth across the Eurasian continent from 1966 to 2012. The Cryosphere，12（1）：227.

第三部分　适　　应

第 11 章　水安全对策

主要作者协调人：陈亚宁　王飞腾　姜　彤
主　要　作　者：丁永建

■ **执行摘要**

　　新疆水资源短缺，是一个资源性缺水大区，而且时空分布不均，严重影响了水资源的有效性。近年来，通过政府的扶持和建设，新疆地区的水资源管理已经得到了很大改善，但是目前仍然存在着诸多问题和挑战，例如，水资源开发利用与保护工作受到影响；流域水资源统一调度之间的矛盾突出；水资源管理力量薄弱，监测体系不够完善；全球变暖导致的极端气候水文事件增强，加大了水文波动和水系统脆弱性等。因此，当加强对地表水资源的优化配置，构建供需水管理体系，实现水资源精准管理，促进新疆经济与资源环境协调发展。

11.1　新疆水资源利用的现状问题

水资源是干旱区经济社会发展和生态安全保障的最重要自然因素，尤其对于我国西北干旱区而言，荒漠绿洲，非灌不植，灌溉农业是绿洲经济的最主要环节。在过去的几十年中，随着人口增加和绿洲经济社会的快速发展，灌溉用水和经济社会用水量大幅增长，生态环境用水被强烈挤占，导致了一系列生态环境问题。表现为地下水位迅速下降、自然植被大面积衰亡、盐碱地面积增加、沙化加剧、河道断流延长、尾闾湖泊干涸等（陈亚宁等，2009；Chen et al.，2008，2011；Ye et al.，2009，2010）。

新疆作为丝绸之路经济带建设的核心区，自然资源的相对丰富和生态环境的极端脆弱交织在一起。一方面新疆地域辽阔，光热资源充沛，石油、天然气、煤炭及金属矿等非常丰富。但另一方面，新疆水资源短缺，是一个资源性缺水大区，而且时空分布不均，严重影响了水资源的有效性。新疆以绿洲农业生产为主体，绿洲是干旱区人类生活、生产的载体。近年来，随着工农业生产的迅猛增长和人工绿洲面积的不断扩大，水资源压力日益加大，地下水超采严重，生产、生态和生活用水（三生用水）问题十分突出，水资源开发过程中的生态保护与发展经济的矛盾日益加剧，生态环境保护面临巨大的挑战（陈亚宁等，2014a）。

面对新时期新疆经济社会发展的新要求，水资源正成为新疆坚持资源优势转化战略、加快新型工业化转化的重要条件。如何应对全球变化和人类活动影响下的水资源风险，实现水资源的科学管理及优化配置成为新疆经济社会健康发展和脱贫攻坚面临的重要任务（陈亚宁等，2014b）。伴随经济社会发展和全球变化的影响，新疆水资源开发利用过程中的问题日益凸显，加大对水资源的保护工作已经刻不容缓。

11.1.1　水资源短缺，制约经济社会发展

新疆地处我国西北边陲，幅员辽阔，是一个荒漠大区，干旱少雨，多风沙天气，是我国生态环境最为脆弱、水资源最为匮乏的地区，单位面积产水量仅为 5.3 万 m^3/km^2，列中国倒数第 3 位。新疆多年平均地表水资源量约为 882 亿 m^3，多年平均用水量达 548.18 亿 m^3，农业用水比重高居不下，农业用水压缩缺乏科技支撑，水资源不足已经是制约新疆经济社会快速发展和生态安全的主要因素（陈亚宁，2014a）。

1955~2020 年，新疆的社会经济和人口都得到了迅速发展，各族人民的生活条件和生活水平得到了极大改善和提升。然而，在新疆干旱区以水资源开发利用为核心的高强度人类经济、社会活动的作用下，生产、生态用水矛盾突出，随着灌溉面积的扩大，生态用水被强烈挤占；流域自然生态过程发生了显著变化，干旱和局地洪水灾害的威胁在加大，导致河流下游以天然植被为主体的生态系统和生态过程因人为对自然水资源时空格局的改变而受到严重影响；生态环境严重退化，河道断流，湖泊干涸，地下水位下降，以胡杨林为主体的荒漠河岸林生态系统衰退，沙漠化过程加剧发展，近 20 种野生动物濒临灭绝，并危及区域社会经济可持续发展和人类生存环境。人类大规模水土资源开发利用，强烈改变了水资源的时空分布，改变了水生态过程，流域生态维护和环境保护面临

新
疆
气
候
变
化
科
学
评
估
报
告

着前所未有的机遇和挑战（陈亚宁等，2018）。

11.1.2 水资源时空分布不均，降低了水资源有效性

新疆水资源空间分布极不均衡，水资源量空间差异较大，呈北多南少、西多东少、山区多平原少的特点，且水资源分布与经济社会发展布局极不匹配。以天山为界，南北疆面积分别占全疆面积的73%和27%，但水资源总量相差别不大（陈亚宁，2014a），年径流量各占全疆的50%（李江和龙爱华，2021）。从北疆奇台至南疆策勒县划一直线，将新疆分为东南与西北两大部分，其面积大致相当，而水资源量分别占全疆的7%和93%。社会经济发展以天山北坡经济带为主，GDP约占全疆56%，同时东疆又是石油、天然气、煤炭资源的富集区。根据新疆水资源分布"北多南少，西多东少"的特点，水资源分布与社会经济发展布局不匹配，供需矛盾突出（经济发达地区和资源富集地区缺水严重）。例如，东疆地区石油、天然气、煤炭资源的富集区，但同时也是水资源极度匮乏区；伊犁、阿勒泰地区是水资源富集区，但是水资源开发力度不到位；乌鲁木齐—奎屯—克拉玛依依托天山北坡经济带聚集了全疆42%的经济与科技，但水资源仅占全疆7.4%，水资源的短缺已经成为制约这些地区经济发展的首要因素（李万明，2015）。总体来说，经济发达地区和资源富集地区缺水严重，严重影响新疆持续发展战略。同时，新疆水资源年内分布极不均匀，河川径流量季节变化大，尤其春季播种期间，降水稀少，加之山区气温低，河川中无冰雪融水径流补给，为此，在无水库供水保障的情况下，大多靠提取地下水灌溉，导致一些地区地下水位大幅下降；夏季却集中了全年径流总量的70%左右，使得全疆同时面临着洪灾和旱灾的双重威胁。此外，山区降水较为丰富，是众多河流的径流形成区；平原地区和沙漠区降水稀少，蒸发强烈，降水除少量补给地下水外很少或不产生地表径流，是径流散失区和无流区。新疆夏洪、春旱的水文特点，降低了水资源有效性。

11.1.3 水利工程建设相对滞后，管控能力不足

1978~2018年，新疆水利建设有了长足发展，一大批事关新疆长远发展的重大水资源配置工程先后建成或开工建设，并陆续发挥效益。然而，新疆水利工程建设仍存在明显不足，主要表现为：一是山区大型控制性水利工程建设滞后。截至2018年，新疆已建成大、中、小水库674座，总库容约200亿m³。然而，新疆的水库以小型水库为主，储水能力有限，全部水库的蓄水能力不足新疆水资源总量的1/4。并且，新疆多为平原水库，由于蒸发、渗透作用，约20%~60%的总库容量因蒸发、渗漏损失，水资源调控能力不足。二是新疆大部分水库都是20世纪80年代以前建成，水库的病险问题日益突出，有些水库的蓄水能力仅为最初设计要求的50%左右。经过多年运行，水利基础设施陈旧、老化，维护能力弱。加之泥沙淤积，库容大幅度减少，防洪调蓄能力和抵御旱灾的能力大幅下降。三是河-湖-库水系连通性差，丰枯互济、互补能力低下，严重影响了水资源空间均衡配置。新疆的河流主要依赖单一源流的补给模式，发源于山区，尖灭于沙漠。面对全球变暖，这种模式很难应对未来极端气候水文事件以及人类活动负面影响的威胁，难以应对气候变化带来的水资源变化和风险（陈亚宁等，2019）。

11.1.4 水资源利用结构失调，利用效率低下

新疆第一产业用水所占比例高达92.3%，南疆甚至高达95%，生态环境用水占到3.8%，第二、三产业及居民生活用水比例总和为3.9%（贺丽娜，2013）。同时，种植业结构不合理，加剧水资源紧张。如塔里木河流域，农业用水比例高达95%，结构性缺水十分严重，生态环境用水被强烈挤占。据统计，在过去的10余年，塔里木河流域耕地面积增加了约125%，造成流域农业用水量大幅增长，严重挤占了生态用水，从而导致了一系列生态与环境问题（陈亚宁，2015）。新疆农业用水一方面比例大，另一方面，由于渠道防渗、灌溉方式和管理等方面因素，水资源利用效率低下，单方水的产出仅为全国平均水平的1/3。同时，地表水的短缺和利用效率的低下，加大了地下水开采，新疆大部分地区地下水超采严重。相关统计数据显示，新疆地区2005年地下水开采总量为68.45亿m³，在2010年增长到96.81亿m³，而到2015年增长到120.04亿m³。2018年在政策控制下，虽然开采总量有所下降，仍旧在110亿m³左右。目前，地下水超采严重的区域主要有包括天山准噶尔盆地北部区域、天山南坡以及南疆西北地区。

11.1.5 气候变暖加剧洪旱灾害

自20世纪80年代末以来，以新疆为主体的西北干旱区气温出现明显持续升高现象（陈亚宁，2014a）。气温升高导致的极端气候水文事件加剧（陈亚宁，2017b），加速了水循环，加大了水文波动和水资源不确定性，引发的洪旱灾害在频次和强度上大幅增加。据相关水文水资源数据统计，在90年代后，新疆洪水量级、洪水频次呈提前、增加的变化趋势（吴素芬和张国威，2003）。

气候变化引发的洪旱灾害在时间和空间上的分布存在很大的差别，气候变化导致的极端气候水文事件增强，加剧了洪旱灾害的强度。如塔里木河2009年和2010年的上游源流来水量，分别为14.04亿m³和72亿m³，相差5倍之多。再如，随着气候变暖，北疆地区，1990~2010年新疆春季融雪型洪水有明显的提前增加趋势。随着气温增高，新疆春季平均气温比20世纪春季平均气温增加了1.9℃，尤其是新疆地区冬季增温最为明显，导致高山流域的水文过程对气候变暖和积雪增加产生明显的响应：阿尔泰山克兰河、塔城等以积雪为主的北疆流域最大洪峰出现的时间提前，春季径流增加，夏季径流减少。根据春季融雪型洪水记录，伊犁河谷、塔城地区北部、阿勒泰地区等北疆区域为春季融雪型洪水的极易发区（樊静和毛炜峄，2014）。

气候变暖加速冰川消融，使得冰湖溃决洪水强度和频次增加。其中冰湖溃决洪水主要分布在喀喇昆仑山的叶尔羌河和天山的阿克苏河源区（沈永平等，2013）。叶尔羌河在1810~1910年，100年期间共有8次冰湖溃决洪水记录（沈永平等，2004）。20世纪80年代以来，冰湖溃决洪水明显增多，1997~1999年，2002年，2004~2006年，2009~2016年都发生了冰湖溃决洪水，发生频率超过过去洪水记录的3倍；再如，位于阿克苏河源区萨雷扎兹－库玛拉克河的麦兹巴赫冰川湖，在1932~2011年中有冰湖溃决记录的70年里，总计发生洪水65次，频率高达92.5%以上（沈永平等，2009）。

暴雨洪水频发：20世纪50年代以来，尤其是1987年以来，新疆洪水灾害发生的频

次逐渐增高，灾害造成的损失逐渐加重。对新疆地区 29 条河流进行洪水频次分析，结果表明：1987 年以后，新疆地区洪水频次及洪水量级均呈增加的变化趋势，20 世纪 90 年代以来，突发性洪水及灾害性暴雨洪水同样呈增加的趋势（樊静和毛炜峰，2014）。值得指出的是，暴雨洪水在新疆地区主要以东疆哈密最为典型，从 1998 年发生 1956~2005 年来最大的暴雨洪水（骆光晓等，2006）、2007 年 "717 特大洪水"（何霖，2009）到 2018年特大暴雨引发洪水灾害（阿不力米提江·阿布力克木等，2019），哈密一直在新疆暴雨洪水历史上占有重要地位。

11.1.6 生产、生态用水矛盾日益突出

气候变化会改变大尺度的大气环流形势，并通过海洋—大气相互作用、陆地—大气相互作用等不同圈层间的物理化学作用来影响全球气候规律，进而对全球自然生态系统和人类社会产生广泛影响。据 IPCC 第五次评估报告和 "中国西部环境演变评估" 研究成果，未来 50 年，新疆地区气候有继续变暖的趋势，降水量虽可能有所增加，但气候变化加大了蒸发力，加大了水分蒸腾耗散，导致物候改变，生态需水量增多，其结果必定水资源需求增加，供需矛盾加剧（IPCC，2013；秦大河，2002）。

研究发现，我国西北干旱区蒸发水平在 1993 年以后呈显著上升的趋势，这将直接导致水资源蒸腾耗散量进一步加大，加剧生产、生活用水矛盾加剧（陈亚宁等，2014a）。以新疆博斯腾湖为例：1980~2011 年，博斯腾湖年均蒸发水量为 8.75 亿 m^3，增长速率为 0.49 亿 m^3/10a。其中，1980~1994 年博斯腾湖大湖区水面年均蒸发量为 8.13 亿 m^3，1995~2011 年均蒸发量达到 9.29 亿 m^3，增加了 14.27%（陈亚宁等，2013）。气候变化加剧了水资源的波动性和不确定性，也加大了博斯腾湖水分蒸腾耗散量。随着气温的升高，博斯腾湖的蒸发损耗还有增加的趋势，湖水的损耗严重影响了博斯腾湖周边的生产生活用水，必定会使当地用水紧张。

气温升高将引起生态用水需求的增加（陈亚宁等，2017a）。在宏观上，气候变化将改变自然生态的区域分布，同时在微观上也将直接影响生态需水量。研究结果显示，相对于历史状况，气温升高 1℃，降水增加 3% 的情况下，生态需水量将增加 3.0%（王建华和杨志勇，2010）。由于气候变化的影响，新疆生态需水量与 20 世纪相比增加了 200 亿 m^3，同时社会经济发展对水资源的需求量不断提高，导致生态用水量严重不足，危及新疆荒漠区生态安全。研究结果显示，新疆植被覆盖度在 1982~2013 年间呈逐渐降低趋势（Li et al.，2015）。

11.1.7 水质污染加重，水环境问题日趋突出

随着经济社会的高速发展，新疆的水环境问题日趋严重，加剧了水短缺。具体表现为：一是生活污水的排放量大幅增加。在对新疆近年来生活污水排放量调查中发现，2014 年生活污水排放量是 2004 年排放量的 3 倍，并且，有些县、镇甚至还没有完善的污水处理设施，缺乏对污水的有效处理。在汛期，排放的污水直接随雨水流向河流，或直接给地表水资源造成污染；二是，存在工业废水未达标排放现象。在过去的 30 年间，新疆工业发展速度加快，一些企业产品对于降解难度大的工业废水来说，为控制经济成

本，放松了对废水的处理管控，致使工业废水未达标排放，导致污染程度增加。还有部分地区工业废水的管道没有进行严格的规划，过滤池与沉淀池也没有严格地分开，对于已经被污染的水源没有切实进行及时、科学地处理，造成水污染情况随时间流逝逐渐加重。甚至一些工厂企业将一些没有进行任何处理的工业废水直接排放到就近河流中或者就直接排入周边土地中，不仅影响了当地居民生产生活用水，而且破坏了生态环境，降低了土地的承载力；三是，绿洲农业退水利用与污染问题。大量施用农药化肥，加大了面源污染，导致土壤中有毒物质的积累，破坏了土壤结构和土壤的生态环境。根据有关研究：2005~2014 年，新疆地区农业面源污染排放量整体呈逐年上升趋势，2014 年该区域农业面源排放总量达到 13.9 万 t，种植业源和养殖业源分别占 44.78% 和 55.22%；化学需氧量（COD）和总氮（TN）是该区域农业面源污染的主要污染物，分别占污染物总量的 49.2% 和 47%（周晓琴等，2017）。同时，农田排水未能得到很好处理和利用。保护水资源在新疆的规划发展中是不容忽视的一部分，对新疆水资源的保护必须采取有效措施，严防"越治理越污染"的情况出现。

11.1.8 水资源科学管理水平亟待提高

近年来，在政府的扶持和综合建设下，新疆的水资源管理也获得了极大的改善，但是当前管理建设中也存在着一些问题，如流域水资源统一调度之间的矛盾突出；水资源管理力量薄弱，监测体系不够完善；水文水情信息数据的实时化、网络化监控能力亟待进一步优化、提高；水情管理、联合运行、科学调度链接不畅，对科学化管理水资源造成一定阻碍。其原因一是管理人员不足，工作人员的素质水平较低，缺少专业性很强的技术人员。这就导致了水资源管理机构只能完成一般的日常管理任务，而针对工作量较大且工作形式较为复杂的管理任务，无法做到积极响应。新疆地区的水资源管理缺少专门的技术服务，这将导致水资源的管理工作在遇到瓶颈时无法得到技术支持。二是不健全的管理体制，体制得不到健全，流域内部各个地方和部门的管理工作就会遭到分割，从而影响水资源整体的合理开发和优化配置。三是地表水的水量实时监控能力低下。地表水、地下水自动化实时监控体系不完善，主要河流和灌区的水文水情信息数据的实时化能力低下，难以准确反映水情信息和指导地表水、地下水的合理开采与联合利用（陈亚宁，2015）。同时，信息数据无法实现共享和交流，无法为实时化、网络化监控服务；各水文站管理标准不一，导致水文与环境监测项目指标不统一，标准不规范。此外，缺乏水量调度控制节点的动态、信息化数据，缺乏对供水、用水、排水、水质、地下水、生态、经济等进行全方位、全过程的监测，对已建立的重要的生态闸口过水量监测与评估薄弱。四是河－湖－库水系连通性不足。新疆共有河流约 570 条（包括大河支流），除额尔齐斯河外，几乎全属于内陆河流，河流发源于山区，散失于灌区或荒漠，少数在低洼部位积水成湖泊。除伊犁河、额尔齐斯河、阿克苏河、叶尔羌河、和田河外，大多河流流程短，流量少，水系之间连通性差，无交流，无法实现流域间、区域间的水资源空间互济、丰枯互补，以应对极端气候水文事件带来的水风险。因此，当前亟待加强流域地表水、地下水动态监控能力建设，建议理顺监测与管理体系，实现流域的河－湖－库水系连通和水资源综合调度管理和科学配置。

11.2 新疆水安全对策

水是基础性自然资源和战略性经济资源，是生态环境的控制性要素，是人类和一切生物赖以生存的基本物质条件。早在 1977 年，联合国就向全世界发出严重警告：水资源短缺不久将成为一个比石油危机更可怕的社会危机，因为水资源没有任何物质可以替代。中国要用仅占世界 6% 的水资源养活世界 20% 的人口，人均水资源量仅为世界平均水平的 28%（孙雪涛，2009）。按目前实行的"最严格水资源管理制度"，我国 2020 年、2030 年"用水总量控制目标"必须控制在人均大约 $500m^3/$ 年，按照国际标准属于"严重缺水"状态。那么，在如此严苛的水资源约束下，如何保障粮食安全、完成工业化并实现经济社会可持续发展，对中国乃至世界都是前所未有的挑战。我国正处于"决胜全面小康社会、全面建成社会主义现代化强国、实现中华民族伟大复兴"的关键阶段，比历史上任何时候都更需要清醒地认识自身的国情和水情，尤其需要看到：严重缺水的危机已经离我们如此之近；没有水，经济发展、粮食安全、生态保护都将"皮之不存，毛将焉附"，从根本上尽快解决水资源短缺的严重制约已是新疆生态文明建设、维护国家安全的当务之急。

自党的十八大以来，习近平总书记提出了"节水优先、空间均衡、系统治理、两手发力"治水思路，为我国水安全建设指明了方向。我们一定要牢牢把握党中央、自治区党委新时期治水兴水新思路的思想精髓，牢固树立"水利兴则新疆兴"的理念，围绕生态文明建设新任务，实行最严格的水资源管理制度，加快实现从粗放用水向节约用水、高效用水转变，从供水管理向需水管理转变。

11.2.1 加强水资源统一管理，提高水资源利用效率

针对水资源利用效率问题，在流域水资源管理上应"坚持生态优先、绿色发展、以水而定、量水而行、因地制宜、分类施策，上下游、干支流、左右岸统筹谋划"，构建地下水、地表水联合调度利用机制和兵、地用水会商机制，加强水资源统一管理，构建包括水资源规划分配、开发利用、供需水过程、水环境管理、污水处理及回用、水资源保护等在内的完整的管理系统，加强水资源统一管理，提高水资源利用效率，以缓解水资源在生态系统和社会经济系统之间日益突出的供需矛盾，实现水资源高效利用和可持续管理。

1. 强化"三条红线"的贯彻落实，完善水资源综合管理的责任体系与制度

2011 年中央一号文件明确提出，实行最严格的水资源管理制度，建立用水总量控制、用水效率控制和水功能区限制纳污"三项制度"，相应地划定用水总量、用水效率和水功能区限制纳污"三条红线"。在水资源管理上，建议进一步完善水资源综合管理的责任体系与制度，加强流域水资源综合管理能力的建设，强化"三条红线"的贯彻落实，并将此与地方领导考核责任挂钩，积极推进以下三方面工作：

第一，通过大力推进和全面落实"河长制"，建立健全以党政领导负责制为核心的责任体系，构建以流域为自然单元，省、市、县、乡四级河长体系，落实区域属地责任，坚持流域和区域两手抓、两手硬。

第二，建立合理的分水方案和调水机制。根据河流多年平均流量和生态、经济发展的需要，确立流域水量分配方案，以法律的形式固定下来，确保用水的公平性；加快建立水权制度和水市场调节机制。生产用水要引入市场调节机制，通过水资源的有偿使用，提高其空间配置的经济高效性。加快实行用水定额管理。严格控制源流区和上中游地区的农业、工业、生活等用水定额，实施严格的取水许可和水质监管制度，严禁上游增加引水量。在南疆塔里木河流域，对阿克苏河、叶尔羌河、和田河、开都–孔雀河灌区采取"增地不增水"措施，即灌区面积的扩大由"农业节水"措施节约出的水满足其需求，要保证一定比例的水量输给塔里木河干流，确保塔里木河干流中下游的生态安全和经济社会发展用水。

第三，全面实施地表水、地下水统一管理和联合调度，包括对流域上游支流和小型河流的水资源统一管理，杜绝无序打井开发地下水，提高水资源利用效率。例如，天山北坡经济带，因超采地下水，导致地下水位大幅下降，水风险日益加剧；除北疆的阿尔泰地区和南疆的塔里木盆地的克里雅河和车尔臣河流域外，大部分地区的地下水都处于超采状态，尤其北疆的准噶尔盆地和南疆塔里木盆地北部以及西部的喀什噶尔河流域。地下水超采引起地下水位大幅下降，导致荒漠区天然植被衰退，生态功能下降，沙漠化过程加剧。同时，地下水开采井布置在河道、湖泊附近，地下水的超采还严重袭夺了河道地表水。为此，要制定相应的法律法规，禁止非法开采地下水，使地下水资源得到法律保护，为地下水与地表水资源联合利用奠定基础，对地下水超采县市，编制地下水超采治理规划，积极实施地下水压采回补措施，坚持地下水采补平衡。

2. 推进水权市场建设，完善水价形成机制

在水资源的所有权属于国家的前提下，水权主要是指水资源的使用权，包括占有、使用、经营、转让、收益和处分等一系列权利（和莹和常云昆，2006）。水权交易的本质就是利用市场（水权市场）来对水资源进行重新分配，其原理是通过市场机制或价值规律使水向用水效率高的用水户流动，从而激励用水效率低的用户考虑到用水的机会成本而节约用水。因此，要鼓励在政府监管下进行"水权"转让，更大程度地发挥水资源的效益，使稀缺资源在保障生存的基本前提下，向高效产业、高效区域流动，逐步实现产业结构的优化调整。一方面，效率低的用户把部分水权转让给边际效益大的用水户，另一方面，低效用户也会提高水资源利用效率，从而使整个用水系统的效率得到提升，实现"双赢"。

根据新疆水资源时空不均特点，要积极推进水权市场建设，以提高水资源利用效率。建议围绕流域或区域建立水权交易中心，通过水库等调蓄性水利工程建立"水银行"，对节约水量进行调蓄；要尊重水权转让双方的意愿，以自愿为前提进行民主协商，并及时向社会公开水权转让的相关事项；坚持有偿转让和合理补偿相结合，遵循市场交易的基本准则，合理确定双方的经济利益；交易水量挂牌出售，在水权交易初期，应当制定较高的最低保护价等政策；新增工业用水，原则上不再通过行政审批取得，全部由市场配置、购买取得水的使用权；探索包括水权交易的动力机制与定价机制、交易平台的运作方法、政府和市场的耦合机制等（任加锐等，2006；马延亮，2017）。

制定合适的水价，是杜绝水资源浪费，提高水资源效益的重要途径。一是要加强水费管理，合理调整水资源费标准。切实加强对各类水费收支的管理，将一定比例的水费专门用于供水工程设施的维修，确保供水工程的良性运行。二是科学合理制定水利工程供水价格，进一步理顺水价关系，提高全社会水商品意识。加快农业水价综合改革，以推进农业终端水价制度改革为突破口，逐步提高灌溉水利用系数和降低农业用水比例，建立和完善计量合理、管理规范的水费计收管理体制。三是建立节水转换水价核算体系。鼓励农业节水的最终目的就是使节约出的水向工业和城镇等高效益的行业或部门优先转换，提高水资源的利用效益。四是制定合理的供水水价和水价梯度，以充分满足基本用水需求、抑制超额消费、遏制奢侈浪费为原则，根据不同的用水对象制定科学、合理的差异化水价。因地制宜地推进水利工程供水两部制水价、生产用水超定额、超计划累进加价、高用水行业差别水价及丰、枯水价等措施。

3. 协调生态、生产、社会用水的关系，确保生态需水量

为了实现水资源的可持续利用及国民经济的可持续发展，需要努力协调好生态、生产、社会用水三者之间的关系。随着"三条红线"制度的落实和河长制的全面推行，西北干旱区生态需水量问题被日益关注。例如，在塔里木河流域，要综合考虑塔里木河流域九源流平原区天然荒漠植被在保障绿洲生态安全、绿洲城市文明可持续发展以及区域生物多样性保育等方面的重要功能，依据天然植被分布格局、水分来源，并考虑保护工程的分阶段逐步推进，流域天然植被保护范围与目标分为以下两个层次：一是平原区生态红线，即流域平原区天然植被分布的总面积，保护目标就是要确保平原区天然植被不再退化和减少；二是生态敏感区保护范围，即各河下游区集中连片分布的荒漠河岸林植被以及九源流平原区分布的湖泊、湿地等作为生态敏感保护区范围与目标。各源流保护范围如表 11-1 所示。

表 11-1　塔里木河九源流天然植被不同保护目标下的保护范围　（单位：万 hm²）

河流	平原区生态红线保护范围	生态敏感区保护范围
阿克苏河	102.67	3.62
叶尔羌河	53.64	17.97
和田河	30.77	17.40
开都-孔雀河	77.61	10.93
迪那河	11.07	1.31
渭干-库车河	19.96	0.40
喀什噶尔河	16.89	7.68
克里雅河	7.96	6.73
车尔臣河	6.69	3.20

塔里木河源流区生态红线需水量总计为 36.62 亿 m³，其中阿克苏河流域、叶尔羌河流域、和田河流域、开都-孔雀河流域、迪那河流域、渭干-库车河流域、喀什噶尔河流域、克里雅河流域和车尔臣河流域生态红线需水量分别为 8.13 亿 m³、11.32 亿 m³、

5.06 亿 m³、3.83 亿 m³、0.46 亿 m³、0.97 亿 m³、1.95 亿 m³、1.06 亿 m³ 和 3.83 亿 m³。九源流生态敏感区保护范围需水总量为 10.74 亿 m³，各河流生态敏感区保护范围需水量依次为 0.28 亿 m³、3.41 亿 m³、1.78 亿 m³、1.06 亿 m³、0.22 亿 m³、0.18 亿 m³、1.01 亿 m³、0.69 亿 m³ 和 2.10 亿 m³。

11.2.2 加强水资源优化配置和统一调度

根据流域和区域水资源条件，立足本流域综合治理，全面规划，统筹安排，实现流域水资源合理配置。水资源优化配置作为水资源可持续健康发展和高效合理利用的主要内容，对保障国民经济，维护生态安全，提高其综合利用效益具有重要作用。此项工作主要目标在于，在研究区水资源时间、空间分布条件现状下尽可能满足人口、经济、环境协调发展的相关要求，让其在时空分布不均情况下能够达到利用率的最大化。确定流域水资源开发阈值等优化配置研究是水资源可持续发展的重要一步。针对新疆资源性缺水严重和时空分布不均的困局，需要尽快在流域内、区域间实施水量科学调度、水资源优化配置和区域间的相互调节，协调好流域生产与生态用水的关系，以提升未来气候变化下的应对和适应能力，最大可能地确保流域生态安全和经济社会可持续发展。

1. 加快实施水资源的科学调度和优化配置，提升未来气候变化下的适应能力

树立以流域为单位进行综合治理的理念，加强流域间水资源科学调度与优化配置。这些年在塔里木河流域实施综合整治项目以来，流域生产环境得到改善，生态退化状况得到遏制，塔里木河下游荒漠河岸林得到保育复壮，塔里木河流域"四源一干"（阿克苏河、和田河、叶尔羌河、开都–孔雀河四源流以及塔里木河干流）的水资源管理的体制通过改革已基本理顺，大流域概念也初步形成，水资源统一管理也初见成效。同时，还需要进一步深化改革，尤其在全球变化和人类活动影响不断加剧背景下，流域内资源开发过程中的生产与生态的矛盾日趋突出，并且，随着城市化、工业化进程的加快，城市、工业用水的需求也日益增长。为此，需要尽快在流域内、区域间实施水量科学调度、水资源优化配置和区域间的相互调节，尤其要加强流域的上游与下游之间、流域之间的互济互补以及源流与干流的水系连通和水量调配优化，协调好流域生产与生态用水关系，以提升未来气候变化下的应对和适应能力，最大可能地确保流域生态安全和经济社会可持续发展。

2. 建立高效的水资源管理体系，提升水资源优化配置的经济高效性

加强水资源统一管理，逐步建立以流域和区域管理相结合，以水权水市场为基础的水资源管理体系，实行总量控制和定额管理相结合的制度。以流域生态过程完整性的保持和上、中、下游各族人民可持续发展的平等权利为基本准则，将生存与发展的道德规范从局域延伸到整个流域，从干旱区人类延伸到生物生态系统，确保流域各族人民"公共利益"的持续存在和发展。建立生产用水的市场调节机制，通过水资源的有偿使用，提高其空间配置的经济高效性。根据经济社会发展的新形势及保障水安全的新要求，以提高水资源利用效率和效益为核心，以科技创新为动力，以水资源利用观念和方式的转变引导和推动经济结构的调整、发展方式的转变和经社会发展布局的优化（汪恕诚，2006）。贯彻落实科学发展观，坚持节约资源、保护环境的基本国策，实行合理的水资源管理制度，以提升水资源优化配置的经济高效性。

3. 科学确定绿洲适宜规模，以水定地、以水定发展

新疆耕地面积不断扩大和农业用水不断增多是导致河道断流、湖泊干涸的重要原因，一些中小型拦河水库的修建截断了河流，进一步加剧了河道断流。针对此，建议流域各绿洲根据水资源总量、国民经济各部门需水量规划和生态用水指标，科学确定绿洲适宜规模，按需供水，以水定地、以水定城、以水定绿、以水定发展。一是针对目前耕地面积过大、用水超量的现象，应坚决实施生态退耕、还水，以保证山地、绿洲、荒漠生态系统的完整性和绿洲的生态安全；二是对已建的小型平原区拦河式水库，要根据流域水－生态－经济系统中的主要问题，重新对水库效益和风险性进行评估，突出水库的生态用水调节功能。基于对流域中小河流的水文特征和生态保护目标的分析，从整个干旱区流域水系统完整性和生态安全出发，建议一些小型河流下游不修建拦河式水库或废除一些效益低下小型平原水库；三是在生态建设与保护用水方面，要以水定绿。生态建设要以生态安全为目标，以科学发展观为指导，尊重自然规律，亦林则林、亦草则草。严格控制在荒漠－绿洲过渡带靠提取和超采地下水灌溉的造林活动，实施以自然恢复为主，工程保育为辅的综合生态修复工程。对和田河绿洲、叶尔羌河绿洲、喀什噶尔河绿洲、塔里木河干流北缘绿洲及塔里木河下游绿洲外重点荒漠－绿洲过渡带区域进行围栏封禁，加强生态保育，确保地下水位维系在一定阈值范围内，促进荒漠－绿洲过渡带的自然恢复，提升荒漠－绿洲过渡带天然生态屏障的防护功能。

11.2.3 积极推进节水型社会建设

党的十九大报告指出，"要坚持节水优先方针，把节水作为解决我国水资源短缺问题的重要举措"，"聚焦重点领域和缺水地区，实施重大节水工程，加强监督管理，增强全社会节水意识，大力推动节水制度、政策、技术、机制创新，加快推进用水方式由粗放向节约集约转变，提高用水效率"。积极推进节水型社会建设是建设生态文明和美丽中国、实现"两个一百年"奋斗目标的坚实基础。节水型社会是建立以水权、水市场理论为基础的水资源管理体制，充分发挥市场在水资源配置中的导向作用，从而形成以经济手段为主的节水机制。新疆当前的产业结构依然是以耗水性农业为主，高耗水、高污染问题突出，然而，从未来全国能源总体发展战略要求和新疆资源的优势来看，以能源产业为核心的产业格局在短期内不会改变。因此，新疆水资源在满足经济社会发展的同时，须调整区域经济结构和优化产业布局，提高水资源利用效率。以实施最严格的水资源管理制度为核心，建立健全政府调控、市场引导、各方参与的节水型社会体系。

1. 大力推广节水技术，提高水资源利用效率

近些年，新疆的节水灌溉面积在不断扩大。以滴灌为主的先进节水灌溉技术得到广

泛应用，并与信息化技术有机结合，农业用水损耗程度大大减少，水资源的利用效率也得到显著提高，加快了节水型社会的建设步伐。然而，一些区域仍然以分散小规模经营为主，现代化先进节水技术推进较缓慢，仍沿袭原有落后的灌溉模式。同时，林果灌溉应用先进节水技术推进缓慢，必须加大土地流转及适度规模经营的推进力度，积极推广节水技术，发展节水型设施农业，提高农业用水效率，从政策层面制定相关政策，构建全社会节约用水的制度体系。

建议针对不同区域的实际情况，采用不同类型的节水技术。喷灌技术在新疆山丘地区、干旱缺水地区，例如，哈密巴里坤、伊犁州特克斯县等经济作物地区具有较好应用效果。地表、地下水混合加压滴灌技术，对于地下水超采区的水资源合理利用起到非常好的缓解作用，"开源节流"有利于恢复像吐鲁番、哈密等超采区的地下水位。滴灌节水技术在北疆、东疆及南疆大部分地区已普及推广。新疆生产建设兵团及地方'膜下滴灌'技术带来耕地连年增产增收，水资源利用率得到明显提高，农业生态环境得到极大改善。将新疆农业从常规"节水革命"向"农业智能信息化革命"快速推进（王枫，2018）。

工业企业要推行清洁生产，采取循环用水、综合利用及废水处理等措施，降低用水单耗，提高水的重复利用率。工业发展推动了流域经济飞速增长，但与之相悖的是，工业生产所带来的高耗能、高污染也使它与新疆脆弱的生态环境水火不容。面对这样的情况，必须体现"环保优先、生态立区"发展理念，逐步压缩高耗水的工业产业，并推进生产行业节水技术改造，推进煤炭、化工、电力等高耗水行业节水技术改造，改造生产技术和工艺，降低工业万元GDP耗水量，提高重复利用率。绿色工业的发展已是势在必行。

在再生水利用方面新疆已经有非常成功的范例，新疆天业集团是以生产聚氯乙烯为主的大型高耗水企业，该公司除了用再生水养鱼外还在工厂周边建立农业示范区，真正实现了水资源的高效利用，将废水废液吸干吃净的目的。随着新疆工业化和城市化进程的不断加快，工业经济的发展对水资源的需求量将会越来越大，有限的水资源与日益增长的耗水量之间的矛盾将会成为限制新疆地方经济发展的重要因素。要保证新疆经济的持续快速发展和长期繁荣稳定，必须坚持走循环经济的发展模式，其中重中之重就是要坚持水循环经济，使社会水循环与自然水循环形成一个健康的闭路循环。

2. 推进节水高产示范县（区）的建设，健全促进节水体制和机制

国家和自治区加大了对新疆农业高效节水技术研究和工程建设的力度。新疆地域辽阔，自然条件差异较大，高效节水技术在不同区域、不同气候、不同作物、不同土质应用时，节水增产规律和节水灌溉制度有所不同，工程设计关键性技术指标、参数差异性也很大，还需要与栽培、施肥技术和有效的管理机制有机结合。因此，开展节水技术的系统集成与示范，对将要大面积开展的农业高效节水工程建设具有重要的指示和示范作用（吴玉秀，2017）。

健全促进节水的体制和机制，要充分考虑水资源承载能力和环境承载能力，加快产业结构调整，压缩高耗水作物种植面积，建设规模化高效节水灌溉示范区。把节约用水贯穿于经济社会发展和群众生产生活全过程，不断调整优化用水结构，形成有利于节约

用水的生产方式和消费模式；化工等高耗水行业节水减排技改，提高工业用水的循环利用率；城市生活领域要加快城市供水管网改造，强化生活与服务业用水管理，做好重点用水监控单位监控管理，大力推广节水生活器具。要加强非常规水资源开发利用，积极开展海水淡化和综合利用，推进城市污水处理回用，促进雨洪资源利用，科学开发空中云水资源。此外，继续大力发展耗水比重小的第三产业，利用新疆特殊的贸易条件，发展对外贸易，提高水资源的利用效率，推动区域经济的协调发展（黄海平和黄宝连，2010）。

3. 加大生态水利工程建设力度，提升对水资源的管控能力

新疆存在严重的工程性缺水现象，针对此应加大水利工程建设力度，尤其是生态水利工程。要加快水源保护工程、引水工程、调水工程、节水工程建设，加大修建和完善城镇供水工程、排水工程、水土保持工程、水环境保护工程的力度。

一是，加大多种水资源的综合开发力度，提高雨洪资源化及其利用程度。有计划地兴建一批大型蓄水、引水和提水工程，地下水资源丰富的地区要适度进行开发。在重大水利工程建设立项过程中，要深化重大水利工程科学论证，各项目要严格履行建设程序，从建设条件、技术经济指标、社会和生态环境影响等方面进行综合论证，合理确定工程建设目标任务、规模和标准，提高工程论证的科学化和民主化水平。加快调水工程建设，弥补新疆干旱区水资源短缺的现实。新疆是资源性缺水大区，为了保障经济社会的可持续发展，在新疆这种生态脆弱地区，必须根据需要与可能，不失时机地考虑多类型跨流域和区外调水，充分发扬本区域土地资源优势，解决西北地区经济社会、生态环境协调发展问题的长久之计。

二是，积极推进生态型水利工程建设，提高河－湖－库水系连通性。加快实施河－湖－库水系连通工程建设，依据各连接流域的水系丰、枯特征，构建区域网状水系，增强水资源丰－枯互补、河－湖－库互济、区域空间与各河流间互调能力，实现流域的河－湖－库水系连通和水资源综合调度管理和科学配置，增强流域应对气候变化带来的水风险及区域水资源承载力，提升水资源对生态环境与经济社会发展的支撑保障能力（陈亚宁等，2019）；打破水资源开发和利用过程中的多元主体边界，区域水资源管理要服从流域管理，全面提升水资源对生态环境与经济社会发展的支撑保障能力，推进乡村振兴、美丽家园建设，从水资源科学管理和绿洲生态安全保障体系建设方面助力新疆的脱贫攻坚。

三是，加强流域水－生态廊道保护与建设。高强度的水资源开发导致河流下游断流、湖泊干涸、生态系统严重退化。建议尽快落实生态保护红线，重新评估并科学规划国土空间及自然资源，严控不合理的开发活动干扰；进一步优化并调整各内陆河流域"三条红线"，确立生态水权，确保河道生态基流，保障生态用水；尽快启动并实施南疆水利规划生态建设与保护工程，加大对南疆断流河道下游退化生态系统的修复与重建，加快南疆喀什噶尔河、渭干－库车河及迪那河等断流河道的水系连通性建设，加强对和田河下游、叶尔羌河下游、孔雀河中下游以及塔里木河干流生态廊道的保护，加快塔里木河流域胡杨林国家森林公园及自然保护区建设。

11.2.4 构建供需水管理体系，实现水资源精准管理

随着环境问题的不断加剧和经济成本的不断上升，水资源供给管理模式逐渐被认为是不可持续的。21世纪以来，从节水型社会建设到最严格水资源管理制度的提出，再到水生态文明建设，我国的水资源管理开始发生范式转变。多数学者认为，我国水资源管理已经或者正在从水资源供给管理向水资源需求管理转变（陈龙和方兰，2018）。长期以来，我国社会经济发展备受缺水困扰，水资源已成为国民经济发展的瓶颈，在缺水地区由点到面不断扩散且日益突出的情况下，需要处理好人类取用水与自然界其他用水的关系，将水资源的开发利用控制在能够保持水体基本功能、水资源可以持续利用的状态，加强对水资源需求侧的管理，建设资源节约型、环境友好型社会，促进经济与资源环境协调发展。

1. 改变用水方式，杜绝不合理用水现象

要实现水资源的合理利用，一是从教育入手，加大宣传力度。要想节水，就得让人们明白水的重要性和水资源短缺的严重性，节水要靠大家一起努力。二是改善日用器具，推广使用节水器具，以达到节水目的。经过调查发现城市居民洗衣、冲洗厕所、洗澡等用水占家庭用水的80%左右。那么改进用水设施，提高日用器具的质量，减少滴漏渗等现象，采用节水型家用设备是城市节约用水的重点。三是一水多用。如在小区或办公楼等地建一个小型污水处理厂，用于集中处理排放的污水，就地处理后再用来冲洗厕所、灌溉绿地等。四是加强管道检漏工作，避免城市供水的不必要损失。五是对缺水地区的用水超标用户限量供水，如暂停无节水洗车洗浴行业，对游乐场、游泳池、纯净水生产业限量供水等。

借鉴国内外经验，改进农业用水设备，提高水资源利用率。新疆农业用水量占全疆用水总量的90%以上，而灌溉用水占农业用水的99%，建立节水型农业对促进新疆水资源的可持续发展起重要作用。众所周知，以色列是个极度缺水的国家，但是他们在农业节水方面有极大的创新点：一是研发出适合各种地形、气候、作物的节水设备，如根据需要，大田滴灌供水量可控制在1~20L/h的范围内，水利用率最高可达95%。在温室内，更小的流量可控制在200mL/h的水平。二是低压滴灌实现统一灌水量，在水平地面或稍有坡度的地面，能够确保每个滴头的出水量整齐划一，在坡度较大或远距离灌溉时，压力补偿技术仍然使滴头保持一致的出水量。三是真正实现了水肥一体化，化肥经过滴管到达作物根部，和水一起直接被作物根系吸收，大幅提高水肥利用率。四是地下埋管技术开始大面积应用，在地下50cm处侧向水平埋管，可保持滴管寿命在10年以上，省工省力。五是实现智能监测与控制，将计算机控制与智能计量、自清洗过滤、防漏监测等技术有机结合，建立智能节水灌溉系统，实现节水农业的自动化与精准化（张玲，2019）。我们可以借鉴以色列农业节水方式中的可取之处，改善新疆农业节水措施。

2. 优化产业结构和布局，加强水资源科学管理

国务院2005年12月发布实施的《促进产业结构调整暂行规定》要求，产业结构调

整的目标是推进产业结构优化升级，促进一、二、三产业健康协调发展，逐步形成农业为基础、高新技术产业为先导、基础产业和制造业为支撑、服务业全面发展的产业格局，坚持节约发展、清洁发展、安全发展的原则，科学管理水资源，实现可持续发展。产业布局和经济结构调整一方面需要一定的时间，另一方面需要结合区域经济发展的特点。针对新疆水资源分布及其特征，建议从宏观、中观和微观三个层次系统，提出实现水资源与经济建设合理搭配的目标和对策。宏观层次：调整区域水资源分配情况，解决新疆水资源区域分布不平衡和社会经济发展不协调的矛盾。加快北疆"水网络结构"，南疆"项链式结构"，东疆"串式结构"的水资源配置建设。中观层次：以流域为单位，合理分配农业、工业、城镇用水量；逐渐把经济中心转移到流域范围内；合理规划城市建设，合理调配地下水、地表水、外流域调水和中水回收，实现水资源高效利用。微观层次：落实城镇工业居民供水、农业供水、防洪、发电、各种节水措施和灌溉技术、地下水开发利用、盐碱地改良、防治水土流失、生态保护和治理技术，以及综合利用枢纽或单项工程规划设计等。协调处理好农业用水与工业、城市用水的关系。通过置换农业节余水量来满足新型工业化建设对水资源的需求，构建和完善有效的水、生态补偿机制。

3. 加大水污染防治力度，加快落实相关法律制定与宣传工作

水资源保护工作主要分为两部分，即水量保护和水质保护。在水量保护方面，主要是对水资源的统筹规划、涵养水源、调节水量、科学用水、节约用水、建设节水型工农业和节水型社会。在水质保护方面，要加快开展水质保护规划研究，提出防治措施，加快制定水环境保护法规和标准；进行水质调查、监测和评价；研究水体中污染物的转移、污染物质的转化和污染物质的降解与水体自净作用的规律；建立水质模型，制定水环境规划；实行科学的水质管理。当然，新疆作为西北区域水环境状态较差的地区，必须采取落到实处的水环境保护措施，狠抓工业、城镇、农业水污染防治。

加快落实流域水资源保护和水污染防治的法律制定工作与宣传工作。明确流域水质管理目标、原则，健全水环境管理体制、机制，明确相关部门的职责与任务，建立流域综合规划、流域水资源管理、水资源保护、水生态保护、水污染防治、河道管理、防汛抗旱、水工程管理的各项制度和措施，规范流域水资源开发、利用、节约、保护的各项行为，明确流域综合管理的经济、技术等保障措施。成立由地方政府水环境综合治理工作领导小组，建立联合办公、治理、执法的沟通机制，联合执法。同时，进行防止水污染的宣传教育，发挥社会公众监督作用，特别是要利用书刊、报纸、电影、电视、广播等多种形式，向公众宣传环境保护和防治水污染的方针、政策、法令等，提高公众的环保意识。

参考文献

阿不力米提江·阿布力克木，汤浩，张俊兰 . 2019. 新疆一次罕见的暖区暴雨过程特征分析 . 沙漠与绿洲气象，13（6）：1-12.

陈龙，方兰．2018.水资源需求管理与水资源软路径对比研究．中国水利，（15）：24-27.

陈巍．2019.新疆地区节水型社会建设中存在问题探讨．陕西水利，（7）：95-96.

陈亚宁．2015.新疆塔里木河流域生态保护与可持续管理．北京：科学出版社．

陈亚宁，等．2014a.中国西北干旱区水资源研究．北京：科学出版社．

陈亚宁，杜强，陈跃滨．2013.博斯腾湖流域水资源可持续利用研究．北京：科学出版社．

陈亚宁，郝兴明，陈亚鹏，等．2019.新疆塔里木河流域水系连通与生态保护对策研究．中国科学院院刊，34（10）：1156-1164.

陈亚宁，李卫红，陈亚鹏，等．2018.科技支撑新疆塔里木河流域生态修复及可持续管理．干旱区地理，41（5）：901-907.

陈亚宁，李稚，范煜婷．2014b.西北干旱区气候变化对水文水资源影响研究进展．地理学报，69（9）：1-10.

陈亚宁，李稚，方功焕．2017a.气候变化对中亚天山山区水资源影响研究．地理学报，72（1）：18-26.

陈亚宁，王怀军，王志成．2017b.西北干旱区极端气候水文事件特征分析．干旱区地理，40（1）：1-9.

陈亚宁，杨青，罗毅，等．2012.西北干旱区水资源问题研究思考．干旱区地理，35（1）：1-9.

陈亚宁，叶朝霞，毛晓辉，等．2009.新疆塔里木河断流趋势分析与减缓对策．干旱区地理，32（6）：813-820.

邓铭江．2010.新疆水资源问题研究与思考．第四纪研究，30（1）：107-114.

段颖．2007.滇池流域水资源潜力开发研究．昆明：昆明理工大学学位论文．

樊静，毛炜峄．2014.气候变化对新疆区域水资源的影响评估．现代农业科技，（8）：219-222.

高毅．2014.新疆地区农业水资源的利用效率探讨．珠江水运，（16）：265-266.

盖迎春，李新．2011.黑河流域中游水资源管理决策支持系统设计与实现．冰川冻土，33（1）：190-196.

何宝忠，丁建丽，李焕，等．2018.新疆植被物候时空变化特征．生态学报，38（6）：2139-2155.

贺丽娜．2013.工业化进程中新疆的环境污染现状分析与建议．北方环境，25（7）：63-64.

何霖．2009.哈密地区抗御"7.17"暴雨洪水回顾及思考．中国防汛抗旱，19（4）：73-75.

和莹，常云昆．2006.流域初始水权分配．西北农林科技大学学报（社会科学版），（3）：112-117.

黄海平，黄宝连．2010.新疆节水型社会建设相关问题研究．石河子大学学报（哲学社会科学版），24（6）：7-11.

李江，龙爱华．2021.近60年新疆水资源变化及可持续利用思考．水利规划与设计，（7）：1-5，72.

李万明．2015.新疆水资源可持续利用对策分析．新疆农垦经济，（4）：59-64.

蔺卿．2021.新疆水生态文明建设的水资源保护利用策略研究．干旱区地理，44(5): 1483-1488.

刘卫国，常浩娟．2017.新疆奎屯河流域水污染现状及治理对策．广西水利水电，（1）：16-18.

刘志玲．2019.节水型社会的建设及其成效．经济师，（12）：51.

刘祖涵．2014.塔里木河流域气候—水文过程的复杂性与非线性研究．上海：华东师范大学学位论文．

刘佳骏，董锁成，李泽红．2011.中国水资源承载力综合评价研究．自然资源学报，26（2）：258-269.

骆光晓，韩勇，高颖，等．2006.故乡河流域一次暴雨洪水成因分析．新疆气象，（2）：11-13.

马延亮．2017.生产率理论进展及生产率的内在关联性研究．宏观经济研究，（11）：180-187.

秦大河．2002.中国西部环境演变评估综合报告．北京：科学出版社．

任加锐，唐德善，洪娟，等．2006.塔里木河流域水资源合理配置方案研究．人民黄河，28（5）：40-42.

沈永平，丁永建，刘时银，等．2004.近期气温变暖叶尔羌河冰湖溃决洪水增加．冰川冻土，（2）：234.

沈永平，苏宏超，王国亚，等．2013.新疆冰川、积雪对气候变化的响应（II）：灾害效应．冰川冻土，

35（6）：1355-1370.

沈永平，王国亚，丁永建，等.2009.百年来天山阿克苏河流域麦茨巴赫冰湖演化与冰川洪水灾害.冰川冻土，（6）：993-1002.

孙雪涛.2009.孙雪涛：中国以6%的水资源养活了世界22%的人口.资源节约与环保，（6）：14.

唐宏，夏富强，杨德刚.2013.干旱区绿洲城市水资源开发利用的潜力——以乌鲁木齐市为例.干旱区研究，30（6）：973-980.

王枫.2018.新疆干旱地区节水工程技术措施探讨.吉林水利，（1）：30-31，52.

王建华，杨志勇.2010.气候变化将对用水需求带来影响.中国水利，（1）：5.

王磊.2019.乡村振兴战略背景下新疆农业节水灌溉技术研究.环渤海经济瞭望，4：196.

汪恕诚.2006.转变用水观念 创新发展模式.水利技术监督，（2）：1-2，65.

吴素芬，张国威.2003.新疆河流洪水与洪灾的变化趋势.冰川冻土，（2）：199-203.

吴玉秀.2017.节水示范技术集成模式综合效果评价研究——以新疆奇台县中葛根流域为例.农业与技术，37（19）：67-70.

曾凡江，李向义，李磊，等.2020.长期生态学研究支撑新疆南疆生态建设和科技扶贫.中国科学院院刊，35(8)：1066-1073.

曾雪婷.2015.随机模糊规划方法及流域水权交易研究.北京：华北电力大学学位论文.

张鸿义.2009.中国干旱区地下水资源及开发潜力分析.干旱区研究，（2）：149-161.

张玲.2019.借鉴以色列沙漠农业成功经验促进酒泉市戈壁农业发展的几点思考.甘肃农业，（4）：77-78.

张凯，韩永翔，张勃.2006.黑河中游水资源开发利用的阶段潜力研究.地理科学，（2）：2179-2185.

张永雷，许玉凤，潘网生.2017.地表水地下水联合耦合模拟进展.现代农业科技，24：153-155，159.

张郁，吕东辉，秦丽杰.2003.基于合约化的水权交易市场分析.地理科学，23（1）：118-121.

赵少军.2017.新疆开都-孔雀河流域地表水与地下水统一管理的探讨.水利规划与设计，（2）：25-27.

周晓琴，杨乐，杨令飞.2017.新疆农业面源污染物排放量估算及分析.农业环境科学学报，36（7）：1300-1307.

Chen Y N，Pang Z H，Chen Y P，et al. 2008. Response of riparian vegetation to groundwater table changes in the lower reaches of Tarim River，Xinjiang，China. Hydrogeology Journal，16：1371-1379.

Chen Y N，Ye Z X，Shen Y J. 2011. Desiccation of the Tarim River，Xinjiang，China，and Mitigation Strategy. Quaternary International，244：264-271.

Gumbo B，Mlilo S，Broome J，et al. 2003. Industrial water demand management and cleaner production potential：a case of three industries in Bulawayo，Zimbabwe. Physics & Chemistry of the Earth Parts A/b/c，28（20）：797-804.

IPCC. Climate Change 2013：Working Group I—the physical. science basis// Stocker T et al. IPCC Fifth Assessment Report（AR5）. New York：Cambridge University Press.

Li Z，Chen Y N，Li W H，et al. 2015. Potential impacts of climate change on vegetation dynamics in Central Asia. Journal of Geophysical Research – Atmospheres，120（24）：12345-12356.

Ye Z X，Chen Y N，Li W H. 2009. Groundwater fluctuations induced by ecological water conveyance in the lower Tarim River，Xinjiang，China. Journal of Arid Environments，73：726-732.

Ye Z X，Chen Y N，Li W H. 2010. Ecological water demand of natural vegetation in the lower Tarim River. Journal of Geographical Sciences，20：261-272.

第12章 生态安全对策

主要作者协调人：张元明 方一平
主 要 作 者：凌红波 徐海量

▪ 执行摘要

新疆生态系统的自然要素和景观类型多样，山地、绿洲、荒漠是构成其生态系统的主要元素。① 山区生态。新疆84%的多年平均降水量源于山区，气候变化显著影响山地森林－草原最大降水带，增加山地生态系统脆弱性（高信度）。云杉、落叶松、杨树和桦木主导的林分结构（天然乔木林总面积的96.6%，总蓄积量的97.5%）降低山地森林生态系统的气候变化恢复力。1961～2015年，全疆40%的地区NEP呈下降趋势，且分布在城市人口聚集的天山两麓，NEP呈上升趋势的60%地区，集中在昆仑山脉和天山山区的人口稀疏区，人林、人草、畜草矛盾加剧。针对山区生态安全，建议严控山地生态红线，建设全垂直带山地生态监测网；优先争取推进阿尔泰山、天山、帕米尔高原国家公园建设试点；优化森林结构、防控山地灾害，从保护与修复双面提升山地森林生态功能；通过三产融合、产业链条延伸和居民增收，降低山区人类活动压力，缓解草畜矛盾，提高气候变化适应力。② 绿洲生态。绿洲是干旱、半干旱区特有的，最为精华的部分，是自然与人工相结合的综合体。新疆绿洲以占全区4%～5%的面积，支撑了该区域90%以上的人口（郭宏伟，2017a），并汇聚了95%以上的社会财富。近40年新疆绿洲呈现出总面积与人工绿洲面积增加、天然绿洲面积不断减小的变化趋势（高信度）。气候变化使得绿洲外部水源供给的不确定性加剧和内部水资源时空再分配及利用效率的改变，将加剧绿洲水土资源开发的失衡，进而引发不可预测的生态危机，严重制约新疆社会经济的可持续发展。为维系气候变化下原本脆弱的绿洲生态系统稳定与生态安全，建议以科学调度稳定绿洲外部水资源供给，以节水和科学管理优化绿洲内部用水结构；以退地还林还水和提升生态水量的保障程度促进生态保护及修复，以生态红线为基准提升天然绿洲的规模和质量；评估气候变化下的水土均衡状态，以开发阈值为要求严格控制人工绿洲的扩张。③ 荒漠生态。荒漠生态系统具有生态脆弱的自然禀赋，且对气候变化十分敏感。近年来，由于人类对水土资源利用程度的加剧，以及全球气候变化导致的降水、温度和山区来水的发生改变，荒漠生态系统生产力、生物多样性等对气候变化和人类活动的响应表现出更大的不确定性和复杂性，进而影响到荒漠生态系统的稳定性（中信度）。为维系气候变化下荒漠生态系统的稳定性，建议强化生态阈值在生态系统管理和"生态红线"划定中的预警作用；完善生态监测体系，科学评价气候变化下的荒漠保护区生境条件变化；构建完善的荒漠保护区体系建设，增加吐鲁番和哈密盆地、准噶尔盆地西部萨吾尔山、天山西部北麓、西昆仑山和塔里木盆地低地荒漠保护区；减少不利的人为干扰，提升已建成的荒漠保护区生态功能，如促进矿山废弃地的生态修复、减少超载放牧、退出已占的荒漠保护区。通过实时监测、加快荒漠保护区建设和提升荒漠生态功能，提高荒漠生态系统应对气候变化的能力。

12.1 气候变化影响下山地生态系统保育与生态安全维护

12.1.1 新疆不同海拔山地气候变化趋势及特点

新疆山地不同海拔高度气候变化倾向复杂，表现在不同海拔带气候变化程度的差异，且不同季节、南北疆的差异也极为明显。1958~2017年，总体上，年均气温变化倾向率与海拔呈负相关，年均气温的增暖速率随海拔增加而减少，但增温幅度与海拔的变化并不呈现简单的线性关系。0~500 m、500~1000 m、1500 m以上海拔带，所选41个站点增温幅度均随海拔升高而减小；而1000~1500 m海拔带的增温幅度随海拔增高而增加。年均降水量随海拔升高而增加，0~500 m、1500 m以上海拔带年均降水的变化趋势随海拔升高而增加；而500~1000 m、1000~1500 m海拔带的年均降水量变化趋势随海拔升高而减小（张音等，2019）。

500~1000 m中低海拔带气温变幅最大。1958~2017年，年气温变化平均倾向率（℃/10a），北疆明显高于南疆，北疆500~1000 m、1000~1500 m、1500 m以上海拔带，年气温变化平均倾向率、四季气温变化倾向率均随着海拔升高而降低，500~1000 m海拔带增幅最大。南疆的年均气温变化倾向率、四季气温变化倾向率则在500~1000 m海拔带随着高度升高而下降、1000~1500 m、1500m以上海拔带随之递增。夏、秋季节先降后升，春、冬季节与夏秋变化趋势刚好相反，500~1000m海拔带冬春增幅、夏秋降幅最大（图12-1）。

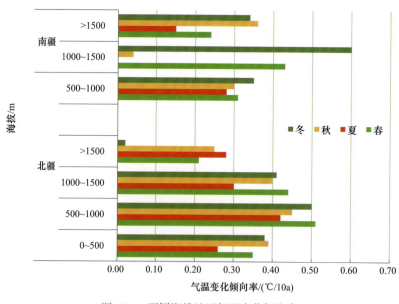

图 12-1 不同海拔地区气温变化倾向率

1000 m以上中高海拔山地降水增幅较大。1958~2017年期间年降水变化平均倾向率（mm/10a），北疆波动大、南疆则随着海拔的升高变幅显著增大，且在1000~1500 m、

1500 m 以上海拔带降水增加的倾向南北疆保持一致。南疆四季降水增幅随着海拔的增加而快速增加，北疆夏季降水变化倾向率与年降水变化倾向率保持一致，主要原因在于北疆夏季降水强度大具有对应关系，1000~1500 m、1500 m 以上海拔带，春、秋、冬季降水变化随海拔的增加而呈降低趋势（图 12-2）。

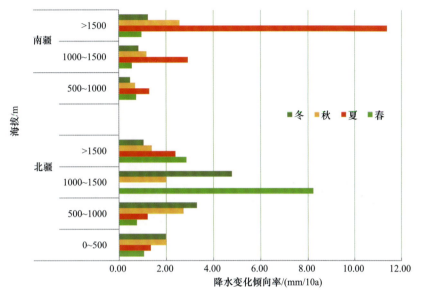

图 12-2　不同海拔地区降水变化倾向率

12.1.2　新疆山地生态系统的特征及地位

冰川、积雪、河流、湖泊、森林、草地和草原、绿洲和湿地、荒漠与沙漠等自然要素地域组合，形成了山地、绿洲和荒漠三大生态系统，构成了纵向空间由上到下、由高到低，横向空间由外到里的地域排列和同心圆特征。通过物质、能量和信息流形成了新疆生态系统相互依存的耦合关系，相互制约的协同关系。

以水平植被带为基础，新疆山地垂直带表现了由北向南森林带 – 草原带 – 荒漠带相应垂直带逐步升高，结构层次愈加复杂的特点（李世英和张新时，1966）。南疆因内陆盆地极端干旱气候，使得垂直带结构退化和贫乏。这些植被垂直带与水平带的关系和大陆性水平自然地带规律有所不同。一方面表现在部分荒漠带的山地由于获得了较多的湿气流，高山冰川积雪发育较好，出现了针叶林带或森林 - 草原带。另一方面，由于南部的帕米尔 - 西藏高原的隆起，使水平带分布发生了根本的变化，因而出现了特殊的植被垂直带结构。降水、温度以及水热平衡的梯度差异，形成了高差各异的山地植被以及对应的生态系统垂直分层特征，由下至上其典型结构为：荒漠带、草原带、森林草原带、高山草原带、冰冻圈层（图 12-3）。垂直结构相应生态系统服务尤其是水源涵养功能主导了极端干旱、半干旱、半湿润、干旱的干湿空间相嵌交错格局（图 12-3）。

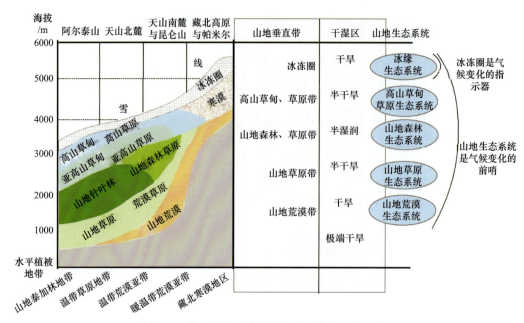

图 12-3　新疆山地垂直带特征及对应的生态系统

新疆作为典型的干旱地区，水资源是新疆社会经济可持续发展支撑的命脉。山地湿岛承接了西风带来的数倍于平原的大气降水，而山地生态系统则是新疆水源形成、水源涵养、水源转化、水源供给的核心"源"与"汇"，是绿色水库的维系与保障者，其角色和地位极为突出（李涛等，2014）。新疆多年平均降水总量 2544 亿 m³（陈亚宁，2014），其中 84.3% 源于山区（赵成义等，2011），特别是山地森林 – 草原带位于山地最大降水带的下部，具有重要的水源涵养、水文调节与水土保持作用。山地生态系统产流功能、能力、水平，不仅决定着天然绿洲的规模和范围，影响着人工绿洲的发展潜力（王让会等，2004），而且严重制约着新疆全域山地、绿洲、荒漠景观和对应的干湿空间格局。此外，山地生态系统具有较丰富的生物多样性和很高的生物生产能力，是重要的生物资源种质库，极具生物资源的保育和开发利用价值。不过，由于山地垂直梯度的叠加影响，山地生态系统对气候变化敏感，表面物质迁移的纵向势能大、运动速度快、水土流失严重，泥石流、滑坡、雪灾等自然灾害频繁，比其他诸多生态系统更为脆弱（Chester et al.，2013）。

12.1.3　新疆山地生态系统功能维持和提升面临的主要问题及风险

冰川消融减弱了内陆河径流调节能力，水资源供给服务的功能受到损失。新疆是我国冰川、积雪资源最为丰富的地区，冰川和积雪融水在水资源构成中占有重要地位，是高山水库（李涛等，2014）。高山流域产流占地表径流的 80% 以上，其中冰川和积雪融水径流在总径流中的比例可达 50% 以上，积雪和冰川融水是河流的主要补给来源（沈永平等，2013；Chen et al.，2019）。随着新疆气候暖湿化，高山流域的水文过程对气候变暖和积雪增加产生明显的响应。以积雪为主补给的河流，水文过程对气候变暖的响应表现为最大径流前移，夏季径流减少明显。以冰川融水补给的河流，径流响应表现为 6~9 月汛期径流量明显增大，汛期洪水增多，年流量增加。而天山的伊犁河流域、准噶尔内流水系、阿尔泰山的鄂毕河流域又是冰川退缩速度相对较快的冰川区（张明军等，2011），冰川加速消融，尽管短期内可增加河川径流量，但长期消融大于积累，将导致冰川退缩乃至消亡。作为"固体水库"的冰川，其水资源供给功能不断受损，对内陆河流径流调节能力萎缩（Zhang et al.，2019a），加剧了新疆水资源安全保障压力。

因历史原因，人工森林植被的林分结构失调、提高生态效益的潜力有限。占全疆植被面积 2% 的森林支撑着新疆的生态系统和生态安全。近年来，尽管森林资源总体呈上升趋势，但仍存在天然林稀少、森林覆盖率低、林分年龄结构失调、树种单一等问题。云杉、落叶松、杨树和桦木占到了新疆天然乔木林总面积的 96.60%，占到了总蓄积量的 97.50%（郭仲军等，2015）。由于历史原因和林区开发建设初期指导思想的偏差，经济效益至上，忽视了森林的生态效益和社会效益。一方面，使得用材林资源消耗过快，部分林区集中过伐，营林投入不足，极大地影响和制约了森林的天然更新和人工更新双重效果；另一方面，导致成熟林和过熟林比例过高，林分结构失调，林分质量下降。自 2000 年天保工程实施以来，至 2010 年天保工程一期实施结束期间全疆森林管护面积由 209.47 万 hm^2 增加到 423.8 万 hm^2，工程区森林覆盖率由 25.66% 增加到 28.94%，林木蓄积量由 2.34 亿 m^3 增加到 2.57 亿 m^3，实现了森林面积、覆盖率和蓄积量的"三增长"（兰洁等，2018），生态系统服务功能得到较大提升。虽然天然林保护工程基本实现了现有天然林资源的保护，但因天然林的自然恢复过程缓慢，仅依靠天然林的自然更新和恢复还很难有效提升天然林保护工程质量。且 70% 以上的宜林地集中在岩石裸露、土壤瘠薄的山区和水资源紧缺、远离绿洲农区的荒漠区。这些地区立地条件差，造林难度大，森林生态效益的收益规模和范围受限。

森林草原带气候变化敏感、人类活动负荷强度大、脆弱性高。受干旱与半干旱气候区制约，森林、草原生态系统面积小，居民生产和生活活动对其依赖性极高，极易受到气候变化和人类活动的干扰，因此而成为气候变化最敏感和最脆弱的地带之一（陈曦，2007；杨静等，2017）。相对温度而言，山地森林和草地生态系统生产力与降水量呈显著正相关，对降水更为敏感。1961~2015 年全疆 NEP 呈下降趋势的地区，有 40% 分布在城市人口聚集的天山山麓，60% 分布在新疆昆仑山脉和天山山区的人口稀疏区，植被生长和保护较好（杨静等，2017）。近 10 年来新疆 5 种草地类型中，高山与亚高山草地的平均净生产力年际变率大，草地植被稳定性差；高山与亚高山草地受气候因子影响剧烈，对气候变化表现出高度的敏感性，其净初级生产力波动大，功能和结构稳定性低（杨红飞等，2014）。山地草原历来是主要的夏秋放牧场，目前，新疆的畜产品 70% 以上来源于天然草地，尤其是海拔较低的山地草原带、农牧交错区，人口牲畜双增加、双施压，草地资源依赖更加突出。山地夏季草场因严重超载和过牧而普遍发生退化，冬春草场的面积与产草量剧降，与夏秋草场形成严重的不平衡。两增、两减使得这一地带的人类活动负荷处于高位并有锐增之势，加剧山地草原面积退缩、草地生态系统服务功能退化，脆弱程度增加。

人口扩展增加生态系统服务的消费，而全疆生态系统服务供给能力小幅下降，供需矛盾加剧。新疆生态系统服务供给高值区主要集中在天山周边、阿尔泰山北缘，以及塔里木盆地以西狭长地带。北疆地区由于植被覆盖度较高、气候相对湿润，生态系统服务潜力远高于南疆地区。2000~2010 年全疆生态系统服务总体增加，2010~2015 年小幅下降（李婧昕等，2019）。与其相对应，土壤保持量和产水量均呈先增后减趋势（王晓峰等，2020）。北疆以降水和植被覆盖为代表的自然环境对生态系统服务驱动强度高，而南疆人类活动和降水对生态系统服务的驱动则交替处于主导地位，但降水驱动的不确定性造成的波动较大。基于新疆玛纳斯河流域案例的研究也证实，温室气体排放、施用化肥及水资源消耗等人类活动明显降低生态系统服务功能，人均生态系统服务净价值呈现下降趋势，功能维持的压力增大（夏鑫鑫等，2020）。

12.1.4 山地生态系统适应气候变化与生态安全保障的对策

1. 以筑牢山地生态安全预警前哨为目标，加强全垂直带生态监测网络的建设

巨大的海拔落差、地形地貌差异及复杂水热条件组合，孕育了独特的温带和暖温带森林、草地、荒漠和大陆性冰川景观。巨大的垂直梯度和独特的自然景观使新疆阿尔泰山、天山、昆仑山成为全球地理学、生态学、气候变化科学集成研究的"天然实验室"。冰冻圈、高山草原草甸带、森林草原带、草原带、荒漠带（图 12-1）构成的新疆山地垂直带，则是探索气候变化与山地、绿洲、荒漠生态系统响应与反馈极为典型、极为完整的垂直带谱，也是气候变化的前哨（Catalan et al.，2017；Vincent，2019）。由于山区增温幅度明显高于平原区域，这种与海拔高度有关的变暖对冰川物质平衡、河川径流、下游社区生计、山地生态系统服务功能以及生物多样性变化过程的指示作用具有重要意义。而确定山地生态系统暴露、表征气候变化敏感性及其适应能力是未来山地生态系统检测与适应气候变化的双向任务（Zamora et al.，2016；Catalan et al.，2017）。同时，不同山地生态系统受到气候变化的影响又取决于地理位置、演替状态、海拔高度、植被构成和气候范式。基于新疆山地生态系统在全疆、中亚乃至全球气候变化观测、跟踪、模拟、适应中的科学与社会意义，应建立全域性的山地垂直带谱响应长期研究和监测网络，为保障新疆山地生态系统安全的跨学科解决方案奠定观测试验与数据基础。具体措施包括以下四条。

1）补齐山地生态系统森林 – 草原、农牧交错带野外科学观测研究短板

在已有天山冰川国家野外科学观测研究站（冰冻圈）、西天山森林生态系统国家定位观测研究站、阿克苏森林生态系统国家定位观测研究站（山地森林带）、策勒荒漠草原生态系统国家野外科学观测研究站、阜康荒漠生态系统国家野外科学观测研究站（山地草原荒漠带）、阿克苏农田生态系统国家野外科学观测研究站（绿洲）及阿克达拉大气本底野外科学观测研究站建设的基础上，根据阿尔泰山、天山、昆仑山垂直带谱的特征从南到北，补齐山地森林 – 草原（草甸）关键带、山地农 – 牧交错关键带的科学观测研究布局。建立冰冻圈、高山草原草甸带、山地森林草原带、山地草原带、山地荒漠带全垂直带谱系的、长期的、全球性的定位观测研究网。尤其是阿尔泰森林 – 草地生态系统是欧洲泰加森林生态区向南延伸的独特地区，处于欧亚物种和生态系统过渡地带，应强化森

林生态系统对气候变化响应观测的科学意义。

2）加快推进新疆高山生态、积雪－水文野外科学观测研究台站国字化序列

创造条件加强在帕米尔高原、天山、阿尔泰山冰缘生态、高寒草甸草原生态保护、生物多样性监测与保育、气候变化适应性以及自然灾害预警预测等方面的观测研究工作。有力推进帕米尔高原生态系统野外观测站、巴音布鲁克草原生态系统研究站、天山积雪雪崩研究站、阿勒泰国家基准气候站－阿勒泰积雪联合观测研究基地及阿尔泰山冰川积雪与环境观测研究站等进入国家野外科学观测网络。

3）强化自然要素科学观测与社会经济影响之间的衔接

在不断重视气候学、生态学、环境科学等特有要素观测、专门领域研究的基础上，重视气候与社会、生态与社会、环境与社会、灾害与社会的紧密联系。延长野外生态环境台站自然科学观测的社会经济属性，通过土地利用变化、气候变化、生物响应、社会经济响应信号，从检测延伸到人类活动的调整行动。在为查明气候变化和人类活动对新疆山地生态系统结构、功能的影响和相互作用机制提供科学试验数据支持的同时，挖掘数据、整理样本、分析和应用长序列观测信息。提升山地脆弱生态系统适应气候变化和促进人地协调与可持续发展的科研价值。

4）进一步提高野外科学观测站数据开放共享水平

由于野外观测台站涵盖科技部、中国科学院、自然资源部、生态环境部等不同的行政隶属关系，观测数据共享的通畅性受到一定程度的限制。对此，应建立全国统一、分领域、分学科的野外科学观测分类指标和技术体系，保障不同部门野外站观测数据、设施、设备等科技资源有标准、可对接。建立分领域、分学科的国家野外台站数据中心，实现观测数据、仪器设备和观测实验设施等多源信息的最大共享水平。

2. 争取以阿尔泰山、天山、帕米尔高原为骨架，有序推进自然保护地体系试点

在冰冻圈、高山草原草甸带、森林草原带、草原带、荒漠带"一圈四带"垂直结构中，高山草原草甸、森林草原、草原生态系统支撑全域新疆生态安全角色的任务重。受气候变化和人类活动的双重施压，尤其是人类活动的负荷强度高，生态系统安全维持和服务能力面临着巨大的压力。对此，借鉴国际自然保护地分类体系，结合新疆山地生态系统功能提升需求和任务，建议重点构架"三带（高山草原草甸带、森林草原生态、草原生态）两园（国家公园、自然公园）一区（自然保护区）"的生态共治框架，推进创新体制试点（图12-4）。

2020年，《新疆维吾尔自治区贯彻落实〈关于建立以国家公园为主体的自然保护地体系的指导意见〉的实施意见》出台，积极争取并有序推动阿尔泰山、天山、昆仑山、帕米尔为重点的国家公园建设，从水源涵养、水源供给的源头和山地生态系统的战略角色出发，着力巩固水源涵养区保育、天然林保护工程，建设以国家公园为主体的新疆自然地保护体系，具体包括以下几点措施。

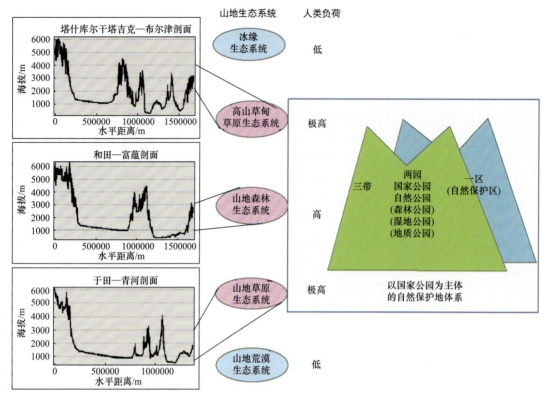

图 12-4 新疆山地关键带自然保护地体系

1）着力恢复和重建同步，系统提升山地天然与人工森林生态系统服务功能

山地森林生态系统的调整是以生物群落为核心、生态系统完整性为导向、生态系统服务功能高质化为目标的。随着人与自然日益交融，强调山地森林生态系统恢复和重建双驱动理念，正向干预山地生态系统功能维系和增效工程日显重要。

在新疆，天然林保护、"三北"防护林、退耕还林工程区，特别是对于以云杉、落叶松、杨树和桦木为建群种的人工森林，需扩大种群数量和多样性，逐步调低成熟林与过熟林比例，持续整治森林生态系统的结构畸形。对于营造林项目，应充分考虑未来气候变化带来的影响，从树种选择、配置模式、抚育管理、基础设施建设等方面提高森林生态系统的稳定性和适应气候变化的能力。通过森林抚育（修枝、间伐、补播、人工促进天然更新、修枝、除草、松土、施肥、林业有害生物防治）、封山育林（全封、半封、轮封）、退化防护林改造（更替改造、择伐补造、抚育改造、渐进改造）和低质低效林改造，以及天山北坡谷地森林植被保护与恢复工程、天山阿尔泰山天然林保护重点工程建设，加强山地森林生态脆弱区域生态系统功能的恢复与重建。

巩固和强化山地森林生态系统的水土保持和水源涵养潜能。通过森林灾害预警、监测及防治，降低气候变化导致森林火灾、有害生物和冻害多发的风险，最大限度地减少森林资源的损失。通过营建宽窄行、混交林、乔灌草结合等模式减少有害生物的发生率。通过建立测报站、测报点、检疫检验实验室、防治减灾设施，降低森林有害生物蔓延。

建立健全森林防火预防、扑救、保障三大体系，降低火灾发生的次数和强度，控制火灾影响范围。增强气候灾害监测预报的科学性、时效性和准确性。扩大国家重点公益林生态效益补偿面积，将管护基础设施建设纳入中央补偿范围，针对新疆森林生态效益补偿资金不足的现状，逐步提高补贴标准，巩固天保工程成果。

2）着力保质和增量协同，减缓山地草原生态系统生产力与牧业发展的矛盾

新疆作为全国五大牧区之一，天然草地资源是新疆发展畜牧业最基本和最主要的生产资料，担负着全疆 70% 牲畜饲料供给任务。人口快速增长导致草地资源供给不足、草地承载力缩小，加剧了生产力水平低与畜牧业发展需求间的尖锐矛盾。

放牧是山地草原生态系统极其关键的干扰源和方式。通过采食、践踏和排泄物影响草地植物群落生物量及结构特征和土壤理化性质，从而影响草地生态系统的碳循环过程。然而过度放牧破坏地表植被，增加地表蒸发，减少土壤表层含水量，损坏根系生存环境，削弱草地生态系统的水土保持和水源涵养的能力。进而深刻影响草地生态系统本身的生产力，形成草地资源供给短缺 - 过度放牧 - 草地退化 - 生产力降低的恶性循环。为破解这种恶性循环，建议采用天然草地保质、人工草地增量协同的措施。着重解决草地依赖型畜牧业生产和草地生态系统的平衡关系，减缓供需矛盾。加强对基本草原保护与管理、加大草原保护执法力度、严格执行《新疆退牧还草工程项目管理办法实施细则（试行）》。充分利用科技，完善天然草地管理体系的分类标准。重点开展针对高山草原、高山草甸、山地草原不同类型、不同制约因素、不同退化程度、不同承载力的治理和保护研究。推广适合寒区、旱区山地草原生态系统生产力改良、修复、重建的关键技术。研制草畜平衡、限制因素、脆弱缓解、功能修复、气候适应、承载分配、退牧还草导向的系统解决方案。采用以卫星影像（天）、人工地面监测（地）、无人机低空图像（空）一体的草地监测手段，建设天然草地生态系统质量动态监管、智能监测、科学诊断和决策体系。另外，扩大人工草地增量，作为减轻天然草地放牧压力的长期方略。鼓励科研单位研究适宜本地独特气候条件的优良人工牧草品种，区划南疆、北疆以及阿尔泰、天山、昆仑山等不同适宜人工牧草发展的地域和海拔带。政府加大对人工草地建设的项目补贴力度，鼓励牧民建设人工草地，扩展人工草地的牲畜承载空间，分担天然草地的承载压力，恢复草地生态系统的生机。

3）着力创新和特色结合，建立以国家公园为主体的自然地保护体系

国际接轨世界自然保护联盟（IUCN）制定的保护地分类标准（Dudley，2008），兼容新疆本身的资源禀赋和地域特点，建立符合新疆区情的自然保护地体系是新疆山地生态系统安全保障最为重要、极其迫切的任务。首先，按照保护和利用的程度差异，优先开展严格保护类（国家公园和自然保护区）、限制利用类（自然公园）的科学分类研究（图 12-4）。坚持空间上不重复，功能上有侧重，边界上有依据的原则，建立新疆严格保护和限制利用类自然保护分类标准。探索严格保护类和限制利用类资源本底价值评估方法以及国家公园建设的空间落地方案。其次，上下结合、双向识别潜在国家公园候选区域，联合相关专家学者，整体谋划，尤其对天山、喀纳斯、帕米尔等自然保护价值高、生态角色重的保护地，应纳入新疆国家公园建设评估、建设申报的优先序和重点。鼓励地方政府自下而上向国家公园管理局提出申请、组织评估。三是强调保护与利用并重，

直面移民搬迁、工矿企业有序退出、国有自然资源有偿使用等问题，与当地社区和地方发展潜存矛盾。在国家公园遴选、申报、评估、建设、管理全过程中，重视当地社区居民福祉问题。正确处理国家公园建设和当地社区生计发展的和谐关系。培训当地居民参与管理工作，推动当地居民参与公园建设，从而拧紧、筑牢、协调保护与发展的合作关系。

3. 以社会－生态系统思想为指导，向城镇及产业链下游转移山地生态系统压力

随着人类生存空间的不断拓展，全球绝大部分区域以社会－经济－自然复合生态系统，即社会生态系统的形式客观存在。人与自然之间不同程度的耦合催生了社会生态系统内部各要素之间错综复杂的非线性和反馈关系，整个系统呈现出高度的复杂性、多样性和不确定性。这种复杂性关系构成了社会生态系统的基本特征（Fedele et al., 2019）。在这种条件下，人的因素需要在特定时空条件下纳入到重要生态系统保护和治理的范畴。将人与自然之间积极的依存关系作为生态过程的必要环节、作为生态调控的关键要素，这是社会生态系统适应气候变化、生态安全维系持续性、有效性的重要内容（Blanco et al., 2017）。新疆内陆干旱的地理环境特征，水资源主导着极为典型的水与草、水与林、水与农的对应关系（Fang et al., 2013），制约着人类宜居、人类集聚的生境。山地草原、山地森林特有的水源涵养、水源供给服务功能，使得山地草原草甸生态系统、山地森林生态系统与人类活动的耦合关系更加紧密，承担着高负荷的人类活动。为维持好该带生态系统功能和安全，降低对气候变化带来负面影响的敏感性、脆弱性。需降低人类活动对山地生态系统及其自然资源的依赖性和干扰压力。激发当地居民对自身生境保护的主动性，促进由保护阻力向保护动力的转化，具体包括以下措施。

1）拧紧山地、绿洲和荒漠三圈产业链，转移农村居民对资源依赖的压力

以山地、绿洲和荒漠三圈格局为整体，培育、延伸、增殖森林工人—森林产品—森林产业—城乡消费群、农牧民—畜牧产品—畜牧产业—城乡消费群、农民—农产品—农业产业—城乡消费群等关键产业链条，转移山地生态系统人类活动高负荷区对自然资源的依赖性（图12-5）（Brèteau-Amores et al., 2019）。其中，核心问题是农户、牧户、森林工人与市场的衔接；特色资源、优势资源与产业资本的对接；生产链、加工链和消费链的有机融合。农林牧产品附加值提高，农林牧业生产率低下、比较效益低的问题得到改善；广大农村居民生计依赖向产业化的上游转移、向城镇空间转移；从而减轻山区人口对水土林草等自然资源和生命共同体的压力。

2）不断增进城乡居民的福祉，提高当地居民在生态系统管理中的主人翁地位

政府主导改进当地居民的福利水平、完善当地居民资源分享的公平性，将当地居民融入山地林草生态系统保护、规划、实施、管理、利益分配等全过程，增强主动参与感、主动责任感。使当地居民真正成为生态系统保护共管的动力而不是障碍，成为生态系统共管的主人而不是负担（Fang et al., 2005）。将山地、绿洲和荒漠三圈作为整体营造生态经济体系，疏解山地脆弱圈的人类负荷压力、增效山地圈生态服务，激发新疆山地生态系统服务休养生息的新潜能、持续性。

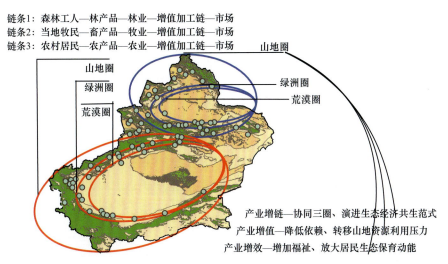

链条1: 森林工人—林产品—林业—增值加工链—市场
链条2: 当地牧民—畜产品—牧业—增值加工链—市场
链条3: 农村居民—农产品—农业—增值加工链—市场

产业增链—协同三圈、演进生态经济共生范式
产业增值—降低依赖、转移山地资源利用压力
产业增效—增加福祉、放大居民生态保育动能

图 12-5　山地、绿洲和荒漠"三圈"合力共营社会–生态系统

12.2　气候变化影响下绿洲生态安全与土地生产力提升

在干旱区内陆河流域，山地、绿洲、荒漠是构成其生态系统的主要元素。其中，绿洲是干旱、半干旱区特有的，最为精华的部分，是自然与人工相结合的综合体，其以占干旱区 4%~5% 的面积，支撑了该区域 90% 以上的人口，并汇聚了 95% 以上的社会财富。水是制约绿洲存在和发展的最为重要的环境因子，绿洲的生态安全与土地生产力取决于水资源的时空分布特征。在干旱区，水资源对气候变化的响应更为敏感。近百年来全球气温升高导致了新疆水循环加快、降水增加、洪涝灾害更为频繁，水资源时空再分配。建立一个和谐稳定、高效、可持续的绿洲，则迫切需要加强在气候变化背景下，与水资源承载力相匹配的绿洲适宜发展规模以及绿洲生态红线与开发阈值等相关研究，提出应对气候变化的绿洲土地生产力提升的对策和建议，以维持脆弱的绿洲生态系统稳定及生态安全，这也是当前干旱、半干旱区绿洲为实现可持续发展亟待解决的重大问题。

12.2.1　基于气候变化的适宜绿洲规模确定

1. 新疆绿洲的分布与变化规律

绿洲是依靠较为稳定的水资源发展起来的自然与相人工结合的干旱区特有景观，是干旱区最重要的人类生产生活的空间基础（樊自立等，2000）。根据绿洲发生机制，可将绿洲划分为天然绿洲和人工绿洲，天然绿洲即绿洲的原始形态，是隔绝荒漠与人工绿洲的缓冲带，人工绿洲是在天然绿洲的基础上经过人类长期的开发利用发展起来的"核心区"（樊自立等，2004）。而依据景观特点及空间分布形态，绿洲可概化为内陆河沙漠区模式、冲洪积扇模式及干流模式，这三种模式基本囊括了绿洲的水资源、形成过程及空间格局等特点（图 12-6）。新疆是我国绿洲分布最广、面积最大的省区，据统计 2015 年新疆绿洲面积占全疆总面积的 9.93%（贺可等，2018），山区冰川降雪是绿洲最主要的水量来源，呈现逐水土而发育、环塔里木河盆地与准噶尔盆地而展布的特点。其中，南疆主要分布在塔里木河流域"九源一干"（即和田河、叶尔羌河、喀什噶尔河、阿克苏河、渭干 – 库车河、迪那河、开都 – 孔雀河、克里雅河、车尔臣河及塔里木河干流）等诸多河流的中下游冲积平原之上，北疆主要分布在天山北坡的玛纳斯河、奎屯河、呼图壁河、头屯河、乌鲁木齐河及精河等流域。

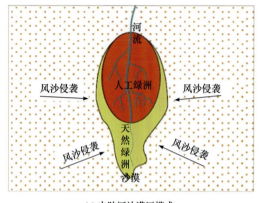

(a) 内陆河沙漠区模式

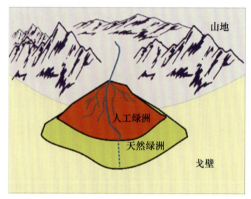

(b) 冲洪积扇模式

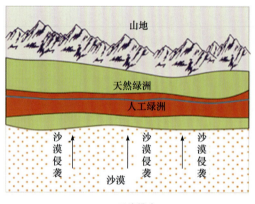

(c) 干流模式

图 12-6　绿洲分布概化模式

434

新疆气候变化科学评估报告

纵观绿洲的发展史，人类的开发利用及气候变化等使绿洲保持着"荒漠化"与"绿洲化"的双向变化（Xue et al.，2019），但总体而言，呈现为天然绿洲不断消亡及人工绿洲不断扩张的发展趋势（樊自立等，2004）。根据现有研究结果（贺可等，2018），1972~2015 年新疆绿洲呈现出总面积与人工绿洲面积增加、天然绿洲面积不断减小的变化趋势（表 12-1）；例如，20 世纪 70 年代中期新疆绿洲面积约占新疆总面积的 8.81%，到 2015 年增加至 9.93%，天然绿洲的占比由 56.38% 减少至 42.14%。部分绿洲虽总面积未发生明显变化，但天然绿洲向人工绿洲的转化的总体趋势却在持续，如在 1990~2010 年克里雅河、渭干河 – 库车河及叶尔羌河流域天然绿洲分别减少了 5.4%、31.4% 及 18.7%（郭宏伟等，2017a）。

表 12-1　新疆不同时期绿洲面积及其结构变化（贺可等，2018）　（单位：%）

时期	绿洲面积占比	人工绿洲占比	天然绿洲占比
20 世纪 70 年代中期	8.18	43.62	56.38
1990 年	8.49	42.86	57.14
2000 年	8.73	46.82	53.18
2005 年	9.19	51.00	49.00
2010 年	9.44	53.75	46.25
2015 年	9.93	57.86	42.14

2. 新疆绿洲适宜规模及配比的确定

当前适宜绿洲规模研究大多需参考来水的丰枯变化及绿洲内蒸散发过程（Ling et al.，2013b；Guo et al.，2016；Fu et al.，2018），来水的丰枯变化实则涵盖了气候变化对绿洲水资源量的影响，而绿洲内蒸散发过程则体现了气候变化对绿洲内部的水循环过程的影响，因此这些研究实质上考虑到了气候变化对适宜绿洲规模确定的影响。在气候变化背景下，模拟、预测干旱区内陆河未来的水资源量，并结合绿洲经济发展指标及需水要求，以确定区域绿洲未来的适宜发展规模应成为今后研究的重点。同时，新疆南北绿洲在自然环境特点、人类开发利用程度及面临的主要生态环境问题等方面存在明显差异，在明确适宜绿洲规模的过程中应各有所侧重。环塔里木盆地的绿洲应从水与生态保护及恢复的角度出发，以维护天然绿洲生态系统生态功能的完整与生态结构的稳定为主要依据；天山北麓绿洲应侧重水 – 生态系统 – 经济系统的协调发展，以水约束条件下绿洲经济的可持续发展与生态安全的保障程度为主要目标。

以往对绿洲适宜规模的确定主要依据气候变化背景下水资源的承载力。总结当前已有的新疆绿洲适宜规模研究结果可以看出（表 12-2），除个别绿洲处于适宜规模范围内，新疆大部分均已超过其水资源承载能力。此外，一个和谐高效的绿洲生态系统，林木和草地的面积要保持适当配比（柯夫达，1978，陈昌毓，1995）。钱正英等（2004）认为天然绿洲与人工绿洲规模比应为 3 : 2。郭宏伟等（2017a）提出内陆河沙漠区模式人工与天然绿洲的适宜面积比例应介于 3 : 7 到 4 : 6 之间，以 4 : 6 为最适宜，冲洪积扇形模式人工与天然绿洲面积比例介于 4 : 6 到 5 : 5 之间，以 5 : 5 为最适宜，干流模式人工与天然绿洲适宜比例应严格控制，不超过 4 : 6。

3. 新疆绿洲发展存在的主要问题

气候变化导致绿洲水资源供给的不确定性是制约绿洲发展的主要因素。受气候变暖的影响，绿洲水资源补给量发生明显变化，素有中亚"水塔"之称的天山有近 97.52% 的冰川呈退化趋势，而冰川化程度较高的诸多流域（如中天山的开都河、阿克苏河等流域）径流显著增加（Chen et al.，2016；Ling et al.，2013a）；然而，极端气候事件与洪涝灾害

表 12-2 新疆不同区域适宜绿洲规模及配比

区域	绿洲适宜规模	绿洲适宜配比	现状绿洲规模 年份	现状绿洲规模 面积	现状评价	结果来源
塔里木河干流	1.71万~1.96万 km²	天然绿洲 1.27万~1.51万 km²	2010年	1.92万 km²	适宜范围内，配比合理	凌红波等, 2012
和田河	4400 km²	未提出	2009年	3591 km²	适宜范围内	李卫红等, 2011; 陈亚宁和陈忠升, 2013
阿克苏河	6450~6598 km²	天然绿洲 3145~3293 km²	2010年	5322 km²	适宜范围内，配比合理	Guo et al., 2016
	11600km²	未提出	2009年	12061 km²	已超出适宜规模	陈亚宁和陈忠升, 2013
叶尔羌河	9600km²	未提出	2009年	15111 km²	已超出适宜规模	陈亚宁和陈忠升, 2013
开都－孔雀河	4700km²	未提出	2009年	5248 km²	已超出适宜规模	陈亚宁和陈忠升, 2013
	5100 km²	未提出	2015年	6935 km²	已超出适宜规模	Fu et al., 2018
克里雅河	1385~1672 km²	天然绿洲 831~1003 km² 人工绿洲 554~669 km²	2010年	天然绿洲 1078 km² 人工绿洲 574 km²	适宜范围内，配比合理	凌红波等, 2012
渭干－库车河	6021.94 km²	耕地 3010.97 km²	2010年	7345.98 km²	已超出适宜规模	秦鹏, 2016
玛纳斯河	3942~4481 km²	耕地 1577~1792 km²	2015年	9598 km²	已超出适宜规模	Yang et al., 2019
	8398~9246 km²	天然绿洲 3400.3~5100.5 km² 人工绿洲 2266.9~3400.4 km²	2010年	95323 km²	已超出适宜规模	Ling et al., 2013b
且末绿洲	609~812 km²	耕地 92.66~123.55 km²	2009年	992 km²	已超出适宜规模	郑淑丹和阿布都热合曼·哈力克, 2011
吐鲁番绿洲	1309~1500 km²	耕地 450~693 km²	2010年	7965 km²	已超出适宜规模	邓宝山等, 2015

频发以及显著升温导致的绿洲蒸腾耗水增加必定引发绿洲格局的剧变。同时，人类对绿洲土地资源及水资源的过度开发利用，造成了天然与人工绿洲的配比失衡，从而危及了绿洲的生态安全。如中亚"咸海危机"、我国塔里木河下游"绿色走廊"的消亡危机等，这与历史时期楼兰的消失过程等如出一辙。在新疆绿洲发展的过程中，尤其在 2000 年以前，在河流中下游及绿洲 – 荒漠交错带集中爆发了河道断流、地下水位下降、植被衰退、沙漠化等严重的生态环境问题。保障绿洲的"量"与"质"是维持绿洲生态系统稳定的关键。绿洲的"量"即适宜绿洲规模，指以保持绿洲生态稳定为前提，以可利用资源量为承载红线，能维持的相对稳定的最大规模绿洲生态系统（李卫红等，2011）。绿洲的"质"即实现维持绿洲生态系统稳定的天然与人工绿洲的合理比例。因此，在气候变化影响下，实现绿洲的提"质"保"量"，以实现绿洲社会 – 经济 – 生态协同发展。

4. 气候变化背景下维系新疆绿洲生态安全的对策与建议

水资源是制约绿洲存在和发展的最为重要的环境因素，而水资源的空间分布及利用方式则决定了绿洲空间格局及其内稳态。维持一定面积的天然绿洲规模是保障绿洲稳定的重要前提，而实现绿洲水资源的合理分配，减弱气候变化带来的不确定性，则是维系绿洲适宜规模和配比的重要基础。当前，人类活动造成了绿洲水资源空间分布的失衡，而气候变化加剧了水文过程的不确定性。在气候变化的背景下，提升水资源调配能力和生态水量的保障程度，维持天然植被的面积及生境条件，优化绿洲内部水资源分配，是维系新疆绿洲发展的必要举措。目前，一系列政策的有力实施虽有效遏制了绿洲生态退化的趋势（Bao et al., 2017；Ling et al., 2019），然而应对气候变化、维护绿洲生态安全仍需进一步加强。

1）严格水资源管理，提升水利工程应对极端气候水文事件的防控效能

评估气候变化所带来的潜在极端危害，充分发挥山区水库的调蓄功能，完善水利工程的配套设施建设，积极应对极端气候变化带来的水资源短缺或洪涝灾害。执行最严格的水资源管理制度，严格限制各产业各地区用水量和用水效率，严格限制绿洲规模的随意扩张。在当前初始水权已划定的前提下，建立水权交易市场，辅以市场手段促进水资源管理水平的提升。建立水资源生态补偿机制，明确生态用水在用水结构中的重要性。同时，充分发挥已有水利工程的生态效能，利用水库、渠道、闸堰等完成生态用水的调配。绿洲多依靠山区冰雪融水，已有研究表明气候变化对山区产流汇流影响显著。

2）退地还水还林，应对气象水文干旱，促进生态保护与修复

实施全方位的生态水文系统监测，科学评估天然植被生境条件、个体生长及群落结构的变化规律，积极应对由气候变化引起的病虫害、植被生长衰败与生态功能减弱等生态灾害，加强天然植被的保护。为应对绿洲的气象水文干旱，应积极推进退地还林还水工作，采取适宜措施促进退耕地的生态恢复，提高天然绿洲规模，保障绿洲整体空间分布格局的合理性。2000 年以后，中央及地方政府相继出台了一系列关于资源开发管理、生态保护及修复等政策措施。例如，2001 年，国务院批复了投资 107 亿元的《塔里木河流域近期综合治理规划报告》，2000 年前后国务院通过的退耕还林还草工程及"天保工程"，2012 年国务院发布了《关于实行最严格水资源管理制度的意见》，2017 年新疆维吾

尔自治区人民政府出台了《关于健全生态保护补偿机制的实施意见》等。

3）评估气候变化下绿洲水资源的亏缺程度，优化产业用水结构，加快节水型产业发展

人类活动造成了绿洲经济社会与生态环境用水矛盾，全球气候变暖致其升温效应显著、蒸腾耗水增加则加剧了这一矛盾。"绿洲经济，灌溉农业"是新疆干旱区经济的显著特征，农业用水占国民经济用水总量的 95% 以上。耕地面积的不断扩张，农业耗水不断增加是造成新疆绿洲规模持续扩张而天然绿洲面积不断萎缩，脆弱的生态系统对水土资源开发响应十分强烈。为此，应优化绿洲经济产业结构，严格限制农业用水，促进二三产业的发展。新疆绿洲自然景观繁多，景色秀美独特，为旅游业的发展提供了得天独厚的资源。同时，大力发展节水型产业，促进农业节水灌溉的持续发展，同时减少耗水量高、污染严重的产业进驻，提倡生产技术改革。

12.2.2　生态红线与开发阈值

1. 生态红线的提出与新疆生态红线的划定

2011 年，为加强环境保护重点工作，国务院明确提出，在重要生态功能区、陆地和海洋生态环境敏感区、脆弱区等区域划定生态红线。2013 年 5 月 24 日，习近平总书记在主持中央政治局第六次集体学习时特别指出，要划定并严守生态红线，构建科学合理的城镇化推进格局、农业发展格局、生态安全格局。2014 年环境保护部出台《国家生态保护红线——生态功能基线划定技术指南（试行）》。十八届三中全会通过的《中共中央关于全面深化改革若干重大问题的决定》明确提出要划定生态保护红线。划定并严守生态保护红线已上升为国家战略，是改革生态环境保护管理体制、推进生态文明的重要举措，体现了我国以强制性手段实施严格生态保护的政策导向。2017 年，环境保护部正式印发了《生态保护红线划定指南》。

2015 年新疆（维吾尔自治区和环境保护部）组织编制的《新疆生态环境功能区划》通过验收，其明确了各区域和各大经济产业地带的环境保护重点，即北疆地区要重点加强工业污染防治和环境综合治理；南疆地区要重点加强荒漠化防治和受损生态系统恢复；东疆地区则要重点加强矿产资源开发的生态环境监管。《2017 年新疆维吾尔自治区政府工作报告》中指出新疆生态保护红线划定工作内容为在重要生态功能区、陆地生态环境敏感区、脆弱区等区域划定生态红线，构建与优化国土生态安全格局，用以指导全区的资源开发和产业合理布局。2018 年，新疆生产建设兵团印发《新疆生产建设兵团生态保护红线划定工作方案》（以下简称《方案》），兵团将于当年上半年完成生态保护红线"一张图"，年底前形成生态保护红线划定方案报批稿，报请国务院批准后，由兵团发布实施。同年，新疆维吾尔自治区人民政府及新疆生产建设兵团完成了《新疆维吾尔自治区生态保护红线划定方案》的编制工作，并通过了专家论证。但截至目前，生态红线划定方案并未正式公布。

2. 新疆水土资源开发阈值

2017 年 3 月 24 日，国土资源部发布的《自然生态空间用途管制办法（试行）》中明确要求，市县级及以上地方人民政府在系统开展资源环境承载能力和国土空间开发适宜性评价的基础上，确定城镇、农业、生态空间，划定生态保护红线、永久基本农田、城镇开发边界，科学合理编制空间规划，作为生态空间用途管制的依据。2018 年 4 月 26 日，习近平总书记在深入推动长江经济带发展座谈会上的讲话中指出，在开展资源环境承载能力和国土空间开发适宜性评价的基础上，抓紧完成长江经济带生态保护红线、永久基本农田、城镇开发边界三条控制线划定工作，科学谋划国土空间开发保护格局，建立健全国土空间管控机制。

对于干旱区绿洲而言，其最主要的开发阈值是水资源的开发利用比例及耕地开垦面积。水资源开发阈值的确定应以维系绿洲生态安全为基础，基于水资源总量的年际变化和水资源利用水平，定量分析水资源承载力（钟华平等，2002）。目前全疆现状水资源开发利用程度已达到 70%，其中东疆 96.42%、南疆 84.74%、北疆为 52.35%。地下水开采率全疆为 79.09%，其中东疆高达 139.45%，属于区域性严重超采；北疆达 112.20%，南疆为 53.15%，新疆水资源总体上开发利用过度。土地资源开发阈值应与水资源开发阈值相匹配，在完成各产业水资源量分配的基础上，采用水土平衡法计算绿洲的耕地面积阈值，但同时应注意灌溉方式的选择，避免盐渍化、撂荒等的出现（Yang et al., 2016）。以塔里木河流域"四源一干（和田河、阿克苏河、叶尔羌河、开都河–孔雀河及塔里木河干流）"为例，现状条件下（水资源量分配量及利用技术水平），耕地面积的阈值为 129.06 万 hm^2，而当前已超载 41.7 万 hm^2。在耕地面积指标控制下，耕地超载情况会出现好转，但枯水期生态供水的压力仍然存在（郭宏伟等，2017b；赵新风等，2015）。

目前来看，无论是生态红线的划定还是水土资源的开发阈值的明确，都未将气候变化作为影响因素考虑在内。此外，由于生态红线保护工作的划定仍处于起步阶段，目前已提出的水土资源开发阈值均没有将生态红线纳入参考。因此，以生态红线为基准，明确生态红线区生态用水及相应的红线指标，基于区域内水量分配方案，以水定地定产，明确水土资源开发阈值，应是将来工作的重点（陈亚宁等，2004）。同时，当前气候变化对区域生态环境影响的存在不确定性，生态红线区内的生态安全维持应作为水资源分配和保障的重点（王文涛等，2014）。

3. 生态红线和开发阈值划定及执行面临的问题

1）生态红线划定的难度大

新疆生态红线的划定要基于新疆社会、经济和生态环境现状，符合国家生态安全和主体生态功能区保护的需求。同时，生态红线的划定也要严格遵循天然植被分布区的生境、分布及功能特点，既要保证生态红线区的"质（所提供的功能）"与"量（合理的面积及范围）"，也要维护生态红线区的生境条件。如，在划定内陆河天然绿洲生态红线的同时，应明确天然植被的生态需水红线，维系河流水文过程完整的生态流量红线及保障地下水资源可持续开发利用和适宜植被生长繁育的地下水保护红线（郭宏伟等，2017a）。

2）气候变化影响生态红线划定和保护

1967~2017 年，由于气温升高造成冰川消融加剧，河流径流水量增加，水资源空间分布格局发生改变。短期内径流增加有助于生态系统的修复和地下水的补给，如塔里木河干流近 20 年来水量相较于多年均值增加了近 5%，其植被覆盖度在 2007~2017 年之间增加了 3.29%（韦红等，2019）。同时，短期内降水量的增加和气温的升高，使得草地叶面积指数出现明显升高（Jiapaer et al.，2015）。气候变化对近期水资源格局及植被生长的影响，可能夸大了生态红线划定的范围。在降水周期变化的影响下，若区域水资源量发生改变，必定影响生态红线保护工作的开展。

3）气候变化造成水资源与土地资源的不匹配

水资源是制约新疆社会经济发展和生态环境安全最主要的因素，而依托绿洲等自然生态系统发展起来的绿洲经济和传统农牧业，构成了新疆经济结构的主体，占据了新疆90% 以上的水资源消耗量。气候变化影响了水资源的时空分布格局，使得绿洲区水资源利用方式和利用效率的改变，气候变化下草地、荒漠等生产力的改变掩盖了人为活动的影响，造成以水定地、以草定畜的困难，造成开发阈值划定得不准确。

4. 生态红线与开发阈值划定及执行的对策和建议

1）预测气候变化对生态环境的影响，构建气候变化下的生态红线保护体系

全面开展山地、绿洲及荒漠等生态系统对气候变化的响应研究，明确气候变化下生境条件及生物的变化过程，评估可能发生的水资源短缺、生态系统退化等灾害风险，全面掌握生态系统抗扰动的弹性区间，如明确草地生态系统的结构和功能在何种程度的气温和降水变幅下会产生不可逆的衰退等。进一步基于生态系统抗扰动的能力，识别易退化区和生态脆弱区，实现生态红线的分区管控，筛选出提出具有针对性的生态保护措施，如通过跨流域的水量调度补给荒漠河岸林生态系统，以应对干旱发生时重点生态功能区可能发生的生态退化。完善生态补偿机制，以生态补偿的形式完善不同区域间的生态红线的保护制度，如以补偿牧草种植地的形式退出重点生态功能区内草地的超载畜牧量。

2）完善水资源评价体系下的红线制度

明确气候变化在未来时期内对区域水资源量和水资源利用效率等的影响，评价区域发生对水资源短缺的风险。实行最严格水资源管理制度，保障水资源的有序适量利用是保障水资源可持续利用的重要手段。从严加强日常管理，从严加强各类规划和建设项目的水资源论证报告审批和跟踪监督管理、地下水开发利用的监督管理和取水许可监督管理。新疆经济社会用水总量约 95% 为农业用水，控制农业用水是控制经济社会用水总量的关键所在，按照《新疆水资源综合规划》提出的全疆灌溉面积控制在 8000 万亩的目标，下决心杜绝超采地下水，控制好农业用水，配置好工业用水，保证好生活用水，保障好生态用水，杜绝以生态名义的各种形式的农业开发（特别是打着生态林旗号的果木种植），确保各项控制目标的实现。要建立健全水资源实时监控系统，做到心中有数，现已在乌鲁木齐市、昌吉州、吐鲁番地区、哈密地区、塔城地区沙湾县等基本完成国家水资源监控能力建设工作。

3）强化土地利用管理，严格实施退地退牧，提升土地生产力

要严格土地利用总体规划管控和用途管制，按照土地利用总体规划批地用地，城（镇）建设、区域发展、基础设施建设、产业发展等规划，要与土地利用总体规划相衔接。要差别化配置土地利用计划指标，要综合考虑供给侧结构性改革发展用地需求，科学配置土地利用计划指标，充分保障国家重点发展的民生社会事业项目用地，对保障性安居工程、兵团级以上批准（核准、备案）的单独选址项目、喀什（含兵团草湖产业园区）、霍尔果斯经济开发区兵团分区、南疆代管团场土地利用计划实行单列。高标准农田建设情况要统一纳入国土资源遥感监测"一张图"和综合监管平台，实行在线监管、统一评估考核。要实施耕地质量保护与提升行动，将中低质量耕地纳入高标准农田建设重点范围，因地制宜实施提质改造，在确保补充耕地数量的同时，提高耕地质量，已经实施的高标准农田项目要划定为永久基本农田，不得擅自调整功能用途。落实生态修复责任，有序开展退耕地还林还草、严重污染耕地、无灌溉水源保障耕地、难以改造的低产田等纳入退耕还林还草实施方案。按照数量、质量、生态"三位一体"总要求，统筹开展田、水、路、林综合整治，达到生态和谐共生目标。

12.2.3 应对气候变化的土地生产力提升能力建设

1. 新疆土地资源现状

新疆土地面积大，全区总面积 166.49 万 km^2，但人口相对稀少。新疆社会经济活动集中的人工绿洲，面积只有 6.82 万 km^2，占全疆总面积的 3.65%，而集聚人口却占全疆人口的 95% 以上，绿洲内人口密度达 268 人 /km^2 以上，属于人稠地狭的地区。现有耕地 7682 万亩，人均耕地 3.45 亩，为全国平均水平的 2.6 倍；农林牧可直接利用土地面积 10 亿亩，占全国农林牧宜用土地面积的 1/10 以上；未利用地 15.32 亿亩，占土地总面积的 61.36%，整个西北地区可开发利用的未利用土地中新疆占了 80%，有后备耕地 2.23 亿亩，居全国首位，开发潜力最大。新疆土地光热资源丰富，全年日照 2500~3360h，是我国日照小时数最多的地区之一。水资源总量多，地表水年径流量 884 亿 m^3，地下水可采量 252 亿 m^3。总体上，水资源北多南少、西多东少，而土地资源的分布呈现出南多北少的特点，造成了水土资源的空间不均衡，使得新疆土地资源利用率低下。

新疆地处干旱区，绿洲被沙漠戈壁所包围，受气候变化的影响，干旱及水循环过程的加快，使得土地生产力受损，表现在土壤退化和植被退化。新疆沙漠化面积达到 80 万 km^2，占全疆土地总面积 47.7%；水土流失面积达到 97.34 万 km^2，占全国比例的 27.34%；绿洲内部出现了土壤盐渍化，面积在 100 万 km^2 以上，约占耕地面积的 37%。从植被退化角度，徐丽萍等（2014）的研究表明天山北坡 20 年间林地、草地向荒漠化转变明显；1998~2012 年，新疆植被覆盖度有下降趋势，其中山地变化趋势明显（邵霞霞和师庆东，2015）。总体来看，新疆土地资源存在总量较大、资源丰富和生态环境脆弱、土地生产力低等特点。

2. 气候变化对土地生产力提升产生的问题

随着全球气候变化带来的显著影响，应对气候变化已成为土地生产力能力提升建设的重要任务，亟待加大关注力度和相关研究。本节先对气候变化下极端事件发生、气候变化影响土地生产力途径进行梳理，在此基础上，提出气候变化影响下土地生产力增进对策。

1）极端气候事件制约了土地生产力的提升

干旱是影响土地生产力最为主要的极端气候事件。干旱主要与干燥（降水不足）、炎热（高温）等气候条件相关，在此类极端情况下，伴随有不稳定性的热浪，严重威胁和损害区域土地可利用水量和作物生长。此外，热浪，持续升高的温度最终影响土壤基质、地表植被群落稳定机制，造成土地退化的严重损失。如 2003 年发生在欧洲的极端干旱事件，导致总初级生产力下降30%（Ciais et al.，2005）。新疆特定的自然条件和脆弱的生态环境，加剧了洪涝、干旱等极端气候事件与水资源供需的矛盾，制约了区域内生态－经济－社会的发展。研究表明，1979~2014 年，由于极端降水事件，造成新疆土地生产力受灾面积以 2.27 万 hm²/10 a 幅度呈缓慢上升趋势（唐湘玲等，2017）；2001~2010 年，受极端干旱事件的影响，新疆草地植被净初级生产力（NPP）年均减少值为 0.225TgC/a（杨红飞，2013）。

2）气候变化加剧了水资源供给与生产之间的矛盾

鉴于灌溉系统的水源大多来源于上游冰川区积雪的融化（Grafton et al.，2013），冬季或早春温度的升高虽然可以增加植物生长季前后的水量，但却在生长季期间水量匮乏。同时，因冰雪融化而形成的径流峰值出现时间的转变，难以高效利用而降低了灌溉供水的可靠性。气候变化与变异将直接通过降水入渗补给和陆面蒸发影响到地下水（Taylor et al.，2013），并通过对地下水抽取量的增大间接影响地下水位，尤其是浅层无压水对气候变化更敏感。此外气候变暖对冰雪融化的促进将会增大春季河道径流量，而在夏季减少（Hagg et al.，2007），这将进一步增加土地生产力对地下水的需求。气候变化对区域作物需水量的影响具有异质性特征（Zhang and Cai，2013；Tao et al.，2003），全球气温上升将延长作物生育期，使北半球温带地区提前播种和延迟收获，这将增加作物的需水量，而在其他地区则缩短了作物生育期长度。气候变化也可能使得某物种不适宜在原区域生长，作物需水量的估算更为复杂，进而影响土地生产力的稳定性。

3）气候变化可能导致作物大幅减产

气候变化通过 CO_2 浓度、温度、降水、蒸散发和极端事件等影响植物量，并对物种、区域、经营方法等产生积极或消极的影响（Xiao et al.，1997；Tubiello et al.，2007）。以农作物为例，气候变化对小麦和玉米产量的影响大于水稻和大豆，根据发达和发展中国家的各种气候变化预测，到2050 年，灌溉小麦和玉米的产量将下降，其中发展中国家的灌溉小麦产量将下降 20%~28%。

3. 气候影响下土地生产力能力提升的对策与建议

气候变化使土地生产力可持续发展面临严峻问题和重大挑战。气候变化不仅影响温度、降水、辐射等气候要素，同时改变干旱、洪涝等极端气候事件发生的频度、强度和持续时间，进而对全疆范围内水资源状况（地表水、地下水、融雪、冰川）、灌溉用水、作物需水以及土壤基质产生影响，干扰土地生产力的稳定性。在干旱区，可采取以下措施应对气候变化。

1）完善排水系统，防治土壤盐渍化

以塔里木河流域为例，盐渍化耕地面积达1704.47万亩以上，占耕地面积的66.5%，土壤盐渍化是造成中低产田的主要原因之一。土壤盐渍化的发生，一是地下水位较高，排水系统不配套，排水沟深度达不到排水要求；二是土地平整达不到标准，大水漫灌，洪水期抢灌，日灌夜退，导致地下水位迅速上升。土壤盐渍化破坏了生态环境，植被减少，部分土地弃耕，作物产量降低，已成为流域灌区农业生产发展的重要制约因素。因此，在干旱区流域，完善排水系统，防治土壤盐渍化对提升土壤生产力至关重要。

2）加强水库调蓄能力、挖掘绿洲节水潜力

干旱区绿洲为纯灌溉农业，由于河流径流的天然来水年内变化较大，洪枯悬殊，年内分配极不均匀，如塔里木河流域春季（3~5月）水量仅占全年径流量的16%左右，而灌区同期农、林、牧业的需水量占全年需水量的28%，相差很大，为解决春旱缺水，应加强水库调蓄能力。新疆农业灌溉用水占总水量的95%以上，且南疆多采用大水漫灌，田间工程投入少，缺少现代化节水设施，田间水利用率低，农业节水潜力较大。全面开展滴灌、喷灌、低压管道灌溉等高效和常规节水技术，改善灌区灌溉条件，提高农业灌溉水有效利用系数，对提升该区的土地生产力具有重要促进作用。

3）提升土壤肥力，改善土壤质量，推动循环经济

土壤肥力是土地生产力的核心，土壤生产力是土壤肥力的综合反映。有机无机肥料配施有助于提高土地生产力并改变土壤环境，提高植物量。例如，我国的"沃土工程"是从土壤自然属性的角度，提升农业综合生产力的重要项目，通过秸秆还田、科学施肥等措施，改良土壤肥力，提高土壤对作物生长的贡献率，提升土地生产力，达到成本低廉，土地生产能力提升的最终目标。通过采取合理配置农、林、牧、渔业，物质养分在各生态系统中循环利用，有机废弃物作为肥料归还土壤，保持生态系统中土壤养分平衡等措施，实现土地生产力能力提升。

4）加大技术投入，维持生态平衡

影响土地生产力的人类活动措施主要分为三类：资源投入（耕地面积、用水量等）、人力投入、资料投入（化肥、机械、技术等）。通过分析三类因素在近20年变化特点，资源投入措施和人力投入措施逐渐被资料投入措施替代，尤其是高效的机械化措施对土地生产潜力提升的影响显著。开展生态建设，维护生态平衡，促进土地生产力的快速提升。扩大土地适度规模经营和集约利用程度。

5）因地制宜，多种措施并举

充分认识各区域土地生产力与生态环境的内在联系，开展因地制宜的区域管理。从土地生产力能力提升的内在机制和外在影响因素入手，布置土地生产力增进措施：多级投入持续培肥地力、多维用地提高土地资源利用率、培育和选用高光效植物类型和品种、控制危害，减少耗损、合理应用设施技术，改善生态环境，提高土地生产力。

12.3　气候变化影响下荒漠生态系统保育与稳定性维持

新疆荒漠面积约占全国荒漠总面积的 53%，其主要受到西风环流、北冰洋高纬气团及印度洋暖湿气流的影响，对全球气候变化的响应独特而复杂。新疆荒漠生态系统内植物是中亚区系与青藏、蒙古和古地中海的交汇区，对温度及水分的变化十分敏感。荒漠生态系统本身具有生态脆弱的天然禀赋，近年来，随着人类对水土资源利用程度的加剧，同时伴随着全球气候变化导致的荒漠生态系统外水量供给和系统内降水和温度格局的改变，荒漠生态系统生产力、生物多样性等对气候变化和人类活动的响应表现出更大的不确定性和复杂性，进而影响到荒漠生态系统的稳定性。因此，如何实现气候变化影响下的荒漠生态系统保育与稳定性维持则成为保障新疆生态安全面临的重要问题之一。为此，本章总结气候变化导致的降水不确定性及荒漠生态系统生态安全维持及荒漠保护区建设现状，并指出气候变化下可能产生的生态环境问题，从维持荒漠生态系统水热条件阈值、加强荒漠保护区建设及功能提升等角度，提出实现荒漠生态系统保育和稳定性维持的对策及建议。

12.3.1　降水变化的不确定性与荒漠生态系统稳定维持的生态阈值

1. 降水变化的不确定性

在全球气候变暖的背景下，极端气候事件发生概率不断增加，降水变化的不确定性增强。极端降水事件是极端气候变化的一个重要表现（江秀芳等，2012），其复杂性表现为空间上的区域差异和时间上的多尺度性（任朝霞和杨达源，2007）。极端降水事件具有随机性大、突发性强、损害性大的特点，但目前对其变化规律的认识还不足（杨金虎等，2008）。1995 年 IPCC 第二次评估报告中明确了对极端事件变化研究的重要意义，并回答了"气候是否变得更加极端了"这一难题（Karl，1996）。与此相关研究发现，随着全球变暖，地表蒸发加剧，全球和区域水循环加快，造成降水增多，而总降水量增大的区域，强降水和强降水事件可能以更大比例增加（MOSS，2000）。此后 IPCC 第二、第三次评估报告中用较大篇幅概括了极端温度和降水事件的研究成果。直到 IPCC（2007 年）第四次评估报告指出，到 21 世纪末，全球平均气温将上升大约 0.74℃，极端气候事件的变化和趋势受到极大关注（Alexander et al.，2007；Klein Tank and Konnen，2003；Williams et al.，2010）。Wang 等（2017）指出，与升温 1.5℃相比，升温 2℃会导致大多数地区极端气候和极端降水的显著增加。中国区域的极端降水变化态势与全球大致相同，其主要特点是区域性和局地性明显。在过去的几十年中，我国大范围降水增长趋势最明显的主要是西部地区，西北地区因降水日数明显增加而最具典型性，西北地区的气候由此也出现了由暖干向暖湿转变的现象，而新疆在整个西北地区最为突出。

2. 降水变化的不确定性引发的主要问题

新疆位于欧亚大陆中部，远离海洋，属于典型的干旱、半干旱气候区，生态脆弱，使其对气候变化反映十分敏感。20 世纪 80 年代，中国西北干旱区的气候发生了巨大的变化，由暖干型区域气候向温暖型、湿润型转变（施雅风等，2002），北疆湿润化趋势比南疆更加显著（李剑锋等，2011）。尤其是，新疆极端降水情况更加频繁，其中夏季极端降水量和频次增多，从而导致了年降水量的增加（杨莲梅，2003）。南疆塔里木河流域气温和降水在 20 世纪 70 年代之前呈下降趋势，而在 80 年代后有明显的上升趋势（Chen and Xu，2005）；北疆地区夏季极端降水及其最大降水量均增加，空间上呈现出山区多、盆地少的特点（周雅蔓等，2019）。相反地，新疆北部干旱严重程度衰减，持续时间缩短，但新疆南部和中部干旱有增加趋势。若在气候变化的持续影响下，新疆区域蒸发量也出现增加，以塔里木河为例，基于 COSMO-CLM 估算了塔里木河流域升温 1.5℃ 和 2℃ 时的实际蒸散发，在升温 1.5℃ 下实际蒸散发较 1986~2005 年增加 3.1%，而在升温 2℃ 下实际蒸散发的增加是由于区域净辐射量的增加和降水量增加的共同作用结果（Su et al.，2017）。总体，新疆气候呈现暖湿化的发展趋势，区域内部水循环过程明显加快，极端降水时间发生的频次及强度也呈现增长趋势。

目前降水不确定性带来的问题有：① 水资源方面，全球气候持续变暖使水循环发生了显著的变化，极端的持续升温使全疆的冰川大量消融，并处于变薄后退的过程；同时随着水循环过程的加快，水资源储量与水资源利用方式也发生明显改变；此外，新疆气候变暖也使多年冻土融化，释放出冻土储存的温室气体，进一步加速了气候变暖。② 自然灾害方面，新疆气候总体表现为湿润化，但由于新疆生态环境比较脆弱，下垫面渗透能力差，原有的防洪等工程设施建设不完善，气候变化和连续极端降水打乱了当地的水平衡，造成了旱涝、洪水、泥石流、山体滑坡等自然灾害。例如，2018 年哈密市发生特大暴雨事件引发洪水，国民经济和人民生命财产遭受重大损失。

3. 应对降水变化的不确定性对策及建议

1）加强水资源管理，保证水资源的可持续利用

新疆大部分地区处于干旱区，降水有限，仅通过大气降水解决水资源问题可能性较低，必须寻求其他途径，如采取各种类型的节水技术与水资源合理配置相结合，来提高水资源的利用效率。同时，应加强水资源管理，加快水利工程建设，在丰水期积极蓄水，枯水期合理利用，保证用水需求的有效供给，以水资源的可持续利用来支撑社会经济的可持续发展。

2）加大生态防洪工程建设，强化防洪管理

加强水库调蓄防洪的能力建设，预测分析在极端水文事件下可能发生洪涝灾害的区域和强度，构建完善的防洪物资储备管理及人员队伍的体系。同时，加强水土保持工程建设工作，不仅能够缓解水土流失，减轻各主要河流泥沙严重淤积，还可利用森林对降水的截流、保水蓄滞，降低河流洪水量，增加枯水量，缓解水资源供需矛盾，减少洪涝干旱灾害，提高雨洪资源利用率，将防洪与补源相结合，将资源利用于灾害防范之中，实现水资源的可持续开发利用。此外，加强城市防洪体系建设，尽快制定和完善相关防洪预案。建立完善的防洪应急体系，建设群众的避难场所、救援物资、设备的停放场所，保障电力、通信的系统安全运行以及群众的基本生活等。

3）建立极端性天气事件的应急体系，保证人民正常的生产生活

面对极端天气灾害的频繁发生，各级气象部应加强气候变化和气象灾害的预报，努力提高气象预报水平，以充分利用每年的热量资源，趋利避害，保证棉花及其他农作物生产的优质、稳产、高产、高效。同时，加强排水和净水基础设施的建设，这不仅可以增强对洪水的抵抗力，还可以预防过量降雨带来的水污染以及通过水污染带来的疾病。

4. 荒漠生态系统稳定维持的生态阈值

生态阈值概念是 20 世纪 70 年代提出的，目前对生态阈值的概念描述尚不统一。Friedel（1991）将阈值定义成两个不同的生态状态之间的时空边界。目前多采用定量和定性分析法来界定生态阈值的大小，其中最常用的是经验总结法和模型分析法。目前，已有诸多学者开展了森林、牧场、湿地等生态系统进行了相关的生态阈值研究。Lindenmayer 等（2005）研究表明，只有当森林的覆盖度维持在 30% 以上时，处于退化状态的森林才能进行自我恢复。马华（2014）认为福建长汀红壤丘陵区植被盖度 20% 为具有自然修复能力的临界值，植被盖度低于 20% 的退化林地最适合采用人工修复的方式，植被盖度高于 20% 的退化林地具备采用自然修复方式的条件。Hoffmann 等（2012）对热带草原预防火灾阈值研究发现，当单株树木的树皮的厚度为 5.9 mm 时，达到耐火阈值，当生态系统树冠覆盖度达到 40% 时可以抑制火灾的发生，达到灭火阈值。余鸣（2006）建立防治蝗虫的生态阈值模型，并增加干旱因子对模型进行完善，依据白音锡勒牧场的气候状况，计算出在干旱因子为 0.5 时，确保牧场可持续利用的蝗虫的阈值为 30 头 /m^2。王摆等（2014）用高斯模型求解出大凌河口湿地翅碱蓬随土壤水盐变化的生态阈值，翅碱蓬的土壤盐分含量阈值为 12.14 g/kg，翅碱蓬的土壤含水率阈值为 59.82%。综合以上可以看出，生态阈值的确定可为维系生态系统安全、促进退化生态系统的自我修复、防止自然灾害、保障资源的可持续利用等提供直接的参考指标。

综合当前新疆干旱区典型荒漠植被群落（以胡杨为建群种的荒漠河岸林、梭梭群落和白梭梭群落）的生态阈值研究现状可以看出，目前关于荒漠生态系统环境阈值存在问题主要集中在个体对环境因子的适应与限制上，而关于群落与生态系统的生态阈值研究较少。以胡杨为建群种的荒漠河岸林广泛分布于环塔里木盆地的内陆河沿岸地带，是维系南疆绿洲生态安全的最重要天然生态屏障。地下水是维系荒漠河岸林植物蒸腾的主要水分来源，适宜的地下水埋深是维持其物种正常生长的主要生态阈值。利用地下水埋深与胡杨生理生长等进行分析发现天然胡杨正常生长的地下水位埋深应该在 4.5 m 左右（马建新等，2010），而幼林、近熟林、成熟林和过熟林的胁迫地下水埋深分别在 4.0 m、5~5.4 m、6.9 m 和 7.8 m。在群落物种多样性对地下水位梯度的生态响应中，地下水位与物种多样性有着密切的关系。当地下水埋深小于 4 m 时胡杨群落结构相似与共有种较多，优势种长势良好，是优势种群生存的适宜生态水位；当地下水埋深大于 4 m 时，群落物种多样性与伴生种减少，物种变化速率增大；地下水埋深在 6 m 左右时，植被出现退化，生物多样性迅速减少；地下水埋深在 8 m 以下时，胡杨因无法满足蒸腾耗水而濒临枯死；因此荒漠河岸林植被恢复合理的地下水埋深应该维持在 4~6 m（图 12-7）。

图 12-7　不同地下水埋深下的胡杨长势

　　漫溢是影响荒漠河岸林植被生长和群落结构的重要水文过程，适度的漫溢可保证退化的荒漠河岸林的正向演替。在塔里木河流域河道两侧修建有大量的生态闸、引水渠及堤防等生态水利工程，如何发挥其生态效用是促进荒漠河岸林生态系统保护及修复的关键。一般地，在荒漠河岸林植被修复的初期，为提高植物群落的稳定性（以乔灌木为建群种）和多样性，两次漫溢间的时间间隔的最大阈值为 3 年。通过对漫溢实验区植被样方连续监测（图 12-8），在胡杨种子萌发期，当漫溢河水的 NaCl 浓度超过 0.5mol/L，胡杨种子萌发率下降到 3%，种子萌发严重受限。在无漫溢和长期浸泡条件下，表层土壤总盐含量均超过胡杨种子萌发的 18.25 g·kg 这一限制条件值；通过每年漫溢 1~2 次后，每次 10~15d，表层土壤总盐含量显著降低，有效保障了胡杨种子萌发。

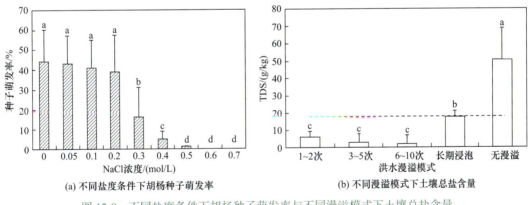

(a) 不同盐度条件下胡杨种子萌发率　　　　(b) 不同漫溢模式下土壤总盐含量

图 12-8　不同盐度条件下胡杨种子萌发率与不同漫溢模式下土壤总盐含量

　　梭梭和白梭梭群落是准噶尔盆地周边重要的植被群落，是天山北麓绿洲等与古尔班通古特沙漠重要的缓冲区，是维持北疆绿洲生态安全的重要屏障。梭梭地理分布的主导因子包括年降水量、最湿季节降水量、年均气温和最干季节平均气温，其主导因子的阈值分别是：年均降水量为 15.0~114.5 mm，最湿季节降水量为 8.0~59.5 mm，年均气温 −12.7~29.2℃，最干季节平均气温 −33.3~35.9℃。并且当一个地区的降水量超过 180 mm 时，不适合梭梭的引种种植（付贵全等，2016）。梭梭在不同含水率的沙地中水分利用效率不同，当沙地含水率为 2.25 % 和 2.63% 时，梭梭的水分利用效率较高，而当沙地含水率为 1.65% 时，水分利用效率最低（吴琦和张希明，2005）。梭梭和白梭梭适宜生长的土壤含水量下限分别为 2.50% 和 3.00%（Jin et al.，2013）在植物与水盐的关系中，盐胁迫影响程度与灌水矿化度存在阈值关系，并且不同矿化度咸水灌溉对植物有显著影响。当灌溉水矿化度在 20 g/L 以上时，梭梭可以正常生长但不能结实；乔木沙拐枣和多枝柽柳的存活阈值为 15~20 g/L，抗盐阈值分别在 15 g/L 和 20 g/L 左右（李丙文等，2011）。

5. 维持荒漠环境稳定相关生态阈值对策及建议

1）完善管理机制

新疆水生态环境建设与管理已取得初步成效，但仍任重道远。水生态保护必须从多个层面建立和完善配套的运行管理机制，政府应该完善灌区农民用水管理机制，提升人民农业节水、自主管理意识；加大投入农田基础设施建设，稳定发展节水农业；建立合理水价形成和管理制度，促进节约用水；建立节水技术管理机制，通过水利现代化，节水新技术构建节水型社会；建立完善水权制度，采用"定量法"明晰生态用水权，确保从河道扣除一定数量水量，满足生态水要求（周和平等，2008）。

2）建立保障机制

根据流域或区域生态环境状况和生态用水需求，确定生态用水比例，维持河流的合理流量和湖泊、地下水的适宜水位，保护生态环境；在生态环境脆弱和已经出现河道断流、湖泊萎缩等生态问题的流域或区域，应当调整产业结构，从严控制灌溉用水，增加生态用水，禁止开荒；流域水利工程建设要兼顾上、中、下游用水，坚决遏制和杜绝河流断流，确保流域生态水量。

3）加强生态阈值在生态系统管理和"生态红线"划定中的预警作用

研究生态阈值旨在服务于生态系统管理与政府决策。在荒漠生态系统管理中，可以利用生态阈值对荒漠环境稳定发展的各阶段进行评估，以提高管理和决策行为的可预测性。现有的阈值研究，大多针对生态退化阈值，而对于生态系统管理而言，更多关注预防阈值。新疆作为生态环境敏感区和脆弱区，国家针对其各类功能区制定相应的环境政策，划定"生态红线"，保障区域生态安全，提高生态系统服务功能。生态阈值可作为生态红线划定的数据基础和科学依据，是生态系统从量变到质变的关键点。在实施层面上，也可以通过适当降低生态红线等级，以黄色和橙色阈值作为生态红线的补充，划分不同等级的生态阈值供管理者参考，便于经济发展和生态环境保护的协调（唐海萍等，2015）。

12.3.2 荒漠保护区建设与功能提升

1. 新疆荒漠保护区建设现状

荒漠本身具有极度干旱、生态脆弱的自然禀赋，荒漠保护区的建设旨在保护以荒漠生物（主要是重点保护动植物）和非生物环境所构成的自然生态系统。荒漠保护区被认知、划分和建立较晚的自然保护区类型，也是保护和发展难度最大的一种自然保护区。

由已完成的 394 个国家级自然保护区保护成效评估结果表明，我国东部自然保护区的管理水平较高，而西部自然保护区的管理水平相对较低。自然保护区建立时间越长，管理成效越好，但是我国西北部干旱区大部分保护区都属于第二三阶段的保护区（其中第二阶段是 1979~1995，第三阶段是 1995 至今），管理上落后于第一阶段建立的自然保护区。《中国自然保护区发展规划纲要（1996—2010 年）》中，将全国分为了东北山地平原区、蒙新高原区、华北平原黄土高原区、青藏高原区、西南高山峡谷区等 9 个自然保护分区，但是唯独缺少极度干旱荒漠区（张秀霞，2018）。然而，极度干旱区是陆地生态系统中最为脆弱的组成之一（Nicholson，2001），气候异常变化和人类的干扰导致其荒漠生态环境表现出少有的脆弱性和变异性，是生态环境最为脆弱的区域之一（陈曦等，2015）。相较于其他区域，这里的自然保护区生态系统敏感性较强，稳定性较差，保护区的景观及生态环境更容易受到人类活动和气候变化等的影响。

新疆荒漠及荒漠化土地面积约 107 万 km²，约占新疆总面积的 65%，新疆 87 个县市中的 80 个均有分布（白蓉，2017）。各气候类型区荒漠化类型齐全，植被以旱生和盐生的灌木、半灌木、春季短命植物、类地衣等为主。按照植被类型可将新疆荒漠划分梭梭荒漠、膜果麻黄荒漠、泡泡刺荒漠、红砂荒漠、驼绒藜荒漠、稀疏柽柳荒漠及垫状驼绒藜高寒荒漠等，而按照地理位置、气候特征、植被分布等，可将新疆荒漠划分为准噶尔盆地西部荒漠区、准噶尔盆地中部低地荒漠区、准噶尔盆地东部荒漠与荒漠戈壁区、天山东段灌木半灌木荒漠区、天山西段北麓荒漠草原区、吐鲁番－哈密盆地及周边荒漠与盆地绿洲区、塔里木盆地低地荒漠区及西昆仑山地低地荒漠区共 9 个（表 12-3 和图 12-7）。目前，新疆建有 29 个自然保护区，其中国家级 15 个，自治区级 14 个，包含新疆卡拉麦里山有蹄类自然保护区、新疆奇台荒漠类草原自然保护区、甘家湖梭梭林自然保护区、艾比湖湿地国家级自然保护区、新疆塔里木胡杨自然保护区、阿尔金山国家级自然保护区及罗布泊野骆驼国家级自然保护区共 7 个国家级与 1 个自治区级荒漠类保护区（表 12-3 和图 12-9）。已建荒漠类保护区主要集中在准噶尔盆地东部荒漠与荒漠戈壁区、天山西段北麓荒漠草原区及塔里木盆地低地荒漠区，由此可见新疆大面积范围的荒漠保护空缺。

2. 新疆荒漠保护区建设对生态功能的影响

荒漠保护区气候的微小变化往往能引起生态系统的影响，气候变化后物种之间的相互作用会发生改变，从而破坏物种与环境之间的适应性平衡，从而影响了保护区内的生态系统的生态功能，从而产生新的生态结构，生物物种组成及一些优势物种都将发生改变。气候的变化也会造成物候期的改变，随着气候变化的加剧，荒漠生态系统的脆弱性增加，对物种的生存产生了影响（徐靓，2012）。在荒漠保护区气候变化造成的影响会使一些物种在预期上变得更为广布，并挤占其他物种的区域，对于生境比较专一的脆弱物种会因为生境的不断丧失而在数量上不断地减少。气候变化导致那些没有能力应变的物种只能在自我固守的区域在数量上越来越少，逐渐恶化。因此要着重确定优先保护的野生动植物，弄清楚在人类活动和气候变化的影响下潜在受到威胁的物种，对敏感动植物

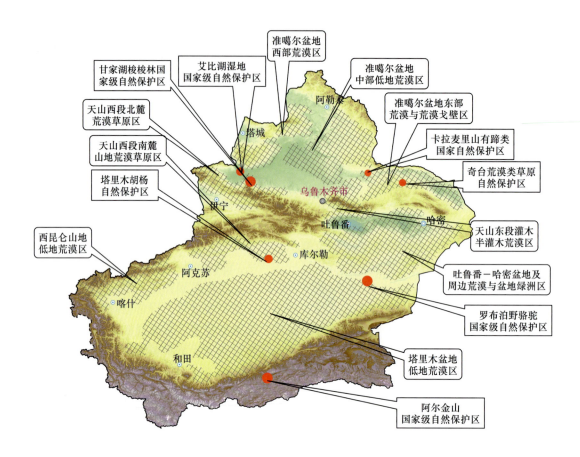

图 12-9 新疆荒漠区及荒漠保护区分布图

表 12-3 新疆荒漠保护区建设现状（郭子良，2016）

序号	荒漠区	分布范围	荒漠生态系统类型	荒漠保护区
1	准噶尔盆地西部荒漠区	位于准噶尔盆地西部，西起中哈边境，东部延伸到准噶尔盆地，南邻艾比湖，北至额尔齐斯河，面积约 6.74 万 km²	针茅草原、猪毛盐生草甸、高枝假木贼荒漠和驼绒藜荒漠等	无
2	准噶尔盆地中部低地荒漠区	西起巴尔鲁克山的克拉玛依勒山，东至北塔山，南依天山山脉，北到阿尔泰山，面积约 19.63 万 km²	红皮沙拐枣荒漠、白杆沙拐枣荒漠、新疆针茅荒漠草原、白茎绢蒿荒漠、盐生假木贼荒漠和白梭梭荒漠等	无
3	准噶尔盆地东部荒漠与荒漠戈壁区	西邻古尔班通古特沙漠，东至北山，东天山以北至中蒙边境，面积约 9.36 万 km²	白杆沙拐枣荒漠、盐生假木贼荒漠、猪毛菜荒漠和白梭梭荒漠等	新疆卡拉麦里山有蹄类国家自然保护区、新疆奇台荒漠类草地自然保护区
4	天山东段灌木半灌木荒漠区	西到乌鲁木齐，东至北山，北侧为准噶尔盆地，南侧为吐鲁番盆地和哈顺戈壁，面积约 3.77 万 km²	镰芒针茅荒漠草原、针茅矮半灌木荒漠草原和伊犁绢蒿荒漠等	无
5	天山西段北麓荒漠草原区	西起中哈边境，向东延伸到天山腹地，北侧为准噶尔盆地，南到那拉提山和额尔宾山，面积约 7.53 万 km²	博乐绢蒿荒漠、白梭梭荒漠等	甘家湖梭梭林国家级自然保护区、艾比湖湿地国家级自然保护区

序号	荒漠区	分布范围	荒漠生态系统类型	荒漠保护区
6	天山西段南麓山地荒漠草原区	西起托木尔峰，东至库鲁克塔格，塔里木盆地以北，面积约 14.63 万 km²	针茅矮半灌木荒漠草原、中亚细柄茅荒漠草原、圆叶盐爪爪荒漠和刺旋花矮禾草荒漠等植被	无
7	吐鲁番—哈密盆地及周边荒漠与盆地绿洲区	西起天山，东至东北山，北邻东天山，南到罗布泊，面积约 14.48 万 km²	戈壁黎荒漠、紫黄木灌木亚菊、沙生针茅荒漠和多枝柽柳荒漠等	无
8	塔里木盆地低地荒漠区	西起喀什地区，东至罗布泊，天山以南，昆仑山以北，面积约 62.01 万 km²	胡杨林、灰杨林、尖果沙枣林、柽柳、盐生草、猪毛菜等	新疆塔里木河胡杨自然保护区、阿尔金山国家级自然保护区、罗布泊野骆驼国家级自然保护区
9	西昆仑山地低地荒漠区	西起帕米尔高原，东北至塔里木盆地，喀喇昆仑山以北，面积约 7.41 万 km²	高山绢蒿荒漠、昆仑蒿荒漠、昆仑针茅高山绢蒿荒漠草原、镰芒针茅荒漠草原、穗状寒生羊茅荒漠草原和黄花红砂荒漠	无

物种的影响，包括物种的生殖潜力、对环境因素影响的耐受力以及物种历年的分布变化等，找出对气候变化最敏感或最早能做出反应的物种作为优先保护的物种，编制对气候变化敏感的动植物物种相应的清单并确立好敏感的植物多样性关键区，对敏感的动植物和多样性关键区等优先进行规划（黎磊和陈家宽，2014）。在荒漠保护区内人类的矿产开发活动不仅霸占和破坏水源地，荒漠植被遭到砍伐，还有保护区的道路对于野生动物的干扰等等都对生态功能造成了影响。所以要在研究气候变化和人类活动对荒漠保护区影响的基础上寻找出相应的对策。

新疆荒漠保护区现状不容乐观，保护区出现了不同程度的破坏。新疆卡拉麦里山有蹄类野生动物自然保护区是近年来受到广泛关注的案例，从 2005 年开始，保护区先后进行过 6 次调减，用于煤炭等矿产资源开发，面积也由最初的 1.8 万 km² 缩减至第六次的 1.28 万 km²。同时，卡拉麦里山有蹄类野生动物自然保护区内存在大量的违规开矿行为，当前虽都已暂时停产退出，但已对保护区内生境条件造成了极大破坏，据统计适应性生境退化面积已占到保护区总面积的 7.2%（王虎贤和任璇，2015）。罗布泊野骆驼国家级自然保护区也存在大量的违法违规开矿，直至 2018 年新疆环保督察组进驻地方后才逐渐退出。新疆奇台荒漠类草地自然保护区存在有环境污染的近况、砂石料厂等，存在环境污染及植被面积减少等生态环境问题。艾比湖湿地国家级自然保护区则由于精河来水量的锐减出现严重的生态退化，在 2000 年之后的近十年里，重度以上荒漠化面积增加了近 60 km²，荒漠化程度加剧，湿地面积减少，甚至出现了独特盐尘暴（樊亚辉，2011）。在新疆甘家湖梭梭林国家级自然保护区成立之前，由于滥垦、滥伐、滥牧等人类活动的干扰，区内原始梭梭林也出现不同程度退化，在保护区成立后，生态破坏也时有发生。

3. 气候变化背景下的新疆荒漠保护区建设及功能提升的对策

1）加快荒漠保护区建设

目前，新疆大部分荒漠区未建有保护区，已建成保护区难以发挥其功能提升的功效。新疆荒漠分布广泛，且其生态稳定对区域经济社会环境的协调发展具有重要意义，应注重荒漠保护区的建设，加强部分生态环境极端脆弱区的保护工作。具体地，准噶尔盆地西部荒漠区为新疆山地草原草甸的集中分布地区，应加强针茅草原、驼绒藜等荒漠植被的保护，在此区域内的萨吾尔山等可设立荒漠保护区；准噶尔盆地中部低地荒漠区多荒漠植被，有古尔班通古特沙漠横亘其中，南北两侧多绿洲，应加强对银白杨林、红皮沙拐枣荒漠、白杆沙拐枣荒漠、新疆针茅荒漠草原、白茎绢蒿荒漠、盐生假木贼荒漠和白梭梭荒漠等植被，以及湿地的保护；天山西段北麓荒漠草原区与针叶林区处于天山腹地，地形复杂，山地、平原交错，植被类型多样，应加强对早熟禾羽衣草草甸和博乐绢蒿荒漠等植被、山地低海拔草原草甸，以及珍稀特有野生动植物的保护；吐鲁番－哈密盆地及周边荒漠与盆地绿洲区处于天山东南部，以荒漠植被为主，兼有焉耆、吐鲁番和哈密盆地，形成典型的绿洲生态系统，但人口密度大，生态压力大，应加强对花花柴、盐生草甸、天山猪毛菜灌丛、戈壁藜荒漠和多枝柽柳荒漠等植被，以及其绿洲湿地的保护；塔里木盆地低地荒漠区处于干旱内陆核心地区，应加强对胡杨林、灰杨林等植被的保护；西昆仑山地低地荒漠与高山植被区，应加强对雪岭云杉林、高山绢蒿荒漠、昆仑蒿荒漠、昆仑针茅高山绢蒿荒漠草原、镰芒针茅荒漠草原、穗状寒生羊茅荒漠草原和黄花红砂荒漠等植被的保护，建议选择区内特有高原湿地生态系统为主要保护设立保护区（图 12-10）。

新疆气候变化科学评估报告

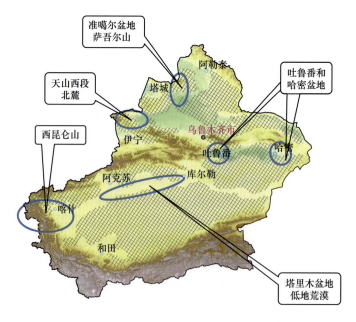

图 12-10　新设立荒漠保护区分布图

2）完善生态监测体系，科学评价气候变化下的荒漠保护区生境条件变化

当前，新疆荒漠生态环境监测尚未形成完善的网络体系，在管理及技术等方面存在许多亟待解决的关键难题：①荒漠保护区面积大，往往跨越多个行政区划单元，而荒漠生态涉及气象、林业、环保及农业等多个单位，监测内容过于分散，缺乏综合协调和必要的沟通；②荒漠区自然环境恶劣，专业技术人员缺失，人员科学水平落后，生态监测连续性和科学性难以保证；③监测站点少、技术落后，缺少大范围、多尺度的荒漠生态环境联网监测；④监测体系不完善，评价指标过于单一。因此，目前迫切需要整合监测资源、规范监测机构和统一监测体系与方法，实施综合、有效、实用、快速的生态监测。根据新疆荒漠保护区生态监测现状及发展需求，首先要开展气候变化对荒漠生态系统影响的长期监测，通过建立综合的荒漠生态环境监测管理体制，将生态监测纳入荒漠保护区建设的体系之中，明确各部门职责和任务，建立统一的综合监测管理整合平台，用来维持生态系统的功能和结构的完整性，只有良好的生态系统才可以减缓气候变化带来的不利影响，而健康的物种种群能增强对气候变化的适应能力。其次加强生态监测队伍建设，注重专业人才的培养，加强与科研机构的联合与沟通，增强生态环境监测体系的连续性、系统性和科学性；然后提升技术、科学布局，在原有的监测体系基础之上，科学布局荒漠生态环境监测网络，布设宏观监测样点和定位观测站点，完善监测内容、频次，及时提供动态监测数据和监测报告。同时，应立足于荒漠保护区建设初衷，长期监测和评价气候变化对植物多样性的影响，建立与气候变化对野生动植物及其生境影响的相关数据库（杨海龙，2011），积极有效地评估其保护对象及生境条件的变化特点，积极采取生态保护及恢复措施。

3）加强已有保护区建设及功能提升

对已建成的荒漠保护区，加强其保护工作的开展。新疆荒漠类保护区存在荒漠保护区作为荒漠生态系统的重要组成部分，应注重保护区与周边生态廊道的建设，避免耕地开垦、城镇建设等土地开发利用行为阻碍生物迁徙及对缓冲带的破坏。同时，对保护区内因采矿等行为造成的生态破坏积极采取恢复措施，在进行生态恢复时，应参照原始生境设置相应的措施及目标。尤其是在当前气候变化的环境下，依靠降水增多等的有利条件，尽量避免人为过度的干预，以防产生荒漠化加剧、物种入侵等次生破坏，因此，针对气候变化引起保护区植物多样性发生变化，植物多样性适应对策：①依法强化保护区管理，使自然植被植物群落停止破坏，逐渐恢复原有面积和植被盖度；②对保护区境内生长的濒危珍稀植物种建立保护小区，加以保护和管理，用人工抚育等方法扩大种群数量，使其自然群落得以恢复；③扩大人工防风固沙灌木营造规模，遏制区内草原沙化的趋势，有效地提升保护区的服务功能。此外，如甘家湖梭梭林国家级自然保护区、艾比湖湿地国家级自然保护区及塔里木胡杨林国家级自然保护区其水量来源与外界水系保持着密切的水力联系，应强化保护区水源和湿地的保护与管理，协调好区域生态系统与外界联系，禁止大量开采地下水，保障保护区内正常的地下水位和用水需求，但同时也应注意气候变化下的水文节律变化，不应过度苛求一时的水量保障。

12.4 基于气候变化应对的维系干旱区生态安全的政策保障

在干旱区，从高山冰川、森林草原到平原绿洲和戈壁荒漠构成了一个复合生态系统，气候影响下的水资源波动加剧，驱动着该生态系统过程和格局的变化，决定了干旱区的生态安全。干旱区降水稀少，生态环境比较脆弱，轻微的水文过程干扰将会产生严重的生态后果。如气候升温导致的气象水文干旱减缓了植被的生长发育，植被又是土地荒漠化和水土流失的主要调控者；生态水亏缺和生态地下水问题将导致土壤干化、植被衰败，发生土地荒漠化。此外，影响荒漠植物生长的主要因素是土壤盐分和水分，两者都与气候变化密切相关。在地下水位较高的荒漠植被区，地下水和土壤水中的盐分由于受强蒸发作用聚集在土壤表层，严重的盐渍化也不利于植物的生长，危及区域的整体生态安全。在气候变化背景下，以维系干旱区生态安全为目标，围绕气候变化及其衍生的水问题，开展了大量的科学研究，提出了许多的应对政策和策略，但针对性和成效如何仍待评估。

12.4.1 现有政策实施成效的科学评估

1. 气候变化对生态安全带来影响

新疆地区气候暖湿化已成为不争的事实，山区降雨/降雪比例改变，冰雪融化速度加快，深刻影响了内陆河绿洲内部来水 – 降水 – 蒸发的水循环过程（王守荣等，2003）。气候变化将加剧西北干旱区水文循环和水资源分配的时空不均性，灌溉用水不足的风险也可能进一步加大（Abdulla et al.，2009）。如塔里木河流域降水与冰雪融水增加促使塔里木河流域径流量在近 60 年显著增加（Zhang et al.，2010），但由于气候波动导致塔里木河流域在 2006~2009 年整体遭遇大旱，干流来水不足多年平均来水的 40%。又如在塔里木河干流绿洲内部气温显著增加，加剧了绿洲内部的气象干旱，但同时由于 2010~2019 年径流来水增加，反而使土壤干旱程度明显下降。因此，气候变化对山区及绿洲的水循环过程产生重要影响，加大了干旱区水文波动和水资源的不确定性（陈亚宁，2014）。

气候变化对植被生长及群落结构的影响是多方面的，但对这种变化并没有较为统一的认知。气候变化改变了植被生境条件，干旱区气候变暖、降水增加促使植被生长状况短期内得到一定改善（Jiapaer et al.，2015），但持续升温也将导致土壤水分蒸发，加剧了土壤干旱化，对植被生长产生负面影响（李晓兵等，2002）。气候变暖改变了植物的生长节律和物候期，使得植物的开花期提前、生长期延长（Menzel，2000）；同时也导致了植物多样性和物种组成发生改变（Heydari et al.，2019）。气候变暖带来了干旱事件频发，树木因水分限制死亡，导致植被生产力下降（Glade et al.，2016）。高温也增加了病虫害的发生率，危害植被生长（Powell et al.，2002）。

2. 气候变化应对的政策保障

为应对气候变化，2011~2018 年，中国政府发布《中国应对气候变化的政策与行动》的白皮书，在应对气候变化方面采取了一系列措施。在水资源方面，气候变化加剧了干旱区水文循环和水资源分配时空不均性，进一步加大了干旱区灌溉用水不足的风险（Abdulla et al.，2009）；对此，2013年水利部编制完成了《全国抗旱规划实施方案》，加快了重大骨干水源工程和重点旱区抗旱应急工程建设；针对农业耗水较多，国务院印发了《国家农业节水纲要（2012—2020年）》，农业部印发了《农业部关于推进节水农业发展的意见》，要求加大水利建设来应对气候变化引起的干旱化、荒漠化等问题。2016年，国务院常务会议通过《"十三五"生态环境保护规划》，水利部出台《关于加快推进水生态文明建设工作的意见》，启动了105个全国水生态文明城市试点建设。在应对植被遭受破坏的问题，国家林业局修订印发《全国造林绿化规划纲要（2016—2020年）》《全民义务植树尽责形式管理办法（试行）》《旱区造林绿化技术模式选编》，颁布《造林技术规程（GB/T 15776-2016）》《旱区造林绿化技术指南》《关于保护森林发展林业若干问题的决定》和《全国森林经营规划（2016—2050年）》等一系列林区管理政策来大力恢复天然植被、加快营造人工林。

新疆维吾尔自治区人民政府在水资源管理、天然植被保护及恢复等方面也出台了一系列政策措施。如在塔里木河流域，为解决下游断流、河道两侧植被退化等生态问题而实施的塔河流域近期综合治理规划、塔里木河流域水量统一管理等举措，同时采用富有成效的水资源配置、生态水调度等措施。应对沙尘暴问题，提出了《新疆维吾尔自治区防沙治沙若干规定》，执行植树造林工程等。为保护草地退化提出草原生态保护补助奖励机制，进行封山育林、禁止放牧等规定。积极开展了退耕还林、风沙源治理、重点防护林体系建设、天然林资源保护等林业重点工程。

3. 应对政策及相关科学评估存在的问题

新疆地处干旱与半干旱区域，易受气候变化与人类干扰的影响，是气候变化最为脆弱和敏感的区域。气候变化对其生态环境的影响是多方面的，在应对气候变化的政策及评估存在以下问题：

1）应对气候变化的政策和措施的针对性不强

气候变化改变了植被生境条件，降水增加促使植被生长状况在短期内得到一定改善（Jiapaer et al.，2015）。此外，气候变暖导致干旱事件频发，植被生产力下降（Glade et al.，2016）。降水的增加可以增加土壤湿度，提高地表覆盖，进而抑制沙尘暴的发生（李耀辉，2004）。气温对沙尘暴的影响比较复杂，一方面升温导致土壤水分因蒸发而降低，造成地表干燥；另一方面不稳定的大气环流是形成沙尘暴的必要热力条件（周自江等，2006）。干旱区内陆河作为气候变化的指示器，气候变化对其影响因地区而异。博斯腾湖近年来因暖湿化影响，水位呈上升趋势（王润等，2003）；艾比湖在1956~2006年出现快速萎缩甚至趋于消亡，由此造成了严重的生态危机，威胁着区域资源环境和社会的可持续发展（高明，2011）。在干旱区，针对气候变化引起的树木死亡、植被退化等问题，新疆提出封山育林、退耕还草、禁止放牧等补偿措施；针对沙尘暴、干旱化、盐渍化等问题，实施植树造林、生物改良等工程。但是对于出现的不同生态问题，采取的政策措施不够明确。

2）缺乏对政策措施实施成效的系统评估

在干旱区，存在多个政策措施并施的现象，但是大多数评估只是从单一视角分析措施的成效。如在新疆塔里木河流域，由于加强了统一管理增加了源流的下泄水量，改善了植被退化等问题，在一定程度上也减轻了气候变化对水文过程波动的影响（Zhang et al., 2010）。但是存在的主要问题是，政策实施后的效益评估仅注重植被变化，未从生态要素的多方面综合考虑。

3）评估气候暖湿化对生态环境的影响应考虑人为干扰

近年来新疆气候暖湿化有利于干旱区植被生长。如阿勒泰地区，作为新疆重要的荒漠草地分布区，受气候变化的影响，2000~2016 年近 94% 的草地呈土壤湿润化，荒漠草原大部分地区草地生物量呈一定的增加趋势。针对阿勒泰地区土壤干旱区的区域，采取了围栏封育、禁牧等措施，导致该区域植被生产力呈增加趋势，这表明人为干预对植被恢复具有积极的促进作用，抵消了因气候变化带来的土壤干旱化的不利影响（Zhang et al., 2019b）。因此，在评估政策效益的同时，应区分开人为干扰和气候变化的效益。

4）政策措施缺乏法律保障，实施与监督面临挑战

政策目标的可度量性差将导致政策实施进展无法评估和监督，对具体方案和技术措施的描述多是原则性的，无法评估这些方案和措施的实施方式、规模等是否支持政策目标的实现（彭斯震等，2015）。法律因其具有确认、保护、协调和预设的功能，在干旱区生态安全保障中起着至关重要的作用。适应政策通常没有明确规定各项任务的责任主体，这将降低政策的约束效力，不利于对政策实施进行监督和考核。同时，很多适应政策中虽然提及监管、督促、监督、考核等内容，但是没有规定具体的工作机制，也没有制定配套的实施细则，因此仍然无法落实。

12.4.2　基于气候变化事实的政策改进与完善的咨询建议

1. 缓解草场压力，保障山区草地生态安全

在干旱区半干旱区，草地不仅是草原畜牧业发展的重要物质支撑和牧区牧民赖以生存的基本生产资料，也是保护自然生态系统的重要屏障。气候变化下，气温的升高增加了草原的干旱和植被的蒸散发，制约了植被的生长。因此，长期的水热胁迫综合作用加剧了草地退化（Han et al., 2018）。加之人类通过放牧、开垦农田等破坏了山区草场（毛继荣，2013）。草场退化导致物种数减少、多个草场植被生产力下降、草地生态系统脆弱性增加等生态问题，威胁了山区草地生态系统的生态安全。在修复草场退化过程中，提出退耕还草、禁止放牧以及草原补偿机制等措施来恢复草场植被生产力，维系草地生态系统的安全。

2. 加强气候变化下的水资源管理，保障绿洲生态安全

水是制约绿洲存在和发展的最为重要的环境因子。由于气候变化影响，干旱区水文波动和水资源的不确定性加大，因此需要通过加强水资源管理来维系绿洲生态安全，定期评估水资源的使用情况以及承载力，保障生态用水量。从传统的综合管理转向基于脆

弱生态系统的流域综合管理，对生态保护立法，厘清开发、利用、保护以及管理之间的关系，根据流域的特点从水资源开发、利用、保护和管理等多方面考虑综合立法。加强对水资源的管理，对气象情况进行全方位了解，避免因气象灾害导致来水丰枯变化而影响水资源管理（刘孝萍，2018）。干旱区水资源波动性加大，加之人类强烈的水土资源开发活动，水盐运移表现出更多的变异性和不确定性。因此，在绿洲盐碱地改良中，需要长期的、完整的研究与监测数据资料才能获得系统的结论（王海江，2014）。此外，在气候变化敏感地区，应避免大面积营造人工林，有效提高天然植被适应气候变化的能力。

3. 加强生态保护，促进荒漠区综合防护体系建设

荒漠区自然保护区生态系统敏感性强、稳定性差，新疆荒漠分布范围广但保护力度不足。因此，为保护生物多样性，应建立荒漠区生物保护区，完善现有保护区的管理和修复措施，提高保护区的植被复原能力（Mawdsley et al.，2009）。增强景观内物种的迁移扩散交流能力，维持生态系统的完整性和连续性。加强生物多样性应对气候变化的基础研究，包括气候变化对不同生态系统和不同类型物种的风险评估和响应研究（何霄嘉等，2012）。保护和修复河流生态廊道，改善连通性，减少物种入侵；建立动态监测、分析预测和决策支持的体系，特别是对敏感种和关键种以及重要的生态系统服务功能进行监测，以便及时发现问题并采取保护措施。对生态脆弱区居民进行集体教育，宣传生态保护的重要性以及必要性，防止气候变化与人为干扰的双重破坏。

4. 加强基础研究和技术研发，增强干旱区适应气候变化的能力

构建包括气候变化的影响—脆弱性—风险—适应能力各环节的基础研究体系，加强各环节之间的联系，将适应政策的制定建立在充分科学依据的基础上，增强适应政策的针对性和可实施性。研发和推广符合干旱区应对气候变化的技术，构建适应技术集成体系，为落实适应政策提供广泛的途径和空间。加强社会经济领域适应政策与行动的研究，提高适应气候变化对产业和能源等非传统适应领域造成不利影响的能力。提高农业、林业、水资源等重点领域和生态脆弱地区适应气候变化的能力。加强对极端气候事件的监测、预警和预防，提高防御和减轻自然灾害的能力。成立跨部门的适应气候变化工作机制，增强组织机构保证的能力。加大对适应气候变化知识的普及与理念的推广，注重适应气候变化人才的培养。

参考文献

白蓉 . 2017. 我国新疆地区荒漠化现状、成因及对策的研究 . 中国林业经济，2：81.

白元，徐海量，凌红波，等 . 2014. 塔里木河干流区天然植被的空间分布及生态需水 . 中国沙漠，34（5）：1410-1416.

陈昌毓 . 1995. 河西走廊实际水资源及其确定的适宜绿洲和农田面积 . 干旱区资源与环境，9（3）：122-128.

陈曦.2007.中国干旱区土地利用与土地覆被变化.北京:科学出版社.

陈曦,罗格平,吴世新.2015.中亚干旱区土地利用与土地覆被变化.北京:科学出版社.

陈亚宁.2014.中国西北干旱区水资源研究.北京:科学出版社.

陈亚宁,陈忠升.2013.干旱区绿洲演变与适宜发展规模研究.中国生态农业学报,21(1):134-140.

陈亚宁,李卫红,张元明,等.2004.新疆塔里木河水资源开发利用与生态保育对策.资源科学,26:74-80.

邓宝山,瓦哈甫·哈力克,张玉萍,等.2015.吐鲁番绿洲适宜规模及其稳定性分析.干旱区研究,32(4),164-170.

樊亚辉.2011.艾比湖区域近20a土地沙漠化变化特征及其发展趋势研究.乌鲁木齐:新疆大学学位论文.

樊自立,马英杰,艾力西尔·库尔班,等.2004.试论中国荒漠区人工绿洲生态系统的形成演变和可持续发展.中国沙漠,24(1):12-18.

樊自立,马英杰,王让会,等.2000.干旱区内陆河流域生态系统类型及其整治途径——以新疆为例.中国沙漠,20(4):393-396.

付贵全,徐先英,马剑平,等.2016.基于MaxEnt下梭梭潜在地理分布对水热条件的响应.草业科学,33(11):2173-2179.

高明.2011.艾比湖面积变化及影响因素.盐湖研究,19(2):16-19,38.

郭宏伟,徐海量,凌红波,等.2017a.塔里木河流域人工与天然绿洲转化过程与适宜比例初探.土壤通报,48(3):532-539.

郭宏伟,徐海量,赵新风,等.2017b.塔里木河流域最大灌溉面积与超载情况探讨.中山大学学报(自然科学版),56(2):140-150.

郭仲军,黄继红,路兴慧,等.2015.基于第七次森林资源清查的新疆天然林生态系统服务功能.生态科学,34(4):118-124.

郭子良.2016.中国自然保护综合地理区划与自然保护区体系有效性分析.北京:中国林业大学学位论文.

何霄嘉,张于光,张九天,等.2012.中国生物多样性适应气候变化策略研究.现代生物医学进展,2(20):3966-3969,3984.

贺可,吴世新,杨怡,等.2018.近40a新疆土地利用及其绿洲动态变化.干旱区地理,41(6):193-200.

江秀芳,李丽平,周立波.2012.极端降水特性分析研究进展.气象与减灾研究,35(02):1-6.

柯夫达.1987.生物圈变化的总趋势.干旱区研究,1:68-72.

兰洁,张毓涛,师庆东,等.2018.新疆天然林生态系统服务功能价值评估.西北林学院学报,33(4):289-296.

李丙文,张洪江,邱永志,等.2011.咸水灌溉对塔里木沙漠公路防护林植物生长的影响.干旱区地理,34(2):215-221.

李剑锋,张强,陈晓宏,等.2011.新疆极端降水概率分布特征的时空演变规律.灾害学,26(2):11-17.

李婧昕,许尔琪,张红旗.2019.关键驱动力作用下的新疆生态系统服务时空格局分析.中国农业资源与区划,40(5):9-20.

黎磊，陈家宽.2014.气候变化对野生植物的影响及保护对策.生物多样性，22（5）：549-563.

李世英，张新时.1966.新疆山地植被垂道带结构类型的划分原则和特征.植物生态学与地植物学丛刊，4（1）：132-141.

李涛，白雁斌，阿孜古丽·阿不都拉，等.2014.新疆森林生态环境与保护.乌鲁木齐：新疆美术摄影出版社.

李卫红，黎枫，陈忠升，等.2011.和田河流域平原耗水驱动力与适宜绿洲规模分析.冰川冻土，33（5）：1161-1168.

李晓兵，陈云浩，张云霞，等.2002.气候变化对中国北方荒漠草原植被的影响.地球科学进展，17（2）：95-102.

李耀辉.2004.近年来我国沙尘暴研究的新进展.中国沙漠，24（5）：100-106.

凌红波，徐海量，刘新华，等.2012.新疆克里雅河流域绿洲适宜规模.水科学进展，23（4）：563-568.

刘孝萍.2018.全球气候变化对水文与水资源的影响与建议.低碳世界，11：94-95.

马华.2014.红壤丘陵区林地生态修复植被覆盖度阈值分析.北京：中国林业大学学位论文.

马建新，陈亚宁，李卫红，等.2010.胡杨液流对地下水埋深变化的响应.植物生态学报，34（8）：915-923.

毛继荣.2013.新疆典型地区草地退化现状及其恢复模式分析.石河子：石河子大学学位论文.

彭斯震，何霄嘉，张九天，等.2015.中国适应气候变化政策现状、问题和建议.中国人口·资源与环境，25（9）：1-7.

钱正英，2004.西北地区水资源配置生态环境建设与可持续发展战略研究综合卷.北京：科学出版社.

秦鹏.2016.气候变化下渭干河流域绿洲适宜规模研究.乌鲁木齐：新疆农业大学学位论文.

任朝霞，杨达源.2007.近40a西北干旱区极端气候变化趋势研究.干旱区资源与环境，21（4）：10-13.

邵霜霜，师庆东.2015.基于FVC的新疆植被覆盖度时空变化.林业科学，51（10）：35-42.

沈永平，苏宏超，王国亚，等.2013.新疆冰川、积雪对气候变化的响应（Ⅰ）：水文效应.冰川冻土，（35）3：513-527.

施雅风，沈永平，胡汝骥.2002.西北气候由暖干向暖湿转型的信号、影响和前景初步探讨.冰川冻土，24（3）：219-226.

唐海萍，陈姣，薛海丽.2015.生态阈值：概念、方法与研究展望.植物生态学报，39（9）：932-940.

唐湘玲，吕新，欧阳异能，等.2017.1978—2014年新疆农作物受极端气候事件影响的灾情变化趋势分析.中国农学通报，33（3）：143-148.

王摆，韩家波，周遵春，等.2014.大凌河口湿地水盐梯度下翅碱蓬的生态阈值.生态学杂志，33（1），71-75.

王海江.2014.玛纳斯河流域土壤盐渍化过程和格局特征及盐渍土改良模式探讨.北京：中国农业大学学位论文.

王虎贤，任璇.2015.卡拉麦里自然保护区野生动物适宜性生境变化.新疆环境保护，37（1）：23.

王让会，马英杰，张慧芝，等.2004.山地、绿洲、荒漠系统的特征分析.干旱区资源与环境，18（3）：1-6.

王润，Ernst Giese，高前兆.2003.近期博斯腾湖水位变化及其原因分析.冰川冻土，25（1）：60-64.

王守荣，郑水红，程磊.2003.气候变化对西北水循环和水资源影响的研究.气候与环境研究，8（1）：

43-51.

王文涛,田斌,李静.2014.新疆东部地区气候变化及对生态环境的影响.水土保持研究,21(5):249-254.

王晓峰,程昌武,尹礼唱,等.2020.新疆生态系统服务时空变化及权衡协同关系.生态学杂志,39(3):990-1000.

韦红,霍艾迪,管文轲,等.2019.运用中分辨率成像光谱数据对塔里木河流域植被覆盖度动态变化分析.东北林业大学学报,47(7):62-67.

吴琦,张希明.2005.水分条件对梭梭气体交换特性的影响.干旱区研究,22(1):79-84.

夏鑫鑫,朱磊,杨爱民,等.2020.基于山地-绿洲-荒漠系统的生态系统服务正负价值测算——以新疆玛纳斯河流域为例.生态学报,40(12):3921-3934.

徐丽萍,郭鹏,刘琳,等.2014.天山北麓土地利用与土地退化的时空特征探析.水土保持研究,21(5):316-321.

徐靓.2012.气候变化对自然保护区的影响及法律对策研究.杭州:浙江农林大学学位论文.

杨金虎,江志红,王鹏祥,等.2008.中国年极端降水事件的时空分布特征.气候与环境研究,13(1):75-83.

杨静,黄秉光,黄玖,等.2017.近55 a新疆净生态系统生产力对气候变化的响应.干旱区地理,40(5):1054-1060.

杨海龙.2011.库姆塔格沙漠地区野骆驼栖息地分析及气候变化影响.北京:中国林业科学研究院学位论文.

杨红飞.2013.新疆草地生产力及碳源汇分布特征与机制研究.南京:南京大学学位论文.

杨红飞,刚成诚,穆少杰,等.2014.近10年新疆草地生态系统净初级生产力及其时空格局变化研究.草业学报,23(3):39-50.

杨莲梅.2003.新疆极端降水的气候变化.地理学报,58(4):577-583.

余鸣.2006.草原蝗虫生态阈值研究.北京:中国农业科学院学位论文.

张明军,王圣杰,李忠勤,等.2011.近50年气候变化背景下中国冰川面积状况分析.地理学报,66(9):1155-1165.

张秀霞.2018.极度干旱环境下自然保护区的保护成效评估.兰州:兰州大学学位论文.

张音,古丽贤·吐尔逊拜,苏里坦,等.2019.近60 a来新疆不同海拔气候变化的时空特征分析.干旱区地理,42(4):822-829.

赵成义,施枫芝,盛钰,等.2011.近50a来新疆降水随海拔变化的区域分异特征.冰川冻土,33(6):1203-1213.

赵新风,徐海量,王敏,等.2015.不同水平年塔里木河流域灌溉面积超载分析.农业水土工程,31(24):77-81.

郑淑丹,阿布都热合曼·哈力克.2011.且末绿洲适宜规模研究.水土保持研究,18(6):240-244.

钟华平,刘恒,王义,等.2002.西北干旱区额济纳绿洲水资源与生态环境保护对策.水利水电科技进展,22(4):9-11.

周和平,艾力江,王宝珠,等.2008.干旱内陆新疆区水生态阈值及保障机制.农业科技与装备,4:68-72.

周雅蔓,赵勇,刘晶.2019.新疆北部地区夏季极端降水事件的特征分析.冰川冻土,41(6):1-11.

周自江，章国材，艾婉秀，等 . 2006. 中国北方春季起沙活动时间序列及其与气候要素的关系 . 中国沙漠，26（6）：935-941.

Abdulla F，Eshtawi T，Assaf H. 2009. Assessment of the impact of potential climate change on the water balance of a semi-arid watershed. Water Resources Management，23（10）：2051-2068.

Alexander，L V，Hope P，Collins D，et al. 2007. Trends in Australia's climate means and extremes: a global context. Australian Meteorological Magazine，56（1）：1-18.

Bao A，Huang Y，Ma Y，et al. 2017. Assessing the effect of EWDP on vegetation restoration by remote sensing in the lower reaches of Tarim River. Ecological Indicators，74：261-275.

Blanco V，Brown C，Holzhauer S，et al. 2017. The importance of socio-ecological system dynamics in understanding adaptation to global change in the forestry sector. Journal of Environmental Management，196：36-47.

Brèteau-Amores S，Brunette M，Davi H. 2019. An economic comparison of adaptation strategies towards a drought-induced risk of forest decline. Ecological Economics，164：106294.

Catalan J，Ninot J M，Aniz M M. 2017. High Mountain Conservation in a Changing World//Advances in Global Change Research，62：253-283.

Chen H Y，Chen Y N，Li W H，et al. 2019. Quantifying the contributions of snow/glacier meltwater to river runoff in the Tianshan Mountains，Central Asia. Global and Planetary Change，174：47-57.

Chen Y，Li W，Deng H，et al. 2016. Changes in Central Asia's water tower: past，present and future. Scientific Reports，6（1）：35458.

Chen Y N，Xu Z X. 2005. Plausible impact of globe climate change on water resources in the Tarim river basin，China. Sci. China Earth Sci，48（1）：65-73.

Chester C C，Hilty J A，Hamilton L S. 2013. Mountain gloom and mountain glory revisited: a survey of conservation，connectivity，and climate change in mountain regions. Journal of Mountain Ecology，9：1-34.

Ciais P h，Reichstein M，Viovy N，et al.2005.Europe~wide reduction in primary productivity caused by the heat and drought in 2003. Nature，437（7058）：529-533.

Dudley N. 2008. Guidelines for Applying Protected Area Management Categories. Gland，Switzerland: IUCN. x + 86pp. WITH Stolton，S，Shadie P，Dudley N. 2013. IUCN WCPA Best Practice Guidance on Recognising Protected Areas and Assigning Management Categories and Governance Types，Best Practice Protected Area Guidelines Series No. 21，Gland，Switzerland: IUCN.

Fang S F，Yan J W，Che M L，et al. 2013. Climate change and the ecological responses in Xinjiang，China: Model simulations and data analyses. Quaternary International，311：108-116.

Fang Y P，Zeng Y，Li S M. 2005. Management philosophy and practice of habitat conservation in Jiuzhaigou Nature Reserve，Sichuan. Journal of Wuhan University of Natural Science，10（4）：730-738.

Fedele G，Donatti C I，Harvey C A，et al. 2019. Transformative adaptation to climate change for sustainable social-ecological systems. Environmental Science and Policy，101：116-125.

Friedel M H. 1991. Range Condition assessment and the concept of thresholds: a viewpoint. Journal of Range Management，44（5）：422-426.

Fu A，Li W，Chen Y，et al. 2018. Suitable oasis scales under a government plan in the Kaidu~Konqi River

第12章 生态安全对策

Basin of northwest arid region, China. PeerJ: e4943.

Glade F E, Miranda M. D, Meza F J, et al. 2016. Productivity and phenological responses of natural vegetation to present and future inter-annual climate variability across Semi-arid river basins in Chile. Environmental Monitoring and Assessment, 188（12）: 676.

Grafton R Q, Pittock J, Davis R, et al. 2013.Global insights into water resources, climate change and governance. Nat Clim Change, 3（4）: 315-321.

Guo H, Ling H, Xu H, et al. 2016. Study of suitable oasis scales based on water resource availability in an arid region of china: a case study of Hotan River Basin. Environmental Earth Sciences, 75（11）: 984.

Hagg W, Braun L, Kuhn M, et al. 2007.Modelling of hydrological response to climate change in glacierized Central Asian catchments. J Hydrol, 332（1/2）: 40-53.

Han D, Wang G Q, Xue B L, et al. 2018. Evaluation of semiarid grassland degradation in North China from multiple perspectives. Ecological Engineering, 112: 41-50.

Heydari M, Aazami F, Faramarzi M, et al.2009.Interaction between climate and management on beta diversity components of vegetation in relation to soil properties in arid and Semi-arid oak forests, Iran. Journal of Arid Land, 11（1）: 45-59.

Hoffmann W A, Geiger E L, Gotsch S Q, et al. 2012. Ecological thresholds at the savanna-forest boundary: how plant traits, resources and fire govern the distribution of tropical biomes. Ecological Letters, 15（7）: 759-768.

Jiapaer G, Liang S L, Yi Q X, et al. 2015. Vegetation dynamics and responses to recent climate change in Xinjiang using leaf area index as an indicator. Ecological Indicators, 58: 64-76.

Jin Z Z, Zaynulla R, Lei J Q, et al. 2013. Variation Characteristics of Water Content in Two Typical Eremophytes under Drought Stress in the Drift Desert Hinterland. Applied Mechanics and Materials, 316-317: 316-322.

Karl T R. 1996. The IPCC（1995）scientific assessment of climate change: observed climate variability and change. Seventh Symposium on Global Change Studies,7-13.

Klein Tank A M G, Konnen G P, 2003. Trends in indices of daily temperature and precipitation extremes in Europe, 1946~99. Journal of Climate, 16（22）: 3665-3680.

Lindenmayer D B, Fischer J, Cunningham R B. 2005. Native vegetation cover thresholds associated with species responses. Biological Conservation, 124（3）: 311-316.

Ling H, Guo B, Zhang G, et al. 2019. Evaluation of the ecological protective effect of the "large basin" comprehensive management system in the Tarim River Basin, China. Science of The Total Environment, 650: 1696-1706.

Ling H, Xu H, Fu J. 2013a. High- and low-flow variations in annual runoff and their response to climate change in the headstreams of the Tarim River, Xinjiang, China. Hydrological Processes, 27（7）: 975-988.

Ling H, Xu H, Fu J, et al.2013b. Suitable oasis scale in a typical continental river basin in an arid region of China: A case study of the Manas River Basin. Quaternary International, 286: 116-125.

Mawdsley J R, O'Malley R, Ojima D S. 2009. A review of climate change adaptation strategies for wildlife management and biodiversity conservation. Conservation Biology, 23: 1080-1089.

Menzel A. 2000. Trends in phenological phases in Europe between 1951 and 1996. International Journal of Biometeorology, 44: 76-81.

Moss R H. 2000. Ready for IPCC-2001: Innovation and Change in Plans for the IPCC Third Assessment Report. Climatic Change, 45(3-4): 459-468.

Muradian R. 2001. Ecological thresholds: a survey. Ecological Economics, 38（1）: 7-24.

Nicholson S E. 2001. Application of remote sensing to climatic and environmental studies in arid and semi~arid lands, Geoscience and Remote Sensing symposium. IGARSS' 01. IEEE 2001 International, 3: 985-987.

Powell J A, Jenkins J L, Logan J A, et al. 2002. Seasonal temperatures alone can synchronize life cycles. Bulletin of Mathematical Biology, 62: 977-988.

Su B, Jian D, Li X, et al. 2017. Projection of actual evapotranspiration using the COSMO-CLM regional climate model under global warming scenarios of 1.5℃ and 2.0℃ in the Tarim River basin, China. Atmospheric Research, 196: 119-128.

Tao F, Yokozawa M, Hayashi Y, et al. 2003. Future climate change, the agricultural water cycle, and agricultural production in China. Agr Ecosyst Environ, 95（1）: 203-215 .

Taylor R G, Bridget Scanlon, Petra Döll, et al. 2013.Ground water and climate change. Nature Climate Change, 3（4）: 322-329 .

Tubiello F, Soussana J, Howden S. 2007.Crop and pasture response to climate change. PNAS, 104（50）: 19686-19690 .

Vincent C. 2019. Mountain glaciers, sentinels of climate change, Encyclopédie de l' Environnement, [en ligne ISSN 2555-0950] . http: //www.encyclopedie-environnement.org/?p=6799.

Wang Z, Lin L, Zhang X, et al. 2017. Scenario dependence of future changes in climate extremes under 1.5°C and 2°C global warming. Scientific Reports, 7: 46432.

Williams C J R, Kniveton D R, Layberry R. 2010. Assessment of a climate model to reproduce rainfall variability and extremes over Southern Africa. Theoretical and Applied Climatology, 99: 9-27.

Xiao X, Melillo J M, Kicklighter D W. 1997.Transient climate change and potential croplands of the world in the 21st century. Joint Program on the Science and Policy of Global Change Report No. 18. Cambridge, M A: Massachusetts Institute of Technology .

Xue J, Gui D, Lei J, et al. 2019. Oasification: an unable evasive process in fighting against desertification for the sustainable development of arid and semiarid regions of China. CATENA, 179: 197-209.

Yang G, Li F D, Chen D,et al.2019 .Assessment of changes in oasis scale and water management in the arid Manas River Basin, north western China. Science of the Total Environment,691(C): 506-515.

Yang Y, Yang J, Wei S. 2016. The Estimation of Cultivated Land Threshold Value in Hotan Oasis. Agricultural Science and Technology, 17（5）: 1161-1165.

Zamora R, Pérez-Luque A J, Bonet F J, et al. 2016. Global change impacts in Sierra Nevada: challenges for conservation. Consejería de Medio Ambiente y Ordenación del Territorio, Junta de Andalucía: 208.

Zhang G, Yan J, Zhu X, et al. 2019b. Spatio-temporal variation in grassland degradation and its main drivers, based on biomass: case study in the Altay Prefecture, China. Global Ecology and Conservation,

第12章 生态安全对策

20：e00723.

Zhang Q，Xu C Y，Tao H，et al. 2010. Climate changes and their impacts on water resources in the arid regions：a case study of the Tarim River basin，China. Stochastic Environmental Research and Risk Assessment，24（3）：349-358.

Zhang Q F，Chen Y N，Li Z，et al. 2019a. Glacier changes from 1975 to 2016 in the Aksu River Basin，Central Tianshan Mountains. Journal of Geographical Science，29（6）：984-1000.

Zhang X，Cai X. 2013. Climate change impacts on global agricultural water deficit. Geophysical Research Letters，40（6）：1111-1117.

新疆气候变化科学评估报告

第13章 农业安全对策

主要作者协调人：田长彦 姜逢清
主 要 作 者：陈彤 覃新闻 刘国勇
贡 献 作 者：买文选 卢爱珍 吉春容

▪ 执行摘要

气候变化背景下新疆农业安全有关的问题可归纳为以下六个方面：①自然环境脆弱，农业土地荒漠化与人为污染风险大。新疆自然生态环境十分脆弱，农业环境也面临着气候变化与人类活动的双重胁迫，农业安全生产不仅遭受到土地盐渍化、荒漠化的长期困扰，而且经受着化肥、农药与地膜等面源污染的短期威胁。②农业产业结构不尽合理，亟待依据气候变化做出调整。新疆农业产业结构以种植业为主（所占比例69%左右），畜牧业为辅（所占比例21%左右），林业和渔业所占比例不高，且种植业中，棉、粮和特色林果业占据主导地位，饲草种植比例偏低，种植多样性不丰富，不合理的农业结构遭受极端干热、冰雹等气象灾害以及病虫害的脆弱性增大。③农业用水占比高，利用效率低提升难度高。新疆农业用水占总用水量的90%以上且用水效率不高。农业用水效率受自然条件的制约，提升难度大。④气象灾害频繁发生，农业防灾减灾形势严峻。20世纪80年代后期以来，受极端气候水文事件频发的影响，新疆气象灾害总频率加快、灾情趋重，尤其是重大与特大干旱灾害发生频率明显提高，农业防灾减灾形势变得严峻。⑤农业病虫害呈加重态势，防控体系亟待健全。20世纪80年代末期以来，新疆冬季升温使棉铃虫和棉蚜等害虫越冬存活率提高、越冬虫源基数增大；春季升温导致病虫害发生明显提早；温度升高导致积温的增加，缩短了害虫的发育历期，病虫害加重形势严峻，亟待健全农业病虫害防控体系。⑥"三农"问题较为突出，农业产值增长有限，农民增收难。新疆"三农"问题突出，化解难度大。长期以来，新疆农业产值增长有限、农业增收困难。气候变化导致的农产品价格大幅波动已成为新疆农业发展中面临的最大风险。针对气候变化造成的突出农业问题，建议优先落实以下的工作：一是实施退化和污染耕地生态恢复，维护农业生态安全；二是调整优化农业产业结构，积极应对气候变化以趋利避害；三是强化农业需水管理，加快优质高效节水农业发展；四是构建完善的气象灾害应急管理制度，减轻农业灾害损失；五是加快新技术的研发与应用，为应对气候变化提供技术支撑；六是用足用好农业金融工具，降低农产品生产与价格波动风险。

13.1 新疆农业现状

新疆气候具有日夜温差大、光照充足、热量丰富、水热同期的特点，为发展农牧业提供了优越的自然条件。新疆平原区降水稀少，一般低于 200 mm，但境内高大山体拦截西来水汽，在山区尤其是山地迎风面产生丰沛的降水。新疆的极高山区分布有无数的冰川，是天然的水库。山区降水与冰雪融水为天然牧草的生长以及发展绿洲灌溉农业提供着稳定的水源保障。新疆国土面积广阔，天然草地数量大质量良好，为畜牧业发展；同时，可垦荒地资源和宜农荒地资源丰富，为种植业发展提供了土地资源保障。特有的生态环境使新疆拥有种类繁多、品种独特的植物资源，为发展特色种植业奠定了种质基础。

国家对新疆农业的发展高度重视，先后在新疆建设了 8 个国家商品粮基地县，19 个国家优质棉基地县，1 个国家甜菜基地县和 24 个自治区商品粮基地县（以上不包括兵团），并进行了大规模的农业综合开发建设，使新疆农业生产条件和生产水平得到了进一步改善和提高（董海燕和王合玲，2015）。经过多年的快速发展，新疆的农业经济取得长足进步。统计资料显示，2019 年新疆农业总产值达 2616.30 亿元，牧业总产值达到 915.27 亿元，林业总产值达 65.56 亿元，渔业总产值 27.53 亿元。

13.1.1 主要作物生产现状

1. 粮食

新疆远离我国内地省份，交通运距长，且受到严格粮食进口的限制，这要求新疆的粮食必须实现自给自足。自 1978 年我国开始实行改革开放至今，尤其是 2004 年，国家制订的惠农支农政策极大地激励了新疆农民种植粮食的积极性，新疆粮食综合生产能力不断提升，粮食产量实现了较快的增长。1983 年以前新疆的粮食生产一直不能保证区域内粮食的正常供给，需要外省粮食的补给，1983 年之后新疆的粮食生产实现了自给（马惠兰等，2010）。1978~2014 年，新疆的粮食生产总量由 370.01 万 t 增加到 1749.85 万 t，单位面积产量也由 106.75 kg/ 亩增加到 512.73 kg/ 亩。截至 2014 年，新疆的人均粮食占有量超过了 600 kg，比我国平均水平高出 175 kg（郎新婷，2016），但人均粮食占有量区域差异增大，总体上实现了制定的粮食生产能够保证自治区内供给和需求的平衡，同时实现粮食的少量剩余的目标。统计数据显示，2019 年新疆粮食播种面积 3275.33 万亩，总产 1511.09 万 t。其中，小麦播种面积 1592.39 万亩，占总播种面积的 48.62%，总产 576.03 万 t；玉米播种面积 1495.80 万亩，占总播种面积的 45.67%，总产 858.37 万 t。农业生产格局上，目前新疆"北牧南耕"的传统已被打破，北疆粮食产区集中在沿天山一线的伊犁、塔城和昌吉 3 个地区，南疆则主要分布在喀什、阿克苏等绿洲农业区。未来以伊犁地区向南疆人口密集区"北粮南运"的趋势可能进一步增强（王晶和肖海峰，2018）。

2. 棉花

棉花产业是新疆农业的支柱产业，对推进脱贫攻坚，促进农业增效、农民增收和农村稳定发挥着十分重要的作用。新疆棉花种植历史悠久，生产优势明显。"十三五"以来，棉花种植面积呈逐年增大的态势，大致占新疆农作物种植面积的35%以上，是新疆种植规模最大、种植收益最为稳定的大宗农作物。新疆有1/2以上的地区和农户从事棉花生产活动，农民收入的40%来自于棉花产业（司炜炜，2019）。2019年，新疆的棉花种植面积为3810.75万亩，占全国总种植面积的约74%；棉花总产量为500.2万t，占全国总产量的约84%。新疆的棉花产业是我国棉花产业的重要组成部分，占据了棉花市场4/5以上的份额，有着举足轻重的地位。

13.1.2 特色林果业现状

由于新疆天然气候类型独特，生态环境特殊，具有种植和发展多种林果独特的自然资源优势。近年来，新疆特色林果业得益于独特自然资源优势和优惠的政策优势，种植规模快速增加，逐渐建立起了一批独具特色的林果主产区，分别是以生产红枣、香梨、杏、苹果、核桃以及巴旦木为主的南疆环塔里木盆地产区、以新鲜葡萄和晾晒葡萄干、红枣和设施林果为主的东疆吐哈盆地产区、以鲜食葡萄、葡萄酒、时令水果、枸杞以及黑加仑等为主的北疆伊犁河谷和沿天山一带产区（俞燕，2015）。

林果业在新疆经济社会发展中占有特殊地位。目前林果业占全疆农民年均收入的25%左右，尤其是在南疆的部分地县，如若羌、叶城和温宿等，占比甚至超过45%。

2019年，新疆的林果种植面积2367.36万亩（其中兵团355.76万亩），总产量为1729.44万t（其中兵团526.55万t）。从2019年新疆林果的产量结构来看，红枣是产量最高的水果，在新疆水果总产量中的比重超过22%；其次是葡萄、苹果和梨，所占比重都超过了15%。

13.1.3 畜牧业现状

新疆是我国五大牧区之一，具有发展畜牧业得天独厚的自然资源。新疆天然草地面积76670.7万亩，占我国草地总面积比重较大，位居全国第三。新疆草地因为其地形地貌、气候特征等逐渐形成了多种类型，既有水平分布的平原草地，也有垂直分布的山地草地。正是由于新疆草地类型丰富，其资源具有片区多、牧草类型多、经济利用途径多、季节性牧场多等特点。新疆草地大部分质量良好，优良牧草地占全疆牧草地总面积的36%、中等牧草地占30%、劣质牧草地占34%；新疆草地牧草种类丰富，可作为家畜饲用的高等植物达3270种，天然草地理论载畜量达3200万羊单位（穆少波，2018）。新疆拥有丰富多样的牲畜优良地方品种，这些优良地方牲畜品种大都具有抗病力强、抗逆性强和适应性强的显著特点，在奶、肉、毛、绒等方面展现出各自独特的良好性状。

新疆的畜牧业可分为草原畜牧业和农区畜牧业。草原畜牧业发展历史悠久，是新疆哈萨克族、蒙古族、柯尔克孜族等一些少数民族赖以生存的根基。草原畜牧业依靠广泛分布的天然草地而发展，受自然条件的制约性大。由于目前依然沿袭传统游牧生产方式，草原畜牧业遭受自然灾害（暴雪、干旱等）影响大、损失风险高。近几十年来，受草原"退化""沙化""盐碱化"的影响，新疆天然草原也出现了超载过牧、牧草供不应求等情况，导致新疆草原的生态环境、生产效益以及农牧民的生活情况受到严重不良影响难以有效改善和提升。新疆农区畜牧业伴随着农垦事业的发展而逐步壮大，在新疆畜牧业发展中发挥着越来越重要的作用。农区畜牧业的特点是固定饲养为主，放牧为辅，畜禽主要依靠丰富的农副产品和种植的青（储）饲料喂养，生产相对稳定，抗御自然灾害的能力明显增强。

统计年鉴数据显示，2019 年新疆牲畜总存栏 5090.36 万头（只），其中牛 479.40 万头、马 95.45 万匹、驴 36.14 万头、骆驼 18.48 万峰、羊 4153.76 万只；全年出栏大小牲畜 4584.32 万头（只），其中牛 270.87 万头、羊 3727.00 万只（不含兵团）。新疆肉类总产量由 2009 年 122.54 万 t 增加到 2019 年 170.74 万 t。其中，牛肉产量由 33.88 万吨增加到 44.52 万 t；羊肉产量由 51.96 万 t 增加到 60.32 万 t。

2009~2018 年，新疆畜牧业产值不断攀升，由 327.91 亿元上升到 796.42 亿元，占大农业产值中的比重达 22%，成为促进农牧民增收致富的重要手段。2020 年，畜牧业产值更是高达 915.27 亿元，同比增长 14.9%。

13.1.4 农业产业化现状

依托新疆特色农产品，新疆农产品加工业取得了长足进展，规模和实力不断提高，已形成棉纺、粮油、制糖、酿酒、果品、肉奶等在内的农产品产业化经营格局，涌现出了一大批技术先进、实力雄厚的农产品加工龙头企业，其中，各类畜产品加工企业 463 家，其中国家级和自治区级畜牧龙头企业 71 家，推动了新疆以畜产品深加工为主的畜牧业产业化发展进程，初步形成了以市场为导向、以资源为基础、以龙头企业为核心、以科技进步为依托的农业产业化经营架构，为新疆农业的快速健康发展、调整优化农业产业结构、转移农村剩余劳动力、促进农业增效与农民增收、建设社会主义新农村奠定了坚实的基础（司炜炜，2019）。

以农业产业化带动农业合作组织，提高农牧民的组织化程度。截至 2017 年末，新疆农业产业化经营组织达到 13871 个，带动农户增收 25.13 亿元，同比增加 1.76 亿元。2017 年，新疆订单农业带动 194.68 万农户，占总农户的 46.93%；养殖大户和养殖专业合作社组织发展迅速，总数达到 4180 余个（占全区农牧民专业合作社总数的 42%），会员达 10 余万人。

13.2 气候变化增加新疆农业安全的风险

有关农业安全的讨论很多，但目前对其含义还缺乏统一规范的界定。农业安全具有较为丰富的内涵，总括来看，农业安全伴随农产品生产、运输、储藏、加工以及销售等多个环节（王祥峰和吴新涛，2017；左停和周智炜，2014；王松梅，2012）。农业安全的核心是粮食安全，并且农产品品质和质量的安全是当前最受关心的热点（Ganey et al.,

2019；IPCC，2019；刘立涛等，2018；赵其波，2015；赵其国，2003）。

　　新疆农业发展进程中存在的诸多问题（表13-1），其中一些与气候变化存在一定联系。农业生产对自然条件有很强的依赖性，恶劣的地理环境或自然环境的剧变对农村经济社会的影响巨大，一旦发生水旱、病虫、地震等自然灾害，农业生产便遭受巨大损失，农民会因灾致贫，社会秩序会遭到破坏，异常严重时还会造成整个社会的动荡。而当前以人类成因气候变暖为主的气候变化，不仅会使得作为农业生态系统之一的气候系统发生转型，使以往依靠惯常发展的农业生产呈现明显不适应性，传统农业生产体系面临困境，而且气候变暖所带来的一系列次生事件或过程，如极端水旱事件、干热风、高温、冷害、病虫害以及土地退化等，会造成巨大农业生产损失并明显增大现行技术体系下农业生产的成本。因此，气候变化对农业安全的影响不容忽视。

表 13-1　新疆主要农业问题

行业领域		问题	主要特征
农业	粮食	发展后劲不足	种粮收益低，科技储备不足，种粮积极性不高
		品种退化	品种更新慢、优质品种少
		布局边缘化	优质良田被效益好的林果挤占，向林下、高海拔、贫瘠盐碱地转移，产量和品质受到影响
		产业经济发展滞后	缺乏龙头企业和行业品牌
		仓储设施陈旧与物流不畅	危仓老库多，运距远
	棉花	棉田质量不高	基础设施落后、土地污染与盐渍化重
		品种多乱	主栽品种不突出，原棉品种一致性差
		种植成本居高不下	亩均成本1200~1650元，缺乏国际竞争力
		市场需求与生产脱节	纺织企业与农民未直接交易
		病虫害危害加重，品质降低	卖相不好、绿色果品量降低，商品率下降
	特色林果	保鲜储运能力不足	就地冷藏保鲜库缺乏，冷链运力不足
		加工转化能力低	精深加工少、缺龙头企业，加工技术落后，加工过程原料浪费严重
		交易不畅，市场拓展能力有限	交易市场少；线上销售渠道利用不充分；运距远；缺乏大型龙头企业
		灾害损失增大	大风、冰雹与低温冷害增多
	畜牧	优质畜产品基地建设水平低	品种多、产业小、养殖规模低
		畜产品加工和市场开拓能力不足	以初级畜产品销售为主；龙头企业缺乏；品牌未形成
		畜牧业支撑保障能力不强	缺乏优质饲草料保障体系；防疫保障体系不健全；科技落后
		畜牧业一二三产融合发展	母畜繁殖周期长、投资大、见效慢致使养殖循环内部分利不均；全产业链的利益链不完善，资本乐于投资后段收购、屠宰和销售环节；畜牧保险不足

行业领域	问题	主要特征
农村	乡村旅游发展不充分	与全域旅游融合度不高；规模小，产品单一，服务质量低；农家乐、民宿发展区域不均衡
	农村环境	生活垃圾、生活污水、农林废弃物等污染；农村环境质量较差，美丽度不高
	劳动力	富余劳动力务工渠道少；受教育程度低；老龄人群缺乏保障；大病统筹
	耕地	挤占时有发生，补偿不到位；耕地退化（盐渍化与沙漠化）与污染趋重
农民	收入	投入—产出比失衡，收入低且增长缓慢；积极性不高
	权益保障	外出务工人员的合法权益保障度不高；子女教育、个人医疗与社会保障不到位

通过梳理上述新疆农业问题，结合考虑气候变化对新疆农业产生的主要影响，将与气候变化存在一定联系的新疆农业安全问题归纳为以下六方面。

13.2.1　自然环境脆弱，农业土地荒漠化与人为污染风险大

新疆由于干旱少雨，沙漠和戈壁面积较大，生态环境十分脆弱，一旦遭受破坏，将难以恢复（陈曦，2010）。目前，新疆的农业环境正面临着气候变化与人类活动的双重威胁。

新疆平原区降水稀少，蒸发强烈，土壤水盐垂向运移旺盛，土壤盐分易发生表层聚积。不合理的过量灌溉，会导致地下水水位抬升，加重土壤盐渍化。新疆盆地区气候干燥，沙漠与戈壁广布。农田土壤层水分含量低且质地以砂质为主，农区大风天气多，农地易遭受风沙侵袭，农田沙漠化风险高。

不合理地长期耕种，致使农田土壤肥力下降，农作物产量降低。而为了维持高产，需要施用化肥。长期过量施用化肥，会导致农田土壤及其周边水体的氮、磷和重金属超标。

新疆春季为缺水、低温冷害比较严重的时期。为抢农时，新疆春播农作物往往采用地膜覆盖播种，以达到土壤保墒和增温、促早发的目的。然而，由于地膜及时回收少，经多年累积，目前农田残膜量已很大，高出全国平均水平4~5倍，出现了"白色污染"（王彦，2018）。在土壤中这种薄膜难以降解，不仅会造成土壤板结，而且会产生微塑料进入食物链，进而危害人体健康。

有观测分析表明，在全球变暖的背景下，新疆病虫害发生的频率与强度逐年增大。2006年以来，新疆农药的施用量始终保持在4kg/hm² 左右的水平，2014年达到峰值5.52kg/hm²。尽管这一水平远低于全国平均农药施用强度，但农药有效使用率有限，未被有效吸收利用的农药进入了水体、土壤及农产品，进而引发面源污染问题。

模型预测显示，未来新疆气温升高、降水增多的趋势不会改变，极端天气气候事件的频率极有可能增大。在农业科技没有大的突破的情况下，依赖现有技术体系的农业生

产风险势必加大，尤其土地退化、土壤污染的情势可能加重。

13.2.2　农业结构不合理，亟待依据气候变化做出调整

新疆各地的自然资源条件和经济发展水平差异比较大，各地区都有自己的产业结构发展特色，在此基础上形成的农业产业结构也不尽相同。整体上看，改革开放 40 多年来，新疆的农业取得了长足发展，但农业产业结构仍然以种植业为主，畜牧业产值比重不高，由于地处干旱区，山地和沙漠面积较大，林业和渔业产值比重也不大。统计数据显示，目前种植业所占比重在 69% 左右，而畜牧业仅有 21% 左右。新疆种植业中，从改革开放到现在，粮食作物种植面积在不断减少，棉花种植面积在不断增加（刘东，2016）。目前新疆种植业中棉、粮和特色林果业占据主导地位。

新疆种植业比重偏大，致使耗水量相对较大，加上用水效率不高，种植业结构不仅不适应进一步节水要求，而且也难以适应未来干旱频率增大的趋势。若考虑作为传统畜牧基地的山区升温与降水增多，牧草产量可能有增加的状况，新疆草原畜牧业的比重可能会有进一步提高的需要。

未来新疆升温及积温的增加，以及生长季的延长为新疆种植制度的调整、适宜种植区的扩张以及农业布局奠定了潜在自然基础，目前这样的调整也还处于自发与无序状态。需要注意的是，未来新疆耕地和适宜种植区的继续扩大也会受到未来水资源不足、低温冷害、土地退化以及国家严格的环保制度以及生态优先政策的制约。此外，新疆现有农业病虫害防治体系不健全，科技手段落后，以种植业为主的农业产业结构难以适应未来新疆气温升高对病虫害的繁殖、传播与安全越冬有利，病虫害危害趋重的态势。因此，未来气候变化背景下，新疆农业结构的调整存在较大的需求，但也亟待做出全面科学的筹划。

13.2.3　农业水资源占比大，利用效率低，提升难度高

由于新疆灌溉农业的特点以及用水方式粗放，新疆农业用水效率与全国平均水平相比差距很大，导致了新疆农业缺水与用水浪费并存的局面。2016 年新疆农业用水量占比达到了 93.3%，高于全国和内地省份的农业用水占比，也远高于同为干旱区的以色列的65%。农业消耗过多的水资源，一方面意味着在来水量少的年份或干旱年份保障农业用水的压力很高，同时也缺乏更多的水资源去发展其他高附加值的产业；另一方面也产生一系列次生环境问题，如大量的面源性水污染（黄程琪，2019），用于生态保育的水量被挤占，局部农用地因地下水位抬升而次生盐渍化加重等，最终使农业生产的环境风险加大。

总体上，新疆农业用水效率较为低下。我国全国农业单方增加值 12.7 元，内蒙古为 9.6 元，甘肃为 5.4 元，而新疆仅为 2.55 元。与同为干旱区的以色列单方水的 GDP 产出量 634 元相比，新疆仅为以色列的 1%~2%，差距十分明显。另有测算结果显示，新疆2016 年全疆平均灌溉水有效利用系数仅为 0.527，低于全国平均水平的 0.542，而且远低于山东 0.634 和河南 0.604 的水平。近年来，在一系列诸如节水灌溉技术试点、水管理制度改革等举措之后，新疆的农业水资源利用效率一直在稳步提高，但与我国内地先进农业省份相比还有一定差距（黄程琪，2019）。

造成新疆农业耗水高的原因中，最主要的或许有两个方面，其一是新疆位于干旱区，大气常年干燥，农作物蒸散发耗水高；其二是现有耕地面积中沙化土地和盐碱地占了很大比例，为了确保作物正常生产和产量，需要对含盐量过高的土地洗盐压碱，往往在冬春灌时采取漫灌，这一定程度上增大了农业用水量且限制了农业用水效率的提高。退地减水虽然可以置换出大量低效农业用水，但应该在保障粮食安全的前提下实施，还必须配套人员就业安置及社会保障等措施，也不能急功近利。由此来看，新疆农业用水效率依靠常规途径已很难提升。

13.2.4　气象灾害频繁发生，农业防灾减灾形势严峻

新疆属大陆性干旱气候，生态环境脆弱，遭受全球气候所带来的灾害风险很高。观测证据表明，自 20 世纪 80 年代中期以来，新疆的气温和降水均呈现增加的趋势（施雅风等，2002；本报告第一部分第 2 章）。同时，新疆极端气候事件从 20 世纪 80 年代开始由少发期转为多发期（吴美华等，2016；孙桂丽，2011）。新疆气象灾害造成的损失占自然灾害损失的 83%，死亡人数占因自然灾害死亡人数的 85%（孙桂丽，2011）。20 世纪 80 年代后期以来，受极端气候水文事件频发的影响，新疆气象灾害种类增多、频率加快，灾情趋重（陈亚宁等，2012；叶民权和陈保华，1996），尤其是重大与特大干旱灾害发生频率明显提高（陈云峰和高歌，2010）。

新疆位于干旱区，以灌溉农业为主，对灾害的承受能力弱，灾后恢复能力相对较低。而同时，人口增长和经济快速发展对干旱生态环境的压力增大，使农业系统的脆弱性增大。相关预测结果表明，未来新疆干旱事件会出现频发的现象，极端强降水会增多，高温热浪事件增加（参加本报告第一部分第 3 章）。极端气候事件的增多可能会使得农业灾害损失趋于增大，农业防灾减灾形势变得严峻。

13.2.5　农业病虫害呈加重态势，防控体系亟待健全

20 世纪 80 年代末期以来，由于一些外来品种的引进，农田生态系统趋于单一，加上气候变暖的影响，因此受温度限制的病虫害活动范围扩大，虫口繁殖率提高，冬季温度升高，有利于病虫害的越冬、繁殖、促使病原、虫源基数增多，从而影响农业生产（普宗朝等，2013）。新疆冬季气温的增加，棉铃虫和棉蚜等害虫越冬存活率提高，增加了越冬虫源基数；春季温度的升高，导致病虫害发生明显提早。同时，温度升高导致积温的增加，缩短了害虫的发育历期，增加棉蚜、烟粉虱等昆虫的发生世代数，进而增加了害虫种群数量，加剧其对棉花的危害。20 世纪 80 年代中后期新疆仅个别地区有零星的枯黄萎病发生，90 年代棉花枯黄萎病发病面积已达 20 万 hm²，全疆各棉区都有不同程度的危害。另外，棉花蚜虫和棉铃虫的危害也日益严重，1996 年全疆发生面积达 20 万 hm²（不含兵团），占地方棉田面积 40%，严重危害面积 3.1 万 hm²，损失皮棉 3 万 t（贺晋云等，2011）。据《全国植保专业统计资料》（2014 年）统计，新疆棉区（不含生产建设兵团）1991~2014 年棉花病虫害发生面积和产量损失均呈现波动中增大的趋势（姜玉英等，2015）。2000~2008 年的近 10 年中，新疆小麦锈病、白粉病、黑穗病、麦蚜、地老虎、土蝗等病虫害发生面积累计达到 4100 万亩、防治面积累计达到 3300 万亩以上，病虫害造

成的小麦损失累计高达近 23 万 t（李广华等，2009）。此外，特色林果遭受病虫危害也呈现出逐年加重的趋势（朱金声，2013）。

面对相对严重的棉花枯黄萎病、棉铃虫危害，新疆农业科技工作者开展科研攻关，农技部门通过引进先进技术并示范推广，目前棉花枯萎病、棉铃虫危害已通过种植抗病品种、抗虫品种得到解决。同时，近 20 多年来，新疆通过植保工程，建设农作物病虫害监测预警体系区域站、病虫害田间监测点，完善智能化监测设备，每年开展重大病虫害防治，有效控制重大病虫暴发危害。农作物病虫害防控体系得到了建设和完善，但面对气候变化带来的病虫害加剧态势，还需要各级财政加大资金投入力度，健全病虫害防控体系，改善监测防控设施和装备，提高新疆农作物病虫害监测防控能力，以应对突发、暴发病虫危害。

13.2.6 "三农"问题较为突出，农业产值增长慢农民增收难

农业是国民经济的基础，农业、农村和农民问题即所谓的"三农"问题一直是我国经济社会中的热点问题。新疆作为农业大省，同时也是欠发达的少数民族地区，"三农"问题更为突出，化解难度也更大。目前，新疆"三农"问题中比较突出的有农民收入低、增长慢且不稳定；农村富余劳动多、务工渠道少，农村环境因生活垃圾、生活污水与农产品废弃物所污染；农业增效动力不足等（表 13-1）。在所有新疆"三农"问题中，与气候变化具有直接联系的当属农产品产量、品质及销售价格，因遭受频发的自然灾害与病虫害影响后的大幅下降。

农产品价格不稳既对居民的正常生活产生了影响，也对农业生产经营及国民经济发展造成了一定冲击。农产品价格大幅波动已成为农业发展中面临的最大风险。

新疆农牧民的收入来源结构比较单一，主要以农牧业收入为主。近年来，虽然农牧产品产量持续增加，但价格没有大幅提高，农牧产品质量和品质依然较低，产品深加工程度不够，附加值不高。同时，农牧业生产成本却在不断增加，农药、化肥、种子、地膜、防疫药品等价格上涨，其支出在农牧业生产成本中占比增大。另外，农牧业生产具有很高的脆弱性，易受自然灾害和病虫害的影响，不仅会增加农牧业投入，而且会导致农牧产品价格的大幅波动，影响农牧民增收，甚至致使农牧民收入下降，甚至因灾返贫致贫，生产积极性严重受挫，农业安全得不到保障。

13.3 农业安全对策

13.3.1 实施退化和污染耕地生态恢复，维护农业生态安全

耕地退化与土壤污染的影响已经涉及经济、农业、环境等诸多方面（孙九胜等，2012；李广东和邱道持，2011；李广东等，2011；吴晓芳等，2008）。为维护农业土地的生态安全，需要在前人相关工作的基础上，采用新的手段与技术，掌握耕地退化与土壤污染的现状；同时对退化与污染水平做出客观评价，并分析其背后的原因机制。对退化耕地与污染土壤采取生态与工程相结合的途径进行修复，对已不适合耕种的土地恢复其

生态。为杜绝耕地质量继续下降失控，需要加快新技术的研发、应用与推广，同时制定严格限定化肥、农药和地膜使用量，从责、权、利多方考量，赏罚并举出发，强制残膜回收。

1. 开展耕地退化与污染状况的调查与评价

借助于地球大数据平台，整合多源数据，通过不同学科与领域间知识与数据的交叉与集成，生成地理空间上更清晰、丰富和完整的信息产品，用于调查现状耕地的退化情况，并科学分析以往耕地开发利用的状况及开发利用中存在的问题。同时，结合现场线路和抽样调查，验证基于多源数据解析的结果。通过典型样地调查与采样分析，评估现状耕地的残膜污染状况，评估污染水平。开展农业土地开发项目的后评价工作，对其若干年来土地开发利用对土地安全影响以及生态安全情况进行系统、客观的分析。

2. 对不适宜种植的退化与污染耕地开展生态修复

在耕地退化与污染现状调查与综合评价的基础上，准确区分适宜与不适宜继续耕种的土地。结合退耕返林返草工程、美丽乡村工程，对已不适宜耕种的土地按退化与污染类型，开展环境治理与生态修复，并在不影响农产品供给安全、农民获得可持续生计的前提下，逐步推进退耕返林返草。

具体实施过程中，需要坚持因地制宜的原则，对于由土壤次生盐渍化所产生的盐碱地，应首先结合水利工程措施为其改造创造良好的灌排条件，再结合土壤地力建设进行土壤改造。对于沙化较为严重土地，采取短期休耕封育，施以人工辅助措施，尽快控制沙化速度。对地膜污染严重的土地，需要采取工程措施清除残膜，恢复土地的自然属性。

3. 制订强制性的残膜回收规章制度

多年的实践证明，地膜技术的使用对促进新疆农业发展、农产品产量的提高、水资源节约起到了十分显著的作用。然而，地膜的大范围使用，尤其是残膜回收不力，对新疆耕地造成了严重的污染，显现出了技术"双刃剑"魔力。土地残膜污染的根源在于残膜未及时实量回收。而造成地膜未能及时实量回收的原因很多，其中对土地残膜污染危害的认识不足，土地承包制下承包主体盲目追求收益最大化而忽视土地污染造成的环境损失；缺乏地膜回收的奖惩机制；回收地膜的加工再利用乏力等是主因。因此，为防止土地残膜污染继续恶化，需要建立一套强制性的残膜回收规章制度。

对土地残膜污染的危害开展广泛的科普宣传与教育，提高人民群众对残膜污染危害的认识。本着谁污染谁治理的原则，依照相关法规，强制性责令土地使用主体责任人，开展土地环境治理，清除残膜，对执行不力者，依法实施相应的处罚。考虑到农业生产收益不高的实际，国家和地方政府可制定相关补偿奖励机制，对治理工作完成好的土地使用主体给予适当的补偿奖励。

4. 加大配方施肥、抗病虫农作物、可降解地膜等新技术的应用推广力度

未来的农业生产中，传统农业技术仍将发挥一定的作用，因而需要严格控制化肥、农药的使用量，以降低农田及周边环境的污染。但这样的行动需要承担未来气象灾害加剧、病虫害加重，进而减产的风险。由此看来，加快成熟新技术的应用与推广，既是防治耕地退化和污染加剧的需要，也是应对未来气候极端事件可能增多、强度可能增大的需要。配方施肥、水肥一体化等技术有助于减少肥料的浪费，在减轻化肥污染的同时可获得最佳产量，值得大力推广使用。抗病虫农作物的种植和可降解地膜可从根本上解决农药和地膜污染土地的问题。由于这些新技术的推广面临投资大、收益低的问题，农户一时难以承受，因此，建议国家或地方政府出台相关政策予以支持，同时可考虑结合相关生态恢复工程、美丽乡村工程等实施。

13.3.2 调整优化农业产业结构，积极应对气候变化以趋利避害

农业产业结构调整对农业经济增长有着十分重要的影响，也是目前新疆农业发展的关键，是新疆农业发展的战略重点。新疆各地的自然资源条件和经济发展水平差异比较大，各地区都有自己的产业结构发展特色，在此基础上形成的农业产业结构也不尽相同。出于气候成本规避的需要，偏离区域气候变化、资源禀赋等基础条件的农业种植结构和产业类型会被逐渐摒弃，区域农业产业结构会发生相应的调整，更适应当地环境禀赋和气候变化条件的种植结构将占据更大的比重（谭灵芝，2015）。

新疆农作物以棉、粮、油、特色林果业等为主，耗水量相对较大且用水效率不高，种植业结构已不适应进一步节水要求。因此，在农业生产发展过程中，需要在保障粮食安全的基础上，积极推广抗旱能力强、经济附加值高的农作物，以提高农业产业水资源的利用效率。限制水稻等高耗水作物的种植面积，重视发展具有区域特色的、高品质的农产品和特色林果业，提高用水产出效率。同时，根据新疆各区域未来光、热、水资源和农业气象灾害变化特点与趋势，充分利用区域增加的农业热量资源，按照自然条件、地理位置和产业特征分区，确定各区农业产业发展定位，合理进行产业布局，改进作物和林果品种布局，调整种植制度，依据种植结构和产业结构变化，调整养殖结构，发展特色农业和农产品加工业，以利于突出优势产业和发展重点，提高农业应对气候变化的能力，实现农业结构调整和优化的目的。

1. 总体思路

根据新疆各区域未来气候变化特征与趋势，立足资源禀赋，充分发挥区位优势和比较优势，把握现代农业发展规律，以提高农业应对气候变化的能力为出发点，以全面提高农业资源配置整体效益为目标，以市场需求为导向，按照"稳粮、优棉、强果、兴畜、促特色"要求，加快推进农业产业结构战略性调整。在确保粮食安全和主要农产品有效供给的基础上，优化农业产业结构，突出主体功能区建设，大力发展主导优势产业，以农产品精深加工为战略突破口，推动优势农产品向最适宜区域集中，推广粮食集中连片

生产，做大、做强棉花产业优势，扶优扶强经济作物，提高红色产业和林果业综合竞争能力，推进粮、棉、果、畜、区域特色农业和现代设施农业六大优势产业建设，形成优势突出和特色鲜明的产业带，加快培育和拓展与农业多功能相关的生态农业、休闲农业等新型业态农业产业，健全和提升现代农业产业体系，提高农业的整体效益。

2. 种植业

（1）粮食。坚持粮食生产"区内平衡，略有节余"的发展方针，实施"藏粮于地、藏粮于技"战略，充分挖掘小麦增产潜力，强化农机农艺结合，提升粮食单产水平，增加总产，以"两早"配套为基础，合理提高复种指数，强化农业基础设施和高产稳产标准粮田建设，提高资源保障、物质装备、科技支撑和抗御风险能力，努力提高粮食综合生产能力。合理粮食区域布局，南疆粮食生产以满足农村居民消费为主，建立北疆粮食供给南疆畅通机制与渠道，保障南疆粮食供给安全。扩大南疆饲料用粮播种面积，满足畜牧业发展需求。做好国家粮食安全后备基地建设工作。

（2）棉花。加快新疆棉花主体功能区建设，适时调整优化棉花产业区域布局，调整棉花种植面积，优化棉花品种结构，落实"一主两辅"用种模式，提高棉花品质一致性，增强棉花综合生产能力。完善棉花目标价格政策。拓展优化棉花产业链，大力开展棉花秸秆资源综合开发利用，提升棉花整体产业发展质量、效益和市场竞争力，保障国家棉花产业安全。

（3）设施农业。以满足新疆市场需求为导向，强化科技支撑，改善生产条件，按照稳步增加面积，注重开拓市场的方针，以提高质量和效益为中心，以现代科学技术、现代产业体系、现代物质装备为支撑，大力实施"技改工程"，以发展生态农业为标准，突出蔬菜、食用菌、花卉设施农业发展，有效增强设施农业综合生产能力，抗风险能力和市场竞争力，提高土地产出率、资源利用率和劳动生产率，促进农业增效、农民增收。

（4）特色产业。根据市场需求，突出比较优势，按照"调整品种、降低成本、主攻单产、增加产量"要求，发展特色优势明显的番茄、辣椒、红花、枸杞、西甜瓜、油菜、打瓜籽、茴香、香料等经济作物和中草药生产，以提高品质为重点，引进和选育优良品种，快加新品种改良推广，形成若干区域性的特色产品产业带，培育一批名牌产品。

3. 畜牧业

着力转变畜牧业发展方式，以"改造提升传统畜牧业、开拓创新现代畜牧业"为方向。以牧民增收、畜牧业增效为中心，以质量安全为保证，加快新品种培育、良种选育和地方品种保护开发，大力推进良种化、规模化、标准化养殖，合理利用饲料资源，降低养殖成本，促进生产技术转型升级，构建产加销一体化的现代畜牧业产业体系突出强供给、保安全、保生态、创品牌、促发展、惠民生，保证畜牧业平稳较快地发展。农区围绕畜牧业发展加快调整优化种植业结构，建立优质牧草产业带，发展健康高效环保型畜牧业；牧区突出草原生态保护，发展生态文明型畜牧业；结合林果业和设施农业发展，积极构建农林牧复合型畜牧业，形成优势和特色更加突出的畜牧业生产布局。

4. 林果业

以大幅度提高农民收入为目标，按照现代林果业发展规律，转变发展方式，加快资源优势向产业优势和经济优势转变。关键是要优化林果业结构，提质增效和转型升级，由注重规模数量向提高品质效益转变，推动林果业转型升级，不断提高林果业综合效益和竞争力，提高林果业发展质量和效益。加快林果业灾害综合防控体系建设，大力发展无公害、绿色和有机果品生产基地及设施林果基地，不断提升林果产品基地建设水平。使特色林果业在调整优化农业农村结构、促进区域经济发展、提高农民收入、改善民生方面发挥重要作用，努力实现林果业强区目标。

5. 农产品加工业

以市场为导向，以农业产业化体制机制创新为动力，大力推进农产品产地加工，促进初加工与精深加工协调发展，以丝绸之路经济带建设为契机，发展外向型农产品加工业，充分利用对口援疆省市的市场、产业、技术、人力优势，发展农产品加工业。优化区域布局，加强农产品加工产业园区建设，促进产业集群集聚。健全完善农产品加工技术研发体系，提高自主创新能力。健全质量安全保障体系，推进农产品加工标准化，确保质量安全。形成一批在全国同行业有竞争力的农产品加工龙头企业、一批在全国有影响的知名品牌、一批具有区域特色的农产品加工示范基地，全面提升农产品加工业的整体发展水平。

6. 休闲观光农业

充分利用新疆自然环境、田园景观、农业产业、农耕文化等资源要素发展休闲观光农业，以拓展农牧民增收渠道为目标，围绕"以农促旅，以旅带农，农旅一体，和谐共赢"的发展模式，建立"政府引导、农民主体、企业参与、市场运作"的发展机制，走农业与旅游业融合发展的道路，将休闲观光农业培育成为新疆旅游产业发展的有力支撑、农村经济新的增长点、农牧民就业和增收的重要渠道。

13.3.3 强化农业需水管理，加快优质高效节水农业发展

水是制约新疆农业发展的核心要素。在全球变暖背景下，新疆水资源的时空分布格局发生了明显的改变。为此，要保障新疆农业用水安全，制定科学的适应对策迫在眉睫。从国内外水资源管理现状来看，需水管理作为缓解供需矛盾的有效措施，对各国缓解水资源供需矛盾起到了重要作用。结合我国农业用水现状，提出对农业用水需求总量、用水效率进行调控的需水管理措施，从调控需求、提高效率的角度缓解供需矛盾，进而有效应对气候变化对农业用水安全的影响。

节水农业是新疆农业发展的一种必然趋势，也是应对气候变化对新疆农业影响的唯一选择，必须建立以节水为核心的优质高效农业体系，坚持开源和节流并重，强化水资源管理，加强水利基础设施建设，尤其是山区水利枢纽工程建设，推进常规节水、高效

节水、灌区配套改造有效结合，发展高效节水灌溉工程，大力推广应用高效节水技术。

1.依法实行最严格水资源管理制度政策

近年来，新疆维吾尔自治区政府和有关部门先后颁布了《新疆维吾尔自治区实施<中华人民共和国水法>办法》《新疆维吾尔自治区地下水资源管理条例》《新疆维吾尔自治区实施<中华人民共和国防洪法>办法》《新疆维吾尔自治区塔里木河流域水资源管理条例》《新疆维吾尔自治区水资源费征收管理办法》《新疆维吾尔自治区取水许可制度实施细则》等一批地方性法规和政府规章，进一步明确了实行流域管理与行政区域管理相结合的管理体制，水资源管理关系比较明确，有效地调整了涉水事务关系，初步构建了新疆水资源管理与保护法律制度框架。

严格水资源管理，就是确定"三条红线"，实施"四项制度"。"三条红线"：一是确立水资源开发利用控制红线，到 2030 年全疆用水总量控制在 526 亿 m^3 以内。二是确立用水效率控制红线。三是确立水功能区限制纳污红线。为实现上述红线目标，进一步明确了 2015 年和 2020 年水资源管理的阶段性目标。"四项制度"：一是用水总量控制。加强水资源开发利用控制红线管理，严格实行用水总量控制，包括严格规划管理和水资源论证，严格控制流域和区域取用水总量，严格实施取水许可，严格水资源有偿使用，严格地下水管理和保护，强化水资源统一调度。二是用水效率控制制度。加强用水效率控制红线管理，全面推进节水型社会建设，包括全面加强节约用水管理，把节约用水贯穿于经济社会发展和群众生活生产全过程，强化用水定额管理，加快推进节水技术改造。三是水功能区限制纳污制度。加强水功能区限制纳污红线管理，严格控制入河湖排污总量，包括严格水功能区监督管理，加强饮用水水源地保护，推进水生态系统保护与修复。四是水资源管理责任和考核制度。将水资源开发利用、节约和保护的主要指标纳入地方经济社会发展综合评价体系，县级以上人民政府主要负责人对本行政区域水资源管理和保护工作负总责。

2.明确农业水权，加快建立合理的水价形成机制

建立健全水资源有偿使用制度，根据市场供求关系、农民承受能力和供水成本，合理核定基本水价，实行计量供水，按方收费。建立合理水价与政府精准补贴和节水奖励相结合的运行机制，调动农户节水积极性。让其广泛参与节水灌溉的建设与管理，从节水中得到实实在在的经济利益。按照不增加农民负担的原则，对定额内提价部分有财政给予补贴，节约部分适当奖励，超定额用水不再补贴，并逐步实现累进加价制度。根据层层细化的用水控制数、作物需水量、田间用水条件等，制定不同农作物用水标准，核定农业用水额度，促进水资源在不同作物、不同地区和不同用水户之间进行优化配置。同时，充分利用广播、电视、网络、手机等手段，向农户宣传政府支持节水农业发展的各项举措，增强农民自主节水意识，形成以市场为导向建立农民自主节水机制。

3. 加大农艺农机综合节水力度，提高农业用水效率

利用生物技术、基因工程技术等现代技术培育抗旱节水品种；积极推广节水施肥技术；建立以深松免耕为主的蓄水保墒耕作体系；发展旱作节水控水的土壤耕作制度，发展以耕作为主的农机综合节水措施，针对农作物的生理特性，通过灌溉和农艺措施，调节土壤水分，促控结合，促进农作物生长发育；完善水肥一体化技术，提高肥料利用效率。提高农业节水装备水平，开发农业水资源管理信息化系统，强化农业精准灌溉；降低农业节水成本，提高农业节水效果。

13.3.4　构建完善的气象灾害应急管理制度，减轻农业灾害损失

新疆是气象灾害频发的区域，对农业生产造成严重影响的气象灾害种类多，包括春季干旱、干热风、大风、低温冷害与冰雹等。有预测表明（参见本报告第一部分第2章），未来新疆高温热浪事件会增加、极端降水事件增多、干旱事件出现频发趋势、春季沙尘暴发生频率增加。意味着新疆农业遭受这类极端天气/气候事件的影响可能加重。为此，需要构建一套完善的气象灾害应急管理制度，以减轻可能的农业灾害损失。

1. 完善农业气象灾害应急预案体系

首先，地方政府应强化自身危机意识，加大对气象灾害应急预案体系的重视，并在综合考虑地域特点及气象灾害特点的基础上，不断调整完善应急预案体系，以提高预案运行的实际效率。其次，由于气象灾害存在不确定性与差异性，农业气象灾害的应急预案体系往往需要保证一定程度的灵活性与时效性，这就要求地方政府需要从动态调整的角度来看待气象灾害应急预案的调整过程，即能够依据实际情况灵活提供多种预案，提高对突发灾害的应变能力，减少农户损失。最后，要详细规定灾前预警监测措施、应急方案执行及灾后恢复措施，并将应急预案体系放在实践之中进行检验与改善。

2. 构建农业气象灾害应急管理机制

气象灾害的应急管理往往涉及众多部门和众多资源，由于现行的管理体制不完善，忽视协调合作的重要性，所以地方政府总是难以及时有效地应对突发性的气象灾害事件。因此，地方政府应以提高应急管理效率为目标快速完善农业气象灾害应急管理体制：一要建立统一的气象灾害应急领导机构，并在市县区域设置分支机构，通过行政法规赋予其管理职能与职责，由其统一制定气象灾害应急政策与规划。同时，要对已有的应急管理部门进行重新整合，科学划分应急管理组织结构，明确各部门职能所在，进而提高应急管理组织的有效性。二是在此基础上建立应急管理协调合作机制，由统一的气象灾害应急领导机构来协调各职能部门、气象部门和社会机构组织之间的关系，并对人力、物资等各种资源进行整合分配，以便提升政府对气象灾害的管理水平。三是建设气候灾害应急管理人才队伍，加强相关工作人员的专业知识培训，丰富其专业气象灾害知识、提升其应急处置能力，同时应积极引进专业应急管理人才，提升应急队伍的管理水平和整

体素质，便于灵活地应对各种气象灾害。其次，要多开展应急演练项目，将理论知识与实践应用相结合，促使应急管理队伍内化应急措施，便于灾害发生后及时做出反应。同时也可以在演练中加强各部门间的协调合作，以便未来能够有效应对复杂状况。

3. 完善灾后调查评估工作

气候灾害调查与评估是防灾减灾过程中的重要步骤，直接影响着灾害应对措施的有效性，以及对未来灾害的预防能力。对此，地方政府应逐渐强化灾害调查评估工作：一要做到定期调查灾情，对于全省发生的气象灾害应进行统计与分类，并将其信息收入相应的数据库中。二要做好气象灾情信息的收集与分析。要充分发挥气象信息员的作用，系统有效地收集灾情信息，并利用信息共享平台实现省市县信息互通。此外，调查团队应该第一时间赶赴实地进行调查，全面真实地了解灾情现状，以便决策层更快更好地做出应对措施。三要构建气象灾害评估体系，要在制定各种气象灾害评估标准的基础上加强灾时评估工作与灾后评估工作，做到既能在灾时全面把握灾情状况、准确预判发展趋势，也能在灾后准确评估气象灾害类别、灾害发生位置、经济损失等，进而可以为决策层提供有价值的气象灾害评估报告，间接提高防灾减灾效果。

13.3.5 加快新技术的研发与应用，为应对气候变化提供技术支撑

新疆位于干旱区，农业生产体系的气候变化脆弱性很大，未来新疆农业生产遭受极端天气／气候事件的风险依然很高。为此，新疆应该加快实施农业科技创新战略，大力发展智慧农业，以应对未来气候变暖下区域农业生产可能遇到的灾害风险。

1. 利用大数据技术为农业安全保驾护航

大数据的关键技术可以实现农业物联网大数据的存储、分析、查询，从中分析的有用信息可以进行农业安全预警（比如墒情预警、土壤肥力预警、病虫情势预警、气象灾害预警等），促进农业的蓬勃发展，所以农业的发展离不开大数据的支持，农业大数据是信息技术发展的结果也是新阶段农业安全预警的预警手段（许世卫，2014；张浩然等，2014）。

目前，大数据技术得到了世界各国的广泛关注，大部分相关技术日趋成熟。农业数据也呈现出海量爆发模式，农业也迈入了大数据时代。大数据成为和物联网、云计算、移动互联网同样重要的技术和趋势（孙忠富，2013）。搜集数据、使用数据已经成为各国竞争的一个新的制高点。大数据可为农业安全预警工作带来了新的发展机遇，从耕地、育种、播种、施肥、病虫害防治、收获、储运、农产品加工、销售等各个环节的大数据入手进行数据分析和挖掘，从而为农业安全预警工作提供数据支持。建议尽快构建新疆智慧农业大数据平台，为新疆农业生产安全保驾护航。

2. 采用人工增雨（雪）技术应对日益严重的农业干旱灾害

干旱是新疆最主要的气象灾害之一。新疆的干旱不仅具有永久性特点，而且季节性

特征鲜明，在河流枯水期尤为明显，特别是春旱往往导致作物不能按时播种，使春季迅速增加的光热资源得不到充分利用，被迫临时改用生育期短、产量低的品种（熊振民和蔡洪法，1992）。此外，新疆的生态系统退化、沙漠化、盐渍化等都与水资源短缺联系密切，增加水资源量是解决农业发展中一切问题的核心与关键。

多年来的实践表明，人工增雨（雪）技术是一项行之有效的增水抗旱的技术措施，在新疆减轻农牧业干旱灾害上发挥了积极作用。有研究认为，每年流经新疆上空的水汽总量约为26000亿 t，新疆区域上降水总量（面雨量）多年平均为2724亿 t，占总水量的10.78%，通过人工降雨（雪）使新疆上空的水汽利用率增加到20%，增加水量2476亿 t，将会极大缓解新疆水资源的供需矛盾，几乎可使新疆绿洲扩大一倍，对新疆社会的稳定和长治久安极为有利。

建议加大人工增雨（雪）科技投入、加强人工增水的技术设备的研发与新技术的应用，形成稳定、科学和可持久的人工增雨（雪）作业体系，合理布局作业区，使适于人工增雨（雪）的区域全覆盖，提高作业区降水效率。

3. 开展粮食棉花等作物的抗旱、耐盐、抗寒新品种培育

利用新疆自然生态条件与丰富的种质资源条件，开展粮食、棉花等作物的抗旱、耐盐、抗寒种质资源精准评价、创新；加快开展主要农作物基因组学研究，加强主要农作物重要性状形成的分子基础研究，尤其是主要作物响应高温和干旱胁迫的细胞和分子机制，研究植物抗逆性的分子机制，发掘、利用抗逆相关的功能基因，从分子水平上提出了植物抗逆分子机制；高产、优质、抗旱、抗寒的小麦、玉米、水稻、棉花等作物的杂交育种、分子育种进程；开展主要作物的重大品种选育，应对干旱、盐碱化等不利环境条件下的抗逆品种选育，选育产量潜力高、品质好、抗逆的优良作物品种。

4. 构建应对极端气候条件下的农作物抗逆栽培综合技术体系

以构建现代绿色节水农业为导向，重点加强农业集约化种植、粮食丰产、循环农业、中低产田改造农林生态环境保护等共性技术集成与示范，以促进优良品种区域化、专用化、栽培方式矮化密植集约化、设施化，生产技术向标准化、绿色有机化发展。

在水肥利用方面，加强新疆水肥（药）一体化高效施肥技术研发多功能滴灌肥及生产工艺、农林废弃生物质炭化生产炭基肥研发与示范、新型微生物肥料研发高效施药新技术及智能化装备研发、盐碱土壤改良技术、水肥综合调控技术、各类作物调节剂和土壤调理剂等新型肥药研发 充分发挥水肥药利用效率，促进水肥药调控精准化、管理简约化。

在病虫害防治领域，重点开展生物灾害监测预警和无虫害控制技术、重大生物灾害流行规律、外来有害生物灾害的预警与防控技术、生物防治技术、环境协调的生物和化学药剂防治协调技术、新型生物杀虫剂及其工厂化生产技术、重大生物灾害对气候变化的响应动态、监测预警和防止技术、水肥药一体化精准技术。

5. 加快推进低碳畜牧养殖系列化技术研发

重点开展丰产性优良品种培育技术及杂优利用技术、高产高效养殖技术、低碳日粮管理技术、高效替代的粗纤维含量低的饲料，以及低碳饲料物理形态、化学和微生物处理技术、规模化养殖场粪污控制技术、耐寒四季型户用沼气池设计及循环利用技术。

6. 强化统防统治与新技术应用，预警和防治毁灭性病虫害

受当前全球气候变暖的影响，新疆也出现了病虫害灾害损失加剧的现象，给新疆的农业、畜牧业和特色林果业等的发展造成了比较严重的影响。为预防逐渐加重的病虫危害，需要强力推进统防统治病虫害防治方针。在技术层面上，除了传统药物防治措施外，环境友好型防治技术，尤其是新型病毒农药、抗病虫害农作物新品种、诱集带和"哨兵树"之类的生物防治技术，近年来受到了广泛的关注。美国佛罗里达大学昆虫学家 Jiri Hulcr 提出，"哨兵树"是对抗森林害虫的新战线。因此，建议在新疆病虫危害严重的农林区尽快开展相关试验与应用工作。

此外，针对新疆农牧民普遍文化程度不高的现实，亟需开展病虫害防治科学知识的宣教与培训，提高有害生物防控能力。

13.3.6 用足用好农业金融工具，降低农产品生产与价格波动风险

农业是经济和社会发展的基础，农业的稳定发展离不开风险管理制度，农业保险是最重要的制度和工具之一（庹国柱，2019）。农业保险可为农户提供灾后风险融资，为农业生产经营活动提供风险保障。农产品期货为涉农企业进行农产品价格风险分散与对冲的提供金融工具。农业保险和农产品期货市场都是国家服务"三农"、保障粮食安全的重要金融媒介。农业保险旨在实现对农户生产风险的转移；农产品期货市场旨在为涉农企业实现风险对冲，二者虽角色定位不同，但共同致力于转移和分散农业全产业链的风险（叶明华和庹国柱，2016）。

1. 推进农业生产保险，减轻农产品生产损失

保险作为非银行金融机构，在农牧业发展中起着保护网的作用，可以最大限度地降低自然灾害给农牧业生产造成的危害，减少农户非经营性损失，有助于保障农牧业生产的可持续性发展，保证国民经济的协调发展。

随着新疆粮食、经济作物与林果种植面积的扩大，农业经济取得了长足发展。但同时沙尘暴、倒春寒、干热风、冰雹等极端天气也对农业生产影响巨大。农牧产品关系着许多新疆农牧民的生计，但天灾、病害时常导致农牧民因灾致贫，近年来屡有果农绝收现象发生，损失惨重。因此，必须尽快建立完善的新疆农牧业保险体系，给农牧民吃上"定心丸"，有利于新疆农牧业生产的稳定发展。

传统意义上的农业保险一般包括单一及指定灾害保险和多灾害保险。前者提供特定灾害（例如冰雹、洪灾）风险保障，后者又称为产量保险，保障各种原因导致的农作物

产量损失（陈晓峰，2012）。以美国为代表的发达国家更是充分利用"绿箱"政策空间，出台实施各类与农户生产行为脱钩、不扭曲农产品贸易，又可对农产品价格、单产、收入三方面同时提供保障的农业政策性保险（方言和张亦驰，2017）。棉花保险是全疆最早开办的农业保险险种之一，成本保险、产量保险、天气指数保险、价格保险、收入保险，这些保险满足了新疆棉花保险制度结构的需要，其目的是为新疆棉花产业发展及棉农增收提供更加全面有效的保障服务，从而全方位、多角度地发挥棉花保险经济补偿功能与作用（王磊焱等，2016）。棉花价格的稳定，保护了新疆棉农的利益，稳定了新疆棉花生产，同时对下游棉花加工业和纺织业产生了积极影响，对新疆社会稳定也具有一定的政治意义（黄季焜等，2015）。为应对天气异常变化对人类生产经营活动造成的影响，天气风险保险应运而生。保险作为应对天气风险的重要工具在国外发展得已经较为成熟，灾害天气保险与一般天气保险在为各行各业分散和转移天气风险方面发挥了重要作用（金满涛，2018）。农业天气指数保险是与农业单险种保险和多险种保险完全不同的一种保险机制和产品，属于农业保险的制度和产品创新。但农业天气指数保险存在基差风险问题，不解决这个问题，农业天气指数保险难以实现大规模应用。虽然风险难以消除，但可以通过缩小项目范围等措施予以减轻。在特定的地区开发一款农业天气指数保险产品，针对特定的风险、特定的保险标的和特定的被保险人，只要项目目标适宜且能够实现，那么项目就能获得成功，再将覆盖不同地区或不同风险的成功项目汇聚起来，就形成了规模（张玉环，2017）。

2. 充分利用农产品期货平台，降低农产品波动风险

期货市场是一种较高级的市场组织形式，是市场经济发展到一定阶段的必然产物。鉴于期货市场具有调节市场供需稳定价格、为政府宏观调控提供参考依据等宏观经济作用，以及形成公正价格、对交易提供基准价格、回避价格波动所带来的商业风险、降低流通费用稳定产销关系、合理配置资源和锁定生产成本并稳定经营利润等微观经济作用，新疆完全可以将大宗农产品，如棉花、小麦及特色林果产品等纳入正规农产品期货交易平台，例如，郑州商品交易所（目前该交易所的小麦和棉花期货已纳入全球报价体系）在发现未来价格、套期保值等方面发挥积极作用，"郑州价格"已成为全球小麦和棉花价格的重要指标，从而起到降低农业生产风险、稳定价格、降低农业损失保障农民收益作用。

参考文献

陈曦. 2010. 中国干旱区自然地理. 北京：科学出版社.

陈晓峰. 2012. 农业保险的发展、挑战与创新——全球天气指数保险的实践探索及政府角色. 区域金融研究，（8）：62-67.

陈亚宁，杨青，罗毅，等. 2012. 西北干旱区水资源问题研究思考. 干旱区地理，35（1）：2-5.

陈云峰，高歌. 2010. 近20年我国气象灾害损失的初步分析. 气象，36（2）：76-80.

董海燕，王合玲 . 2015. 新疆地区农业产值的影响因素分析 . 石河子科技，（6）：19-22.

方言，张亦弛 . 2017. 美国棉花保险政策最新进展及其对中国农业保险制度的借鉴 . 中国农村经济，（5）：
88-96.

贺晋云，张明军，王鹏，等 . 2011. 新疆气候变化研究进展 . 干旱区研究，28（3）：499-508.

胡汝骥，樊自立，王亚俊，等 . 2001. 近 50 年新疆气候变化对环境影响评估 . 干旱区地理，24（2）：97-
103.

胡汝骥，姜逢清，王亚俊，等 . 2002. 新疆气候由暖干向暖湿转变的信号及影响 . 干旱区地理，25（3）：
194-200.

黄程琪 . 2019. 新疆农业水资源利用效率及影响因素分析 . 石河子：石河子大学学位论文 .

黄季焜，王丹，胡继亮 . 2015. 对实施农产品目标价格政策的思考——基于新疆棉花目标价格改革试点的
分析 . 中国农村经济，（5）：10-18.

姜玉英，陆宴辉，李晶，等 . 2015. 新疆棉花病虫害演变动态及其影响因子分析 . 中国植保导刊，35（11）：
43-48.

金满涛 . 2018. 天气保险的国际经验比较对我国的借鉴与启示 . 上海保险，（9）：49-51.

郎新婷 . 2016. 新疆粮食生产效率及影响因素研究 . 乌鲁木齐：新疆农业大学学位论文 .

李春娥 . 2018. 新疆土地荒漠化时空变化特征分析 . 测绘科学，43（9）：33-39.

李广东，邱道持 . 2011. 耕地保护机制建设面临的挑战与对策 . 农机化研究，（1）：9-12.

李广东，邱道持，王平 . 2011. 中国耕地保护机制建设研究进展 . 地理科学进展，30（3）：282-289.

李广华，李晶，艾合买提江，等 . 2009. 浅析新疆小麦病虫害防治工作面临的问题及对策 . 新疆农业科
技，（3）：30.

刘东 . 2016. 新疆农业产业结构变化特征分析研究 . 农业经济与科技，27（12）：159-161.

刘立涛，刘晓洁，伦飞，等 . 2018. 全球气候变化下的中国粮食安全研究 . 自然资源学报，33（6）：927-939.

刘志林 . 2013. 新时期新疆农业产业化发展战略研究 . 现代农业科技，（22）：276-280.

罗冲 . 2016. 气候变化下的玛纳斯河流域土壤盐渍化动态演变研究 . 石河子：石河子大学学位论文 .

马惠兰，刘英杰，孙长平 . 2010. 新疆粮食生产与影响因素分析 . 农业技术经济，（11）：96-99.

穆少波 . 2018. 构建新疆现代畜牧产业体系研究 . 实事求是，（4）：77-84.

潘俊峰，钟旭华，黄农荣，等 . 2017. 近 20 年新疆水稻生产发展及影响因素分析 . 中国稻米，23（3）：
22-27.

普宗朝，张山清，李景林，等 . 2013. 近 50 a 新疆 ≥ 0℃持续日数和积温时空变化 . 干旱区研究，30（5）：
781-788.

施雅风，沈永平，胡汝骥 . 2002. 西北气候由暖干向暖湿转型的信号，影响和前景探讨 . 冰川冻土，24（3）：
219-226.

司炜炜 . 2019. 基于 SWOT 分析的新疆维吾尔自治区特色农业产业化发展对策研究 . 乡村科技，（6）：30-
31.

孙桂丽 . 2011. 新疆极端水文事件时空分布特征及其对气候变化的响应研究 . 北京：中国科学院大学学位
论文 .

孙九胜，单娜娜，王新勇，等 . 2012. 新疆耕地变化的时间特征及耕地保护的 SWOT 分析 . 新疆农业科

学，49（6）：1127-1134.

孙培蕾 . 2017. "丝绸之路经济带"背景下新疆农业竞争力研究 . 石河子：石河子大学学位论文 .

孙忠富，杜克明，郑飞翔，等 . 2013. 大数据在智慧农业中研究与应用展望 . 中国农业科技导报，15（6）：63-71.

谭灵芝 . 2015. 适应性政策对区域农业产业结构调整与农业发展的影响 . 浙江农业学报，27（10）：1850-1858.

田长彦，周宏飞，刘国庆 . 2000. 21 世纪新疆土壤盐渍化调控与农业持续发展研究建议 . 干旱区地理，（23）：178-181.

庹国柱 . 2019. 我国农业保险政策及其可能走向分析 . 保险研究，（1）：3-14.

王晶，肖海峰 . 2018. 2000~2015 年新疆粮食生产时空演替与驱动因素分析 . 中国农业资源与区划，39（2）：58-66.

汪希成，黄静静，杨强 . 2009. 新疆农业现代化与农民增收问题的实证分析 . 乡镇经济，（3）：15-19.

王磊焱，徐向勇，孙莉萍 . 2016. 改进创新新疆棉花保险产品研究 . 金融发展评论，（4）：57-79.

王松梅 . 2012. 我国农业安全问题研究现状综述 . 生产力研究，（1）：249-251.

王祥峰，吴新涛 . 2017. 我国农业生产现状、安全隐患与应对策略 . 农业科技通讯，（4）：15-16.

王彦 . 2018. 新疆农业面源污染的经济分析与政策研究——以化肥污染为例 . 石河子：石河子大学学位论文 .

吴美华，王怀军，孙桂丽，等 . 2016. 新疆农业气象灾害成因及其风险分析 . 干旱区地理，39（6）：1212-1220.

吴晓芳，陈美球，周丙娟，等 . 2008. 我国耕地保护机制现状与对策思考 . 国土资源科技管理，25（1）：121-124.

熊振民，蔡洪法 . 1992. 中国水稻 . 北京：中国农业科技出版社 .

许世卫 . 2014. 农业大数据与农产品监测预警 . 中国农业科技导报，16（5）：14-20.

杨志莹，刘新平，单娜娜，等 . 2015. 新疆耕地保护机制现状与对策研究 . 农业与技术，35（20）：68-70.

叶民权，陈保华 . 1996. 新疆自然灾害区划研究 . 自然灾害学报，5（5）：14-21.

叶明华，庹国柱 . 2016. 农业保险与农产品期货 . 中国金融，（8）：64-66.

俞燕 . 2015. 新疆特色农产品区域品牌：形成机理、效应及提升对策研究 . 武汉：华中农业大学学位论文 .

张浩然，李中良，邹腾飞，等 . 2014. 农业大数据综述 . 计算机科学，41（11A）：387-392.

张玉环 . 2017. 国外农业天气指数保险探索 . 中国农村经济，（12）：81-92.

赵其波 . 2015. 区域农业安全理论及实证研究 . 北京：中国农业大学学位论文 .

赵其国 . 2003. 现代生态农业与生态安全 . 生态环境，12（3）：253-259.

赵振勇，乔木，吴新生 . 2010. 新疆耕地资源安全问题及保护策略 . 干旱区地理，33（6）：1019-1025.

朱金声 . 2013. 气候变化下新疆林果业重大害虫灾变规律研究 . 南京：南京农业大学学位论文 .

左停，周智炜 . 2014. 农业安全视域下的粮食安全再认识 . 江苏农业科学，42（5）：1-2.

Ganey J，Bing J，Byrne P F，et al. 2019. Science-based intensive agriculture：sustainability，food security，and the role of technology. Global Food Security，23：236-244.

IPCC. 2013. Climate Change 2013：the Physical Science Basis. Ccontribution of Workshop Group I to the Fifth

Assessment Report of the IPCC. Cambridge and New York: Cambridge University Press.

IPCC. 2019. Special Report on Climate Change, Desertification, Land Degradation, Sustainable Land Management, Food Security, and Greenhouse Gas Fluxes in Terrestrial Ecosystems. Cambridge and New York: Cambridge University Press.

Jiang F Q, Hu R J, Wang S P, et al. 2011. Trends of precipitation extremes during 1960—2008 in Xinjiang, the northwest China. Theor Appl Climatol, 111 (1-2): 133-148.

新疆气候变化科学评估报告

第 14 章　能源安全对策

主要作者协调人：姜克隽　王　阳
主　要　作　者：陈　莎　李江涛

▪ 执行摘要

　　新疆是我国重要的能源生产基地和输送通道。能源行业是新疆经济发展的一个支柱产业。新疆的地理位置在国家战略全局中具有特殊的意义，因此其能源安全十分重要。现阶段，化石能源的生产和消费均占新疆能源生产和消费的 90% 以上。这种以化石能源为主体的能源结构使新疆的能源环境安全和能源气候安全面临严峻挑战。应对上述挑战，实现新疆能源安全的关键是实施以"清洁、低碳"为核心的能源转型。新疆实施能源转型具有以下几个方面的优势：① 新疆可再生能源资源丰富。在现有技术水平下，新疆 100m 高度风能资源技术开发量 8.88 亿 kW，约占全国风能资源技术可开发量的 19.94%；光伏发电技术装机容量约为 212 亿 kW，约占全国光伏发电技术装机容量的 46.48%；光热资源的技术装机容量约为 103 亿 kW，约占全国光热发电技术装机容量的 31.45%。保守估计，新疆风电和光伏的年发电量约 31.12 万亿 kW·h，为 2018 年新疆全社会用电量 2513.48 亿 kW·h 的 124 倍，约为 2050 年新疆全社会用电量 7027.3 亿 kW·h 的 44 倍。② 未来气候变化对于新疆风能、太阳能等资源的影响不大。③ 电力外送能力不断提升。2020 年自治区重点推进"疆电外送"准东—皖南 ±1100kV 特高压直流输电工程和哈密—郑州 ±1100kV 特高压直流输电工程配套准东新能源基地 512 万 kW（其中风电 385 万 kW，光伏发电 127 万 kW）和哈密风电基地二期 25 万 kW（其中风电 15 万 kW，光伏发电 10 万 kW）项目及电力送出工程建设。基于新疆人口经济发展的驱动，以新疆生态环境持续改善，大气污染物减排为目标的新疆能源低碳情景显示，到 2050 年，新疆可再生能源可占据一次能源的 63%，可以有效解决新疆能源环境安全问题，同时可以保障新疆的能源气候安全。新疆实现"清洁、低碳"的能源转型情景的主要路径为：2025 年非化石能源占比达到 20% 以上，2035 年 35% 以上，2050 年达到 65% 以上；大力发展风电、太阳能发电等可再生能源，2025 年实现风电装机 5000 万 kW 以上，光伏 5000 万 kW 以上。2050 年风电装机 1.2 亿 kW 以上，光伏 3 亿 kW 以上；改造燃煤电站深度调峰，以匹配大规模可再生能源电力的接入；提升电网吸纳可再生能源电力能力，构建区域内的大规模利用可再生能源的电力供应体系。

能源安全是事关国家经济社会发展和人民根本利益的全局性、战略性问题，是实现我国能源高质量发展的应有之义。新疆是我国化石能源和可再生能源的富集区。国家对新疆能源的战略定位为："新疆要建设成全国大型油气生产加工和储备基地、大型煤炭基地、重要的石化产业集群、全国可再生能源规模化利用示范基地和进口能源资源的陆上大通道"。从当前新疆的能源生产和消费结构看，化石能源的生产和消费均占全区能源生产和消费的 90% 以上。其构成新疆大气污染和温室气体排放的结构性因素。若要实现新疆的能源环境安全和能源气候安全，确保 2050 年"美丽新疆"的建设目标，必须要改变新疆现有的能源消费结构，实施以"清洁、低碳"为核心的能源转型。本章着重从政策、技术和经济等层面评估了新疆能源转型的可行性，并以 2050 年新疆生态环境持续改善，大气污染物的减排为目标构建了新疆能源低碳转型情景，给出了新疆能源转型的具体路径和政策建议。

14.1 新疆能源安全

14.1.1 能源安全的新认识

传统意义上的能源安全主要指能源供需安全。但最近学界对能源安全又有了新的认识，这主要体现在：

（1）能源供需安全，不再只是供给端的问题，而应当理解为科学的供给满足合理的需求。我们传统上理解，供应跟不上需求，就是不安全。但随着经济发展和科技进步，对能源安全的理解产生了新的思考，粗放的供给满足不合理需求的观念是不正确的，因此供应科学化和需求合理化相结合，在优化供给侧的同时，还要抑制不合理需求，实现供与需双向协调。

（2）能源安全不仅限于供需安全，能源环境安全也应纳入进来。当前，能源的环境安全已经成为能源安全的重要组成部分。20 世纪 80 年代以来，世界范围内的环境污染和生态破坏已经引起各方面高度重视。中国也已经把生态环境安全列入能源安全的重要部分。国家提出了一系列计划，对能源使用中的污染物排放做出了严格要求，煤炭清洁高效利用已经成为国家能源战略，同时支持可再生能源和新能源利用，今后环境可持续发展要靠能源革命来保障。

（3）能源气候安全也应纳入能源安全。目前，全球很多地区气候容量空间正趋于饱和，有些地方还出现了满载，气候风险总体不断提升。气候变化主要原因在于化石能源排放温室气体。为了应对当今气候变化，我国必须进行碳约束下的能源安全管理。2020 年，我国碳排放目标较 2005 年下降 45.8% 的目标已经于 2018 年完成。应对气候变化推动能源低碳转型，只要政策得当，它与经济的关系是双赢的，这主要指它会助推新能源的发展和新型经济的增长。全球气候与经济委员会发布的报告《开启 21 世纪包容性增长的故事》佐证了这一观点，其中提到气候行动到 2030 年可创造 26 万亿美元经济利益，2030 年前可创造 6500 万个新的低碳就业。能源发展也必须要纳入长期应对气候变化所带来的温室气体减排的要求。实现《巴黎协定》目标，需要 2050 年

CO_2 深度减排。新疆能源发展也需要在这样的条件下考虑未来的格局。目前的规划和战略中缺乏这样的认识。

（4）能源安全研究应具备国际视野和长远战略眼光。我国立足于提高能源核心竞争力，已确立具备国际视野和长远战略眼光的能源观，即基于新能源科技和产业振兴，这对我国长远能源安全非常重要（杜祥琬，2019）。

以新的能源安全观来分析，作为我国能源生产和供应的重要基地，新疆面临的主要的能源安全问题是能源环境安全及能源气候安全，新疆实现新型能源安全的关键就是实施以"清洁、低碳"为核心的能源转型（图 14-1）。

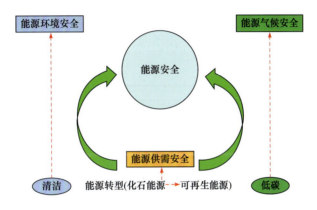

图 14-1　新型能源安全与能源转型的关系

14.1.2　新疆能源安全的现状和挑战

1. 化石能源消费比重过高

从新疆能源生产和消费结构看，目前化石能源的生产和消费均占全区能源生产和消费的 90% 以上，其中煤炭生产占能源生产总量的 50% 以上，煤炭消费占能源消费总量的 60% 以上，尽管水电、风电、太阳能等清洁能源的生产和消费不断提高，但现阶段化石能源仍是主要能源，短期内难以改变。新疆能源消费构成中非化石能源占比仅为 10% 左右，明显低于全国平均水平。以煤为主的能源消费结构，使得化解高碳化石能源路径依赖面临巨大挑战。新疆经济社会发展对能源产业依赖过重，经济增长方式粗放、产业结构偏重，能源资源利用效率较低。

2. 生态环境污染仍然严重

2000 年以来，随着经济发展，新疆污染物排放总量呈现上升趋势，且上升幅度随时间变得越来越大，尤其是 2010~2013 年增加较快，说明近年来工业废水对水环境污染的影响越来越大，从发展趋势来看，近期工业废水排放总量仍将增大；2000~2009 年，新疆工业废气排放量呈现逐渐上升趋势，增加幅度较小，从 2009~2013 年，工业废气排放量急剧增加，说明其对大气环境污染的影响越来越大，从发展趋势来看，近期工业废气排放量仍将增大（陈枭萌和吕任生，2016）。就乌鲁木齐而言，虽然其在 2012~2013 年大规模使用天然气替代冬季燃煤取暖，但其 2014 年后的 PM_{10}、NO_2 浓度显著下降幅度并不显著。

3. 可再生能源浪费严重

2015 年以来，新疆新能源发电消纳比重保持小幅增长趋势，2018 年新疆新能源发电消纳比重为 14%，但新能源弃电形势严峻。2015~2018 年，新疆新能源消纳指数持续红色预警区间。近两年，新疆弃风弃光限电问题逐渐缓解，但弃电形势依然严峻，2018 年新疆新能源弃电率仍高达 21%（表 14-1）（国网能源研究院有限公司，2020）。2019 年全年弃风率、弃光率分别为 14%、7%，仍然属于橙色预警范围。

表 14-1　2015~2019 年新疆新能源消纳情况

年份	弃风率 /%	弃光率 /%	新能源弃电率 /%	新能源发电消纳比重 /%
2015	32	26	31	10
2016	38	32	37	12
2017	30	22	28	13
2018	23	16	21	14
2019	14	7	12.5	23

目前，乌鲁木齐市达坂城风区、阿勒泰地区、额尔齐斯河谷风区、昌吉州木垒风区、哈密市十三间房和淖毛湖风区等区域风电利用率和阿勒泰地区、塔城地区、阿克苏地区、喀什地区、和田地区、克州等 6 个地区光伏发电利用率均低于全区平均水平。

4. 电力系统缺乏灵活性，新能源发展速度与跨区外送能力不协调

随着社会经济发展，新疆第三产业与居民用电负荷上升，导致负荷峰谷差加大。大规模新能源并网导致电源侧波动性加大。根据历史数据，负荷与电源存在反调峰特性，进一步提高系统调峰需求。源荷反调峰现象将加剧系统调峰能力不足[1]。

对于集中大规模新能源开发区域，装机量远大于本区域负荷，需要大量外送增加新能源消纳。但新疆电网仍处于建设过渡期，2019 年存在 14 个受阻断面，严重影响区域电力互济与电能的传输与消纳，影响新能源消纳水平的提升。

5. 可再生能源经济激励制度不够合理

当前，固定电价政策是中国可再生能源发展的主要支持机制，但补贴机制存在的问题，使改革迫在眉睫。电力附加费并不能保证为规模日益增长的可再生能源项目提供资金支持。另外，补贴水平不平稳，且当补贴下降时产生新增项目的"抢装潮"。因此，固

---

[1]　国家可再生能源中心 . 2016. 中国可再生能源展望 2016

定电价机制并不适用于未来电力市场改革及可再生能源市场化。

对于可再生能源技术的支持主要是为应对化石能源价格补贴。现在的化石能源价格并没有完全反应化石能源利用对中国社会的全部成本。环境成本没有真实呈现，且化石能源的其他支持机制也扭曲了不同能源技术之间的竞争[1]。

新能源补贴下调与平价上网的趋势下，新能源替代市场规模必然逐渐降低。急需建立新的新能源消纳市场机制，并以电力现货市场为实施主体提升新能源的消纳能力[2]。

6. 能源转型需求认识不足

CO_2 深度减排对新疆能源发展提出了巨大的战略需求。但是目前新疆在制定近期规划和长期战略中都缺乏这样的认识。

14.1.3　未来气候变化给新疆能源发展带来的挑战

过去几十年的气候变化带来的温度、风速、极端天气变化明显，增加了新疆制冷的能源需求和消费，而减少了采暖的能源需求和消费（高信度），使得风电产出有负面影响（中等信度），给电网的运行带来更大挑战（高信度）。未来气候变化背景下，温度将持续上升，长期来讲会对新疆采暖和制冷能源需求产生进一步的影响，甚至会带来一些根本性的变化，即采暖需求明显下降，采暖所需的能源也明显下降，而制冷需求上升（高信度）。极端事件将增加，对电网运行的负面影响会加大（高信度）。在 RCP2.6 排放情景下，中期（2046~2065 年），新疆风能资源可开发区的风速会有所下降，平均下降幅度约 5% 左右；远期（2080~2099 年），北疆风能资源可开发区的风速会略有上升（平均增加约 3% 左右），而南疆风能资源可开发区的风速会有所下降（平均下降幅度约 6% 左右）。光照条件持续变好，有利于新疆光伏发电和相关产业发展（中信度）。水资源变化根据不同流域出现不同情况，但是总体上对水电发展的影响是负面的。

未来新疆能源发展规划中需要充分考虑这些影响。在水电发展方面，需要针对不同的流域进行分析，制定水电开发方案。特别是水电的长寿命期，需要在较长时间段内考虑水资源的变化。而在气候变化背景下，这种变化会比较明显。同时对于居民建筑，也需要根据不同温度区分未来发展模式，设计新建建筑的节能标准，从以采暖为主，到采暖和制冷并重的设计理念。未来光伏发展更为有利，新疆的能源发展格局需要纳入在光伏大规模发展模式下的高可靠性供应体系。气候变化对风电的影响较为负面，但是考虑到新疆优越的风电资源，而需求量相对较小，可以在风电选址和技术选择上明确要求，考虑未来风速的变化。新疆的风电发展可以避免气候变化带来的负面影响。总体上来讲，未来新疆的能源规划和能源转型需要更进一步设计高可靠性低碳的能源供应系统。

[1]　国家可再生能源中心 . 2017. 中国可再生能源展望 2017
[2]　国家可再生能源中心 . 2018. 中国可再生能源展望 2018

14.2 新疆能源政策

14.2.1 新疆能源规划和政策

根据《新疆"十三五"能源发展规划》，"十三五"期间，新疆按照国家"三基地一通道"（国家大型油气生产加工和储备基地、大型煤炭煤电煤化工基地、大型风电和太阳能发电基地、国家能源资源陆上大通道）的战略定位，资源开发可持续、生态环境可持续的基本理念，以西联东进、疆能外送、服务全国为发展方向，安排建设规模，实现能源开发由资源导向到市场导向的转变；注重合理控制年度建设规模，结合市场情况和消纳能力，科学确定年度建设计划；注重规范项目建设基本程序，确保项目合法建设生产。

《新疆"十三五"能源发展规划》提出，到 2020 年，新疆一次能源生产总量约 3.5 亿吨标煤，逐步构建符合自身特点和科学发展需要的多元、稳定、高效、清洁的能源开发利用体系，保障国家能源安全和自治区经济社会发展。确保"十三五"末，新疆非化石能源占一次能源消费比重达到 17% 和非水可再生能源电力消纳比重达到 13% 发展目标。

根据《新疆维吾尔自治区煤炭工业发展"十三五"规划》，"十三五"期间新疆坚持"创新、协调、绿色、开放、共享的新发展理念"，围绕自治区社会稳定和长治久安总目标，以供给侧结构性改革为主线，以科技创新和改革创新为动力，以建设国家级大型煤炭基地为重点，以培育大型煤炭企业集团为途径，争取到 2020 年，构建开发有序、总量可控、布局合理、集约高效、安全绿色的自治区煤炭工业体系，为建设团结和谐、文明进步、安居乐业的社会主义美丽新疆提供能源保障。

《新疆维吾尔自治区"十三五"风电发展规划》指出，新疆风电发展将按照建设国家"三基地一通道"部署要求，充分发挥资源、区位、环境承载力强等优势，优化开发布局，着力打造"两大基地，一个条带，五大区块"，提升"两种能力"，大力发展风电产业，扩大风电消纳能力，提升风能资源综合利用水平，建成国家大型风电基地。一是有序推进大型风电基地建设。结合电力市场、区域电网和特高压外送输电通道建设，加快实施哈密千万千瓦级风电基地，积极推进准东百万千瓦级风电基地建设。二是加快资源富集区域风电开发。按照"就近接入、本地消纳"的原则，在风能资源相对较好，接近电力负荷中心的区域，因地制宜开发建设中小型风电项目，加快达坂城、百里风区、塔城、阿勒泰、若羌等百万千瓦级风电基地建设。三是鼓励分散式接入风电开发。按照分散利用、就地消纳的开发方式，结合"十三五"期间各地区电网布局和农村电网改造升级，考虑资源、土地、交通运输以及施工安装等建设条件，因地制宜推动接入低压配电网的分散式风电开发建设，推动风电与其他分布式能源融合发展。四是积极开展风能资源多途径利用。鼓励各地区根据资源条件、消纳情况，结合当地需要，积极推进风电清洁供暖（制冷）工程建设。因地制宜开发扬水灌溉示范、风电制氢、风光水火储一体化示范工程，积极推进新能源微电网建设。促进远离城市的边远农村、牧区等地区离网型风电发展，鼓励为城市景区、庭院等地方亮化照明的离网型风电应用。五是打造风电装备制造基地。充分发挥风电产业优势，集中力量，重点培育，提高科技含量，提升核心竞争力，促进转型升级和成本降低，全力打造以金风科技、华锐风电、中国海装、明阳智能等企业为主的风电装备制造基地。六是加强科技创新能力建设。优化风电技术设备产业链，增强风电核心设备研发，掌握大型风电机组、低风速机组以及适应新疆极端气候条件下的风电机组和关键部件设计制造技术，在大型风电场尾流、120 米混凝土预应力塔筒等关键技术取得重大突破。利用互联网、物联网、大数据等新一代信息技术，加快大规模风电场和光伏电站集群远程监控技术攻关。加强风电公共信息服务中心、公共研发与实验测试中心建设。培养引进一批在国内国际上具有影响力的科技领军人才和高水平创新团队。

根据《新疆维吾尔自治区"十三五"太阳能发电发展规划》，"十三五"期间新疆将重点打造"两大基地，四大集群"，建成国家大型太阳能发电综合应用基地和外送基地。新疆太阳能发电发展将按照建设国家"三基地一通道"的部署要求，加快太阳能资源开发利用，推进太阳能发电规模化发展，有序发展分布式光伏发电，推动光伏发电多元化应用，开展太阳能热发电产业化示范，大力实施光伏扶贫工程，提高太阳能发电经济性，切实缓解弃风弃光问题。大力推进国家大型太阳能发电基地建设。依托疆内 750kV 电网、特高压直流外送通道及其他能源利用形式，加快南疆、哈密、吐鲁番、准东、博州等区域太阳能资源开发利用，重点打造"两大基地，四大集群"，实施光伏领跑者计划。积极推进分布式光伏发展。支持在已建成且具备条件的工业园区、经济开发区、大型公共建筑及仓储设施屋顶、采煤沉陷区建设分布式光伏电站，在吐鲁番、阿勒泰等地建设风光水储一体化运行示范工程，积极推动新能源微电网，因地制宜创新各类"光伏+"综合利用商业模式。因地制宜推进太阳能热发电示范工程建设。按照"先示范，后推广"的发展原则，积极支持不同技术路线太阳能热发电，推动哈密等资源条件好、具备消纳条件、生态条件允许地区建设太阳能热发电示范项目，通过示范工程不断提高太阳能热发电设备技术水平和系统设计能力，提升系统集成能力和产业配套能力。大力实施光伏扶贫工程。以光伏扶贫带动脱贫致富，重点在全区 32 个贫困县（市）的建档立卡贫困村，建设户用光伏发电系统或村级光伏扶贫电站，建立村级扶贫电站建设和后期运营监督管理体系，确保电站长期可靠运行和贫困户获得长期稳定收益。

《新疆电网"十三五"发展规划》确定了"外送八通道、内供五环网"的电网规划目标。到 2020 年，新疆电网将建成 5 条直流外送通道，在天中直流基础上新增准东—成都、准东—皖南、哈密北—重庆、伊犁—巴基斯坦 4 条直流外送通道，疆电外送送电能力达到 5000 万 kW。2020 年，新疆 750kV 电网将建成"五环网、三通道"覆盖全疆所有地区（自治州、市）骨干网架；220kV 电网将扩大覆盖范围，各地区（自治州、市）以 750kV 变电站为核心，围绕城市、工业区等负荷中心形成 220kV 双环网、沿绿洲经济带形成双链式辐射结构供电；110kV 电网实现短半径、密布点，全面提升配电网的供电可靠性。

"十三五"期间，新疆电网规划投资估计约为 2019 亿元，其中 750kV 及以下电网投资约为 771 亿元，规划新建 750kV 变电站 10 座，220kV 变电站 97 座，110kV 变电站 227座，110kV 及以上线路新增 26236km、变电容量新增 9269 万 kV·A。届时，新疆电网将是全国最大的省级电网，也是全国最大的外送基地。坚强的网架将为全面推进新疆丝绸之路核心区建设奠定坚实的基础。同时，新疆—巴基斯坦±660kV直流工程作为国际能源合作项目的建设对着力打造新疆"丝绸之路"经济带核心区地位，加快建成能源"三基地一通道"有着极为重要的作用，希望将新疆—巴基斯坦、哈萨克斯坦—南阳工程置于国家电网与周边电网互联互通优先发展方向，加快推进相关工作。

近年来，按照国家将新疆建成国家大型风电基地和光伏发电基地的要求，新疆根据"统一规划、合理布局、突出重点、有序开发"的原则，加快推进新能源资源规模化利用，新疆已经成为国家重要的大型风电和光伏发电基地。未来加快新能源产业的发展，着力解决弃光弃风问题，新疆制定了《新疆维吾尔自治区可再生能源"十三五"发展规划》《关于扩大新能源消纳促进新能源持续健康发展的实施意见》，以有序合理健康开发新能源。另外，新疆还出台了"加快推进电气化新疆工作方案"，以推进能源供给侧结构性改革。

新疆调整新能源发展方向，形成分布式新能源融合发展格局。今后将支持在已建成且具备条件的工业园区、经济开发区、大型公共建筑、仓储设施屋顶、采煤沉陷区建设分布式光伏电站；结合各地区电网布局和农村电网改造升级，因地制宜推动接入低压配电网分散式风电开发建设。

《2017年新疆维吾尔自治区政府工作报告》中提出，要加快"电气化新疆"建设，提升各族群众生活质量。推动全区10蒸吨及以下煤（油）锅炉改用电锅炉改造；实现新建建筑全部采用电采暖和原天然气集中供暖区域改为"气电互补"方式供热，电采暖面积占到总建筑面积的1%；选定1~2批试点城镇开展新能源汽车示范推广。按照"电气化新疆"总体目标，在"十三五"期间，自治区力争实现电能替代电量累计330亿kW·h，年均替代电量保持10%~20%的增速。增强消纳富余电力能力，改善能源消费结构，提高工业、交通、商业和城市居民、农村等领域的电气化水平，电能占终端能源消费比重提高1.5%。

根据《新疆维吾尔自治区国民经济和社会发展第十四个五年规划和2035年远景目标纲要》，新疆未来将着重加快建设国家"三基地一通道"。落实国家能源发展战略，围绕国家"三基地一通道"定位，加快煤电油气风光储一体化示范，构建清洁低碳、安全高效的能源体系，保障国家能源安全供应。建设国家大型油气生产加工和储备基地。加大准噶尔、吐哈、塔里木三大盆地油气勘探开发力度，提高新疆在油气资源开发利用转化过程中的参与度。加快中石油玛湖、吉木萨尔、准噶尔盆地南缘以及中石化顺北等大型油气田建设，促进油气增储上产。加强成品油储备，提升油气供应保障能力。建设国家大型煤炭煤电煤化工基地。以准东、吐哈、伊犁、库拜为重点推进新疆大型煤炭基地建设，实施"疆电外送""疆煤外运"、现代煤化工等重大工程。依托准东、哈密等大型煤炭基地一体化建设，稳妥推进煤制油气战略基地建设。有序发展现代煤化工产业。实现煤制气与其他化工产品季节性转换的工艺技术突破。实施煤炭分级分质清洁高效综合利用，推动煤炭从燃料转为原料的高效清洁利用。建设国家新能源基地。建成准东千万千瓦级新能源基地，推进建设哈密北千万千瓦级新能源基地和南疆环塔里木千万千瓦级清洁能源供应保障区，建设新能源平价上网项目示范区。推进风光水储一体化清洁能源发电示范工程，开展智能光伏、风电制氢试点。建成阜康120万千瓦抽水蓄能电站，推进哈密 120 万千瓦抽水蓄能电站、南疆四地区（自治州）光伏侧储能等调峰设施建设，促进可再生能源规模稳定增长。建设国家能源资源陆上大通道。扩大疆电外送能力，建成"疆电外送"第三通道，积极推进"疆电外送"第四通道、新疆若羌—青海花土沟 750kV 联网等工程前期工作，适时开工建设。围绕油气资源开发和煤制天然气产业发展。

14.2.2　新疆推进低碳绿色能源转型政策

新疆地域辽阔、人均水资源禀赋差、气候条件复杂，生态环境脆弱，是易受气候变化不利影响的地区。深入推进节能降耗、积极应对气候变化，既是践行创新、协调、绿色、开放、共享的新发展理念的战略要求，也是深入推进新疆生态文明建设的内在要求。

新疆应对气候变化工作按照中央及自治区生态文明建设系列工作部署，执行控制温室气体排放目标任务，牢固树立保护生态环境就是保护生产力、绿水青山就是金山银山的理念，坚定不移走生产发展、生活富裕、生态良好的文明发展道路，坚持绿色发展、低碳发展、循环发展，加快建设资源节约型、环境友好型社会，进一步解放思想、克服困难、真抓实干，推动全区应对气候变化与低碳发展工作。新疆超额完成了"十二五"国家下达给新疆碳排放强度下降 11% 的目标任务。2016 年，自治区强化基础工作支撑，加快推进碳市场建设，完成全区 427 家重点企业 2011~2014 年温室气体排放盘查与核查工作。积极开展低碳城市和气候适应城市试点建设，启动了《新疆维吾尔自治区应对气候变化"十三五"规划》。在重点领域和关键环节，强化落实低碳行动。加快发展战略性新兴产业和新兴先导型服务业，大力发展非化石能源；持续推进工业、建筑、交通、公共机构和农业等重点领域和关键环节节能降碳工作，强化林业和草原碳汇能力，积极应对气候变化。

同时，以低碳试点示范项目为重点，积极推动低碳循环发展，近零碳排放示范项目建设，探索未来碳排放总量需求有效路径；加大低碳技术研发力度，实施低碳技术示范项目，推动低碳产品认证活动，鼓励使用低碳认证产品，引导低碳消费。

同时新疆作为实施"一带一路"建设的核心区，在新的历史背景下需要通过绿色低碳发展为"一带一路"建设提供可持续的有效支撑。《推动共建丝绸之路经济带和 21 世纪海上丝绸之路的愿景与行动》，新疆被确定为丝绸之路经济带核心区。"一带一路"是我国提供给区域乃至世界的公共产品，借用古代丝绸之路的历史符号，推进沿线国家经济贸易合作，共享发展成果。2017 年 5 月，环境保护部、外交部、国家发改委、商务部联合发布了《关于推进绿色"一带一路"建设的指导意见》，明确突出生态文明理念，注重协调经济发展与生态环境保护、应对气候变化之间关系，要求推动绿色"一带一路"建设融入地方经济社会发展，推动地方产业转型升级和经济绿色发展。"一带一路"建设将改变原有只注重经济发展的国际战略决策，在新的历史背景下通过绿色发展为"一带一路"建设提供可持续的有效支撑。新疆作为"一带一路"的核心区，需要在实施绿色低碳"一带一路"中扮演重要角色。

根据《新疆维吾尔自治区国民经济和社会发展第十四个五年规划和 2035 年远景目标纲要》，新疆将严格执行《绿色产业指导目录（2019 年版）》，落实环境准入要求，实施生态环境准入清单管理，从源头上防止环境污染。加强能耗"双控"管理，严格控制能源消费增量和能耗强度。优化能源消费结构，对"乌—昌—石""奎—独—乌"等重点区域实施新建用煤项目煤炭等量或减量替代。加快产业结构优化调整，加大落后产能淘汰力度，支持绿色技术创新，加快发展节能环保、清洁生产产业，推进重点行业和重要领域绿色化改造，促进企业清洁化升级转型和绿色工厂建设。制定碳排放达峰行动方案，加大温室气体排放控制力度，降低碳排放强度。大力发展绿色建筑，城镇新建公共建筑全面执行 65% 强制性节能标准，新建居住建筑全面执行 75% 强制性节能标准。开展超低能耗、近零能耗建筑试点，扩大地源热、太阳能、风能等可再生能源建筑应用范围。开展绿色生活创建活动，倡导简约适度、绿色低碳生活方式，推进低碳城市、低碳园区、低碳社区和低碳企业试点示范。加快绿色金融、绿色贸易、绿色流通等服务体系建设，健全绿色发展政策法规体系。

14.3　应对气候变化与新疆能源转型

14.3.1　新疆能源转型的机遇

1. 全球背景

在全球范围内，气候问题已成为能源转型的主要推动力。2015 年 12 月，《联合国气候变化框架公约》近 200 个缔约方在巴黎气候变化大会上达成《巴黎协定》。这是继《京都议定书》后第二份有法律约束力的气候协议，为 2020 年后全球应对气候变化行动作出了安排。按规定，《巴黎协定》将在至少 55 个《联合国气候变化框架公约》缔约方（其温室气体排放量占全球总排放量至少约 55%）交存批准、接受、核准或加入文书之日后第 30d 起生效。

《巴黎协定》指出，各方将加强对气候变化威胁的全球应对，把全球平均气温较工业化前水平升高控制在 2℃之内，并为把升温控制在 1.5℃之内努力。只有全球尽快实现温室气体排放达到峰值，才能降低气候变化给地球带来的生态风险以及给人类带来的生存危机[①]。高比例可再生能源已成为当前国际社会应对气候变化、实现 2℃温升控制目标的必然道路和广泛共识。

联合国环境署日前发布"Emission Gap Report 2019"《2019 年碳排放差距报告》[②]，指出根据各国当前的政策，到 2030 年全球温室气体排放量估计为 600 亿吨二氧化碳当量。而按照实现 2030 年《巴黎协定》目标的要求控制温升 2℃，那么 2030 年排放量为 410 亿吨二氧化碳当量；控制温升 1.5℃温升排放量不得超过 250 亿吨二氧化碳当量。如果各国的无条件自主减排承诺（NDC）得以完全实施，那么 2030 年与现行政策情景相比只减少 40 亿吨二氧化碳当量，与控制温升 2℃的减排要求还相差 150 亿吨二氧化碳当量；与控制温升 1.5℃的要求还相差 320 亿吨二氧化碳当量。

---

① 　UNFCCC. 2015.Adoption of the Paris Agreement FCCC/CP/L.9/Rev.1
② 　UNEP. 2019. Emissions Gap Report 2019. https：//wedocs.unep.org/bitstream/handle/20.500.11822/30797/EGR2019.pdf?sequence=1&isAllowed=y

2020 年 9 月 22 日，国家主席习近平在第七十五届联合国大会一般性辩论上发表重要讲话，指出应对气候变化《巴黎协定》代表了全球绿色低碳转型的大方向，是保护地球家园需要采取的最低限度行动，各国必须迈出决定性步伐。中国将提高国家自主贡献力度，采取更加有力的政策和措施。各国要树立创新、协调、绿色、开放、共享的新发展理念，抓住新一轮科技革命和产业变革的历史性机遇，推动疫情后世界经济"绿色复苏"，汇聚起可持续发展的强大合力。

2. "四个革命、一个合作"能源安全新战略

2014 年中央财经领导小组召开第六次会议，聚焦能源安全战略。习近平总书记提出推动能源消费、能源供给、能源技术和能源体制四方面的"革命"。另外，他还提出，要全方位加强国际合作，实现开放条件下的能源安全，简称"四个革命、一个合作"。

根据《能源发展"十三五"规划》，2020 年我国能源发展要实现如下目标：

能源消费总量。能源消费总量控制在 50 亿吨标准煤以内，煤炭消费总量控制在 41 亿 t 以内。全社会用电量预计为 6.8 万亿~7.2 万亿 kW·h。

能源安全保障。能源自给率保持在 80% 以上，增强能源安全战略保障能力，提升能源利用效率，提高能源清洁替代水平。

能源供应能力。保持能源供应稳步增长，国内一次能源生产量约 40 亿吨标准煤，其中煤炭 39 亿 t，原油 2 亿 t，天然气 2200 亿 m³，非化石能源 7.5 亿吨标准煤。发电装机 20 亿 kW 左右。

能源消费结构。非化石能源消费比重提高到 15% 以上，天然气消费比重力争达到 10%，煤炭消费比重降低到 58% 以下。发电用煤占煤炭消费比重提高到 55% 以上。

能源系统效率。单位国内生产总值能耗比 2015 年下降 15%，煤电平均供电煤耗下降到每 kW·h³10 克标准煤以下，电网线损率控制在 6.5% 以内（国家发展和改革委员会，2016）。

2016 年 12 月，国家发展改革委、国家能源局制定了《能源生产和消费革命战略（2016—2030）》，提出到 2020 年，全面启动能源革命体系布局，推动化石能源清洁化，根本扭转能源消费粗放增长方式，实施政策导向与约束并重。能源消费总量控制在 50 亿吨标准煤以内，煤炭消费比重进一步降低，清洁能源成为能源增量主体，能源结构调整取得明显进展，非化石能源占比 15%，能源自给能力保持在 80% 以上，基本形成比较完善的能源安全保障体系。2021~2030 年，可再生能源、天然气和核能利用持续增长，高碳化石能源利用大幅减少。能源消费总量控制在 60 亿吨标准煤以内，非化石能源占能源消费总量比重达到 20% 左右，天然气占比达到 15% 左右，新增能源需求主要依靠清洁能源满足。

2019 年，国家电网公司也提出了自己的能源转型目标——"两个 50%"的战略目标。随着清洁能源大规模发展、电能占终端能源消费比重不断提高，预计 2050 年非化石能源占一次能源的比重将超过 50%，电能在终端能源消费中的比重将超过 50%，以电为中心、

电网为平台的现代能源体系特征更为明显。能源生产方面。供给结构由化石能源占主导转向由风、光、生物质等非化石能源为主导，是能源生产革命的大方向。当前，我国风、光等清洁能源集中式和分布式开发并举，在替代煤、油、气等化石能源方面成效显著，能源清洁化率2018年已经达到14.3%，未来仍将保持快速增长。当能源清洁化率达到50%时，非化石能源就已成为一次能源供应主体，是我国能源生产革命实现突破的重要标志，我国可再生能源时代将正式到来。能源消费方面。需求结构由能源"直接运用"转向以电为中心的能源"转化运用"，是能源消费革命的重要体现。2018年我国电能占终端能源消费比重（终端电气化）已达到25.5%。终端电气化率超过50%将是我国能源消费革命取得突破的重要标志，用能方式将实现以"转化运用"为主导的历史性转折。

在国际能源合作方面，"一带一路"能源合作全面展开，中巴经济走廊能源合作深入推进。我国能源企业海外投资积极布局"一带一路"沿线国家，由我国企业在海外签署和建设的电站、输电和输油输气等重大能源项目多达40个以上，目前已经涉及19个"一带一路"沿线国家。西北、东北、西南及海上四大油气进口通道不断完善，西北通道包括中亚天然气管道工程及中哈原油管道，西南通道包括中缅天然气管道和中缅原油管道，东北通道包括中俄原油管道，以及海上油气进口线路，中国石油进口量的80%依赖马六甲海峡运输。电力、油气、可再生能源和煤炭等领域技术、装备和服务合作成效显著，已经超越原有的单纯的产品走出去，走出去的深度和广度被重新定义。核电国际合作迈开新步伐，成为中国高科技和高端制造业走向世界的一张"国家名片"。双多边能源交流广泛开展，我国对国际能源事务的影响力逐步增强。习近平总书记提出要建设全球能源互联网，实现人类共享清洁能源，从而为我国特高压输电技术走向世界、实现人类命运共同体发展、贡献中国的智慧和力量指明了方向。通过日趋深化的国际能源合作，西部的清洁能源电力能够输送到"一带一路"沿线国家，扩大消纳范围，实现共同发展，提高清洁能源利用水平，促进国际节能减排。

3. 清洁能源开发潜力巨大

新疆风能太阳能资源十分丰富。风能资源总储量9.57亿kW，约占全国风能储量的四分之一，在现有技术水平下，新疆100 m高度风能资源技术开发量8.88亿kW，约占全国风能资源技术可开发量的19.94%。新疆全年日照时数2550~3500h，日照百分率为60%~80%，年辐射总量达4800~6400 MJ/m^2。新疆光伏发电技术装机容量为212亿kW，约占全国光伏发电技术装机容量的46.48%。新疆光热资源的技术装机容量为103亿kW，约占全国光热发电技术装机容量的31.45%。

保守估计，新疆风电和光伏的年发电量约31.12万亿kW·h，为2018年新疆全社会用电量2513.48亿kW·h的124倍，约为2050年新疆全社会用电量7027.3亿kW·h的44倍。未来随着技术进步和可再生能源成本的下降，其风光技术开发量还将进一步增加。

4. 可再生能源技术进步和成本下降

陆上风机单机容量和风轮直径持续增大。2019年，我国各家风电整机厂商均发布了大容量的陆上风机产品，多家厂商的风机功率已超过 5MW。短短几年间，我国陆上风电单机容量从 2~3MW 为主跨越到 3MW 以上机型，再到 2019 年陆续推出 4~5MW 级别的陆上风机，反映了我国风机技术的不断进步。目前，我国风电产业链基本实现国产化，产业集中度不断提高。风电设备自主研发水平和制造水平持续上升，为全球风电技术的进步和设备成本的下降奠定了基础 [1][2]。

晶硅电池光电转化率和薄膜电池效率持续提高。当前，PERC 技术对光伏电池转换效率提升显著。据中国光伏行业协会发布的《中国光伏产业发展路线图（2019 年版）》统计和预测，2019 年规模化 PERC-P 型单晶电池、BSF-P 型多晶硅黑硅电池平均转换效率分别为 22.3% 和 19.3%。PERC 技术成为各类电池制造的主流工艺，其中 PERC-P 型单晶电池多晶硅黑硅电池平均转换效率达到 20.5%，PERC-P 型单晶电池转换效率分别 22.3%。各类 N 型单晶电池平均转换效率在 22.7% 以上，也是未来发展的主要方向之一。

就薄膜太阳能电池而言，2019 年，全球碲化镉（CdTe）薄膜电池实验室效率纪录达到 22.1%，组件实验室效率达 19.5% 左右，产线平均效率在 17%~18%；铜铟镓硒（CIGS）薄膜电池实验室效率纪录达到 23.35%，产线平均效率在 16%~17%。

2019 年，我国陆上风电项目平均度电成本 0.315~0.565 元 /（kW·h），平均值为 0.393 元 /（kW·h）。根据国网能源研究院测算，2019 年新疆地区陆上风电平均度电成本为 0.357 元 /（kW·h）。据彭博新能源财经最新预测，2020 年，我国陆上风电度电成本将下降到 0.251~0.31 元 /（kW·h）。2025 年将下降到 0.185~0.238 元 /（kW·h）。2030 年将下降到 0.158~0.211 元 /（kW·h）。

2019 年，我国光伏发电平均度电成本 0.29~0.80 元 /（kW·h），平均值为 0.389 元 /（kW·h）。根据国网能源研究院测算，2019 年新疆地区光伏发电的平均度电成本为 0.36 元 /（kW·h）。2018 年，新疆所有地级市工商业分布式光伏发电的平准化发电成本均低于当地电网价格，意味着在商业 / 工业建筑投资分布式光伏发电设施，并优先使用自发电，可以降低建筑整体电费（Yan et al., 2019）。据彭博新能源财经最新预测，2020 年，我国光伏发电度电成本将下降到 0.231~0.350 元 /（kW·h）。2025 年将下降到 0.211~0.317 元 /（kW·h）。2030 年将下降到 0.191~0.284 元 /（kW·h）。

2018 年，我国光热发电项目平均单位千瓦造价约为 23000~38000 元 /kW。据国际可再生能源署报告预测，到 2025 年，槽式聚光光热发电成本将下降 37%，约合人民币 0.73 元 /（kW·h），塔式光热发电成本将下降 43%，约合人民币 0.60 元 /（kW·h）（国网能源研究院有限公司，2020）。

根据国际可再生能源署（IRENA）的最新报告《2018 年可再生能源发电成本报告》，自 2010 年起，可再生能源成本削减的幅度之大，令人印象深刻。在当今世界的许多地区，可再生能源已是成本最低的发电能源。2020 年，陆上风电、光伏发电将与水力发电一样，在没有补贴的情况下，也比最便宜的化石燃料（煤炭）的发电成本更低（IRENA，2019）。

---

① 国家可再生能源中心 . 2018. 中国可再生能源展望 2018
② 中国可再生能源学会风能专业委员会 . 2019. 中国风电产业地图 2019

5. 新疆社会经济发展增加本地消纳空间

据新疆电网预测，"十四五"期间新疆全社会负荷由 4561 万 kW 增长至 6185 万 kW，年均增速为 8.01%。全社会用电量由 3521 亿 kW·h 增长至 4707 亿 kW·h，年均增速为 7.58%。这将大幅增加新疆本地可再生能源的消纳空间。

6. 促进可再生能源消纳政策密集出台

新疆可再生能源丰富，风能、太阳能资源均位居全国前列，是中央确定的国家大型新能源基地建设，但受全区装机增长过快、外送通道不足、电力市场增速放缓等多重因素影响，全区新能源弃风弃光日益凸显，自 2016 年新疆被国家能源局列为风电、光伏发电监测预警评价红色区域。为解决制约新疆新能源行业健康发展的"牛鼻子"问题，自治区发展改革委按照自治区党委、人民政府推动新疆新能源消纳、实现新能源健康发展的重要部署要求，报请新疆维吾尔自治区人民政府印发了《关于扩大新能源消纳促进新能源持续健康发展的实施意见》，会同自治区相关部门制定印发了《解决弃水弃风弃光问题实施方案》《清洁能源消纳行动计划（2018—2020 年）》《2019 年自治区新能源消纳工作方案》《国家能源局关于做好 2020 年风电、光伏发电项目建设有关事项的通知》等一揽子促进新能源消纳措施，并严格按照国家新能源红色预警政策要求，严格控制新建新能源项目，暂停建设除疆电外送配套新能源及扶贫以外的所有列入国家建设规划项目的建设和并网。同时，自治区发展改革委加大电力市场化改革力度，充分发挥市场调节功能，督促电网企业全力开拓新能源消纳市场，大力提升自备电厂参与新能源消纳的深度和广度，逐步扩大疆电外送新能源规模，严格执行新能源优先发电调度，加快配套电网基础设施建设和补强，全面提升电网调峰能力，多措并举综合施策深入挖掘我区新能源消纳空间，全区弃风弃光率逐年下降，2019 年全年弃风率、弃光率分别为 13.9%、7.3%，较"十三五"最高期分别下降 24.5 个、31.1 个百分点，达到国家能源局风电、光伏发电市场环境监测预警评价由红转橙的要求。

7. 外送能力不断提升

"十三五"期间，新疆电网重点补强了乌昌西环网 II 回等 750kV 输变电工程，消除了部分断面受阻问题。新建了哈密北—重庆 ±800kV 特高压直流外送通道和若羌—青海花土沟 750kV 输变电工程，增强了新能源传输和外送能力。

2020 年自治区重点推进"疆电外送"准东—皖南 ±1100kV 特高压直流输电工程和哈密—郑州 ±800kV 特高压直流输电工程配套准东新能源基地 512 万 kW（其中风电 385 万 kW、光伏发电 127 万 kW）和哈密风电基地二期 25 万 kW（其中风电 15 万 kW、光伏发电 10 万 kW）项目及电力送出工程建设。

14.3.2　新疆能源转型展望

新疆是丝绸之路经济带核心区，是我国西北的战略屏障、实施西部大开发战略的重点地区，是全国重要的能源基地和运输通道，因此在国家战略全局中具有特殊重要性。

1. 人口经济情景

当前，新疆经济在我国仍然处于靠后的位置，社会经济发展仍然是新疆发展的主要驱动因素。2018 年新疆人口 2486.76 万，与 2010 年相比增加了 260 万人。新疆面积 166 万 km²，面积广大，而资源环境承载力有限。考虑到新疆的区位，新疆的人口和经济发展情景如图 14-2 和图 14-3 所示。

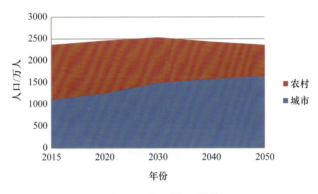

图 14-2　新疆人口情景

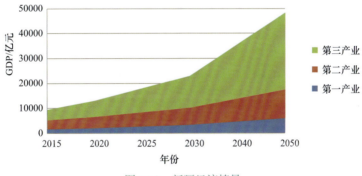

图 14-3　新疆经济情景

2. 能源情景

基于新疆人口经济发展的驱动，以未来 2050 新疆生态环境持续改善，大气污染物的减排为目标的能源低碳转型情景如图 14-4 所示。该能源转型情景显示，到 2050 年，新疆可再生能源占据一次能源比例约 63%。煤炭消费明显下降。新疆电力系统转型明显，到 2050 年，新疆发电量从 2018 年的 2630 亿 kW·h 上升到 7100 亿 kW·h，其中本地消费 4220 亿 kW·h。到 2050 年，发电结构为煤电、气电、水电、核电、光伏、风电分别占比 6.6%、7%、8.1%、8%、35% 和 33%。其中风电和光伏发电装机容量到 2050 年分别为 1.18 亿 kW 和 2.23 亿 kW（图 14-5 和图 14-6）。

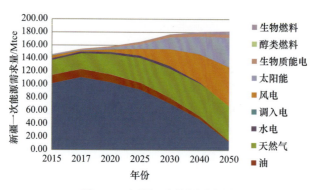

图 14-4　新疆一次能源需求量

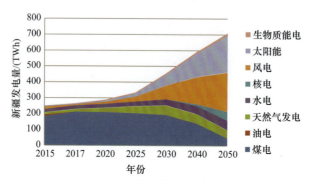

图 14-5　新疆发电量

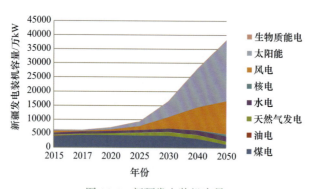

图 14-6　新疆发电装机容量

该能源转型可以实现 2050 年新疆大气质量接近世界卫生组织的标准，是解决新疆的能源环境安全的重要途径，同时可以支持国家承诺的《巴黎协定》中低于 2℃温升目标的实现，足以保障新疆的能源气候安全。

根据能源转型情景，其相应的 CO_2 排放如图 14-7 所示，到 2050 年新疆 CO_2 排放为 2800 万 t，和 2018 年相比下降 89%，如果加上 CCS，新疆可以在 2050 年实现近零排放。

新疆气候变化科学评估报告

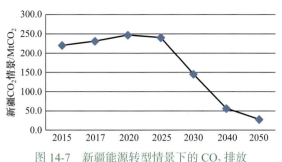

图 14-7　新疆能源转型情景下的 CO_2 排放

14.3.3　新疆能源转型的技术选择

对于新疆来说，风力发电、太阳能发电等清洁能源是重要的技术选择。我国风力发电技术、太阳能光伏发电技术、太阳能热发电技术、核电技术进展快速，使得这些发电技术的发电成本明显下降。未来，这些技术的成本将继续下降。2020 年之后，将有更多的风电和光伏发电项目实现平价上网。2022 年，薄膜光伏可以和晶硅光伏电池竞争。太阳能发电、风电和燃煤发电全面竞争的格局很快就会出现。大规模引入间歇式可再生能源发电的电源结构，智能电网构建，以及储电技术可以在可再生能源占比 40% 以上之前有较好的解决方案。对于新疆来说，在 2025 年之后风电和光伏达到发电量的 20% 以上之后，需要和水电、调峰煤电、调峰天然气发电相匹配，在可再生能源发电超过 50% 以后，需要明显增加抽水蓄能电站的建设，以及适合于调峰的电力利用技术，如可再生能源制氢等。

新疆风电、太阳能资源潜力巨大，加上水电，以及技术进展以后的核电，可以构建一个完全清洁零碳化的电力供应系统。由于 2020 年之后可再生能源成本低于煤电，更低于天然气发电，额外的投资负担并不是很大。

14.3.4　新疆能源转型路径

新疆有巨大的清洁能源潜力，为新疆能源转型提供了良好的基础。相关研究表明，2050 年新疆一次能源结构将出现明显变化，煤炭占比从现在的 70% 下降到 2050 年的7.1%，而可再生能源从 2015 年的 5.4% 增加到 2050 年的 63%。同时 2050 年新疆仍需消费 290 亿 m^3 的天然气，需要利用一定的二氧化碳捕获和封存的技术。

目前新疆的产业结构变动对本地的生态环境有很大的影响。随着经济增长，新疆的产业结构变动对资源环境产生的负面效应将日渐凸显。新疆急需确定产业转型的方向和目标，合理部署产业规划战略。新疆区域差异大，产业间发展不均衡，产业转型可选择不同的路径。根据资源环境约束下新疆产业转型的原则和目标，应坚持资源可持续、生态可持续的发展战略，抓住产业援疆、环保援疆以及"一带一路"倡议实施的机遇，从不同的产业类型、不同产业发展阶段以及不同的区域差异进行转型路径的选择，从而促使新疆产业增长由粗放型向集约型方式转变，缓解资源环境约束。

新疆具有丰富的煤炭、石油、天然气资源，目前新疆在大力发展煤电，以及煤化工等化石燃料为基础的能源体系和工业体系。这个格局和上面提出的能源转型、深度减排路径不相符，因此需要明确的战略信号展示未来的发展路线图，以避免潜在的转型成本。针对新疆能源转型的政策总结如下：

"十四五"是我国和新疆社会经济转型的重要阶段。我国经济发展进入新常态，又面临和美国贸易战，国际社会认知中国发展等问题。我国需要尽快确立明确的转型方向，包括经济、社会、能源、生态环境等方面。由大气环境和气候变化目标驱动的能源转型，将有利于我国和新疆的经济发展。我们建议将一个明确的能源转型目标纳入国家和新疆的"十四五"规划中，以2035年和2050年的长期目标来定位"十四五"的发展。提供充足的政策定位和支持，来启动新型能源转型，引领新的经济行业和格局，开创一个能够适应于我国社会经济崛起的发展路径，也再定位新疆在全国和全球的社会、经济、能源和环境地位。

针对新疆的能源转型，建议如下：

（1）明确新疆能源转型的长期目标，2025年非化石能源占比达到20%以上，2035年35%以上，2050年达到65%以上。

（2）大力发展风电和太阳能发电等可再生能源，2025年实现风电装机5000万kW以上，光伏5000万kW以上。2050年风电装机1.2亿kW以上，光伏3亿kW以上。积极促进煤电有序清洁发展。发挥规划引领约束作用，发布实施年度风险预警，合理控制煤电规划建设时序，严控新增煤电产能规模。有力有序有效关停煤电落后产能，推进煤电超低排放和节能改造，促进煤电灵活性改造，提升煤电灵活调节能力和高效清洁发展水平。

（3）多举措促进可再生能源消纳。

加快新疆本地电力市场化改革，发挥市场调节功能，进一步促进可再生能源消纳。具体措施如下：① 完善电力中长期交易机制；② 扩大清洁能源跨省区市场交易；③ 统筹推进电力现货市场建设；④ 全面推进新疆辅助服务补偿（市场）机制建设。

加强宏观政策引导，形成有利于清洁能源消纳的体制机制。具体措施如下：① 研究实施可再生能源电力配额制度；② 完善非水可再生能源电价政策；③ 落实清洁能源优先发电制度。

深挖电源侧调峰潜力，全面提升电力系统调节能力。具体措施如下：① 改造燃煤电站深度调峰，以匹配大规模可再生能源电力接入；② 核定火电最小技术出力率和最小开机方式；③ 通过市场和行政手段引导燃煤自备电厂调峰消纳清洁能源；④ 提升可再生能源功率预测水平。

完善电网基础设施，充分发挥电网资源配置平台作用。具体措施如下：① 提升电网汇集和外送清洁能源能力，重点解决新疆电网内部输电断面能力不足问题；② 提高存量跨省区输电通道可再生能源输送比例；③ 实施城乡配电网建设和智能化升级；④ 研究探索多种能源联合调度；⑤ 加强电力系统运行安全管理与风险管控。

促进源网荷储互动，积极推进电力消费方式变革。具体措施如下：① 推行优先利用清洁能源的绿色消费模式；② 推动可再生能源就近高效利用；③ 优化储能技术发展方式；④ 推进自治区冬季清洁取暖；⑤ 推动电力需求侧响应规模化发展。

（4）强化支持新疆科研院所和大学研发能源转型中的各种技术，提升新疆科研院所和大学的技术创新能力，打造一流的研究团队。

（5）支持企业和学术机构研究新型产业技术流程，特别是氢还原钢铁工艺、有色工业工艺、氢经济下的化学工业。

（6）扶持能源深度转型中的行业、产业，利用新疆独特的区域机遇，带动新疆和其他区域产业经济发展。

参考文献

陈枭萌，吕任生 . 2016. 2000 年以来新疆经济发展与环境污染关系的统计研究 . 新疆环境保护，38（1）：17-24.

杜祥琬 . 2019. 你的能源观更新了吗？中国煤炭报 . https：//www.sohu.com/a/358521297_100116568.

国网能源研究院有限公司 . 2020. 2020 中国新能源发电分析报告 . 北京：中国电力出版社 .

IRENA. 2019. Renewable Power Generation Costs in 2018. https：// www.irena.org/-/ media/Files/IRENA/
Agency/Publication/2019/May/IRENA_Renewable-Power-Generations-Costs-in-2018.pdf.

Yan J Y，Yang Y，Campana P E，et al. 2019. City-level analysis of subsidy-free solar photovoltaic electricity
price，profits and grid parity in China. Nature Energy，4：709-717.

第15章 旅游应对气候变化对策

主要作者协调人：杨兆萍　王世金
主　要　作　者：韩　芳　贺小荣　刘　俊

- **执行摘要**

　　基于气候变化对旅游的影响评估，建立物候景观旅游资源、旅游气候舒适度监测和实时发布平台，建立灾害性极端天气等监测预警机制，制定防灾减灾对策，开展旅游气候风险公众科普宣传。针对新疆受气候变化影响较大的冰雪旅游、康养旅游、休闲度假、生态景观、休闲农业等旅游领域，提出应对气候变化的措施。从区域整体适应性规划、全季旅游与带薪休假制度、公众意识和低碳旅游奖励制度等方面，系统建立新疆旅游适应气候变化保障机制，以适应气候变化对旅游发展的影响。

15.1 建立旅游气候监测预警平台与机制

随着人们生活水平提高，旅游出游人数逐年增多。旅游业蓬勃发展过程中也暴露出许多问题，旅游安全事故逐渐增多，其中，受灾害性天气及其次生灾害引发的涉旅安全事件占较大比例（潘海娃，2019）。游客寻求高品质、高舒适度的旅游服务，更注重灾害性天气对旅游安全的影响（党国花等，2017）。气象灾害及风险直接影响旅游资源和旅游基础设施的维系状况、旅游者出游决策以及游客人身财产安全。如何正确地预报预测极端天气带来的旅游风险，如何准确有效地做好旅游灾害预警服务，如何及时有效地帮助游客规避旅游灾害风险和做到安全健康出行，最大限度地保障人民生命财产安全（王静等，2012），已经成为旅游业应对气候变化影响的主要问题。

15.1.1 建立旅游资源气候监测系统

通过搭建旅游气象气候信息公共服务平台，建立实时上报机制和信息发布共享机制，鼓励民众广泛参与旅游资源观测、分享观测信息和图片。

（1）建立旅游资源安全观测监测网络。针对气候变化高度敏感的旅游资源，包括冰川积雪、胡杨林、古城遗址、世界文化遗产、河流湖泊、物候景观等，充分利用新疆4A、5A级旅游景区现有监测系统和科学监测站，掌握敏感旅游资源受损状况和影响程度，做到安全预警。

（2）建立物候监测预报系统。监测预报各月物候景观最佳观赏景区和各景区的最佳物候观赏期，开展客流实时监控、天然花期预测预报、白桦林和胡杨林黄金季、年度滑雪期监测预报等，对接新疆旅游公共信息服务平台，做到实时监测、精准监测与实时推送，直接服务于游客。

（3）建立旅游气候舒适度监测系统。对旅游景区和旅游度假区的温度、湿度、极端气候指数、空气质量指数、热力指数及负氧离子指数等，进行实时监测，推送数据，为游客提供穿衣指数和旅游装备的指导服务。

（4）建立农业旅游资源预报和发布系统。整合新疆著名薰衣草、油菜花、郁金香、杏花、梨花、桃花等休闲农业旅游地，在新疆旅游公共信息服务平台对观花期和采摘季进行预报和发布，引导游客进行赏花旅游和农事活动体验。

15.1.2 旅游地灾害性天气预报预警

近年来，我国在防灾减灾、气候景观、旅游舒适度等旅游气象指数方面做了大量工作。但目前气象预报多是面向行政区划的服务，缺少针对旅游景区的灾害性天气预警服务，特别是具有复杂地形地貌的景区尤为缺乏。在灾害预警方面，新疆气象部门和旅游部门尚未建立良好的联动机制，不能有效降低旅游地灾害性天气对区域内旅游业的影响，尚未形成完善的旅游气象服务体系，尤其是气象灾害风险对新疆旅游资源、安全、决策、旅游气象指数等方面的影响研究仍十分薄弱，难以形成有效防范与预警服务。

随着全球灾害性天气发生频率增加，对应的气象预报预警难度加大。而新疆旅游业作为受灾害性天气影响最为直接的行业之一（江华群，2019），如何更精确、更高效进行气象预报预警，将是新疆相关气象单位与景区灾害监测部门的重要任务。为提升预报预警精确度，需利用好雨量站、卫星接收器、气象雷达、探空站等现代预报技术，确保区域内气象灾害预报预警的准确性，同时更好预测未来可能发生的变化（田苹和叶泓麟，2019）。

新疆旅游景区灾害监测部门应与气象部门建立良好的信息共享渠道，构建智能旅游灾害天气预报、预警系统，通过多种渠道和手段及时发布洪水、泥石流、暴风雪、沙尘暴等灾害性天气导致的道路损毁、景区关闭、高速公路关闭、航班取消延误等预报预警信息。利用移动通信技术、景区周边旅馆电视、景区内滚动式 LED 屏幕，向游客发布旅游地气温、降雨、风沙等天气异常信息（刘军林和陈小连，2011）。利用物联网技术，联合当地"智慧旅游""全域旅游"的线上平台客户端，将灾害信息发布至景区、公路及旅游资讯平台。景区与气象、电信部门合作，建立针对景区的天气服务热线平台，为游客提供语音旅游灾害信息查询服务。在节假日游客集中出行期，旅游景区灾害监测部门更要做好灾害性天气信息预报、预警和发布，避免出现潜在的重大灾害事件。

15.1.3 旅游地气候变化风险科普宣传

1. 提升涉旅单位和从业人员旅游灾害应急能力

各涉旅单位要加强旅游从业人员安全风险知识、应急处置和救助技能培训，把自然灾害防御知识作为培训的重要内容，采取专题讲座、知识测试、应急演练等方式，不断增强涉旅人员安全意识和防灾避险、应急处置能力。同时，政府部门应制定减灾措施，出台相应政策法规，进一步规范旅游市场对气候变化和灾害性天气事件的宣传，并纳入目标管理和考核内容，敦促各旅游从业者提高防范能力。积极培养一批业务熟练、对灾害性天气事件及气候变化有深刻认知的工作人员，推进旅游活动安全有序进行。同时要注重旅游业人才的激励与竞争机制，对预防灾害性天气事件及气候变化科普有贡献的工作人员要树立典型，建立专项奖励政策。

2. 加强游客旅游灾害避险能力

针对游客开展气候变化与旅游灾害安全、自然灾害防御科普宣传教育，增强人们在旅游出行中遭遇灾害性天气影响和突发灾害时的避险、自救、互救能力（张倩，2017）。增加旅游保险宣传，提高旅游保险购买率。合理购买旅游保险，可以转移和规避旅游中遇到的灾害风险，为旅游者提供遇到灾害后产生损失的赔付和补偿服务。

3. 提高公众旅游灾害防御科普教育

发挥好政府部门引导作用，提升公众对气候变化认知、对灾害性天气的防范以及应对能力，开展防灾科普进学校、进社区和开展"防灾减灾日""安全生产月"科普宣教等活动。在旅游业受气候变化与灾害性天气事件影响科普方面，政府及企业应加大投入力度，打造一批设施完备、功能齐全的科普基地、青少年科普活动场馆，在自治区内以点带面，推广普及，逐步形成以科普教育基地为基础的科普场馆体系；在提高公众应对气候变化与灾害性天气事件意识方面，策划一系列有影响力的参与性活动，针对公众关注的气候变化与灾害性天气事件等热点问题，积极答疑解惑，及时纠正一些不科学、不准确的认识或片面理解，大力倡导弘扬科学思想，引导公众正确认识气候变化及灾害性天气事件，提高应对能力。

15.1.4 旅游地防灾减灾对策

1. 制定景区旅游天气风险评估标准

为规范旅游活动应急处置能力，有力、有效、有序地开展旅游过程中气象灾害突发事件应急处置，保障游客生命财产安全，促进新疆旅游业安全、有序、可持续发展，针对大雾、强降雨、强降雪、大风、沙尘暴等极端天气事件，通过与地方旅游主管部门合作，充分研究致灾条件和判别标准，逐步制定景区旅游天气风险评估标准。对于有特殊地貌特征的旅游景区，设立专门灾害性天气预警服务，最大限度减少旅游景区因局地突发灾害性天气和各类地质灾害带来的严重后果。与地方气象台站联合开发预警服务产品，通过雷达图形、短时临近预报等多种手段，及时发布信息。景区管理者需要提前制定气象灾害突发事件安全救助系统，尤其是在重要节假日期间，景区客流量接近甚至超出景区最大承载力情况下，旅游经营者应及时做好气象灾害突发事件应急预案，为游客安全出行和景区有效防灾减灾管理提供有效气象服务支撑（王静等，2012）。

2. 制定景区防灾减灾和安防制度

新疆大多数景区因为面积广、安全基础设施投入不足、避险场所建设不到位、相关设施无防雷装置等，所以游客在遭遇灾害性天气时不能及时进入安全区域进行躲避。有些效益较差的景区，索道、缆车、步游桥及大型游乐设施设备年久失修，安全保障能力不足以抵御可能所遭遇的灾害性天气，从而埋下了安全隐患。景区管理部门应加大景区基础设施建设投入力度，旅游资源开发过程中做好前期规划工作，景区建设避开天气灾害易发点，充分考虑各种天气灾害发生可能性，根据灾害种类和影响程度有针对性建立应急预案。建筑物要严格按照规范安装避雷措施，并且要符合防风防洪等级。建立定期审核检查制度并严格执行，合理规划避灾路线和场所，设立景区避灾避险路线图警示图标。做好景区索道、缆车、栈道和步游桥的加固工作，对不符合防御极端灾害性天气安全要求的相关旅游设施、建筑物进行综合改造，对年久老化的游乐设施设备及时更新，在安全隐患区域设置好安全警示牌和避险标识，为旅游地灾害性天气旅游安全防御工作提供可靠保障。

3. 开展景区旅游灾害防御研究

政府及旅游从业者应积极集成应用适用于气候变化敏感、脆弱的旅游区（如世界遗产地、重要国家自然保护区）的旅游资源极端天气事件灾害风险评估技术。开展典型旅游区旅游资源气候变化风险评估方法研究，研究不同气候条件区域和不同类型旅游资源气候变化风险监测策略和风险管理框架，研究预防和降低旅游资源气候变化风险的预防性保护方法和应急处置方法。

15.2 提升旅游应对气候变化的措施

15.2.1 冰雪旅游应对措施

1. 新疆冰雪旅游产业发展现状

《中国滑雪产业白皮书》（2019 年度报告）显示，新疆拥有 65 家滑雪场，仅次于黑龙江省（124 家）和山东省（67 家）。新疆冰雪资源富集，旅游开发潜力巨大，但气候变化造成的潜在风险依然很大。未来冰雪旅游资源开发需认真评估其适宜性，尽可能消除气候变化不利影响，开发多样的冰雪旅游产品及其延伸产品，以适应旅游者多样消费需求，同时还可以提升适应气候变化能力。

天山北坡、阿尔泰山冰雪旅游资源富集，较早开发冰雪资源，设施较完善，是目前新疆冰雪旅游发展的核心区。拥有"人类滑雪起源地"之称的阿勒泰是冰雪旅游面积最大的适宜发展地区。乌昌经济带经济高速发的同时，道路等基础设施建设为旅游客源市场提供更大的辐射范围，带动周围地区五家渠市和石河子市形成横向连片条带状，伊犁州凭借众多星级景点成为冰雪旅游核心区。塔城地区北部、哈密市中部等几大冰雪旅游区属发展潜力区。中度适宜地区分布在北疆大片区域，这些地区旅游产品较为丰富，社会经济和基础交通较为通达，但地形条件不足。低度适宜发展地区大面积分散于吐鲁番市、哈密市、喀什地区等地，受地理环境制约，冬季风景相对单一，资源组合性较差。临界适宜和不适宜发展地区主要分布于南疆地区，冬季温度较高，积雪深度较浅，且交通道路不发达，不适宜发展冰雪旅游。

冰雪旅游开发高度适宜区天山北坡乌鲁木齐市、昌吉州和阿勒泰地区北部，这类区域冰雪资源富集，冰雪季较长，气候变化影响相对较小，应成为全疆冰雪旅游的主导区，重点在冰雪竞技体育、冰雪旅游节庆、冰雪旅游小镇等产品开发上做文章，以对其他区域形成全面辐射作用。乌鲁木齐市利用区位、天然气候和滑雪场地形等优势，2016 年新疆维吾尔自治区承办全国第十三届冬运会，已建成一批国家冬运会比赛场馆、丝绸之路国际滑雪运动基地、3S 至 5S 不同级别滑雪场，丝路冰雪小镇、旅游度假小镇、美食街、大型实景文化演艺场地、度假别墅群，举办多样化的冰雪项目和冰雪旅游主题活动，与黑龙江、北京一并成为中国最著名的冰雪旅游胜地，堪与欧美著名冰雪旅游胜地比肩。昌吉州也开展各种冰雪节事活动，并推出以冰雪观光为主的天山天池冰雪大世界和"冰雪＋温泉＋雪雕艺术园"的旅游产品组合。阿勒泰地区以"人类滑雪运动起源地"为主题举办了多届冰雪旅游国际高峰论坛，开展了形式多样的冰雪旅游活动；喀纳斯以玉树冰挂、天山雪雕、翡翠冰坝、水墨画卷等极品自然美景著称，可谓天然冰雪童话世界，又有图瓦及哈萨克民族风情和赛马、叼羊等民族体育运动，加上近半年冰雪旅游季，成为全国无与伦比的冬季旅游目的地。从单一的滑雪旅游延伸出大型冰雪观光项目和较完整的冰雪节庆体系，借助独特的自然资源优势和加速的旅游基础设施建设，使乌鲁木齐市与阿勒泰市名列全国十佳冰雪旅游城市。

其他区域处于冰雪旅游开发适宜度较低区域，冰雪季较短，受气候变化极为显著，冰雪旅游应以冰雪观光、冰雪嬉戏等项目为主，借助这些区域鲜明的民族特色，深厚的文化底蕴，开发有别于冰雪旅游高适宜区的"冰雪＋文化"旅游产品，以减小气候变化对其影响，以及减少高适宜区对其的竞争压力。南疆一些地区，冬季温度较高，积雪深度较浅，且交通道路不发达，不适宜发展冰雪旅游（图15-1）。

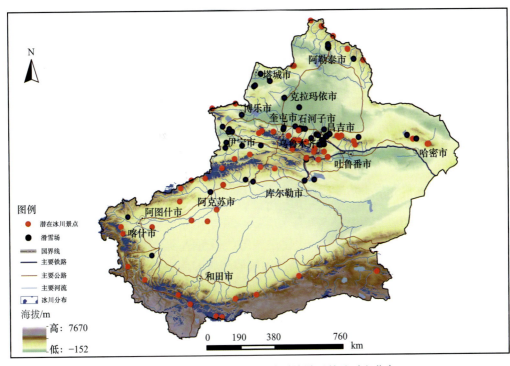

图 15-1　新疆维吾尔自治区冰雪旅游目的地时空分布

2. 建设中国重要的冰雪旅游目的地

新疆气候变湿变暖的趋势，应用于新疆国际和国家大型冰雪运动基地选址、大型场馆和滑雪运动训练基地建设、国际滑雪胜地建设等方面，能起到重要的科学指导作用。例如伊犁河谷目前只有 60~70d 滑雪季，气候变化将进一步缩短滑雪旅游适宜期，不宜建设滑雪运动基地，也不适合大规模投入滑雪场设施建设，只宜建设满足本地市场的滑雪场，这是更为理性的选择。未来应完善冰雪旅游相关服务产业链，使冷冰雪带动热经济；在交通可达性方面，疆内铁路提速为旅游业发展带来很大契机，与内地交通连接，需借助政府"一带一路"政策扶持，紧抓 2022 年冬奥会机遇，加强与邻国和国内强省冰雪旅游路线连接，建成东联内地、西出中亚的西部交通枢纽（张雪莹等，2018；Wang and Zhou，2019）。

打造滑雪旅游产业聚居区。依托阿勒泰地区近半年的冰雪季，建设阿勒泰地区世界级冰雪运动基地。依托乌鲁木齐南山现有冰雪运动比赛场馆和滑雪场等设施，建设乌鲁木齐南山国家级冰雪运动基地和大众冰雪休闲旅游度假区。积极申报国际和国家重大体育赛事；培育冰雪运动装备生产基地。

开拓冰川与冰雪观光旅游地。依托乔戈里峰、慕士塔格峰、托木尔峰、博格达峰、友谊峰等区域世界顶级的冰川旅游资源，开展与各类自然保护地政策适应的冰川摄影、冰川科考科普、直升机冰川观光等旅游活动。依托喀纳斯、可可托海、天山天池、库尔德宁、巩乃斯等新疆最美的冰雪风光景区，开展冰雪观光游。

打造系列冰雪旅游节庆活动。进一步培育中国新疆冰雪旅游节、天山天池冰雪风情节、丝绸之路冰雪风情节，阿勒泰冰雪节、喀纳斯冰雪摄影旅游节、石河子军垦文化冰雪旅游节、新疆博斯腾湖冬捕节、乌伦古湖冬捕节等新疆冰雪旅游系列品牌，培育滑雪、滑冰、冰雕、雪雕、冰灯、冬季捕鱼等系列产品，将冰雪旅游与民俗旅游、体育项目相结合，形成"以节造势、以势聚客、以客促发展"的冰雪旅游格局，把新疆建设成为中国重要的冰雪旅游目的地。

15.2.2　休闲度假和康养旅游应对措施

1. 新疆休闲度假和康养旅游发展现状

新疆旅游气候舒适度较短（5个月），1958~2017年新疆年均气温、年均降水量均呈上升趋势（殷刚等，2017），气候变化促进旅游气候舒适度呈良好态势，可游期持续时间长，适宜旅游时间提前，有利于新疆休闲度假和康养旅游的空间布局和快速发展。未来气候变暖对于新疆旅游气候舒适度而言，机遇远大于风险。全疆冬春季以冰雪、赏花旅游为主，夏季以避暑、草原旅游为主，秋季以乡村、森林、农业旅游（特色农产品旅游）为主，这种不同时令旅游资源为休闲度假、康养旅游提供了重要资源基础。气候温和湿润、环境优美的伊犁河谷适宜发展休闲度假和康养旅游产业，打造休闲度假、康养旅游目的地，以休闲度假、健康、养生产业为核心，将休闲度假、康体健身、养生养老等多元化功能融为一体，形成新疆特色的休闲度假和康养旅游形态。哈密—奇台—乌鲁木齐—昌吉—石河子—乌苏的天山北坡地带以舒适的气候条件和优越的区位条件，形成了新疆最大的休闲度假带。博斯腾湖、乌伦古湖也已形成了区域性的旅游度假区。此外，依托大中城市零星分布的休闲度假区。不同区域应依托不同海拔梯度和空间尺度气候条件，开发相应的高山带冰雪旅游、中山带避暑旅游和低山带"休闲度假＋康养旅游"组合形式，通过多样的旅游形式，灵活适应气候变化影响。

2. 发展康养旅游

依托我区山地、地热、矿物、阳光、医疗、医药、食品、美容等康养旅游资源、国家中医药健康旅游示范基地、重要旅游目的地等，以医疗机构、健康管理机构、康复护理机构和休闲疗养机构等为载体，打造养生、康体、医疗、养老等产业为支撑的康养旅游产业链，重点开发高端医疗、特色专科、中医保健、康复疗养、医养结合等系列产品。重点打造乌鲁木齐南山国际运动康体旅游基地、巴尔鲁克生态养生旅游基地、昌吉乡村农业养生旅游基地、昭苏草原康体旅游基地、焉耆盆地红酒养生旅游基地、吐鲁番维医沙疗旅游基地、和田维医药疗养旅游基地、沙湾温泉国际康养旅游基地、和什托洛盖热气泉康养旅游基地。

3. 建设国家休闲旅游度假区

加快推动乌鲁木齐南山、天山天池、唐布拉、博斯腾湖、江布拉克创建国家级旅游度假区，推动乌伦古湖、哈密东天山、天山地理画廊（沙湾市—乌苏市）创建自治区级旅游度假区。配套登山徒步道、自行车道、温泉疗养度假村、休闲度假旅游接待服务设施。建设国际生态度假村、冰雪运动基地、户外运动营地、自驾车生态营地、庄园牧场、婚纱摄影基地、中高端草原康体养生会所、温泉疗养度假村、休闲娱乐设施等，营造景观优美、舒适宜人的度假环境，提供优质、便捷、个性化的旅游服务。

15.2.3 生态旅游应对措施

1. 新疆生态旅游发展现状

发展生态旅游，新疆具有得天独厚的资源优势。全疆九大代表景观中，自然景观类占66.67%，全疆4A级及以上旅游景区中，以自然资源为主体的景区数量达到70.24%。新疆初步形成了以世界自然遗产、世界地质公园、国家级自然保护区、国家级风景名胜区、国家级地质公园、国家级森林公园、国家级湿地公园等为核心的生态旅游目的地体系，发展了以天山天池、喀拉峻、库尔德宁、巴音布鲁克、托木尔、喀纳斯、那拉提、可可托海等为代表的精品生态旅游景区，培育了以天山和阿尔泰山风光、伊犁草原风情、帕米尔高原风光、塔河胡杨风光、大漠雅丹地貌为主题的遗产观光、生态休闲、研学科普、科考探险等生态旅游产品。生态观光产品中的自驾观光、观景摄影，生态康养产品中的森林康养、温泉疗养，生态研学产品中的生态科普基地参观、野生动植物摄影，生态休闲度假产品中的休闲酒庄、生态自驾营地度假，生态探险产品中的古道穿越和徒步，生态人文体验产品中的民族歌舞实景演出等活动对游客的吸引力较大。

2. 大力发展生态旅游

依托我区山岳、冰川、森林、草原、湖泊、河流、湿地、绿洲、水库、沙漠、戈壁、峡谷、雅丹地貌等生态旅游资源，以自然保护区、风景名胜区、森林公园、地质公园、湿地公园、水利风景区、沙漠公园等自然保护地为平台，依法依规打造观光摄影、休闲度假、科学考察、户外运动、民族文化体验等生态旅游产品。加强对生态旅游资源的分级分类保护，严守生态红线，实施绿色旅游引导工程，建立游客容量调控制度，加强生态旅游环境价值观和道德观教育，完善生态旅游社区参与机制。

3. 创建生态旅游示范区

依托世界自然遗产地、国家级自然保护区、国家级风景名胜区、国家地质公园、国家森林公园、国家湿地公园等重要生态旅游资源，集中力量创建一批在国内外旅游市场具备强势竞争力和吸引力的精品生态旅游示范区，加快推动喀纳斯、昭苏夏塔、库尔德宁、塔河胡杨林、天山天池、巴音布鲁克、可可托海、赛里木湖等创建国家级生态旅游示范区。推进那拉提、巴尔鲁克国家级生态旅游示范区建设，加强保护管理与科学规划，严守生态保护红线，从展示优质景观、生态科普宣教、保护生物多样性、管控环境质量、完善基础设施、建设旅游生态文明等方面进行全面提升。

15.2.4 文化遗产旅游应对措施

1. 文化遗产旅游发展现状

多年来，新疆维吾尔自治区党委、政府高度重视保护、传承和弘扬新疆历史文化遗产，将保护与发展相结合。新疆历史文化遗产相关文化产业也开始崭露头角，利用数字技术修复、精准还原已损坏的历史文化遗产；地方政府统筹规划构建全域文旅发展格局。然而，新疆历史文化遗产的开发与利用也面临着一些困难和问题。总体可以概括为以下几方面：新疆部分遗址类文化遗产展示利用率低；相关文化产业体系整体缺乏竞争力；2020 年以来，受疫情影响旅游收益大幅减少。在新的历史环境下，新疆文化遗产保护、传承与利用任务艰巨，既要让文物留得住，也要让文物"活起来"。下一步，亟须通过以下几种方式让新疆文化遗产旅游"活起来"：开展新疆精品文物临时外展，让新疆文化遗产走出去；坚持创造性转化、创新性发展，让新疆文化遗产重新焕发活力；借助新媒体和新科技的力量，共享新疆文化遗产；擦亮新疆历史文化"金名片"；打造国家全域旅游示范区（王碧琳，2021）。

2. 文化遗产保护与传承

进行气候变化背景下的文化遗产脆弱性分析，进行风险评估，遵循世界文化遗产保护指南，制定适应性保护管理规划和实施方案，充分考虑气候变化以及其他挑战，如计算合理的环境容量、设置适当的边界和缓冲区。控制游客容量，减少二氧化碳排放对石窟壁画等文化遗产的影响。针对气候变化对文化遗产的负面影响，通过系列保护性工程减缓文化遗产损毁速度，保护文化遗产完整性和长久存在。例如，增加温湿度监测、预警平台，实时监控石窟等文化遗产景观周围气象条件，为运营管理者发出预警预报信息。对文化遗产进行数字化采集，建设文化遗产数字博物馆，发展创意文化产业，开发文化旅游商品，实现文化遗产传承。针对坎儿井文化遗产，因对气候变化极为敏感，特别是水资源。未来，可在坎儿井所在区域实行水资源账户管理体系，建立农业节水，在平衡各方利益基础上，稳定坎儿井基本流量，以实现坎儿井文化景观的保护与可持续利用。

3. 文化遗产保护与旅游公众参与

文化遗产的气候变化适应往往涉及当地社区，这些社区表现出应对变化的脆弱性和适应不良能力。强化遗产地利益相关者中"社区"参与，激发社区居民权利与主人翁意识、发挥其在旅游发展决策及发展利益分配过程中的主导作用，使之成为文化遗产旅游发展的倡导者、管理者、监督者及受益者（贺小荣等，2016）。普及文化遗产与气候变化知识，强化公众文化遗产保护意识，可对利益相关者开展有关气候变化的教育与培训，清楚地传达相关信息与知识，以更好地实施遗产及环境保护项目。

4. 合作发展与共享知识经验

推动多层次多领域全球范围内气候变化与文化遗产保护的合作交流。作为丝绸之路的旅游核心区，新疆应积极在"新疆—中亚"一线国际旅游发展与文化遗产领域发挥主导作用，加强与国内陕西、甘肃、宁夏等丝绸之路沿线地区合作（谢大伟和张诺，2018）。鼓励文化遗产管理者在区域、全球范围内共享文化遗产保护专业知识、研究成果、成功案例和管理经验，分享文化遗产应对气候变化风险有关知识与经验。

5. 发展文化遗产旅游

依托北庭故城、交河故城、高昌故城、克孜尔千佛洞、克孜尔尕哈烽燧、苏巴什佛寺遗址等丝绸之路世界文化遗产，建设世界遗产文化旅游小镇，推出线路性文化遗产之旅，与高新科技结合提升文化遗产展示功能。

15.2.5 休闲农业旅游应对措施

1. 新疆休闲农业旅游发展现状

新疆许多休闲农业旅游景点开放只限于夏季 7~9 月的农作物收获季或 4~7 月开花季，而其他时间游客量较少，有些景区只能关闭。旅游娱乐活动项目单一，也将逐渐失去对游客的吸引力。长期寒冷干旱气候导致旅游只能在春夏季短期内开展，导致了旅游娱乐活动的单调性，同时气候变化有可能引起植物花期或收获季出现特定变化趋势，或者出现突变，这将对新疆休闲农业旅游带来不确定性影响。城市化快速发展使得了解传统农村文化历史和生活方式的人越来越少，许多城市居民对农村特色文化产生了强烈兴趣，他们渴望接触农村生活，向往田园自然风光。为抵消长期气候特点带来的休闲农业旅游及其产品类型单一乏味造成的损失，抵御气候变化带给农业的不确定性造成的损失，对新疆休闲农业旅游资源进行开发利用时，要深入了解当地农村和民族文化特色，丰富旅游活动及其产品类型，特别是作物非生长季的旅游活动及其产品类型，以满足游客多样化需求（马珍丽等，2014）。

2. 大力发展休闲农业旅游

依托我区田园风光、生态农业、传统村落、乡土文化、农耕文化、瓜果基地、花田景观等资源，整合各类休闲农业园区和美丽田园，按照"资源化整合、精品化打造、片区化开发、产业链带动"原则，重点打造田园观光类、民俗风情类、农业体验类、民宿度假类等不同类型的休闲农园、休闲农庄、休闲乡村，大力发展农业观光园、田园综合体、现代农业庄园、国家农业公园、家庭农场、市民农庄、休闲农场、共享农庄、农业嘉年华等休闲业态，培育有机农业、遗产农业、智慧农业、艺术农业、亲子农业、养老农业、定制农业、会展农业、众筹农业等功能农业。

加快培育乌鲁木齐市、克拉玛依市、库尔勒市、伊宁市、喀什市、昌吉市等区域中心城市近郊、重点旅游景区周边、特色农产品优势区发展休闲农业，避免低水平重复建设。组织实施休闲农业精品工程，继续开展国家级、自治区级休闲农业示范点创建工作，着力培育一批示范带动能力强的休闲农业集聚区。引导和支持社会资本开发农民参与度高、受益面广的休闲农业项目，鼓励支持南疆少数民族妇女积极参与休闲农业创意精品开发。形成一批以春季郊外出行踏青赏花、夏季下乡避暑品评美食、秋季漫步农田休闲采摘为主题的精品线路。开展休闲农业精品景点线路推介，吸引城乡居民到乡村休闲消费。鼓励各地因地制宜开展主题休闲农业和乡村旅游精品发布推介活动，培育形式多样、富有特色的地方品牌。

15.3 完善旅游业适应气候变化的保障机制

15.3.1 编制全疆旅游业气候利用规划

气候适应性规划是旅游地区域整体对气候不利影响做出的趋利避害的调整，将气候变化纳入区域发展规划有着重要意义。世界经济合作与发展组织在 2008 年发布的《战略环评与气候变化适应》(*Strategic Environmental Assessment and Adaption to Climate Change*)手册中指出，应在战略规划中考虑气候变化风险因素；要求决策者基于"气候透镜"判断规划有无气候变化风险，若有则需进一步开展气候变化影响评估，从而制定相应的适应措施 (OECD, 2008)。联合国开发计划署也研发了一套适应政策框架，明确在地方、具体行业/部门及国家发展规划过程中考虑适应气候变化措施，并就具体规划活动与进程做出简要说明 (UNDP, 2005)。为适应气候变化，旅游地迫切需要加强气候风险管理意识与能力，通过调整资源配置最大限度减少目的地面临的潜在气候风险。以提升旅游城市、旅游景区抗风险能力为目标，在分析各类型、多尺度的旅游区规划控制要素、区域气候与旅游区抗风险能力基础上，从可持续发展角度，将防灾减灾、节能减排协同考虑，提出气候适应性规划目标、原则及减缓与适应气候变化的关键技术框架。

气候适应性规划应当把应对气候变化与社会经济发展目标有机结合起来。从根本上看，要实现包括旅游经济在内的社会经济可持续发展，必须重视气候适应性能力提升。外交部部长王毅在 2019 年联合国气候行动峰会中指出："应对气候变化和实现发展不是非此即彼的选择题"。新疆适应性规划既要考虑气候风险因素，也要在旅游发展进程中实现社会经济绿色转型。为达到这一目标，不仅要重视气候变化问题，也应关注减少贫困问题等其他重要议题。应让贫困群众共享新疆旅游发展成果，推动建立旅游与扶贫利益联结机制。气候适应性规划作为重要的政策工具与措施，可以有效地整合包括碳减排、减少灾害风险、能源安全、环境保护、旅游发展与社会参与等多个发展目标。

从影响识别、理论分析、应对措施三个方面构建应对气候变化的旅游规划框架。影响识别主要研究新疆当前气候系统变化特征与旅游社会生态系统受到的影响。理论分析则在气候变化影响旅游社会生态系统与旅游社会生态系应对气候变化两个方面，分别开展影响机理与应对机制研究。结合前面开展的影响识别与理论分析，提出新疆旅游业应对气候变化的策略与措施，并进一步提出具备可操作性与可行性的技术方案。

15.3.2 发展全季旅游与带薪休假制度

旅游者被认为在应对气候变化时最具弹性与适应能力，可以通过选择不同旅游目的地，或是在不同时间前往目的地适应气候变化对旅游活动的影响。新疆旅游淡旺季明显，旅游旺季主要集中在 6~8 月，应积极推出春秋季胡杨和白桦林赏叶、花田观花、果实采摘等旅游项目，增加新疆淡季旅游产品；同时灵活调整休假时间，适应时令旅游的最佳观赏期。旅行社应优化产品开发模式，调整和完善旅游产品体系，开发适合在室内进行、具有文化内涵的时令性文化旅游产品，降低对自然气候的依赖性（李瑞，2008）。此外，旅游企业可采取开发反季旅游产品，削弱气候变化影响、平衡全年旅游市场。

灵活休假制度是提升时令旅游适应气候变化能力的重要政策保障，缓解因气候变化而产生的旅游供求矛盾。落实带薪休假制度，有利于调整国内旅游时空结构，促使旅游流进行适应性调整与分配，适应逐渐变化的气候条件。政策制定层面可借鉴发达国家及地区的样板经验，在倡导以人为本基础上，根据新休假制度下居民出游特点，推行可行性强、灵活性大的休假体制结构，增加员工带薪假期。管理部门调整节假日制度是时令旅游应对气候变化的极好策略。旅游相关企业应配合带薪休假制度，重新细分旅游客源市场，挖掘潜在旅游客源市场，重新进行市场定位，为旅游企业制定科学营销策略提供重要市场依据。

15.3.3 建立低碳旅游奖励制度

借鉴澳大利亚景区低碳旅游经验，实施"碳污染减少计划""目的地碳足迹计划""碳足迹试点研究行动"等专项行动减少碳排放。酒店管理者应制定完备的节能减排制度，并制定酒店低碳指标，分析酒店碳排放效率与关键性指标之间关系，从而分析酒店提升路径。旅游交通，尤其是航空运输业，产生大量温室气体。航空公司可通过增加座位密度，机型升级减少碳排放。同时，大力倡导"零污染、节能型"景区，重视电能、太阳能与天然气等清洁能源，以及高效率引擎技术等新技术，在节能减排中实现重要作用（贺小荣和 Jiang，2015），推广电动车、电力驱动游船、太阳能度假酒店等，在旅游行业内部实施绿色环保旅游企业的奖励机制。

开展相关环境教育活动有助于提高旅游全行业对气候变化的认识，增强全行业风险意识。旅游者、旅游企业和行业管理者等群体存在不同气候风险感知差异。因此，加强旅游开发规划者和旅游管理者环境感知，辅之以相应的制度保障，在对旅游地开发、规划和管理同时，重视旅游环境教育，培养和提高游客和公众的环境感知，提高旅游全行业对气候变化认识，才能有效应对旅游目的地气象变化带来的影响。管理部门应对游客开展宣传教育，提高游客环境意识，引导游客采用"气候友好型"消费模式，如建议旅游者选择适当旅行方式、企业采用节能产品，减少自身碳足迹（王群和杨兴柱，2012）。对目的地社区居民可加强应对极端天气气候事件的相关对策及科普知识的宣传和舆论引导，向广大群众灌输风险意识、危机意识，增强抗灾救灾意识（张可慧，2011）。对于因为气象灾害而产生巨大损失的地区，可以开展"灾难旅游"，将其开辟为青少年研学基地或是极端天气事件教育基地，为公众提供有关气象灾害事件的科普知识。

参考文献

阿布都米吉提·阿布力克木，阿里木江·卡斯木，艾里西尔·库尔班，等.2016.基于多源空间数据的塔里木河下游湖泊变化研究.地理研究，35（11）：2071-2090.

白金中.2012.新疆阿尔泰山友谊峰区冰川变化特征初步分析.兰州：西北师范大学学位论文.

蔡萌.2012.低碳旅游的理论与实践.上海：华东师范大学学位论文.

党国花，罗红磊，周慧僚，等.2017.河池市旅游气象服务现状及发展对策研究.气象研究与应用，38（2）：69-71，76.

邓振镛，张强，尹宪志，等.2007.干旱灾害对干旱气候变化的响应.冰川冻土，29（1）：114-118.

丁一汇，任国玉，石广玉，等.2006.气候变化国家评估报告（Ⅰ）：中国气候变化的历史和未来趋势.气候变化研究进展，3-8，50.

杜加强，贾尔恒·阿哈提，赵晨曦，等.2015.1982—2012年新疆植被NDVI的动态变化及其对气候变化和人类活动的响应.应用生态学报，26（12）：3567-3578.

樊锦诗.2005.莫高窟保护和旅游的矛盾以及对策.敦煌研究，（4）：1-3.

冯学钢.2015.反季旅游常态化.旅游学刊，30（2）：5-7.

郭剑英.2009.国外气候变化对旅游业影响研究进展综述.世界地理研究，18（2）：104-110.

韩萍，薛燕，苏宏超.2003.新疆降水在气候转型中的信号反应.冰川冻土，25（2）：179-182.

贺小荣，Jiang M.2015.国外气候变化与旅游发展研究的新进展.地理与地理信息科学，31（4）：100-106.

贺小荣，胡强盛，Jiang M.2016.气候变化背景下文化遗产旅游发展模式的重构.南京社会科学，（9）：138-143，151.

侯国林，黄震方，台运红.2015.旅游与气候变化研究进展.生态学报，35（9）：2837-2847.

胡汝骥，樊自立，王亚俊.2001.近50a新疆气候变化对环境影响评估.干旱区地理，24（2）：97-103.

季元中，杨青.1993.新疆应用气候.北京.气象出版社.

江华群.2019.灾害性天气预报预警和精细化服务策略.农业开发与装备，（8）：67.

阚耀平，焦黎，蒙莉.2000.新疆文化遗址旅游资源及开发思路.干旱区地理，23（2）：149-154.

阚越.2017.伊犁河谷薰衣草旅游发展现状与对策研究.旅游纵览，（6）：155-156.

李瑞.2008.民间文化旅游开发利用模式研究——以中原地区为例.南阳师范学院学报,7(3):59-62.

李现彩,徐承炎.2018.丝绸之路新疆段遗址文化价值审视及保护利用策略研究——以"丝绸之路:长安—天山廊道的路网"新疆段遗址为例.塔里木大学学报,30（3）:144-150.

刘春燕,毛端谦,罗青.2010.气候变化对旅游影响的研究进展.旅游学刊,25（2）:91-96.

刘军林,陈小连.2011.智能旅游灾害预警与灾害救助平台的构建与应用研究.经济地理,31（10）:1745-1749.

马珍丽,姚娟,刘文茜,等.2014.新疆乡村旅游发展存在的问题及对策探讨.农村经济与科技,25（6）:86-87.

潘海娃,黄朝善,徐军.2019.灾害性天气旅游安全风险及其防控对策分析.旅游纵览,（6）:59-60.

齐晔,蔡琴.2010.可持续发展理论三项进展.中国人口·资源与环境,20（4）:110-116.

秦大河.2018.气候变化科学概论.北京:科学出版社.

任志艳.2015.关中地区气候变化适应方略与可持续发展模式选择.西安:陕西师范大学学位论文.

桑东莉.2010.气候变化对中国旅游业持续发展的影响及应对措施.中国环境管理干部学院学报,20（2）:7-10.

施雅风,沈永平,胡汝骥.2002.西北气候由暖干向暖湿转型的信号、影响和前景初步探讨.冰川冻土,24（3）:219-226.

隋鑫,邵彤.2007.气候变化对目的地旅游需求影响研究综述.沈阳师范大学学报（社会科学版）,31（4）:26-29.

唐德才,王琳佳,李长顺,等.2014.气候变化对厦门旅游业影响的模糊综合评价.气候变化研究进展,10（5）:370-376.

田苹,叶泓麟.2019.灾害性天气预报预警和服务分析.农业开发与装备,（4）:74,76.

王碧琳.2021.新疆文化遗产开发利用的新探索.中共乌鲁木齐市委党校学报,（1）:31-34.

王静,慕建利,白静玉.2012.对旅游景区气象灾害风险防御的思考//S12水文气象、地质灾害气象预报与服务.沈阳:中国气象学会年会.

王灵恩,韩禹文,高俊,等.2019.气候变化背景下青藏高原地区游客决策与体验分析.地理研究,38（9）:2314-2329.

王明亮,徐猛.2015.新疆兵团绿洲农业应对气候变化的形势与科技需求分析.中国人口·资源与环境,25（S1）:584-587.

王群,杨兴柱.2012.境外旅游业碳排放研究综述.旅游学刊,27（1）:73-82.

王世金,赵井东,何元庆.2012.气候变化背景下山地冰川旅游适应对策研究——以玉龙雪山冰川地质公园为例.冰川冻土,34（1）:207-213.

吴普,席建超,葛全胜.2010.中国旅游气候学研究综述.地理科学进展,29（2）:131-137.

席建超,赵美风,葛全胜.2011.全球气候变化对中国南方五省区域旅游流的可能影响评估.旅游学刊,26（11）:78-83.

席建超,赵美风,吴普,等.2010.国际旅游科学研究新热点:全球气候变化对旅游业影响研究.旅游学刊,25（5）:86-92.

谢大伟,张诺.2018.丝绸之路经济带新疆生态旅游业发展探析.干旱区地理,41（4）:844-850.

杨建明 . 2010. 全球气候变化对旅游业发展影响研究综述 . 地理科学进展，29（8）：997-1004.

殷刚，李兰海，孟现勇，等 . 2017. 新疆 1979—2013 年降水量时空变化特征和趋势分析 . 华北水利水电大学学报 (自然科学版)，38（5）：19-27.

曾瑜皙，钟林生，刘汉初，等 . 2019. 国外气候变化对旅游业影响的定量研究进展与启示 . 自然资源学报，34（1）：205-220.

张可慧 . 2011. 全球气候变暖对京津冀地区极端天气气候事件的影响及防灾减灾对策 . 干旱区资源与环境，25（10）：125-128.

张倩 . 2017. 浅析我国应对气候变化科普宣传工作的措施与途径 . 科技传播，9（7）：94-97.

张学文，张家宝 . 2006. 新疆气象手册 . 北京：气象出版社 .

张雪莹，张正勇，刘琳 . 2018. 新疆冰雪旅游资源适宜性评价研究 . 地球信息科学学报，20（11）：1604-1612.

赵新生 . 2007. 新疆旅游资源的可持续开发分析 . 新疆大学学报（自然科学版），24（4）：468-472.

钟林生，唐承财，成升魁 . 2011. 全球气候变化对中国旅游业的影响及应对策略探讨 . 中国软科学，（2）：34-41.

祝燕德，肖岩，廖玉芳，等 . 2010. 气象灾害预警机制与社会应急响应的思考 . 自然灾害学报，19（4）：193-196.

邹琼，和赴宇，王珂 . 2019. 丽江玉龙雪山景区应对气候变化探索和实践 . 环境科学导刊，38（4）：22-25.

Jones R. 2010. A risk management approach to climate change adaptation//Nottage R，Wratt D，Bornman J，et al. 2010. Climate change adaptation in New Zealand：Future scenarios and some sectoral perspectives（pp. 10–25）. Wellington：New Zealand Climate Change Centre.

Lim E B B，Spangersiegfried E，Burton I，et al. 2005. Adaptation Policy Frameworks for Climate Change.

OECD. 2008. Strategic environmental assessment and adaptation to climate change. Environmental Policy Collection. Paris：OECD.

UNCC. 2006. The impacts of climate change on world heritage properties. https：// www.uncclearn.org/ sites/ default/files/inventory/unesco32.pdf.

UNDP. 2005. Adaptation Policy Frameworks for Climate Change：Developing Strategies, Policies, and Measures. Cambridge：Cambridge University Press.

Wang S J，Zhou L Y. 2019. Integrated impacts of climate change on glacier tourism. Advances in Climate Change Research，10（2）：9.

Zhong L, Yu H, Zeng Y. 2019. Impact of climate change on Tibet tourism based on tourism climate index. Journal of Geo-graphical Sciences, 29(12): 2085-2100.

新疆气候变化科学评估报告

第 16 章　可持续发展：长治久安的政策选择

主要作者协调人：孙福宝　巢清尘
主要作者：姜克隽　黄磊　冯瑶

▪ 执行摘要

　　新疆地处欧亚腹地，地域辽阔、资源丰富，自古便是我国向西开放的桥头堡，如今更是"丝绸之路经济带"建设的重要支点和关键枢纽。本章简述气候变化对新疆发展的影响、未来新疆发展对气候变化的适应及国家政策引导下的转型政策。主要结论包括：① 干湿变化影响人类活动范围、政局稳定及经济繁荣等；水资源和气候是制约农牧业及旅游业发展的重要因素；新疆在全球气候治理中承担减缓和适应双重角色。② 未来气候风险管理要兼顾渐进/传统管理和转型管理两种方式的气候可恢复力建设；走宜居及可持续发展的城镇化道路；气候灾害会加剧农村贫困，需充分利用当地气候资源。③ 开展高寒区气象环境综合监测试验并完善监测站网，强化对经济走廊的遥感监测；建设气候与环境变化智慧数据港；发展用户感知的气候与环境变化服务系统，建设紧密衔接自治区大数据创新应用示范工程。④未来能源规划需考虑气候变化的影响，控制 CO_2 排放；基于我国能源转型政策，实现能源转型，兼顾产业转型和失业问题；深度减排改善大气环境，实现世界卫生组织标准；零碳能源转型将带来经济格局和产业的重大变化。⑤ 能源互联网背景下产业技术以绿色低碳为主，利用经济开发区，加大对低碳技术的研发投入；通过清洁能源带动经济发展，兼顾生态保护和畜牧业发展，实现社会脱贫和长治久安；打造绿色发展示范品牌，建设绿色丝绸之路的跨境金融贸易。⑥ 依托"蓝天工程"治理大气污染；加强流域建设和管理及跨境水资源的合作与开发；从能源结构、草原生态和南疆3个地区（自治州）生态环境开展不同生态补偿模式；确定经济走廊的物理路线，促进中国与沿线国家产业互补合作。分析气候变化及国家政策引导下，新疆社会经济、城乡建设、监测服务体系、能源结构、绿色低碳经济及重大工程的政策，为"十四五"规划中明确新疆发展方向和制定总体规划提供参考。

16.1 气候变化视域下的新疆社会经济可持续发展

16.1.1 历史气候的重大影响

新疆地处欧亚大陆腹地，距海遥远，四周高山高原环绕，远离水汽最主要源地，特殊的地理条件促成了新疆成为欧亚大陆的干旱中心。新疆是全球最大的非地带性干旱区的重要组成部分，是典型的西风带气候系统和季风气候系统相互作用的区域（陈曦，2010）。历史上气候变化对新疆社会经济发展产生了重大影响。

新疆历史上称为西域，西域在汉代的记载中有广狭二义，广义的西域指的是新疆及其以西（包括中亚、南亚、西亚）地区，狭义的西域是指巴尔喀什湖以东以南和我国新疆地区。从公元前3世纪至前2世纪起，蒙古草原上的匈奴人、锡尔河流域草原上的塞族人、甘肃西部的大月氏人以及和他们邻近的乌孙人都要通过这一地区陆续向西方大规模迁移，可以说西域是历史上与文化上中西交通的走廊。

从新疆的地理形势来看，天山以南是四周环绕高山的一个大盆地（塔里木盆地），北有天山、南有昆仑山、西有葱岭（即帕米尔高原）、东有南山（即祁连山），只有东北有个天然的缺口，通达蒙古高原及甘肃西北部。天山以南的塔里木盆地东西约长二千八百多里，南北宽一千多里，盆地内是一望无涯的流沙，发源于周边高山的许多河流流注于大沙漠之中，其中发源于昆仑山的于阗河经与葱岭河会合汇流成一条自西向东横贯沙漠的塔里木河，注入蒲昌海（即罗布泊）。由于有塔里木河无数支流的灌溉，这里有许多肥美的天然绿洲，适宜于畜牧和农耕。秦汉时期这里居住着一些原始部落，建城筑郭，逐渐形成了许多号称"国"的小城邦。在大沙漠以南，自楼兰沿昆仑山北麓西行至莎车，约有十余国；自莎车向西南至帕米尔高原山谷之间，也有几个小国。在大沙漠以北，自疏勒沿天山南麓东行至狐胡，也有十来个小国家。这些小国家都以种植、畜牧为生，由于耕地面积小，一般都过着随畜转徙的游牧生活。天山以北的高山深谷中有许多小河和湖泊，在阿尔泰山与天山之间有块很大的平原（准噶尔盆地），气候湿润、水草肥美，适宜于畜牧，这一带也分布着许多小国家。天山南北地区的这些小国家在公元前二世纪初叶被蒙古草原上的匈奴所征服，但西域各族人民并不甘心匈奴的奴役和剥削，为后来汉朝进行的一系列通西域、开通丝绸之路的活动提供了极为重要的条件。

西汉时期张骞第一次出使西域归来，向汉武帝报告了他所亲历的西域诸国的情况；公元前119年张骞再次出使西域，一方面在政治上使大宛、乌孙及其以东以南地区都划入汉西域都护的管辖之下，另一方面在交通上开通了丝绸之路，跨越葱岭（帕米尔高原）同高原以西的国家建立了联系，沟通了一条通向中亚、西亚、南亚以至欧洲的陆路通道。新疆丝绸之路的开通具有重要的历史意义。由于帕米尔高原和喜马拉雅山的屏蔽，先秦时期的中国不了解葱岭以西的世界，西方同样也不了解中国。中国与葱岭以西地区的直接联系和相互了解，是从汉代通过新疆丝绸之路的开通开始的。丝绸之路的开通使中国跨越葱岭（帕米尔高原）同高原以西的国家建立了联系，不仅实现了货物商品的贸易往来，更实现了文化、思想、宗教、民族的交流和大融合。

新疆沿丝绸之路分布着众多的古城遗址,如吐鲁番的高昌古城、交河古城、若羌县境内的楼兰古城、吉木萨尔县境内的北庭古城等,被中外称为"天然博物馆"。新疆古城遗址的兴衰一方面受经济社会发展的影响,另一方面气候变化也对人类生存环境和区域经济社会发展产生了不同程度的影响。例如,新疆塔里木盆地边缘的楼兰城是楼兰国前期重要的政治经济中心,在丝绸古道上盛极一时。楼兰道是丝绸之路的主要通道,也是塔里木盆地东部的十字路口,往西、往东、往南、往北可通向西域全境,是古西域交通枢纽。楼兰古城作为一个丝绸之路上的重要城市,在活跃了几个世纪之后突然消失,直到 20 世纪初才被探险家发现。早在 1907 年美国地理学家亨廷顿在《亚洲的脉搏》一书中即提出气候变化是导致新疆塔里木盆地楼兰诸绿洲文明消亡的原因;瑞典地理探险家斯文赫定则认为塔里木河在流水、固体物质沉积与风蚀作用下改道是致使楼兰绿洲废弃的主要原因。此外,有研究指出,楼兰古城消亡的原因是古城所在地孔雀河上游先后发生两处滑坡崩塌,堵住河水后形成堰塞湖、切断了古城的供水源所致。从距今 3800 多年前直到汉晋时期长达两千多年的时间里,人类一直在丝绸之路沿线、塔里木盆地楼兰诸绿洲居住和活动,其间也多次出现战争、河流改道等社会和自然环境变化,楼兰等古城废弃的原因至今仍存在争论。如有研究指出,楼兰等古城废弃于自然环境变迁而带来的水源枯竭、河流改道等观点难以自圆其说,楼兰是政治和交通需要的产物,政治形势的变化致使楼兰失去交通枢纽地位,由于完全丧失了赖以繁荣的基础,楼兰城逐渐荒废,最终变成荒漠(袁国映和赵子允,1997)。

气候变化也对新疆历史上人口变迁产生了重要影响。西域地区的人口资料是从西汉时期时才开始有记载的,当时西域号称三十六国分布于塔里木盆地周缘区域,整个塔里木盆地人口约 23 万。西汉末年至隋朝,西域气候逐渐转干,区域降水减少,农业生产出现困难,经济衰退。东汉时期,由于气候、生存环境、政治、经济等原因,西域屯田的规模大大减小,到魏晋南北朝时期,西域屯田几乎中断,仅有楼兰、尼雅屯田等少数几处。盛唐至北宋初期,南疆地区气候转为湿润,降水逐渐增多,南疆地区的人类活动范围进一步扩大;宋、元时期发展屯垦,和田等军事重镇实行军垦,喀什噶尔等地实行民屯,西域人口陆续增加。

气候变化也对西域政治治理产生了一定影响。西汉时期西域气候相对暖湿,水热条件较好,有利于农牧业的发展,西汉政权逐步得以巩固,军事实力得以加强,这也为西汉政权加强对西域的管理提供了条件;同时由于此时丝绸之路沿线的水草条件较好,也为丝绸之路的通行提供了可能。西汉末年至隋朝,由于我国东部地区处于一个相对干冷的环境中,东部农耕区的范围相应缩小,五谷歉收,饥馑年份相对增多,内乱常起,政权更迭频繁,处于大动荡大分裂和民族大融合时期,极大地削弱了中原封建政权的国力,无力顾及西域;同时西域相对干暖的气候也使得天山南北的各个小国为了争夺生存资源而相互战斗、兼并,丝绸之路沿线的环境条件变得恶劣,丝绸之路较长时期处于沉寂荒芜之中。隋唐时期,西域气候又变得相对湿冷,中原政权也重新加强了对西域的经营与管理,在西域驻军戍边,在塔里木盆地大兴水利设施建设,西域社会安定,经济繁荣,丝绸之路也重新畅通。五代之后,南疆地区的气候总体向干旱化转化,同时由于中原王朝势力衰弱,在气候环境恶化和地方割据战争的双重影响之下,新疆一部分遗址在 11 世纪前后荒废。

综上所述可见，历史时期以来西域地区气候环境的干湿变化与人类活动范围的变动、政局的稳定、经济的繁荣、人口的相对变化、屯田规模的大小等都有着一定的相关关系，气候的变化造成水热条件的不同，引起农、牧业经济的相应变化，使人类生存的环境条件出现变化，进而影响政局的稳定和人口变化。

16.1.2 影响可持续发展的气候因素

新疆由于地处欧亚大陆腹地，远离大江大河发源地，降水稀少且时空分布不均，气候干燥且蒸发强烈，属典型的干旱、半干旱地区，长期存在水资源严重短缺、水资源供需矛盾十分突出的问题，水资源是影响新疆可持续发展长治久安的重要气候因素。新疆地区水资源存在严重的供需不足问题，且区域分布悬殊，与社会经济发展布局不匹配。从空间分布上看，新疆水资源北多南少、西多东少，以天山山脊为界，北部地区单位面积水量是南部地区的 2.6 倍。新疆东疆地区是石油、天然气、煤炭资源的富集区，但该地区的水资源却极度匮乏。从时间分布上看，新疆的全年降水量主要集中于春夏季节，冬季降水量占比不到10%。不均匀的水资源的分布条件限制了新疆地区工农业和社会经济的发展（胡汝骥等，2002；陈亚宁，2014）。同时，新疆最低温和冬季气温显著上升导致的平均气温升高，北疆增温率明显高于南疆，且增温率呈地带性自北向南逐渐递减（李佳秀等，2018）。

新疆灌溉农业发达，降水对农业生产的作用主要是通过河流径流体现，而新疆的各大河流很大程度上也依靠高山冰川与地下水的调节和补给，而随着全球气候变暖，新疆的冰川、高山积雪和冻土等固态水体加快消融，平原地区蒸发量加大，给新疆水资源带来严重挑战。新疆作为丝绸之路经济带的核心区，与缺水有关的生态问题已经严重威胁着地区生态的稳定与经济社会的可持续发展。随着新疆气候变暖，冰川退化趋势也十分明显，冰雪消融量增加，积雪深度降低，这直接影响到以冰雪为主要补给来源的河流径流量的大小。另外，从长期来看，冰雪消融量的削减同样会减少以此为补给来源的河流的径流量（王炎强等，2019）。因此，虽然20世纪90年代以来新疆变暖变湿一方面有利于新疆生态环境改善，另一方面随着新疆人口增加、农牧业结构单一和不合理的土地利用方式的影响，也导致生态环境部分恶化、退化，对工农业生产、人民的生活条件与生存质量产生了重要影响，严重阻碍了新疆经济社会的可持续发展。同时，新疆河流上游大规模开荒引走大量的河水，使下游水量减少、流程缩短，下游地区生态环境恶化，加重了土壤的积盐和地下水矿化，造成土壤的盐渍化；南北疆广大平原灌区大规模引河水灌溉兴修平原水库，地下水位逐年提高，次生盐碱化面积迅速扩大；水资源变化减少了胡杨林等自然植被赖以生存的水分，导致河流两岸胡杨天然林的大量衰亡，植被覆盖率降低；水源减少和植被退化增加了沙漠化威胁，许多地方沙漠化进展迅速；极端降水事件不断增加，河流决堤的风险也在不断提升。

气温升高对新疆的社会经济影响有利有弊。首先，气温升高，农作物冻害显著减少，对农作物的声场发育十分有利；然而，气温上升，蒸发量增加，土壤水分减少，若同期降水再减少，农业用水供需矛盾突出，造成干旱。同时，一定范围内气温变暖且降水正常时，对畜牧业也非常有利，因为暖冬使牲畜比以往更容易安全越冬，避免了寒潮和强冷空气活动造成转场途中牲畜的死亡，对牲畜产羔育幼保膘有利。此外，暖冬使寒冷地区取暖用能源消耗大幅度降低，节约了大量能源，对冬季建筑施工、农田水利建设有利（季元中和任宜勇，1992）。

新疆被誉为"天然博物馆"，具有丰富的旅游资源，但气候变化也给新疆旅游业的可持续发展带来潜在风险。新疆旅游业严重依赖自然环境和天气气候条件，气候变化不仅影响新疆旅游资源的时空分布、游客行为、旅游业运作成本，还通过对环境以及社会、经济的影响间接作用于旅游业。新疆空间范围大、旅游资源多，进行旅游空间结构调控的难度较其他区域更为困难。新疆在如何准确监测气候变化对旅游业的影响、如何准确预报预测恶劣天气带来的旅游风险、如何及时有效帮助游客规避旅游风险等方面面临技术挑战，需在监测方法和技术上作出改进，做到实时监测，精准监测、实时跟进。新疆冰川旅游还处在待开发状态，也需加大开发力度，做好综合开发规划。

16.1.3 社会经济发展的重要角色

新疆社会经济发展在全球气候治理中扮演着重要角色。随着新疆丝绸之路经济带核心区建设的推进，国家着力打造新疆丝绸之路经济带核心区，为新疆经济社会可持续发展和全面深化改革提供了新的机遇，但新疆经济社会可持续发展在面临新机遇的同时也面临新的挑战，一方面新疆保障和改善民生任务繁重，经济社会发展和脱贫攻坚任务繁重，另一方面新疆应对气候变化基础设施有待进一步加强，生态环境约束加大。新疆是丝绸之路经济带核心区和面向中亚、南亚的前沿区，需要采取多种措施有效提升应对气候变化的能力、减缓和降低气候变化带来的风险、推动绿色低碳发展，但由于新疆地域辽阔、地形复杂、气象灾害频繁，应对气候变化的科学积累和实际经验不足，制约着新疆应对气候变化能力的提高。新疆在全球气候治理中应综合全局、统一规划，不能只依赖单一部门的单一措施，应从多行业多领域的角度出发综合考虑未来气候变化可能带来的风险，提高新疆应对气候变化的能力。

为积极应对气候变化、推动新疆绿色低碳发展、加大控制温室气体排放力度，新疆在应对气候变化政策上实施了强化二氧化碳减排目标的责任评价考核，为将碳减排目标控制在约束指标范围内、实现碳排放总量和强度增长"双控"目标，制定了加快产业结构调整、优化能源结构、提高能源效率、增加森林碳汇等应对气候变化的政策措施。例如，通过大力实施节能减排和绿色生态工程建设，加快技术创新，提高非化石能源比重，发展分布式能源，目标是建设清洁低碳，安全高效的现代能源供应和消费体系。新疆还积极推动低碳试点示范，重点支持一批低碳城市、低碳园区、低碳社区和低碳企业试点示范项目，同时加强技术交流与合作，发展碳捕集、利用和封存试点示范项目；加快建立电力、钢铁、化工、建材、有色金属等全区重点企业温室气体排放监测、统计、核算、报告和第三方核查制度，推动形成转方式、调结构的全社会温室气体减排倒逼机制。逐步建立碳排放总量控制制度和配额分配制度，发展碳排放交易市场，推动重点控排单位积极参与全国碳排放权交易。

新疆在实施应对气候变化减缓政策的同时，也坚持适应与减缓并重，全面提高适应气候变化的能力。新疆加强应对极端气候事件能力建设，努力提高城乡建设、农、林、水资源等重点领域和脆弱区域适应气候变化能力，不断提升防灾减灾水平。加强高排放产品节约与替代，推动战略性新兴产业和服务业发展。加大宣传力度，加快形成绿色低碳的消费模式和生产生活方式。

新疆是我国重要的能源基地，为充分发挥新疆风能、太阳能等可再生能源优势，新疆依靠科技创新推动风电、太阳能发电等新兴能源产业降低成本，加大开发力度，逐步提高清洁能源在整个能源结构中的比例，促进节能减排和能源结构调整。结合电网条件及电力市场需求，新疆加快风电开发，重点建设准东、达坂城、吐鲁番 – 哈密百里风区等百万千瓦级风电基地和哈密千万千瓦级风电基地，适时建设阿勒泰千万千瓦级风电基地，稳步推进达坂城、阿勒泰、塔城等地风电供暖试点。同时，新疆加快建设百万千瓦级光伏发电基地，加快哈密、吐鲁番、巴州、博州、南疆地区（自治州）等区域太阳能资源开发，有序发展分布式发电项目，形成光伏发电"四大集群、两大基地"。

但是，也应该看到，新疆经济社会发展也对全球气候治理带来一定挑战。第一，新疆在产业结构中重工业比重较大，产业结构层次低，经济发展对能源依存度较高，结构重型化趋势明显，高耗能产业比重偏大，新疆经济增长主要依赖第二产业，工业结构重型化趋势在相当长时间内难以改变，加重了节能减排的难度。第二，新疆作为国家大型油气生产加工和储备基地、大型煤电煤化工基地以及国家其他急需矿产资源开采及加工基地，承担着向国家供给能源资源及初级产品加工的重大任务，同时也承担着源头开发和能源产品初加工过程中的耗能负担，这些原料、初级产品的出疆，造成能源消耗较大的生产过程在新疆，附加值高的生产过程在内地。同时，新疆地理气候条件复杂，绿洲经济导致负荷分布较为分散且不均，因此远距离输电、部分地区重载、轻载等问题共同作用导致输电损耗较高，均为新疆单位 GDP 能耗下降增加了难度。第三，新疆电力行业能源损耗高，2005~2014 年新疆单位 GDP 电耗由 1190.11kW·h/ 万元增至 2288.43kW·h/ 万元，电耗上升幅度居于全国首位，使得新疆在其他方面取得的节能减排成效被电耗上升抵消了。第四，新疆地域辽阔、区域经济发展不平衡，一些地区生态环境脆弱，一方面能源使用的过于粗放对生态环境带来了不利影响，另一方面新疆的高寒地理位置也使采暖消耗明显高于内地、既有建筑节能改造难以全面铺开，交通运输、电力、水力长距离输送中的能耗也在很大程度上远高于内地，制约着新疆应对气候变化政策的效果，给全球气候治理带来一定挑战。

16.2 具有气候可恢复力的未来新疆发展

新疆地处欧亚腹地，地形地貌复杂，气候类型多样。随着气候变暖，高温热浪、暴雨、暴雪等极端气候事件增加，冰川消融退缩明显，导致固态水资源量迅速减少，动态水资源量呈总体上升趋势，对区域水资源可持续利用产生重大影响，冰湖溃坝型洪水易发、频发（Chen et al.，2016；Zhang et al.，2012；Zhang et al.，2016）。新疆是全球六大果品生产地之一，特色林果资源丰富，气候变暖对其种植和产量品质的直接影响到区域内乡村发展（刘敬强，2013）。因此，加强新疆气候可恢复力，将保障美丽新疆和平安新疆的未来发展。

16.2.1　气候可恢复力建设

气候变化对人类或生态系统会造成直接或潜在的不利后果，其对包括如生命、生计、健康和福祉、经济、社会和文化资产和投资、基础设施、服务（包括生态系统服务）、生态系统和物种都会产生相应影响，并且这些影响在发生的程度和可能性方面都有一定的动态性和不确定性。在应对气候变化方面，相应的应对措施可能无法实现预期目标，或与其他社会目标（如可持续发展目标）存在潜在的权衡或负面影响，这些也都带来影响。在某些政策执行中可能产生风险，如在执行气候政策的有效性或结果的不确定性，与气候相关的投资，技术开发或应用和系统转换过程中。风险管理就是根据评估或感知的风险，制定计划、行动、战略或政策，以减少潜在不利后果的可能性和/或程度。

适应是指在人类系统中为适应实际或预期气候变化及其影响的过程，以便减轻危害或利用有益的机会。人类系统的适应需要一个迭代的风险管理过程，一般包括五个过程，意识、评估、计划、实施、监测和评价（IPCC，2014）。现有证据表明，当前适应努力不太可能确定在全球实现可持续发展目标。中国国内对气候变化适应和各类政策的融合协同考虑得也不够，体现在适应差距和适应赤字两个方面。适应差距指"实际实施的适应与社会设定的目标之间的差距，主要取决于与可容忍的气候变化影响相关的偏好，并反映了资源限制和相互竞争的优先事项（UNEP，2014，2018）。适应赤字指"系统的当前状态与将现有气候条件和变化的不利影响最小化状态之间的差距"（IPCC，2014）。可恢复力指社会、经济和环境系统应对危险事件或趋势或干扰的能力，以保持其基本功能、特性和结构的方式进行响应或重组，同时保持适应、学习和转型的能力。可恢复力作为一种系统特性与脆弱性、适应能力和风险相重叠，体现了战略与风险管理、适应和转型相重叠（Moser et al.，2019）。

新疆气象灾害种类繁多，主要灾害包括暴雨、大风、冰雹、雪灾、干旱等。多洪区主要分布在南疆地区（河源区）和伊犁地区。重旱灾区分布在塔额盆地及克拉玛依地区，乌苏、奎屯、石河子、沙湾地区，阜康、吉木萨尔、奇台、木垒，轮台及皮山。东疆地区、北疆地区和南疆地区为主要雹灾区。新疆各地均有大风灾害事件发生，其中重灾区位于伊犁地区的阿拉山口、温泉、精河及托里。雪灾重灾区主要分布在阿勒泰地区、天山北坡以及中天山东部及周围山地和中天山西部地区，中灾区分布在准噶尔西部山区和南天山南坡地区（吴美华，2016）。随着气候的变化，新疆水资源的不确定性和风险性愈来愈大，气温升高的直接后果是加速了冰川消融，导致冰川的萎缩、后退。冰川作为新疆"固体水库"的作用在逐渐消减。新疆河流特大洪水和枯水的发生频率将非常高，水资源总量将在15%~25%之间波动，即目前水资源中有100亿~200亿 m^3 的水资源量处于不稳定和非安全区域，会给未来农业系统和生态系统造成重大影响。新疆属于内陆灌溉农业区，增暖、增湿降低了越冬病虫卵蛹死亡率，会加剧病虫害的发生。暴雨和洪水的泛滥会加速盐碱地的扩张。同时，有效积温的增加、无霜期的延长，会导致种植制度大的变化。在种植环境上，气温的变暖，特别是冬季温度偏高，加速了土壤中养分的分解和流失，增大了化学肥料、农药、除草剂的使用，污染了生态环境，降低了可食农作物的品质。

根据新疆维吾尔自治区党委、政府出台的《关于推进防灾减灾救灾体制机制改革的实施意见》以及相关的应对气候变化方案，建立了以问题为导向，逐步完善的各级防灾减灾和应对气候变化机构，充分发挥各级减灾委员会统筹协调职能；搭建综合信息平台，加强减灾中心和应对气候变化能力建设；统筹兵地联动合作，提高灾害联动联控和应急响应能力；建立社会力量参与机制等。这些机制对围绕新疆社会稳定和长治久安总目标发挥了重要作用。

在气候变暖背景下，建设新疆社会经济体系中的气候可恢复力涉及物理系统、社会系统以及机制体系的调整，从趋利避害角度看，开发机遇、降低致灾性、暴露度和脆弱性以及完善投融资金融手段均是可选择的风险管理方式，表 16-1 基于国际、国内已有经验，归纳了适合新疆选择的气候风险管理方式。

表 16-1　新疆可选择的气候风险管理方式

类　别	政策选择
拓展新机遇	（1）新疆的旅游资源丰富，天山北坡和阿尔泰山冰雪旅游、伊犁河谷休闲度假和康养旅游、塔里木河流域沙漠 – 胡杨 – 湖泊生态景观旅游，以及文化遗产旅游、乡村宜居小镇休闲农业旅游等，都是充满吸引力的旅游资源，未来旅游人数将不断增加，应充分利用良好气候生态资源，开发"旅游品牌"； （2）根据未来气候趋势，种植上进行重新生态分区，科学合理进行作物布局，发展（扩大）新的农产品品种，发展特色优势明显的加工番茄、红辣椒、红花、枸杞、啤酒花、西甜瓜、油菜、打瓜籽、茴香、亚麻、香料等经济作物和中草药生产
降低暴露度和脆弱性	（1）实行地表水和地下水的统一管理，加大有偿使用和市场机制力度，建立水权转让制度，在全疆实施水资源有偿使用的保护办法； （2）结合气候区划，调整耕作和狩猎的地点。严禁开荒和扩大耕地面积，建立生态补偿制度，持续改善有利于植被生存的生物环境； （3）加强气象灾害监测预警系统建设，提高农业气象灾害预警能力和农业生产对气象灾害的应急保障能力。开发粮食储备和运输技术，完善粮食国际贸易体系，发展多种形式的非农就业模式； （4）清淤河道，修建堤坝。基础设施设计时考虑气候风险概率。提高公共卫生防御能力； （5）完善高温防御的健康规划，增加空调购置，建立公共空间遮荫的城市"遮荫政策"； （6）制定切实可行的能源发展战略和鼓励政策，迅速改变新疆在全国节能减排中的落后局面； （7）在一些气候生态环境恶劣的地区，实施相应的生态移民政策
金融手段	（1）增加地方财政和公共投入，加强基础设施建设； （2）完善市场机制，吸引社会资本对公共事务的投入； （3）建立巨灾保险、绿色债券
其他	（1）关注弱势群体和领域（如老弱病残人群、心理疾病人群），设立心理健康咨询热线； （2）利用当地民众气候适应知识，如坎儿井等

上述手段更多是一种传统式的渐进型政策选择，但随着气候变化影响和风险的证据的日益增多，进一步降低气候风险和避免突破适应限制，要在传统风险管理模式上进行转型适应 / 气候风险管理，塑造未来的主动转型，这种转型不同于被动和无意识的转型（Lonsdale et al.，2015）。转型风险管理是"在预测气候变化及其影响的情况下，社会生态系统的基本属性"的变化，而渐进适应是"在给定规模上保持系统或过程的本质和完整性"（Matthews，2018）。现有研究表明，随着影响和风险的增加，以及一些关于适应限度的初步证据，转型适应将变得越来越必要，这可以避免系统崩溃，或者使一个系统转向替代发展路径（Matyas and Pelling，2015；de Coninck et al.，2018）。表 16-2 对新疆的传

统式（渐进式）决策和转型式决策进行了比较。

表 16-2　新疆的传统式和转型式决策过程和政策选择比较

风险	传统式和转型式
对城市居住和关键基础设施	传统式决策主要集中在当前和近期的气候风险降低上。如塔里木盆地是过去到现在中国夏季最热的地方，决策主要是针对当前情况制订防高温设施。 转型式决策就会根据未来预估，准噶尔盆地年日最低气温的最小值增幅最大，年日最高气温的最大值升温幅度基本呈由北向南逐渐降低的趋势的特点，综合考虑全疆和未来气候长期变化趋势进行决策。决策基础建立在包容性和知情权，考虑多目标的协调，将创新与社会、生态和物质基础设施的投资联系起来
	传统式决策更适用于规模较小的地区，更多是基于硬工程干预、以自然为基础的解决办法。如气候变暖后，冻土层变薄，会影响公路、铁路地基的安全。传统式决策可能主要是考虑加强维护。 转型式决策就会从公路、铁路线路设计、选材用材、运行养护等系统性角度去决策。尤其在大城市，要考虑跨多部门的城市治理转型，包括在一些地区重新设立移民安置点
与水相关的农业、能源、水安全	气候变化影响的不确定性，主要通过多部门努力来管理与水相关的挑战，使不同的利益相关者通过密切合作来协调多种利益。然而，受到思维模式和体制机制约束，传统式决策往往阻碍有效适应。如农业方面，雨水收集、灌溉是最常用的农业用水管理措施。能源方面，水电设计变革、大坝管理、冷却系统改进、电厂效率提高、技术升级等常用措施
	转型式所依据的原则包括：参与式多中心治理机制，公正、公平包容的机构和程序规则，强有力的法律和政治制度，充足的资金，以自然为基础并认识到土著和地方知识的解决办法。如随着气候变暖程度的加剧，在某些地区，人类的适应能力会进一步受到限制，部分由缺水导致的搬迁可能会成为更频繁的响应对策。充分考虑层级联式的、跨部门（领域）的管理模式，如能源-水-粮食的综合协同政策应对
林业	传统式决策更多是以地方知识为基础并结合社区适应的传统森林管理措施。包括增加森林覆盖率，提高生态系统对气候变化的恢复能力。确保大面积和相互连通的森林地区，维护正常森林生态系统功能。通过森林管理，最大限度地增加林冠的闭合度；如阿克苏河、叶尔羌河、开孔河绿洲适宜规模的确定主要依据气候变化背景下水资源的承载力
	转型式决策不是仅从一个点考虑，而应考虑系统性、全局性。如森林管理，从和谐高效的绿洲生态系统发展考量，充分考虑保持林木和草地的面积适当配比
健康	传统式决策侧重于改善公共卫生和卫生保健服务，设立过渡性战略等。如简单地增加医院、医护人员等、购买医疗设备等
	转型式决策将考虑卫生系统的根本变化，以应对气候变化本身或与其他因素同时发生导致的系统性风险挑战。如新疆地区未来高温热浪变化，构建相适应的公共卫生治疗和社会卫生防御体系

16.2.2　宜居城市建设

　　新型城镇化建设是国家战略。根据新疆发展规划，未来新疆将构筑"一圈多群、三轴一带"的城镇总体空间格局。一圈：把乌鲁木齐都市圈建设成为我国面向中亚、西亚、南亚地区的国际性商贸中心、文化交流中心和区域联络中心，中国西北地区重要的能源综合利用基地、新型工业基地、旅游集散中心，新疆区域经济和科技创新中心。多群：构筑喀什-阿图什、伊犁河谷、库尔勒、克拉玛依-奎屯-乌苏、阿克苏、库车、麦盖提-莎车-泽普-叶城、和田-墨玉-洛浦、阿勒泰-北屯、博乐-阿拉山口-精河、塔额盆地等绿洲城镇组群，建设成为新型城镇化、新型工业化和农牧业现代化的重要载体。三轴：引导人口和产业向兰新线城镇发展轴、南疆铁路城镇发展轴、喀什-和田新兴城镇发展轴上主要城镇集聚；以点带群，由点及线，加强绿洲之间的经济社会联系。一带：大力扶持边境城镇（团场、口岸）发展，打造战略屏障和对外开放前沿。整体建设目标为，建立起与资源环境承载力相适应，城镇综合承载力高，与新型工业化和农牧业现代化互动推进的相对均衡的城镇发展格局，不断提高城镇化发展质量。计划到2030年，全疆城镇化率为66%~71%。从目前新疆城镇化发展水平看，明显呈北疆>东疆>南疆的梯度差异。

气候变化对城市的风险主要体现在四个方面：① 城市边缘区域的农业系统的风险；② 水、健康和能源基础设施面临的风险；③ 对土地利用、房屋、社区结构的风险；④ 对人类安全和流动性的风险。对城市地区的风险管理要重点关注在许多经济重要领域缺乏适应能力，低水平的资源和能力支持，以及一个部门风险可能会导致级联的、复合的风险，以及在多个行业产生连锁反应的风险（Zscheischler and Seneviratne，2017；King et al.，2015）。

城市是一个复杂的实体，社会、生态和物理系统以规划和非规划的方式都在其中相互作用、相互影响（Depietri and McPhearson，2017；McPhearson et al.，2016a，2016b）。社会系统包括了诸如城市建筑规划设计，健康卫生设施投入、教育、组织，运行机构协调性，应急管理机制、生活方式和行为等。基于自然生态的解决方式是当前正在得到广泛提倡的一种适应手段。运行良好的生态系统可以在不同规模的气候灾害中缓冲城市中社区和基础设施受到风险方面发挥重要作用。城市中的绿色和蓝色基础设施被广泛认为是减少灾害风险和适应气候变化的"低遗憾"措施，它们可以提供基于自然的解决方案来调节温度冲击，并提供天然的防洪措施，如湿地和河流恢复等（Andersson et al.，2019）。草地、河岸缓冲区和森林集水区可以增强城市和居民点的防洪和抗旱能力。加强上述设施改善和建设还可以改善城市人居环境，有利于健康、宜居生活，解决贫困人口的就业，是一种双赢措施（Cederlöf，2016；Maughan et al.，2018；Poulsen et al.，2017；Simon-Rojo，2019）

根据国内外宜居城市评价指标，宜居城市的标准主要基于社会和谐度、经济富裕度、环境安全度、资源承载度、生活便宜度（张文忠等，2006；王坤鹏，2010）。按照我国开展的美丽宜居小镇要求，要考虑经济就业、山水田园景观、地域整体形态、街巷建筑、环境景观、传统文化、公共服务、基础设施、交通路网以及综合治理和生态低碳。

未来气候变化情景下，全疆在2030年左右温升将上升4℃以上，2050年上升5℃左右。未来降水虽然有所增加，增加的绝对值有限，但雨型结构的变化会导致强降水增加。因此，高温、暴雨、干旱将是新疆未来面临的主要气候灾害。同时，由于区域内城镇化建设发展，土地利用状况改变（包括城市化、农业灌溉等）、气溶胶排放等人类活动影响明显，以及大城市区域如"一圈"区域高强度人类活动造成的城市热岛效应，对区域气候要素如气温和降水变化都会有不可忽视的影响。吐鲁番、哈密等地高温热浪，乌鲁木齐等城市内涝气候灾害的风险加大。因此，气候要素对于上述宜居城市（城镇）指标均存在着直接和间接的联系，尤其与环境、资源的关联性更大。新疆地处干旱半干旱区域，资源承载度对于新疆城市宜居发展的制约性更加突出（刘玉燕等，2013）。另外，新疆城镇化发展对于区域经济具有明显的拉动效应（高金晶和马邵铖，2018），而与气候关联紧密的生态城市、气候智慧城市、海绵城市、适应型城市、低碳城市建设都将带动新疆经济发展，经济发展又将助力城市宜居建设。

因此，新疆宜居型城市建设的政策选择为：

（1）高度重视"生态宜居、兵地共融"的宜居城市发展理念。以绿洲城镇组群为主题形态，推进大中小城市和小城镇协调发展。以综合承载能力为支撑，提升城镇宜居水平。新疆受绿洲经济发展的区域限制，不具备发展超大城市的条件，但在特大城市及大中城市的发展上仍有很大空间和需求。通过撤地设市、撤乡（师）建镇建设一批 50 万以上人口的大城市，同时打造特色城市、旅游城市、口岸城市等。

（2）完善水资源开发利用政策。水资源问题是新疆长治久安中的重要问题，在现在和未来可预期的水资源承载力下，要根本性提高目前资源的利用率。改变地下水资源开采量较大，水位逐年下降，水质恶化，水资源浪费严重的状况，加强地下水资源统一管理及规划。要科学开发利用水资源，改变目前工业用水节水技改发展不平衡，特别是中小型企业水的重复利用率、万元产值耗水等指标大多不达标的情况。改变居民用水浪费现象，如提高节水器具的普及率、居民的节水意识、经营性用水的掌控等方面的不足。

（3）充分利用气候资源特色，建设气候文化宜居城市。结合当地独特气候和人文特色，发展特色旅游，如冰雪旅游、文化遗产旅游、生态旅游等。开发特色气候城市品牌，如气候宜居城市、生态宜居城市、清凉城市等。

（4）提高环境安全水平。改变以煤为主的能源结构，发展清洁能源，有效改善大气环境。在城市建设上走海绵城市道路，近期合理将海绵城市理念与现有给排水管网设施相融合，长远要科学规划海绵城市发展。例如，雨水的收集和治理方法包括安装调蓄池、建造绿色屋顶、碎石带、植草沟、雨水花园、湿地、湖泊、含水层、分配生物保有系统和渗透系统等。更具体的操作包括，下沉社区和道路绿化带，清淤疏浚的同时，积极施工岸线生态修复，配合溢流井，发挥植被和土壤本身具有的聚水效应。从而达到雨季滞留，旱季缓释排放的效果。在设计城市规划时，充分考虑供水和废水、雨水的收集。

努力将现有全疆区内宜居性水平最好的乌鲁木齐、克拉玛依打造成"塞上江南"，全国重要的城镇群。将宜居性水平普遍较低的南疆地区城市逐步发展为北疆水平，全疆争取数十个特色小镇入选"中国美丽小镇"示范，形成各具特色、富有活力的休闲旅游、商贸物流、历史文化、美丽宜居的综合体。新疆生产建设兵团分布在新疆全境，处于丝绸之路经济带核心区，具有独特的地缘优势和资源优势，努力从"屯垦戍边"向"屯城戍边"的城镇功能内涵转变，打造成为国家西部战略门户和荒漠绿洲地区的特色小城镇。

16.2.3　美丽乡村建设

目前，新疆有一半以上人口生活在农村，即使按照未来城镇化发展规划，2030 年仍将有 30% 左右人口生活在农村地区，农业农村农民问题是关系国计民生的根本性问题，解决好"三农"问题对确保实现新疆社会稳定和长治久安总目标具有特殊重要性。目前南北疆、城乡、农牧区之间发展不平衡，"三农"发展不充分，南疆四地区（自治州）是全国深度贫困地区，"三区三州"集中了全疆 90% 以上的贫困人口。根据《新疆维吾尔自治区乡村振兴战略规划（2018—2022 年）》，到 2035 年，乡村振兴取得决定性进展，农业农村现代化基本实现。农业结构得到根本性改善，农民就业质量显著提高，共同富裕迈出坚实步伐；城乡基本公共服务均等化基本实现，城乡融合发展体制机制更加完善；农村生态环境根本好转，生态宜居美丽乡村基本实现。到2050年，乡村全面振兴，农业强、农村美、农民富全面实现。

新疆生态环境脆弱、环境问题特殊。全球气候变暖背景下，气候与环境问题进一步突出。如塔里木河流域该流域干旱少雨，多风沙天气，是我国生态环境最为脆弱的地区。另外，新疆拥有准噶尔盆地、塔里木盆地和吐哈盆地3大石油天然气生产基地，以及不同规模的石油化工生产基地。新疆石油天然气储量丰富，同时风电、太阳能资源潜力巨大，加上水电，以及技术进展以后的核电，可以构建一个完全清洁零碳化的电力供应系统。因此，实施乡村振兴战略，只有通过加强生态环境建设保护，统筹"山水林田湖草"系统治理，加快推行乡村绿色发展方式，加强农村人居环境整治，才能有利于提升绿洲生态环境质量，构建人与自然和谐共生的乡村发展新格局，推动天蓝地绿水清的美丽新疆建设。

气候变化灾害往往会使农村人口的生计发生变化，从而导致财富阶层的日益分化。新的研究进一步发现级联风险和多重危害风险的潜在可能，将使得面临各种形式贫困的穷人更容易滑向贫困陷阱（Räsänen et al.，2016），如在干旱和洪水前后所观察到的，当低收入者具有较低的适应能力时，将存在进入贫困陷阱的风险。特别是城市和农村无地的穷人在灾害或一系列冲击之后面临重建资产的困难（Garcia-Aristizabal et al.，2015）。对156个国家进行的一项研究发现，干旱期的延长加剧了冲突的风险（Abel et al.，2019）。特别是要注意气候变化可能会加剧社会和不同群体之间的不平等的紧张关系，也就是能够保护自己免受气候变化影响的人群和那些没有足够的资源和/或未优先考虑对气候变化响应的人群之间的不平等风险。比如干旱、洪水等气候灾害发生时，改变生计是一种常见的反应。很多情况下，这些变化会改变生计的方式，如种植不同作物，临时性的迁徙寻求其他的生活机会等，这时将会带来负面的人口流动。

气候变化虽然是一个威胁倍增器，加剧了人类对环境施加的压力，但同时也应该看到对自然资本的可持续管理有助于增强生态系统的弹性和适应气候变化的自然能力（IPCC，2014）。在自然环境方面，新疆具有天然优势，独特多样的自然景观让很多乡村不加雕饰也有迷人之美。新疆还拥有丰富的风能、太阳能资源，充分利用这些自然资源，既可以改善当地生活水平，也有利于提高清洁能源利用，改善空气质量，减缓气候变化。新疆的农业资源丰富，优质农产品、特色林果业享誉四方，这是做强农业的优势。

国家自2012年后提出建设"美丽乡村"，主要标准为"产业兴旺、生态宜居、乡风文明、治理有效、生活富裕"。一些研究提出了相关的指标体系，从全国范围比较，新疆美丽乡村建设虽然从2011年的低水平到2014年的中等水平，有了一定提高，但总体仍处于全国落后水平。从影响因素看，农业受灾率、农林水财政支出占比对美丽乡村建设水平产生显著的负向影响，主要原因在于受灾率的增加导致农业遭受较大冲击，从而影响乡村建设的进程，而农林水财政支出占比的增加则受到多种复杂因素的影响，只有真正直接投资于乡村基础投入、优化农业财政资金配置结构才能在真正意义上对美丽乡村建设产生推动。城镇化率和农村劳动力受教育水平对美丽乡村建设水平产生显著的正向影响，两者的提高能够有效实现区域效益最大化，为乡村振兴积聚充足的人力、物力、资本等要素（刘德林和周倩，2020）。因此，减少乡村气候灾害损失，充分利用当地气候资源发展经济是新疆美丽乡村建设的重要气候贡献因素。

因此，新疆美丽乡村建设的政策选择为：

（1）建设新疆特色的美丽乡村，要做强农业现代化体系。新疆农业资源丰富，优质农产品、特色林果业享誉四方，但农业基础薄弱，产业化程度不高，规模化、品牌化、精细化不足。建议建立种子选择和粮食价格早期预警预报系统，提高粮食产量。结合信息化和大数据手段，发展智慧农业气象。通过节水、差异化水价、合理水资源分配等措施，提高水利用效率。增强可持续牧场管理水平。

（2）挖掘特色文化遗产，解决水资源、能源转型中的问题，实现资源保护和乡村振兴。例如，新疆吐鲁番独特的文化遗产坎儿井地下水利工程与吐鲁番绿洲村落有着紧密的依存关系，结合坎儿井文化遗产的保护，将助力吐鲁番绿洲乡村振兴发展。建议根据保护分区引导乡村布局，通过高品质生产推进农业现代化，结合坎儿井的综合利用实现一、二、三产业的融合，通过水资源的合理分配构建生态宜居的美丽乡村，利用坎儿井非物质文化遗产繁荣发展乡村文化。

（3）结合历史名城（名镇）以及国家公园，发展生态旅游、休闲旅游。2019年全疆有历史文化名城11个、名镇4个、名村4个、文化街区17个、历史建筑189个。面积大于100hm² 的湿地有435个，主要分布在天山、阿尔泰山、昆仑山三大山系和塔里木盆地、准噶尔盆地。要进一步开发自然、生态、人文景观，赋予旅游内涵，拓展旅游品牌。

（4）争取国家生态综合补偿试点。新疆具有独特的生态资源，具有多样化的生态系统类型、大量的野生动物、丰富的生物多样性，结合全区生态红线划定工作，挑选一批重点生态功能区范围内，特别是处于集中连片特困地区，争取进入全国重点生态功能区第二批县市区试点，得到国家和跨省生态综合补偿，探索新的生态效益补偿资金使用方式。科学发展林下经济，实现保护和利用的协调统一。

（5）大力发展乡村可再生能源，构建美丽乡村。新疆农村有很好的可再生能源资源，且目前可再生能源如光伏和分散式风电的成本已经明显下降，已经成为农村成本最低的能源。利用国家的政策，如整县推进光伏建设，以及乡村振兴中对可再生能源的支持政策，在2030年前完成全部乡村利用清洁便宜的可再生能源，构建美丽乡村，全面支持新疆乡村振兴。

16.3　监测预测与服务体系建设

新疆地处欧亚腹地，地形地貌复杂，气候类型多样。随着气候变暖，高温热浪、暴雨、暴雪等极端气候事件增加，冰川消融退缩明显，生态系统脆弱，是全球变化的敏感区域（Chen et al.，2016；Zhang et al.，2012；Zhang et al.，2016）。其所属中亚地区位于我国西风带天气系统的上游区，对我国的天气气候影响大，同时该地区所处地理位置和具有的独特山地—绿洲—荒漠生态系统格局，对我国能源安全、水资源安全、生态安全等具有重要战略意义，加强该地区气候与环境变化的综合监测和精准预测服务对保障新疆社会稳定和经济可持续发展具有重要意义 [1]（Cappelletti，2015）。

---

[1]　《中共中国气象局党组关于加强新疆气象工作 保障新疆社会稳定和长治久安的意见》（中气党发〔2014〕50号），中国气象局党组，2014年10月

16.3.1 气候与环境综合监测网建设

新疆区域范围内的气候系统观测主要以气象卫星、高分卫星为代表的"天基"观测体系，以航空遥感为主的"空基"观测体系和"多要素地基"观测体系，共同构成了层次丰富、观测手段多样、观测要素齐全的综合观测网络。气象部门建有近 110 个规范化的地面气象观测站，农业、林业、水利等部门也建有陆地生态系统、水文相关的观测，科学院和高校也建有围绕气候系统相关要素观测的科学试验站，但在综合性、系统性方面仍存在差距。同时，由于欧亚大陆西风带影响区域天气气候的变化，哈萨克斯坦、塔吉克斯坦、吉尔吉斯斯坦位于我国天气系统上游，相应的气象综合监测能力对该区域气象灾害防御能力提高有直接影响。自苏联解体以后，中亚区域天气监测站减少 60%，位于新疆天气上游的中亚五国探空站共有 29 个，截至 2016 年仅剩 6 个站。而南亚国家普遍经济落后，气象观测系统立体观测能力不强。如巴基斯坦高空站只有风廓线探测，没有温度、湿度、气压廓线探测，且自 2013 年开始，境内高空气象观测站均停止运转。另外，对该地区独特的山地气候特点的冻土融沉、冰湖、河流径流等的观测更为不足（IPCC，2019）。因此，无论是从满足"一带一路"倡议和与中巴经济走廊建设相关的政治、经济和能源战略需求，还是解决我国西北地区的生态与环境问题，都需要加强气候与环境综合监测网建设。建议如下：

1. 开展中亚高寒区气象环境综合观测试验

利用陆气通量探测系统、GPS/MET 水汽探测仪、地基微波辐射计、雨滴谱仪、风廓线雷达、移动 GPS 探空系统、区域自动气象站等观测设备，开展中亚高寒区气象环境综合观测试验，包括近地层微气象、辐射、大气风温湿廓线、固/液态降水观测，特别是增加雪深、雪水当量等定量观测。

2. 建设和完善高寒区气象环境监测站网

在帕米尔高原、西天山等上游高寒区和西昆仑山建设气象环境监测站，升级该地区已有气象环境监测站，包括气象环境冰川站、高原陆气通量站、森林－草地通量与生态观测站，开展气象水文综合观测。完善或升级温度、湿度、气压、风速、风向、四分量辐射、固/液态降水、超声雪深、雪水当量的监测。

3. 建设中巴经济走廊气象监测示范基地

对现有监测项目站点进行升级改造，以及在中巴经济走廊沿线区域增设监测站点，开展降水、冻融、地表能量收支、地表水汽输送、土壤水分传输、土壤墒情等监测，服务于中巴经济走廊沿线油气开采及输运、农牧业、建筑、运输等多种行业。最终建成涵盖完备气象监测系统、气象信息发布管理平台及配套研究和管理团队的气象监测基地。同时借助风云二号气象卫星遥感反演及高分辨率区域数值预报模式的应用，建立气象灾害信息发布管理平台，为中巴经济走廊沿线民众和我国境外在建国际项目提供有效的气象服务信息推送和保障支持，促进中国先进气象监测技术在上合组织成员国的应用和推广。

4. 强化风云二号气象卫星对中巴经济走廊的遥感监测

利用风云二号气象轨道静止卫星对中巴经济走廊地区进行的遥感监测，结合现有可用监测站点观测资料，开展卫星遥感数据订正研究，得出覆盖整个中巴走廊的主要气象要素卫星遥感反演产品，分析中巴经济走廊主要气象要素时空分布特征，开展气候系统的大气圈、水圈、生物圈有关要素的变化分析，进行气候和生态环境演变研究，为制定区域应对气候与环境变化政策提供科技支撑。分析中巴经济走廊主要气象要素的月际、季节和年际变化特征和气象灾害特点，主要气象要素时空分布特征，给出中巴经济走廊关键气候要素空间分布图。利用接收系统实时接收各通道卫星遥感数据，以及气象和卫星应用平台对数据进行处理，为中巴经济走廊沿途基础设施建设、灾害预警和灾害防控提供空间数据支撑。

16.3.2　气候与环境变化智慧数据港建设

开展应对气候与环境变化工作极大地依赖于气候与环境变化大数据基础，因此，智慧数据建设作为应对气候与环境变化研究技术的基础作用日趋显著。针对气候与环境变化现象的政策和战略已经受到了来自大数据和预测分析的深刻影响，基于大数据的预测分析技术已成为政府决策的重要工具。目前新疆的气候系统各类数据的共享程度不高，数据标准、规范差异较大，难以形成标准化的分级分类共享体系。

新疆区域的气候数据除了常规的观测数据外，有特色的是大量树木年轮采样资料，对于研究区域内历史气候与环境变化具有很好的基础（图 16-1，图 16-2）。同时在冰川、积雪、冻土以及生态系统领域也都积累了丰富的气候与环境资料。另外，近些年通过上合组织机制、中巴经济走廊等一系列项目合作，在周边国家建设了相应的观测站网，不断丰富并积累各种数据。根据新疆现有的气候与环境变化大数据情况，可以按照气候与环境变化观测数据、地球观测遥感数据、气候再分析数据、气候代用数据、气候模式模拟和预估数据、气候与环境变化影响与适应数据、气候与环境变化减缓、国际合作和行动数据等多类数据。其中，气候与环境变化观测数据主要包括地面气象观测、高空观测、大气成分、冰冻圈、水文与水资源和生态系统等主要数据。地球观测数据主要包括土地利用和土地覆盖、植被参数、水域和水参数、农业、陆地冰冻圈、辐射平衡、大气环境等数据。气候再分析数据主要包括大气多源融合分析数据。气候代用数据主要包括古气候代用指标，如冰芯、黄土、树木年轮、湖泊、孢粉、石笋、珊瑚、泥炭、史料等。气候模式模拟和预估数据主要包括过去千年气候模拟、20 世纪气候与环境变化归因模拟和未来气候与环境变化预估等数据。气候与环境变化影响与适应数据主要包括对冰冻圈、水文、水资源、生态系统、经济社会的影响以及适应的技术和政策等方面的数据。气候与环境变化减缓数据主要包括温室气体排放源和排放数据、清洁能源开发与利用、减排技术与潜力和森林碳汇等数据。国际合作和行动数据主要包括国际合作项目、资金和政策等方面数据。主要组成如表 16-3 所示。

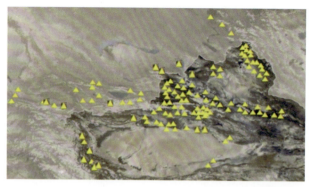

图 16-1　新疆和中亚区域已有的树轮采样点分布

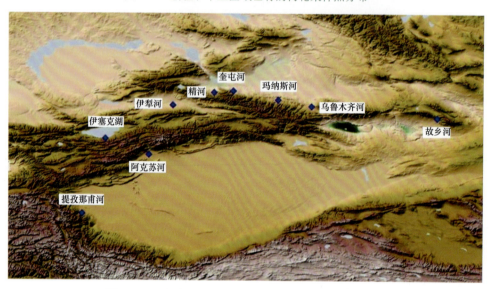

图 16-2　天山山区和帕米尔高原树轮水文研究流域分布

表 16-3　新疆气候与环境变化主要数据分类和可能来源

数据组成	数据类型	来源部门
气候与环境 变化观测	地面气象观测	气象
	高空观测	气象
	大气成分	气象、环境
	冰冻圈	科学院、气象
	水文与水资源	水利、气象
	生态系统	农业、林业、气象、科学院
	大气环境	环境、气象

数据组成	数据类型	来源部门
地球观测遥感	土地利用和土地覆盖	测绘、气象、环境、科学院
	植被参数	测绘、气象、环境、科学院
	水域和水参数	测绘、气象、环境、科学院
	农业	测绘、气象、环境、科学院
	陆地冰冻圈	测绘、气象、环境、科学院
	辐射平衡	测绘、气象、环境、科学院
	大气环境	测绘、气象、环境、科学院
气候再分析	大气多源融合分析数据	气象、科学院
气候代用	古气候代用指标（冰芯、黄土、树木年轮等）	气象、科学院、高校
气候模式模拟和预估	20世纪气候模拟	气象、科学院、高校
	过去千年气候模拟	气象、科学院、高校
	未来气候与环境变化预估	气象、科学院、高校
气候与环境变化影响与适应	对冰冻圈的影响	气象、科学院、高校
	对水文和水资源的影响	水利、气象、科学院
	对生态系统的影响	农业、林业、环境、资源、气象、科学院、高校
	对经济社会的影响（交通、重大工程、旅游等）	交通、建设、旅游、卫生、统计、经济和信息化部门等
	农业、水资源、生态等适应技术	农业、林业、环境、资源、气象、科学院、高校
	适应政策	农业、林业、环境、资源、气象、交通、建筑
气候与环境变化减缓	温室气体排放源和排放	发改委、农业、林业、环境、交通、建筑
	清洁能源开发与利用	能源、发改委
	减排技术与潜力	发改委、科技
	森林碳汇	林业
国际合作和行动	政策	各相关部门
	合作项目	各相关部门
	合作经费	财政、企业、科技

结合新疆维吾尔自治区经济和信息化委员会2016年审定的《新疆维吾尔自治区云计算与大数据产业"十三五"发展规划》，强调要抓住国家大数据发展机遇。气候与环境变化数据是典型的大数据，涉及数据处理与分析、数据建模和计算、数据融合与集成、海量数据存储与共享、数据模拟与挖掘，以及大数据的应用等，借助新疆大数据发展契机（廖晓斌，2017），建设智能感知、精准泛在、情景互动、普惠共享的智慧气候与环境变化服务工程是非常必要的，也是很好的发展机遇。据此提出如下建议。

1. 加强新疆大数据建设的统筹规划

气候与环境变化所需要的数据来源、种类均较多，新疆应多方面加强区内数据建设宏观布局，纳入区大数据发展规划。采用宏观调控手段，安排专门机构对区内气候与环境变化的数据建设内容工作进行统筹规划，规避同一学科不同之间的重复建议，使各学科、部门、行业与地区之间分工协作，合理发展，均衡分布。优化完善数据建设与发展机构，兼顾学科特点、热点领域和实际需要，及时反映新兴领域的发展情况，并使综合性与专业性数据库合理分工，综合性数据库应以满足普通用户的一般性了解为目的，而专业性数据库则以具有专业知识用户为重点服务对象，力求内容系统专深，对综合性数据库进行补充与细化，避免重复建设和学科领域空白。根据需要修订完善能源、节能、循环经济、环保、农业、林业等相关领域的地方性关于数据共享与汇交法规及规章制度，发挥法规规章制度对推动气候与环境工作的保障作用，加强各领域政策之间相互衔接，形成更好开展气候与环境数据协同共享效应。重点出台年鉴出版、互联网专题数据库建设制度和标准，完善数据体系，提高数据质量。促进自治区陆地生态系统、淡水生态系统、湿地生态系统、沙漠生态系统、生物多样性、物候、地表径流、湖泊、冰川、积雪与陆海相互作用、森林火灾、水土流失、健康和重大工程等方面的专业年鉴和专题数据库的发展，并根据社会经济的发展和环境变化对指标体系进行完善，避免学科领域和新兴领域的数据空白。未来构建自治区的气候与环境大数据的同时，注重专业领域的建模与预报研究以及人才队伍建设，建立一支规模适度、结构优化、布局合理、素质优良、充满活力的人才队伍，提升气候和环境业务、服务和管理的人才保障能力。

2. 形成气候与环境的智慧服务基础能力

依托正在建设的气象部门大数据云平台，打造标准统一、质量可控、分布式结构的气候与环境服务数据资源体系，构建精细化、多要素、无缝隙的气候与环境基础数据集。研发气候与环境大数据采集、传输、存储、管理、处理、分析、应用、可视化和安全等关键技术、产品和解决方案，拓展气候与环境大数据的应用能力。依托自治区相关机构，适时建立区气候与环境变化大数据平台和应用中心，一方面提供数据指标体系完善、数据覆盖范围遍及全国、数据格式一致、数据的可比性高、实现24h实时更新并可随时调用的高质量、友好界面的数据库，同时将大数据平台打造成为集数据环境、模型模拟环境、可视化环境和各类工具于一身的工具平台，为决策、领域研究和公众等提供常用的数据处理分析工具和模型数据融合算法工具，建设惠及民生的新服务模式，推动气候与环境大数据在新疆经济社会发展中应用能力。建立气候与环境服务数据采集、过滤、共享等功能接口，推动跨部门、跨行业数据资源共享和汇交，建设统一数据标准规范的气候与环境变化服务数据集，形成全区统一应用的气候与环境服务大数据环境。通过大数据的融合，大数据挖掘等技术的应用和功能拓展，实现风格形式多样、信息要素齐全、模板规范标准、按需动态改进的气候与环境变化服务产品智能化制造。建立智慧气候与环境变化服务"云"平台，通过"云"平台向公众、行业提供多种类型的智慧服务产品。

建立服务产品库，实现气候与环境变化服务产品的集中规范存储及在全区的共享。

16.3.3　气候与环境风险监测预测与评估服务体系建设

新疆的气候与环境监测预测体系主要由气象和环境部门组织开展，建立了较为完善的短临、短期、延伸期（11~30d）、月、季到年的精细化气象监测预报预测业务和环境污染监测预警预报业务，初步形成了专业化、客观化的气候与环境变化预报技术体系，但针对"监测精密、预报精准、服务精细"的要求，保障生命安全、生产发展、生活富裕、生态良好的国家和自治区需求方面仍有差距，具体表现在：一是尚未建立基于影响的从分钟到年及年代际的无缝隙集约化气候与环境风险的监测预测业务体系，二是尚未建立及时针对行业、社会用户需求的，保障粮食安全、经济安全、能源安全、水资源安全、生态安全的影响评估和应对业务体系，三是尚未建立基于云计算、大数据和人工智能等信息技术智慧气候与环境变化服务体系。依此提出如下建议。

1. 发展用户感知的气候与环境变化服务系统

建立气象、水利、环境、灾害应急等部门的自然灾害监测预警信息共享平台和预警应急联动机制。对具有冰川湖溃决洪水发生的河流建立以高分辨率卫星遥感、飞机遥感以及高山区冰川湖监测预警站等高技术手段为一体的冰川溃坝洪水立体预警系统，为防范冰湖溃溃型洪水提供技术支撑。加强以融冰雪为主河流洪水灾害风险评估，对已建工程的运行规则和规程作相应必要的调整，对水利工程防洪的规划设计标准进行修订。建设用户行为分析系统，开展用户数据的收集，发展用户行为分析和感知、场景构建、信息精准推送等核心技术，打造认识用户—分析用户—服务用户的气候与环境变化服务新模式。采集气候与环境变化服务用户特征、行为习惯数据，建立用户行为分析系统，构建服务用户行为的分析模型，动态分析用户对气候与环境变化服务需求。梳理、分类和设计气候与环境变化服务场景，开展针对不同极端天气气候、不同用户行为的场景气候服务设计。研发基于场景的图形、图像、智能语音交互气候服务产品。开展面向任意位置的预报预警产品生成技术研究，研发基于位置的气候服务信息靶向推送技术，推进气候服务信息靶向推送技术与社交平台、移动互联等渠道的对接，实现精细化预报、气象灾害的实时提醒、预警的靶向发布和传播。开展农业、交通、旅游、物流等重点行业气候风险普查、区划、灾害调查和需求分析，制定行业生产、运营等不同环节气候服务参数、阈值，构建行业气候服务指标体系。建设基于影响的行业气候服务业务系统，对接行业大数据以及智能观测、智能预报数据，集成行业气象算法模型，研发基于影响的行业气候服务产品，实现气象灾害综合风险决策服务"一张图"，为决策部门提供综合影响分析的决策气象服务。整合气象、水文、交通、地质、灾情等多种数据资料，对决策产品进行归类整理，制定决策材料制作标准规范，实现各类灾害天气以及地震、火灾、地质灾害、污染物泄漏等突发事件预警信息第一时间自动制作、主动推送功能。与应急管理部等相关部门共同推动和实施突发事件预警信息发布能力提升工程，将预警信息发布工作融入应急管理体系。

2. 紧密衔接自治区大数据创新应用示范工程建设

积极推动与相关国家和地区合作，以及国内相关省区的合作，加快气候与环境变化大数据服务平台建设，汇聚共享空间地理、自然资源、气候变化、环境质量等数据资源，开展环境监测、生态治理、草原森林防火、应对气候变化等服务，为"一带一路"沿线国家、地区生态环保合作提供信息支撑，促进"一带一路"绿色发展。利用气候与环境大数据，统筹山水林田湖草系统治理，实施重要生态系统保护和修复重大工程，提升生态系统质量和稳定性。推进气候与环境信息公开和公众参与，建成区域统筹、天地一体、上下协同、信息共享的气候与环境变化监测网络。利用能源大数据，加强与产业结构转型、交通、建筑、工业以及贸易物流温室气体排放的数据分析，构建低碳绿色的气候与环境变化低碳足迹。考虑依托新疆气象局、中国科学院有关机构筹建示范应用基地。

16.4 美丽新疆的社会经济和能源转型

16.4.1 应对气候变化带来的影响

气候变化对新疆的社会经济和能源系统带来深远影响。在应对气候变化的背景下实现新疆的社会经济和能源转型对新疆的长治久安和美丽新疆建设至关重要。未来气候变化背景下，温度将持续上升，长期来讲会对新疆采暖和制冷能源需求产生进一步的影响，甚至会带来一些根本性的变化，即采暖需求明显下降，采暖所需的能源也明显下降，而制冷需求上升。极端事件将增加，对电网运行的负面影响会加大。风速会持续下降，可能会使风电单位产出减少 10% 以上。光照条件持续变好，有利于新疆光伏发电和相关产业发展。水资源变化根据不同流域出现不同情况，但是总体上对水电发展的影响是负面的。

未来新疆能源发展规划需要充分考虑这些影响。在水电发展方面，需要针对不同的流域进行分析，制定水电开发方案。特别是水电的长寿命期，需要在较长时间段内考虑水资源的变化。而在气候变化背景下，这种变化会比较明显。同时对于居民建筑，也需要根据不同温度区确定未来发展模式，设计新建建筑的节能标准，从以采暖为主，到采暖和制冷并重的设计理念。未来光伏发展更为有利，新疆的能源发展格局需要纳入在光伏大规模发展模式下的高可靠性供应体系。气候变化对风电的影响较为负面，但是考虑到新疆优越的风电资源，而需求量相对较小，可以在风电选址和技术选择上明确要求，考虑未来风速的变化。新疆的风电发展可以避免气候变化带来的负面影响。总体上来讲，未来新疆的能源规划和能源转型需要更进一步设计高可靠性低碳的能源供应系统。

同时，应对气候变化的减缓，实现《巴黎协定》的目标，我国的温室气体排放到 2050 年需要明显下降。作为我国的一个重要能源基地，新疆未来也需要在全国减排途径中做出贡献。这就需要新疆的能源实现大幅度转型。

16.4.2　实现国家目标的能源转型

能源转型，实现全球气候变化升温目标，实现大气质量目标，已经是共识，是世界各国、区域的共同未来。我国是《巴黎协定》的签署国，承诺支持《巴黎协定》里面的全球气候变化目标，即把全球平均气温较工业化前水平升高控制在2℃之内，并为把升温控制在1.5℃之内而努力。

近年来，我国能源转型政策明确，能源革命理念推动了能源技术革命。同时我国大气雾霾治理行动进展快速，又再次拉升了我国的技术进步。短短几年中，超低排放电厂技术大幅度普及，成本明显下降。根据对能源发展的展望，以及大气雾霾治理目标的分析，能源转型已经是实现我国社会经济环境发展目标下确定的道路，而且长期来看（2030~2050年），能源系统将基本实现以可再生能源和核电为主的清洁能源主导的格局。

新疆作为我国一个地域广大的省份，也同样面临这样的道路选择。一个绿色清洁的新疆发展对于构建和谐良好社会经济发展的区域至关重要（张艳，2011；董梅和祁子轩，2012）。新疆自然资源丰富，具有丰富的煤炭、石油天然气资源。但其实新疆最大的自然资源是可再生能源，新疆五分之一的面积用于光伏发电就足够2050年全国能源需求。新疆有巨大的光伏、风电，以及水电资源，为打造清洁新疆提供充足支撑。

目前针对新疆能源转型、CO_2减排和大气污染物减排情景的研究还很有限。大多文献定性讨论未来新疆的低碳发展，提出发展可再生能源，促进新疆低碳经济（张新友等，2010；姜克隽等，2021；张艳，2011）。图14-7给出了新疆到2050年的一种能源转型图景。未来新疆的能源转型，需要实现新疆社会经济发展中的多目标，包括CO_2减排目标、大气质量目标，以及能源安全的目标，同时，支撑2030年新疆可持续发展目标的实现。

这些情景研究说明新疆有可能实现明显的能源转型途径。到2050年，新疆可再生能源占据一次能源的主要部分，占63%。煤炭消费明显下降。这种能源转型可以实现2050年新疆大气质量接近世界卫生组织的标准，同时可以支持国家承诺的《巴黎协定》中低于2℃升温目标的实现。如果考虑引入碳捕获利用（CCU）或者碳捕获存储技术（CCS），则新疆可以早日实现。捕获的CO_2可以首先得到利用，以支撑本地基于绿氢的零碳石化产业发展。

目前新疆化石能源占据主导。能源转型会对这些产业带来影响。对于相关行业的就业，尽管能源转型可能带来的就业要大于失业，但由于行业就业人员教育水平的不一致，还需要关注一些行业的失业。在近期煤炭行业，以及由于供应侧改革带来的一些行业出现的就业问题，国家已经对此有了对策和准备。由于能源转型需要二三十年，从现在安排好，设计好扶持行业推出的政策，可以较好安排好失业问题和产业转型。

16.4.3　实现温室气体减排和大气质量目标

根据能源转型路径，CO_2排放要有相应调整。到2050年，新疆CO_2排放量从目前的2.31亿t下降到2050年的3800万t，下降87%。CO_2减排的关键是可再生能源的开发和利用。新疆实现CO_2深度减排，可再生能源成本低，特别对于新疆有非常好的可再生能源资源，实现深度减排的成本明显低于国内其他区域。

同时，这样的能源发展，不仅对新疆本地 CO_2 减排，而且对国家的 CO_2 深度减排做出贡献。2050 年新疆外调电可以达到 2900 亿 kW·h，基本为清洁电力，相当于减排 CO_2 2.3 亿 t。如果电力通道发展良好的话，外调电力还有较大空间，为我国中部和东部难以减排地区提供碳减排的有力支撑。

在很大程度上，CO_2 减排和大气雾霾相关污染物的排放控制具有协同性。近期大气雾霾控制较多是末端处理，而长期来讲能源转型、产业转型将起到更为决定性的作用。图 16-3 给出了在能源转型的基础上，加上末端治理，以及其他排放治理措施（道路扬尘、炊事排放控制、无组织排放控制等），新疆大气雾霾相关气体排放情景。图 16-4 则给出了新疆大气 $PM_{2.5}$ 浓度。可以看出，2030 年在考虑新疆本底排放的情况下，新疆可以达到国家标准，而到 2050 年，可以达到 15 ug/m³ 左右，实现世界卫生组织标准。

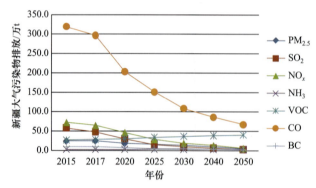

图 16-3　新疆大气污染物排放

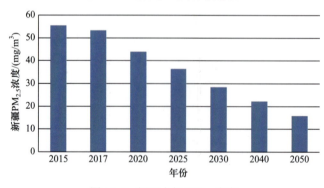

图 16-4　新疆大气 $PM_{2.5}$ 浓度

16.4.4　能源转型实现美丽新疆的战略和政策

"建设美丽新疆、共圆祖国梦想"，是习近平总书记为新疆维吾尔自治区成立 60 周年题写的贺匾。建设美丽新疆，是我国实现未来发展目标的重要一环。建设美丽新疆、共圆祖国梦想，就要坚定不移推动新疆更好更快发展，发展要落实到改善民生上、落实到惠及当地上、落实到增进团结上，让各族群众切身感受到党的关怀和祖国大家庭的温暖。从气候变化应对、能源转型角度来看，如果能够实现支撑全球实现气候变化目标、实现新疆大气质量达到世界卫生组织标准，同时实现经济转型，成为区域经济发展中心，就为美丽新疆建设提供了有力支撑。

根据相关研究，新疆可以实现能源转型、CO_2深度减排、优美大气环境，同时更高质量的经济发展，打造全球框架下的区域社会经济中心，助力我国长期发展战略、人类命运共同体理念的实现。这样的转型，需要一个明确的战略，并从目前开始实施相关政策。

根据IPCC的结论，实现温室气体深度减排，可以促进可持续发展目标的实现（IPCC，2014，2018）。一方面减缓气候变化，另一方面对于气候变化下十分脆弱的新疆来说可以增加人民福祉，更好地发展经济。

未来廉价的可再生能源，也为区域内清洁产业发展打下基础。利用清洁能源，新疆可以充分发展自己的清洁产业，包括零碳炼钢、金属冶炼、零碳有机和无机化工，打造一个清洁能源和产业中心区域（蔺雪芹和方创琳，2008）。未来气候变化会带来光资源的增加，这为新疆大力发展光伏打下了基础。这些自然条件可以进一步减小太阳能发电的成本，使得发展零碳工业更具基础。同时，能源转型也会有利于生态。太阳能发电近期也被用于改善荒漠化，这对一些由自然条件导致的大气环境差的区域，如喀什，将会有较好的借鉴作用。明确的能源转型战略可以为新疆经济发展指明道路，更加高质量地发展。促进经济发展是新疆的重要任务，良好的经济发展可以促进新疆社会发展。目前由于新疆煤炭、石油和天然气资源量大，新疆的产业发展重心还是依赖于化石能源开发的相关行业。

全国的能源转型也会影响到新疆。如对石油的影响，更多是技术进步而导致。电动汽车的进展快速，超高效低成本的基于汽油发电的电动汽车会在近期大幅度扩展，这种技术也可以很好用于大型车和轮船。可以预计，未来不久，技术的进展已经能够明显影响我国的石油需求，进而对石油行业产生影响。同时，随着越来越多的区域为了本地的发展需要能源清洁化，也会要求调入电力清洁化。新疆在大力发展煤电的时候，其中一个重要驱动因素是外调电。新疆可以逐渐利用已有的燃煤发电，匹配越来越多的可再生能源实现外调电的逐渐清洁化。

对未来石油工业的冲击将是长期的。石油价格未来很可能长期处于较低位置。低石油价格对我国的石油开采业影响巨大，由于我国很多石油开采成本远高于中东，一般在20~30美元/桶。新疆的石油开采成本在我国相对较低，但是由于离消费中心遥远，运输成本要高于其他地区。预计到2035年前，新疆石油工业会受到明显影响，供应区域将会缩小，更多以满足区域石油需求为主。

清洁能源转型，可以促进新疆环境质量明显改善，引领国内和全球的碳排放下降，创新产业发展，促进社会经济的不断提升。一个良好经济发展、大气环境优美的新疆，也会更好促进民族问题的解决，可以努力打造一个中国样板。

新疆的发展中能源占据很重要的比重。对未来能源的方向选择对于新疆来说至关重要。如果方向没有选择对，带给新疆的试错成本就很大，也会阻碍新疆的社会经济发展和长治久安建设。新疆的能源和经济发展需要在更长远尺度上纳入人类命运共同体的理念，考虑国家和全球未来发展的愿景。我国未来发展趋势也决定了我国在全球的地位，以及在引领全球环境发展中的作用，不能无视这样的未来。一旦方向性选择出现偏差，会对未来新疆社会经济影响很大。

同时零碳能源转型，也提供给新疆很多机遇。实现 1.5℃升温目标的减排途径，有可能带来经济格局和产业的重大变化（Jiang et al.，2021）。实现 1.5℃升温的减排就需要突破性的技术转型。除上面提到的光伏、风电、核电技术外，实现近零排放的工业生产会在未来不长时间内给传统产业带来巨大冲击。以氢为基础的工业就是一个可以产生巨大冲击的技术。氢和碳反应，可以得到乙烯等产品，以及其他有机化工产品。利用清洁电力电解水制氢，再制造原来以石油为基础的石化产品，可以实现生产和产品的近零排放，同时也将改变这些产品的区域布局。很有可能未来的有机和无机化工将主要在新疆、青海、甘肃等可再生能源富足和便宜的地方。青海光伏的发展就是典型的例子，在青海安装 1 亿 kW 的光伏，就可以生产目前全国的乙烯需求量，而青海的光伏发电潜力在 20 亿 kW 以上。电价在 0.1 元 /（kW·h）以下，就可以和沿海的石油化工进行竞争（Jiang et al.，2020）。现在需要很好设计新疆将能源转型和经济发展深度结合的长期发展战略，从目前开始安排，到 2035 年可以构建一个基本的模式，实现深度减排和经济发展的双赢。

因此新疆的能源战略需要明确未来的转型方向，一个明确的能源发展战略将非常有利于新疆的经济、社会、能源发展，有利于社会稳定。新疆未来能源转型将以可再生能源和核电为核心，打造零碳能源未来，到 2050 年基本实现低碳或者零碳电力供应，同时在终端用能部门大力提升用电比例，以及直接利用可再生能源的比例。利用新疆大量可再生能源资源，提供廉价的电力供应，构建适合可再生能源接入德尔供电系统，包括电网和储电设施的建设，设计与之相匹配的工业产业和交通充电系统，提升利用可再生能源的效益。同时发展支撑电力稳定系统的核电作为基荷发电。整个体系可以为新疆提供低碳和低廉的能源供应系统，促进新疆的经济发展和人文发展，打造一个欧亚大陆桥的经济、人文、技术中心，成为国家和全球的碳先锋地区。

新疆正在围绕国家大型油气生产加工和储备基地、大型煤炭煤电煤化工基地、大型风电和太阳能发电基地、国家能源资源陆上大通道及综合能源基地建设，建成一批"疆电外送""西气东输"、现代煤化工等重大工程。在能源转型进程中，以及疫情之后可能的全球能源格局、政治经济格局中，有可能需要进行一定的调整，以清洁能源基地及陆上大通道为主进行未来规划和发展。目前石油和煤炭基地都已经进入发展困难境地。

在能源转型的进程中，同时要推进经济转型。从长期角度结合能源转型考虑新疆产业发展，打造一个包括中亚以及"一带一路"通道中的国家的需求。新型经济产业发展，以及在区域中的特殊地位，将非常有利于新疆的社会经济引领和长治久安。

新疆实现能源转型、深度温室气体减排、优美大气质量的政策包括：

（1）由于未来碳排放和大气治理目标下的能源转型对能源产业和相关经济产业的发展影响深远，"十四五"规划正处于一个关键的转型启动阶段，新疆要做好准备，在"十四五"总体规划中给出未来发展方向，指导未来的能源和产业转型。

（2）这种转型给新疆提供了机遇，一定要充分挖掘和利用这个机遇。先行会带来发展的优势。新疆也要充分发挥"一带一路"桥头堡，引领中亚经济发展的机遇，打造能够展示给世界的经济、工业、产业、能源、环境转型的示范区。

（3）明确新疆能源转型的长期目标，2025年非化石能源占比达到18%以上，2035年25%以上，2050年达到60%以上。

（4）大力发展风电和太阳能发电等可再生能源，2025年实现风电装机3500万kW以上，光伏4000万kW以上。2050年风电装机1.2亿kW以上，光伏2.1亿kW以上。

（5）规划核电项目，并进行前期准备，争取"十五五"规划期间开工建设。

（6）改造燃煤电站深度调峰，以匹配大规模可再生能源电力接入。

（7）提升电网吸纳可再生能源电力能力，构建区域内的大规模利用可再生能源的电力供应体系。

（8）明确以零碳为基础的工业发展战略，在"十四五"规划期间吸引国际国内碳领先企业入驻，形成促进零碳工业的政策框架和氛围。

（9）打造本地企业，参与零碳产业投资和建设。

（10）设计和建设多种交通通道，为新疆工业发展提供运输保障。

（11）强化支持新疆科研院所和大学研发能源转型中的各种技术，提升新疆科研院所和大学的创新能力，打造一流的研究团队。

（12）支持企业和学术机构研究新型产业技术流程，特别是氢还原钢铁工艺、有色工业工艺、氢经济下的化学工业，为打造新疆成为引领的新型工业区域提供基础。

（13）扶持能源深度转型中的行业、产业，利用"一带一路"和我国西北、中亚发展的机遇，带动新疆产业经济发展。

16.5 维护地域安全的绿色低碳发展路径

16.5.1 能源背景下的低碳经济

新疆作为我国面积最大省份，煤炭、石油、天然气资源丰富，是我国重要的能源基地。目前新疆在大力发展以煤电及煤化工等化石燃料为基础的能源体系和工业体系。传统经济以化石能源的集中利用为主要特征，导致化石能源日益枯竭，环境不断恶化。能源互联网的提出和建立可逐渐降低对传统化石能源的依赖，推动大规模可再生能源的利用。我国在2015年《强化应对气候变化行动——中国国家自助贡献》报告中强调要不断降低碳排放，实现在25年内降低60%~65%的目标。鼓励利用风能、太阳能等新能源建设一套新的供给能源体系，这给予可再生能源富有的新疆发展的契机，最大限度地促进了风能、太阳能等可再生能源的联通（周江华，2016）。在能源互联网背景下，新疆可大力发展绿色低碳经济。"低碳经济"的概念最早由英国提出，并得到各个国家的响应，随后各个国家出台了关于低碳经济的法规。从广义角度看，低碳经济使人类由现代工业文明转向生态文明；从狭义角度来看，着眼于当前的碳减排、提高能源效率等的方法和途径（陈跃等，2013）。发展低碳经济是建设资源节约型和环境友好型社会的重要途径。新疆生产技术相对落后、资源利用率较低、污染物排放量较高、低碳经济增长效率整体偏低。若将低碳经济增长效率分解为经济生产效率和环境治理效率，2001~2013年新疆低碳经济增长效率为 0.368，经济生产效率为 0.747，环境治理效率为 0.168（顾剑华，2017），应加大环境治理力度，实施因地制宜的低碳经济发展策略。

在能源互联网背景下促进新疆低碳经济发展的具体对策建议包括：首先，低碳技术是低碳经济发展的核心，新疆的产业技术，特别是发电技术要以绿色低碳为主要发展方向。发挥科研院所和高校作用，重视、研发和推广低碳技术，开展低碳节能技术、清洁煤技术、低碳管理技术的研究和开发。新疆应利用"乌－昌－石"等经济开发区的平台优势，加大对低碳技术的研发投入，加强科技基础建设来提高工业企业的能源利用效率（赵军辉，2019）；其次，新疆低碳产出水平低于全国平均水平，应不断优化产业结构，加快一二三产业融合发展，适当限制能耗大、碳排放量大的石油、煤炭和化工产业，积极鼓励碳排放量小、能耗小的环保绿色产业发展；再次，倡导绿色消费和低碳生活是发展低碳经济的必由之路。应向居民广泛普及低碳知识，鼓励使用节能电器等；最后，建立完善的政策法规并实现制度的创新，驱动并鼓励低碳积极发展（孙久文和姚鹏，2014）。

16.5.2　绿色低碳的适应新模式

新疆绿色低碳发展在能源结构上的适应主要表现在，新疆能源消费增长率中，天然气消费幅度最大，其次是水风电能源，煤炭的增长率最小，石油的消费量呈下降趋势。从能源消费主体看，新疆天然气消费增长很快，清洁能源的使用也呈快速增长趋势，但煤炭依然是能源消费的主体。因此，减排目标纳入"十二五"规划后，新疆万元 GDP 碳排放量虽有下降趋势，但仍明显高于全国平均水平。新疆人均 GDP 对农牧渔业能源消耗的依赖性最大，说明经济增长仍然主要依靠要素的大量投入而非科技进步与经济效率的提高，经济增长方式仍属于粗放式增长（李可和孙兰凤，2013）。长期以来，新疆的经济增长以传统的农牧产业、工业为主，其中高耗能、高污染和高排放的钢铁、煤炭、石油等重工业颇多。该类行业应学习引进国内外先进的节能减排技术，提高能源利用率，尤其是高耗能资源的利用率，在实现经济发展的同时降低排放。其次，发展低碳技术可以更好适应绿色低碳发展。新疆应加快低碳技术创新，开发能源转化技术，使传统能源低碳化，提高燃煤利用效率和发电效率，鼓励发展低耗能、低污染、高效益的企业，提高新疆煤电一体化的利用效率，加大高耗能资源的回收利用率，减少碳排放量；研发新技术储存二氧化碳并使其用于生产，开发利用低碳产品，对生产过程中的废弃物进行处理和利用，变废为宝（章若希，2016）。此外，生产生活中应大力发展清洁能源。新疆长达半年之久的供暖期消耗大量煤炭，制约了绿色低碳的发展。利用分布数量多、范围广、发展潜力大的太阳能和电能，优化供暖系统和设备，实现供暖能源的绿色改革。同时，充分利用新疆丰富的风力资源，建设大型风力发电站，发展风力发电代替火力发电，使其广泛应用于生产和生活，有效减少煤炭的使用量，降低碳排放量。清洁能源带动下农业和工业的发展，将提高人均收入，实现社会脱贫和长治久安的目标。

新疆绿洲生态环境脆弱，生态环境保护既是当前新疆畜牧业可持续发展的瓶颈，也是进一步加快新疆现代畜牧业发展的重点。推进新疆生态畜牧业经济发展，首先，应加大畜牧业结构调整中生态因素的比重，实现牧区生态保护和经济发展的双赢战略。各地在优化畜牧业养殖结构，发展特色畜牧业的同时，要用循环经济的眼光，充分考虑到各业之间相互促进、协调发展的关系，充分利用不同农作物、畜产品在生态链条中的不同作用，建立高效、优化的生态畜牧业发展模式。其次，对草原的功能定位由原来的以生产型为首转向以生态型为首，实行退牧还草、以草定畜、以畜定人，禁开草原、种植人工草场。在以草定畜的基础上确定草原对人口的承载能力，实现以畜定人并做好多余人口安置。同时，牧区要在逐步实现牧民定居的基础上，进一步稳定完善牲畜、草场承包责任制和统分集合的经营体制，保护和改善草地生态环境，推进经济社会可持续发展的基础性工作（郑新伟，2013）。

旅游业是继畜牧业之后，新疆的另一特色主导产业。新疆具有得天独厚的季节性旅游资源，而旅游业属低碳产业。在经济发展的基础上，着力完善交通设施，进一步发展旅游，既能满足人民消费水平升级，也可以在扩大经济规模的前提下控制碳排放量增长。新疆居于"丝绸之路经济核心区"的重要地位，是东西方文化交汇的重要节点。然而新疆经济、教育、文化、信息各方面发展较慢且不能完全得到普及。政府应加大居民环保政策宣传力度，在生产生活各方面实行节能减排，践行清洁生产。普及低碳教育，提高环保意识，让绿色低碳深入人心（韦良焕等，2016）。综上，可将新疆打造为"一带一路"沿线的文化科教中心、金融中心以及旅游集散地，在大力推进交通运输业发展时，使第三产业成为新疆低碳经济增长的新引擎（周灵，2018）。

16.5.3 绿色低碳的跨境金融贸易

新疆作为丝绸之路经济带核心区，发展绿色金融，打造绿色发展示范品牌，充分发挥建设绿色丝绸之路的示范和向外辐射作用。新疆绿色金融改革创新试验区率先成立全国首个地方性绿色金融同业自律机制，形成了自律机制工作指引和公约，促进绿色金融业务更加规范协调和高质量发展。此外，试验区加速完善绿色金融体制机制构建绿色信贷制度框架，推动产品创新和传统产业转型升级。同时，试验区还应培育绿色专营机构，推进绿色保险等。2016年哈密市、昌吉州、克拉玛依市绿色金融改革创新试验区建设正式启动，这三个地区（自治州、市）具有推动绿色经济、开展绿色金融的基础，具有区域和产业的代表性，便于形成可复制的经验向全国及丝绸之路经济带沿线国家推广。其次，三个示范区具有鲜明的区位和产业特征，在区位上具有差异性，在产业发展上具有代表性，可为跨境金融贸易提供支撑。试验区将为新疆探索绿色金融支持现代农业、清洁能源资源，以及风电、光电、制造业等优势产业带来新机遇。

随着国家"一带一路"倡议的持续推进，企业纷纷加快赴海外投资的步伐，其中，民营企业成为参与"一带一路"建设的重要力量。然而，与国企相比，民企在参与"一带一路"建设时所得到的金融服务或支持较为有限，更容易遇到融资瓶颈。主要原因在于，民营企业抗风险能力不够强，缺少足够的抵押担保品，信用评级整体较弱，存在一定的投资盲目性。对此，金融机构要利用自身优势满足民营企业融资需要，协助民企把控好项目风险。发行民营企业专项债券，满足民企中长期资金需求（孙榕，2019）。2017年，新疆维吾尔自治区人民政府办公厅出台《关于自治区构建绿色金融体系的实施意见》，建立绿色产业和项目清单，并为其开辟境内、境外相结合的多元化融资"绿色通道"。首先，新疆可引导金融机构加大绿色信贷投放，采用再贷款、再贴现等货币政策工具，对在绿色信贷方面表现优异的金融机构给予一定的政策倾斜，有效引导金融机构加大在新疆的绿色信贷投放，同时，不断深化与丝绸之路沿线国家绿色金融合作，加强与丝路基金等开放性金融机构及各类社会资本合作，实现跨境筹集资本。其次，新疆可发挥财政资金在产业发展中的导向作用。统筹使用设计节能环保、污染防治等领域的财政专项资金。对符合"绿色清单"标准的绿色信贷可按规定正向奖励，对于不符合"绿色清单"标准的项目贷款采取负奖励。此外，加强绿色融资担保方式创新，拓宽绿色产业和项目的融资渠道，扩大直接投资，同时积极培育和引进各类股权投资基金等（徐晶和邱江，2017）。此外，政府应出台相应政策，增强投融资项目的竞争力，针对新疆具体情况制定具有针对性的优惠政策，吸引资金，并引导实现有效的市场主导的投融资渠道，引入更多投融资主体，适应市场经济的发展。

16.6　转型政策选择

新疆作为中国向西开放的桥头堡和前沿阵地，具有独特的地缘、能源、文化优势和国家赋予的政策等优势，与周边国家不仅在经济、贸易、文化等方面具有区域合作的优势，而且在能源与矿产资源的勘探与开发、旅游、环境保护、高科技等领域都具备区域合作的前景，是"丝绸之路经济带"建设的重要支点和关键枢纽。"丝绸之路经济带"的建设必将为新疆扩大开放、经济快速发展创造难得的历史发展机遇，有利于加快实现新疆跨越式发展和长治久安两大战略目标（江钦辉，2019）。

16.6.1　蓝天工程

"十三五"时期，新疆采取了多种综合措施，大气污染防治工作取得一定成效，全区空气质量总体转好。但经济快速发展、资源与能源消耗快速增加，有限的环境承载力与日益增加的发展需求矛盾日益突出，给全区环境保护工作带来巨大压力。

乌鲁木齐曾一度是全国空气污染最严重的城市之一。当地政府于2009年出台相关政策促使冬季供热发展方向朝清洁、污染少的电热采暖和地热供暖发展。经过两轮"蓝天工程"大气污染治理方案和新一轮污染治理政策，乌鲁木齐市大气污染治理取得明显成效。新疆电力公司大力配合"蓝天工程"，实现新能源供暖的同时，降低大气污染（董萍，2014）。然而，新疆基于煤炭的主体能源地位，在当前乃至今后较长一个时期内，以"煤为基础，多元发展"的能源战略方针和以煤炭为主体的格局不会改变。在这一前提下，实现煤炭清洁高效利用，应支持煤炭清洁利用研发和基地建设，加快推行改进洁净型煤产品新标准，积极推广"洁净型煤＋节能环保炉具"模式，加大工业锅炉的煤炭清洁利用示范工程、示范区建设力度，协调解决洁净型煤均产、稳产问题（王振平等，2019）。同时，对城市的大气污染，可通过增加城市道路绿化带建设，增加对汽车尾气的吸收，并通过人工降雨，减少大气颗粒污染物的含量。优化污染产业的布局，大力推行和实施煤改气工程，减少污染物的排放量（王蕾等，2018）。此外，新疆地处干旱半干旱环境，脆弱的生态环境和干旱多风气候特征，使其成为全国沙尘多发地区之一，如新疆

和田地区的 PM_{10} 和喀什地区的 $PM_{2.5}$ 均严重超标，造成严重大气污染，空气质量较差。建议划定以和田市、喀什市为治理核心区域，种植滞尘植被，增加植被种植面积，重点控制 PM_{10} 和 $PM_{2.5}$ 浓度。随着脱贫攻坚的展开，农村吸引了大量的人力和物力进入，为进一步整治和改善农村生态和人居环境，打赢农村污染防治攻坚及脱贫攻坚，应在环境允许范围内合理开发农村地区，适量引入第二产业实现脱贫致富，并在开发农村地区中降低首要污染物浓度，宣传相关环保知识，注重个人防护，减少环境空气污染物带来的健康问题（韩朝，2020）。

"十四五"环保规划中建议启动蓝天保卫战行动计划，强化环境准入管理，完善项目环评审批，推进燃煤电厂超低排放改造，开展企业及集群排查、整治。继续推进工业污染源全面达标排放及重点行业清洁生产技术改造。同时，举一反三、由点及面，梳理同类问题，推动全面清理整治，构建保护生态环境的长效机制。

16.6.2 跨境水资源管理

为应对气候变化导致的淡水资源短缺及其对经济的冲击，需要各国采取措施重新分配和提高水资源利用效率，跨境流域水资源与国家资源主权、粮食安全、能源安全等密切相关，是国家间对话与合作的中心议题。新疆水利建设和改革不断推进，现主要形成了以塔里木河、额尔齐斯河和伊犁河为主的三大流域管理体系。其中，塔里木河流域水利建设主要包括灌区节水改造工程、平原水库节水改造工程、地下水开发利用工程、河道治理工程、流域水资源调度及管理工程建设和林草生态保护与建设。额尔齐斯河流域建设以重大水利枢纽工程及引水配套工程为主。伊犁河流域从农田节水灌溉工程、干渠改造工程及林草生态保护与建设等方面建设（刘炎昆，2014）。加强塔里木河流域水资源管理，应夯实流域水资源统一管理法制基础、加大水行政执法力度、建立水资源统一管理新体制、强化用水总量控制管理、实施全流域水量统一调度、提升水量自动化监测水平并持续开展生态输水工作。中哈两国对跨境河流额尔齐斯河及伊犁河流域水资源的合作开发由来已久。目前中哈河流水资源利用合作包括签订合作协定，成立专门联合委员会，但合作中也面临如协议内容空洞，缺乏有效的合作机制，跨境河流水资源分配标准不够具体，利用缺乏明确规则，及跨境河流水资源的污染，人口增长和城市化程度高等问题（邱月和秦鹏，2013）。依据利益相关者理论、治理理论和可持续发展理论，要实现中哈两国对跨境河的可持续合作与发展这一目标，需从合作主体、合作诉求、合作机制和合作内容 4 个方面进行合作与开发模式的构建（图16-5）。

国内相关研究在对国际河流水资源与生态环境的研究滞后于内河流域，缺乏跨境合作研究；缺乏战略性的适应对策和措施等，导致跨境水安全调控科学基础和技术支撑能力薄弱，在国家水权益保障中处于被动（何大明，2017）。新疆应对气候变化能力脆弱，针对目前跨境水资源管理存在的立法研究不足，管理机制不健全，基础关键信息缺失等问题，跨境水资源管理应以生态系统方法优化流域管理理念，健全跨境合作管理体制机制，加强立法研究融入国际治理体系并开展应对气候变化关键问题研究（王鹏龙等，2018）。

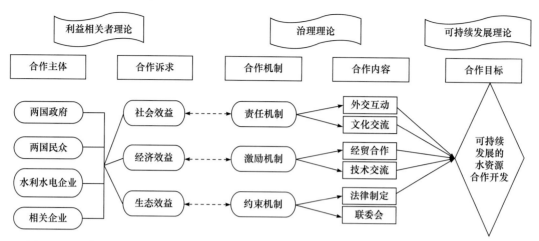

图 16-5 可持续发展的中哈跨境额尔齐斯河流域水资源合作开发模式（茆金枝和吴高键，2016）

16.6.3 生态补偿

新疆自然条件恶劣，生态环境脆弱，贫困问题普遍，与生态环境退化问题呈现出相互影响，互为因果的关系。生态补偿以保护和可持续利用生态系统服务为目的，以经济手段为主调节相关者利益关系，促进补偿活动、调动生态保护积极性的各种规则、激励和协调的制度安排。加快贫困地区生态补偿机制的建立是边境贫困地区可持续发展的根本要求，更是新疆亟待解决的重大现实问题。

新疆的能源资源禀赋决定了新疆能源消费结构在较长时间内将仍然以煤炭为主。"十三五"规划中新疆被列为煤炭开采重点建设地区，这意味着新疆将面临更大的生态压力。煤炭资源开发，污染地下水、破坏植被、造成大气污染，对生态环境造成最直接最严重的影响，同时更影响当地居民及工作人员人身安全。在资源节约、环境保护与全球可持续发展的背景下，为保护、修复生态，有效减少煤炭开采带来的多种环境问题，实行生态补偿，有利于促进市场化、多元化生态补偿机制的建立。目前资源开发补偿存在政策实施部门较分散，资金得不到保障，补偿税有待整合，补偿机制不完善等问题。基于此，应完善生态补偿管理机制，保障补偿资金，推进煤矿企业税费改革，完善生态环境补偿机制（牛洁，2017）。此外，现行的生态补偿模式较为单一，可尝试构建区际横向生态补偿模式，异地补偿模式，"产业共建"补偿模式和因地制宜补偿模式（刘雨佳和王承武，2018）。

此外，草原是新疆畜牧业发展的基础和生态环境的重要组成部分。为解决草原生态问题，新疆从 2000~2010 年开始实施退牧还草等工程，并从 2011~2015 年开始重点实施草原生态补偿。生态补偿明显改善了新疆草原生态环境，有力促进了新疆传统畜牧业发展方式向现代畜牧业生产方式的转变，增加了农牧民的收入，对新疆牧民生活方式和生活水平产生了长远的积极影响，最终将实现新疆地区和人民的生态保护、生产发展、生活富裕（吴娟，2017）。针对目前草原生态补偿存在补偿标准普遍偏低，补偿标准公平性亟待考量，补贴发放滞后与延续性及监管缺位的问题，还需做到提高补偿标准，推行多元化补偿方式，建立科学评估体系，构建严格的监管部门等方面的工作（周洁等，2019）。

南疆三地州（包括喀什地区、和田地区和克孜勒苏柯尔克孜自治州）因其特殊的地形结构和地理位置，形成了严酷的荒漠环境，为Ⅰ类限制开发区。尽管三地州生态环境十分脆弱却肩负着重要的生态修复和生态保护职能。为保证新疆限制开发区的长期可持续发展，必须建立中央和地方财政对限制开发区域生态保护经济补助的长效机制，并结合限制开发区的特殊性，重点扶持旅游业、特色农业和现代物流业等替代产业，促进限制开发区域经济的发展，增强经济实力和自我发展能力，同时开拓生态补偿资金筹集渠道（刘倩，2010）。

16.6.4 "一带一路"经济走廊建设

新疆地处亚洲中心，向东，拥有13亿人的国内市场；向西，同样有13亿人的市场。新疆有17个国家级一类口岸，喀什和霍尔果斯两个国家级经济开发区，又与八国接壤，还有着与中亚国家人文相近、经济相融这一独特优势，是丝绸之路经济带中天然的核心区。新疆就如何发挥地理、人文和文化优势，如何服务于两个14亿人口，致力于把新疆打造成丝绸之路经济带上重要的交通枢纽中心、商贸物流中心、金融服务中心、文化科技中心、医疗服务中心的五大中心规划。这五大中心恰恰对应于习近平提出的五通即政策沟通、设施联通、贸易畅通、资金融通、民心相通。同时，新疆丝绸之路经济带核心区建设以北中南三大通道为主线，以国家大型油气生产加工基地、大型煤炭煤电煤化工基地、大型风电基地三大基地为支撑，以"五大中心"为重点，以"十大进出口产业集聚区"为载体，充分利用两种资源、两个市场，推进改革创新，加快开放步伐。

随着"一带一路"的深入推进，中国正与"一带一路"沿线国家积极规划建设六大经济走廊。其中，中国—中亚—西亚经济走廊，自中国新疆乌鲁木齐经中亚、西亚抵达波斯湾、地中海沿岸的是六大经济走廊的重要内容。该经济走廊的建设，对沿线国家的社会经济及世界经济的发展具有重大意义。目前，中国与中亚的联系不断增多，但中亚与西亚虽然地缘上相互毗邻地缘经济联系却并不紧密。因此，中亚作为中国与西亚联系的陆地通道作用并不明显，这在很大程度上限制了中国—中亚—西亚经济走廊的建设（杨恕，2018）。金融支持是经济走廊建设的重要保障和指引。充分利用亚投行等金融合作机制，为走廊建设提供融资保障。中国作为经济强国，在"丝绸之路经济带"的框架下，积极与沿线国家建立长期战略合作伙伴关系，增进政治互信，保持和注重沿线国家合作的积极性，积极承担相应责任，在较强领域给予沿线国家更多的支持与优惠政策（李翠萍，2019）。近年来，交通、能源和通信基础设施的互联互通，加强了我国与中亚、西亚国家的双边合作和贸易投资。为进一步推进该经济走廊建设，应重点提升包括交通、能源和通信基础设施的连通性，加强政策沟通和战略与规划对接，深化经贸和投资合作（来有为，2019）。同时，尽快出台顶层规划，确定经济走廊的具体物理路线，加强国际合作，促进中国与沿线国家产业互补合作（黄晓燕和秦放鸣，2018）。新疆与哈、吉两国接壤，拥有九个陆路口岸，经贸来往密切，参与阿拉木图 - 比什凯克经济走廊的建设不仅能够促进区域经济共同发展，还能助力"丝绸之路经济带"的建设。然而，在合作过程中面临缺少人才等问题。可参考"成长三角"模式发展乌鲁木齐与阿拉木图和比什凯克两座城市的此区域经济合作。新疆可利用自身优势，通过旅游发展带动次区域经济发展，开展旅游、医药、教育等多领域合作，参与该经济走廊建设，促进区域经济共同繁荣（王若雨，2018）。

此外，中巴经济走廊，作为"一带一路"倡议下的旗舰项目，对于中国而言，巴基斯坦及其中巴经济走廊在我国"一带一路"倡议中具有重要的地缘战略意义。大力建设中巴经济走廊有助于维持南亚地区权利均势和战略平衡，提升巴基斯坦在南亚地区的地位和影响力，促进本国经济的发展和繁荣。目前中巴经济走廊的建设受制于巴基斯坦落后的经济发展现状，中国应以中巴经济走廊的顺利建设为目标，建设过程以中方为主导、巴方跟进配合，支持巴基斯坦的国家建设。中国也应加强风险管控能力建设，加强中巴战略合作，充分发挥巴基斯坦的桥梁作用，助推中国周边外交的开展（金戈和颜琳，2018）。此外，中巴经济走廊为中巴文化产业合作，乃至为中国文化产业"走出去"参与国际合作开辟了新通道。针对目前中巴文化产业合作中存在的问题，如贸易不平衡制约文化产品和文化服务贸易、经济走廊沿线经济发展滞后、文化产品和服务的市场需求不足、地区安全与风险影响文化产业发展质量及文化和语言差异对文化产业合作与发展的制约，建议积极创建文化产业合作网络服务平台、跨文化人才联合培养机制，发挥市场资源配置的主导作用。通过中国文化、政治和经济三重合力，结合国际化、现代化的文化开放动力，文明互鉴，推动中巴经济走廊区域经济和社会发展，特别是推动新疆的经济发展和社会的和谐发展，促进"一带一路"区域价值链构建（杜江等，2019）。

参考文献

陈曦. 2010. 中国干旱区自然地理. 北京：科学出版社.

陈亚宁. 2014. 中国西北干旱区水资源研究. 北京：科学出版社.

陈跃，王文涛，范英. 2013. 区域低碳经济发展评价研究综述. 中国人口·资源与环境，23（4）：124-130.

曹昆，文松辉. 2015-09-30. 人民日报社论：建设美丽新疆 共圆祖国梦想. 人民日报，04 版.

董梅，祁子轩. 2012. 跨越式发展背景下的新疆低碳经济发展. 税收经济研究，（1）：88-90.

董萍. 2014. 扮靓乌鲁木齐水蓝天. 电能替代能源发展绿色途径专题. 国家电网，（127）：66-69.

杜江，于海凤，王海燕. 2019. 中巴经济走廊背景下中巴文化产业合作：现状、路径选择与对策. 南亚研究季刊，（3）：42-49.

高金晶，马劭铖. 2018. 新疆城镇化发展对区域经济的拉动效应分析. 实事求是，（2），64-67.

顾剑华. 2017. 中国低碳经济增长效率的空间格局与演变趋势. 空间格局与长江经济带发展. 27（2）：39-48.

韩朝. 2020. 新疆农村地区环境空气质量现状分析——以阿克苏地区阿克托海乡为例. 环境与发展，32（2）：108-109.

何大明. 2017. 全球变化下跨境水资源国内外研究进展. 地理教育，（4）：1.

胡汝骥，马虹，樊自立，等. 2002. 新疆水资源对气候变化的响应. 自然资源学报，17（1）：22-27.

黄晓燕，秦放鸣 . 2018. 中国 - 中亚 - 西亚经济走廊建设：基础，挑战与路径 . 改革与战略，2（34）：68-73.

姜克隽，向翩翩，贺晨旻，等 . 2021. 零碳电力对中国工业部门布局影响分析 . 全球能源互联网，3（1）：6-11.

江钦辉 . 2019. 基于新疆主体功能区划的生态补偿法律制度研究 . 喀什大学学报，40（8）：33-40.

季元中，任宜勇 . 1992. 八十年代新疆气候变暖及其影响的评估 . 新疆气象，4（1）：13-18.

金戈，颜琳 . 2018. 中巴经济走廊研究 . 长沙：湖南师范大学学位论文 .

来有为 . 2019. 中国 - 中亚 - 西亚经济走廊建设取得的进展及推进对策 . 发展研究，4：41-44.

李翠萍 . 2019. 金融支持"中国 - 中亚 - 西亚经济走廊"建设研究 . 金融理论与教学，3：12-14.

李佳秀，陈亚宁，刘志辉 . 2018. 新疆不同气候区的气温和降水变化及其对地表水资源的影响 . 中国科学院大学学报，（3）：370-381.

李可，孙兰凤 . 2013. 新疆能源消费结构与经济发展的灰色关联度分析 . 现代经济信息，（9）：271-280.

廖晓斌 . 2017. 新疆大数据时代发展初探 . 中国管理信息化，（5）：190-192.

蔺雪芹，方创琳 . 2008. 中国大规模非并网风电与无碳型高耗能氯碱化工基地布局研究 . 资源科学，30（11）：1612-1621.

刘德林，周倩 . 2020. 我国美丽乡村建设水平的时空演变及影响因素研究 . 华东经济管理，34（1）：1-8.

刘敬强，瓦哈普·哈力克，王冠生，等 . 2013. 新疆特色林果业种植对气候变化的响应 . 地理学报，68（5）：708-720.

刘倩 . 2010. 新疆限制开发区域生态补偿研究 . 石河子：石河子大学学位论文 .

刘炎昆 . 2014. 新疆三大流域水利建设问题研究 . 中国水运（下半月），14（3）：234-235.

刘雨佳，王承武 . 2018. 新疆煤炭资源开发生态补偿模式新探索 . 生态经济，34（1）：208-213.

刘玉燕，刘浩峰，王小冬 . 2013. 新疆中小城市宜居水平评价及宜居建设制约因素探讨 . 新疆环境保护，35（3）：20-24.

茆金枝，吴高键 . 2016. 可持续发展的额尔齐斯河流域水资源合作开发模式探究 . 重庆理工大学学报（自然科学），30（10）：86-93.

牛洁 . 2017. 资源开发生态补偿机制与政策研究 . 时代金融，8：82-84.

邱月，秦鹏 . 2013. 中哈跨界河流水资源利用合作的法律问题研究 . 乌鲁木齐：新疆大学学位论文 .

孙久文，姚鹏 . 2014. 低碳经济发展水平评价及区域比较分析——以新疆为例 . 地域研究与开发，33（3）：127-132.

孙榕 . 2019. 如何构建"一带一路"多元化投融资体系——访中国社会科学院财经战略研究院院长何德旭 . 中国金融家，（5）：65-67.

王坤鹏 . 2010. 城市人居环境宜居度评价——来自我国四大直辖市的对比与分析 . 经济地理，30（12）：1992-1997.

王蕾，孜比布拉·司马义，杨胜天，等 . 2018. 北疆主要城市的大气污染状况分析 . 干旱区资源与环境，32（6）：182-186.

王鹏龙，高峰，王宝，等 . 2018. 应对气候变化的跨境水资源国际管理实践及对中国的启示 . 生态经济，34（10）：167-172.

王若雨 . 2018. 中国新疆参与阿拉木图 - 比什凯克经济走廊建设所面临的机遇与挑战 . 喀什大学学报，39（1）：34-37.

王炎强，赵军，李忠勤，等.2019.1977~2017年萨吾尔山冰川变化及其对气候变化的响应.自然资源学报，34（4）：802-814.

王振平，孟磊，王瑞东.2019.兖矿"蓝天工程"是治理锅炉、窑炉和民用燃料问题的有效途径.煤炭加工与综合利用，（6）：1-5.

韦良焕.张文河.王晶.2016.基于碳足迹的喀什地区低碳经济发展研究.喀什大学学报，37（3）：38-41.

吴娟.2017.新疆草原生态补偿实施成效分析.实事求是，5：63-68.

吴美华.2016.新疆气象灾害时空变化特征及风险评估研究.乌鲁木齐：新疆大学学位论文.

徐晶晶，邱江.2017-07-22.新疆将建绿色产业清单开辟融资"绿色通道".上海证券报.

杨恕.2018.中亚与西亚的地缘经济联系分析.兰州大学学报，208（1）：50-59.

袁国映，赵子允.1997.楼兰古城的兴衰及其与环境变化的关系.干旱区地理，（3）：7-12.

章若希.2016.新疆低碳经济发展水平分析与对策.西部经济管理论坛，27（1）：91-96.

张文忠，尹卫红，张锦秋，等.2006.中国宜居城市研究报告.北京：社会科学文献出版社.

张新友.2010.发展低碳经济促进新疆可持续发展.宏观经济管理，（10）：60-61.

张艳.2011.新疆发展低碳经济的战略思考.新疆大学学报（哲学人文社会科学版），39（4）：1-6.

赵军辉.2019.基于DPSIR模型的低碳经济发展评价研究——以新疆为例.广西质量监督导报，（9）：210.

郑新伟.2013.低碳经济下新疆生态畜牧业经济可持续发展的研究.新疆农垦经济，（3）：31-32.

周江华.2016.在能源互联网背景下对新疆可再生能源的探究.应用能源技术，（5）：52-54.

周洁，候云霞，祖拜旦木·吐拉甫，等.2019.新疆差异化草原生态补偿标准研究.江西农业学报.31（2）：35-140.

周灵.2018.绿色"一带一路"建设背景下西部地区低碳经济发展路径——来自新疆的经验.经济问题探索，7：184-190.

Abel G J，Brottrager M，Crespo Cuaresma J，et al. 2019. Climate，conflict and forced migration. Global Environmental Change，54：239-249.

Andersson E，Langemeyer J，Borgström S，et al. 2019. Enabling green and blue infrastructure to improve contributions to human well-being and equity in urban systems. BioScience，69（7）：566-574.

Cappelletti，A. 2015. Developing the land and the people：social development issues in Xinjiang Uyghur Autonomous Region（1999–2009）. East Asia，32（2）：137-171.

Cederlöf G. 2016. Low-carbon food supply：the ecological geography of Cuban urban agriculture and agroecological theory. Agriculture and Human Values，33（4）：771-784.

Chen Y，Li W，Deng H，et al. 2016. Changes in central Asia's water tower：past，present and future. Scientific reports，6：35458.

de Coninck H，Revi A M，Babiker P M，et al. 2018. Strengthening and implementing the global response supplementary material// Masson-Delmotte V，Zhai P，Pörtner H O，et al. Global Warming of 15℃. Cambridge and New York：Cambridge University Press.

Depietri Y，McPhearson T. 2017. Integrating the grey，green，and blue in cities：nature-based solutions for climate change adaptation and risk reduction//Kabisch N，Korn H，Stadler J. Nature-Based Solutions to Climate Change Adaptation in Urban Areas：linkages between Science，Policy and Practice. Cham：Springer

新疆气候变化科学评估报告

International Publishing.

Garcia-Aristizabal A，Bucchignani E，Palazzi E，et al. 2015. Analysis of non-stationary climate-related extreme events considering climate change scenarios：an application for multi-hazard assessment in the Dar es Salaam region，Tanzania. Natural Hazards，75（1）：289-320.

IPCC.2014. Climate Change 2014：Impacts，Adaptation，and Vulnerability. Part A：Global and Sectoral Aspects//Field C B，Barros V R，Dokken D J，et al. Contribution of Working Group II to the Fifth Assessment Report of the Intergovernmental Panel on Climate Change. Cambridge and New York：Cambridge University Press.

IPCC. 2018. IPCC Special Report on 1.5℃ Warming. Cambridge and New York：Cambridge University Press.

IPCC. 2019. Summary for Policymakers. //IPCC Special Report on the Ocean and Cryosphere in a Changing Climate.Cambridge:Cambridge University Press.

Jiang K J，He C M，Jiang W Y，et al. 2021. Transition of the Chinese Economy in the face of deep greenhouse gas emissions cuts in the future.Asian Economic Policy Review，16（1）：142-162.

King D，Schrag D，Zhou D，et al. 2015.Climate Change：a Risk Assessment，Cambridge University Centre for Science and Policy. http：// www. csap. cam. ac.uk/ media/ uploads/ files/ 1/ climatechange– a-risk-assessment-v11. pdf [2019-4-24].

Lonsdale K, Pringle P, Turner B. 2015. Transformative adaptation：what it is, why it matters and what is needed. UK Climate Impacts Programme, Oxford, University.

Matthews J B R. 2018. Annex I：Glossary [V. Masson- Delmotte，e. a.（ed.）]. Global warming of 1.5°C. An IPCC Special Report on the impacts of global warming of 1.5℃ above pre-industrial levels and related global greenhouse gas emission pathways，in the context of strengthening the global response to the threat of climate change，sustainable development，and efforts to eradicate poverty.

Matyas D，Pelling M. 2015. Positioning resilience for 2015：the role of resistance，incremental adjustment and transformation in disaster risk management policy. Disasters，39（1）：1-18.

Maughan C，Laycock P R，Pitt H. 2018. The problems，promise and pragmatism of community food growing. Renewable Agriculture and Food Systems，33（6）：497-502.

McPhearson T，Haase D，Kabisch N，et al. 2016a. Advancing understanding of the complex nature of urban systems. Ecological Indicators，70：566-573.

McPhearson T，Pickett S T A.，Grimm N B，et al. 2016b. Advancing urban ecology toward a science of cities. BioScience，66（3）：198-212.

Moser S，Meerow S，Arnott J，et al. 2019. The turbulent world of resilience：interpretations and themes for transdisciplinary dialogue. Climatic Change，153（1-2）：21-40.

Poulsen M N，Neff R A，Winch P J. 2017. The multifunctionality of urban farming：perceived benefits for neighbourhood improvement. Local Environment，22（11）：1411-1427.

Räsänen A，et al. 2016. Climate change，multiple stressors and human vulnerability：a systematic review. Regional Environmental Change，16（8）：2291-2302.

Simon-Rojo M. 2019. Agroecology to fight food poverty in Madrid's deprived neighbourhoods. Urban Design International，24（2）：94-107.

UNEP. 2014. Adaptation Gap Report 2014，Nairobi.https://www.unep.org/resources/adaptation-gap-report-2014 .

UNEP. 2018. Adaptation Gap Report 2018，Nairobi.https://www.unep.org/gan/resources/publication/adaptation-gap-report-2018.

Zhang Q，Singh V P，Li J，et al. 2012. Spatio-temporal variations of precipitation extremes in Xinjiang，China. Journal of hydrology，434：7-18.

Zhang Y，Luo Y，Sun L. 2016. Quantifying future changes in glacier melt and river runoff in the headwaters of the Urumqi River，China. Environmental Earth Sciences，75（9）：770.

Zscheischler J，Seneviratne S I，2017. Dependence of drivers affects risks associated with compound events. Science Advances，3（6）：e1700263.

新疆气候变化科学评估报告